高等学校计算机基础教育教材

网络技术基础与计算思维

（第2版）

沈鑫剡 俞海英 许继恒 李兴德 夏雪 编著

清華大学出版社
北京

内容简介

本书编写的目的一是为学生提供完整、系统的计算机网络知识；二是培养学生的实际应用技能；三是培养学生的计算思维能力。本书基于TCP/IP体系结构，深入浅出地讨论了以太网、无线局域网、广域网等不同类型的传输网络，IP实现不同类型传输网络互连的机制，Internet接入技术，传输层协议实现进程间通信的过程，网络应用和网络安全等内容。

本书是在实际网络环境下，讲解协议的工作过程、各种网络技术的特点及网络设备之间的通信过程，并以案例方式详细叙述网络工作机制，着力培养学生设计网络、使用网络能力的计算机网络教材，内容组织严谨，叙述方法新颖。

由于本书以"大学计算机基础"课程的教学内容为基础讨论计算机网络知识，因此也适合作为理工类非计算机专业学生的计算机网络教材。以本书为教材的MOOC课程"网络技术与应用"已经在学堂在线和中国大学MOOC上线，并受到广泛好评。该课程2017年被评为首批国家精品在线开放课程，2020年被评为国家级一流本科课程。

图书在版编目(CIP)数据

网络技术基础与计算思维/沈鑫剡等编著. —2版. —北京：清华大学出版社，2022.8（2025.1重印）
高等学校计算机基础教育教材
ISBN 978-7-302-61069-4

Ⅰ.①网… Ⅱ.①沈… Ⅲ.①计算机网络－高等学校－教材 Ⅳ.①TP393

中国版本图书馆CIP数据核字(2022)第099725号

责任编辑：袁勤勇
封面设计：常雪影
责任校对：李建庄
责任印制：杨 艳

出版发行：清华大学出版社
网　　址：https://www.tup.com.cn，https://www.wqxuetang.com
地　　址：北京清华大学学研大厦A座　　**邮　　编**：100084
社 总 机：010-83470000　　**邮　　购**：010-62786544
投稿与读者服务：010-62776969，c-service@tup.tsinghua.edu.cn
质量反馈：010-62772015，zhiliang@tup.tsinghua.edu.cn
课件下载：https://www.tup.com.cn，010-83470236
印 装 者：涿州市般润文化传播有限公司
经　　销：全国新华书店
开　　本：185mm×260mm　　**印　　张**：29.75　　**字　　数**：686千字
版　　次：2016年3月第1版　2022年8月第2版　　**印　　次**：2025年1月第4次印刷
定　　价：69.90元

产品编号：096218-01

前言

本书编写的目的一是为学生提供完整、系统的计算机网络知识，二是培养学生设计、使用和维护网络的技能，三是培养学生的计算思维能力。

计算机网络是一个复杂的系统，网络中端到端的数据传输过程是各种协议、各种网络技术相互作用的结果，因此只有在实际的网络环境下讨论各种协议的工作流程、各种网络技术的工作机制及它们之间的相互作用过程，才能提供完整、系统的网络知识，才能讲清楚网络的工作原理，而这恰恰是目前大多数计算机网络教材所缺乏的。本书的最大特点是在讲述每一种网络技术前，先构建一个读者能够理解的网络环境，并在该网络环境下详细讨论网络技术的工作机制、相关协议的工作流程及相互作用过程。而且，所提供的网络环境和人们实际应用中所遇到的实际网络十分相似，较好地解决了课程内容和实际应用的衔接。当读者碰到实际问题时，可以利用课程内容提供的思路和方法分析、解决问题。为了帮助读者更好地理解教材内容，书中列举了大量的例子和案例，这些例子和案例都选自实际应用中可能碰到的问题，因此除了帮助读者加深对课程内容的理解，还能培养读者设计网络、应用网络的能力。

在互联网发展过程中，出现了很多关键技术和促进互联网发展的关键因素，互联网发展也引申出许多新的领域。本书通过阐述出现这些关键技术的必然性和实现过程、关键因素对互联网发展过程的影响、互联网对其他传统行业的促进作用，及互联网+引申出的新的应用领域，培养学生用解决互联网发展过程中出现的问题的思路解决其他专业领域中的问题的能力，以及将互联网与其他传统行业结合，创造出新的互联网应用领域的能力。

本书以“大学计算机基础”课程的教学内容为基础讨论计算机网络知识，考虑到许多第一次接触网络知识的学生可能一开始无法理解有关网络的一些概念、技术及工作机制，因此引用了许多生活中的例子来帮助学生理解教材内容。

本书基于 TCP/IP 体系结构，深入浅出地讨论了以太网、无线局域网、广域网等不同类型的传输网络，IP 实现不同类型传输网络互连的机制，Internet 接入技术，传输层协议实现进程间通信的过程，网络应用和网络安全等内容。着力培养学生以下 5 个方面的能力：用无线局域网、交换式以太网技术设计类似校园网这样的互连网络的能力；将企业分布在各地的局域网互连成企业网的能力；用 ADSL 或以太网解决 Internet 接入的能力；构建网络应用系统的能力；用路由器的分组过滤功能或防火墙解决一般的网络安全问题的能力。

以本书为教材的MOOC“网络技术与应用”已经在学堂在线和中国大学MOOC上线，该课程2017年被评为首批国家精品在线开放课程，2020年被评为国家级一流本科课程。本次修订对内容做了以下修改：一是改正了第1版中一些不够严谨的描述，二是增加了一些新的协议标准，三是在每一章的启示中增加了该章蕴含的思政元素。

本书有配套的实验教材《网络技术基础与计算思维实验教程(第2版)——基于Cisco Packet Tracer》和《网络技术基础与计算思维实验教程——基于华为eNSP》，实验教材提供了在Cisco Packet Tracer和华为eNSP软件实验平台上运用本书提供的理论和技术设计、配置和调试各种规模的网络的步骤和方法，学生可以用本书提供的网络设计原理和技术指导实验，反过来又通过实验加深理解本书内容，使课堂教学和实验形成良性互动。

作为一本无论在内容组织、叙述方法还是在教学目标上都和传统计算机网络教材有一定区别的新教材，错误和不足之处在所难免，殷切希望使用本书的老师和学生批评指正。

作　者

2022年4月

目录

第1章

概 论

学习互联网，首先需要了解互联网的基本概念、发展过程、实现互联网的技术基础以及描述互联网各层功能及协议的网络体系结构。

1.1 互联网概述

主机互连构成网络，网络互连构成互联网。学习互联网的第一步是了解互联网的内涵、互联网相关的知识和术语。

1.1.1 计算机网络定义

计算机网络的精确定义并未统一，目前最简单的定义是：一些互相连接的、自治的计算机的集合。这个定义并不能完全反映计算机网络的特征，计算机网络的特征主要体现在以下几个方面。

1. 共享资源

互连计算机的目的是实现资源共享。这些资源包括软件、硬件和数据，但对于计算机网络而言，资源所在的计算机系统对用户不是透明的。用户访问网络中某个计算机系统的资源时，需要明确指定该计算机系统。

2. 自治系统

自治系统互连是计算机网络的另一主要特征，自治系统是能够独立运行并提供服务的系统。一个由一台计算机和用该计算机的串行口和并行口连接的多台外设组成的系统不能算计算机网络，因为这些外设必须在计算机控制下才能提供服务。但如果这些外设是网络设备，能够直接连接到以太网并独立提供服务，如网络打印机，那么它们就是自治系统，由这些自治系统互连而成的系统就是计算机网络。

需要说明的是，主机是作为自治系统连接到网络中的计算机。主机可以分为终端和服务器，终端与服务器一起为用户提供网络服务。终端的作用是获取用户的服务请求，并将用户的服务请求传输给服务器。服务器的作用是响应用户的服务请求，并将响应结果传输给终端。用户、终端与服务器之间的关系如图 1.1 所示。但随着互联网应用的发展，终端与服务器的界限已经变得模糊。因此，终端与主机常常混用。

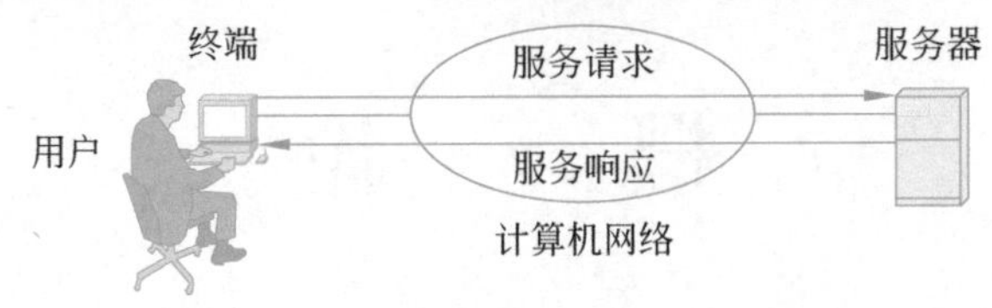

图 1.1　用户、终端与服务器之间的关系

3. 遵守统一的通信标准

互连这些自治系统的目的是实现资源共享，实现资源共享就必须相互交换数据，因此这些互连的自治系统必须遵守统一的通信标准，这样才能实现相互通信。

1.1.2　互联网结构

1. 互联网由多种不同类型的网络互连而成

(1) 多种运输系统并存的启示

任意两地之间可能需要由多种运输系统连接，如图 1.2(a)所示的南京与长沙之间，可能由公路运输系统连接南京和上海，由航空运输系统连接上海和长沙。任意两地之间不是由单一运输系统连接的原因如下。

① 不同的运输系统有不同的特性，运输系统的特性包括速度、价格、运营设施等。

② 不同特性的运输系统有不同的适用环境，如公路运输系统速度相对较低，运营设施相对简单，因而可以用于村镇之间，也可以用于距离不是很远的城市之间。航空运输系统速度快、运营设施复杂，但运输价格较高，可以用于距离较远的两个城市之间。

③ 任意两地之间包括多个条件和距离都不同的区域，如连接村镇的区域、连接镇与县城的区域、连接县城与省城的区域等，每一个区域有各自适用的运输系统，如村镇之间、镇与县城之间适合公路运输系统；县城与县城之间、县城与省城之间适合铁路运输系统；省城与省城之间、不同国家的都市之间适合航空运输系统等。

(2) 多种不同类型的传输网络需要实现互连

与任意两地之间需要由多种运输系统连接相似，任何两个主机之间的传输路径可能由多个不同类型的传输网络组成。如图 1.2(b)所示的终端 A 与 Web 服务器之间，可能需要由公共交换电话网(Public Switched Telephone Network，PSTN)构成终端 A 与路由器之间的传输路径，由以太网构成路由器与 Web 服务器之间的传输路径。任何两个主机之间的传输路径不是由单一传输网络组成的原因如下。

① 不同类型的传输网络有不同的特性，传输网络特性包括交换方式、传输速率、作用范围、价格、运营设施等；

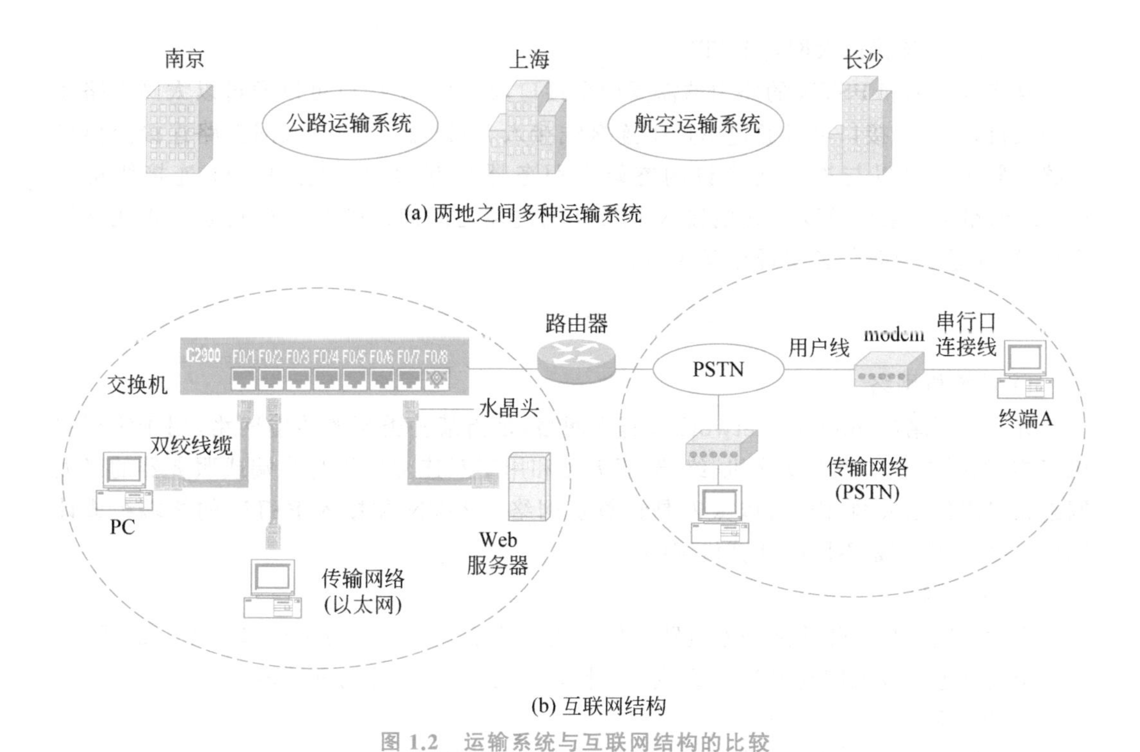

(b) 互联网结构

图 1.2 运输系统与互联网结构的比较

② 不同特性的传输网络有不同的适用环境，如以太网与 PSTN 的特性不同，因而适用的环境也不同；

③ 两个主机之间的传输路径可能需要经过多个有不同范围、不同传输速率要求、不同条件的区域，这些不同特性的区域有各自适用的传输网络；

④ 传输控制协议/网际协议（Transmission Control Protocol/Internet Protocol，TCP/IP）的开放性允许将多种不同类型的传输网络、不同类型的主机互连在一起。

2. 不同类型的传输网络连接过程

1）以太网连接过程

如图 1.2(b)所示，组成以太网的设备包括交换机、终端、服务器和互连交换机与终端或服务器的线缆。交换机称为网络设备，终端和服务器统称为主机，交换机、终端和服务器统称为结点，而互连交换机与终端或服务器的线缆称为链路。以太网链路由两端带水晶头的双绞线缆构成。终端和服务器通过以太网链路与交换机建立连接。连接交换机的终端之间、终端与服务器之间可以相互通信。

2）PSTN 连接过程

组成 PSTN 的设备十分复杂，第 5 章“广域网”将详细讨论组成 PSTN 的设备。终端不是 PSTN 的一部分。用 RS-232 连接线（俗称串行线）连接终端与调制解调器（modulator-demodulator，modem），用 RJ-11 连接线（俗称电话线）连接 modem 与 PSTN。接入 PSTN 的终端之间通过呼叫连接建立过程建立语音信道，两个终端之间通过语音信道实现相互通信。语音信道是指用于实现语音信号传输的通道。

3) 路由器连接以太网与PSTN

互连以太网和PSTN的路由器需要两个接口,其中一个接口可以通过以太网链路连接交换机,另一个接口可以通过RJ-11连接线接入PSTN。通过以太网链路连接交换机的路由器接口可以与连接交换机的终端和服务器相互通信,通过RJ-11连接线接入PSTN的路由器接口可以与其他接入PSTN的终端之间通过呼叫连接建立过程建立语音信道,并通过语音信道实现相互通信。

3. 计算机网络、互连网、互联网、企业网之间的关系与区别

1) 计算机网络

计算机网络(computer network),简称网络,是指某种类型的传输网络,用于实现主机互连,如图1.2(b)中由交换机、终端、服务器和用于互连交换机与终端或服务器的以太网链路组成的以太网,因此,以太网是计算机网络。PSTN和接入PSTN的终端组成计算机网络,但它们是不同的计算机网络。

2) 互连网

多种不同类型的传输网络通过路由器互连组成互连网(internet),如图1.2(b)所示,由路由器互连的以太网与PSTN组成互连网,因此互连网也称为网际网。

3) 互联网

互联网(Internet)是指目前广泛应用,覆盖全世界的互连网。

4) 企业网

企业网(intranet)是一种用与互联网相同的体系结构实现的互连网,但不一定是互联网的组成部分。

有时用网络泛指计算机网络、互连网、互联网、企业网等,因此在容易混淆的情况下,用传输网络强调是计算机网络。

1.1.3 互联网知识体系

图1.2(b)中的终端A首先通过呼叫连接建立过程建立与路由器之间的语音信道,然后启动浏览器,在地址栏中输入:http://www.mfqylm.com/,弹出如图1.3所示的Web主页,该Web主页原本存在于连接在以太网上的Web服务器中。为了使连接在PSTN的终端A能够从连接在以太网上的Web服务器中下载如图1.3所示的Web主页,图1.2(b)所示的互联网必须提供以下功能。

① 实现终端A与Web服务器之间的通信过程。终端A与Web服务器之间的传输路径经过两种不同类型的传输网络:以太网和PSTN。为了建立终端A与路由器之间的传输路径,需要通过呼叫连接建立过程建立终端A与路由器之间的语音信道。以太网通过交换机、互连交换机与路由器的以太网链路、互连交换机与Web服务器的以太网链路建立路由器与Web服务器之间的交换路径。路由器具有将语音信道与交换路径连接在一起构成终端A与Web服务器之间的传输路径的功能。

② Web服务器安装并运行Web服务器软件,在指定目录下存储Web主页。终端

图 1.3　浏览器显示的 Web 主页

A 安装并运行浏览器软件，在地址栏中输入用于唯一指定 Web 服务器中 Web 主页的统一资源定位器（Uniform Resource Locator，URL），如 http://www.mfqylm.com/。浏览器与 Web 服务器之间通过交换消息实现终端 A 从 Web 服务器中下载 Web 主页的过程。

因此，互联网知识体系可以分为以下 5 个层次。

① 连接在同一传输网络上的两个结点之间的通信过程，如以太网上 Web 服务器与路由器连接以太网的接口之间的通信过程，PSTN 上终端 A 与路由器连接 PSTN 的接口之间的通信过程；

② 两个连接在不同类型的传输网络上的结点之间的通信过程，如连接在 PSTN 上的终端 A 与连接在以太网上的 Web 服务器之间的通信过程，其核心是建立跨路由器的、经过不同类型传输网络的传输路径；

③ 在实现两个连接在不同类型的传输网络上的结点之间的通信过程的基础上，实现运行在两个结点中的进程之间的消息传输过程，如终端 A 中浏览器进程与 Web 服务器中 Web 服务器进程之间的消息传输过程；

④ 在实现进程间消息传输过程的基础上实现互联网应用系统，如万维网（World Wide Web，WWW）、电子邮件等应用系统；

⑤ 为了使互联网应用系统能够持续正常运行，需要对互联网的使用过程与互联网结点之间的通信过程实施管理与控制。

因此，掌握如图 1.2(b)所示的互联网的工作过程，需要具备以上 5 个层次的知识，本书根据上述5个层次的知识体系组织内容。

1.1.4 基本术语

1. 物理线路、物理链路和逻辑链路

物理线路指实际接触到的线缆，如双绞线缆、光纤等。物理链路指物理线路中一条用于实现信号传输的通道，如果没有对物理线路采用复用技术，物理链路就等同于物理线路。由于存在复用技术，因此一条物理线路可能包含多条物理链路，这些物理链路和物理线路之间的关系是固定的。逻辑链路，也称数据链路，是指在物理链路基础上增加了类似检错、流量控制和可靠传输等功能后的数据传输路径(或数据传输通路)。

2. 数据、信号和信道

数据是多种媒体信息在计算机中的表示形式，信号是数据的电气或电磁表现。信号可以是模拟的，也可以是数字的。模拟信号是指时间和幅度都是连续的信号，数字信号是指时间和幅度都是离散的信号。由于计算机中的数据都用二进制数表示，因此用数字信号表现用二进制数表示的数据最为方便、直接。

用于传输信号的通道称为信道。由信道互连的两个终端之间的数据传输过程由以下步骤组成：发送端将数据转换成信号，发送端发送的信号经过信道传播到达接收端，接收端将接收到的信号还原成数据。

信道可以是一段物理链路，如一段光缆或一段电缆可以构成一个信道；也可以由多段不同的物理链路组成，如由一段光缆和一段电缆组合成一个信道。同一物理链路上只能传播同一类型的信号，但构成同一信道的不同物理链路上可以传播不同类型的信号，这些信号表示的二进制位流是相同的。在二进制位流从信道一端，经过这些物理链路到达信道另一端的传输过程中，数据传输速率是不变的。

3. 数据传输速率

数据传输速率是指终端单位时间内经过连接的线路发送或接收的二进制位数，单位为比特每秒，缩写为b/s或bps，有时也称为比特率。当传输速率较高时，采用的传输速率单位有kb/s、Mb/s、Gb/s和Tb/s等($1kb/s=10^3b/s$、$1Mb/s=10^6b/s$、$1Gb/s=10^9b/s$、$1Tb/s=10^{12}b/s$)。这和计算机表示内存容量的单位不同，计算机表示内存容量的单位K、M、G、T分别等于2^{10}、2^{20}、2^{30}、2^{40}。

4. 信号传播速率

信号传播速率是指单位时间内信号在信道中的传播距离，单位是m/s。电磁波在真空中的传播速率是c_0($c_0=3\times10^8m/s$)。信号在有线信道中的传播速率小于c_0。

5. 带宽

带宽(bandwidth)是指某个频段的频率宽度。它是频段中最大频率和最小频率的差，

单位为 Hz。假如频段为 20～3220Hz,则该频段的带宽为 3200Hz。信号带宽是指该信号占有的频率宽度。线路带宽是指线路上允许通过的信号的频率宽度。线路带宽决定了线路的传输能力,因此也用带宽表示线路的传输能力。在计算机网络中,也常用带宽表示线路的最高传输速率。

6. 时延

时延指图 1.4 中终端 A 发送一组长度为 M 字节的数据给终端 B 所需要的时间,即从终端 A 发送第一位数据,到终端 B 接收最后一位数据的时间间隔。图 1.4 表明直接用长度为 L 的线路互连终端 A 和终端 B。

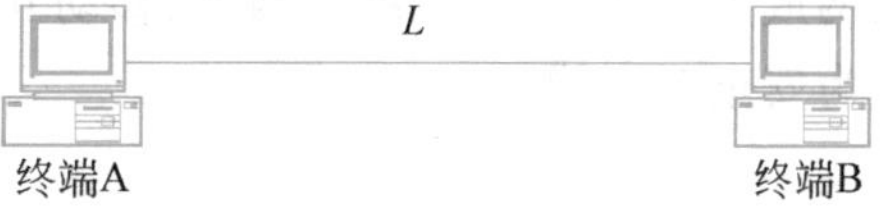

图 1.4　时延组成

针对图 1.4 所示的连接方式,时延由两部分组成:一是终端 A 发送数据所需的发送时延,二是表示数据的电信号从线路一端传播到线路另一端所需的传播时延。

发送时延取决于终端 A 的传输速率和数据的长度。如果假定数据长度为 M 字节,终端 A 的传输速率为 Xb/s,则得出发送时延=$(M\times8)/X$,单位为秒。

传播时延取决于电信号的传播速率和线路长度。电信号传播速率和线路类型有关,对于普通电缆(包括双绞线和同轴电缆),传播速率是$(2/3)c_0$,c_0 是光在真空中的传播速度[如果以 m/s 为单位,$(2/3)c_0$ 等于 200000km/s]。如果假定线路长度为 L,则得出传播时延=$(3L)/(2c_0)$,由此得出总的时延=$(M\times8)/X+(3L)/(2c_0)$,从中可以看出,在假定的条件不变的情况下,针对图 1.4 所示的连接方式,时延是确定的。

信号传播速率虽然和传输媒体有关,但差别不大,如光信号在光纤中的传播速率和电信号在电缆中的传播速率大致相当。因此,在以后的分析中基本假定信号在导向传输媒体中的传播速率为常量,等于$(2/3)c_0$。这就确定传播时延只和物理链路的长度有关,和信号类型、传输媒体类型无关。这意味着不同数据传输速率的物理链路有着相同的信号传播速率。

7. 比特时间和比特长度

信号传播速率与数据传输速率是两个不同的概念。信号传播速率是信号单位时间内在信道中的传播距离,单位是 m/s。数据传输速率是单位时间内向信道发送的二进制位数,单位是 b/s。它们之间的关系可以通过比特时间和比特长度来表示。比特时间是每一位二进制数的时间宽度,它是数据传输速率的倒数。比特长度是每一位二进制数占用信道的长度,等于比特时间×信号传播速率。如果数据传输速率是 10Mbps,信号传播速率是 2×10^8m/s,则比特时间=10^{-7}s,比特长度=$10^{-7}\text{s}\times2\times10^8\text{m/s}=20\text{m}$。如果数据传输速率提高到 100Mbps,信号传播速率仍然是 2×10^8m/s,则比特时间=10^{-8}s,比特长度=$10^{-8}\text{s}\times2\times10^8\text{m/s}=2\text{m}$。可以发现,在信号传播速率维持不变的前提下,数据传输速率越高,比特长度越短,相同长度的信道可以容纳更多位二进制数。

8. 吞吐率

终端吞吐率是指终端的平均传输速率,等于终端时间段 T 内发送的数据量/T。当终端持续发送数据时，终端的吞吐率最大，吞吐率等于终端的传输速率。当终端不能持续发送数据时，吞吐率小于终端的传输速率。终端吞吐率体现终端的数据传输效能。

1.2 互联网发展过程

分组交换技术的产生导致ARPA网络的诞生，网络应用的深入和Web技术的发展导致互联网的诞生。互联网应用的深入与计算机技术、通信技术、嵌入式技术的发展使互联网成为高速互联网、统一网络、移动互联网和物联网。安全问题的日益严重要求互联网成为安全互联网。

1.2.1 从ARPA网络到互联网

互联网已经深刻地影响着人们的生活、工作方式，但它为什么能够在短短几年如此迅速地发展起来，并占据如此重要的位置？

1. 电视事业发展过程的启示

人们或许更熟悉电视事业，可以通过比较电视事业的发展过程来更好地了解互联网的发展过程。

电视事业的发展取决于以下三个因素：

- 电视机制造工业；
- 电视信号传播设备；
- 电视节目制作、播放单位。

随着电子技术的飞速发展，电视机的生产成本急剧下降，而各种技术指标却迅速提升，使电视机走进千家万户不仅成为可能，而且是各种类型的优质电视机走进了千家万户。回顾一下20世纪70年代初，当电视机还是稀罕物时，能想象有今天这样繁荣的电视事业吗？

年龄大的读者或许还有这样的记忆，为了得到较好的画面质量，不得不架设很高的天线，并不时加以调整。如果没有卫星和有线电视这样的传播设备的出现和普及，接收如此多画面清晰的频道根本是不可想象的事情。

当然，光有价廉物美的电视机和良好的电视信号还不够，还必须有丰富多彩的电视节目，也就是必须有大量能够制作、播放优秀电视节目的单位，这样才能让人们觉得有购买电视机的必要，有坐在电视机前看电视节目的兴趣。

这三个因素是相辅相成的。对电视节目制作、播放单位而言，只有具有广大的电视观众，它才有经济和精神动力来制作、播放优秀的电视节目，而电视信号传播设备的研发、生产厂家，只有在发现巨大的市场空间的情况下，才有可能投入大量资金研发、生产电视信号传播设备，才能有先进的电视信号传播设备问世。但这一巨大市场空间的形成，又与电视机走入千家万户，形成一个巨大的电视观众群密不可分。巨大的电视观众群的形成，不仅需要有价廉物美的电视机，更需要有大量电视画面清晰、节目丰富多彩的电视频道，而做到这一点又和其他两个因素相关。因此，只有当随着电子技术发展，生产出价廉物美的电视机成为可能，电视机真正走入千家万户时；当由于巨大市场空间的推动，卫星和有线电视传播设备应运而生，能够为观众提供画面清晰的电视频道时；当由于存在巨大的电视观众群，电视节目制作和播放单位在强大的经济、精神动力下不断提供丰富多彩的电视节目时，电视事业才能飞速发展、空前繁荣。

2. 互联网在20世纪90年代普及的因素

事实上，计算机网络并不是20世纪90年代才有的东西。20世纪60年代，美国国防部高级研究计划署研发了第一个分组交换网络，简称ARPA网，而人们熟悉的以太网诞生在20世纪70年代初。第一块可以安装在个人计算机(Personal Computer，PC)工业标准体系结构(Industry Standard Architecture，ISA)插槽上的网卡也由3COM公司在20世纪80年代初研制成功。在20世纪90年代前，计算机网络离普通人们的生活还很远，即使在20世纪80年代中、后期，虽然有许多企业开始引进以太网，并在以太网上开发信息管理系统，计算机专业的学生也有了接触实际的网络的机会，但计算机网络依旧是行业内人士或企业内参与信息管理系统开发的人士所关心的东西。但到了20世纪90年代，似乎学术味很浓的计算机网络一下子和普通人们的生活紧密地联系在一起，为什么能发生如此巨大的变化呢？

和电视事业相似，互联网的发展程度也由下述三个因素决定：

- 网络终端设备制造工业；
- 数据传输设备；
- 网络信息制作、提供单位。

人们通常所说的上网就是指通过网络终端设备访问网络信息资源，而最常见的网络终端设备就是PC。对于普通人们来说，从20世纪90年代开始，购买PC已经成为可能，PC开始走进千家万户。

只有当某种产品存在巨大市场空间，而当前技术又使研发、制造这种产品成为可能时，该产品才能成为研发热点，并大量出现在市场上。用于互连网络终端、实现网络终端之间数据交换功能的数据传输设备在20世纪90年代就成为这样一种热点设备。当PC得到普及，而这些PC希望通过连网来进一步拓展它的应用范围时，数据传输设备的巨大市场需求出现，像Cisco公司这样抓住市场机遇，适时推出数据传输设备(路由器)的企业短时间内得到空前发展。20世纪90年代可以说是数据传输设备和PC各领风骚的年代，各种性能的交换机、路由器不断推向市场。

和电视事业一样，普通人们上网绝对不是为了开展学术研究，而是为了方便、丰富生活。如果网络不能提升人们的生活质量，为人们提供丰富多彩的信息资源，那么势必影响人们上网的积极性。网络应用系统的开发，尤其是Web技术的出现，为人们开辟了另一块精彩的空间。

当然，和电视事业一样，决定互联网发展的三个因素也是相辅相成的。PC的飞速发展，形成大量的网络终端需要互连成网的局面，这样巨大的市场需求又强力推动数据传输设备生产企业研发、生产更多更好的数据传输设备。Web 技术和众多网络用户使网络内容提供者成为极富生命力的行业，而众多网络内容提供者又吸引了更多的网络用户，这种良性循环使 Internet 急剧膨胀，使其从 20 世纪 90 年代开始成为人们生活中不可分割的一部分。

从 ARPA 网到 Internet，既有技术因素，也有市场因素。从技术层面讲：PC、交换机和路由器及 Web 技术的诞生和发展为 Internet 的兴起和发展提供了技术保障。从市场层面讲：丰富的网络信息资源，尤其是网络的交互性，极大地提高了人们上网的积极性，网络彻底改变了人们的生活、工作方式。

1.2.2 从低速互联网到高速互联网

一旦汽车普及，道路就成为制约因素。同样，当人们开始热衷于上网娱乐、游戏，传输速率就成为制约因素。现在用 50Mbps 或 100Mbps 以太网无源光网络（Ethernet Passive Optical Network，EPON）上网的用户估计无法想象 20 世纪 90 年代初人们通过电话线，以 2400bps 传输速率上网的情景，也无法想象到了 20 世纪 90 年代中后期，整个大学用于接入中国教育科研网的物理链路的传输速率只有 2Mbps。

1. Internet 结构

熟悉交通运输系统的人应该知道，中国的道路可以分为国道、省道、县道和村级公路等。村级公路将村庄连接到县道上，县道将整个县连接到省道上，省道将全省连入全国交通干道。当然，县道可以多点接入省道，省道也可以多点接入国道，图 1.5 就是一张四级公路示意图。国道作为国家的交通干道承担着省际汽车通行，随着商业活动的发展，跨省

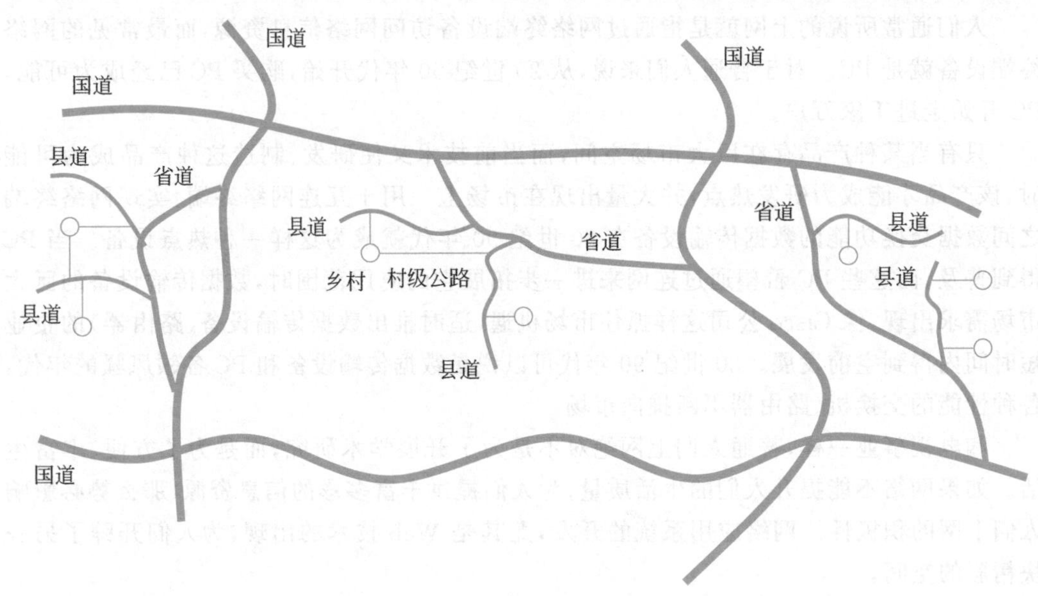

图 1.5　公路交通结构图

流动的人口、货物越来越多，省际汽车流量越来越大，要求国道的通行能力必须越来越强。同样，在商业活动频繁的今天，对省道、县道甚至村级公路的通行能力也都提出了很高的要求。但由于功能上的差别，这几级公路的通行能力需求还是有所区别的。除了通行能力的区别外，这几级公路的覆盖范围也存在较大区别。

Internet 和公路交通网非常相似，如图 1.6 所示。一个企业有一个用于将企业内网络终端互连的企业网，而一个城市有一个用于将城市内各个企业网及个人网络终端互连的城市网，全国有用于将多个城市网互连的国家网，而每一个国家网只有接入 Internet 主干网才能与其他国家网实现相互通信。ISP 是 Internet 服务提供商(Internet Service Provider)的英文缩写。Internet 作为商业网络，由不同的营运商负责城市网、国家网和 Internet 主干网的建设和维护，因此用本地、地区 ISP 网络来称呼城市网、国家网。因此，讨论网络的速率变化需要分三方面进行讨论：一是用于将校园内或企业内各个网络终端互连的校园网或企业网的速率变化，二是用于直接将个人网络终端接入城市网的接入网络的速率变化，三是城市网、全国网甚至是 Internet 主干网的速率变化。

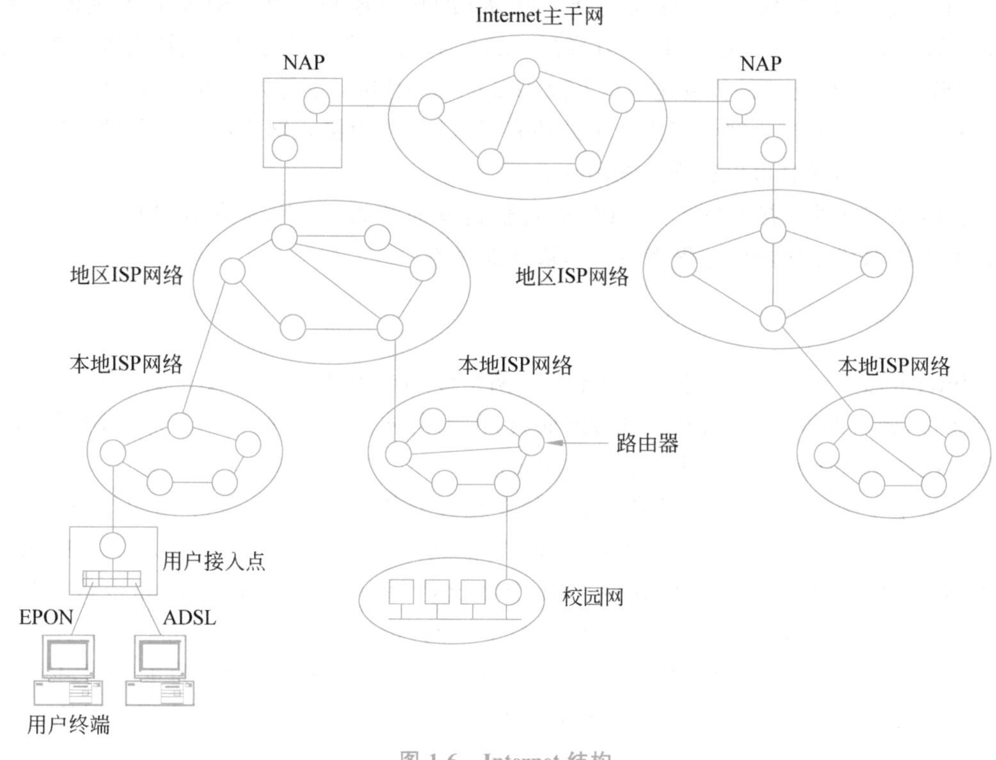

图 1.6　Internet 结构

2. 以太网传输速率变化过程

以太网是目前用于构建校园网和企业网的主要网络技术。但从以太网诞生到 20 世纪 90 年代初，它的传输速率基本上都维持在 10Mbps，只是在 20 世纪 90 年代初(1990 年)以太网技术从共享发展成交换(共享和交换的差别将在第 3 章详细讨论)。1992 年，以太网传输速率从 10Mbps 升级到 100Mbps。1996 年，以太网传输速率又从 100Mbps 升级到 1Gbps(1000Mbps)。2003 年，以太网传输速率从 1Gbps 升级到 10Gbps。目前已经有 40Gbps 和 100Gbps 的以太网。通过上述发展过程可以发现，以太网的发展从 20 世纪 90 年代开始突飞猛进，这恰恰印证了前面所讲的结论：只有当技术和市场相结合，技术和市场形成良性互动，这一技术才能飞速发展，PC 如此，以太网产品也是如此。

3. 接入网络传输速率变化过程

个人网络终端接入 Internet 的技术大致分为四个阶段：通过 PSTN 接入、通过 ADSL 接入、通过 10Mbps 的以太网接入，以及通过 50Mbps 或 100Mbps 的 EPON 接入。

在 20 世纪 90 年代初，通过 PSTN 接入 Internet 是主流，PC 通过电话线(用户线)接入城市网并因此接入 Internet。这种接入方式的传输速率从 33.6kbps 发展到上行速率为 33.6kbps、下行速率为 56kbps(上行是指从 PC 到 Internet 的方向，而下行是指从 Internet 到 PC 的方向)。

到 20 世纪 90 年代末，一种新的接入技术(ADSL)逐渐取代 PSTN 成为主流技术。ADSL 仍然使用 PSTN 的用户线，而且通过 PSTN 的用户线可以同时传输语音和数据。目前 ADSL 普遍能够达到的传输速率是上行 32kbps 或 64kbps，下行为 1Mbps 或 2Mbps。

和 ADSL 一起作为宽带接入技术的还有以太网，作为接入网络的以太网的传输速率一般为 10Mbps，最高可以达到 100Mbps。

目前城市常见的接入技术为 EPON，传输速率通常为 50Mbps 或 100Mbps。这些接入技术的技术特点和操作过程将在第 7 章详细讨论。

4. 主干网传输速率的变化过程

Internet 的主干网是相对的。对于个人网络终端或需要接入 Internet 的企业网或校园网而言，城市网即主干网；对于城市网而言，国家网才是主干网；而对于国家网而言，互连国家网的 Internet 主干网才是真正的主干网。

虽然主干网的定义不同，但传输速率的变化过程却相差不大。主干网的传输速率变化过程主要分为三个阶段：第一阶段是用数字数据网(Digital Data Network，DDN)作为主干网，传输速率由最初的 2Mbps 到几十兆比特每秒；第二阶段是用异步传输模式(Asynchronous Transfer Mode，ATM)作为主干网，传输速率从 155Mbps 到 622Mbps；第三阶段是用同步数字体系(Synchronous Digital Hierarchy，SDH)作为主干网，传输速率从 2.5Gbps 到 40Gbps。这些主干网的技术特点和工作原理将在第 5 章详细讨论。

1.2.3 从数据网络到统一网络

数据网络的任务就是实现连接在互联网上的两个终端之间的数据传输过程，即端到端传输过程。早期的数据网络只能提供一种类型的传输服务：尽力而为(best-effort)服务。所谓尽力而为服务是指互联网尽最大努力把数据从发送端传输到接收端，但不能保证每一次都能把数据正确地从发送端传输到接收端；也不能保证在指定时间范围内把数据从发送端传输到接收端。根据以上特点，尽力而为服务非常像邮局提供的平信业务。虽说平信正确送达的概率很大，但偶尔也会发生丢失的情况。另外，相同寄信人和收信人的信件，有的可能两天就到了，有的可能 4 天才到。如果没有时间限制，可靠性问题容易解决，寄信人可以对每一封信编号，收信人对收到的每一封信都回信，而且回信中指明是对什么编号的信的回复。当寄信人发出信件后，过了该收到回信的日子(如果寄信后，最慢 8 天收到回信，那么过了 8 天就是过了收到回信的日子)仍未收到回信，就可断定该信件在中途丢失了，则将该信件重新发送一次，当然信件内容和编号都不变。

就像"相同寄信人和收信人的两封信件，快则两天就到，慢则 4 天才到"不是什么问题一样，对一般的数据传输过程，传输时间不确定的问题也不是什么问题。平信业务已经为人们服务了多年，人们并不因为它的这两个不足而放弃使用，同样 Internet 的尽力而为服务也成功地为人们提供了数据传输服务。

1. 语音信号传输过程

在讨论统一网络的性能要求前，先看一下语音信号的传输过程。语音信号是模拟信号，是声/电转换后产生的幅度连续、时间连续的电信号。要将模拟信号经过数据网络进行传输，必须在发送端先对其进行模拟信号至二进制数(Analog to Digital，A/D)转换，变成语音数据后才能在数据网络上进行传输。在接收端再将语音数据通过二进制数至模拟信号(Digital to Analog，D/A)转换还原成模拟信号，经过听筒的电/声转换，进入人的耳朵。整个过程如图 1.7 所示。

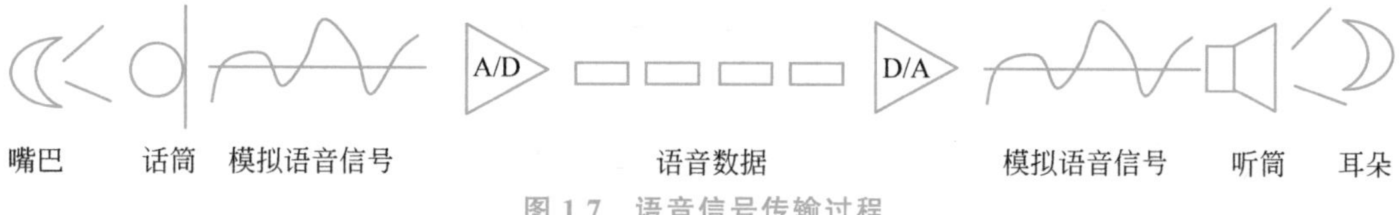

图 1.7　语音信号传输过程

对模拟信号进行采样时，为了保证能够正确还原模拟信号，采样频率至少是模拟信号中频率最高的谐波信号频率的两倍。由于语音信号的频率范围为 20～3000Hz，考虑冗余因素，可以得出语音信号中频率最高的谐波信号频率小于 4kHz，因此可以将采样频率定为 8kHz。由于采样后的信号仍是幅度连续的电信号，而用有限位二进制数表示的电信号总是有限等级的，如用 8 位二进制数表示 0～5V 的电信号，只能将 0～5V 电信号分成 256 个等级，其中值 $x(0\leqslant x\leqslant 255)$所表示的电信号的幅度为$(x\div 256)\times 5\text{V}$，因此，在选定表示采样信号的二进制数位数后，必须用有限等级的信号幅度来拟合幅度连续的电信号，如幅度为 v 的电信号，如果满足条件$(x\div 256)\times 5\text{V}\leqslant v<((x+1)\div 256)\times 5\text{V}$，就用值 x 表示。当然，表示采样信号的二进制数的位数越多，则拟合的精度就越高。

2. 统一网络性能要求

在图 1.8 中，为了保证接收端听到的语音清晰、连贯，接收端必须保证用和采样频率相同的频率进行 D/A 转换，这就要求一旦接收端开始 D/A 转换，D/A 转换就不能停顿。

而且从发送端开始第一次采样到接收端开始第一次 D/A 转换的时延不能太长(在图 1.8 中,要求(T_2-T_1)<150ms),否则就影响交互性。在这种情况下,数据网络原来提供的尽力而为服务就有点问题了。一是偶尔丢失数据引发的问题。偶尔丢失数据将使在接收端发生 D/A 转换停顿,而且由于 D/A 转换必须连续进行,不可能在接收端发现一些采样值丢失后,等待发送端重新发送丢失的采样值后继续 D/A 转换,这样会使停顿的间隔更长,更影响接收端语音信号的连贯性。二是传输时延长且变化大引发的问题。由于接收端一旦开始 D/A 转换,便不能停顿,因此接收端何时开始 D/A 转换就有些讲究。如果接收端在接收到第一个采样值后就开始 D/A 转换,那么必须保证后续采样值的传输时延比第一个采样值的传输时延要短,因为传输时延短的采样值到达接收端时,还没有轮到它进行 D/A 转换,可以先存储在接收端,而传输时延长的采样值到达接收端时,已经过了对它进行 D/A 转换的时间,因此已没有任何价值,只能丢弃,这就对传输时延的变化范围有非常严格的要求。如图 1.8 所示,由于数据网络的传输时延变化较大,虽然接收端接收到标号为 1 的数据后,延迟一段时间才开始播放,但当标号为 7 的数据到达时,因为过了播放时间,只能丢弃。因此,如果用数据网络传输语音数据,单一的尽力而为服务已不能满足语音数据的传输要求。为了保证对话双方的交互性和语音信号的清晰、连贯性,要求传输语音数据的网络一是可靠,二是传输时延要短,三是传输时延变化要小。

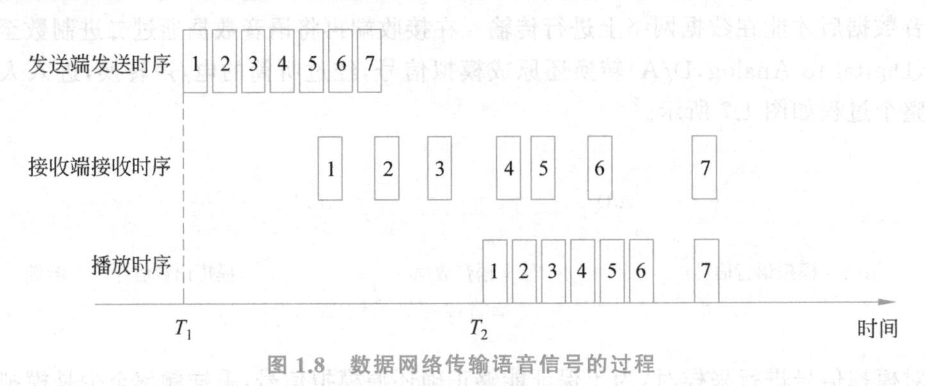

图 1.8　数据网络传输语音信号的过程

在一些大城市中,为保证公交车优先通行,开辟了专用公交车道,这就保证了即使在高峰时段,也不会由于交通拥塞导致公交车辆被堵,做到在任何情况下,公交车都能按点到达各个站点。

同样,为了保证语音数据的传输,必须让语音数据拥有比其他数据更高的优先级,如免于排队优先转发、有专用传输通路等。这就要求网络提供分类服务(Class of Service, CoS),即对不同类型的信息流提供不同的服务质量。

目前存在三种用途不同的网络:专门用于传输语音信号的 PSTN、专门用于传输数据的数据网络和专门用于传输视频信号的有线电视网络。所谓统一网络就是能够同时实现语音、视频和数据传输的数据网络。为保证语音、视频的传输质量,早期数据网络单一的尽力而为服务已不能满足当前的需要,数据网络必须提供多种服务功能,对不同类型的信息提供相应的服务,保证相应的服务质量。

1.2.4 从互联网到移动互联网

移动互联网是移动终端与互联网的有机结合。移动互联网结构如图 1.9 所示，笔记本计算机与平板电脑通过无线局域网接入 Internet，智能手机通过无线局域网或者通用分组无线业务(General Packet Radio Service，GPRS)、3G、4G、5G 等无线数据通信网络接入 Internet。因此，移动互联网的发展过程可以分为三个方面，一是移动终端的发展过程，二是无线局域网与 GPRS、3G、4G、5G 等无线数据通信网络的发展过程，三是移动互联网应用的发展过程。

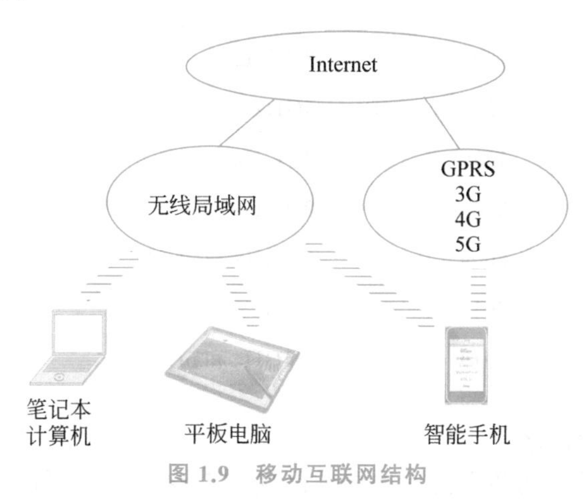

图 1.9 移动互联网结构

1. 移动终端的发展过程

移动终端需要具备以下特点：

- 无线通信
- 便携
- 一定的处理能力

具有无线通信功能和便于携带是移动终端的基本特性，网络终端要求是自治系统，能够实现通信协议栈，因此必须具备一定的处理能力。随着移动互联网应用的深入，对移动终端处理能力的要求越来越高。

早期的移动终端是笔记本计算机，相对台式机而言，笔记本计算机的便携性已经相当突出，但笔记本计算机的便携性主要体现在方便从一个办公地点移动到另一个办公地点，无法像手机那样随时随地使用。平板电脑的便携性好于笔记本计算机，但只有智能手机真正成为可以随时随地使用的移动终端。

嵌入式系统的发展使智能手机的处理能力越来越强，触摸屏的应用使智能手机的使用越来越方便，可以同时通过无线局域网和 GPRS、3G、4G、5G 等无线数据通信网络接入 Internet 的特性使智能手机几乎可以在任何地点访问 Internet。

2. 移动终端接入网络的发展过程

目前实现将移动终端接入 Internet 的无线通信网络主要有无线局域网和 GPRS、3G、4G、5G 等无线数据通信网络。

1）无线局域网

无线局域网的发展轨迹如表 1.1 所示。传输速率从 802.11 的 2Mbps 发展到目前 802.11ax 的 9Gbps，移动终端可以通过无线局域网高速访问 Internet。

表 1.1 无线局域网的发展轨迹

协议名称	发布年份	电磁波频段	最高数据传输速率
802.11	1997	2.4GHz	2Mbps
802.11a	1999	5GHz	54Mbps
802.11b	1999	2.4GHz	11Mbps
802.11g	2003	2.4GHz	54Mbps
802.11n	2009	2.4GHz 和 5GHz	600Mbps
802.11ac	2012	5GHz	6Gbps
802.11ax	2019	2.4GHz 和 5GHz	9Gbps

2）无线数据通信网络

对于智能手机，除了可以通过无线局域网接入 Internet，还可以通过无线数据通信网络接入 Internet。无线数据通信网络的发展轨迹为 GPRS→3G→4G→5G。

对于使用全球移动通信系统（Global System for Mobile Communication，GSM）标准的手机，可以通过 GPRS 接入 Internet，其最高传输速率可以达到 171.2kbps。

对于使用 3G 标准的手机，3G 网络最大下行传输速率可以达到 2.8Mbps，最大上行传输速率可以达到 384kbps。

对于使用 4G 标准的手机，4G 网络的下行传输速率可以达到 150Mbps，上行传输速率可以达到 40Mbps。

对于使用 5G 标准的手机，5G 网络的下行传输速率可以达到 1Gbps，上行传输速率可以达到 100Mbps。

3. 移动 Internet 应用

智能手机移动、定位和随时随地访问 Internet 的特性给移动 Internet 的应用带来革命性的改变。

1）基于位置的服务

智能手机可以通过配置的全球定位系统（Global Positioning System，GPS）或者连接的基站确定手机所在位置，因此引申出智能手机基于位置的服务，如导航、实时查询附近的服务设施和特定人员跟踪等移动互联网应用。

2）扁平式双向通信

智能手机定位和随时随地在线的功能可以实现预警信息精确推送，如发现某个地段天然气泄漏，可以实时、精确通知事故地点附近的人群疏散。一旦有人员发现意外事故，可以立即通过智能手机报告处理中心，同时上传意外事故发生地点、意外事故实况、意外事故附近情况等，以便处理中心做出正确决断。

移动互联网应用还可以减少企业管理层，使企业中心管理部门与一线员工之间实现扁平式双向通信。

3）移动支付

智能手机可以实现移动支付、移动购物、移动社交，真正做到一机在手，走遍天下、玩遍天下。

1.2.5 从互联网到物联网

Internet 是实现终端之间通信，并在此基础上为用户提供服务的网络。因此，对于社交网络，人与人交互过程分为人与终端交互过程和终端与终端通信过程两部分。人与终端交互过程通过应用程序的用户接口实现，终端与终端通信过程通过 Internet 实现，如图 1.10(a)所示。对于远程检测系统，人与被检测物的交互过程分为人与终端交互过程、终端与终端通信过程、终端与检测设备通信过程三部分。检测设备获取被检测物的信息，将其传输给连接检测设备的终端，终端之间通过 Internet 实现通信过程，与人交互的终端获取被检测物信息后，通过应用程序的用户接口呈现给用户，如图 1.10(b)所示。因此，在传统 Internet 应用中，人与人、人与物交互都是通过终端实现的。

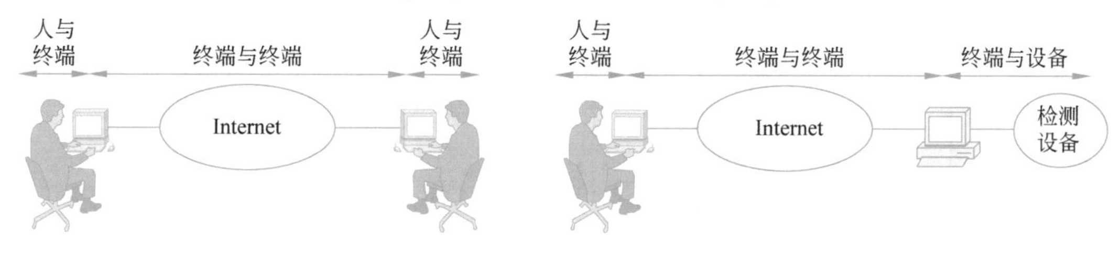

图 1.10 Internet 中人与人和人与物的通信过程

物联网不需要通过终端，可以直接基于 Internet 实现物与物、物与人、人与人的交互过程，并在此基础上提供各种服务，但对物和人的功能提出了改进要求。

1. 改进物的功能

1）物的含义

物联网中的物可以是各种物品，如家电、武器、建筑及其他各种商品。如果这些物品需要连接到物联网中，除了原有的功能特性外，必须具有以下功能特性：

- 有数据传输通路；
- 有一定的存储功能；

• 有 CPU；
• 有操作系统；
• 有专门的应用程序；
• 遵循物联网的通信协议；
• 有可被识别的网络中唯一的编号。

上述功能特性是连接到互联网中的终端所具备的，因此，物联网中的物是原有物品与网络终端的混合体。随着嵌入式技术的发展，可以在任何物品中嵌入智能系统，该智能系统具有互联网中终端所具备的功能特性。

2）物举例

本例中的物是嵌入智能系统的地雷，该地雷除了触发引爆功能外，还具有为物联网中的物定义的功能特性。

① 通过装备在指定区域实施布雷，布雷结果如图 1.11(a)所示。完成布雷过程后，地雷之间通过交换数据构建区域内地雷物理位置图，因此地雷具备通信、定位和计算能力。

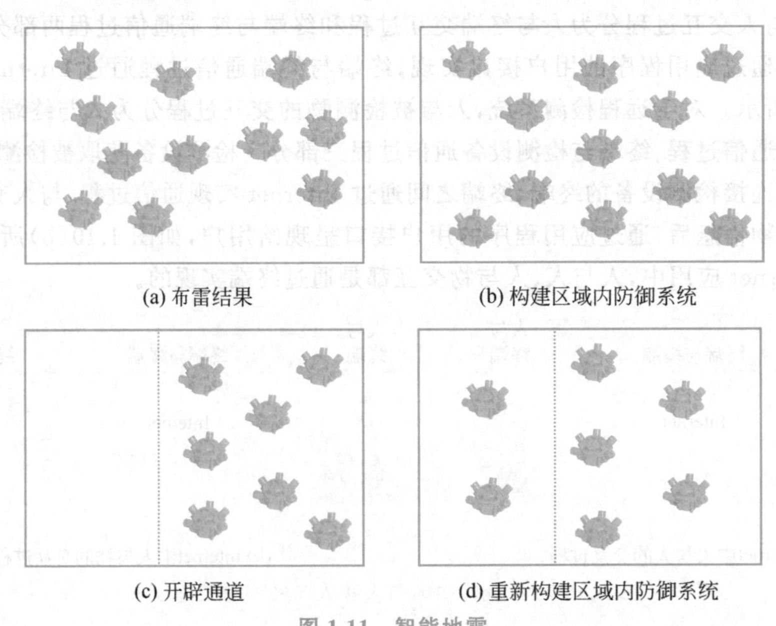

(a) 布雷结果　(b) 构建区域内防御系统

(c) 开辟通道　(d) 重新构建区域内防御系统

图 1.11　智能地雷

② 根据防御区域和每一个地雷的初始物理位置，计算出每一个地雷的预定位置，每一个地雷能够自动运动到预定位置，如图 1.11(b)所示，因此地雷具有运动能力。

③ 通过爆破开辟如图 1.11(c)所示的通道后，剩余地雷能够根据剩余地雷的数量、每一个地雷的位置和防御区域，重新计算出剩余的每一个地雷的新的预定位置，每一个地雷自动运动到新的预定位置，重新构建防御系统，如图 1.11(d)所示。

④ 地雷具有自动识别敌我装备的能力。

2. 改进人的功能

1）可穿戴设备

如果人要求不借助于终端直接与互联网进行交互，则人必须具备互联网终端所具备的功能。顾名思义，可穿戴设备是一种整合到衣服和手表、眼镜等饰物中的智能设备。这种智能设备一是实现计算、通信等终端所具备的功能，二是实现信息采集，三是用于提供人体自身不具备的扩展功能。

2）可穿戴设备举例

腕表：具有定位，检测心跳、血压等身体特征参数的功能；具有通过蓝牙与手机通信或者直接通过 GPRS、3G、4G 或 5G 接入 Internet 的功能。

眼镜：具备定位、摄像、拍照功能；具有通过蓝牙与手机通信或者直接通过 GPRS、3G、4G 或 5G 接入 Internet 的功能；具备直接向手机或者 Internet 上传拍摄的视频或照片的功能；具备显示 Internet 推送的图像或者视频的功能。

戴上述腕表的老人一旦身体感到不适，腕表可以自动向救护中心求助，同时将老人的位置传输给救护中心。在等待救护期间，腕表实时地将心跳、血压等身体特征参数传输给赶来救护的医疗人员，以便预备适当的救护方案。

戴上述眼镜的战士一方面可以将他所在的位置和观察到的战场环境实时传输给指挥中心，另一方面也可以显示指挥中心推送的附近区域的敌我态势和战友分布情况，以便做出正确的行动方案。

3. 物联网应用

1）物联网重点应用领域

国际电信联盟(ITU)对物联网的定义是：通过二维码识读设备、射频识别(RFID)装置、红外感应器、全球定位系统和激光扫描器等信息传感设备，按约定的协议，把任何物品与互联网相连接，进行信息交换和通信，以实现智能化识别、定位、跟踪、监控和管理的一种网络。国内物联网的重点应用领域涉及智能工业、智能农业、智能物流、智能交通、智能电网、智能环保、智能安防、智能医疗和智能家居等。

2）城市智能交通系统

城市智能交通系统如图 1.12 所示，其作用一是避免道路拥塞，尽可能提高道路的利用率；二是保证车辆的安全行驶。

图 1.12　智能交通系统

(1) 智能汽车

汽车本身是嵌入智能系统的物，具有定位、检测和传输车的行驶状态及接收行驶路线(导航)等功能，如图 1.13 所示。初始时，汽车将初始位置和目的地传输给城市智能交通系统中的云计算中心，然后接收云计算中心推送的行驶路线，行驶过程中向云计算中心实时传输车辆的位置和行驶状态。

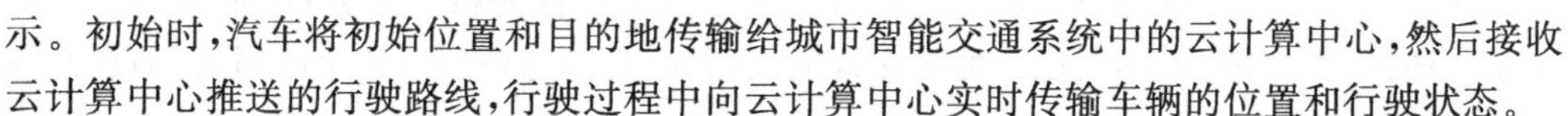

(2) 云计算中心

云计算中心存储城市中所有道路的状况，接收城市中每一辆车的行驶状态、位置和目

图 1.13　智能汽车中的智能系统

的地，根据道路状况和每一辆汽车的信息计算出每一辆汽车的最佳行驶路线，并将最佳行驶路线推送给每一辆汽车。最佳行驶路线将尽可能避免道路拥塞，并最大限度地提高道路利用率。

由于云计算中心需要实时接收和处理城市中每一辆车的行驶状态、位置和目的地，并结合城市道路状况计算出每一辆车的最佳行驶路线，因此要求云计算中心能够提供巨大的计算和存储能力，这对云计算中心是一个非常大的考验。

1.2.6　从互联网到安全互联网

Internet 的原旨是实现终端之间的通信过程，并在此基础上实现资源共享。但随着 Internet 应用的深入，Internet 中的信息已经成为重要的战略资源，能否维持 Internet 中信息的可用性、保密性和完整性已经关系到一个企业、甚至国家的安危。在这种情况下，保障 Internet 中信息的可用性、保密性和完整性成为 Internet 健康、快速发展的基础，安全 Internet 就是实现信息可用性、保密性和完整性的 Internet。

1. 网络威胁的发展过程

1）网络威胁的根源

存在网络威胁是由于以下原因：一是 Internet 的原旨是实现终端之间的通信过程，并在此基础上实现资源共享，因此设计 TCP/IP 协议族时更多考虑的是开放性和包容性，对安全因素考虑不够，这就导致了 Internet 安全方面的先天不足；二是硬件结构存在漏洞，可以通过电磁侦听窃取信号，或者通过电磁攻击影响硬件的正常工作过程；三是软件存在漏洞，无论是操作系统这样的系统软件，还是信息管理系统这样的应用软件，都可能存在漏洞，通过利用这些漏洞，可以窃取信息或者影响软件的执行过程；四是网络用户安全意识淡薄，存在随意下载、运行携带病毒的实用软件，随意访问不安全的网页，随意泄漏个人信息等行为。

2）网络威胁的目的

网络威胁的目的主要有两个：一是实现对网络中信息的非法访问，二是影响甚至中断网络的正常服务过程。网络中的信息包括存储在主机系统中的信息和经过网络传输的信息，对信息的非法访问包括非法窃取、篡改网络中的信息。网络的正常服务过程包括终端之间的通信过程、服务器的服务过程等，因此影响和中断网络的正常服务过程包括影响和中断终端及服务器的正常运行过程，影响和中断网络通信过程等。

3）网络威胁形式

（1）恶意软件

恶意软件包括病毒、木马、蠕虫、间谍软件等，这些软件具有以下破坏作用：一是破坏主机系统，如删除重要文件，侵占内存、CPU 和链路带宽等重要资源；二是窃取和篡改主机系统中的信息，如向固定地址发送主机系统中的信息，篡改重要文件中的内容，有的还可以记录下用户交互过程中输入的账号、密码等个人信息，并发送给固定地址；三是削弱主机系统的安全功能，如修改防火墙配置，增加具有管理员权限的用户，打开某些服务等；四是某些恶意软件具有自我复制，利用网络快速传播的特性，可以快速蔓延到网络中的其他主机系统。

（2）黑客攻击

黑客攻击是指通过建立与攻击目标之间的传输路径，利用攻击目标的漏洞窃取、篡改攻击目标中的信息，破坏攻击目标的软硬件资源的行为。黑客利用的主机系统漏洞有用户不经意打开的服务（如 Telnet 服务）、简单好记的密码、操作系统和应用软件已经发现但没有及时修补的漏洞等。黑客利用的攻击工具包括恶意软件，如木马、蠕虫等。木马用于削弱主机系统的安全功能，为黑客非法访问主机系统提供后门；蠕虫可以快速蔓延，实现快速破坏网络内主机系统的目的。

（3）拒绝服务攻击

拒绝服务（Denial of Service，DoS）攻击就是用某种方法耗尽网络设备或服务器资源，使其不能正常提供服务的一种攻击手段。因此，一切用不正当方法消耗掉网络数据传输能力、路由器和交换机转发分组的能力、服务器与其他终端之间的通信能力以及服务器响应服务请求的能力的行为都是拒绝服务攻击行为。黑客以破坏主机系统软硬件资源、瘫痪主机系统为目的的攻击行为也是拒绝服务攻击行为。

（4）网络欺诈

网络快速传播信息的特征使网络成为诈骗信息的传播平台。电子商务和互联网金融的普及，尤其是移动互联网的普及，导致网络中出现各种诈骗行为，如钓鱼网站、各种假的获奖消息、微信朋友圈中假的朋友求助信息、各种引诱用户泄漏个人信息的陷阱等。

2. 安全技术的发展过程

网络安全技术是一种用于对网络系统中的硬件、软件和数据实施保护，使网络信息不因偶然或恶意攻击而遭到破坏、更改或泄露，并且保证网络系统连续、可靠、正常地运行，保证网络服务不中断的技术。因此，网络安全技术是伴随网络威胁产生的，随着网络威胁的发展而发展。

1) 防止非法访问的技术

加密将改变信息内容，因此即使窃取到加密后的信息，也无法还原加密前的信息。报文摘要用于检测信息存储和传输过程中是否被篡改。通过身份鉴别和授权，只允许授权访问该信息的用户访问该信息。

2) 防止恶意软件的技术

防止恶意软件的技术主要包括检测技术、隔离技术和防御技术。检测技术能够检测出主机系统中已经存在的恶意软件，这些恶意软件包括单独存在的恶意软件和嵌入某个实用程序的恶意软件。隔离技术能够删除独立的恶意软件，清除嵌入实用程序的恶意软件。防御技术能够监控恶意软件的行为，及时终止恶意软件破坏主机系统资源的过程。

3) 防止黑客攻击的技术

防止黑客攻击的技术包括主机系统保护技术和阻断技术。主机系统保护技术用于屏蔽操作系统和应用程序的漏洞，对访问主机系统资源过程实施监控，对上传的软件进行检测，对软件行为实施控制。阻断技术阻断黑客与被攻击目标之间的传输路径。

4) 防止拒绝服务攻击的技术

防止拒绝服务攻击的技术包括分布式检测技术、攻击行为记录分析技术和反制技术。分布式检测技术能够发现分布在网络中的异常信息流，这些异常信息流通常是拒绝服务攻击引发的信息流。攻击行为记录分析技术可以记录并分析这些异常信息流，梳理出攻击目标和攻击源，分析出攻击行为特征。反制技术能够对攻击源实施反击，并及时从网络中清理异常信息流。

5) 防止网络欺诈的技术

防止网络欺诈的技术包括安全协议、短消息和来电云检测、手机和主机系统保护技术等。安全协议能够对网站身份进行鉴别，加密传输给网站的个人信息。短消息和来电云检测能够将手机接收到的短消息和来电号码上传给云计算中心，由云计算中心判别是否是诈骗信息和诈骗电话。手机和主机系统保护技术能够避免手机和主机系统安装间谍软件，防止黑客窃取手机和主机系统中的信息。

3. 网络安全是一个社会工程

网络安全不是单一依靠网络安全技术就能够实现的，而是一个社会工程，涉及法制建设、道德建设和安全意识教育等多方面。

1) 法制建设

法律明文规定：非法入侵、非法访问主机资源的行为，传播病毒并造成严重后果的行为等都是犯罪行为，实施这些犯罪行为的人员会受到法律的惩处。

2) 道德建设

培养正确、合法地使用网络，维护他人知识产权的自觉性，未经许可，不使用他人计算机中的资源，不随便使用、复制、上传盗版软件，不盗用他人的成果。

3) 安全意识教育

培养保护个人信息的意识，培养保护自身知识产权的意识，培养识别网络欺诈行为的能力，养成正确使用网络的习惯。

1.3 交换方式

从电路交换到分组交换是一次飞跃，分组交换技术是现代网络，也是 Internet 的实现基础。实现分组交换的前提是分组交换机具有存储和处理能力，终端间传输的数据封装成分组，分组需要携带寻址信息，分组交换机利用分组携带的寻址信息和转发表完成分组输入端口至输出端口的交换过程。

1.3.1 交换的本质含义

网络的目标是实现连接在网络上的任何两个终端之间的通信过程。为了实现这一目标，需要建立连接在网络上的任何两个终端之间的数据传输通路，并给出控制数据沿着源终端至目的终端传输通路完成传输过程的机制。交换的本质含义就是以下两种机制的集成：一是建立连接在网络上的任何两个终端之间的数据传输通路的机制，二是控制数据沿着源终端至目的终端传输通路完成传输过程的机制。

1.3.2 电路交换

1. 两两之间的信道

建立两个终端之间数据传输通路的最简单方法是直接用信道连接两个终端。图 1.14 所示的是 5 个终端两两之间直接用信道连接的例子。图 1.14 所示连接方式的好处是显而易见的，一是任何一个终端随时可以通过直接连接另一个终端的信道传输数据；二是由于每一个终端直接用信道连接所有其他终端，因而可以同时与所有其他终端通信。图 1.14 所示连接方式的缺陷也是显而易见的，如果两个终端之间同时存在用于发送和接收信号的两个信道，则 n 个终端需要 $n\times(n-1)$个信道。对于目前实现

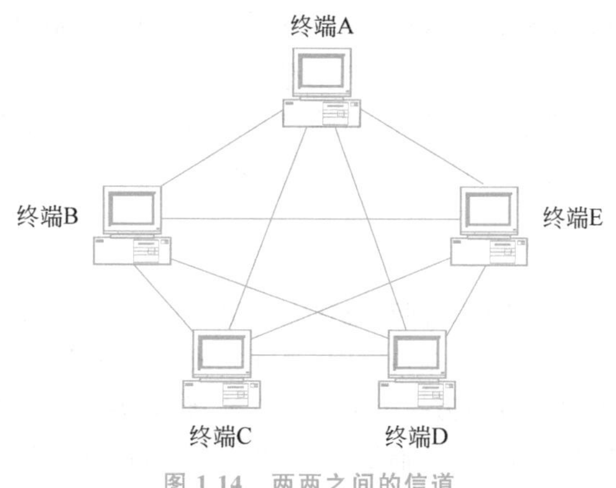

图 1.14　两两之间的信道

数以亿计终端互连的互联网，图 1.14 所示的终端两两之间直接用信道连接的方式显然是不可行的。

2. 按需建立信道

对于由 n 个终端互连而成的网络，在实际通信过程中，一是每一个终端同时与所有其他终端通信的可能性不是很大，二是 n 个终端同时与其他终端通信的可能性也不大。在大多数情况下，n 个终端中往往只有若干对终端需要同时通信。对于这种情况，可以采用按需建立信道的方式。

如图 1.15 所示，电路交换机有若干个端口，每一个端口连接一个终端。初始状态下，电路交换机端口之间不存在连接，因此终端之间不存在信道。如果两个终端之间需要通信，首先由电路交换机在连接两个终端的端口之间建立连接，以此在两个终端之间建立信道。两个终端之间一旦建立信道，终端之间可以直接经过信道完成数据传输过程。因此，如图 1.15 所示的终端之间按需建立信道与如图 1.14 所示的终端两两之间直接用信道连接相比，最大不同在于前者终端之间的信道不是固定存在的，而是由电路交换机动态建立的，这种由电路交换机按需在两个终端之间动态建立信道的过程称为电路交换过程。两个终端之间的信道建立方式称为电路交换方式。

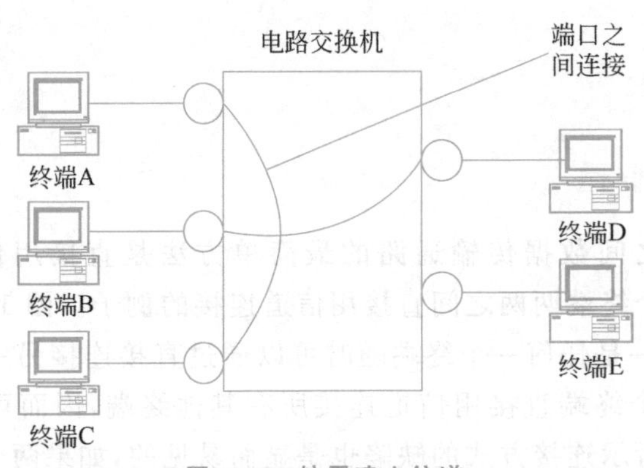

图 1.15　按需建立信道

值得强调的是，电路交换机按需建立的两个终端之间的信道是由多段物理链路组成的，如图 1.15 所示的终端 A 与终端 C 之间的信道包括终端 A 与电路交换机端口之间的物理链路、实现电路交换机连接终端 A 的端口与连接终端 C 的端口之间连接的物理链路，以及电路交换机端口与终端 C 之间的物理链路。

3. 电路交换的特点

电路交换机按需在两个终端之间动态建立信道的过程也称为两个终端之间连接建立过程。因此，两个终端之间进行数据传输前，必须完成两个终端之间的连接建立过程。由于电路交换机的某个端口一旦与另一个端口建立连接，该端口不能再与其他端口建立连接，因此完成两个终端之间的数据传输过程后，必须释放两个终端之间的连接。一旦建立两个终端之间的连接，两个终端之间的信道就被两个终端独占，终端之间信道有着固定的数据传输速率。

当若干对终端之间建立信道后，余下的终端之间可能无法建立信道。如图 1.16 所示，建立终端 C 与终端 D 之间的信道后，终端 A 无法与除终端 B 以外的其他终端建立连接，因此，在终端 C 与终端 D 之间的信道存在期间，终端 A 将无法与除终端 B 以外的其他终端交换数据。

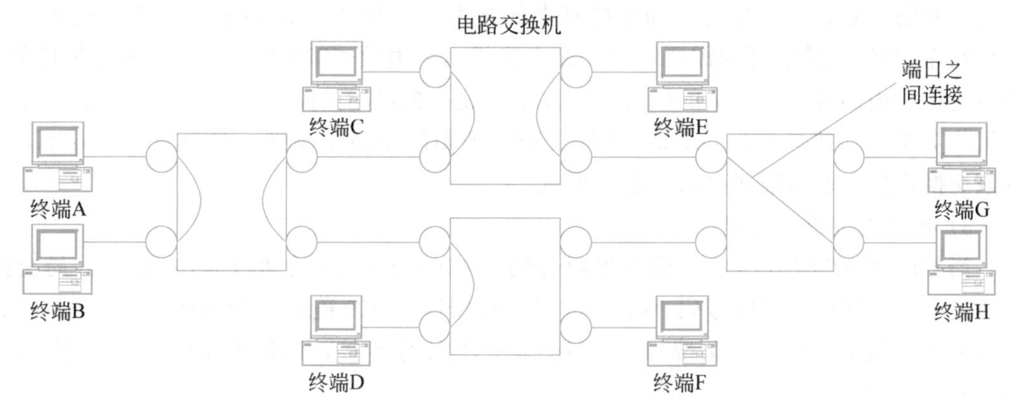

图 1.16 电路交换不能保证同时进行任意对终端之间的通信过程

4. 电路交换网络实例

PSTN 是一个典型的电路交换网络，主叫话机和被叫话机之间通过呼叫连接建立过程建立点对点语音信道。

1) PSTN 结构

PSTN 结构如图 1.17 所示，话机通过用户线连接到分局交换机端口。分局交换机之间实现互连，用于建立同一城市内两个话机之间的呼叫连接。分局交换机与长途交换机互连，用于建立不同城市内两个话机之间的呼叫连接。在图 1.17 中，号码为 02587677337 的话机连接到光华门分局交换机，光华门分局交换机一方面连接其他分局交换机，另一方面连接南京长途交换机。南京长途交换机连接北京长途交换机，北京长途交换机连接北京市各个分局交换机，如图 1.17 所示的朝阳门分局交换机，号码为 01056766373 的话机

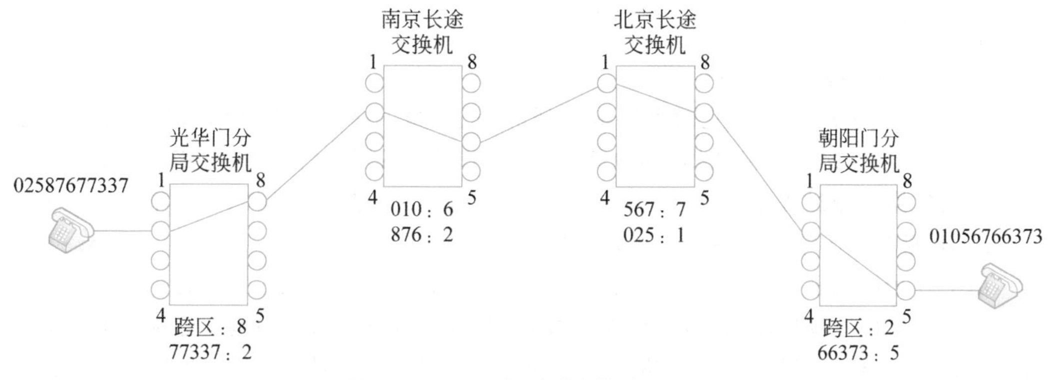

图 1.17 PSTN 与呼叫连接建立过程

连接到朝阳门分局交换机。

2）路由表

在每一个 PSTN 交换机中配置路由表，路由表中的每一项称为路由项。路由的含义是选择正确的通往目的地的路径，因此 PSTN 交换机中的每一项路由项需要给出通往某个话机的路径。为此，路由项给出交换机中端口与该端口连接的其他 PSTN 交换机或者话机之间的绑定。如光华门分局交换机中的路由项<跨区：8>表示该交换机的 8 端口连接长途交换机（跨区呼叫需要经过长途交换机），路由项<77337：2>表示该交换机的 2 端口连接局内编号为 77337 的话机。如北京长途交换机中的路由项<567：7>表示该交换机的 7 端口连接局号为 567 的分局交换机（朝阳门分局交换机），路由项<025：1>表示该交换机的 1 端口连接南京长途交换机。

3）呼叫连接建立过程

当号码为 02587677337 的话机呼叫号码为 01056766373 的话机时，光华门分局交换机通过端口 2 接收到被叫号码 01056766373，根据区号 010 确定是跨区呼叫，根据路由表中路由项<跨区：8>建立端口 2 与端口 8 之间的连接，并通过端口 8 输出被叫号码 01056766373。

南京长途交换机通过端口 2 接收到被叫号码 01056766373，根据区号 010 和路由表中路由项<010：6>建立端口 2 与端口 6 之间的连接，并通过端口 6 输出被叫号码 01056766373。

北京长途交换机通过端口 1 接收到被叫号码 01056766373，根据局号 567 和路由表中路由项<567：7>建立端口 1 与端口 7 之间的连接，并通过端口 7 输出被叫号码 01056766373。

朝阳门分局交换机通过端口 2 接收到被叫号码 01056766373，根据局内编号 66373 和路由表中路由项<66373：5>建立端口 2 与端口 5 之间的连接。完成主叫话机与被叫话机之间的语音信道的建立过程。

根据被叫号码和交换机中的路由表建立交换机两个端口之间连接的过程早期由人工完成，有了程控交换机后，由程控交换机自动完成。

5. 电路交换的缺陷

电路交换存在以下缺陷。

1）独占两个终端之间的信道

如图 1.18 所示，一旦建立两个终端之间的信道，两个终端独占该信道经过的物理链路，无论终端之间是否传输数据，其他终端不能共享该信道经过的物理链路的带宽。由于终端之间数据传输过程是间歇性、突发性的，该信道经过的物理链路的利用率是很低的。

2）不能保证任意对终端之间同时进行通信过程

由于两个终端独占两个终端之间的信道经过的物理链路，因此一旦某对终端之间的信道占用了某段物理链路，在该对终端释放它们之间的信道前，其他两个终端之间需要经过该段物理链路的信道将无法成功建立。如图 1.18 所示，在终端 A 与终端 F 之间的信道存在期间，终端 B、终端 C 与终端 D、终端 E 之间将无法成功建立信道。

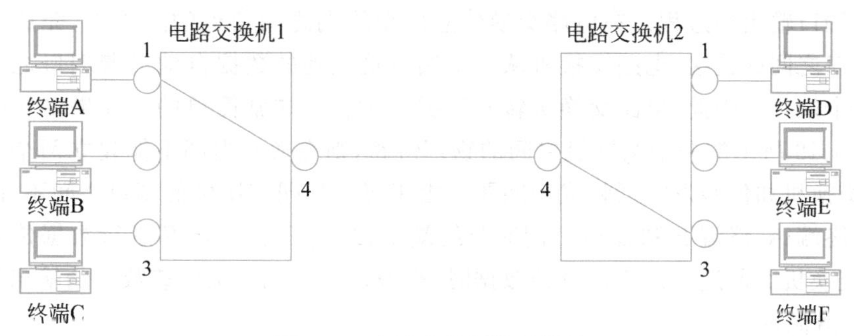

图 1.18 电路交换网络的缺陷

3）信道经过的物理链路要求相同的传输速率

虽然两个终端之间的信道由多段用于互连两个电路交换机、电路交换机和终端的物理链路组成，但这些物理链路构成点对点信道，因此这些物理链路要求有相同的数据传输速率，即二进制位流从信道一端经过这些物理链路到达信道另一端的传输过程中，数据传输速率是不变的。

1.3.3 虚电路交换

1. 共享引发的问题

电路交换的最大问题在于一旦建立两个终端之间的信道，该对终端将独占该信道经过的物理链路的带宽。解决这一问题的根本方法是允许多对终端共享某段物理链路的带宽。在如图 1.19 所示的网络结构中，允许终端 A、终端 B 和终端 C 同时与终端 D、终端 E 和终端 F 进行数据传输过程，使得多对终端之间传输的数据可以共享两个交换机之间的物理链路。但这样的共享方式可能引发以下问题。

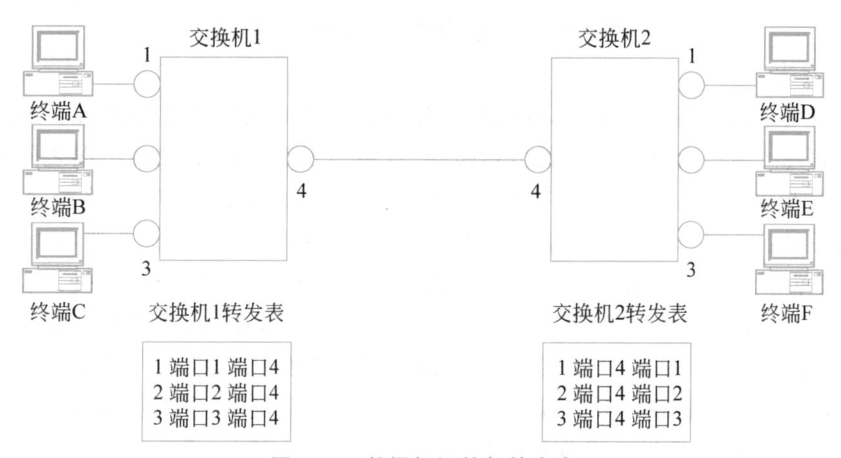

图 1.19 数据标识符与转发表

1）交换机转发数据过程

交换机转发数据过程是指交换机从一个端口接收到数据，确定数据输出端口，将数据通过输出端口输出的过程。在电路交换建立两个终端之间信道的过程中，完成电路交换机两个端口之间的连接，电路交换机从一个端口接收到的数据自动沿着端口之间的连接到达另一个端口。因此，电路交换机转发数据的过程是非常简单的。如果多对终端之间共享如图 1.19 所示的两个交换机之间的物理链路，则交换机内部不能建立两个端口之间的连接，交换机如何转发数据将成为问题。由于属于相同交换机的端口之间不存在连接，对于允许终端 A、终端 B 和终端 C 同时与终端 D、终端 E 和终端 F 进行数据传输过程的情况，当交换机 2 通过端口 4 接收到数据时，交换机 2 将无法确定该数据的输出端口。

2）平滑流量

由于终端之间的数据具有间歇性、突发性，要求在一段时间内，三对终端之间传输的数据量必须小于交换机之间物理链路相同时间段内能够传输的数据量，即如果时间段为 T，交换机之间物理链路的传输速率为 S，三对终端时间段 T 内的数据量分别是 X_{AD}、X_{BE} 和 X_{CF}，则要求：$X_{AD}+X_{BE}+X_{CF}\leqslant T\times S$。正是由于终端之间的数据具有间歇性、突发性，在某一瞬间，可能发生三对终端之间的数据量短暂大于交换机之间物理链路能够传输的数据量的情况。

2. 分组交换机结构与分组传输过程

1）数据标识符和分组

为了在共享方式下完成终端之间的数据传输过程，对每一对终端之间传输的数据分配唯一的标识符，如终端 A 与终端 D 之间传输的数据的标识符为 1，终端 B 与终端 E 之间传输的数据的标识符为 2，终端 C 与终端 F 之间传输的数据的标识符为 3。终端之间传输的数据需要携带该标识符。因此，终端之间传输的消息由两部分组成：数据和标识符，标识符的作用是帮助数据完成终端之间的传输过程。数据和标识符组成的消息格式称为分组，虚电路分组格式如图 1.20 所示。标识符由于具有控制数据传输过程的作用，称为分组的控制信息。

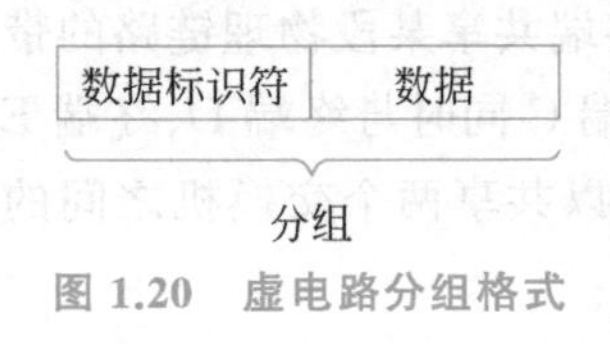

图 1.20　虚电路分组格式

2）转发表

每一对终端之间传输数据前，首先需要建立该对终端之间的传输路径。通过交换机中的转发表建立每一对终端之间的传输路径，且由转发表将标识该对终端之间传输的数据的标识符与该对终端之间的传输路径绑定在一起。如图 1.19 所示，终端 A 至终端 D 的传输路径是：终端 A→交换机 1 端口 1→交换机 1 端口 4→交换机 2 端口 4→交换机 2 端口 1→终端 D。其中，终端 A→交换机 1 端口 1、交换机 1 端口 4→交换机 2 端口 4、交换机 2 端口 1→终端 D 是三段分别互连终端 A 与交换机 1 端口 1、交换机 1 端口 4 与交换机 2 端口 4、交换机 2 端口 1 与终端 D 的物理链路。交换机 1 端口 1→交换机 1 端口 4 由交换机 1 转发表中的转发项＜1，端口 1，端口 4＞确定，该转发项表明，如果数据携带的标识符为 1，则需要将从端口 1 接收到的数据从端口 4 转发出去，或者需要将从端口 4 接收到的数据从端口 1 转发出去。同样，交换机 2 端口 4→交换机 2 端口 1 由交换机 2 转发表中的转发项＜1，端口 4，端口 1＞确定。

在为某对终端之间传输的数据分配唯一标识符，同时在交换机中建立用于将标识该对终端之间传输的数据的标识符与该对终端之间的传输路径绑定在一起的转发项后，可以实现该对终端之间的数据传输过程。

终端 A 至终端 D 的数据传输过程如下。终端 A 将数据和标识符 1 组合成分组，将分组通过终端 A 连接交换机 1 端口 1 的物理链路传输给交换机 1，交换机 1 通过端口 1 接收到分组，根据转发表中对应的转发项<1，端口 1，端口 4>和分组携带的标识符 1，确定分组的输出端口是端口 4，将分组通过端口 4 连接的物理链路发送出去。交换机 2 从端口 4 接收到分组，同样根据转发表中对应的转发项<1，端口 4，端口 1>和分组携带的标识符 1，确定分组的输出端口是端口 1，将分组通过端口 1 连接的物理链路发送出去。分组通过交换机 2 端口 1 连接的物理链路到达终端 D，完成终端 A 至终端 D 的数据传输过程。终端 D 至终端 A 的数据传输过程与终端 A 至终端 D 的数据传输过程相似。

值得强调的是，控制某对终端之间传输的数据沿着该对终端之间传输路径传输的关键是交换机转发数据过程，对于终端 A 至终端 D 数据传输过程，关键处是交换机 1 完成的分组端口 1 至端口 4 转发过程，以及交换机 2 完成的分组端口 4 至端口 1 转发过程。这也是由交换机中的转发表建立终端 A 与终端 D 之间传输路径的原因。

3）存储转发

对于电路交换机，由于端口之间存在连接，从一个端口接收到的信号可以直接从另一个端口输出。对于如图 1.19 所示的交换机，交换机结构及分组转发过程如图 1.21 所示。

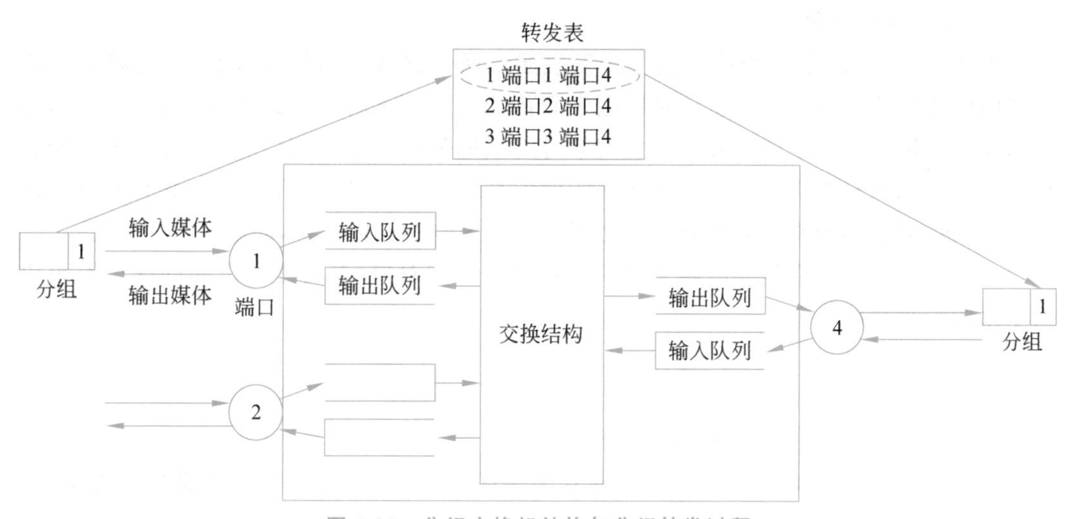

图 1.21 分组交换机结构与分组转发过程

交换机将通过输入端口接收到的信号还原成分组，将分组存储在输入端口的输入队列中，然后从分组中分离出标识符，根据输入分组的端口和分组携带的标识符在转发表中找到匹配的转发项。匹配的转发项是具有以下特性的转发项：该转发项中的标识符与分组中的标识符相同，且该转发项的两个端口中，其中一个端口是输入分组的端口。匹配转发项中的两个端口中，一个是输入分组的端口，另一个是输出分组的端口。将分组从输入端口输入队列交换到输出端口输出队列，该过程由交换机中的交换结构完成。输出队列中的分组按照先到先输出的原则通过输出端口输出，输出端口输出分组过程也是将分组再次转换成信号的过程。上述分组转发过程称为存储转发，采用存储转发的交换机称为分组交换机。分组交换机采用存储转发的原因如下：

① 由于存在多个端口输入的分组需要从同一个端口输出的情况，因此交换结构和输出端口可能来不及处理来自多个不同的端口的一组分组，需要将来不及处理的分组存储在输入队列或者输出队列中。

② 由于端口之间没有连接，因此无法将从一个端口输入的信号直接从另一个端口输出，需要完成将信号还原成分组，从分组中分离出标识符，根据标识符和接收分组的端口确定分组输出端口，并将分组从输入端口交换到输出端口的过程。

4）分组交换机结构

为实现存储转发过程，分组交换机的每一个端口需要设置输入和输出队列。输入队列的作用：一是接收过程中用于存储完整的分组，二是存储交换结构不能及时交换到输出端口的分组。输出队列的作用是存储不能及时通过端口输出的分组。转发表中的每一项转发项用于建立某对终端之间的传输路径，且将该对终端之间的传输路径与唯一标识该对终端之间传输的数据的标识符绑定在一起。由于属于相同分组交换机的端口之间不存在电路交换机这样的连接，因此必须由交换结构根据分组携带的标识符、分组的输入端口和转发表中匹配的转发项确定分组的输出端口，并完成分组输入端口输入队列至输出端口输出队列之间的交换过程。

5）虚电路本质含义

如图 1.19 所示，分组交换机通过转发表建立两个终端之间的传输路径，并将两个终端之间的传输路径与唯一标识该对终端之间传输的数据的标识符绑定在一起。因此，虚电路是由分组交换机中的转发表建立的某对终端间的传输路径，且由转发表将该传输路径与唯一标识该对终端之间传输的数据的标识符绑定在一起。用于唯一标识该对终端之间传输的数据的标识符称为该对终端之间建立的虚电路的标识符，即虚电路标识符。

虚电路与电路交换建立的两个终端之间的信道相对应，多对终端之间的虚电路可以共享某段物理链路。

3. 虚电路交换示例

1）逐段物理链路分配虚电路标识符

图 1.22 所示的虚电路交换示例共建立 4 条虚电路，分别用于表示终端 E 和终端 A、B、C、D 之间的传输路径。每一条虚电路需要分配唯一的标识符。某条虚电路经过的两个分组交换机之间的物理链路称为一段。值得指出的是，某条虚电路经过的每一段物理链路的标识符不一样，如 33/34 就是用于标识终端 E 和终端 A 之间虚电路中连接终端 E 和分组交换机 4 这一段物理链路的标识符，它由终端 E 或分组交换机 4 分配。

不能为整条虚电路分配唯一标识符而必须逐段分配标识符的原因是虚电路的端设备无法确定该虚电路和哪些虚电路共享某段物理链路，以及那些虚电路的标识符是什么，因而无法为新建立的虚电路选择一个在任何一段物理链路上都和其他共享该段物理链路的虚电路的标识符不同的虚电路标识符。

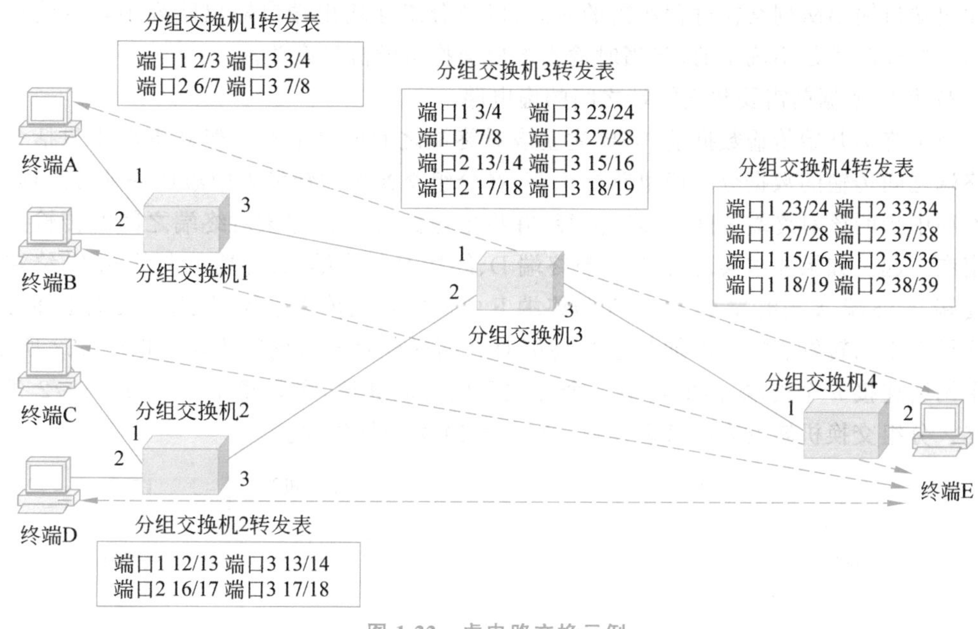

图 1.22　虚电路交换示例

2）分组传输过程

对于如图 1.22 所示的虚电路交换示例，终端 E 发送给终端 A 的数据必须封装成分组，分组包含用于表明数据属于终端 E 和终端 A 之间的虚电路的标识符：33/34。当分组交换机 4 通过端口 2 接收到虚电路标识符为 33/34 的分组时，用端口 2 和虚电路标识符 33/34 检索转发表，找到虚电路对应的转发项＜端口 1，23/24，端口 2，33/34＞，确定分组的输出端口是端口 1，输出端口所连接的这一段物理链路的虚电路标识符是 23/24。将分组从端口 1 发送出去，并将分组的虚电路标识符从 33/34 变为 23/24。同样，当分组交换机 3 通过端口 3 接收到虚电路标识符为 23/24 的分组时，将分组从端口 1 发送出去，并将虚电路标识符从 23/24 变为 3/4。分组交换机 1 通过端口 3 接收到虚电路标识符为 3/4 的分组后，将分组通过连接终端 A 的物理链路发送给终端 A，完成终端 E 至终端 A 的数据传输过程。在数据传输过程中，分组交换机根据建立虚电路时创建的转发表、接收分组的端口及分组携带的虚电路标识符完成分组转发过程。

4. 虚电路交换特点

1）存储转发

存储转发过程包含以下步骤：接收完整分组，完成分组从输入端口至输出端口交换过程，输出完整分组。接收完整分组的时间称为接收时间，接收时间＝L/RS，其中 L 是分组长度，RS 是输入端口的传输速率。发送完整分组的时间称为发送时间，发送时间＝L/SS，其中 L 是分组长度，SS 是输出端口的传输速率。完成分组从输入端口至输出端口交换过程的时间称为处理时间，包括根据分组输入端口和虚电路标识符确定输出端口所需的时间、在输入队列等待交换结构处理的时间、交换结构完成分组输入端口输入队列至输出端口输出队列交换过程所需的时间，以及分组在输出端口输出队列中等待输出的时间。处理时间是不确定的，与当时输入输出交换机的流量有关。

2）传输数据前需要建立终端之间的虚电路

两个终端开始传输数据前，需要建立该对终端之间的虚电路。建立虚电路包括为该对终端之间传输的数据分配虚电路标识符，在分组交换机的转发表中添加一项转发项，该转发项中指明该对终端之间的传输路径，并将虚电路标识符与该对终端之间的传输路径绑定在一起。如果要求实现终端A与终端D、终端B与终端E、终端C与终端F、终端A与终端B、终端A与终端C、终端A与终端F之间的数据传输过程，分组交换机1和分组交换机2中的转发表需要添加与这些终端对之间虚电路对应的转发项，如图1.23所示。如果网络连接 n 个终端，需要实现 n 个终端两两之间通信，需要建立 $n\times(n-1)/2$ 条虚电路。分组交换机转发表中最多存在 $n\times(n-1)/2$ 项转发项。

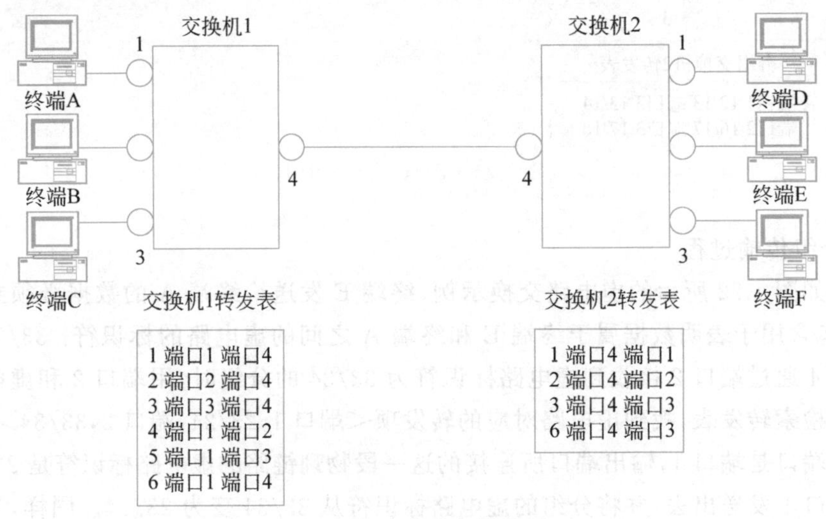

图1.23　虚电路与转发项

3）终端之间数据传输时延是不确定的

由于多条虚电路可以共享某段物理链路，且多条虚电路对应的终端对之间传输的数据具有间歇性、突发性，因此，存在短暂时间内多条虚电路的数据量大于物理链路能够传输的数据量的情况。在这种情况下，经过某些虚电路传输的数据需要在连接该段物理链路的端口的输出队列中等待输出。等待时间与经过共享该段物理链路的虚电路传输的数据量有关，因而是不确定的，从而导致终端之间数据传输时延是不确定的。

4）各段物理链路的传输速率可以不同

由于分组交换机完整接收分组后，再进行转发处理，且输入端口存在输入队列，输出端口存在输出队列，因此终端之间传输路径经过的每一段物理链路的传输速率可以不同，但连接同一物理链路的两个端口的传输速率必须相同。

5）分组接收顺序与发送顺序相同

一旦建立两个终端之间的虚电路，两个终端之间携带该虚电路标识符的分组将沿着该虚电路对应的传输路径传输，因此两个终端之间携带相同虚电路标识符的分组有着相同的传输路径，使接收终端接收到分组的顺序与发送终端发送分组的顺序相同。

6）虚电路标识符确定终端对

每一条虚电路对应一对终端，分组中的虚电路标识符用于确定某条虚电路，因此可以根据分组携带的虚电路标识符唯一确定某对终端。发送终端用虚电路标识符唯一确定分组的接收终端，接收终端可以通过虚电路标识符唯一确定分组的发送终端。

5. 虚电路交换缺陷

任何两个终端开始传输数据前，需要建立两个终端之间的虚电路。建立两个终端之间虚电路的过程就是在转发表中用转发项给出两个终端之间的传输路径，并将虚电路标识符与两个终端之间的传输路径绑定在一起的过程。其缺陷一是建立虚电路的过程是一个比较费时、复杂的过程；二是如果网络中存在 n 个终端，为实现两两之间通信，需要建立$n\times(n-1)/2$ 条虚电路。分组交换机转发表中最多可能存在 $n\times(n-1)/2$ 项转发项。当 n 巨大时，分组交换机很难有可以存储 $n\times(n-1)/2$ 项转发项的存储器容量，同时数量巨大的转发项也会增加分组的处理时间。

1.3.4 数据报交换

通信对象不同，对传输网络的要求也不同。面向终端间通信的传输网络是指主要用于解决终端间通信问题的传输网络，这类网络的特点与主要用于解决路由器间通信问题的传输网络有所不同。

1. 面向终端间通信的网络的特点

面向终端间通信的网络有着以下特点：一是连接的终端数量巨大，二是每一个终端都有与所有其他终端通信的需求，三是每一个终端与所有其他终端通信的时间是不确定的，四是每一个终端与所有其他终端通信时传输的数据量也是不确定的。

如果终端两两之间建立虚电路，当终端数量为 n 时，需要建立 $n\times(n-1)/2$ 条虚电路。由于每一个终端与所有其他终端通信的时间是不确定的，因此在 $n\times(n-1)/2$ 条虚电路中，可能大量虚电路是长时间不作用的。

如果两个终端之间需要通信时动态建立虚电路，通信结束后释放虚电路，由于每一个终端与所有其他终端通信时传输的数据量是不确定的，因此可能发生终端之间实际传输数据的时间远小于终端之间建立、释放虚电路所需要的时间的情况。

由此，可以根据面向终端间通信的网络的特点得出：虚电路交换并不适用于这类网络中终端之间的通信过程。

2. 数据报交换的交换机制

虚电路交换方式下实现终端间通信过程可能引发以下问题：一是如果采用终端两两之间事先建立虚电路的方法，有可能导致转发项数目巨大，浪费存储空间，并增加分组的处理时间；二是如果采用终端需要通信时临时建立虚电路，通信结束时释放虚电路的方法，会增加分组的传输时延和建立、释放虚电路导致的开销。解决上述问题的思路如下：一是将为每一对终端间传输的数据分配唯一标识符改为为每一个终端分配唯一的标识符，即终端地址，并将分组中的数据标识符改为源终端和目的终端地址；二是将转发项指定的传输路径由一对终端间的传输路径改为通往某个终端的传输路径；三是分组交换机根据分组中的目的终端地址和转发表中对应转发项指定的通往该目的终端的传输路径完成分组转发过程。将采用上述交换机制的交换方式称为数据报交换，数据报交换同样采用存储转发机制。

1）每一个终端有唯一地址

数据报交换要求为每一个终端分配网络内唯一的地址，如图 1.24 中的终端 A、B 和 C，分别分配地址 A、B 和 C。分组中除了数据，需要给出发送终端和接收终端地址。分组的发送终端也称为分组的源终端，分组的接收终端也称为分组的目的终端。数据报分组格式如图 1.25 所示。

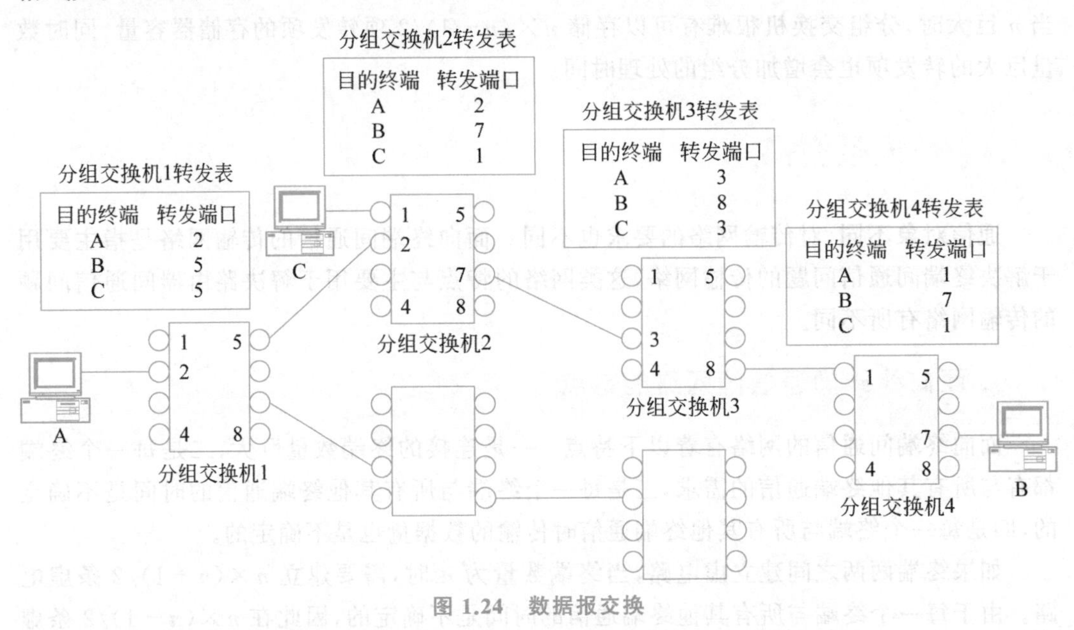

图 1.24 数据报交换

2）转发表

每一个分组交换机都必须配置一张转发表，转发表中对所有连接在网络上的终端都有对应的转发项。某个终端对应的转发项中有两部分内容：目的终端地址和转发端口。目的终端地址是该终端的地址，转发端口是分组交换机连接通往该终端的传输路径的端口。如图 1.24 所示，分组交换机 1 的转发表中终端 A 对应的转发项是＜A，2＞，该转发项表明端口 2 连接通往地址为 A 的终端的传输路径。转发项＜B，5＞表明端口 5 连接通往地址为 B 的终端的传输路径。

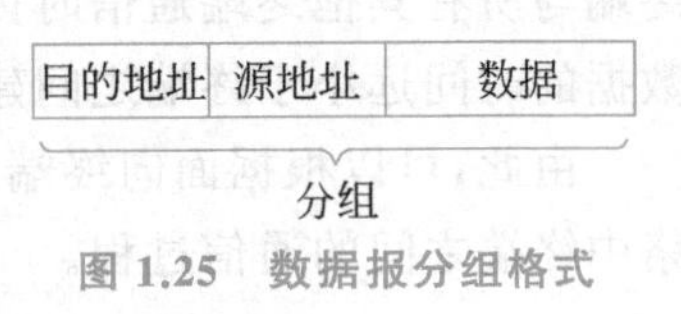

图 1.25 数据报分组格式

3）分组传输过程

终端发送的分组中包含发送终端和接收终端的地址。分组交换机接收分组后，用分组的接收终端地址检索转发表，找到目的终端地址与分组接收终端地址相同的转发项，将分组通过该转发项的转发端口发送出去。

如果终端 A 向终端 B 发送分组，终端 A 发送的分组中包含终端 A 的地址 A（发送终端地址）和终端 B 的地址 B（接收终端地址），则终端 A 通过连接分组交换机的物理链路将分组发送给分组交换机 1，分组交换机 1 用地址 B 检索转发表，找到目的终端地址为 B 的转发项<B,5>，将分组从端口 5 发送出去。

从分组交换机 1 端口 5 发送出去的分组到达分组交换机 2，分组交换机 2 用地址 B 检索转发表，找到目的终端地址为 B 的转发项<B,7>，将分组从端口 7 发送出去。

其他接收到分组的分组交换机依此转发，最终由分组交换机 4 通过端口 7 将分组发送给终端 B。

终端 B 必须通过分组携带的发送终端地址 A 确定该分组是由终端 A 发送给它的。

3. 数据报交换与虚电路交换的区别

① 在虚电路交换中，分组用虚电路标识符指定分组的发送终端和接收终端。在数据报交换中，分组用发送终端地址和接收终端地址指定分组的发送终端和接收终端。

② 在虚电路交换中，每一转发项对应特定两个终端之间的传输路径，n 个终端两两通信时，最多可能有 $n\times(n-1)/2$ 项转发项。在数据报交换中，每一转发项对应分组交换机通往某个终端的传输路径，因此 n 个终端一般只有 n 项转发项。

③ 在虚电路交换中，每一条虚电路对应特定两个终端之间的唯一传输路径。在数据报交换中，分组交换机可能存在多条通往同一终端的传输路径。如图 1.26 所示，分组交换机 1 中存在两条通往终端 G 的传输路径：一条是分组交换机 1→分组交换机 2→分组交换机 4→终端 G；另一条是分组交换机 1→分组交换机 3→分组交换机 4→终端 G。多条传输路径带来的好处是容错性和负载均衡，对于如图 1.26 所示的网络，分组交换机 2 或者分组交换机 3 损坏不会影响终端 A 与终端 G 之间的连通性。容错性是网络的重要性能之一。

④ 在虚电路交换中，由于每一条虚电路对应特定两个终端之间唯一的传输路径，因此虚电路是顺序传输数据。在数据报交换中，分组交换机可能存在多条通往某个终端的传输路径，且每一个分组独立选择传输路径，因此相同两个终端之间传输的数据可能经过不同的传输路径，存在发送顺序与接收顺序不一致的情况。

⑤ 在虚电路交换中，两个终端之间必须建立虚电路后才能开始数据传输过程。在数据报交换中，只要网络中所有分组交换机的转发表中给出通往某个终端的传输路径，所有其他终端均可向该终端传输数据。

⑥ 虚电路数据传输路径建立机制为每一对终端建立传输路径，分组交换机通过转发表建立某对终端之间的传输路径，并将该对终端之间的传输路径与唯一标识该对终端之间传输的数据的标识符绑定在一起。

数据报数据传输路径建立机制建立通往每一个终端的数据传输路径，为每一个终端分配唯一的标识符：终端地址。分组交换机通过转发表建立通往某个终端的传输路径，

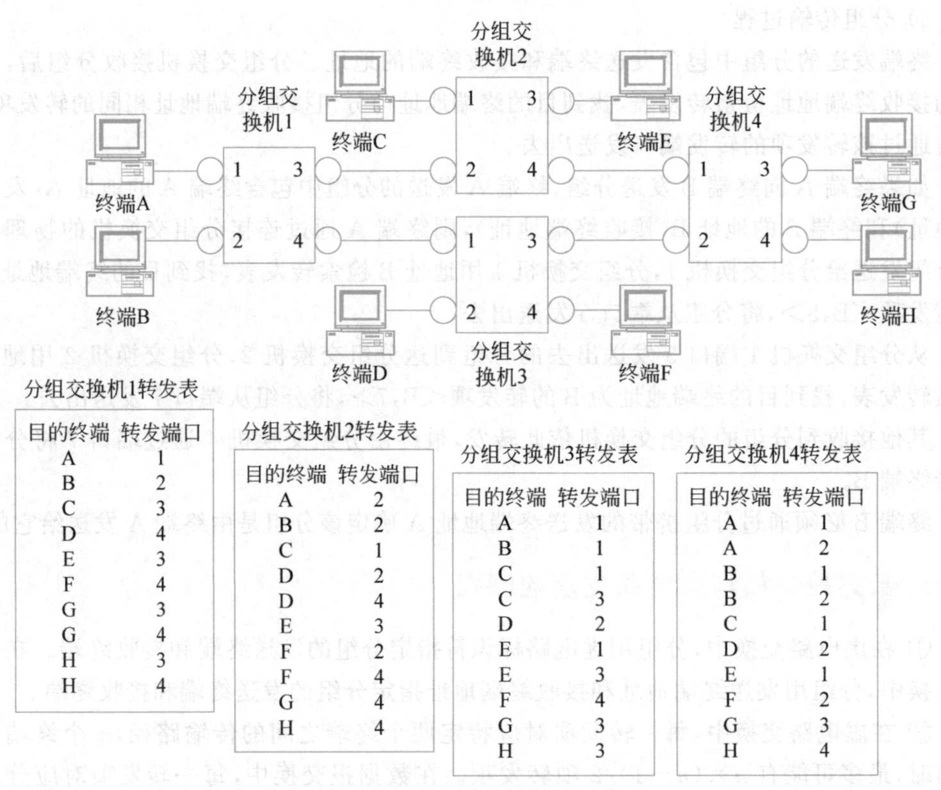

分组交换机1转发表

目的终端	转发端口
A	1
B	2
C	3
D	4
E	3
F	4
G	3
G	4
H	3
H	4

分组交换机2转发表

目的终端	转发端口
A	2
B	2
C	1
D	2
D	4
E	3
F	2
F	4
G	4
H	4

分组交换机3转发表

目的终端	转发端口
A	1
B	1
C	1
C	3
D	2
E	1
E	3
F	4
G	3
H	3

分组交换机4转发表

目的终端	转发端口
A	1
A	2
B	1
B	2
C	1
D	2
E	1
F	2
G	3
H	4

图 1.26 数据报交换存在多条传输路径

并将通往该终端的传输路径与该终端的地址绑定在一起。

⑦ 虚电路控制数据沿着数据传输路径完成传输过程的机制是，将数据封装成分组，分组携带数据标识符，每一个交换机根据分组输入端口、分组携带的标识符和转发表确定分组输出端口，由分组交换机交换结构完成分组输入端口输入队列至输出端口输出队列之间的交换过程，分组经过分组交换机逐跳转发，完成源终端至目的终端传输过程。分组交换机逐跳转发是指每一个分组交换机只对接收到的分组完成输入端口至输出端口转发过程，分组自动沿着输出端口连接的物理链路到达通往目的终端传输路径上的下一个分组交换机。

数据报控制数据沿着数据传输路径完成传输过程的机制是，将数据封装成分组，分组携带源终端地址和目的终端地址，分组交换机根据分组的目的终端地址和转发表确定分组的输出端口，完成分组输入端口输入队列至输出端口输出队列之间的交换过程，分组经过分组交换机逐跳转发，完成源终端至目的终端传输过程。

1.3.5 三种交换方式综述

1. 电路交换特点

- 通信前需要建立连接，通信完成后需要释放连接；
- 独占连接经过的物理链路的带宽；

- 由于传输时延和传输速率确定，按需建立的信道适合传输要求时延抖动(时延变化)小的语音和视频数据；
- 传输突发性和间歇性数据会导致信道利用率降低。

2. 虚电路交换特点

- 通信前需要建立虚电路，通信完成后需要释放虚电路，或者建立永久虚电路(永久虚电路是事先建立且不再释放的虚电路)；
- 建立虚电路的过程只是确定虚电路两端之间的传输路径，并不占用传输路径所经过的物理链路的带宽；
- 多条虚电路共享物理链路带宽；
- 如果结点较少，且每一个结点的通信对象是固定的，可以在需要通信的结点之间事先建立永久虚电路，因此可以用永久虚电路互连路由器；
- 数据经过虚电路传输时，必须封装成分组形式，分组携带数据所属虚电路的虚电路标识符，分组传输过程中经过的各个分组交换机根据虚电路标识符为分组选择传输路径；
- 因为可以在建立虚电路时充分考虑该虚电路的性能要求，所以可以有效控制经过虚电路传输的数据的传输时延和时延抖动，因此虚电路比较适合用于传输语音、视频数据；
- 采用虚电路交换方式的网络不适合作为面向终端间通信的网络。

3. 数据报交换特点

- 不需要建立连接过程，每一个分组独立选择传输路径；
- 数据必须封装成分组形式，分组携带源终端地址和目的终端地址，分组传输过程中经过的各个分组交换机根据分组的目的终端地址选择传输路径；
- 由于没有连接建立过程，传输分组前既不了解传输路径的状况，也不可能对经过传输路径的流量进行规划，因此分组的传输时延和传输时延抖动是无法控制的；
- 采用数据报交换方式的网络适合作为面向终端间通信的网络。

1.3.6 网络分类

1. 网络分类的依据

网络分类的依据是可以区分不同网络的本质特征，目前用于区分不同网络的本质特征有网络的交换方式和网络的作用范围。

2. 根据网络交换方式分类

网络交换方式可以分为电路交换、虚电路交换和数据报交换，因此存在电路交换网络、虚电路交换网络和数据报交换网络。典型的电路交换网络有 PSTN、SDH 等；典型的虚电路交换网络有帧中继、ATM等;典型的数据报交换网络有以太网等。

根据是否分割长数据,可以将网络分为报文交换网络和分组交换网络。报文交换网络将需要传输的数据封装为单个分组,分组交换网络将长数据分割为多个数据段,每一段数据封装成一个分组。对于虚电路和数据报交换方式,将长数据分割为多个分组可以降低总的传输时延。

如图1.27所示,对于M字节数据封装在一个分组中的情况,由于每一个分组交换机只有完整接收整个分组后,才能转发给下一个分组交换机,因此即使不考虑分组交换机将分组从输入端口交换到输出端口所需要的时间和分组在输出端口的输出队列中等待输出的时间,分组也存在转发时延,它等于输入端口完整接收分组所需要的时间,这个时间由输入端口的传输速率和分组的长度确定。总的传输时延由每一个分组交换机的转发时延和信号在每一段物理链路的传播时延累积而成,如图1.27(b)所示。由于每一个分组交换机可以并行转发分组,如果将M字节的数据封装在多个分组中进行传输,则每一个分组交换机的转发时延将减少,更重要的是多个分组可以同时在多个分组交换机中进行转发操作,减少了总的传输时延。总的传输时延如图1.27(c)所示。因此,将长数据封装在多个分组中进行传输的方式有利于减少总的传输时延。目前已有网络都对分组长度有限制,因此基本采用分组交换方式。

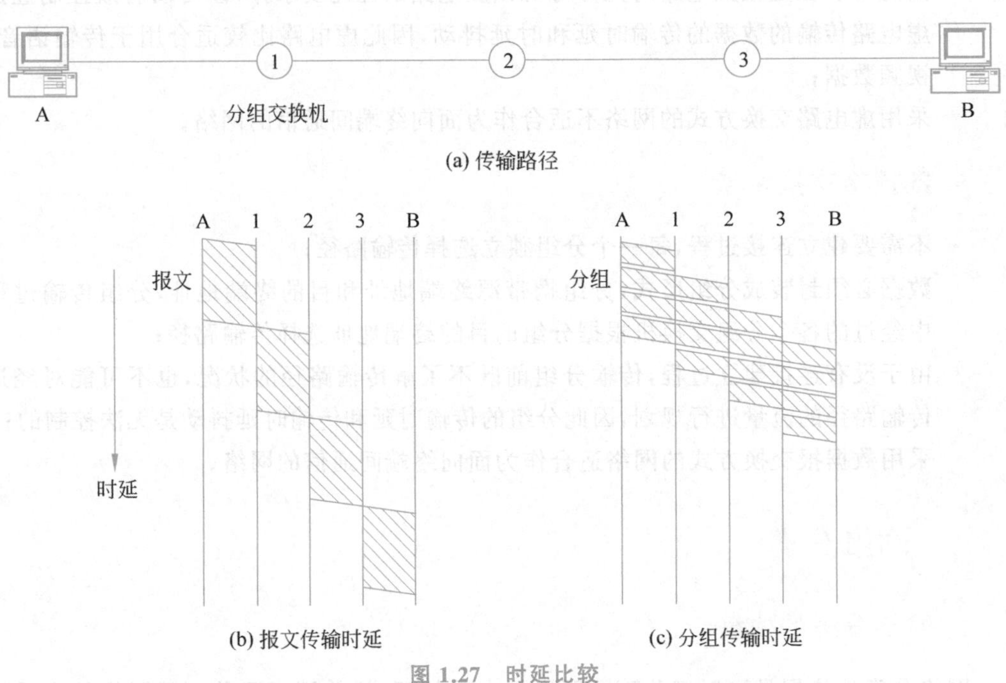

图1.27 时延比较

3. 根据网络作用范围分类

根据网络作用范围,可以将网络分为个人区域网、局域网、城域网和广域网。

1）个人区域网

个人区域网(Personal Area Network,PAN)的最大通信距离一般限制在10m以内，而且通常采用无线通信方式，目前常见的个人区域网有蓝牙(Bluetooth)、ZigBee等。蓝牙主要用于无线设备(如无线鼠标、无线耳麦)与计算机或手机之间的近距离通信。ZigBee主要用于无线传感器或者智能物之间的近距离通信。

2）局域网

局域网(Local Area Network,LAN)的作用范围为2～10km^2，而且整个网络分布在某个单位的管辖范围内，因此可以实行自主布线。最常见的局域网是以太网，实际应用中常常通过互连多个以太网来构建校园网。由于可以自主布线，用以太网构建校园网时，光缆和双绞线均可自主铺设，不需要经过市政部门的许可。

3）城域网

顾名思义，城域网(Metropolitan Area Network,MAN)的作用范围应该是一个大城市所覆盖的地理范围，由于结点之间的物理链路跨越市区，而除了类似电信这样的部门，一般单位不可能具有跨市区铺设光缆或电缆的能力，因此，城域网往往是类似电信这样的部门组建的公共传输网络，如SDH。如果用以太网作为城域网，一般需要向电信购买或租用用于互连以太网交换机的光纤。

4）广域网

广域网(Wide Area Network,WAN)的作用范围可以是一个省、一个国家，甚至全球。广域网往往是类似电信这样的部门组建的公共传输网络，目前常见的广域网有PSTN、SDH等。

值得强调的是，Internet是由多级网络所组成的，这些网络中有局域网、城域网和广域网。通常用局域网构建校园网和企业网，用城域网构建本地ISP网络，用广域网构建主干ISP网络。各个单位构建的企业网接入Internet的过程大致如下：各个单位先用局域网互连单位内的终端，然后用宽带接入技术(ADSL或以太网)接入本地ISP网络，由本地ISP网络将分布在城市各个位置的宽带接入点互连在一起。用主干ISP网络互连多个本地ISP网络。

4. 例题解析

【例1.1】 分组交换网络如图1.28所示，图中分组交换机采用存储转发方式，所有物理链路的传输速率均为100Mbps，分组大小为1000B，其中20B是首部。如果主机H1向主机H2发送一个大小为980 000B的文件，在不考虑分组拆装和传播时延的情况下，计算从H1开始发送到H2完全接收所需要的最少时间。

【解析】

① 分组由控制信息和数据组成，如果控制信息在数据前面，则称为分组首部。每一个分组中数据长度为1000B－20B＝980B，因此大小为980 000B的文件需要拆分为980 000/980＝1000个分组。每一个分组中数据长度为980B，首部长度为20B。

② 最少时间要求分组选择最短传输路径，因此H1至H2的传输路径只经过分组交换机1和分组交换机2这两跳分组交换机。

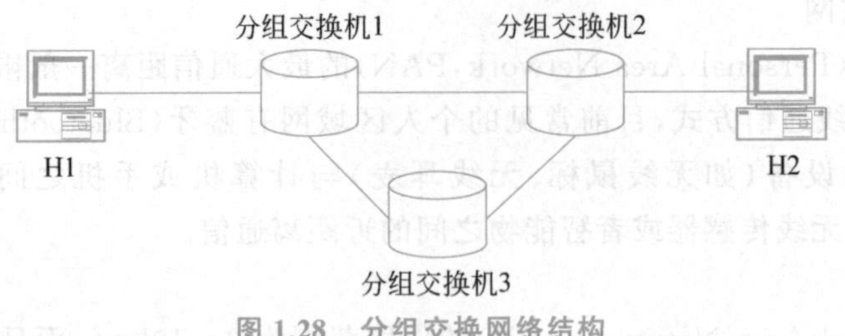

图 1.28　分组交换网络结构

分组传输过程如图 1.29 所示，H1 发送完 1000 个分组所需要的时间＝$(1000\times1000\times8)/(100\times10^6)$s＝0.08s。由于每一个分组交换机可以一边接收分组，一边发送分组，且两个分组交换机可以并行转发分组，因此 H1 发送完 1000 个分组时，分组交换机 1 接收到第 1000 个分组，且发送完第 999 个分组，分组交换机 2 接收到第 999 个分组，且发送完第 998 个分组，H2 已经接收第 998 个分组。第 1000 个分组从分组交换机 1 到 H2 需要经过两跳分组交换机，因此第 1000 个分组从分组交换机 1 开始发送到被 H2 接收所需要的时间＝$2\times((1000\times8)/(100\times10^6))$s＝0.00016s，由此得出总的传输时延＝(0.08＋0.00016)s＝0.08016s。

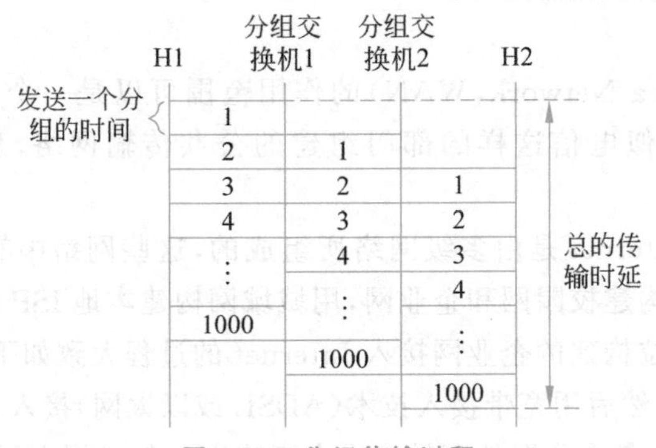

图 1.29　分组传输过程

1.4　计算机网络体系结构和协议

分层结构是解决复杂问题的基本方法。网络体系结构是分层结构，用于描述各层功能和协议。开放系统互连/参考模型(Open System Interconnection/Reference Model，OSI/RM)和 TCP/IP 体系结构是目前的两种网络体系结构，互联网采用 TCP/IP 体系结构。TCP/IP 体系结构成功的关键是它的开放性，允许不同类型网络和不同类型终端互连在一起。

1.4.1 分层结构

1. 分层结构的含义

分层结构如图 1.30 所示，具有以下特性。

① 将复杂的功能体分解为若干个功能子体，每一个功能子体完成功能体的部分功能，所有功能子体协调完成功能体的全部功能。

② 每一个功能子体对应图 1.30 中的某一层，不同的功能子体之间符合图 1.30 所示的分层结构。

③ 图 1.30 中第 1 层实现的功能最简单，每一层在下一层实现的功能的基础上增加本层实现的功能。因此，第 2 层为第 3 层提供的服务比第 1 层为第 2 层提供的服务复杂，第 n 层提供复杂功能体提供的全部服务。

④ 每一层需要定义以下内容：一是下一层为本层提供的服务，二是本层为上一层提供的服务，三是本层实现的功能。本层实现的功能用于弥补下一层为本层提供的服务与本层为上一层提供的服务之间的落差。

⑤ 相邻层之间定义接口，n 层通过接口发出服务请求，$n-1$ 层通过接口提供服务响应。

⑥ 只要 $n-1$ 层与 n 层之间的接口不变，其他层的变化不会对 n 层实现过程产生影响。

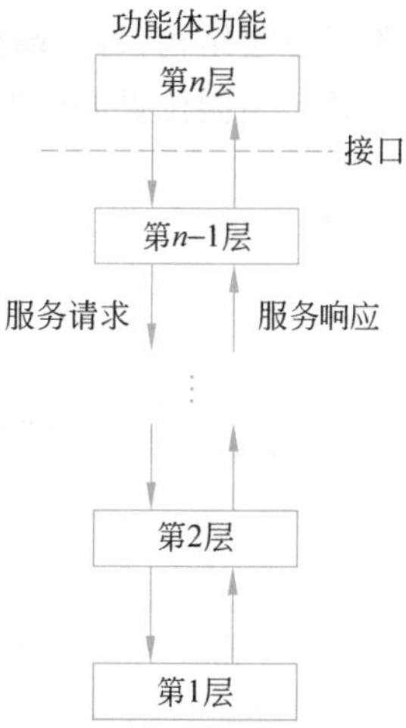

图 1.30 分层结构

2. 分层原则

将一个复杂系统分解为分层结构时，需要遵循以下原则。

① 每一层功能相对独立，以此保证每一层功能的实现过程对其他层是透明的。

② 相邻层之间有着清晰的接口，相邻层之间请求服务和提供服务时交换的信息应尽可能的少。

③ 需要综合考虑实现难度和运行效率。分层越多，每一层功能越容易实现，但运行效率越低，因此层的数量需要综合考虑实现难度和运行效率。

3. 分层结构实例

1) PC 结构

PC 结构如图 1.31 所示。底层主板是硬件，用于执行指令，控制数据输入输出过程。中间一层是基本输入输出系统(Basic Input Output System，BIOS)，由一组程序组成，这组程序向操作系统提供基本的输入输出服务，如硬盘格式化、硬盘扇区读写、显示器帧缓存读写等，但构成 BIOS 一组程序的指令由主板执行，程序描述的控制数据输入输出的过程也由主

操作系统
BIOS
主板

图 1.31 PC 结构

板完成。因此,BIOS是在主板提供的服务的基础上,通过一组程序实现的功能,向操作系统提供基本的输入输出服务。操作系统在BIOS提供的基本输入输出服务的基础上,通过用户接口、文件管理、进程管理、设备管理和存储管理等模块实现的功能,为用户提供良好的用户接口,为应用程序设计者提供高效的应用程序开发和运行环境。

PC结构采用如图1.31所示的分层结构是使Windows操作系统适用于不同主板的PC的原因。PC主板是有差异的,不同的PC主板并不完全兼容。不同主板的PC能够运行同一个操作系统的原因是:虽然不同主板存在差异,但这些主板的BIOS提供给操作系统的界面都是一样的,也就是说从操作系统看BIOS提供的界面,所有主板都是一样的。正是因为如图1.31所示的分层结构,使BIOS这一层屏蔽了主板差异。

2)邮政系统

邮政系统如图1.32所示:一是信件投递过程涉及寄信人一端和收信人一端;二是两端都是分层结构,每一端分为三层,分别是寄信人或收信人、邮局和公共运输系统;三是每一端位于相同位置的层的功能是相同的。

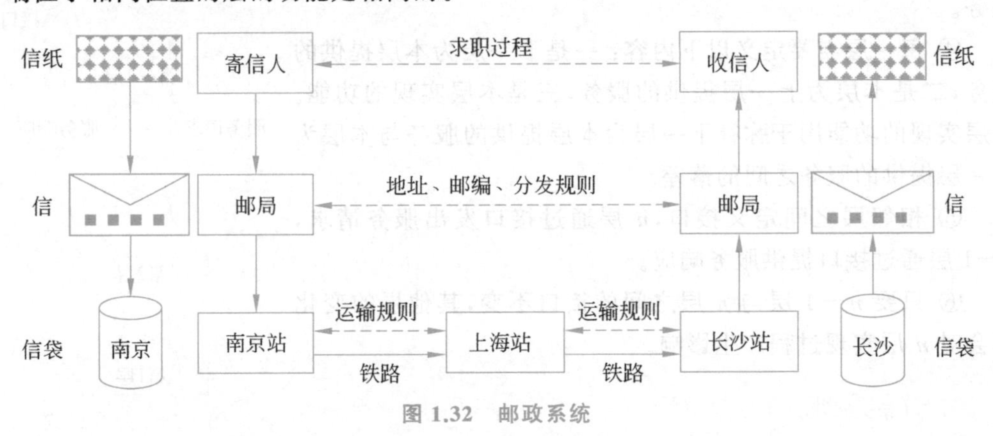

图1.32 邮政系统

对于寄信人至收信人的信件投递过程,是由公共运输系统提供寄信人所在的物理位置至收信人所在的物理位置的信袋运输服务。邮局基于公共运输系统提供的寄信人所在的物理位置至收信人所在的物理位置的信袋运输服务,为上一层(寄信人或收信人)提供寄信人至收信人的信件投递服务。虽然邮局提供的信件投递服务是基于公共运输系统提供的信袋运输服务实现的,但公共运输系统提供的信袋运输服务对寄信人和收信人是透明的。

邮政系统与PC结构是不同的,该系统实现寄信人至收信人信件投递过程需要两端协调操作,因此包括垂直方向的分层结构和水平方向两端功能相同的层之间的协调过程。

4. 分层结构的好处

① 每一层实现过程只需要关心以下四方面内容:一是下一层为本层提供的服务,二是本层为上一层提供的服务,三是本层实现的功能,四是本层功能的实现技术。因此,只有当这四方面内容改变时,才需要对该层进行修改。在这四方面内容中,本层功能的实现技术对其他层是透明的。

② 可以屏蔽底层差异。如在PC结构中,可以通过BIOS这一层对操作系统屏蔽主

板差异，使同一操作系统可以用于不同主板的PC。

③ 可以借用已有公共服务。如邮局可以在已有运输系统提供的服务的基础上实现信件投递服务。

④ 分层可以简化复杂系统实现过程。大型复杂系统可以分解为若干个子系统，每一个子系统可以进一步分解为若干个更小的子系统，这种分解过程可以一直进行，直到能够找到实现该子系统功能的方法。然后，从底层开始，逐层增加功能，直到完成复杂系统所要求的功能。

⑤ 分层容易使每一层功能实现过程专业化。由于每一层可以独立改进本层功能的实现技术，因此可以将每一层功能实现过程专业化，通过不断改进实现技术，优化该层功能的实现过程，而且这一切对其他层都是透明的。

⑥ 分层容易使每一层功能实现过程标准化。

1.4.2 网络体系结构的基本概念

1. 邮政系统的几点启示

图1.32所示是一个位于南京的寄信人向一个位于长沙的收信人发送信件的过程。寄信人首先将内容写在信纸上，然后将信纸封装在标准信封内，在信封的正确位置写上收信人和寄信人的地址、邮编和姓名，贴上邮票后投入邮筒或直接交给邮局。信件在邮局分类，寄往同一城市的信件被装入信袋，送到火车站。假定南京和长沙之间没有直达列车，信袋需要在上海转换一下列车。信袋到达长沙后，由邮政人员将信袋送往邮局，再由邮递员根据收信人地址将信件送到收信人手上，收信人打开信封，取出信纸，阅读信纸上的内容，完成寄信人至收信人的通信过程。通过图1.32所示的邮政系统投递信件过程，可以得到以下几点启示。

1）用分层结构构建复杂系统

采用图1.32所示的信件投递过程是因为分别位于南京和长沙的两个人之间的通信过程必须要经过邮政系统才能完成，而邮政系统是根据标准信封上的正确位置书写的地址、姓名、邮编来分类和投递信件。为保证邮政系统正确投递信件，必须按邮政系统的要求来封装信件，书写有关信息。

同样，位于南京的邮局也没有能力直接将信袋传输给位于长沙的邮局，需要借助铁路运输系统运输信袋。为保证铁路运输系统正确地运输信袋，邮局也必须按照铁路运输系统的要求封装信袋。

因此，如果双方必须通过公共传输系统才能完成相互通信过程，则双方和公共传输系统之间需要存在服务接口，请求公共传输系统提供服务的一方必须严格按照公共传输系统要求的格式提出服务请求，由公共传输系统根据服务请求完成服务。如图1.32所示，邮局和寄信人之间有明显的接口存在，寄信人是提出服务请求的一方，而邮局是提供服务的一方。邮局和火车站之间也有明显的接口，邮局是提出服务请求的一方，而火车站是提供服务的一方。因为存在明显的服务接口，在信件实际开始运往长沙之前，必须经过寄信人、邮局、火车站这三层处理机构。因此，可以得出结论：由于需要公共传输系统提供服务，因此必须设计标准的服务接口，由请求服务一方提出服务请求，由提供公共传输服务的一方完成服务。对于邮政系统这样的复杂系统，必须通过多层处理机构协调工作，才能实现通信功能，而且多层处理机构之间的关系必须符合如图 1.30 所示的分层结构。

2）垂直调用和逐层封装

虽说通信过程在寄信人和收信人之间进行，但寄信人并不直接将信纸递交给收信人，而是将信纸封装成信件后，通过和邮局之间的接口，将信件提交给邮局。同样，南京邮局并没有将信件直接投递给长沙邮局，而是将信件封装成信袋后，通过和火车站之间的接口，将信袋提交给铁路运输系统，由铁路运输系统真正完成信袋从南京到长沙的运输过程。由此可以得出：

- 寄信人通过垂直方向逐层调用，最终由垂直方向的最低层实际完成从发送地到接收地的运输过程，而收信人通过从最低层开始的逐层提供的服务，最终获得寄信人的信纸。
- 寄信人一端在每一层调用过程中，都需要重新封装要求下一层传输的东西，如寄信人需要将信纸封装成信件后，才能提交给邮局。同样，邮局将信件封装成信袋后，才能提交给火车站。封装的目的一是将需要下一层传输的东西封装成适合下一层运输的形式；二是提供下一层完成传输功能所需要的控制信息，如邮局完成信件投递需要的收信人地址、姓名、邮编等。收信人一端从最低层开始逐层剥离封装，最终将信纸提供给收信人。

3）两端每一层之间都有相应的约定

寄信人和收信人之间为了正确交流，需要约定信纸中文字类型、描述内容的方式等。同样，南京邮局和长沙邮局之间为了完成信件投递，需要约定信封的书写方式、统一的邮政编码等。两端每一层之间的约定只用于解决两端该层之间的通信问题，如信纸中文字类型等约定只与寄信人和收信人之间能否正确交流有关，而与邮局能否正确投递信件无关。同样，信封书写方式等约定只与能否正确投递信件有关，与寄信人和收信人之间能否正确交流无关。

2. 邮政系统与网络体系结构

计算机网络的主要功能是实现不同终端上运行的两个进程之间的通信过程。计算机网络中不同终端上运行的两个进程之间的通信过程与邮政系统实现的寄信人和收信人之间的信件投递过程十分相似，因此可以仿照邮政系统将通信两端分解为相同的层次结构，两端位于相同位置的功能层有着相同的功能，这些功能层之间存在协调过程。我们将根据计算机网络功能分解出的分层结构、每一层的功能描述和两端相同位置的功能层之间的协调过程的集合称为计算机网络体系结构。图 1.33 所示就是实现浏览器与 Web 服务器之间通信过程的网络体系结构。

图 1.33 所示是 TCP/IP 体系结构，在开始学习网络之前，可以对照图 1.32 所示的邮政系统来理解 TCP/IP 体系结构。

① 用户通过浏览器访问某个 Web 服务器的过程是一个极其复杂的数据交换过程，

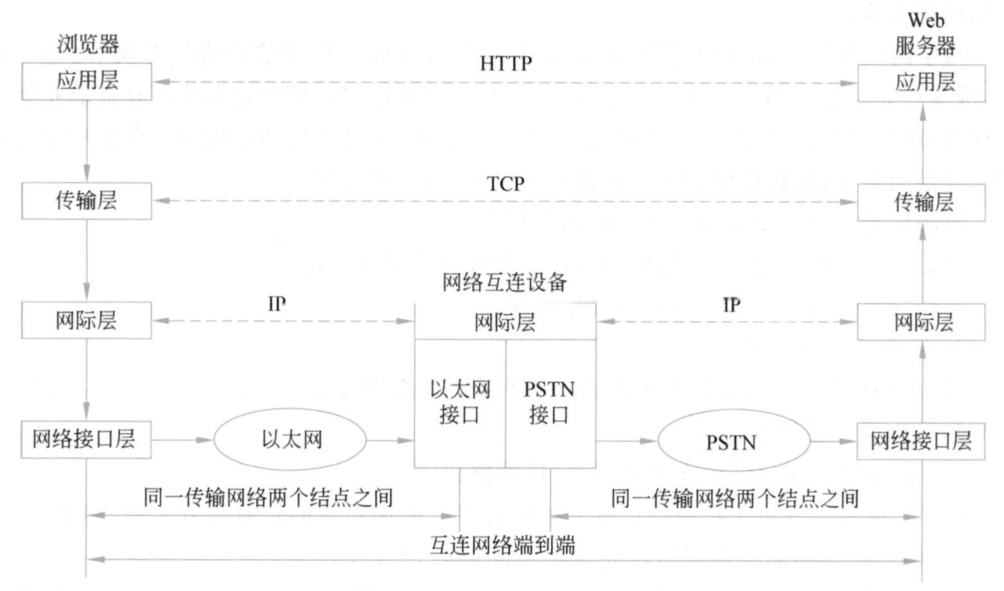

图 1.33 用户通过浏览器访问 Web 服务器的过程

需要借助电信这样的公共数据传输系统才能实现。因此，就像无法由寄信人和收信人直接完成信纸递交一样，也无法由浏览器和 Web 服务器直接完成双方之间的数据交换过程。浏览器发送数据给 Web 服务器的过程和寄信人发送信纸给收信人的过程一样，必须由多层功能体共同完成。

② 虽说终端运行的浏览器软件似乎直接和用户访问的 Web 服务器通信，但通过图 1.33 可以明白：浏览器传输给 Web 服务器的数据通过逐层封装、逐层调用，最终由最低层的传输网络，如图中给出的以太网和 PSTN，真正完成用户终端至 Web 服务器的数据传输过程。

③ 图 1.33 中两端每一层之间为了实现正常通信，需要制定一些规则，这些规则是以后各章中学习的重点内容。

3. 和网络体系结构有关的一些概念

1) 对等层和协议

在计算机网络体系结构中，对等层是指在体系结构中处于同一地位，起相同作用的功能层，如用户终端的浏览器和服务器的 Web 服务器软件。实体是指真正完成所处层功能的硬件和软件集合，由于高层功能主要由软件实现，因此实体也就是实现该层功能的软件模块。

对等层之间在实现通信的过程中必须遵守规则。如位于南京的某个人希望通过互通信件向位于长沙的某个企业负责人寻求某个职务的过程中，必须做到：

① 以他们双方都能识别的文字类型、信件格式来书写信件；

② 以他们都能接受的方式进行信息交换，提供双方所需的资料；

③ 严格按照国家和企业规定的招聘程序依次完成提供材料、资格审查、能力考核和

录用这些步骤。

对于两地邮局而言，都必须依照标准信封正确位置书写的信息进行分类、处理。因此，两端对等层之间都有严格的约定和规范，两端对等层之间的约定和规范在计算机网络中称为协议。协议主要由三个要素组成，分别是语法、语义和同步。在三个要素中也可用时序替换同步，因此将协议的三个要素称为语法、语义和时序。

语法规定了相互交换的信息的结构和格式。

语义规定了相互交换的信息种类，以及接收方应该做出的反应。

同步(时序)规定了各个事件的发生顺序。

2) 协议的生活解释

以位于南京的某个人希望通过互通信件向位于长沙的某个企业负责人寻求某个职务为例解释协议的三要素。

语法：规定书写信件的文字类型、信件的格式等。

语义：规定双方对接收到的信件的处理方式。假如长沙的企业负责人需要招聘一名网络管理员，针对不同的求职信需要规定不同的处理方式：如果求职信表明求职人有大型企业网络管理经验，则立即联系面试；如果求职信表明求职人是相关专业的应届毕业生，则列入后备名单；如果求职信表明求职人的学历和工作经验与网络管理无关，则不予理睬。

同步：规定招聘流程，如整个招聘流程包括提交求职信、提供证明材料、面试、资格审查、能力考核和录用。

4. 网络体系结构综述

网络体系结构是分层结构，由多个功能层组成，每一功能层需要定义下一层为本层提供的服务、本层为上一层提供的服务和本层实现的功能。本层实现的功能用于弥补下一层为本层提供的服务与本层为上一层提供的服务之间的落差。每一功能层有着独立的协议，协议用于定义对等层之间交换的消息的格式。因此，网络体系结构是分层结构和各层协议的集合。

值得强调的有两点：一是本层协议实现过程需要使用下一层为本层提供的服务；二是在基于下一层为本层提供的服务实现本层为上一层提供的服务的过程中，包含了本层协议的实现过程，即本层功能的实现过程包含该层协议的实现过程。

网络体系结构是抽象的，因此它并不定义每一层功能的实现过程。这样做的好处是每一层可以在不影响其他层的情况下，独立改进该层功能的实现技术，优化该层功能的实现过程。

综上所述，网络体系结构有三个要素：一是分层结构，二是每一功能层的功能，三是精确定义对等层之间交换信息的格式的协议。

1.4.3 OSI 体系结构

最早定义的网络体系结构是国际标准化组织(ISO)提出的开放系统互连/参考模型

(OSI/RM)，简称 OSI 体系结构。OSI 体系结构采用分层结构，将网络功能划分成 7 层，分别是物理层、数据链路层(简称链路层)、网络层、传输层、会话层、表示层和应用层。其中定义了每一层向上一层提供的服务。

1. OSI 网络环境

OSI 网络环境是定义 OSI 体系结构中各层功能时参考的网络结构，OSI/RM 对应的网络环境如图 1.34 所示。终端通过物理链路接入分组交换机，一般情况下，终端和分组交换机之间、分组交换机与分组交换机之间采用点对点连接方式，但也允许存在多点连接方式，如图 1.34 中分组交换机 4 连接终端 E 和终端 F 的物理链路。每一个分组交换机通过多个端口连接多条物理链路，这些物理链路可以直接连接终端，也可以连接其他分组交换机。

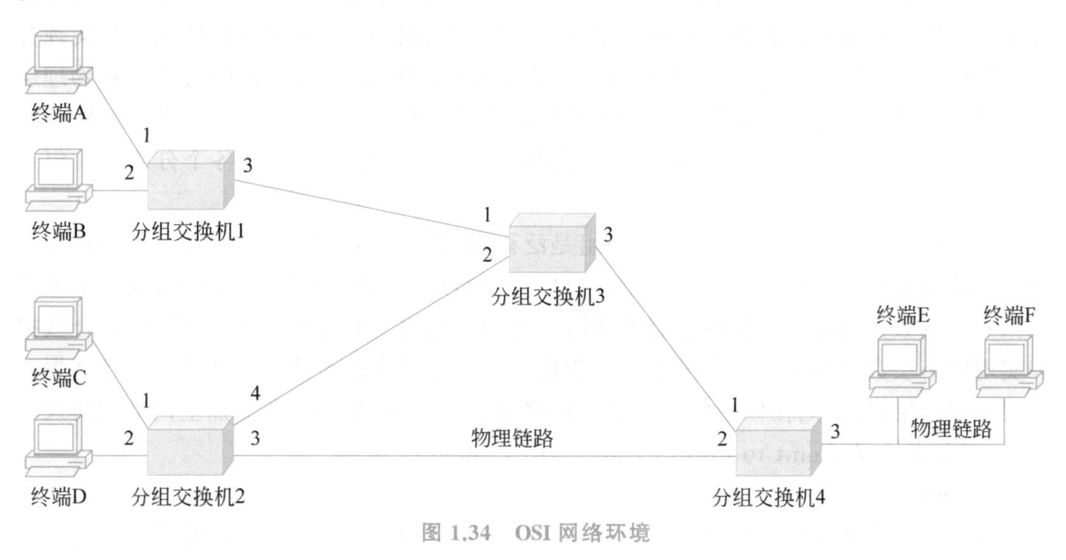

图 1.34 OSI 网络环境

2. 各层功能

1) 物理层

物理层的功能是实现二进制位流的传输过程。实现二进制位流传输过程涉及两个方面：一是建立用于传播信号的信道，二是完成二进制位流与信号之间的相互转换过程。对于如图 1.34 所示的 OSI 网络环境，信道或者是互连分组交换机和终端的物理链路，或者是互连两个分组交换机的物理链路。

发送端和接收端之间的信道可能不是固定的，物理层功能包含动态建立信道的过程，如对于 PSTN 连接两台计算机的情况，必须在通信双方开始通信前建立用于双方通信的信道。

表示数据的信号可以是模拟信号，也可以是数字信号，目前大多数物理链路采用数字信号传输方式。因此，需要通过编码解码过程实现二进制位流与数字信号之间的相互转换过程。如图 1.35 所示，发送端将二进制位流 1101 转换成数字信号，数字信号经过信道从发送端传播到接收端，接收端根据接收到的数字信号还原出二进制位流1101。值得强调的是，由于信道在传输信号过程中可能出错，因此接收端还原出的二进制位流可能与发送端发送的二进制位流不同。

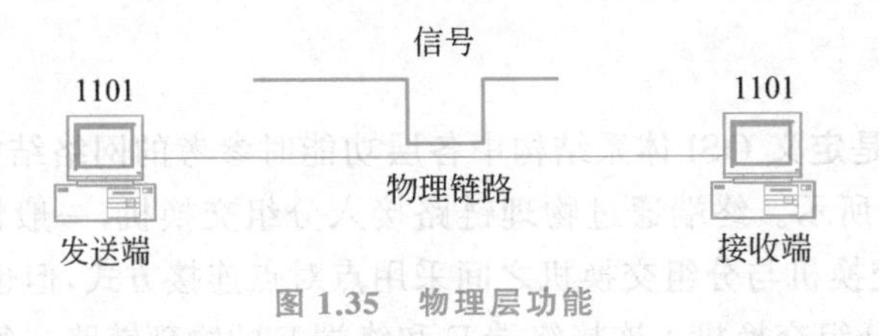

图 1.35 物理层功能

2）数据链路层

数据链路层的功能是在物理层提供的二进制位流传输服务的基础上，为网络层提供可靠的分组传输服务。分组是组合数据、地址信息和检错码的一种信息格式。为实现分组可靠传输，链路层需要实现以下功能：一是差错控制功能，差错控制的目的是在物理层不可靠的二进制位流传输服务的基础上实现可靠的分组传输服务；二是将需要传输的数据封装成分组；三是能够从信道传输的二进制位流中正确分离出属于各个分组的一组二进制位。

值得强调的是，计算机网络中的分组是泛称，是指组合数据和实现该层数据传输服务所需要的控制信息的信息格式。为了区分数据链路层和网络层的信息格式，我们将组合数据和实现数据链路层数据传输服务所需要的控制信息的信息格式称为帧，将组合数据和实现网络层数据传输服务所需要的控制信息的信息格式称为分组。如果定义了数据链路层和网络层协议，则在帧前面加上数据链路层协议名称，在分组前面加上网络层协议名称，如点对点协议(Point to Point Protocol，PPP)帧和IP分组。

3）网络层

网络层的功能是在数据链路层提供的物理链路两端之间的可靠分组传输服务的基础上，为传输层提供连接在由分组交换机分隔开的不同物理链路上的两个终端之间的分组传输服务，简称端到端分组传输服务。实现端到端分组传输服务的核心是分组交换机的路由功能。实现分组交换机的路由功能一是必须建立转发表；二是必须使分组携带路由信息。

第三层功能是与网络设备相关的，对于如图1.34所示的OSI网络环境，网络设备包括物理链路和分组交换机。传输层以上的功能只与终端设备相关，与网络设备无关。

值得强调的是，物理层和链路层用于解决物理链路两端设备(点对点连接方式)或接入物理链路的多个设备(多点接入方式)之间的通信问题，网络层用于解决连接在由分组交换机分隔开的不同物理链路上的终端之间的通信问题。这些终端之间的传输路径由多条物理链路和互连这些物理链路的分组交换机组成，在实现端到端通信时，分组交换机必须根据分组携带的路由信息(虚电路标识符或目的终端地址)选择离目的终端最近的物理链路转发分组。

4）传输层

传输层功能是在网络层提供的不可靠的端到端分组传输服务的基础上，为会话层提供可靠的进程之间的通信服务。在多任务系统中，一台主机可以同时运行多个进程，但网络层只能实现主机间通信，即网络层地址中没有用于标明进程的信息，而传输层实现的是进程间通信，由传输层在网络层地址所提供的主机标识信息中加上标识主机中进程的信息。

5）会话层

会话层的功能用于管理两个用户间进行的会话，如用户下载文件时，可在中途中断退出，但在下一次下载时，不需要重新开始下载，而是从中断处继续下载即可。同一个下载文件的会话可以建立多个传输层连接，以加快下载速度。

6）表示层

表示层的功能用于统一通信双方描述传输信息所使用的语义和语法。为了和不同类型的主机通信，必须定义一种统一的信息表示方式，表示层就用于描述这种统一的信息表示方式。

7）应用层

应用层的功能是定义某个应用的消息格式和实现过程，如超文本传输协议（Hyper Text Transfer Protocol，HTTP）就定义了浏览器访问 Web 服务器所涉及的命令、响应格式及相互作用的过程。

3. 数据传输过程

如图 1.36 所示，对等层之间似乎存在用于直接传输该层对应的数据单元的通道，如终端 A 和终端 C 的应用层之间似乎存在可以直接传输应用层数据的通道，但实际传输过程并非如此。如图 1.36 中终端 A 应用层产生的数据并不能直接传输给终端 C 的应用层，而是通过逐层服务请求，到达终端 A 的物理层，每一层都在上一层提交的数据的基础上增加本层的控制信息。由终端 A 的物理层通过互连终端 A 和分组交换机 1 的物理链路将二进制位流发送给分组交换机 1 的物理层。分组交换机 1 通过逐层去封装，将网络层对应的数据单元提交给分组交换机 1 的网络层，由分组交换机 1 的网络层选择通往终端 C 的传输路径。再次通过逐层封装，由分组交换机 1 的物理层将二进制位流通过互连分组交换机 1 和分组交换机 3 的物理链路发送给分组交换机 3 的物理层。最终由终端 C 的物理层接收到分组交换机 2 的物理层发送的二进制位流。终端 C 从物理层开始，逐层向上返回服务响应，每一层剥离本层控制信息后向上一层提供数据，最终由终端 C 应用层接收到终端 A 应用层产生的数据。

值得强调的是，两个结点之间真正发生的传输过程是两个结点的物理层通过互连两个结点的物理链路完成的二进制位流传输过程，其他对等层之间并不能直接进行该层对应的数据单元的传输过程。因此，我们将对等层之间用于传输该层对应的数据单元的通道称为逻辑通道，以便与两个结点之间真正完成二进制位流传输过程的物理链路相区分。

对等层传输的数据单元称为协议数据单元（Protocol Data Unit，PDU），上层协议数据单元提交给下层时，作为下层的服务数据单元（Service Data Unit，SDU）。本层在上一层提供的服务数据单元的基础上增加本层的协议控制信息后，产生本层的协议数据单元。

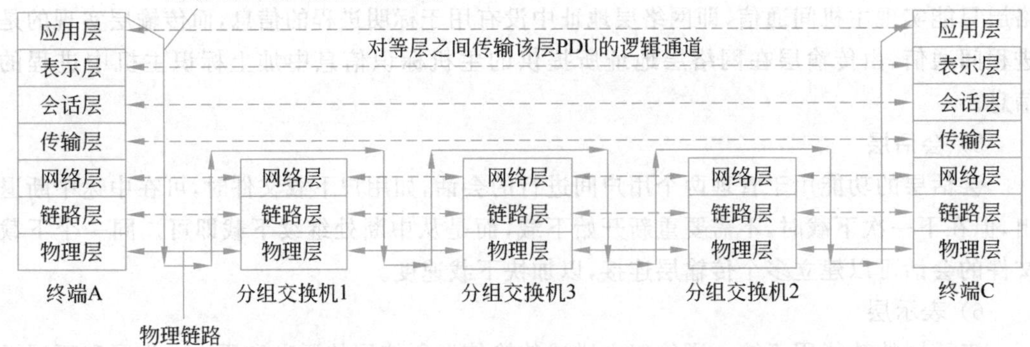

图 1.36　开放系统互连/参考模型(OSI/RM)和数据传输过程

4. OSI 体系结构的特点和作用

1）OSI 体系结构的特点

- OSI 体系结构是分层结构，基于如图 1.34 所示的网络环境定义每一层的功能；
- 每一层只定义了功能，没有系统制定用于定义对等层之间交换信息的格式的协议。

2）OSI 体系结构的作用

- 分层结构和每一层的功能为网络设计和实现提供了依据；
- 分层结构和每一层的功能为理解网络提供了思路。

1.4.4 TCP/IP 体系结构

1. 分层结构

传输控制协议/网际协议（Transmission Control Protocol/Internet Protocol，TCP/IP)体系结构如图 1.37 所示，分为 4 层，分别是应用层、传输层、网际层和网络接口层。不同类型的网络对应不同的网络接口层，如对应以太网的网络接口层是 IP over 以太网和对应 SDH 的网络接口层是 IP over SDH。

应用层				应用层
TCP		UDP		传输层
IP				网际层
IP over以太网	IP over ATM	IP over SDH	…	网络接口层
以太网	ATM	SDH	…	不同类型的网络

图 1.37　TCP/IP 体系结构

2. 网络环境

TCP/IP 体系结构适用的网络环境如图 1.38 所示。与如图 1.34 所示的 OSI 网络环境相比,有以下主要区别。

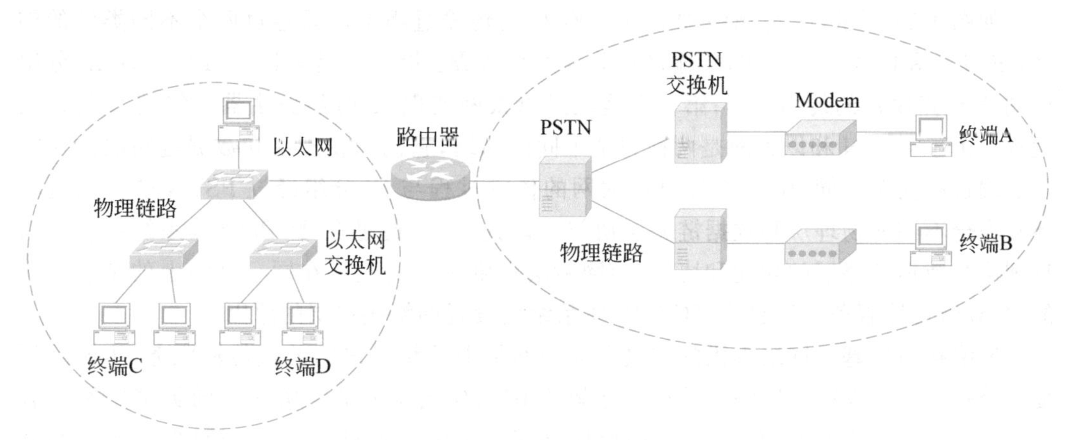

图 1.38　TCP/IP 网络环境

1）不同类型的网络互连

TCP/IP 网络环境是由多种不同类型的网络互连而成的网际网,如图 1.38 所示的由路由器互连以太网和 PSTN 而成的网际网。以太网采用数据报交换方式,PSTN 采用电路交换方式。

2）单个网络可能包含 OSI 体系结构低三层功能

以太网交换机是分组交换机,采用数据报交换方式,终端与以太网交换机之间、以太网交换机与以太网交换机之间直接用物理链路连接。因此,以太网本身对应 OSI 网络环境,以太网终端之间的通信过程涉及 OSI 体系结构中物理层、数据链路层和网络层的功能。

3）两种类型的终端之间的通信过程

在 TCP/IP 网络环境中,存在两种类型的终端之间的通信过程：一种是连接在同一网络上的两个终端之间的通信过程,如终端 C 与终端 D、终端 A 与终端 B 之间的通信过程;另一种是连接在不同网络上的两个终端之间的通信过程,如终端 A 与终端 C 之间的通信过程。这两种类型的终端之间的通信过程有着很大的区别。

3. 各层的功能

1）应用层

应用层的功能包含 OSI 体系结构中应用层、表示层和会话层的功能。

2）传输层

传输层的功能与 OSI 体系结构中传输层的功能相似。

3）网际层

网际层实现连接在不同类型网络上的两个终端之间的通信过程,网际层的协议数据单元称为 IP 分组，因此网际层实现连接在不同类型网络上的两个终端之间的 IP 分组传输过程。由于 IP 分组传输过程中需要经过多个不同类型的网络，因此 IP 分组必须独立于每一个网络。

4）网络接口层

如图 1.38 所示，IP 分组终端 A 至终端 C 的传输过程中需要经过两个不同类型的网络：PSTN 和以太网。因此，传输过程分为两个步骤：第一步是经过 PSTN 实现 IP 分组终端 A 至路由器的传输过程；第二步是经过以太网实现 IP 分组路由器至终端 C 的传输过程。由于 PSTN 和以太网是两种完全不同的网络，它们的物理层和数据链路层的功能及实现过程完全不同，IP 分组经过以太网的传输过程与 IP 分组经过 PSTN 的传输过程涉及完全不同的物理层和数据链路层协议。因此，无法通过在 TCP/IP 体系结构中定义物理层与数据链路层的功能和协议，为网际层提供统一的连接在同一网络上的结点之间的 IP 分组传输服务。这也是 TCP/IP 体系结构设置网络接口层的原因。

网络接口层基于网络提供的连接在同一网络上的结点之间的帧传输服务，为网际层提供统一的连接在同一网络上的结点之间的 IP 分组传输服务。由于不同类型的网络有着不同的结点之间的帧传输过程，因此网络接口层需要屏蔽不同类型网络结点之间帧传输过程的差异，为网际层提供统一的连接在同一网络上的结点之间的 IP 分组传输过程。

可以通过以下例子理解网络接口层的功能。高级语言是与计算机系统无关的，因此用高级语言编写的程序可以在不同类型的计算机系统上运行。但计算机系统真正执行的是机器指令组成的机器语言程序，而且不同计算机系统有着不同的机器语言。因此，实现相同的高级语言程序在不同的计算机系统中运行，需要解决将相同的高级语言程序转换成不同计算机系统对应的机器语言程序的问题。目前用于解决这一问题的方法是为每一种计算机系统设计编译程序，编译程序一是与计算机系统相关的；二是能够将高级语言程序转换成该计算机系统对应的机器语言程序。网络接口层类似编译系统：一是不同类型的网络有着不同的网络接口层，如 IP over 以太网和 IP over PSTN 分别是对应以太网和 PSTN 的网络接口层；二是每一种网络对应的网络接口层的主要功能是将 IP 分组封装成适合通过该网络传输的帧格式。

值得强调的是，针对任何网络，连接在该网络上的结点之间的 IP 分组传输过程涉及两方面功能：一是将 IP 分组封装成适合该网络传输的帧格式，二是实现封装 IP 分组的帧结点之间的传输过程。第一方面的功能由网络接口层实现，第二方面的功能由该网络对应的物理层和链路层实现。

4. TCP/IP 体系结构数据封装过程

通过如图 1.32 所示的信件投递过程发现，寄信人和收信人交换的信息是信纸内容，但寄信人不能直接将信纸提交给邮局，必须用信封将信纸封装成信件，而且还需要在信封上按标准格式写上寄信人、收信人地址、姓名及邮编后，才能提交给邮局。同样，邮局必须把信件封装成信袋，在信袋上写上目的地长沙后，才能提交给铁路运输系统。到了长沙，整个过程刚好相反。通过网络传输数据的过程也一样，如图 1.39 所示。应用层产生的数据首先必须封装成传输层报文，将应用层产生的数据封装成传输层报文的过程实际上就是在应用层产生的数据的基础上加上一个传输层首部。由于传输层主要解决进程间通信的问题，因此传输层首部的内容主要就是标识发送进程和接收进程的信息。传输层报文经过网际层传输时，又被封装成 IP 分组，IP 分组是在传输层报文的基础上加上一个 IP 首部。由于网际层主要解决连接在不同网络上的两个终端之间的通信问题，因此 IP 首部内容主要就是标识发送终端和接收终端的终端地址信息。当 IP 分组实际完成传输网络两个结点之间的通信时，IP 分组又被封装成适合指定传输网络传输的帧。帧是在 IP 分组的基础上加上一个帧首部。由于传输网络主要解决连接在相同传输网络上的两个结点之间的通信过程，因此帧首部内容主要就是用指定传输网络所规定的格式标识发送结点和接收结点的结点地址信息。发送端的封装过程如图 1.39 所示，接收端的处理过程刚好相反，链路层必须具有从二进制位流中分离出每一帧的功能。同样，每一层都需要具有从下层结构中正确分离出本层结构的功能，这也是增加首部这种控制信息的原因之一。目前的约定是将应用层 PDU 称为消息，传输层 PDU 称为报文，网际层 PDU 称为分组，指定传输网络对应的 PDU 称为帧。这些约定叫法主要为了便于区别每一层的封装形式。

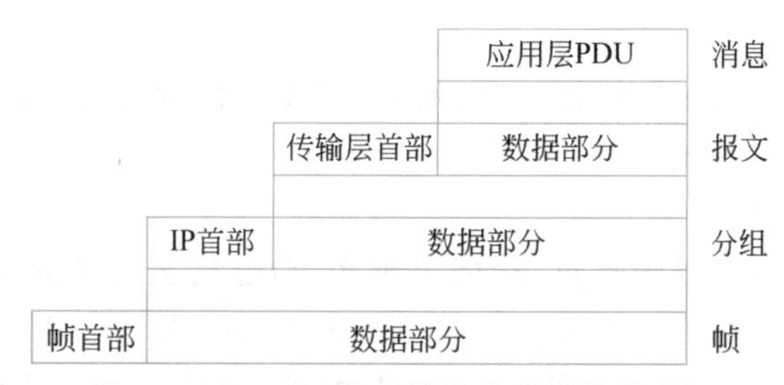

图 1.39　TCP/IP 体系结构的数据封装过程

为了将 TCP/IP 体系结构的网际层等同于 OSI 体系结构的网络层，目前通常通过处理对象来确定该功能层的名称：如果该功能层处理的对象是二进制位流，则该功能层为物理层；如果该功能层处理的对象是特定传输网络对应的帧，则该功能层为数据链路层；如果该功能层处理的对象是 IP 分组，则该功能层为网际层，也称为网络层。在这种情况下，所有传输网络（如以太网和 PSTN）与帧传输过程相关的只有物理层和数据链路层这两个功能层，以太网交换机成为具有路由功能的数据链路层设备。

5. 数据传输过程

图 1.38 中终端 A 应用层向终端 C 应用层传输数据的过程如图 1.40 所示。终端 A 应用层产生的数据经过逐层封装成为 PPP 帧，PPP 帧是 PSTN 对应的链路层 PDU。终端 A 通过 PSTN 将 PPP 帧传输给路由器，路由器从 PPP 帧中分离出 IP 分组，再将 IP 分组封装成媒体接入控制（Medium Access Control，MAC）帧，MAC 帧是以太网链路层 PDU。路由器通过以太网将 MAC 帧传输给终端 C，终端 C 通过逐层去封装，最终将终端 A 应用层产生的数据提交给终端 C 应用层。由于路由器的处理对象是 IP 分组，因此路由器是网际层设备，也是网络层设备。路由器有别于一般分组交换机的地方是存在连接不同类型网络的接口，能够将 IP 分组从一种网络对应的帧格式中分离出来，封装成另一

种网络对应的帧格式。由于 IP 分组是终端之间传输的分组,因此路由器以数据报交换方式转发 IP 分组。

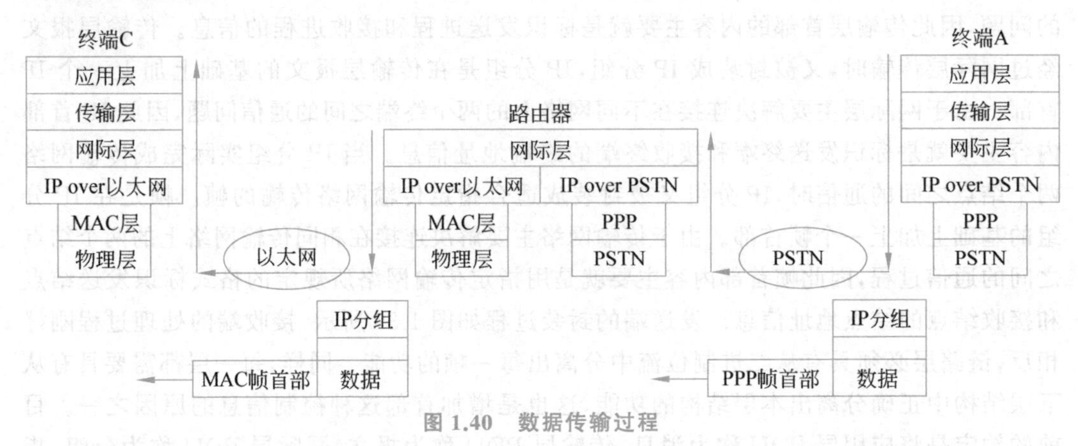

图 1.40 数据传输过程

6. TCP/IP 体系结构成功的原因

TCP/IP 体系结构已经成为 Internet 标准。TCP/IP 成功的原因也是 TCP/IP 体系结构不同于 OSI 体系结构的特点。

1) 简洁的分层结构

分层结构一是有着这样的特点,功能层越多,功能层实现越简单,但运行效率越低。二是要求每一层功能层的功能相对独立,与相邻层的关系较少。因此,功能层的设计一是必须综合考虑实现难度与运行效率,二是要求相邻功能层之间功能划分清晰。TCP/IP 四层结构一是较好地平衡了网络系统的实现难度和运行效率;二是将 OSI 体系结构中最高三层的功能融合到应用层后,使应用层的功能定义更加清晰。

2) 网络接口层的开放性

TCP/IP 体系结构的原旨是实现不同类型的网络互连,由于不同类型的网络有不同功能的物理层和链路层,因此 TCP/IP 体系结构不定义物理层、链路层功能及协议。任何类型的网络通过定义该类型网络对应的网络接口层(IP over X,X 是任意类型的网络),就可实现连接在该网络上的两个结点之间的 IP 分组传输过程,从而可以将该网络连接到路由器并通过路由器实现和其他网络的互连。因此,TCP/IP 体系结构允许将任何类型终端、任何类型网络互连在一起的基础是网际层和网络接口层,网络接口层为网际层屏蔽了不同类型网络之间的区别。

3) 定义各层协议

TCP/IP 体系结构定义了应用层、传输层和网际层协议,为路由器的标准化提供了依据。同时,也为终端各功能层的实现提供了依据,这是基于 TCP/IP 体系结构的网络设备、应用系统快速发展的原因。

4) 促使各种类型的传输网络独立发展

由于 TCP/IP 体系结构没有具体定义物理层和链路层的功能与协议,因此各种类型的传输网络可以独立发展,这也是目前多种采用不同交换方式、有着不同作用范围的传输网络(如以太网、ATM 和 SDH 等)各自独立快速发展的原因。同时,各种不同类型的传输网络独立发展的结果进一步凸显了 TCP/IP 体系结构开放性的重要性。

7. 互联网的学习方法

基于 TCP/IP 体系结构的互联网的学习方法与基于 OSI 体系结构的网络的学习方法有所不同,需要分以下 3 个阶段。

1) 连接在同一网络上结点之间的帧传输过程

对于不同类型的网络,首先需要掌握连接在同一网络上的两个结点之间的帧传输过程,这一过程涉及该类型网络对应的物理层和链路层的功能。

2) 连接在同一网络上的结点之间的 IP 分组传输过程

掌握连接在同一网络上的两个结点之间的帧传输过程后,需要掌握连接在同一网络上的两个结点之间的 IP 分组传输过程。这一过程涉及两方面功能:一是该类型网络对应的网络接口层的功能;二是该类型网络对应的物理层和链路层的功能,即实现连接在同一网络上结点之间帧传输过程的功能。

3) 连接在不同类型网络上的两个结点之间的 IP 分组传输过程

互联网需要实现连接在不同类型网络上的两个结点之间的 IP 分组传输过程,这一传输过程涉及三个方面的功能:一是网际层功能,包括建立连接在不同类型网络上的两个结点之间的 IP 分组传输路径,由路由器完成 IP 分组不同类型网络之间的转发过程;二是涉及不同类型网络对应的网络接口层的功能;三是涉及不同类型网络对应的物理层和链路层的功能。

由于不同类型网络的物理层和链路层的功能及协议是不同的,而且每一种类型网络的物理层和链路层的功能及协议都是自成体系的,因此本教材不将不同类型网络的物理层和链路层的功能及协议罗列在一起,而是针对每一种类型传输网络,以连接在同一网络上的两个结点之间的帧传输过程为切入点,讨论该种类型网络的物理层和链路层的功能及协议。

1.5 互联网的启示和思政元素

互联网发展过程、互联网技术基础与互联网体系结构所蕴含的思政元素以及给我们的启示如下。

1. 技术与市场需求的结合

互联网发展过程证明,任何事物快速发展的前提是该事物存在强大的市场需求,且有实现该事物的技术。而且该事物的深入应用能够导致新的市场需求,新的市场需求又进一步促进实现该事物的技术的发展。技术与市场需求相互促进,形成良性循环。

2. 自治系统集合是互联网无限扩展的基础

互联网中不存在全面负责管理主机的中心结点,每一个主机都是自治系统,在网络中各司其职，实现自我管理。

每一个主机都是服务提供者，互联网服务由互联网中所有主机提供的服务汇集而成。互联网能够容纳无数个主机，无数个主机提供的服务汇集成互联网无所不能的服务。

3. 电路交换到分组交换的飞跃

计算机技术的发展使具有存储和处理能力的智能交换设备成为可能，智能交换设备的发展又诞生了分组交换技术，分组交换技术是互联网的实现基础。分组交换技术是一种从电路交换技术中衍生出的新技术，这一新技术催生了互联网。

4. 动态连接的成与败

虚电路分组交换动态建立虚电路方式有以下好处：一是动态建立虚电路时，可以确定双方是否就绪；二是动态建立虚电路时可以预留虚电路经过的物理链路和分组交换机的资源，通过预留资源保障服务质量；三是可以按需建立虚电路，两端之间需要传输数据时，建立虚电路，并预留资源，完成数据传输过程后，释放虚电路，同时释放预留的资源。

动态建立虚电路方式带来的坏处也是明显的：一是由于每一对正在通信的终端之间都需要建立虚电路，导致网络中存在大量虚电路；二是建立虚电路和释放虚电路操作不仅涉及两端，还涉及虚电路经过的所有分组交换机，因此，建立虚电路和释放虚电路都需要较长时间；三是由于大量虚电路需要经过核心分组交换机，有可能使核心分组交换机的转发项数量大到其无法承受的量级。

动态建立虚电路方式的好处和坏处都十分明显，因此有以下两种应用动态建立虚电路方式的方法：一是将动态建立虚电路方式应用于其好处是至关重要的，其坏处是可以克服或者是可以容忍的应用环境；二是通过集成已有的技术，产生可以发挥动态建立连接方式的好处，同时又能消除动态建立连接方式的坏处的新方法，这种新方法就是互联网中的 TCP/IP 组合。

5. 创新驱动发展

通过对嵌入式技术、传感器技术、触摸屏技术和移动通信技术的集成创新，催生了智能手机，智能手机和互联网的结合产生了移动互联网，移动互联网极大地扩展了互联网应用领域，导致互联网应用发生革命性的变化。

6. 分层结构是解决复杂问题的基本方法

解决复杂问题的基本方法是将复杂问题层层分解，最后变成功能相对独立和简单的子问题。然后从解决最简单的子问题着手，逐层增加解决的问题的复杂性，最终完全解决复杂问题。用这种复杂问题的解决方法解决网络问题，产生了网络体系结构，网络体系结构是分层结构。

7. 每一层功能实现过程是透明的

只要下一层提供给本层的服务和本层提供给上一层的服务不变，本层功能的实现过程对其他层就是透明的，这意味着每一层可以随着技术的发展，不断改进本层功能的实现过程，而且这种改进对其他层也是透明的。这使每一层功能的实现技术可以独立发展。

8. 开放和包容是TCP/IP成功的关键

TCP/IP体系结构成功的关键是它认可了各种传输网络并存并各自发展的事实，并且像高级语言和对应的编译系统解决了不同计算机系统之间的程序可移植性一样，用TCP/IP协议族和IP over X(X为某种类型的传输网络)技术解决了不同类型的传输网络互连和连接在不同类型的传输网络上的两个终端之间的数据传输问题。

9. 充分利用新技术

当一种新技术出现时，及时了解新技术并将新技术应用到其他专业领域可能会使这一领域发生革命性的变化，并催生新的产业。目前，人们通过将互联网应用到传统产业，已经催生出电子商务、互联网金融、移动支付、基于位置服务等新的产业和新的服务。

10. 自律是网络正常工作的基础

维持终端间正常通信的基础是协议，协议规范了终端在网络中的行为。因此，网络中的每一个终端都遵守协议是网络正常工作的基础，大量网络安全问题都是因为违反协议造成的。

11.工程素养

网络发展过程是一个不断发现问题、解决问题的过程。对于一个工程技术人员，发现制约行业发展的瓶颈问题，想方设法解决该瓶颈问题，从而推动行业更上一层楼的能力是其必备的工程素养。

本章小结

- 互联网是多种不同类型的网络互连而成的网际网；
- 计算机技术、通信技术的发展催生了互联网，互联网应用的深入对互联网提出了更高的需求，嵌入式技术、移动通信技术的发展并与互联网的结合极大地扩展了互联网的应用领域；
- 从电路交换到分组交换是一次飞跃，分组交换成为互联网的技术基础；
- 控制数据沿着源终端至目的终端传输路径传输的关键是交换机的数据转发过程；
- 电路交换机由于建立两个终端之间的信道时建立两个端口之间的连接，因此数据自动沿着端口之间的连接完成转发过程；
- 虚电路分组交换机根据分组携带的标识符、分组输入端口和转发表确定输出端口，完成分组输入端口至输出端口的转发过程；
- 数据报交换机根据分组携带的目的终端地址和转发表确定输出端口，完成分组输入端口至输出端口的转发过程；

- 网络体系结构是分层结构，分层结构是解决复杂问题的基本方法；
- OSI 和 TCP/IP 是目前最常见的两种网络体系结构；
- 协议是实现终端间正常通信的基础，网络中的每一个终端都遵守协议是网络正常工作的基础；
- 互联网采用 TCP/IP 体系结构，TCP/IP 体系结构成功的关键在于开放性，网络接口层是实现 IP over everything 的基础；
- TCP/IP 没有具体定义物理层和链路层的功能与协议是使各种类型的传输网络各自独立快速发展的原因。

习　题

1.1　论述 Internet 在 20 世纪 90 年代飞速发展的必然性。

1.2　数据传输网络尽力而为服务的特征是什么？数据网络提升为统一网络的技术基础是什么？

1.3　在家通过 PC 上网的方式有多种，如通过以太网接入、通过 ADSL 接入、通过 PSTN 拨号接入等，但无论使用何种方式，均可用相同的浏览器访问 Web 主页，那么为什么浏览器不区分接入方式呢？

1.4　为什么以太网作为接入网时不采用 1Gbps 传输速率？

1.5　端口的发送时延是指通过该端口将某个分组发送出去所需要的时间，而传播时延是指分组从一端传播到另一端所需要的时间。在图 1.41 中，从端口 A 开始发送分组到端口 B 完整接收分组需要的时间是多少(假定分组长度为 1500 字节，端口传输速率为 10Mbps，A 点到 B 点的长度为 2.5km，电信号在 A 端至 B 端电缆上的传播速率为$(2/3)c_0=200\ 000$km/s)？如果端口传输速率从 10Mbps 提高到 1Gbps，重新计算所需要的时间并比较两次计算结果中发送时延和传播时延的比例。

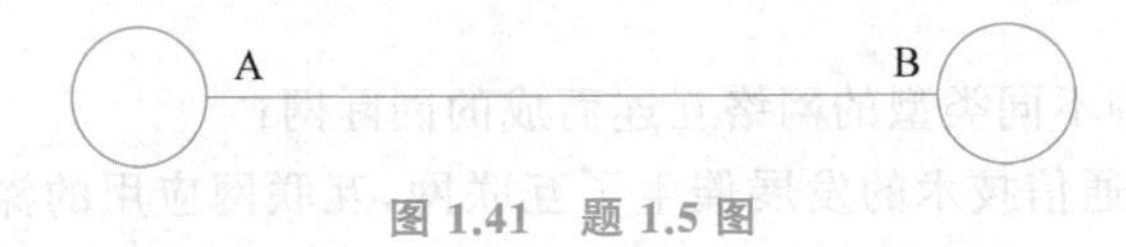

图 1.41　题 1.5 图

1.6　电路交换和分组交换的主要区别是什么？为什么数据网络采用分组交换？举例说明电路交换可以比分组交换更有效地传输数据。

1.7　根据分组交换的特点说明数据传输网络尽力而为服务的本质。

1.8　电路交换结点和分组交换结点的工作机制有哪些区别？

1.9　分组交换结点为什么采用存储转发方式？

1.10　分组交换意味着数据以分组为单位进行传输，为什么？

1.11　什么是分层结构，为什么网络分层是必要的？

1.12　在分层结构中，接口的作用是什么？

1.13 简述 TCP/IP 体系结构取得成功的原因。

1.14 简述 OSI/RM 体系结构无法在现实世界中实现的原因。

1.15 简述 OSI/RM 体系结构在网络学习中的作用。

1.16 解释以下名词：协议、对等层、实体、协议数据单元、局域网、城域网、广域网。

1.17 只要具有相应的编译系统，各种标准的高级语言就可并存在同一计算机系统中，但实现由不同高级语言编写的程序之间的转换是十分困难的。将这一例子引申到网络，能说明什么问题？

1.18 数据为什么必须逐层增加控制信息？简述应用层提供的数据到物理层传输的比特流的封装过程。

1.19 封装是逐层增加首部这种控制信息，相对比较容易，而封装过程的相反操作是分离出每一层的结构，它有什么难度？

第2章 数据通信基础

实现由信道互连的两个结点之间的二进制位流传输过程的系统称为数据传输系统，数据传输系统是实现网络端到端通信的基础。二进制位流与信号之间的相互转换过程、信号经过信道的传播过程、用传输媒体构建信道的过程是数据传输系统的主要研究内容。在两个结点之间传输二进制位流的过程中可能发生错误，解决随机出错问题的方法是检错、确认和重传，检错码和序号是实现差错控制必须增加的冗余信息。

2.1 数据传输系统

互连网是由路由器互连不同类型的传输网络构成的网际网，每一种传输网络由结点和互连结点的物理链路组成，因此物理链路互连的两个结点之间的数据传输过程是互连网中最基本的数据传输过程。

2.1.1 互连网与数据传输系统

1. 互连网三层数据传输过程

互连网是由路由器互连多个不同类型的传输网络构成的网际网，如图 2.1 所示是由两个路由器互连三个不同类型的传输网络构成的互连网。每一个传输网络由结点和互连结点的物理链路组成，如图 2.1 所示的以太网，结点可以是终端、服务器和具有存储转发功能的分组交换机(图中简称交换机)。因此，互连网中存在三个层次的数据传输过程。第一层是由物理链路互连的两个结点之间的数据传输过程。第二层是同一传输网络内连接在由交换机分隔的不同物理链路上的两个结点之间的数据传输过程，如以太网内终端与服务器之间的数据传输过程。第二层传输过程是在多段物理链路上实现的多个第一层传输过程的基础上，加上分组交换机的路由功能实现的。第三层是连接在不同传输网络上的两个结点之间的传输过程。第三层传输过程是在多个传输网络上实现的第二层传输过程的基础上，加上路由器的路由功能实现的。显然，物理链路互连的两个结点之间的数据传输过程是互连网中最基本的数据传输过程，实现物理链路互连的两个结点之间的数据传输过程的系统称为数据传输系统。

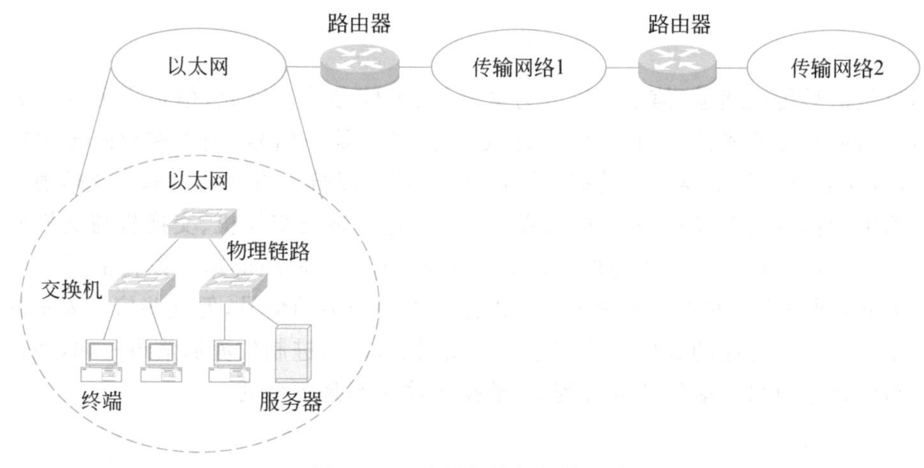

图 2.1 互连网与数据传输系统

2. 数据传输系统的研究内容

对于如图 2.1 所示的以太网,终端和服务器是数据的源端和目的端,分组交换机是数据的转发设备。我们将终端和服务器称为主机系统,将分组交换机和物理链路称为通信系统,通信系统的作用是实现主机系统之间的数据传输过程。

数据传输系统中的结点,或是主机系统,或是具有存储转发功能的分组交换机。因此,实现物理链路互连的两个结点之间的数据传输过程涉及以下内容:一是数据与信号的相互转换过程,二是信号经过物理链路的传播过程,三是数据传输出错时的控制机制;四是构成物理链路的传输媒体等。

2.1.2 系统组成

一般的数据传输系统用于实现连接在同一信道上的两个结点之间的数据传输过程,其系统组成如图 2.2 所示,包含结点(图中结点是终端)、收发器和信道。收发器是一个功能模块,物理上经常与结点集成在一个设备中。

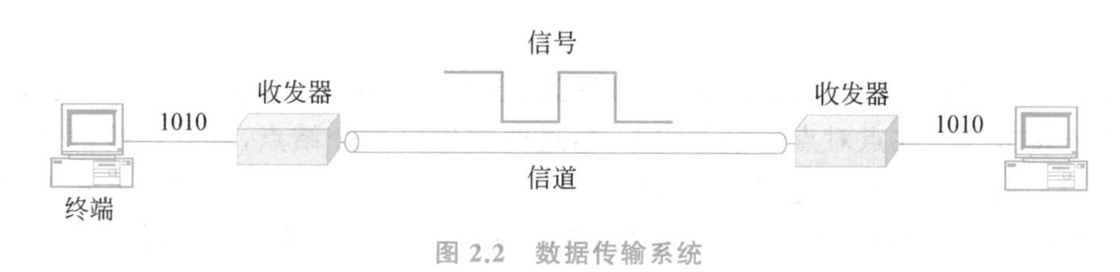

图 2.2 数据传输系统

1. 结点

结点用于产生需要传输的二进制位流,或接收二进制位流。它是数据的发送端或接收端。

2. 信道

信道是信号传播通道，信号可以分为电信号、光信号等。因此，信道也可以分为传播电信号的信道和传播光信号的信道。无论是电信号还是光信号，既可在导向传输媒体中传播，也可在非导向传输媒体中传播。因此，信道还可以分为有线信道和无线信道。

最简单的信道是单段物理链路，如图 2.1 中互连终端与交换机、交换机与交换机的物理链路。复杂信道可以由多段物理链路组合而成，不同的物理链路可以传播不同类型的信号。因此，同一信道的不同物理链路可以传播不同类型的信号，但这些信号表示的二进制位流是相同的。对应的数据传输速率也是相同的，即二进制位流从信道一端，经过这些物理链路到达信道另一端的传输过程中，数据传输速率是不变的。

3. 收发器

结点作为数据的发送端或接收端，连接发送端的收发器实现将数据转换成信号的过程，连接接收端的收发器实现将信号还原成数据的过程。

2.1.3 功能说明

如图 2.2 所示，数据传输系统的基本功能是实现两个结点之间的二进制位流传输过程。根据 OSI 体系结构各层功能说明，实现两个结点之间二进制位流传输过程是数据传输系统的物理层功能，因此与实现这一功能相关的设备都是具有物理层功能的设备。

数据传输系统在完成两个结点之间的二进制位流传输过程中可能发生错误，两个结点需要对这种出错情况进行处理，这种在两个结点之间进行的对物理层功能实现过程中出现的差错进行处理的机制称为差错控制机制。根据 OSI 体系结构各层功能说明，差错控制是数据链路层的功能。因此，对于如图 2.2 所示的数据传输系统，只有两个结点具有链路层功能。

2.1.4 信道连接方式

根据同一信道连接的结点的多少可以把信道连接结点的方式分为点对点连接方式和多点连接方式。在点对点连接方式下，信道两端连接两个结点，且只连接两个结点，如图 2.3(a)所示。点对点连接方式的信道称为点对点信道。在多点连接方式下，信道连接三个以上结点(含三个结点)，如图 2.3(b)所示。多点连接方式的信道称为广播信道。

图 2.3 信道连接的方式

2.1.5 通信方式

通信双方交互信息的方式有如下 3 种。

1. 单工通信

单工通信，又称单向通信，指数据只能沿一个固定方向传输，即传输是单向的，而且任何时候都不能改变数据的传输方向，如图 2.4 所示。

发送装置 → 接收装置

图 2.4 单工通信方式

2. 半双工通信

半双工通信，又称双向交替通信，指数据允许沿两个方向传输，但是任一时刻只能沿一个方向传输数据。这意味着两端结点都允许发送、接收数据，但任一时刻或者发送数据，或者接收数据，不能同时既发送又接收数据，如图 2.5 所示。

3. 全双工通信

全双工通信，又称双向同时通信，指允许同时沿两个方向传输数据。在这种通信方式下，两端结点之间必须同时存在两个方向的信道，如图 2.6 所示。一般情况下，采用全双工通信方式的数据传输系统，其信道连接方式为点对点连接方式，且两个结点由双向信道(允许同时双向通信的信道)互连。

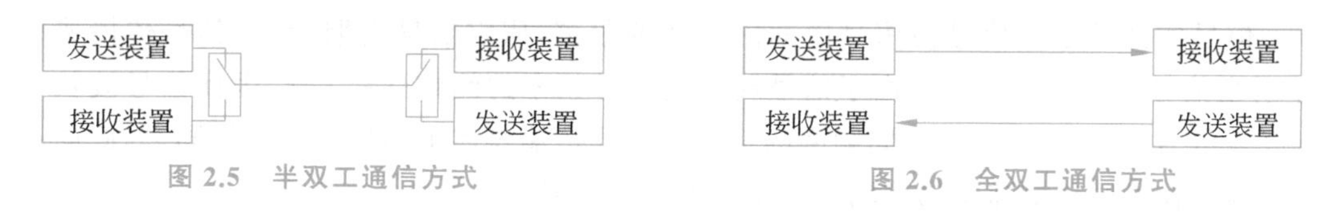

图 2.5 半双工通信方式

图 2.6 全双工通信方式

2.2 信　　号

信号分为数字信号和模拟信号，这两种类型的信号都可以看作由无数个频率、幅度和相位不同的正弦波信号合成后的结果。但这两种类型的信号的特性不同，经过信道传播时需要解决的问题也不同。

2.2.1 信号的基本概念

1. 正弦波信号

正弦波信号如图 2.7 所示，信号幅度与时间之间的关系由函数 $S(t)=A\sin(2\pi ft+\varphi)$ 描述。正弦波信号由三个参数确定，这三个参数分别是幅度、频率和初始相位(简称相位)，函数中分别由 A、f 和 φ 表示。$T=1/f$，是该正弦波信号的周期。正弦波信号是成分单一的信号，许多复杂的信号可以由多个不同幅度、频率和相位的正弦波信号合成。需要说明的是，作为正弦波信号参数的幅度是指该正弦波信号的峰值。

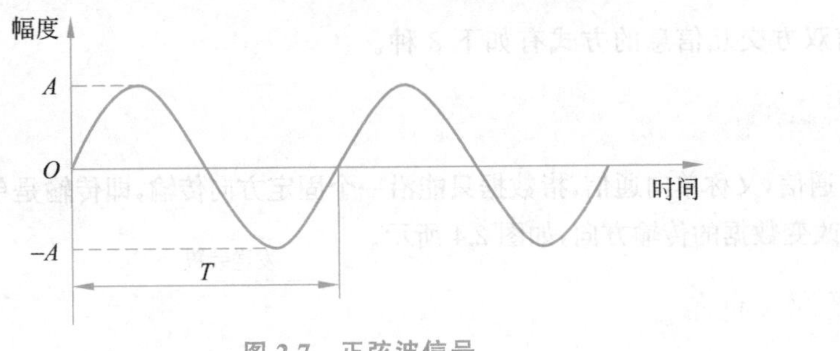

图 2.7 正弦波信号

2. 信号的相关术语

(1) 带宽

虽然经常用带宽表示数据传输速率，但带宽在信号中的确切含义是指一组频率连续的正弦波信号的频率宽度，如一组频率范围为 $f_0 \sim f_0+BW$ 的正弦波信号的带宽是 BW。除非特别指出，带宽为 BW 的一组正弦波信号是指一组频率范围为 $0 \sim BW$ 的正弦波信号。

(2) 波长

信号的波长是指信号在信号周期内传播的距离，假定信号周期为 T，信号传播速率为 c，则信号波长 $\lambda=T\times c$。由于信号周期是信号频率的倒数 $T=1/f$，因此信号波长也可以表示为 $\lambda=c/f$。由于相同频率的信号在不同传输媒体中的传播速率不同，因此同一频率信号在不同传播速率的传输媒体中有不同的波长。

2.2.2 数字信号

1. 数字信号的定义

基带信号是指没有经过调制(进行频谱搬移和变换)的原始电信号，信号频谱从零频附近开始，具有低通形式。数字信号是指幅度为有限离散值的信号，数字信号改变幅度时，直接从一种幅度跳变到另一种幅度。如图 2.8 所示是一种幅度只有两种离散值的数字信号。数字信号属于基带信号，有时为了方便，直接将幅度只有两种离散值的数字信号称为基带信号。由于基带信号的两个离散值可以直接对应1位二进制数的0和1，因此，用基带信号表示二进制位流最为直接和简单，基带信号成为最常用的表示二进制位流的数字信号。

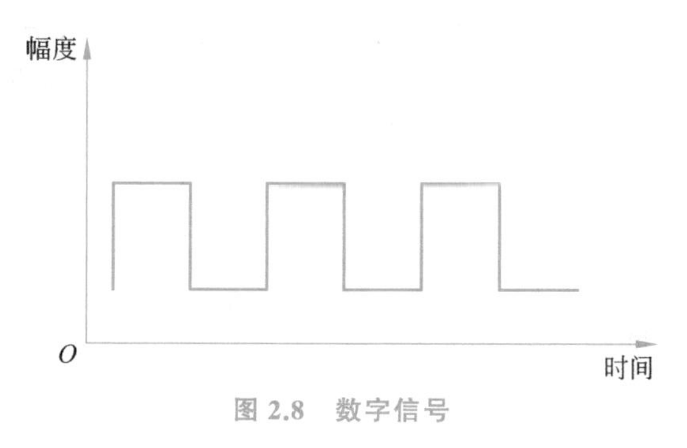

图2.8 数字信号

2. 数字信号的带宽

周期性信号是由一组不同频率的正弦波信号合成后的结果，这些不同频率的正弦波信号称为该周期性信号的各次谐波，图2.9给出由各次谐波合成周期性数字信号的过程。从原理上讲，合成周期性数字信号的谐波数量是无限的，但有限谐波合成的信号完全能够拟合周期性数字信号，如图2.9所示是用1～8次谐波合成的用于拟合周期性数字信号的信号。我们将由有限谐波合成的可以拟合周期性数字信号的信号称为拟合周期性数字信号，将用于合成拟合周期性数字信号的各次谐波的频率宽度称为该周期性数字信号的带宽。

2.2.3 模拟信号

模拟信号是指时间和幅度连续的信号，如图2.10所示。周期性模拟信号同样是由一组不同频率的正弦波信号合成后的结果。我们将由有限的不同频率的正弦波信号合成的可以拟合周期性模拟信号的信号称为拟合周期性模拟信号，将用于合成拟合周期性模拟信号的一组不同频率的正弦波信号的频率宽度称为该模拟信号的带宽。

2.2.4 信号失真和还原

1. 信号失真的原因

由于构成信道的物理链路存在阻抗，且阻抗与物理链路的长度成正比，因此信号经过物理链路传播后会引发衰减，衰减程度和物理链路的长度成正比。由于阻抗是频率相关的，即相同物理链路对不同频率的信号有不同的阻抗，因此不同频率的信号经过相同物理链路传播后的衰减是不同的。由于所有非正弦波周期性信号是由一系列不同频率的正

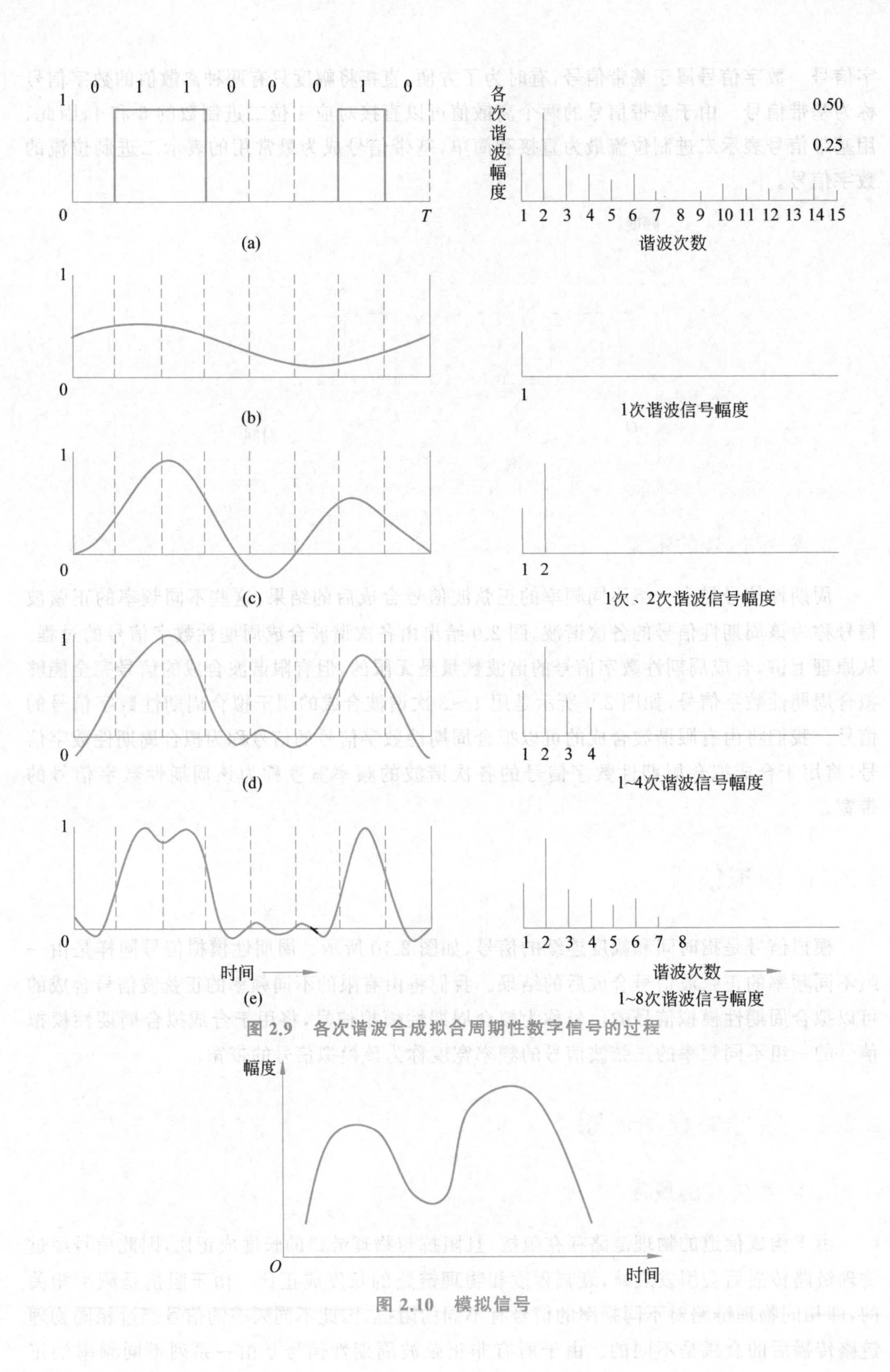

图 2.9 各次谐波合成拟合周期性数字信号的过程

图 2.10 模拟信号

弦波信号合成后的结果，而物理链路对不同频率的正弦波信号所造成的衰减是不同的，因此信号经过物理链路传播就会造成失真。失真是指信号形状发生变化，而不仅仅是信号幅度等比例降低。图 2.11 给出了数字信号和模拟信号失真的情况。

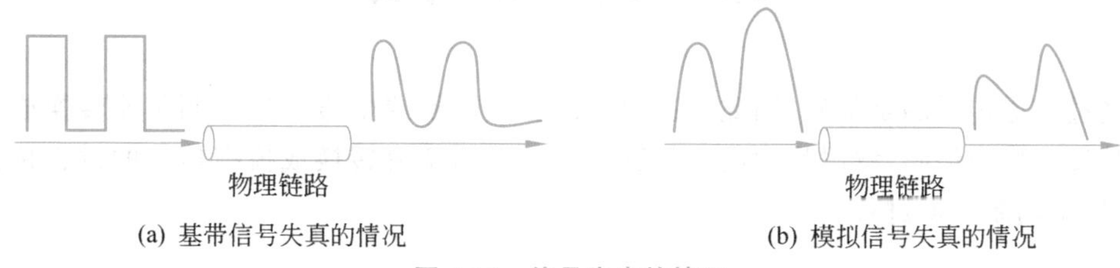

(a) 基带信号失真的情况　　(b) 模拟信号失真的情况

图 2.11　信号失真的情况

2. 数字信号还原的过程

由于数字信号幅度只有有限离散值，还原数字信号是一件比较容易的事情。最简单的数字信号是幅度只有两种离散值的基带信号，对于这种数字信号，通过设置一个阈值，可以将失真后的信号重新分为两种幅度的信号，如图 2.12 所示。只要不出现因为失真使原来低电平信号的幅度高于阈值，或者使原来高电平信号的幅度低于阈值的情况发生，基带信号是可以还原的。当然，通过阈值还原的基带信号其不同电平信号的宽度可能发生变化，必须通过同步技术将不同电平信号的宽度恢复到和原始基带信号相同的宽度。我们将失真后的基带信号通过阈值重新确定信号电平、用同步技术重新确定不同电平信号的宽度的过程称为信号再生。通过信号再生，可以使失真后的基带信号恢复成原始基带信号。

图 2.12　基带信号再生的过程

3. 模拟信号还原的复杂性

模拟信号由于是幅度连续的信号，只能通过用放大电路放大信号的方法来弥补信号衰减，但由于构成模拟信号的各次谐波的衰减程度不同，用放大电路放大信号的方法不仅不能解决信号失真，反而加剧信号的失真程度。假定某个模拟信号 M 由 3 种不同频率的正弦波信号构成($M=af_1+bf_2+cf_3$)，该模拟信号经过某段物理链路传播后产生了衰减。由于不同频率的正弦波信号所产生的衰减不同，衰减后的模拟信号为 $M'=\alpha_1af_1+\alpha_2bf_2+\alpha_3cf_3$($\alpha_1$、$\alpha_2$、$\alpha_3$ 分别是这 3 种谐波信号的衰减系数)，如果放大电路的放大倍数为 β，则放大后的信号为 $M'=\beta\times(\alpha_1af_1+\alpha_2bf_2+\alpha_3cf_3)$。当信号经过多段物理链路传播和多级放大后，最终变成 $M'=\beta^n\times(\alpha_1^naf_1+\alpha_2^nbf_2+\alpha_3^ncf_3)$($n$ 为信号经过的物理链路数和放大次数)。由于这 3 种谐波信号的衰减系数不同，无法同时使 $\beta^n\times\alpha_1^n$、$\beta^n\times\alpha_2^n$、

$\beta^n \times \alpha_3^n$ 等于1,导致最终传输到目的端的信号失真。

2.3 编码和调制

经过信道传播的是信号,因此二进制位流必须转换成信号。二进制位流转换成数字信号的过程称为编码,解码是编码的逆过程。二进制位流转换成模拟信号的过程称为调制,解调是调制的逆过程。

2.3.1 编码

用码元作为数字信号的基本单位,每一个码元表示若干位二进制数,每一个码元表示的二进制数位数取决于数字信号中作为幅度的离散值的数量。

1. 多级幅度的数字信号

图2.13所示的数字信号是一种幅度为4个离散值的信号,4个离散值分别是0V、1V、2V和3V。

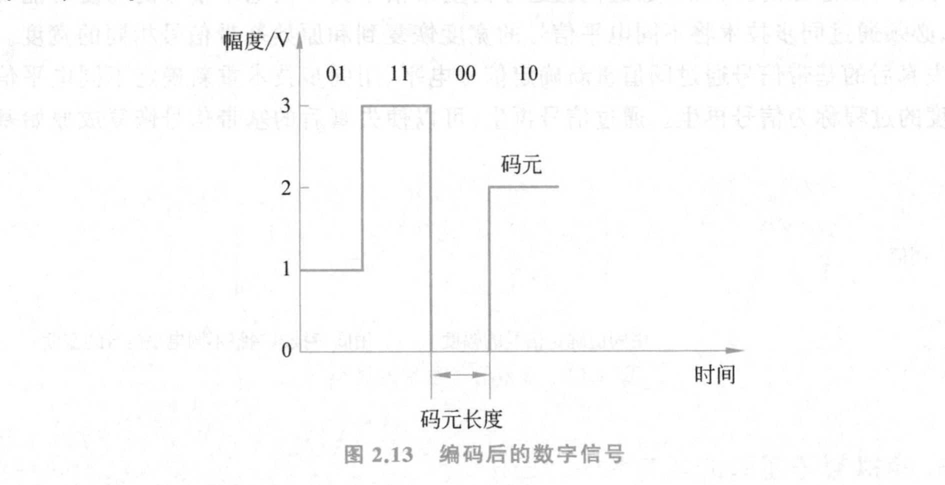

图2.13 编码后的数字信号

2. 码元与每一个码元表示的二进制数位数

编码是用数字信号表示二进制位流的过程,数字信号的4个离散值分别对应两位二进制数的4个值,如0V对应00、1V对应01、2V对应10和3V对应11。以两位为单位对二进制位流分组,每两位二进制数用对应离散值表示。如图2.13所示,二进制位流01110010分为01、11、00、10四组,每一组两位二进制数用对应的离散值表示,如1V表示01、3V表示11、0V表示00、2V表示10。因此,产生如图2.13所示的表示二进制位流01110010的数字信号。

数字信号中某个离散值维持不变的最小时间单位称为码元长度。对于如图2.13所示的数字信号，码元长度是表示两位二进制数的离散值的时间长度。如果将信号以码元长度为单位分隔，每一段码元长度内的信号称为码元，则编码后的数字信号由码元组成，码元是信号的基本单位。衡量编码后数字信号速率的是单位时间内传输的码元数量，它是码元长度的倒数。单位时间内传输的码元数量称为波特率。

3. 传输速率和波特率

传输速率的含义是单位时间内传输的二进制位数，波特率的含义是单位时间内传输的码元数。由于单个码元可以表示多位二进制数，因此传输速率与波特率之间存在换算关系。对于如图 2.13 所示的数字信号，由于每一个码元可以表示两位二进制数，因此当通过如图 2.13 所示的数字信号传输二进制位流时，传输速率=2×波特率。

如果数字信号的幅度有 n 个离散值，每一个码元可以表示 $\log_2 n$ 位二进制数，当数字信号的波特率为 B 时，通过该数字信号传输二进制位流的传输速率 $S=\log_2 n\times B$。图 2.13 所示的数字信号的幅度有 4 个离散值，因此 $S=\log_2 4\times B=2\times B$。

4. 编码需要考虑的因素

某种数字信号传输二进制位流的传输速率取决于该数字信号的离散值的数量和码元长度。码元长度越短，该数字信号要求的信道带宽越高。离散值数量越大，相邻离散值之间的差越小，还原失真数字信号的难度越高。因此，某种数字信号传输二进制位流的传输速率与传输数字信号的信道的带宽和收发器的数字信号处理能力有关。

2.3.2 调制

调制是将正弦波信号（或余弦波信号）转换成表示二进制位流的模拟信号的过程，解调是从调制后的模拟信号中还原出二进制位流的过程。调制解调过程中被用来调制成表示二进制位流的模拟信号的正弦波信号（或余弦波信号）称为载波信号。

调制是指通过改变载波信号的特性，使其具有表示不同二进制数值的功能。载波信号的特性有幅度、频率和相位，因此也有了分别针对这 3 种特性的调幅、调频、调相和综合改变这 3 种特性中的两种的正交调制技术。调制后的模拟信号是以载波信号频率为中心频率的带通信号，即模拟信号能量集中在载波信号频率附近。

1. 码元的定义

码元长度是指维持正弦波信号（或余弦波信号）幅度、频率和相位不变的最短时间长度。如果将信号以码元长度为单位分隔，每一段码元长度内的信号称为码元，则码元是调制后的用于表示二进制位流的模拟信号的基本信号单位。

2. 振幅键控调制技术

振幅键控（Amplitude Shift Keying，ASK）调制技术用两种不同幅度的载波信号来表示一位二进制数的两个不同的值，通常一种幅度为 0，另一种幅度采用正常值，调制后的信号如下：

$$S(t)=\begin{cases}A\cos(2\pi f_c t), & \text{二进制数 1}\\ 0, & \text{二进制数 0}\end{cases}$$

$A\cos(2\pi f_c t)$是载波信号。

ASK是一种效率较低的调制技术，在语音频率范围内，数据传输速率只能达到几千比特每秒。ASK的调制过程如图2.14所示。语音频率范围为0～4kHz，是用户线（俗称电话线）允许传输的语音信号频率范围。

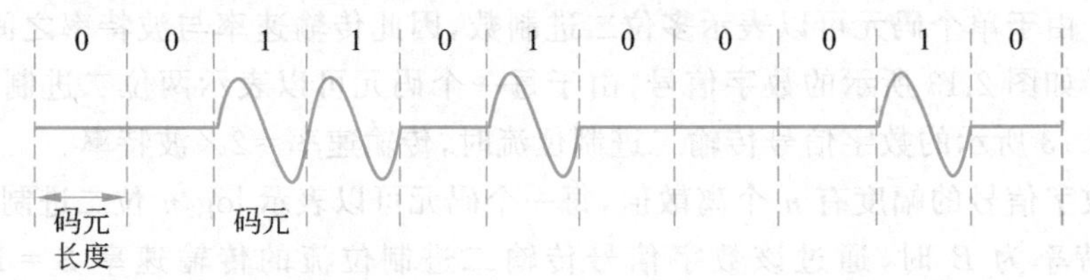

图2.14 ASK调制过程

3. 移频键控调制技术

移频键控（Frequency Shift Keying，FSK）调制技术用两种不同频率的信号来表示一位二进制数的两个不同的值，调制后的信号如下：

$$S(t)=\begin{cases}A\cos(2\pi f_1 t), & \text{二进制数 1}\\ A\cos(2\pi f_2 t), & \text{二进制数 0}\end{cases}$$

这里的f_1和f_2的频率都和载波信号的频率存在数量相等但方向相反的偏差。FSK的调制过程如图2.15所示。在语音频率范围内，FSK对应的数据传输速率也只能是几千比特每秒。

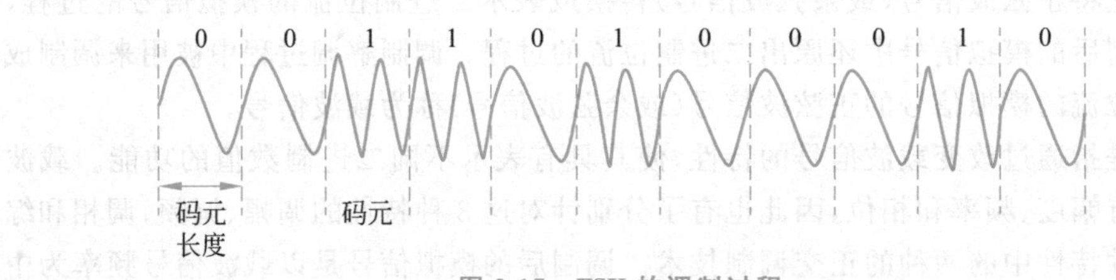

图2.15 FSK的调制过程

4. 移相键控调制技术

移相键控（Phase Shift Keying，PSK）调制技术通过改变载波信号的相位来表示不同的二进制数值。图2.16所示是一个具有两种不同相位的系统。在这样一个系统中，二进制数0由和前面信号相同相位的载波信号表示，二进制数1由和前面信号相反相位（相差180°）的载波信号表示，这种调制技术称为差分PSK（Differential Phase Shift Keying，DPSK）。移相值参考前一位二进制数发送的载波信号，而不是根据固定的参考信号，调制后的信号如下：

$$S(t)=\begin{cases}A\cos(2\pi f_c t+\pi), & \text{二进制数 1}\\ A\cos(2\pi f_c t), & \text{二进制数 0}\end{cases}$$

相位相对前一位二进制数的信号确定。

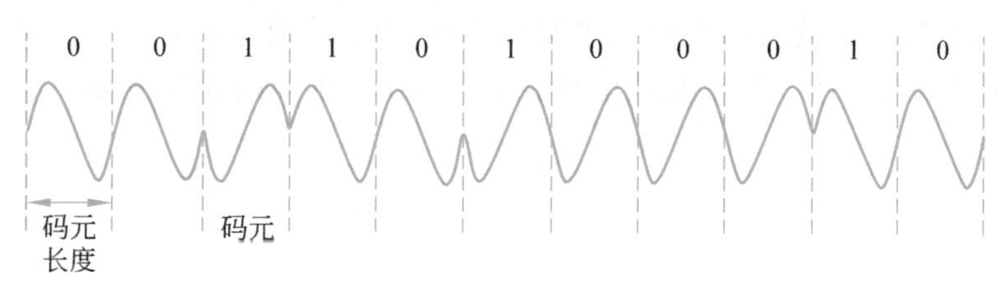

图 2.16 PSK 调制过程

5. 正交幅度调制技术

通过上述 3 种基本调制技术调制后得到的信号是一种只有两种不同状态的信号，因此每一个码元表示一位二进制数。由此得出：对应于上述 3 种基本调制技术，二进制数传输速率＝码元传输速率＝波特率。

为了提高二进制数传输速率，要求每一个码元表示多位二进制数。例如，不是用相差 180°的两个不同的相位来表示一位二进制数的两个不同的二进制值，而是采用一种称为正交移相键控(Quadrature Phase Shift Keying ，QPSK)的调制技术，用相差 90°的 4 个不同的相位来表示两位二进制数的 4 个不同的二进制值，这样每一个码元可以表示两位二进制数。调制后的信号如下：

$$S(t)=\begin{cases}A\cos(2\pi f_c t+0^\circ), & 00\\ A\cos(2\pi f_c t+90^\circ), & 01\\ A\cos(2\pi f_c t+180^\circ), & 10\\ A\cos(2\pi f_c t+270^\circ), & 11\end{cases}$$

如图 2.17 所示，输入的二进制位流以两位为单位进行分组。如输入的 8 位二进制数 10011100 被分成 4 组：10、01、11 和 00，分别用相位为 180°、90°、270°和 0°的载波信号表示。值得指出的是，这里是绝对调相，信号相位不是相对于前面信号的相位，而是相对于共同的参考信号相位。

这种调制技术可以进一步延伸，如用 8 个不同的相位来表示三位二进制数的 8 个不同的二进制值。同样的思路也可用于调幅和调频过程，但由于调频过程需要多种频率支持，使单个码元所能表示的二进制数的位数受到限制，因此往往通过增加信号幅度的方法来增加每一个码元表示的二进制数的位数。图 2.18 所示的就是一个用 4 种幅度的信号使每一个码元表示两位二进制数的调制过程。

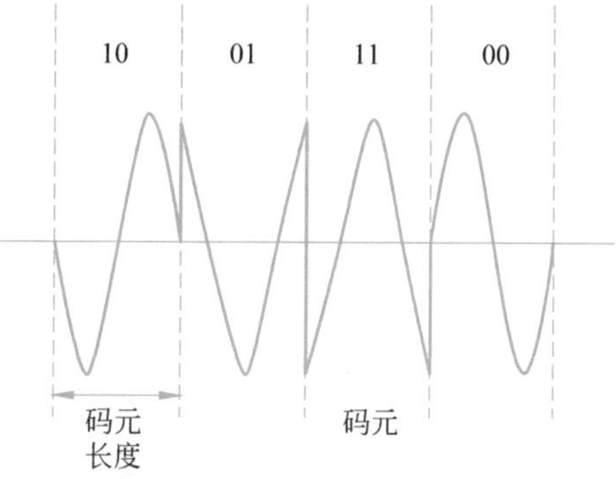

图 2.17 QPSK 调制后的波形

如图 2.18 所示，载波信号有 4 个幅度($A_i \cos(2\pi f_c t)$，$A_1 = 0$、$A_2 = 1.5\text{V}$、$A_3 = 3\text{V}$、$A_4 = 4.5\text{V}$)，每一个幅度表示两位二进制数的某个二进制值，如 0V 表示二进制数 00、1.5V 表示二进制数 01、3V 表示二进制数 10、4.5V 表示二进制数 11。输入的二进制位流以两位为单位进行分组。如输入的 8 位二进制数 10011100 分成 4 组：10、01、11 和 00，分别用幅度为 3V、1.5V、4.5V、0V 的载波信号表示。调制过程如图 2.18 所示。

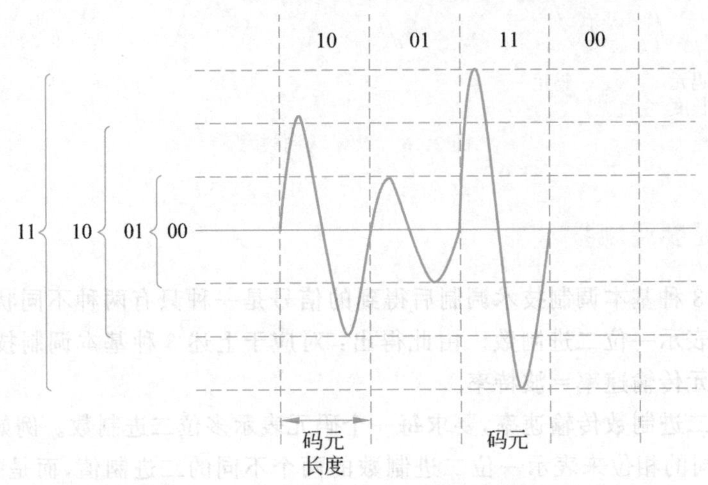

图 2.18　一个码元表示两位二进制数的调制过程

可以通过同时改变信号的相位和幅度，使每一个码元表示更多位的二进制数。结合图 2.17 和图 2.18，通过 4 个不同相位和 4 个不同幅度的两两组合，可以使信号具有 16 种不同的状态。这样，可以用信号的 16 种不同的状态来表示 4 位二进制数的 16 个不同的二进制值。图 2.19 给出了这种调制过程。二进制位流 1001111001110001 被分成 4 位一组：1001、1110、0111、0001，每一组 4 位二进制数的高两位决定载波信号的相位，低两位决定载波信号的幅度。

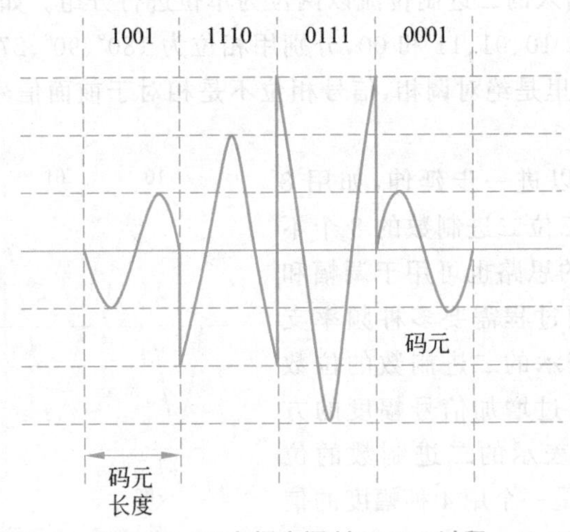

图 2.19　正交幅度调制(QAM)过程

如图 2.19 所示的这种同时改变信号幅度和相位的调制技术称为正交幅度调制(Quadrature Amplitude Modulation,QAM)技术,这种调制方法可用 QAM 星座图表示。图 2.20 是 QAM-64 星座图,意味着每一个码元可以表示 6 位二进制数。

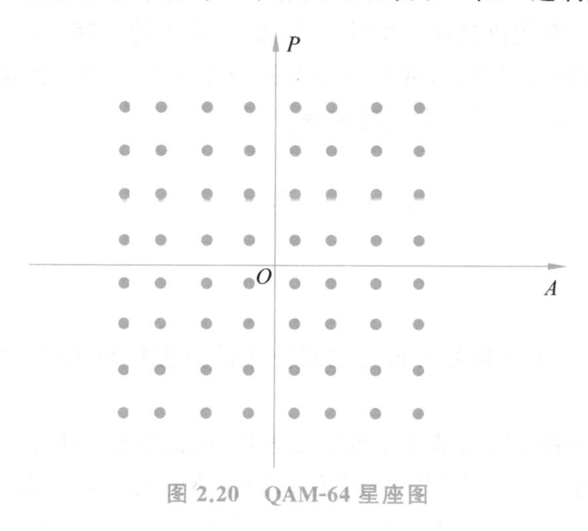

图 2.20　QAM-64 星座图

2.3.3　奈奎斯特准则与香农定理

传输速率与波特率有关,波特率与信道的带宽有关,传输速率与带宽的关系可以通过奈奎斯特准则和香农定理描述。

1. 奈奎斯特准则

奈奎斯特准则描述了理想信道带宽与波特率之间的关系。如果信道的带宽为 BW $(0\sim BW)$Hz,且信道是无噪声的理想信道。经过该信道传输的信号的最大波特率 $RP=2\times BW$。奈奎斯特准则给出了无噪声理想信道带宽与经过该信道传输的信号的最大波特率之间的关系。

如果信号的状态数为 n,则带宽为 BW 的无噪声理想信道的最大传输速率 $RS=2\times BW\times \log_2 n$。最大传输速率也称为信道容量。因此,信道容量取决于信道带宽和经过信道传播的信号的状态数。

【例 2.1】　对于无噪声的理想物理链路,如果带宽为 3kHz,采用 4 个相位,每个相位 4 种幅值的 QAM 调制技术,在下述选项中选择该物理链路的最大数据传输速率。

A. 12kbps　　　B. 24kbps　　　C. 48kbps　　　D. 96kbps

【解析】　带宽 $BW=3$kHz,根据已知条件 4 个相位,每个相位 4 种幅值,求出码元的状态数 $n=4\times4=16$。根据公式 $RS=2\times BW\times \log_2 n$,求出最大数据传输速率 $RS=2\times 3\text{k}\times \log_2 16=24$kbps,所以正确答案是 B。

2. 香农定理

香农定理描述了存在随机热噪声的信道的最大传输速率 RS 与信道带宽 BW 和信号

信噪比 S/N 之间的关系。信号信噪比是信号功率 S 与噪声功率 N 之比。$S/N=1000$ 表示信号功率是噪声功率的1000倍。

$$RS=BW\times\log_2(1+S/N)$$

香农定理表明，存在随机热噪声的信道中，信道最大传输速率取决于信道带宽和经过信道传播的信号的信噪比，与信号的编码或调制技术无关。但好的编码或调制技术可以使传输速率尽可能地接近信道最大传输速率。

2.3.4 数字传输系统与模拟传输系统的比较

1. 数字传输系统的特点

数字传输系统是用数字信号传输二进制位流的数据传输系统，数字传输系统的优势如下。

- 由于目前的终端设备大多采用数字处理器，因此容易接收、处理、输出数字信号；
- 数字信号容易再生，能够实现跨多段物理链路的无失真传输；
- 有些物理链路(如光纤)适合传输数字信号，而这样的物理链路正逐渐成为信号的主要传输通路。

数字传输系统的劣势如下。

- 相同传输速率下，数字信号对信道带宽的要求高于模拟信号；
- 相同带宽信道和相同传输速率下，数字信号的无中继传播距离小于模拟信号。无中继传播距离是指信号不经过放大或再生电路的传播距离；
- 无线信道不适合传播数字信号。

2. 模拟传输系统的特点

模拟传输系统是指用模拟信号传输二进制位流的数据传输系统。模拟传输系统的优势如下。

- 相同带宽信道下，模拟信号对应的数据传输速率大于数字信号对应的数据传输速率；
- 相同带宽信道和相同传输速率下，模拟信号的无中继传播距离大于数字信号；
- 无线信道适合传播模拟信号。

模拟传输系统的劣势如下。

- 调制解调过程比编码解码过程复杂，因此调制解调电路的成本比编码解码电路的成本高；
- 有些类型的物理链路更适合传播数字信号；
- 模拟信号无法再生，对于传播距离很远，信号传播过程中需要经过多级放大电路的情况，接收到的模拟信号的质量可能变得很差；
- 直接处理模拟信号的信号处理设备较少。

2.4 差错控制

数据传输系统在完成两个结点之间的二进制位流传输过程中可能发生错误，而差错控制技术是一种能够检测传输错误，并通过重传传输出错的二进制位流，实现两个结点之间二进制位流可靠传输的技术。检错码、确认应答、重传和序号是与差错控制有关的几个要素。

2.4.1 出错的结果和原因

1. 出错结果

对于如图 2.2 所示的数据传输系统，数据传输出错的结果是导致发送端发送的二进制位流与接收端接收到的二进制位流不一致，如发送端发送的二进制位流为 11010010，接收端接收到的二进制位流变为 1 [01] 10010。出错的二进制位可能是单位，可能是随机多位，也可能是连续多位。在计算机网络中，出错的二进制位往往是连续多位二进制位，且出错的连续多位二进制位在二进制位流中的起始位置是随机的。

2. 出错原因

二进制位流从发送端到接收端经历的每一个步骤都有可能出错，如编码或调制电路、数字或模拟信号经过信道传播的过程、解码或解调电路等。以下情况都有可能导致二进制位流传输出错。

经过信道传播的电信号（数字或模拟信号）因为受到电磁干扰，导致信道两端的信号形态不一致。

为了在指定带宽的信道上取得较高的数据传输速率，对于数字传输系统，往往通过增加幅度的离散值的数量来提高每一个码元表示的二进制数位数。对于模拟传输系统，往往通过增加信号的状态数来提高每一个码元表示的二进制数位数。在这种情况下，数据传输过程会对信道干扰、解码或解调电路的处理能力提出较高要求，也会增加出错的概率。

3. 误码率

误码率是指二进制位在数据传输系统中传输出错的概率，计算误码率的公式如下。

$$P = E/N$$

其中，P 是误码率；E 是某个时间段内数据传输系统传输出错的二进制位数量；N 是某个时间段内数据传输系统传输的总的二进制位数量。为了真实反映数据传输系统的误码率，选择的时间段长度和传输的总的二进制位数量都必须足够大。误码率为 0 的数据传输系统是不存在的，好的数据传输系统能够将误码率控制在足够小的范围，如千兆以太网

的误码率低于 10^{-10}。

2.4.2 检错码和纠错码

1. 检错码和纠错码的定义

1）检错码

如果传输的只是数据，接收端是无法根据接收到的表示数据的二进制位流判别数据传输过程中是否出错，如接收端接收到二进制位流 1 [01] 10010 时，无法确定发送端发送的二进制位流是不是 1 [01] 10010。

为了让接收端能够检测出表示数据的二进制位流是否传输出错，发送端发送的不仅仅是数据，而是数据 D 和附加信息 C，且 $C=f(D)$。

接收端接收到数据 D' 和附加信息 C' 后，计算出 $f(D')$，然后将计算出的 $f(D')$ 与附加信息 C' 进行比较。如果相同，则认为 $D'=D$，$C'=C$，表示数据传输正确。如果不同，表示数据传输出错。附加信息生成过程和传输出错检测过程如图 2.21 所示。这种为了使接收端能够检测出数据传输过程中发生的错误而添加的附加信息称为检错码，检错码不是数据的一部分。

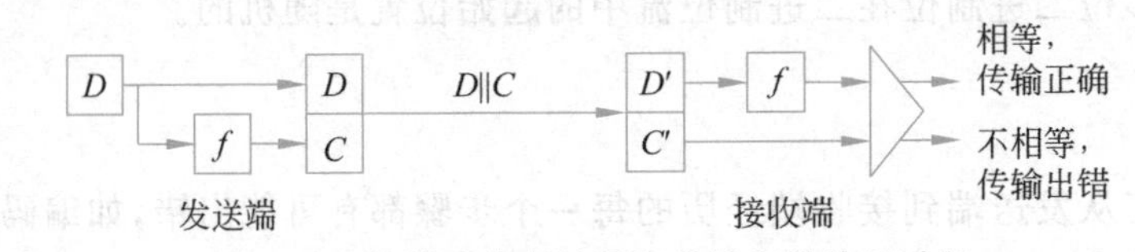

图 2.21 检错码生成过程和传输出错检测过程

值得指出的是，一旦附加检错码，数据必须封装成分组。分组中除了数据，还有控制信息，控制信息中包括检错码和地址信息等。

计算检错码 C 的函数 f 最好具备以下特点。

- 不同的数据 D 对应不同的 C；
- C 的位数远小于 D 且固定；
- 函数 f 计算过程简单。

具备以上特点的函数 f 是不存在的。目前选择计算检错码 C 的函数 f 时，通常需要在函数 f 的计算复杂性、检错码 C 的位数和传输出错检测能力这三方面进行综合平衡。

2）纠错码

二进制位流中某一位二进制位传输出错，意味着该位二进制位的值发生改变，即原来值为 0 的二进制位变为值为 1 的二进制位，或者相反。因此，如果能够确定二进制位流中传输出错的二进制位的位置，则纠正这些二进制位是很简单的，只需要将这些二进制位的值求反。因此，这种为了使接收端能够检测出数据传输过程中发生的错误，且能够确定传输出错的二进制位的位置而添加的附加信息称为纠错码。

纠错码远比检错码复杂，能够检测出且定位两位以上出错的二进制位的纠错码更是极其复杂，因此网络中一般不采用纠错码。

2. 检验和

检验和是计算机网络中常用的计算检错码的方法。检验和根据数据 D 计算检错码 C 的过程如下：将数据分为长度固定(一般是字节的整数倍)的数据段，然后根据反码运算规则累加分段后产生的每一段数据，再将累加结果取反作为检错码 C，这样计算出来的检错码 C 也称为检验和。在接收端，重新将数据分段，根据反码运算规则累加分段后产生的每一段数据，并将累加结果和检验和相加，再将相加结果取反。如果取反后的结果为全 0，表明数据在传输过程中没有出错，否则判定数据传输出错。这种方法既简单，又能检测出连续多位二进制数出错。

【例 2.2】 数据为字符串 D＝“0123456”，以 8 位为单位分段，求出检验和。如果字符‘0’在传输过程中变为字符‘7’，给出接收端的检错过程。

【解析】 字符‘0’～‘6’的 ASCII 码分别为 00110000～00110110，将它们以字节为单位分段后，分别是每一个字符的 ASCII 码，检验和计算过程如下。

00110000　　‘0’ASCII 码
00110001　　‘1’ASCII 码
00110010　　‘2’ASCII 码
00110011　　‘3’ASCII 码
00110100　　‘4’ASCII 码
00110101　　‘5’ASCII 码
00110110　　‘6’ASCII 码
―――――――――――
01100110　　累加和
10011001　　累加和取反即为检验和

从计算检验和的过程中可以看出，如果数据传输过程中没有出错，接收端分段累加结果是检验和的反码，检验和与分段累加结果相加后的结果必定是全 1，取反全 1 后的结果是全 0。

如果传输出错，接收端分段累加结果不再是检验和的反码，因此检验和与分段累加结果相加后的结果不再是全 1。假如字符‘0’变为字符‘7’，则第一个字符的 ASCII 码由 00110000 变为 00110111，接收端进行的计算过程如下。

00110111　　‘7’ASCII 码
00110001　　‘1’ASCII 码
00110010　　‘2’ASCII 码
00110011　　‘3’ASCII 码
00110100　　‘4’ASCII 码
00110101　　‘5’ASCII 码
00110110　　‘6’ASCII 码
―――――――――――

01101101　　累加和

10011001　　检验和

00000111　　相加结果

11111000　　相加结果取反后不为全 0

检验和能够有效地检测出单段数据中的连续多位二进制数错误，但对于分布在多段数据中的二进制数错误，有可能无法检测出。如某段数据由于出错其值增 1，而另一段数据由于出错其值又减 1，导致累加结果不变。因此，检验和算法虽然简单、有效，在计算机网络中常常被用来作为检错技术，但有时为了提高传输网络的检错能力，需要和其他检错技术一起使用。

3. 循环冗余检验

循环冗余检验(Cyclic Redundancy Check，CRC)的检错机制如下：将需要传输的数据表示成一个多项式，$N+1$ 位数据可以表示成 N 阶多项式，如 8 位数据 11000011 可以表示成多项式：$1\times X^7+1\times X^6+0\times X^5+0\times X^4+0\times X^3+0\times X^2+1\times X^1+1\times X^0=X^7+X^6+X^1+1$。假定传输的数据为 $M(X)=11000011$，找一个生成多项式 $G(X)$，生成多项式 $G(X)$ 中不为 0 的项的最高阶数为 r，并且保证阶数最低的那一项不为 0，如 $r=4$ 的 $G(X)=X^4+X+1=10011$。根据数据 $M(X)$ 和生成多项式 $G(X)$ 的最高阶数 r，得出 $X^rM(X)=X^4\times(X^7+X^6+X^1+1)=110000110000$，使 $R(X)$ 为 $X^rM(X)/G(X)=110000110000/10011$ 得到的余数。用 $R(X)$ 作为数据 $M(X)$ 的检错码，检错码的位数为 r 位。r 位通过循环冗余检验算法生成的检错码称为 CRC-r，有时也将 CRC-r 简称为 CRC。

接收端判别数据是否传输出错的过程如下：假定接收到的数据是 $M(X)'$，检错码是 $R(X)'$，使 $T(X)=X^rM(X)'-R(X)'$。如果 $T(X)/G(X)=0$，则认为 $M(X)'=M(X)$，$R(X)'=R(X)$，数据传输过程中没有出错；如果 $T(X)/G(X)\neq 0$，则认为数据传输过程中出错。

可以证明：通过精心挑选最高阶数为 r 的生成多项式 $G(X)$，循环冗余检验可以检测出所有奇数位二进制数错、所有长度 $\leqslant r$ 的连续位二进制数错和大多数长度 $\geqslant r+1$ 的连续位二进制数错。

目前 Internet 中常用的检错码是检验和与循环冗余检验(CRC)，CRC 的检错能力远大于检验和。

2.4.3　确认和重传

1. 正常传输过程

数据传输过程如图 2.22 所示，发送端发送给接收端的数据帧由数据和检错码组成，接收端接收到发送端发送的数据帧后，用检错码判别数据是否传输出错，只有在数据传输正确的情况下，接收端向发送端发送确认应答(ACK)帧。发送端只有接收到接收端发送的确认应答帧，才能确认数据帧正确传输。

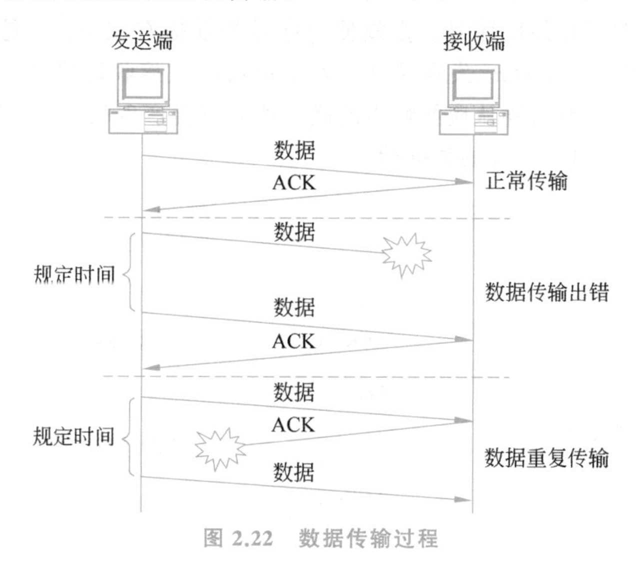

图 2.22　数据传输过程

2. 数据传输出错

如图 2.22 所示，如果接收端用检错码检测出数据传输出错，则接收端丢弃接收到的数据帧，不再向发送端发送确认应答帧。发送端发送某个数据帧后，如果在规定时间内一直没有接收到接收端用于表明正确接收该数据帧的确认应答帧，则再次向接收端发送该数据帧。当然，重复发送的数据帧仍然由数据和检错码组成。

3. 数据重复传输

如图 2.22 所示，如果接收端用检错码确认数据传输正确，则接收端向发送端发送表明该数据帧正确接收的确认应答帧，但确认应答帧会在传输过程中出错。由于发送端没有正确接收到接收端发送的确认应答帧，经过规定时间，发送端再次向接收端发送该数据帧，接收端将重复接收该数据帧。

解决接收端重复接收数据帧问题的方法是在发送的数据帧中增加序号。相同数据帧有着相同的序号，不同数据帧有着不同的序号。如果接收端正确接收到序号相同的两个数据帧，则表明第二个数据帧是重复接收的数据帧，接收端将丢弃该数据帧。

4. 累积确认和序号重复使用

确认应答帧也需要携带确认序号 n，确认序号 n 不是接收端正确接收到的数据帧的序号，而是用于向发送端表明所有序号小于 n 的数据帧都已经正确接收。因此，确认序号 n 确认了已经正确接收所有序号小于 n 的数据帧，这种确认称为累积确认。有了序号和累积确认，发送端不需要在当前发送的数据帧确认后再发送下一个数据帧。可以在当前发送的数据帧确认前，连续发送多帧数据帧，以此提高物理链路的吞吐率。

不同的数据帧需要携带不同的序号，但数据帧中用于表示序号的二进制数位数是有限的。因此,数据帧的序号范围也是有限的,如图 2.23 所示的数据帧序号范围为 0～3。在这种情况下,需要重复使用序号。重复使用序号的前提有三个：一是针对每一个序号 x,发送端必须保证：序号为 x,发送端已经发送但没有被接收端确认的数据帧的数目小于或等于 1；二是发送端对确认应答帧中的确认序号不会产生歧义；三是接收端不会将重复序号的数据帧作为重复接收的数据帧。

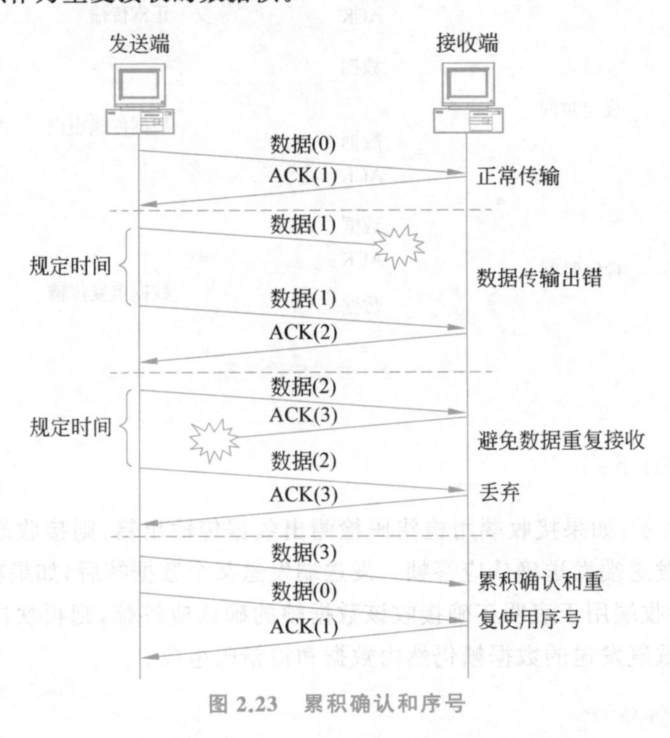

图 2.23　累积确认和序号

2.5　传输媒体

传输媒体也称为传输介质或传输媒介,用于构成数据传输系统中两个收发器之间的信道。传输媒体可以分为两大类：导向传输媒体和非导向传输媒体。在导向传输媒体中,电磁波被导向沿着固体媒体(铜线或光纤)传播,常用的导向传输媒体有同轴电缆、双绞线和光纤。

2.5.1　同轴电缆

同轴电缆是因它的结构而得名,如图 2.24 所示,同轴电缆由中心导体和同轴向放置的外导体屏蔽层组成,中心导体和外导体屏蔽层之间由绝缘塑料等绝缘材料隔离,并用保护外套封裹外导体屏蔽层。外导体屏蔽层可以是金属箔加漏线或是网状金属线编织物,有些同轴电缆(如以太网早期使用的粗同轴电缆)可能有双层外导体屏蔽层。理论上,环绕着中心导体同轴向放置外导体屏蔽层的方法可以将所有电磁场保持在两个导体之间，如图 2.25 所示。这种操作模式被称为“不平衡”模式，和 2.5.2 节讨论的双绞线的平衡模式相反。用不平衡模式传输信号时，外导体屏蔽层保持零电势，信号驱动电路将信号发送给中心导体。

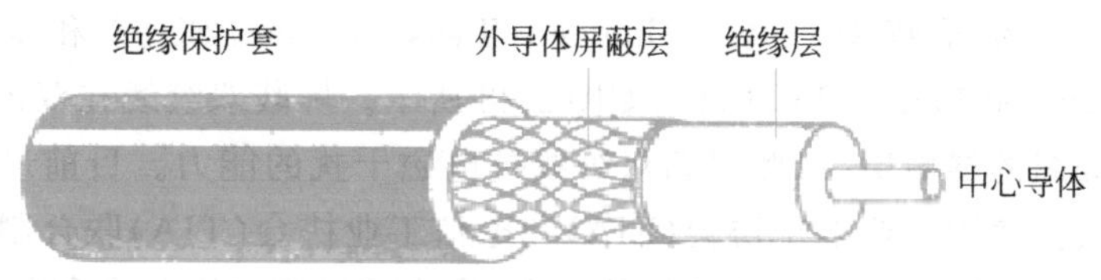

图 2.24 同轴电缆结构

由于外导体屏蔽层接地，同轴电缆外部的干扰信号无法进入电缆并耦合到中心导体，因此同轴电缆具有较好的频率特性，可以较长距离传输高速基带信号。在同轴电缆的安装过程中，接地是非常重要的，电缆的频率特性与良好的接地(包括大地和信号地)有关。

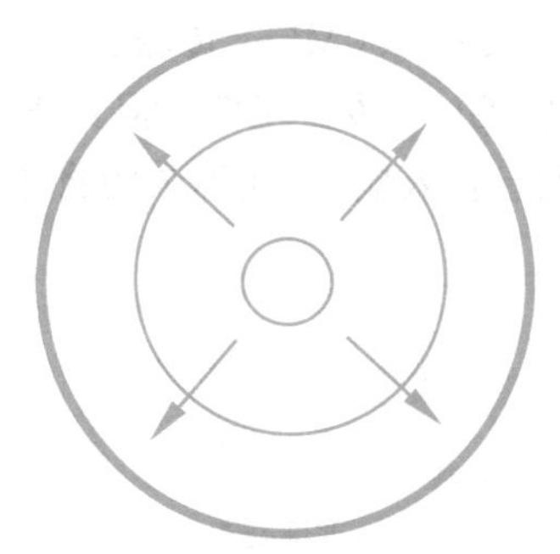
图 2.25 同轴电缆结构将电磁场保持在两个导体之间

存在多种与标准阻抗匹配的同轴电缆，目前常见的标准阻抗有 50Ω 和 75Ω 两种。适用于网络传输的同轴电缆是标准阻抗为 50Ω 的同轴电缆，标准阻抗为 75Ω 的同轴电缆用于传输有线电视信号。

同轴电缆标准衰减在 10MHz 下每 30m(100ft)小于 1.5dB，100MHz 下每 30m 小于 5dB。由于受信号衰减和信号失真的限制，同轴电缆的无中继传输距离随着频率的提高而减小。

2.5.2 双绞线

双绞线电缆由公用外套内组合在一起的一对或多对扭绞在一起的绝缘线路构成，图 2.26 给出了一对双绞线实例。绝缘线路中的导体可以是实心线路，也可以是一束导线绞合而成的绞合线路。双绞线电缆的主要特性是线路规格、绞合、扭绞间距、绝缘材料类型、阻抗特性和外套材料，这些项中的每一项都可能影响电缆对某个特定应用的适用性。

图 2.26 一对双绞线实例

两根线路的相互扭绞，使得电磁场耦合在每一根线路上的干扰都是相等的，如图 2.27 所示。因此，双绞线能有效地消除干扰信号的影响，这种操作模式称为“平衡”传输。为正确消除干扰，要求用平衡驱动电路和负载将传输信号加载到一对线路上。

尽管存在干扰信号的共模成分，相等的耦合干扰信号在平衡负载上可以忽略不计。双绞线的另一个优点是减少了来自平衡双绞线的电磁发射，这就防止了高频 LAN 信号干扰其他设备的情况发生。

图 2.27　双绞线抵消耦合干扰信号的原理

双绞线可分为屏蔽双绞线(Shielded Twisted Pair,STP)和非屏蔽双绞线(Unshielded Twisted Pair,UTP)两种,如图 2.28 所示。屏蔽双绞线在双绞线的外面加上一个用金属线编织的屏蔽层,以此提高双绞线抗电磁干扰的能力。目前最常用的双绞线是非屏蔽双绞线。美国工业电子协会(EIA)和电信工业协会(TIA)联合制定了用于室内传送数据的非屏蔽双绞线和屏蔽双绞线的标准,将非屏蔽双绞线分成多个种类,适用于在计算机网络中传输数据的 UTP 有 5 类(Category 5 或 CAT 5)、5e 类和 6 类 UTP。5 类 UTP 支持 100Mbps 传输速率。5e 类 UTP 是为适应当时的千兆以太网而制定的,能够支持 1Gbps 传输速率。但真正支持 1Gbps 传输速率的 UTP 是 6 类 UTP。目前,万兆以太网已投入应用,在不久的将来,肯定会推出支持 10Gbps 传输速率的 7 类 UTP。

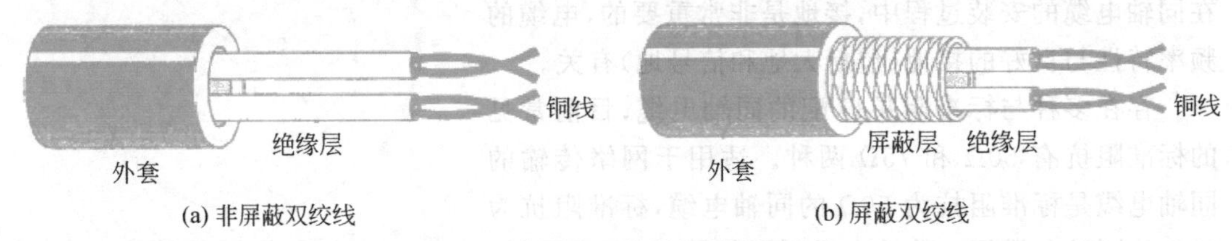

图 2.28　非屏蔽双绞线和屏蔽双绞线

不同种类 UTP 的关键差别在于线路导体直径和每单位长度的扭绞次数,好的 UTP (5e 类或 6 类 UTP)采用较大直径的实心导体,每厘米 3~4 次扭绞。另外,线路的绝缘材料类型、保护外套的材料类型也对 UTP 的频率特性有一定影响。

2.5.3　光纤

熟悉 PC 发展过程的人都会被 PC 主频的提高速度所惊讶,其在 30 多年时间里,从 PC/XT 的 4.7MHz 提高到目前酷睿 i7 的 3.2GHz,但网络物理链路传输速率的提高速度更快,在几十年时间内,从早期的 56kbps 提高到目前的 10Gbps、100Gbps。而且无中继传输距离也从几百米提高到几十、甚至几百公里。导致这一现象发生的重要原因是出现了光纤通信技术,可以说,光纤通信技术激发了现代广域通信革命。

光纤通信是指利用光导纤维(简称光纤)传播光脉冲进行的通信过程。有光脉冲数字信号相当于 1,没有光脉冲数字信号相当于 0。由于可见光的频率非常高,约为 10^8 MHz 量级,因此一个光纤通信系统的带宽远远大于目前其他各种传输媒体的带宽。

光纤是光纤通信的传输媒体,发送端用光源产生表示二进制位流的光脉冲。可以采用发光二极管或半导体激光器作为光源,它们在基带信号形式的电脉冲的作用下产生光脉冲。接收端用光电二极管作为光检测器,用光检测器还原出基带信号形式的电脉冲。

光纤是由非常透明的石英玻璃拉成的细丝,是由纤芯和包层构成的双层通信圆柱体,纤芯很细，其直径为 8～100μm（1μm＝10^{-6}m），光波通过纤芯进行传导。包层较纤芯有较低的折射率，当光信号从高折射率的媒体射向低折射率的媒体时，其折射角将大于入射角，如图 2.29 所示。当入射角足够大时，就会出现全反射，即光信号碰到包层时就会全部折射回纤芯。这个过程不断重复，使光信号沿着光纤传播。

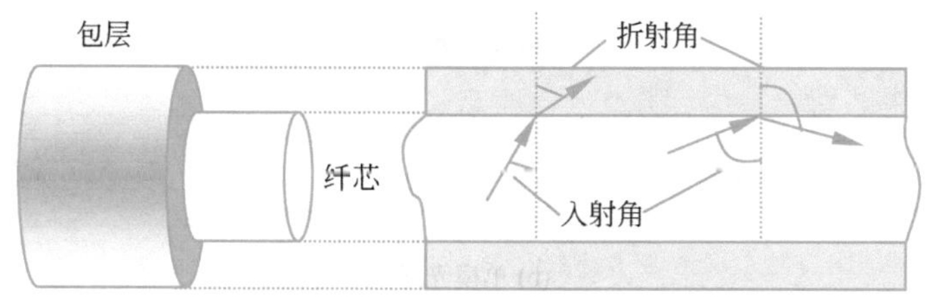

图 2.29　光信号在光纤中的折射情况

图 2.30 是光信号在纤芯中传播的示意图。现代生产工艺可以制造出超低损耗的光纤，使光信号在光纤中传播数公里而基本没有损耗，这一点正是光纤通信技术引发现代广域通信革命的主要因素。

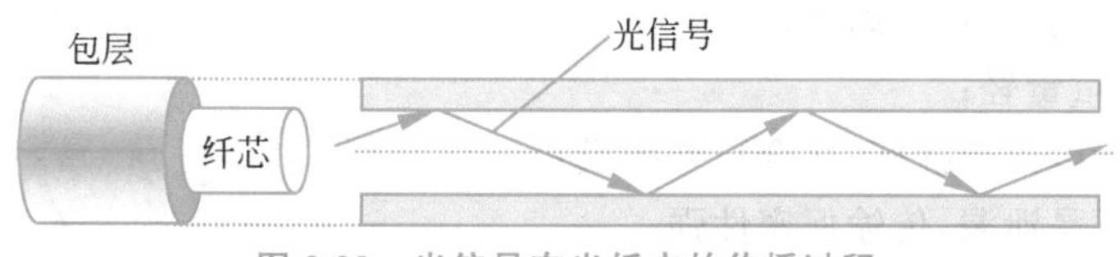

图 2.30　光信号在光纤中的传播过程

图 2.30 中只画了一条光信号，实际上，只要从纤芯中射到包层表面的光信号的入射角大于某一个临界角度，就可产生全反射。因此，一条光纤中可以同时有多条从不同角度入射的光信号在传播，这种光纤就称为多模光纤。光脉冲在多模光纤中传播时会逐渐展宽，造成失真，故多模光纤只适合近距离传输，如图 2.31(a)所示。若光纤直径小到只有光的波长，则只有轴向角度的光信号能进入光纤，且使光信号一直向前传播，而不会产生多次反射，这样的光纤称为单模光纤，如图 2.31(b)所示。单模光纤的纤芯直径为 8～10μm，目前常见的多模光纤的纤芯直径为 50μm 和 62.5μm。

单模光纤的光源必须使用昂贵的半导体激光器，而不能使用较便宜的发光二极管，因此单模光纤的驱动电路成本远高于多模光纤，但单模光纤的无中继传输距离远大于多模光纤。

目前，光纤通信中常用的 3 个波段的中心波长分别为 0.85μm、1.30μm 和 1.55μm。选择这 3 个波段的原因是后两个波段的衰减比较小，中心波长为 0.85μm 的波段的衰减虽然较大，但其他特性很好。由于波长（λ）×频率（f）＝光信号传播速度（v），可以得出 $f=v/\lambda$，当 $\lambda=0.85\mu\text{m}=0.85\times10^{-6}\text{m}$，$v=(2/3)c_0=2\times10^{8}\text{m/s}$ 时，$f=2.3529\times10^{14}\text{Hz}=2.3529\times10^{5}\text{GHz}$。如果假定中心波长为 0.85$\mu$m 波段的波长范围为 0.80～0.90$\mu$m，则求出带宽为 2.7777×10^{4}GHz，可见光纤的通信容量非常大。

由于光纤非常细，连同包层的直径只有 125μm，因此必须将光纤做成很结实的光缆。少则只有一根光纤，多则可包括数十至数百根光纤，再加上用于增强光缆机械强度的加强芯和

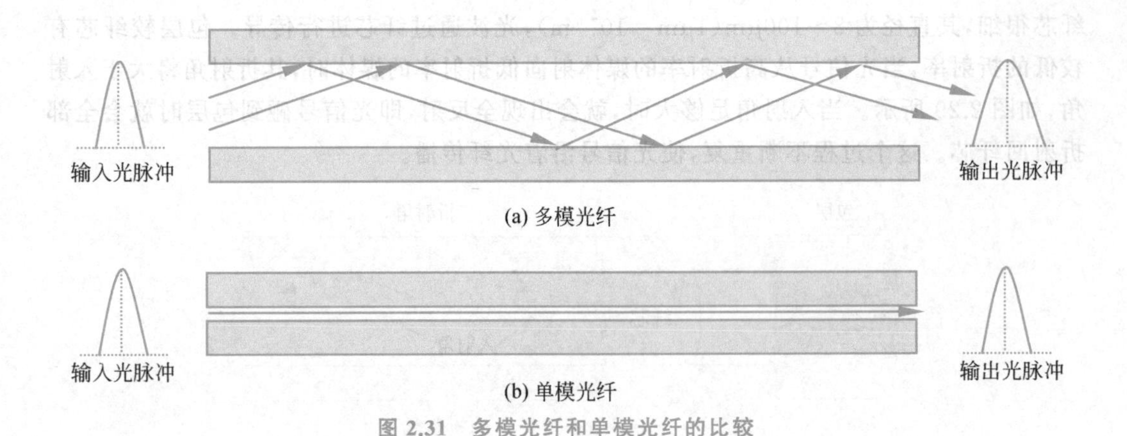

图 2.31　多模光纤和单模光纤的比较

填充物。必要时,还放入远供电源线,最后加上保护层和外套,就构成了达到施工要求强度的光缆。图 2.32 所示是四芯光缆剖面的示意图。

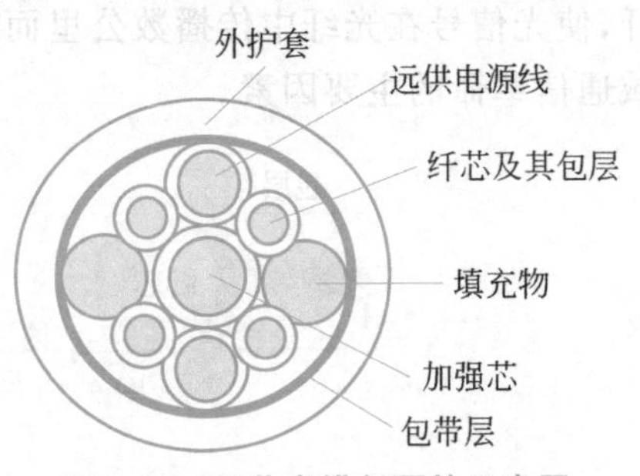

图 2.32　四芯光缆剖面的示意图

光纤和其他传输媒体相比有如下优点:

- 传输速率高、传输距离远;
- 体积小、重量轻;
- 抗雷电和电磁干扰好,适合户外铺设;
- 光信号不易泄漏,传输保密性强。

光纤的主要问题是信号驱动电路比较昂贵,安装施工时,光纤的端接操作需要专用设备和经过专业培训的操作人员。

2.6　数据传输系统的启示和思政元素

数据传输系统所蕴含的思政元素以及可以给我们的启示如下。

1. 系统的主要性能指标往往由多个因素决定

数据传输系统的主要性能指标是数据传输速率,单位为每秒比特(b/s),但数据传输系统的数据传输速率取决于信道带宽和信号中每一个码元表示的二进制数位数。由于信道由传输媒体组成,因此信道带宽取决于传输媒体的频率特性,各种传输媒体的频率特性关系如下:

单模光纤好于多模光纤;多模光纤好于同轴电缆;同轴电缆好于 6 类双绞线;6 类双绞线好于 5 类双绞线。

每一个码元表示的二进制数位数又与信号类型和编码(数字信号)或调制(模拟信号)技术有关。

由此可见,单个性能指标可能涉及系统中的多种构件和多种实现技术,只有透彻了解该性能指标与系统中构件和实现技术之间的关系,才能做出平衡各个因素的正确选择。

2. 具有互补性的多种技术共存

在数字化时代，总以为数字传输系统是先进的，模拟传输系统是落后的，并错误地认为可以完全用数字传输系统替代模拟传输系统。事实上，数字传输系统与模拟传输系统是互补性很强的两种数据传输系统，只是由于数字处理技术的飞速发展，使与数字处理技术匹配的数字传输系统得到了广泛应用，但模拟传输系统依然有数字传输系统无法替代的应用环境。由此说明：互补性很强的技术总是有共存的空间和理由。

3. 从简单处着手

一个网络系统是由许多数据传输系统组成的，如图 2.33 所示的交换式以太网，终端与以太网交换机之间、以太网交换机与以太网交换机之间都构成如图 2.2 所示的数据传输系统。因此，了解数据传输系统组成、掌握二进制位流从一个结点传输到另一个结点的过程是深入了解网络端到端通信过程的基础。万事开头难，复杂的系统需要从简单处着手。

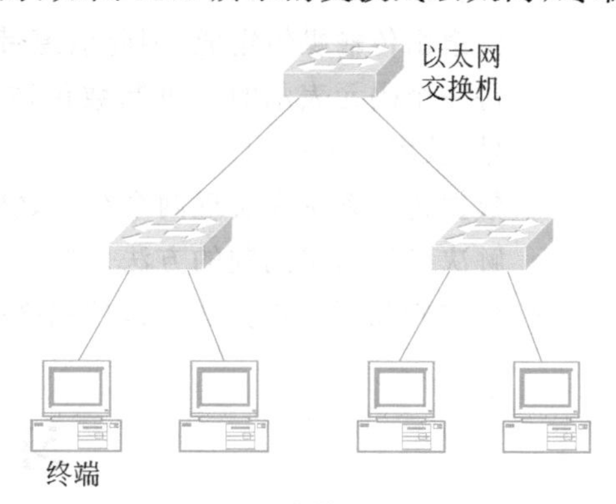

图 2.33　交换式以太网

4. 解决问题的方法不一定是完美的

用检验和与循环冗余检验算法生成的两种检错码都无法检测出所有可能的传输错误。它们之所以在计算机网络中得到广泛应用，是因为以下原因：一是检验和与循环冗余检验算法生成的两种检错码的位数都比较少，且这两种算法的实现过程比较简单；二是计算机网络中物理链路的传输可靠性比较高，传输出错的概率较低；三是发生的错误中绝大多数能够被检错码检测出；四是无论链路层还是传输层都允许出现错误没有被检测出的情况。当传输层出现错误没有被检测出的情况时，可以由应用层，甚至人工进行弥补。

因此，当不完美的解决方法有着较好性价比，且不完美的解决方法造成的瑕疵可以弥补或者可以容忍时，不完美的解决方法照样可以得到广泛应用。

5. 探索创新是技术发明的前提

光纤通信开启了广域通信革命，使远距离高速通信成为可能，光纤通信技术的发明是科学家们不断探索创新，不断克服困难的结果。

6. 容错、检错和纠错

100%正确的通信系统是不存在的，要允许通信系统传输出错。但同时也需要提供相应的差错控制机制，确保数据传输的可靠性。

任何社会都会存在一些问题，要容忍、接受一个不完美的社会，但同时也必须有发现问题、解决问题的能力，确保社会朝着更完美的方向进步。

本章小结

- 信道互连的两个结点之间的数据传输过程是互连网中最基本的数据传输过程；
- 数据传输系统用于实现信道互连的两个结点之间的二进制位流传输过程；
- 经过信道传播的是信号，因此必须将二进制位流转换成信号；
- 二进制位流转换成数字信号的过程称为编码，解码是编码的逆过程；
- 二进制位流转换成模拟信号的过程称为调制，解调是调制的逆过程；
- 数据传输速率取决于信道带宽和每一个码元表示的二进制数位数；
- 信道由传输媒体组成，因此信道带宽取决于构成信道的传输媒体的频率特性；
- 每一个码元表示的二进制数位数与信号类型和编码（数字信号）或调制（模拟信号）技术有关；
- 数据传输系统在实现两个结点之间的二进制位流传输过程中存在出错可能；
- 解决随机出错问题的方法是检错、确认和重传；
- 检错码和序号是实现差错控制必须增加的冗余信息。

习　题

2.1　简述以下术语的含义：信道、数据传输速率、信号传播速率、数字信号、模拟信号、单工通信、半双工通信、全双工通信、码元、波特率、编码、调制。

2.2　实现全双工通信方式有什么条件？

2.3　分别用模拟信号和数字信号实现的越洋语音通信系统在语音通信质量上有什么区别？造成这种区别的原因是什么？

2.4　如果在一根带宽为 W 的电缆上传输数据，一种是通过将数据调制成模拟信号后进行传输，另一种是直接传输基带信号，哪一种传输方式速率更高？为什么？

2.5　波特率和数据传输速率有何区别？带宽为 W 的理想信道的最大波特率是多少？能据此计算最大传输速率吗？

2.6　如果信道带宽为 3000Hz，信噪比（S/N）＝1000，求最大传输速率。如果将最大传输速率提高到 48kbps，信噪比应多大？

2.7　简述编码和调制的适用环境。

2.8　数据调制成模拟信号有几种方式？

2.9　正交调制为什么采用幅度和相位变化的组合？我们常用 QAM-16 表示采用 16 种不同信号状态的 QAM 调制技术，如果信道带宽为 3000Hz，求数据传输速率。在 QAM-256 下重求数据传输速率。

2.10　目前常用的传输媒体有哪些？各有什么特点？

2.11　以太网用双绞线取代同轴电缆的原因是什么？为什么目前是光纤和双绞线成为主

要传输媒体？

2.12 5类、6类双绞线的频率特性有什么区别？

2.13 假定光纤的波长范围是0.9～1.1μm，求其带宽，假定信号传播速度是(2/3)c_0。

2.14 单模和多模光纤在传输特性上有什么区别？分别适用于什么样的应用环境？

2.15 是否是光纤的频率特性将目前光纤的传输速率限制为10Gbps？目前有什么提高单根光纤传输速率的方法？

2.16 全光网络是指光信号端到端传输通路中不引入光/电转换，直接对光信号进行交换和放大的网络，这种全光网络对传输速率有什么影响？

第3章 以太网

以太网是目前应用最广泛的局域网,最初的总线型以太网由于简单而得到广泛应用。交换式以太网的诞生与双绞线缆和光纤作为传输媒体使以太网性能得到根本性的改变。以太网因此取得垄断地位。虚拟局域网(Virtual LAN,VLAN)与三层交换技术更是进一步拓宽了以太网的应用范围。

3.1 以太网的发展过程

可以从以下四方面了解以太网的发展过程:一是从共享式以太网到交换式以太网,二是从采用同轴电缆为传输媒体到采用双绞线缆和光纤为传输媒体,三是从低速以太网到高速以太网,四是出现 VLAN 和三层交换技术。

3.1.1 以太网的诞生

以太网是20世纪70年代初由 Bob Metcalfe 和 David Boggs 发明的,并以历史上表示传播电磁波的以太(Ether)命名。在20世纪70年代末,DEC、Intel 和 Xerox 这三家公司联合起来开发以太网产品,并在1980年9月发表了关于以太网规约的第一个版本——DIX V1(DIX 由这三家公司名称的第一个字母组合而成),1982年又修改发表了第二个版本——DIX Ethernet V2。电子和电气工程师协会(IEEE)802委员会在此基础上制定了第一个局域网标准,编号为802.3。实际上,802.3标准和 DIX Ethernet V2 还是有点差别的,但目前人们已习惯将符合802.3标准的局域网称为以太网。

3.1.2 从共享到交换

最初的以太网是总线型以太网,由于简单和便宜,该以太网得到广泛应用。尤其在出现安装在 PC 上、用于将 PC 连接到总线型以太网上的网卡后,以 PC 为终端的总线型以太网成为最常见的办公网络。

随着网络应用的深入,总线型以太网的性能缺陷日益显现。此时,采用数据报分组交换技术的以太网交换机的诞生使以太网从总线型以太网发展为交换式以太网。交换式以太网从根本上提高了以太网的性能，是以太网发展过程中的一个里程碑。

3.1.3 从同轴电缆到双绞线缆和光纤

总线型以太网采用的传输媒体是同轴电缆，同轴电缆的最大问题是柔软性不够，不容易走线，和双绞线缆相比价格较贵。当需要将分布在校园内每一幢教学楼中各个教室和办公室的 PC 互连在一起时，同轴电缆已经无法作为连接这些 PC 的传输媒体。

由于双绞线缆和光纤是两种互补性很强的传输媒体，通过采用双绞线缆和光纤这两种传输媒体，可以将分布在校园各个地方的 PC 连接在一起。双绞线缆和光纤作为传输媒体还催生了一个新兴的行业：综合布线。

3.1.4 从低速到高速

以太网数据传输速率从初始时的 10Mbps 发展到 100Mbps、1Gbps、10Gbps，目前已有 40Gbps 和 100Gbps 的以太网。低速以太网发展到高速的过程是各种技术综合发展的过程，没有交换式以太网的诞生，没有采用双绞线缆和光纤，就不会有高速以太网。

3.1.5 VLAN 和三层交换技术

以太网交换机的工作原理导致大量 MAC 帧以广播方式在以太网中传输，而广播一是导致资源浪费，二是引发安全问题。VLAN 技术的出现很好地减少了广播造成的危害。

由于每一个 VLAN 都是逻辑上独立的以太网，因此属于不同 VLAN 的两个终端之间的通信过程等同于连接在不同类型网络上的两个终端之间的通信过程，需要用路由器实现不同 VLAN 之间的互连。三层交换机是集路由和交换功能于一体的以太网交换机，三层交换机的出现完美地解决了以太网 VLAN 划分、VLAN 内通信和 VLAN 间通信的问题。

3.2 总线型以太网

以太网是从总线型以太网开始发展的，总线型以太网物理层和 MAC 层实现技术对交换式以太网具有重大影响。因此，掌握总线型以太网物理层和 MAC 层实现技术是深入了解以太网的基础。

3.2.1 总线型以太网的结构与功能

1. 总线型以太网的拓扑结构

总线型以太网的拓扑结构如图 3.1 所示，总线由同轴电缆组成，所有终端直接连接到总线上，任何终端发送的信号将沿着总线向总线两端传播。为了防止总线两端反射信号，总线两端必须接匹配阻抗。

信号经过总线传播会衰减，甚至失真，因此信号无中继传输距离是有限的。如果总线长度超过信号无中继传输距离，则需要在总线中间增加中继器，中继器的作用是完成信号再生，即将已经衰减甚至失真的信号重新还原成发送端生成的初始信号。从信号传播角度出发，只要不断增加中继器，总线的长度就可以无限长。

中继器是传输媒体连接器，用于实现两段传输媒体互连。从传输二进制位流的物理层功能出发，由中继器互连的两段传输媒体等同于无中继器的单段信道。因此，从实现二进制位流传输功能的角度出发，图 3.1(b)所示的由中继器互连两段传输媒体构成的信道与图 3.1(a)所示的由单段传输媒体构成的信道相同。

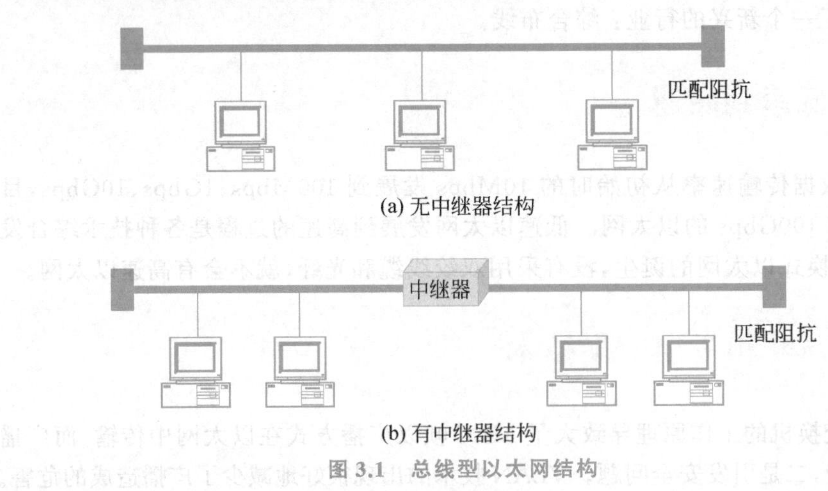

图 3.1　总线型以太网结构

2. 总线型以太网的功能需求

总线型以太网的功能是实现连接在总线上的任何两个终端之间的数据传输过程。为了实现这一功能，总线型以太网需要具备以下能力。

1）数据与信号之间相互转换的能力

发送终端需要将数据转换成信号，然后将信号发送到总线上。接收终端需要通过总线接收信号，并将信号还原成数据。

2）检测总线是否空闲的能力

任何时候，连接在总线上的终端中只能有一个终端发送数据，所以某个终端发送数据前必须确认没有其他终端向总线发送数据。因此，终端需要具备判别总线是否正在发送数据的能力。

3）寻址能力

任何一个终端发送的数据可以被连接在总线上的所有其他终端接收到，对于两个终端之间的数据传输过程，每一个终端必须具备判别自己是否是数据接收者的能力。

4）公平竞争总线的能力

当多个终端同时需要发送数据时，需要有机制保证只有一个终端成功发送数据，且每一个终端成功发送数据的概率是均等的。

5）数据封装成帧的能力

为了完成数据源终端至目的终端的传输过程，除了数据，还需要增加保证数据正确传输所需的控制信息，如检错码和寻址信息等。发送端需要将数据和控制信息组合成帧。

6）帧对界能力

发送端以帧为单位发送数据。每一个终端需要具有从接收到的二进制位流中正确提取出每一帧的能力。

3.2.2 总线型以太网的体系结构

1. 分层结构

以太网并不是 IEEE 802 委员会制定的唯一局域网标准，在制定 802.3 标准以后，又陆续制定了多个不同的局域网标准，如令牌环网。由于不同局域网的链路层标准并不相同，为了给网络层提供统一的局域网功能界面，IEEE 802 委员会将局域网的链路层分成两个子层：逻辑链路控制（Logical Link Control，LLC）子层和媒体接入控制（Medium Access Control，MAC）子层。因此，可以得出如图 3.2 所示的以以太网为传输网络的 TCP/IP 体系结构。

不同局域网的 MAC 子层是不同的，但 LLC 子层和 IP 之间的接口界面是相同的，也就是说 LLC 子层屏蔽了由于多种局域网并存而造成的 MAC 子层的不同，就像 BIOS 屏蔽了主板的差异一样。

随着以太网的发展，以太网在局域网市场中已取得垄断地位，目前已不存在多种局域网技术并存的问题。而且，LLC 子层是 802 委员会为屏蔽多种局域网之间的差异而提出的，显然不是 DIX Ethernet V2 中的一部分。因此，实际基于以太网的 TCP/IP 体系结构删除了 LLC 子层，如图 3.3 所示。

图 3.2 基于局域网的 TCP/IP 体系结构

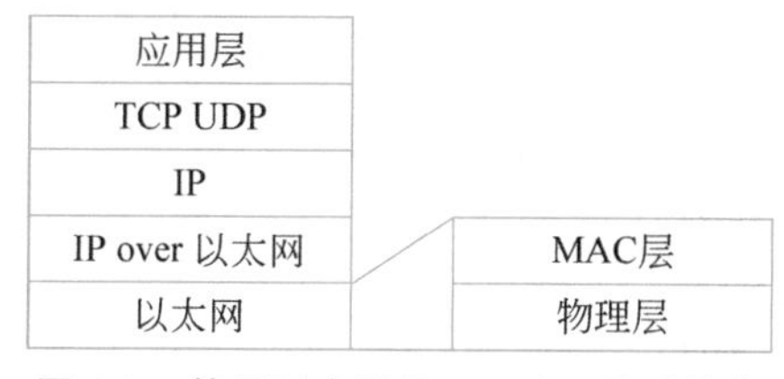

图 3.3 基于以太网的 TCP/IP 体系结构

2. 各层功能

总线型以太网物理层和 MAC 层实现的功能主要用于满足总线型以太网的功能需求。

1）物理层

以太网的物理层功能主要有 3 个：一是使总线空闲和传输数据的状态不同；二是能够完成将数据转换成信号，将信号还原成数据的过程；三是能够将经过总线传输的二进制位流分割成每一帧对应的一段二进制位流。

2）MAC 层

以太网 MAC 层的功能主要有 3 个：一是将数据封装成帧，帧中除了数据，还有检错码和寻址信息；二是具有寻址接收终端的功能；三是实现用于保证连接在总线上的终端公平竞争总线的机制。

3.2.3 基带传输与曼彻斯特编码

1. 基带信号

这里将幅度只有两种离散值的数字信号称为基带信号，基带信号中的每一个码元只能表示一位二进制数，用两种离散值中的一种离散值表示二进制 0，另一种离散值表示二进制 1，如用 −0.7V 表示二进制 0，用 0.7V 表示二进制 1。

用基带信号传输数据时，波特率等于数据传输速率。因此，如果要求总线型以太网的数据传输速率是 10Mbps，则波特率为 10MBaud，码元长度 $=1/(10\times10^6)$s。

2. 基带信号表示数据和还原数据的过程

为了精确控制码元长度，需要使用时钟。时钟是时间间隔相同的一串方波，单位时间内的方波数称为时钟频率，每一个方波的长度称为时钟周期。如果时钟的频率为 10MHz，则时钟周期等于波特率为 10MBaud 的信号的码元长度。因此，可以用频率为 10MHz 的时钟控制每一个码元的码元长度，如图 3.4 所示。

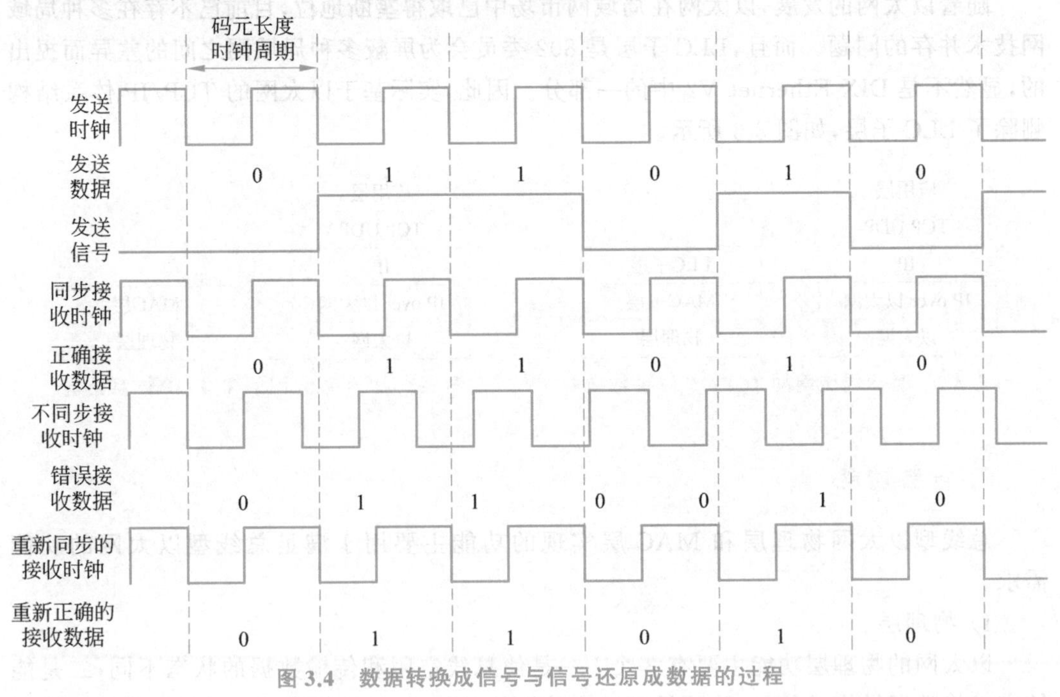

图 3.4　数据转换成信号与信号还原成数据的过程

接收端正确地将信号还原成数据的前提有两个：一是能够精确地将信号分割为码元，二是能够从码元的幅度中得出码元表示的二进制数值。精确地将信号分割为码元的过程称为位同步，实现位同步需要知道每一个码元的起始位置和每一个码元的长度。如果接收端的时钟频率与发送端的时钟频率相同，且接收端时钟周期的开始位置与码元的起始位置一致，则接收端时钟周期对应信号的每一个码元，如图 3.4 所示。

3. 时钟不一致引发的问题

由于不同终端使用不同的时钟，要使两个终端使用的时钟频率严格一致是不可能的。由于发送终端和接收终端均用时钟周期确定码元长度，一旦发送终端和接收终端的时钟不一致，如发送终端的时钟频率小于接收终端的时钟频率，将导致发送终端发送的信号的码元长度大于接收终端的时钟周期，因而引发发送终端发送的由 n 个码元组成的信号被接收终端错误地分割为 $n+1$ 个码元的情况，如图 3.4 中"不同步接收时钟"表示的现象。

引发这一问题的关键是误差累积，即使两个时钟的频率误差很小，当 n 足够大时，也会使以下不等式成立。

$n\times T_{发}\geqslant(n+1)T_{收}$ （$T_{发}$ 是发送终端时钟周期，$T_{收}$ 是接收终端时钟周期）

一旦以上不等式成立，就会发生发送终端发送的由 n 个码元组成的信号被接收终端错误地分割为 $n+1$ 个码元的情况。

解决这一问题的关键是消除误差累积，就如一个星期快或慢一分钟的石英钟，如果每天对一下时，就可以将误差控制在几秒内。对于发送终端和接收终端时钟频率不一致的情况，如果每隔 m 个码元，可以重新使接收端的时钟周期开始位置与码元的起始位置一致，只要 m 足够小，就可避免接收端分割码元出错的情况发生。

4. 曼彻斯特编码

为了使接收端能够每隔 m 个码元，重新用码元的起始位置作为时钟周期的开始位置，发送端发送的信号中必须每隔 m 个码元发生一次信号跳变。信号跳变是指从一种离散值变换到另一种离散值的过程。由于二进制位流是随机的，二进制位流中存在连续 n 位二进制数 1 或 0（$n\gg m$）的可能，因此为了保证随机二进制位流转换后生成的基带信号中每隔 m 个码元发生一次信号跳变，引入曼彻斯特编码。

曼彻斯特编码将每一位二进制数对应的信号分成两部分。对于二进制数 0，前半部分为高电平，而后半部分为低电平。对于二进制数 1，恰好相反，前半部分为低电平，后半部分为高电平（也可以采用相反约定，即二进制数 1 是先高后低，二进制数 0 是先低后高）。因此，曼彻斯特编码用两个码元表示一位二进制数，表示每一位二进制数的两个码元之间存在信号跳变，用两个码元之间信号跳变的不同方向表示二进制数 0 和 1，如图 3.5 中"曼彻斯特编码"所示的用高电平至低电平跳变表示二进制数 0，低电平至高电平跳变表示二进制数 1。

一旦采用曼彻斯特编码，如果二进制位流是连续 1 或连续 0，每一位二进制数对应的信号的开始和中间位置都发生跳变，则曼彻斯特编码是频率与发送时钟频率相同的时钟信号。如果二进制位流中二进制数 0、1 交替出现，每一位二进制数对应的信号的中间位

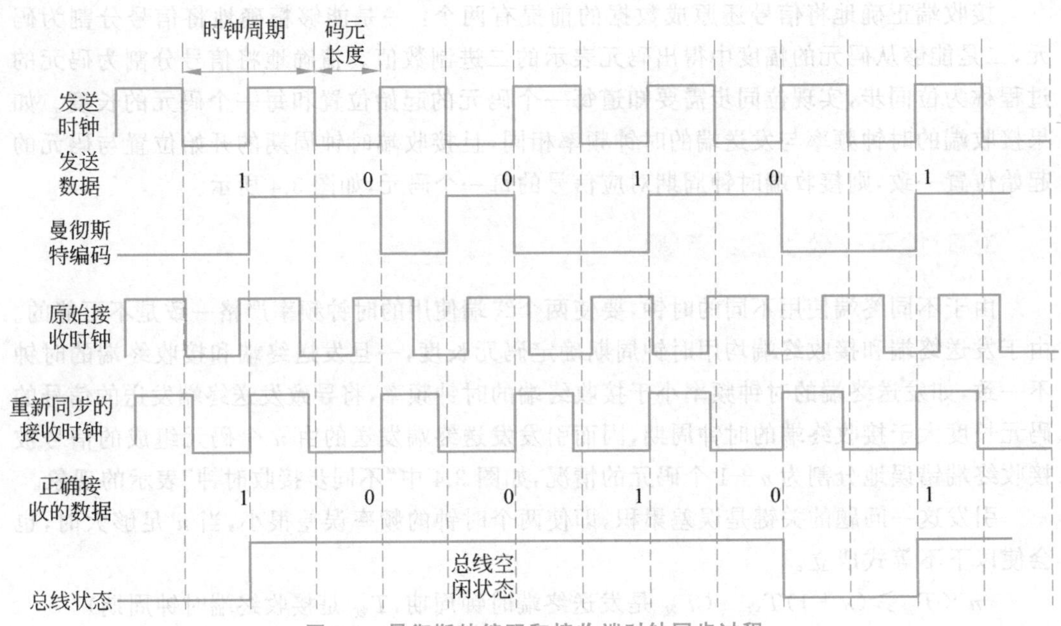

图 3.5 曼彻斯特编码和接收端时钟同步过程

置发生跳变，则曼彻斯特编码是频率为发送时钟一半的时钟信号。

5. 曼彻斯特编码同步接收端时钟的过程

由于曼彻斯特编码用两个码元表示一位二进制数，因此当时钟频率等于数据传输速率时，一个时钟周期对应两个码元长度。发送端使曼彻斯特编码表示每一位二进制数的两个码元的码元长度等于发送时钟每一个方波中两种不同电平的信号宽度，因此表示每一位二进制数的两个码元之间发生的信号跳变与发送时钟每一个方波中间的跳变一致。

接收端为了将接收时钟与码元同步，使接收时钟每一个方波中间跳变与曼彻斯特编码表示每一位二进制数的两个码元之间发生的信号跳变一致。这样做的原因一是使接收时钟每一个方波中间跳变与表示每一位二进制数的两个码元中第二个码元的起始位置一致；二是使接收时钟每一个方波中两种不同电平的信号宽度尽量等于表示每一位二进制数的两个码元的码元长度；三是使接收时钟的时钟周期开始位置尽量与表示每一位二进制数的两个码元中第一个码元的起始位置一致，如图 3.5 中“重新同步的接收时钟”所示。

曼彻斯特编码使接收端每间隔一位二进制数对应的信号长度调整一次时钟周期开始位置，使发送时钟与接收时钟之间的误差不再累积。

6. 曼彻斯特编码的特点和缺陷

1）曼彻斯特编码的特点

由于表示每一位二进制数的两个码元之间发生信号跳变，因此可以用不断跳变的信号表示传输数据的信号，维持电平不变的信号表示总线空闲，如图 3.5 中“总线状态”所示。

2）曼彻斯特编码的缺陷

由于曼彻斯特编码用两个码元表示一位二进制数，因此波特率＝2×数据传输速率。由于波特率与总线的带宽成正比，因此在相同的数据传输速率下，曼彻斯特编码要求的总线带宽是基带信号的两倍。当数据传输速率提高到100Mbps以上时，如果继续采用曼彻斯特编码，将对总线带宽提出更高要求，因此100Mbps及以上数据传输速率的以太网不再采用曼彻斯特编码。

3.2.4 MAC地址

连接在总线上的每一个终端必须有唯一的地址，由于该地址在以太网MAC层标识终端，因而称为MAC地址。MAC地址由6个字节组成。48位MAC地址的最低位是I/G位，该位为0，表示该MAC地址对应单个终端；该位为1，表示该MAC地址对应一组终端。48位MAC地址的次低位是G/L位，该位为0，表示该MAC地址是全局地址；该位为1，表示该MAC地址是局部地址。全局地址表示该MAC地址全球范围内唯一。

MAC地址可以分为单播地址、广播地址和组播地址。

广播地址是48位全1的地址，用十六进制数表示是ff:ff:ff:ff:ff:ff(6个用冒号分隔的全1字节)。

组播地址范围是：01:00:5e:00:00:00～01:00:5e:7f:ff:ff。

单播地址是广播和组播地址以外且I/G位为0的MAC地址。

3.2.5 MAC帧

1. MAC帧结构

连接在总线上的两个终端之间传输的数据需要封装成帧，由于由以太网MAC层处理该帧，因而被称为MAC帧。MAC帧结构如图3.6所示。

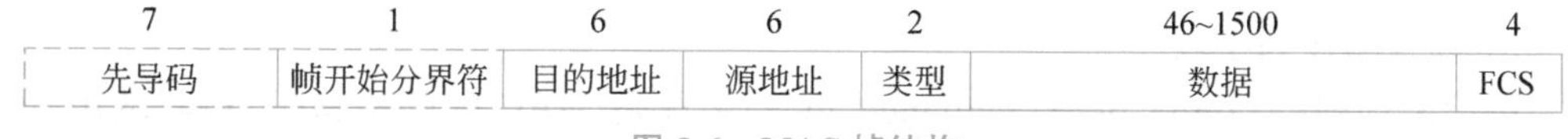

图3.6 MAC帧结构

1）先导码和帧开始分界符

先导码和帧开始分界符并不是MAC帧的一部分，它们的作用是帮助接收终端完成帧对界的功能。

先导码是由7个二进制数位流模式为10101010的字节组成的一组编码，它的作用是帮助连接在总线上的终端完成位同步过程。

帧开始分界符为1字节二进制数位流模式为10101011的编码，用于告知接收端该编码后面是MAC帧。这意味着连接在总线上的每一个终端都必须能够通过先导码和帧开始分界符，完成从由物理层分割成的每一帧MAC帧对应的一段二进制位流中正确定位MAC帧的起始字节(目的地址字段的第一个字节)的过程。

2）目的地址和源地址

目的地址是用于标识该MAC帧接收终端的48位MAC地址，可以是单播地址、广播地址和组播地址。如果该MAC地址是单播地址，表明该MAC帧的接收终端是由该MAC地址标识的唯一终端。如果该MAC地址是广播地址，表明该MAC帧的接收终端是连接在总线上的所有其他终端。如果该MAC地址是组播地址，表明该MAC帧的接收终端是连接在总线上且属于该组播地址指定的组播组的终端。

源地址是用于标识该MAC帧发送终端的48位MAC地址，其只能是单播地址。

当终端A发送MAC帧给终端B时，用终端A的MAC地址作为MAC帧的源MAC地址，用终端B的MAC地址作为MAC帧的目的MAC地址。终端A发送的MAC帧被连接在总线上的所有其他终端接收，每一个终端用自己的MAC地址和MAC帧中的目的MAC地址比较，如果相符，则继续处理，否则将该MAC帧丢弃。因此，当一个终端想要给另一个终端发送MAC帧时，它必须先获取另一个终端的MAC地址，否则只能以广播方式发送MAC帧。

MAC帧的目的MAC地址类型不同，接收到MAC帧的终端确定自己是否是该MAC帧的接收终端的方法也不同。如果是单播MAC地址，则只有目的MAC地址和其MAC地址相符的单个终端接收并处理该MAC帧。如果是广播地址，则连接在总线上的所有终端均接收并处理该MAC帧。如果是组播地址，只有属于组播地址所指定的组播组的终端才接收并处理该MAC帧。

3）类型字段

类型字段用于标明数据类型，MAC帧所封装的数据可以是IP分组，也可以是ARP请求报文，或其他类型的数据。包含不同类型数据的MAC帧需要提交给不同的进程进行处理，类型字段就用于接收端选择和数据的类型相对应的进程。

4）数据字段

数据字段用于传输数据。和其他字段不同，数据字段才是真正用于承载高层协议要求传输的数据，其他字段只是用于保证数据的正确传输。因此，我们把数据字段称为MAC帧的净荷字段，数据字段的长度是可变的。

5）帧检验序列字段

帧检验序列(Frame Check Sequence，FCS)字段是MAC帧的检错码，接收端用FCS检测MAC帧传输过程中发生的错误。以太网采用循环冗余检验(CRC)码对MAC帧进行检错，使用以下生成多项式。

$$G(x)=x^{32}+x^{26}+x^{23}+x^{22}+x^{16}+x^{12}+x^{11}+x^{10}+x^{8}+x^{7}+x^{5}+x^{4}+x^{2}+x+1$$

32位帧检验序列(FCS)就是以目的地址、源地址、类型、数据和填充字段组合成的二进制数位流为原始数据，根据生成多项式$G(x)$计算出的CRC-32。

如果接收端通过FCS字段检测出MAC帧传输过程中出错，接收端就丢弃该MAC帧。以太网MAC层没有设置确认和重传机制。

MAC帧有严格的长度限制，它的长度必须在64和1518字节之间。由于其他字段占用了18个字节(6个字节源MAC地址＋6个字节目的MAC地址＋2个字节类型字段＋4字节帧检验序列)，因此数据字段长度应该在 46 和 1500 字节之间，但高层协议要求传输的数据的长度是任意的。一旦数据的字节数不足 46 字节，就需要用填充字段将 MAC 帧的长度填充到 64 字节，由此可以推出填充字段的长度在 0 和 46 字节之间。

2. 帧对界

两帧 MAC 帧之间要求存在间歇，间歇期间总线状态为空闲状态。传输 MAC 帧时首先传输先导码对应的曼彻斯特编码，而曼彻斯特编码很容易让终端监测到总线从空闲状态转变为发送先导码状态，并因此实现帧对界功能。总线发送 MAC 帧的信号状态如图 3.7 所示。值得强调的是，将经过总线传输的二进制位流分割为每一帧 MAC 帧对应的一段二进制位流的过程是由物理层实现的，但只有 MAC 层才能识别 MAC 帧结构，并通过先导码和帧开始分界符完成从由物理层分割成的每一帧 MAC 帧对应的一段二进制位流中正确定位 MAC 帧的起始字节(目的地址字段的第一字节)的过程。

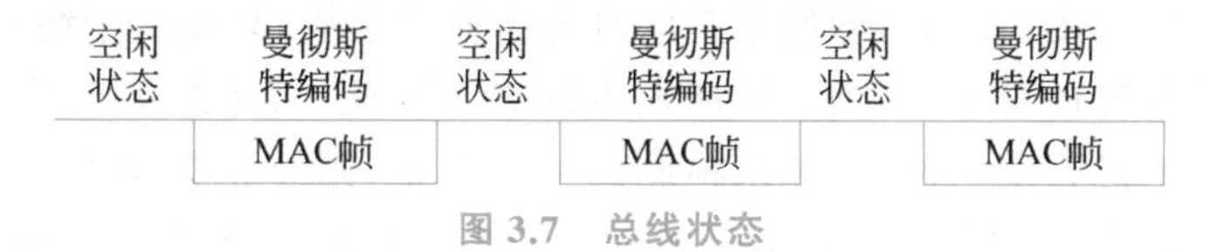

图 3.7　总线状态

3.2.6　CSMA/CD 的工作原理

CSMA/CD 的中文名称是载波侦听(Carrier Sense，CS)、多点接入(Multiple Access，MA)/冲突检测(Collision Detection，CD)，它的作用是让每一个连接在总线上的终端完成通过总线发送数据的过程。

1. CSMA/CD 算法

每一个连接在总线上的终端用 CSMA/CD 算法完成通过总线发送数据的步骤如下。

1) 先听再讲

某个想要通过总线发送数据的终端必须确定总线上没有其他终端正在发送数据后，才能开始往总线上发送数据。一旦经过总线传输数据，总线上便存在高低电平有规律跳变的电信号，这种电信号称为载波，是数据的曼彻斯特编码。如果总线空闲，总线上是固定电平。因此，该终端先要侦听总线上是否有载波，在确定总线空闲(无载波出现)的情况下，才能开始发送数据。一旦开始发送数据，随着电信号在总线上传播，总线上所有其他终端都能侦听到载波存在，这就是先听(侦听总线载波)再讲(发送数据)。

2) 等待帧间最小间隔

并不是一侦听到总线空闲就立即发送数据，而是必须侦听到总线持续空闲一段时间后才能开始发送数据，这段时间称为帧间最小间隔(Inter Frame Gap，IFG)。帧间最小间隔与总线数据传输速率有关，10Mbps 以太网的帧间最小间隔为 9.6μs。

设置帧间最小间隔的目的主要有 3 个：一是如果接连两帧 MAC 帧的接收终端相同，

则必须在两帧之间给接收终端一点用于腾出缓冲器空间的时间；二是一个想连续发送数据的终端在发送完当前帧后不允许接着发送下一帧，必须和其他终端公平争用发送下一帧的机会；三是总线在发送完一帧 MAC 帧后，必须回到空闲状态，以便在发送下一帧 MAC 帧时，能够让连接在总线上的终端正确监测到先导码和帧开始分界符，如图 3.7 所示。

3）边讲边听

一旦某个终端开始发送数据，其他终端都能侦听到载波，在侦听到载波期间，所有其他终端均不能发送数据。这些终端中想要发送数据的终端只有在侦听到总线持续空闲帧间最小间隔后，才能开始发送数据。但可能存在这样一种情况，两个终端都想发送数据，因此都开始侦听总线。当发送数据的终端完成数据发送过程时，这两个终端同时侦听到总线空闲，并在总线持续空闲帧间最小间隔后，同时发送数据。这样，两个终端发送的电信号就会叠加在总线上，导致冲突发生。其实，由于电信号经过总线传播需要时间，如果两个终端相隔较远，即使一个终端开始发送数据，在电信号传播到另一个终端前，另一个终端仍然认为总线空闲。因此，即使不是同时开始侦听总线，只要两个终端开始侦听总线的时间差在电信号传播时延内，仍然可能发生冲突。因此，某个终端开始发送数据后，必须一直检测总线上是否发生冲突，如果检测到冲突发生，则停止数据发送过程，发送 4 或 6 字节长度的阻塞信号（也称干扰信号），迫使所有发送数据的终端都能检测到冲突发生，并结束数据发送过程。这就是边讲（发送数据）边听（检测冲突是否发生）。检测冲突是否发生的方法很多，其中比较简单的一种是边发送边接收，并将接收到的数据和发送的数据进行比较，一旦发现不相符的情况，表明冲突发生。

4）退后再讲

一旦检测到冲突发生，就停止数据发送过程，延迟一段时间后，再开始侦听总线。两个终端的延迟时间必须不同，否则可能进入发送→冲突→延迟→侦听→发送→冲突这样的循环中。如果两个终端的延迟时间不同，延迟时间短的终端先开始侦听总线，在侦听到总线空闲并持续空闲帧间最小间隔后，开始发送数据。当延迟时间长的终端开始侦听总线时，另一个终端已经开始发送数据，它必须等待总线空闲后，才可以开始发送过程。CSMA/CD 操作过程如图 3.8 所示。

2. 后退算法

每一个终端检测到冲突发生后，通过后退算法生成延迟时间。后退算法需要保证：一是每一个终端生成的延迟时间都是随机的，且相互独立，因此两个以上终端生成相同延迟时间的概率较小；二是最小的且与其他终端的延迟时间不同的延迟时间最好为 0；三是所有终端的平均延迟时间尽可能小。

1）后退算法描述

以太网采用称为截断二进制指数类型的后退算法，算法如下。

① 确定参数 K。一开始时 $K=0$，每发生一次冲突，K 就加 1，但 K 不能超过 10。因此，$K=\text{MIN}[冲突次数,10]$。

② 从整数集合$[0,1,\cdots,2^K-1]$中随机选择某个整数 r。

③ 根据 r，计算出后退时间 $T=r\times t_{基}$（$t_{基}$ 是基本延迟时间，对于 10Mbps 以太网，

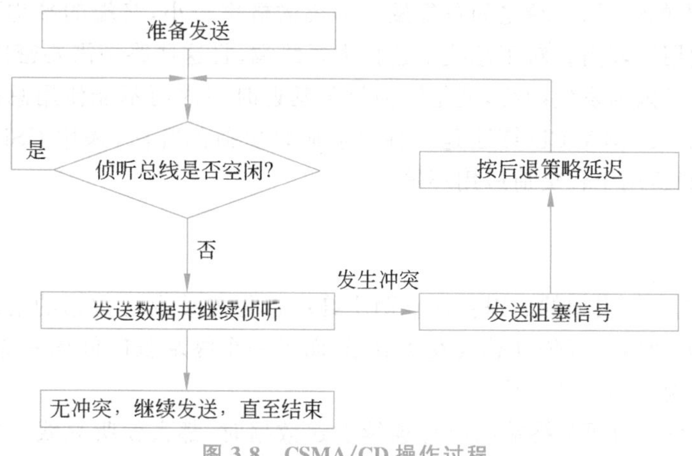

图 3.8　CSMA/CD 操作过程

$t_{基}=51.2\mu s$)。

④ 如果连续重传了 16 次都检测到冲突发生，则终止传输，并向高层协议报告。

2) 后退算法分析

对于两个终端发生冲突的情况，每一个终端单独执行后退算法。在计算延迟时间时，对于第一次冲突，$K=1$，两个终端各自在[0,1]中随机挑选一个整数。由于只有两种挑选结果，因此两个终端挑选相同整数的概率为 50%。如果两个终端在第一次发生冲突后挑选了相同整数，则将再一次发生冲突。当检测到第二次冲突发生时，两个终端各自在[0,1,2,3]中随机挑选整数。由于选择余地增大，两个终端挑选到相同整数的概率降为 25%。随着冲突次数不断增加，两个终端产生相同延迟时间的概率不断降低。当两个终端的延迟时间不同时，选择较小延迟时间的终端先成功发送数据。

对于多个终端发生冲突的情况，假如 100 个终端发生冲突，在第一次冲突发生时，其中一个终端选择整数 0，其余 99 个终端选择整数 1 的概率几乎为 0。但随着冲突次数的不断增多，整数集合的不断扩大，有可能在发生 16 次冲突前，有一个终端选择了整数 r，它和所有其他终端选择的整数不同，且小于所有其他终端选择的整数。

通过上述分析可以看出，截断二进制指数类型的后退算法是一种自适应后退算法。在少量终端发生冲突的情况下，为了提高总线的利用率，尽量减少终端平均延迟时间。在大量终端发生冲突的情况下，通过不断增大整数集合，尽量保证有终端最终获取通过总线发送数据的机会。

由于 CSMA/CD 算法容易实现，因此采用 CSMA/CD 算法的总线型以太网因为简单和便宜，成为最常见的办公网络。

3.2.7 CSMA/CD 的缺陷

1. 只适应轻负荷

通过分析 CSMA/CD 和后退算法得出，对于连接在总线上的终端中只有少量终端需要同时发送数据的情况，终端之间重复发生冲突的概率较小，终端的平均延迟时间较短。因此，总线的利用率较高。对于总线上连接大量终端，且这些终端需要密集发送数据的情况，这些终端不是因为发生冲突，就是因为处于延迟时间内而不能使用总线，总线的利用率非常低。因此，CSMA/CD算法是一种只适应轻负荷的算法，采用CSMA/CD算法的总线型以太网只适用于轻负荷应用环境。

2. 捕获效应

截断二进制指数类型的后退算法在两个终端都想连续发送数据的情况下，有可能导致一个终端长时间内一直争到总线发送数据，而另一个终端长时间内一直争不到总线发送数据，这种情况称为捕获效应。

如图3.9所示，当两个终端同时想连续发送数据时，都去侦听总线，当总线持续空闲帧间最小间隔后，两个终端同时向总线发送数据，导致冲突发生。两个终端分别用后退算法生成延迟时间，假定终端A选择的延迟时间为$0\times t_{基}$，而终端B选择的延迟时间为$1\times t_{基}$，终端A成功发送第1帧数据。

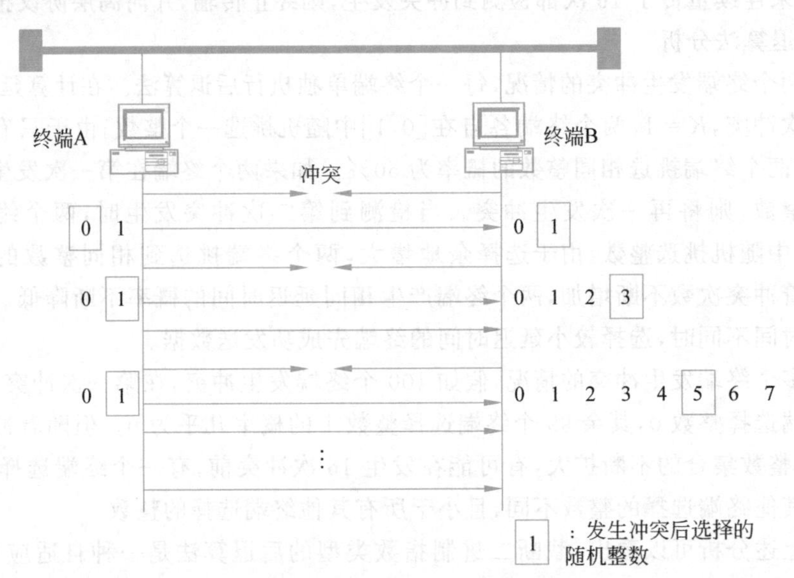

图3.9 捕获效应示意图

由于终端A有大量数据需要发送，在发送完第1帧数据后，紧接着发送第2帧数据，但必须通过争用总线过程获得发送第2帧数据的机会。当终端A和终端B又侦听到总线空闲，并又同时发送数据，导致冲突再次发生时，对于终端A而言，由于是发送第2帧数据时发生的第1次冲突，因此$K=1$，在整数集合[0,1]之间随机选择一个整数r；而对于终端B而言，由于是发送第1帧数据时发生的第2次冲突，$K=2$，在整数集合[0,1,2,3]中随机选择一个整数r'。显然，$r<r'$的概率更大，使终端A又一次成功发送第2帧数据。

根据终端B选择的延迟时间大小和终端A的MAC帧长度，有可能在终端B延迟时间内，终端A已成功发送若干MAC帧。但当终端B再次开始侦听总线并试图发送数据时，又将和终端A发生冲突。对于终端A，仍然在整数集合[0,1]中随机选择一个整数 r，而终端B将在整数集合[0,1,2,3,4,5,6,7]中随机选择一个整数 r'。$r<r'$ 的概率比前一次更大，又导致终端A发送成功。最终导致终端A长时间通过总线发送数据，而终端B一直得不到发送数据的机会。

捕获效应表明CSMA/CD和后退算法不是一种能够让所有终端公平使用总线的算法。由于让连接在总线上的终端公平享有使用总线的权利是总线型以太网的原旨，因此捕获效应是一个很大的问题，如果不能解决，将严重影响采用CSMA/CD算法的总线型以太网的广泛应用。

3. 冲突域直径和最短帧长之间存在制约

1）冲突域直径

对于总线型以太网，任何时候，连接在总线上的终端中只能有一个终端发送数据。一旦有两个(或以上)终端同时发送数据，就会发生冲突。因此，我们将具有这种传输特性的网络所覆盖的地理范围称为冲突域，将同一冲突域中相距最远的两个终端之间的物理距离称为冲突域直径。

可以不用距离而是用时间来标识冲突域直径，是因为在知道信号传播速度的情况下，传播时间和传播距离是可以相互换算的，因而也可以用信号传播时间标识冲突域直径。假定同轴电缆的长度为 L，电信号传播速度为 V，则传播时间 $T=L/V$。电信号真空中的传播速度等于光速 c_0。由于阻抗的因素，电信号电缆中的传播速度约为 $(2/3)c_0$，因此，$T=3L/2c_0$。如果确定了传播时间 T，可以得出电缆长度 $L=(2/3)c_0\times T$。

2）中继器扩展电信号传播距离

电信号通过电缆传播会产生衰减，衰减程度与电缆的长度成正比，因此单段电缆不允许很长，表3.1给出了不同传输媒体单段电缆的长度限制。为了扩大冲突域直径，必须使用电缆连接设备——中继器。中继器是一个物理层设备，它的功能是将衰减后的电信号再生，即放大和同步，图3.10给出中继器再生基带信号的过程。中继器将一端接收到的已经衰减的电信号经放大、同步后从另一端输出的过程需要时间，因此在使用中继器互连电缆的冲突域中，不能简单地根据作为冲突域直径的时间 T 推算出物理距离 $L=(2/3)c_0\times T$，而必须考虑电信号经过中继器所花费的时间。如果每一个中继器的延迟时间为 T'，冲突域中有 N 个中继器，根据作为冲突域直径的时间 T，可大致推算出冲突域直径的物理距离 $L=(2/3)c_0\times(T-N\times T')$。

表3.1　各种类型电缆的物理距离

传输媒体类型	中继器数量	单段电缆长度/m	冲突域直径/m
粗同轴电缆	4	500	2500
细同轴电缆	4	185	925
双绞线	4	100	500

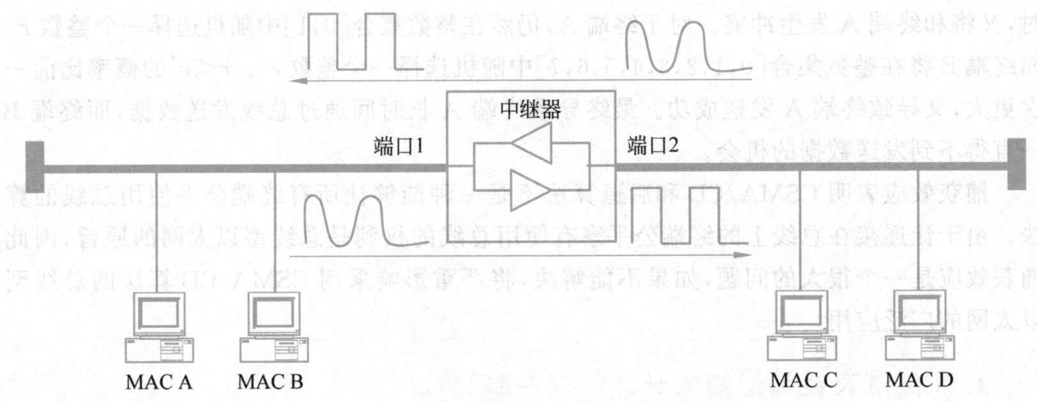

图 3.10 中继器再生基带信号的过程

中继器是物理层互连设备，理论上可以通过中继器的信号再生功能无限扩大冲突域，即经过中继器互连的同轴电缆总长不受限制。

3) MAC 帧的最短帧长

为了保证发送端能够检测到任何情况下发生的冲突，发送端发送 MAC 帧的最短时间和冲突域直径之间存在关联。而 MAC 帧的长度和总线的传输速率又决定了 MAC 帧的发送时间，因此冲突域直径和 MAC 帧的最短帧长之间存在关联。

假定图 3.11 中的冲突域直径是时间 t，表示电信号从终端 A 传播到终端 B 所需要的时间为 t（电信号传播过程中可能经过若干中继器）。

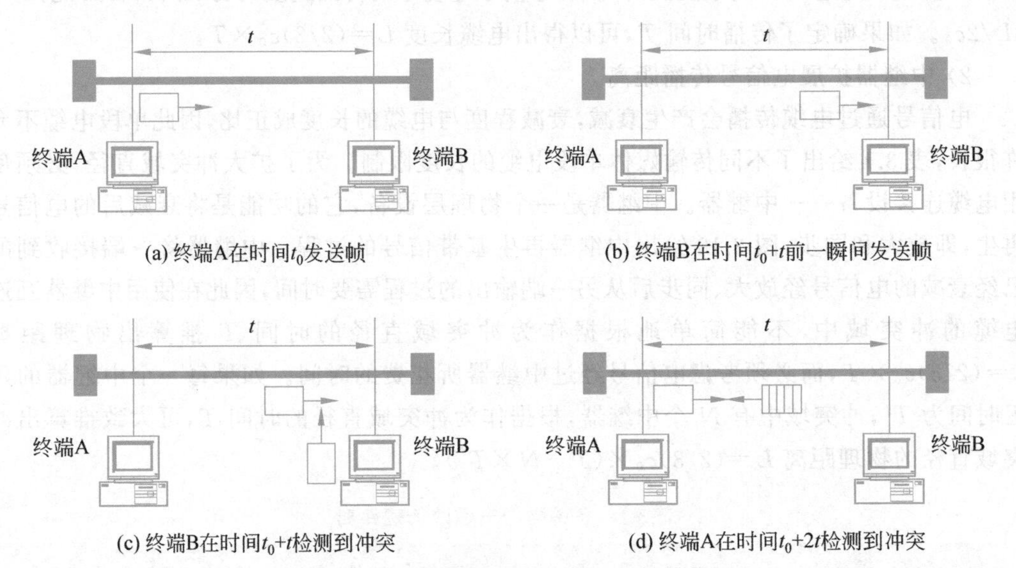

图 3.11 冲突域直径和最短帧长之间的关系

终端 A 在时间 t_0 开始发送 MAC 帧，如图 3.11(a)所示。假定在 t_0+t 前一瞬间，终端 B 由于侦听到总线空闲，也开始发送数据，如图 3.11(b)所示。终端 B 立即检测到冲突发生。终端 B 一方面停止发送 MAC 帧，另一方面通过发送阻塞信号来强化冲突，迫使终端 A 检测到冲突发生，如图 3.11(c)所示。但终端 B 发送的电信号必须经过时间 t 才能到达终端A，和终端A发送的电信号叠加，使终端A检测到冲突发生，如图3.11(d)所示。由于终端A是边发送MAC帧，边检测冲突是否发生，因此为了确保能够检测到任何情况下发生的冲突，终端A发送MAC帧的时间不能小于$2t$。我们将发送时间为$2t$的MAC帧长度称为最短帧长，如果最短帧长为M，网络传输速率为S，则$M/S=2t$，求出$M=2t\times S$。

10Mbps以太网标准规定$t=25.6\mu s$，$2t=51.2\mu s$，$S=10Mbps$，求出MAC帧最短帧长$=51.2\times10^{-6}\times10\times10^{6}=512b=64B$。64B最短帧长的含义是：在确定冲突域直径为$25.6\mu s$的前提下，发送端只有保证每一帧的发送时间$\geqslant51.2\mu s$，才能检测到任何情况下发生的冲突。$2t$称为争用期，也称为冲突窗口。任何一个终端只有在冲突窗口内没有检测到冲突发生，才能保证该次发送不会发生冲突。

4）冲突域直径与基本延迟时间

后退算法求出的延迟时间$T=r\times t_{基}$，其中r是整数集中随机选择的整数，$t_{基}$是基本延迟时间。基本延迟时间$t_{基}=2\times$时间表示的冲突域直径，对于10Mbps以太网，$t_{基}=51.2\mu s$。

通过图3.11可以发现，只有当两个终端的延迟时间差大于等于2×时间表示的冲突域直径时，才能保证两个终端不再发生冲突。对于如图3.11所示的情况，如果终端B在t_B时间检测到冲突发生，发送完阻塞信号后，停止数据发送过程。假定终端B选择的整数为1，求出延迟时间$T=t_{基}$，终端B将在$t_B+t_{基}$时间开始侦听总线。终端A在t_B+t检测到冲突发生，发送完阻塞信号后，停止数据发送过程。假定终端A选择的整数为0，则终端A在时间t_B+t+帧间最小间隔开始发送数据，信号在时间t_B+t+帧间最小间隔$+t$到达终端B。如果终端B持续$t_B+t_{基}\sim t_B+t_{基}+$帧间最小间隔一直检测到总线空闲，则将在时间$t_B+t_{基}+$帧间最小间隔开始发送数据。为了避免终端A和终端B再次发生冲突，必须使t_B+t+帧间最小间隔$+t\leqslant t_B+t_{基}+$帧间最小间隔，得出$2t\leqslant t_{基}$，其中t是时间表示的冲突域直径。

5）最短帧长对高速以太网冲突域直径的限制

如果没有中继设备，冲突域两端直接用电缆连接。$25.6\mu s$的冲突域直径对应的物理距离$=25.6\times10^{-6}\times2\times10^{8}(2c_0/3=2\times10^{8}m/s)=5120m$，但无论粗同轴电缆，还是细同轴电缆，单段电缆的长度都不可能达到5120m，如表3.1所示。因此，必须使用中继器。使用中继器后的冲突域直径的物理距离与冲突域两端之间通路中的中继器数量及中继器实现信号再生所需要的时间有关。表3.1给出了不同传输媒体下$25.6\mu s$传播时间能够达到的物理距离，即转换成物理距离的冲突域直径。需要强调的是，表3.1是推荐的标准冲突域直径的物理距离，它不仅需要考虑中继器信号再生过程所需要的时间，还必须有一定的冗余，因此小于极端条件下计算出的物理距离。

在明白了最短帧长和冲突域直径之间的关系后，就会发现以太网发展过程中遇到的诸多困难。电信号传播时间与终端发送数据的速率无关，基本上只和传播距离和中间经过的中继器数量有关。当终端的传输速率从10Mbps上升到100Mbps时，如果保持冲突域直径不变（仍然为$25.6\mu s$），由于发送端发送MAC帧的时间必须大于$25.6\mu s\times2=51.2\mu s$，因此计算出最短帧长$=(51.2\times10^{-6}\times100\times10^{6})=5120$位，即640字节。如果为了兼容，要求最短帧长不变，仍为64字节，则冲突域直径必须缩小到以100Mbps传输速率发送 512 位二进制数所需时间的一半，即$(512/(100\times10^6\times2))$s=2.56μs，将其转换成物理距离的话，大约在 200m 左右(考虑中间存在中继器的情况)。100Mbps 传输速率的以太网选择了最短帧长和 10Mbps 传输速率的以太网兼容，但将转换成物理距离的冲突域直径降低到 216m，图 3.12 所示是推荐的标准 100Mbps 传输速率的以太网的连接方式。216m 是在冲突域两端之间通路存在两个中继器的情况下，电信号在 2.56μs 时间内所能传播的最大物理距离。

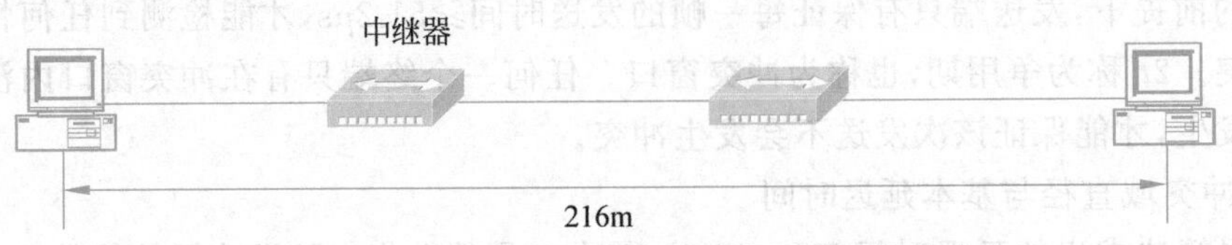

图 3.12 100Mbps 传输速率的以太网的连接模式

当以太网从 100Mbps 传输速率发展到 1000Mbps 传输速率时，如果维持最短帧长不变，仍为 64B，则冲突域直径将缩小到以 1000Mbps 传输速率发送 512 位二进制数所需时间的一半，即$(512/(1000\times10^6\times2))$s=0.256μs。最短帧长和冲突域直径之间的矛盾更加突出。在这种情况下，转换成物理距离的冲突域直径将下降为 50m 左右，网络将失去实际意义。因此，1000Mbps 传输速率的以太网将最短帧长选择为 640 字节，这样冲突域直径可以提高到以 1000Mbps 传输速率发送 5120 位二进制数所需时间的一半，即$(5120/(1000\times10^6\times2))$s=2.56μs，仍然能够将转换成物理距离的冲突域直径维持在 200m 左右(考虑中间存在中继器的情况)。

1000Mbps 传输速率的以太网扩大最短帧长的方法有两种。一种方法是将多个帧长小于 640 字节的 MAC 帧集中起来作为一个 MAC 帧发送，保证发送时间大于 2.56μs。另一种方法是如果发送的 MAC 帧的长度小于 640 字节，终端在发送完 MAC 帧后，继续发送填充数据，保证每次发送时间大于 2.56μs。通过这两种方法既保证了将最短帧长扩大到 640 字节，又和 10Mbps 传输速率的以太网和 100Mbps 传输速率的以太网兼容。

由此可以得出，冲突域直径与最短帧长之间的相互制约关系已经严重影响采用 CSMA/CD 算法的总线型以太网数据传输速率的提高。

3.2.8 集线器和星形以太网结构

自从出现双绞线作为传输媒体的以太网标准，人们开始广泛采用集线器(hub)互连终端。集线器是一个多端口中继器，端口支持的传输媒体类型通常为双绞线。因此，用集线器连接终端方式构建的以太网仍然是一个共享式以太网，即整个以太网是一个冲突域，图 3.13 所示是用集线器互连终端的网络结构和集线器工作原理图。

从图 3.13 可以看出，虽然连接终端的双绞线电缆分别有一对双绞线用于发送，一对双绞线用于接收，但一旦某个终端发送数据，发送的数据将传播到所有终端的接收线上。因此，任何时候仍然只允许一个终端向集线器发送数据。集线器只是改变了以太网的拓

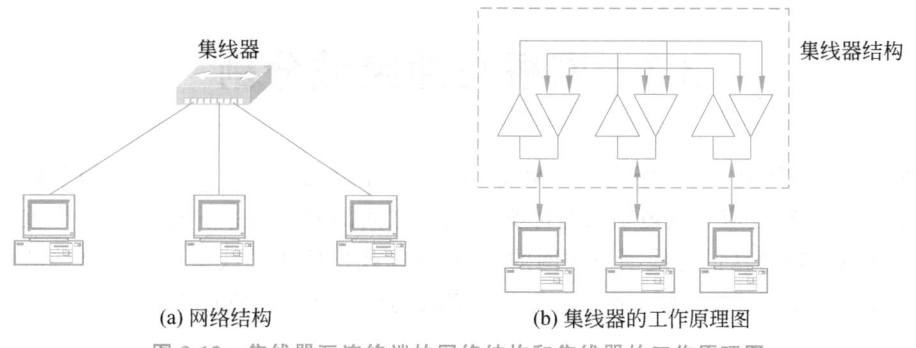

图 3.13 集线器互连终端的网络结构和集线器的工作原理图

扑结构，将以太网从总线型变为星形，但终端通过争用总线传输数据的实质没有改变。可以将集线器想象成缩成一个点的总线，把这种物理上的星形网络当作逻辑上的总线型网络，即从物理连接方式看是星形，但从信号传播方式看，仍然和总线型以太网相同。因此，连接在集线器上的终端必须通过 CSMA/CD 算法完成数据传输过程。

集线器互连终端的方式如图 3.14 所示，将两端连接水晶头的双绞线缆的一端插入集线器 RJ-45 标准端口，另一端插入 PC 网卡 RJ-45 标准端口。RJ-45 是双绞线接口标准。多台集线器可以通过双绞线缆串接在一起，根据以太网标准，10Mbps 传输速率的集线器最多可以串接 4 个，冲突域直径为 500m。100Mbps 传输速率的集线器最多可以串接两个，冲突域直径为 216m，图 3.12 就是串接两个集线器的网络结构。

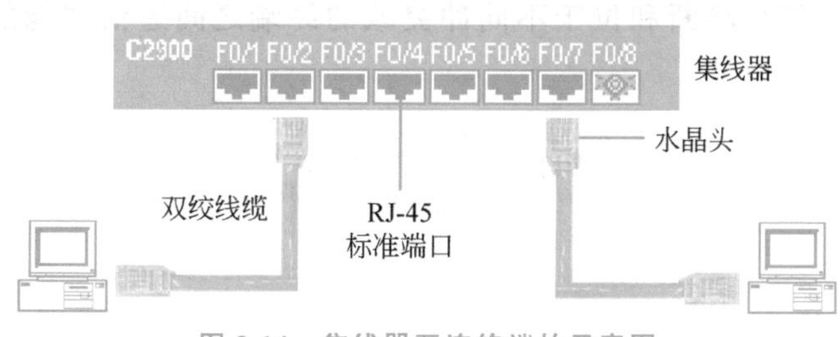

图 3.14 集线器互连终端的示意图

3.2.9 例题解析

【例 3.1】 在一个采用 CSMA/CD 的网络中，传输介质是一根完整的电缆，传输速率为 1Gbps，电缆中的信号传播速率为 $(2/3)c_0$（$c_0=3\times10^8$m/s）。若最短帧长减少 800b，则相距最远的两个站点之间的距离至少需要：

A. 增加 160m　　B. 增加 80m　　C. 减少 160m　　D. 减少 80m

【解析】 根据公式：最短帧长$=2\times T\times S$，其中 T 是用时间表示的冲突域直径，S 是数据传输速率，根据题意，$S=1\text{Gbps}=10^9\text{bps}$。首先求出作为冲突域直径的时间差 $\Delta T=$最短帧长差$/(2\times S)=800/(2\times10^9)=4\times10^{-7}$s，冲突域直径的距离差＝冲突域直径的时间差 $\Delta T\times$电信号传播速率$=4\times10^{-7}\text{s}\times2\times10^8\text{m/s}=80\text{m}$。正确答案是减少 80m，选 D。

3.3 网桥与冲突域分割

总线型以太网是一个冲突域，CSMA/CD 算法导致总线型以太网只适用于轻负荷应用环境，存在捕获效应和最短帧长与冲突域直径之间的制约关系。这些缺陷严重影响了采用 CSMA/CD 算法的总线型以太网的应用，必须找出解决总线型以太网这些缺陷的方法。在这种情况下，网桥及网桥互连多个冲突域的以太网结构应运而生。

3.3.1 网桥分割冲突域原理

缩小冲突域一是可以使连接在每一个冲突域中的终端数量变少，冲突域内的负荷变轻；二是可以通过降低冲突域直径来减轻冲突域直径与最短帧长之间的制约关系所造成的影响。因此，需要能够将一个大型以太网分割成若干冲突域，并用一种设备将多个冲突域互连在一起，这种互连多个冲突域的设备就是网桥。在以太网中，冲突域也称为网段，因此网桥也是互连网段的设备。

图 3.15 所示是一种用双端口网桥将两个冲突域互连成一个以太网的结构，终端 A、终端 B 和网桥端口 1 构成一个冲突域，终端 C、终端 D 和网桥端口 2 构成另一个冲突域。和中继器不同，网桥不会将从一个端口接收到的电信号经放大、整形后从另一个端口发送出去。网桥实现电信号隔断和位于不同冲突域的终端之间通信功能的原理如图 3.16 所示。

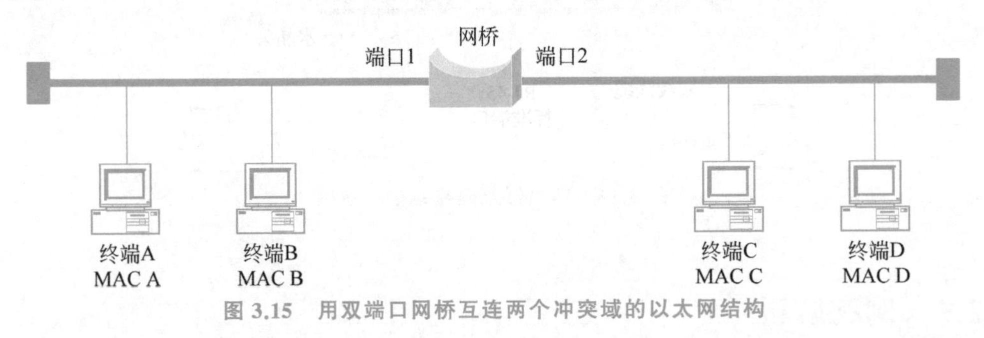

图 3.15 用双端口网桥互连两个冲突域的以太网结构

一个网络成为单个冲突域是因为连接在网络中的任何一个终端所发送的信号都被传播到整个网络中，一个实现两段电缆互连的中继器虽然从物理上将电缆分割成了两段，但连接在其中一段电缆上的终端所发送的电信号通过中继器传播到另一段，只是中继器在将电信号从一个端口连接的电缆传播到另一个端口连接的电缆时，还将已经衰减的电信号放大、整形、同步，还原成标准的基带信号。虽然互连两段电缆的网桥和互连两段电缆的中继器的物理连接方式一样，但网桥互连的两段电缆分别构成两个网段，网桥完全隔断了电信号的传播通路，电信号只能在构成网段的单段电缆上传播，一段电缆上的电信号无法通过网桥传播到另一段电缆上。因此，从电信号传播的角度看，通过网桥连接的两段电

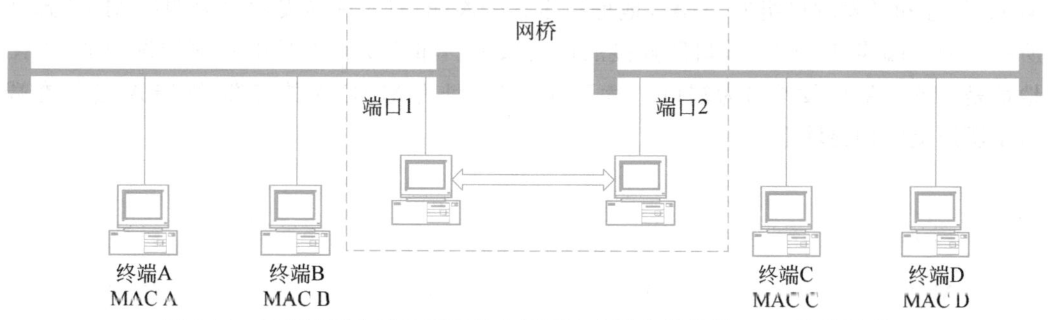

图 3.16　网桥实现电信号隔断并在不同冲突域之间转发 MAC 帧的原理

缆完全是相互独立的两个冲突域，双端口网桥将网络分割为两个相互独立的总线型以太网，如图 3.16 所示。

如图 3.16 所示，在同一个冲突域中，网桥端口和其他终端的功能是一样的。一方面，它接收其他终端经过总线发送的 MAC 帧；另一方面，它也通过连接的总线发送 MAC 帧。发送 MAC 帧时，同样需要执行 CSMA/CD 算法，在侦听到总线空闲并持续空闲 IFG 所规定的时间段后，才能开始 MAC 帧发送过程。

为了实现位于不同冲突域的两个终端之间的通信功能，网桥可以从一个端口接收 MAC 帧，再从另一个端口将 MAC 帧转发出去。值得指出的是，网桥同样需要通过执行 CSMA/CD 算法完成从另一个端口转发 MAC 帧的过程。

网桥作为一个采用数据报交换方式的分组交换机实现两个冲突域之间的 MAC 帧转发过程，因此是存储转发设备，必须有缓冲器来存储因另一个端口所连总线忙而无法及时转发的 MAC 帧。网桥连接的两个冲突域可以同时进行数据传输而不会发生冲突，如图 3.15 中的终端 A 和终端 B 之间、终端 C 和终端 D 之间就允许同时进行数据传输过程。

同一冲突域中，由于 N 个终端共享总线带宽 M，在不考虑因为冲突导致的带宽浪费的情况下，每一个终端平均分配 M/N 带宽。由于网桥每一个端口连接的冲突域都是独立的，因此，对于 N 个端口的网桥，当每一个端口连接的冲突域的带宽为 M 时，总的带宽是 $N\times M$。

3.3.2　转发表和 MAC 帧转发过程

如果是位于同一冲突域的两个终端之间进行 MAC 帧传输过程，如图 3.15 中的终端 A 向终端 B 发送 MAC 帧，网桥连接该冲突域的端口虽然也接收到该 MAC 帧，但丢弃该 MAC 帧。如果是位于某个冲突域的终端向位于另一个冲突域的终端发送 MAC 帧，如图 3.15 中的终端 A 向终端 C 发送 MAC 帧，网桥从端口 1 接收该 MAC 帧，在端口 2 所连总线空闲的情况下，通过端口 2 将该 MAC 帧转发出去。问题在于网桥如何判别 MAC 帧的源和目的终端是否位于网桥不同端口连接的冲突域中。

网桥通过转发表确定 MAC 帧的源和目的终端是否位于网桥不同端口连接的冲突域中。表 3.2 是图 3.16 中网桥所建立的转发表，转发表中的每一项称为转发项。转发项由

MAC 地址和转发端口组成，MAC 地址指定某个终端，对应的转发端口表明该 MAC 地址所指定的终端连接在转发端口所连接的冲突域上。如转发表中其中一项转发项的 MAC 地址是 MAC A，转发端口为端口 1，表明 MAC 地址为 MAC A 的终端(终端 A)连接在端口 1 所连接的冲突域上。

表 3.2 转发表

MAC 地址	转发端口	MAC 地址	转发端口
MAC A	端口 1	MAC C	端口 2
MAC B	端口 1	MAC D	端口 2

网桥中一旦生成了表 3.2 所示的转发表，就能够轻易确定 MAC 帧的源和目的终端是否位于网桥不同端口连接的冲突域中。由于每一个 MAC 帧都携带源 MAC 地址和目的 MAC 地址，且由源 MAC 地址给出发送终端的 MAC 地址，由目的 MAC 地址给出接收终端的 MAC 地址。当网桥从某个端口接收到 MAC 帧时，根据 MAC 帧携带的目的 MAC 地址去查找转发表。假定在转发表中找到一项转发项，该转发项的 MAC 地址和 MAC 帧的目的 MAC 地址相同，且该转发项的转发端口为 X。如果端口 X 就是接收到该 MAC 帧的端口，则意味着发送该 MAC 帧的终端和接收该 MAC 帧的终端位于同一个冲突域，即网桥端口 X 所连的冲突域，网桥丢弃该 MAC 帧。如果端口 X 不是网桥接收到该 MAC 帧的端口，则意味着接收终端连接在端口 X 所连接的冲突域上，而且和发送终端不在同一个冲突域，网桥必须通过执行 CSMA/CD 算法将该 MAC 帧通过端口 X 转发出去。如果某项转发项的 MAC 地址和 MAC 帧的目的 MAC 地址相同，则表示该转发项和该 MAC 帧的目的地址匹配。

3.3.3 网桥工作流程

网桥建立如表 3.2 所示的转发表后，可以正常转发 MAC 帧。但转发表是如何建立的呢？建立转发表的方法有两个：一是手工配置，由网络管理人员手工完成每一个网桥中转发表的配置工作，这不仅非常麻烦，而且几乎不可行；二是由网桥通过地址学习自动建立转发表。当网桥从端口 X 接收到一个 MAC 帧时，意味着端口 X 和该 MAC 帧的发送终端位于同一个冲突域，网桥可以在转发表中添加一项，该项的 MAC 地址为该 MAC 帧携带的源 MAC 地址，而转发端口为网桥接收到该 MAC 帧的端口 X。当网桥所连接的两个冲突域上的所有终端均发送 MAC 帧后，网桥才能完整建立如表 3.2 所示的转发表。如果网桥刚初始化，转发表为空，对接收到的第一个 MAC 帧做何处理？或者虽然转发表中已有若干转发项，但没有接收到 MAC 帧所匹配的转发项，又将如何？在这种情况下，网桥将从除接收到该 MAC 帧的端口以外的所有其他端口广播该 MAC 帧。

网桥地址学习和 MAC 帧转发过程如图 3.17 所示。只要网桥接收到某个 MAC 帧，就在转发表中添加与该 MAC 帧的源 MAC 地址关联的转发项，转发项中的 MAC 地址为该 MAC 帧的源 MAC 地址，转发端口为网桥接收该 MAC 帧的端口。转发表中的每一项转发项都设置了一个定时器，如果在规定时间内没有接收到以该转发项中 MAC 地址为源 MAC 地址的 MAC 帧，将从转发表中删除该转发项。这样做的原因在于网络中终端的位置不是一成不变的，终端可能在不同的时间连接到网桥不同端口连接的冲突域中。

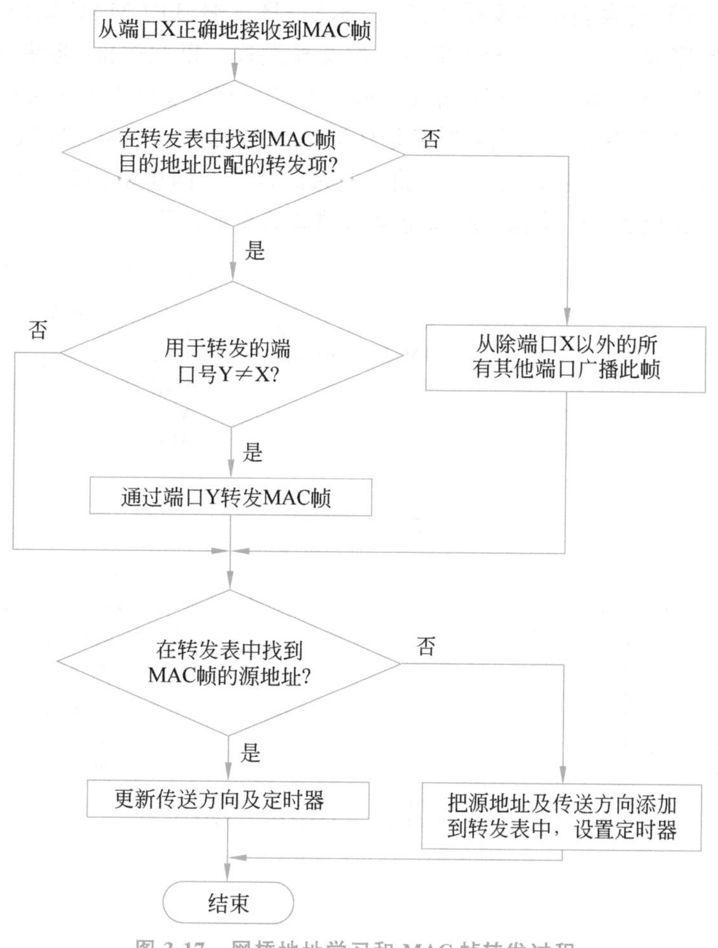

图 3.17　网桥地址学习和 MAC 帧转发过程

网桥转发 MAC 帧的过程分为以下 3 种情况：一是转发表中不存在与该 MAC 帧匹配的转发项，在这种情况下，网桥将从除接收该 MAC 帧以外的所有其他端口输出该 MAC 帧，即网桥广播该 MAC 帧；二是该 MAC 帧匹配的转发项中的转发端口与接收该 MAC 帧的端口相同，在这种情况下，网桥将丢弃该 MAC 帧；三是该 MAC 帧匹配的转发项中的转发端口与接收该 MAC 帧的端口不同，在这种情况下，网桥将从转发项指定的转发端口输出该 MAC 帧。

3.3.4　端到端交换路径

如图 3.18 所示，在由终端、网桥和互连终端与网桥、网桥与网桥的物理链路构成的以太网中，两个终端之间的 MAC 帧传输路径称为两个终端之间的交换路径，如终端 A 至终端B的交换路径是：终端A→S1端口1→S1端口2→终端B。终端A→S1端口1和S1端口2→终端B是两段互连终端和网桥端口的物理链路，S1端口1→S1端口2由网桥工作原理、S1的转发表和终端B的MAC地址确定。S1通过端口1接收到终端A发送给终端B的MAC帧，转发表中转发项<MAC B，2>将终端B的MAC地址与端口2绑定在一起，S1以此完成S1端口1→S1端口2的交换过程。以此类推，终端A至终端C的交换路径是终端A→S1端口1→S1端口3→S2端口1→S2端口2→S3端口3→S3端口1→终端C。终端A至终端E的交换路径是终端A→S1端口1→S1端口3→S2端口1→S2端口4→终端E。两个终端之间交换路径经过的每一个网桥根据转发表和MAC帧的目的MAC地址完成MAC帧输入端口至输出端口的交换过程。

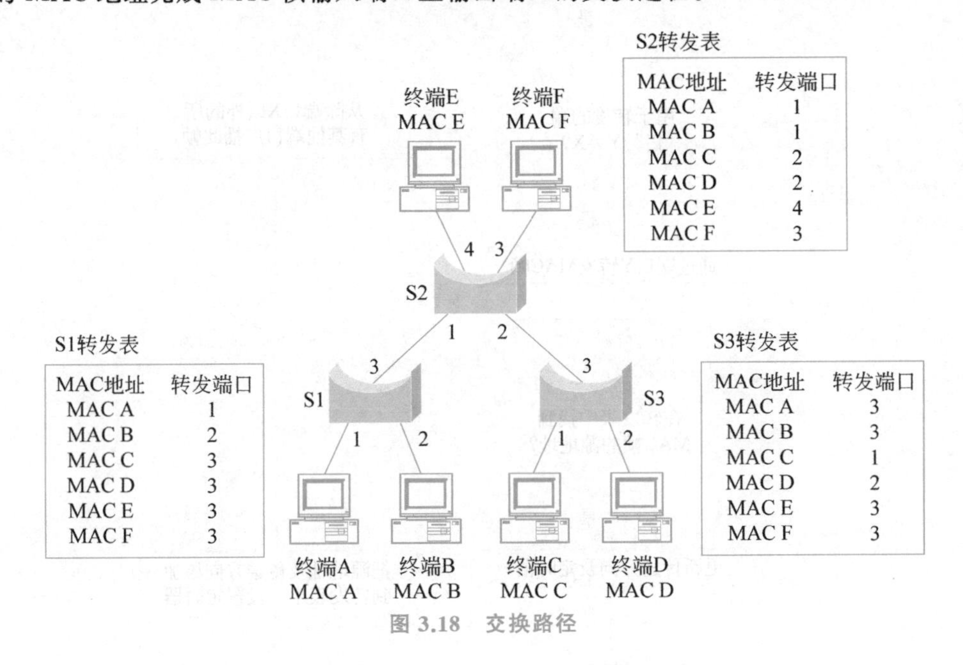

图3.18 交换路径

3.3.5 网桥无限扩展以太网

中继器或集线器是传输媒体扩展设备，中继器的信号再生功能使由中继器互连的传输媒体长度得到扩展，这也是称中继器为物理层互连设备的主要原因。如果单从传播电信号的角度出发，两个终端之间串接的集线器可以有无穷个，但由于存在冲突域直径限制，使两个终端之间串接的集线器数目受到严格限制。

虽然每一个冲突域受冲突域直径限制，但网桥的互连级数没有限制，可以由无数个网桥互连无数个冲突域。因此，经网桥扩展后的以太网的端到端传输距离可以无限大。

从网桥转发MAC帧过程可以看出，网桥是数据报分组交换设备，具备处理MAC帧的能力。因此，网桥必须具有以太网物理层和MAC层功能，而且不同端口的物理层可以不同，这是称网桥为链路层(MAC层)互连设备的主要原因。

3.3.6 全双工通信扩展无中继传输距离

图 3.15 中的双端口网桥可以互连两个冲突域。一个 n 端口网桥可以互连 n 个冲突域，即使网桥的每一个端口只连接一个终端，网桥每一个端口与该端口连接的终端之间仍然构成一个冲突域，只是该冲突域只包含该终端和网桥端口。在这种情况下，网桥端口和终端之间允许的最大物理距离等于用距离表示的冲突域直径。假定网桥端口和终端的数据传输速率都是 1000Mbps，在最短帧长只有 64 字节的情况下，它们之间允许的最大距离等于 $(512/(2\times1000\times10^6))\times(2/3)c_0=51.2\text{m}$。该结果的计算过程如下：首先计算出用时间表示的冲突域直径，它等于以 1000Mbps 传输速率发送 512 位二进制数所需时间的一半，即 $(512/(2\times1000\times10^6))=0.256\mu\text{s}$。将用时间表示的冲突域直径转换成用物理距离表示的冲突域直径的过程就是计算电信号在 0.256μs 时间内传播的物理距离的过程。由于网桥端口和终端之间直接用线路互连，没有其他中继设备，因此电信号在 0.256μs 时间内传播的物理距离等于电信号以 $(2/3)c_0$ 传播速度在 0. 256μs 时间内传播的距离，即 $20\times10^7\text{m/s}\times0.256\times10^{-6}\text{s}=51.2\text{m}$。

以 1000Mbps 传输速率、以双绞线为传输媒体的以太网采用 4 对双绞线的双绞线缆互连终端和网桥端口，其中一对双绞线用于发送数据，一对双绞线用于接收数据。因此，网桥端口与终端之间可以采用全双工通信方式。网桥端口和终端可以同时发送、接收数据，在这种情况下，网桥端口与终端不再构成冲突域。如果网桥端口与终端之间通过两根光纤互连，由于存在发送和接收光纤，网桥端口与终端之间也可以采用全双工通信方式。因此可以得出如下结论：如果网桥每一个端口只连接一个终端，且终端和网桥端口之间采用全双工通信方式，冲突域将不复存在，冲突域导致的限制也将不复存在，终端和网桥端口之间传输距离不再受冲突域直径限制。同样，互连网桥的物理链路也可采用全双工通信方式，以此消除冲突域直径对两个网桥之间的传输距离的限制。

3.3.7 以太网拓扑结构与生成树协议

1. 以太网拓扑结构

根据网桥处理 MAC 帧的方式，网桥为互连设备的以太网只能是星形和树形结构。树形拓扑结构实际上就是通过级联网桥将多个星形拓扑结构连接在一起的网络结构。如图 3.19 所示，星形结构与树形结构的相同之处是任何两个终端之间只存在一条传输路径，即网桥之间不存在环路。这是网桥处理 MAC 帧的方式所要求的。

2. 生成树协议

在树形结构以太网中，任何两个终端之间只存在一条传输路径，因此任何一段链路发生故障都会使一部分终端无法和网络中的其他终端通信。是否能够设计这样一种以太网结构，它存在冗余链路，但在网络运行时，通过阻塞某些端口使整个网络没有环路。当某

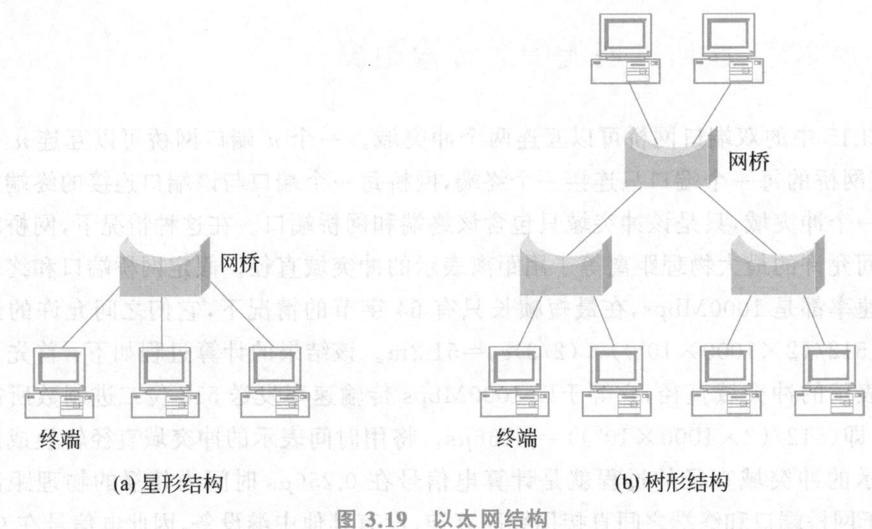

图 3.19　以太网结构

条链路因为故障无法通信时，通过重新开通原来阻塞的一些端口，使网络终端之间依然保持连通性，而又没有形成环路。这样，既提高了网络的可靠性，又消除了环路带来的问题。生成树协议(Spanning Tree Protocol，STP)就是这样一种机制，图 3.20 描述了生成树协议的作用过程。

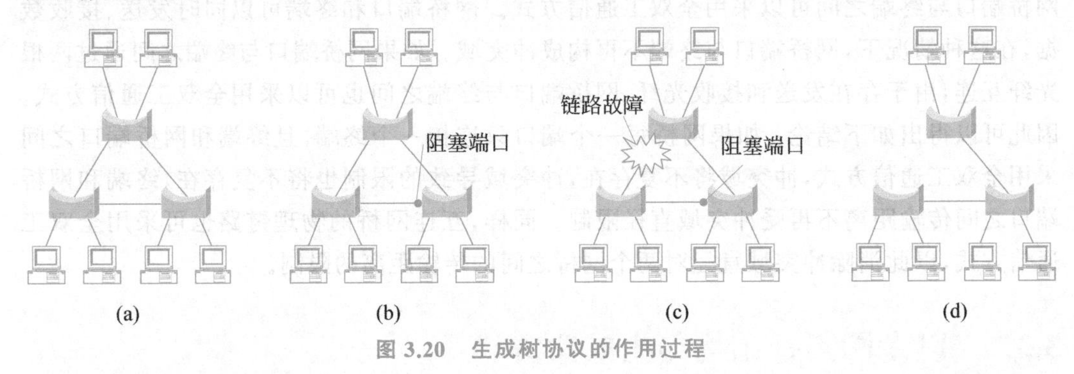

图 3.20　生成树协议的作用过程

原始网络拓扑结构如图 3.20(a)所示，网桥之间存在环路，这种网桥之间存在环路的网络结构称为网状结构。通过运行生成树协议，阻塞掉其中一个网桥端口，生成如图 3.20(b)所示的既保持网桥之间连通性，又避免环路的网络拓扑结构，即将物理的网状结构转换成逻辑的树形结构。如果网桥之间物理链路发生故障，导致网桥之间连通性被破坏，如图 3.20(c)所示，则生成树协议通过重新开通被阻塞的网桥端口，再次保证网桥之间的连通性，如图 3.20(d)所示。

3.3.8　中继器与网桥

中继器是传输媒体互连设备，两个端口的中继器结构如图 3.21(a)所示。互连的两段传输媒体可以是不同类型的传输媒体，两段传输媒体上传播的可以是不同类型的信号，但两段传输媒体上传输的是相同的二进制位流，即两段传输媒体上传播的信号表示的是相同传输速率、相同位流模式的二进制位流。因此，中继器是物理层设备。

二进制位流	
信号1	信号2
信道1	信道2

(a) 中继器互连原理

MAC层	
物理层1	物理层2

(b) 网桥互连原理

图 3.21　中继器与网桥

网桥是网段互连设备，两个端口的网桥结构如图 3.21(b)所示。互连的两段网段的物理层可以不同，意味着两段网段的数据传输速率可以不同，二进制位流模式可以不同。网桥需要根据转发表和 MAC 帧的目的 MAC 地址确定是否需要完成 MAC 帧从一段网段至另一段网段的转发过程。经网桥转发的 MAC 帧维持不变。因此，网桥是处理 MAC 帧的 MAC 层设备。

3.3.9　例题解析

【例 3.2】　如果图 3.22 中的互连设备是集线器，计算出图 3.22 中的冲突域数量。

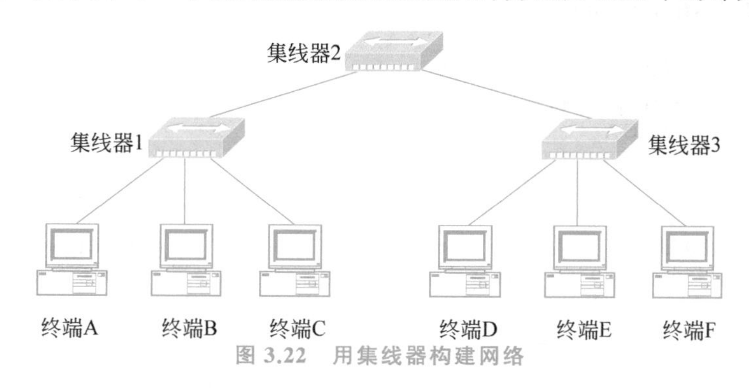

图 3.22　用集线器构建网络

【解析】　由于图中 3 个互连设备都是集线器，整个网络是一个冲突域，所以图 3.22 中只有一个冲突域。根据以太网标准，图 3.22 所示的网络结构只适用于 10Mbps 传输速率的以太网。

【例 3.3】　如果图 3.22 是用一个网桥互连两个集线器的网络结构(用网桥取代集线器 2)，重新计算图 3.22 中的冲突域数量。

【解析】　在这种情况下，图 3.22 中的冲突域数量为 2，每一个冲突域范围是网桥端口加上集线器所连接的终端。

【例 3.4】　如果图 3.22 是用 3 个网桥构建的网络结构，每一个网桥端口只连接一个终端。终端和网桥之间、网桥和网桥之间采用全双工通信方式，重新计算图 3.22 中的冲突域数量。

【解析】　在这种情况下，图 3.22 中不存在冲突域，所有对冲突域的限制对上述假定下的图 3.22 所示网络不起作用。

【例 3.5】 如果图 3.22 是用 3 个网桥构建的网络结构，每一个网桥端口用全双工通信方式连接一个终端。假定这 3 个网桥的转发表的初始状态是空表，请给出按照顺序进行的终端 A→终端 D、终端 C→终端 D、终端 E→终端 A、终端 C→终端 E 的 MAC 帧传输过程。

【解析】

① 终端 A→终端 D MAC 帧传输过程。当终端 A 想要给终端 D 发送数据时，它将需要发送的数据封装在 MAC 帧的数据字段中，以终端 A 的 MAC 地址 MAC A 为 MAC 帧的源 MAC 地址，终端 D 的 MAC 地址 MAC D 为 MAC 帧的目的 MAC 地址，然后将 MAC 帧发送给网桥 1。网桥 1 从端口 1 接收到该 MAC 帧，用该 MAC 帧携带的目的 MAC 地址去查找转发表。由于转发表为空，找不到匹配的转发项，网桥 1 将该 MAC 帧从除接收端口(端口 1)以外的所有其他端口(端口 2、3、4)发送出去。用该 MAC 帧携带的源 MAC 地址去查找转发表，因为找不到对应的转发项，所以在转发表中添加一项转发项，其中 MAC 地址为该 MAC 帧携带的源 MAC 地址(MAC A)，转发端口为接收该 MAC 帧的端口(端口 1)，如图 3.23 所示。网桥 1 的广播操作使网桥 2 的端口 1 和终端 B、C 均接收到该 MAC 帧，终端 B、C 发现该 MAC 帧携带的目的 MAC 地址和自身的 MAC 地址不符，将该 MAC 帧丢弃。而网桥 2 和网桥 1 一样，由于在转发表中找不到该 MAC 帧匹配的转发项，广播该帧，并根据该 MAC 帧携带的源 MAC 地址在转发表中添加一项转发项，如图 3.23 所示。

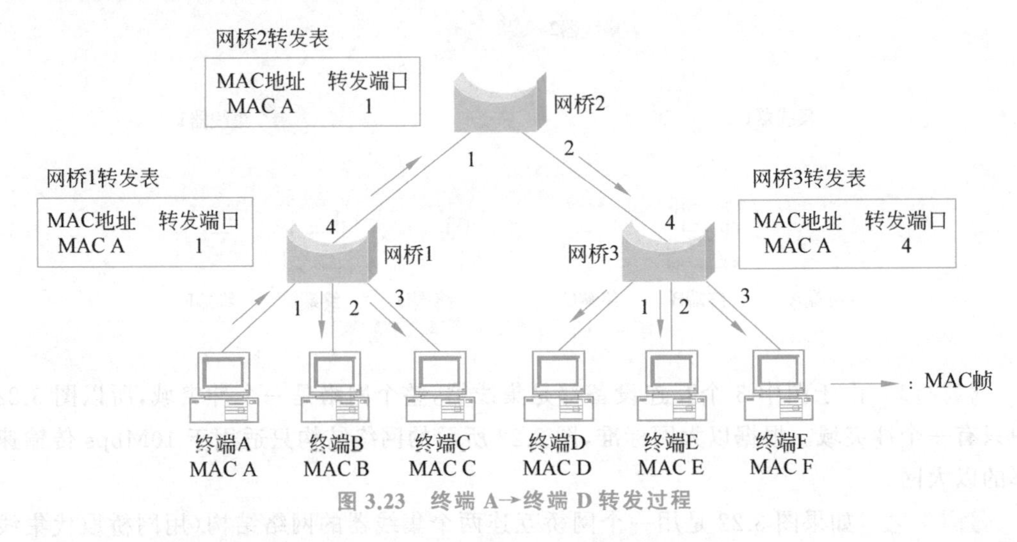

图 3.23 终端 A→终端 D 转发过程

该 MAC 帧到达网桥 3，最终从网桥 3 的端口 1、2、3(除接收该 MAC 帧的端口 4 以外的所有其他端口)转发出去，并根据该 MAC 帧携带的源 MAC 地址在网桥 3 的转发表中添加一项转发项，如图 3.23 所示。从网桥 3 端口 1、2、3 转发出去的 MAC 帧到达终端 D、E、F，由于终端 D 自身的 MAC 地址(MAC D)和该帧携带的目的 MAC 地址相同，继续处理该 MAC 帧，其他终端丢弃该 MAC 帧，传输过程结束。

② 终端 C→终端 D MAC 帧传输过程。终端 C→终端 D MAC 帧传输过程和终端A→终端 D MAC 帧传输过程基本相同，由于在转发表中找不到终端 C 的 MAC 地址对应的转发项，因此网桥 1、2、3 的转发表中都增加了 MAC 地址为 MAC C 的转发项，如图 3.24 所示。

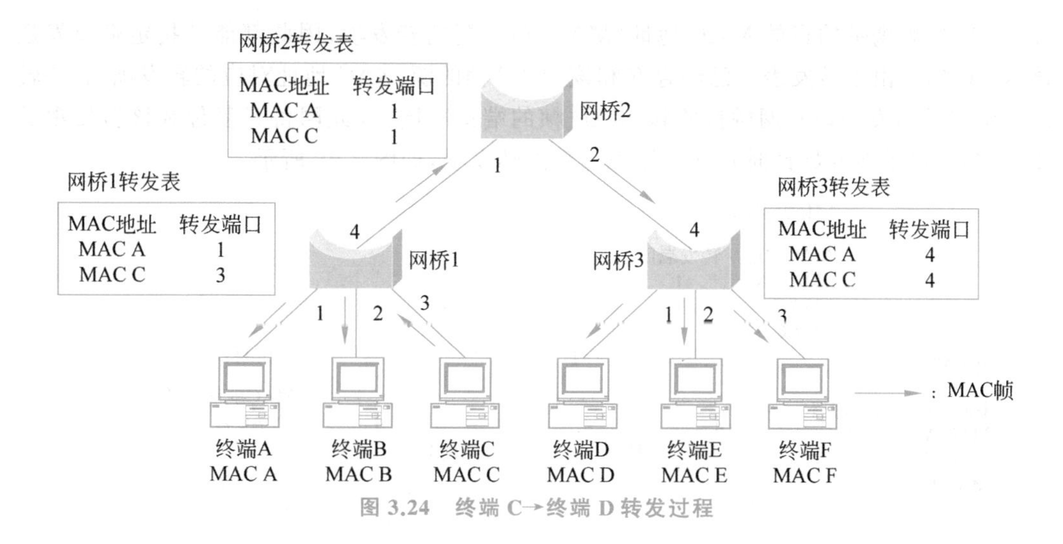

图 3.24 终端 C→终端 D 转发过程

③ 终端 E→终端 A MAC 帧传输过程。当网桥 3 接收到终端 E 发送的源 MAC 地址为 MAC E,目的 MAC 地址为 MAC A 的 MAC 帧时,网桥 3 用该 MAC 帧携带的目的 MAC 地址去查找转发表,找到匹配的转发项＜MAC A,4＞,获知该 MAC 帧的转发端口为端口 4,将该 MAC 帧从端口 4 发送出去(不广播,只从端口 4 转发该 MAC 帧)。同时,在转发表中添加一项,该项的 MAC 地址为 MAC E(该 MAC 帧携带的源 MAC 地址),转发端口为端口 2(网桥 3 接收到该 MAC 帧的端口)。

从网桥 3 端口 4 发送出去的 MAC 帧到达网桥 2 端口 2,网桥 2 同样根据转发表将该 MAC 帧从端口 1 发送出去,并在转发表中添加一项。网桥 1 依此操作,将该 MAC 帧通过端口 1 发送给终端 A,同时在转发表中添加一项,如图 3.25 所示。

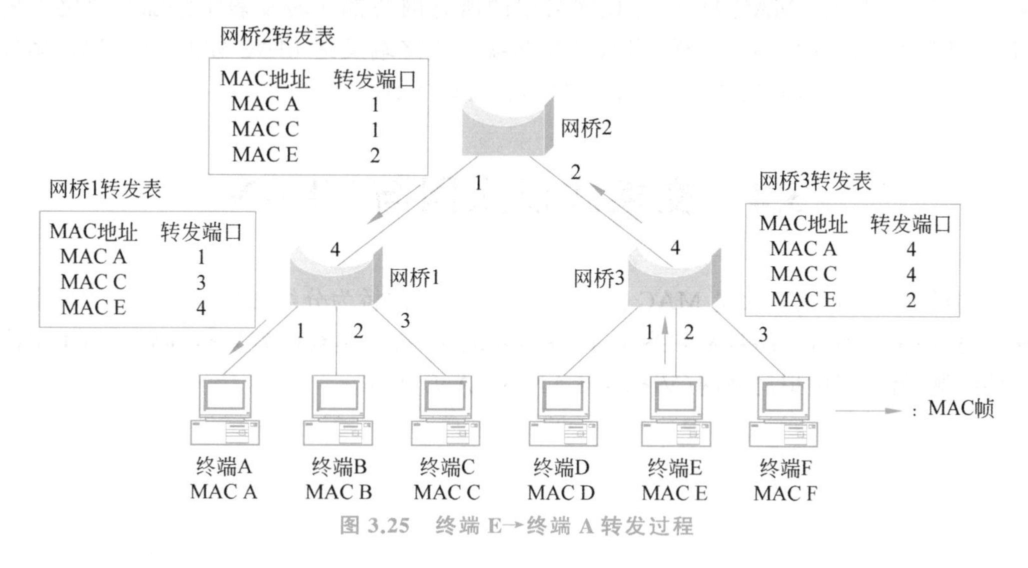

图 3.25 终端 E→终端 A 转发过程

④ 终端 C→终端 E MAC 帧传输过程。MAC 帧从终端 C 传输到终端 E 的过程与 MAC 帧从终端 E 传输到终端 A 的过程基本相同,由于网桥 1、2、3 都能在转发表中找到

和该 MAC 帧携带的目的 MAC 地址(MAC E)匹配的转发项,因此都能从指定端口发送该 MAC 帧。由于转发表中已经存在和该 MAC 帧的源 MAC 地址对应的转发项,且该转发项给出的转发端口和网桥接收该 MAC 帧的端口相同,因此网桥只复位和该转发项关联的定时器(重新开始计时),而不用添加新的转发项,如图 3.26 所示。

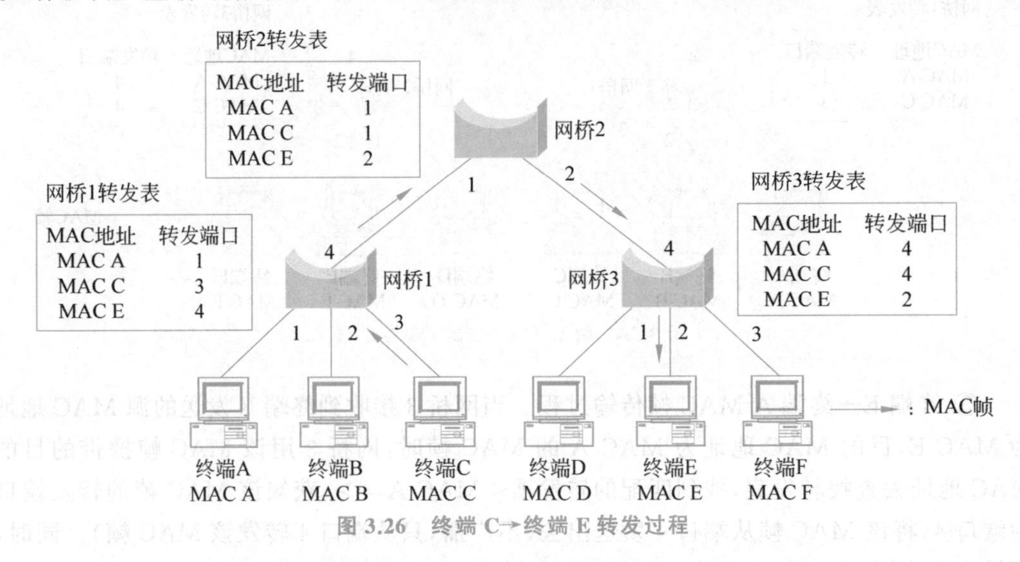

图 3.26 终端 C→终端 E 转发过程

当转发表中不存在和需要转发的 MAC 帧携带的目的 MAC 地址匹配的转发项时,网桥就广播该 MAC 帧。因此,在转发表完全建立之前,大量 MAC 帧是以广播方式传输的。为了使网络中所有终端的 MAC 地址在所有网桥的转发表中都有对应的转发项,每一个终端在加电启动后以自身 MAC 地址为源 MAC 地址,以广播地址(48 位全 1)为目的 MAC 地址广播一帧 MAC 帧,以便让网络中的所有网桥都在转发表中添加与该终端的 MAC 地址对应的转发项。这样,当有其他终端向该终端发送 MAC 帧时,该 MAC 帧经过的网桥只需要通过转发项指定的转发端口转发该 MAC 帧。

3.4 交换式以太网与 VLAN

网桥工作原理决定大量 MAC 帧以广播方式在以网桥为分组交换设备的以太网中传输,广播一是会浪费网络带宽和终端、网桥的处理能力;二是会引发安全问题。为了解决这些问题,就有了虚拟局域网(Virtual LAN,VLAN)技术。

3.4.1 广播和广播域

1. 广播域定义

网桥接收到 MAC 帧时,对 MAC 帧有 3 种可能的操作:丢弃、转发或者广播。广播是指从除接收该 MAC 帧以外的所有端口输出该 MAC 帧的操作。网桥在两种情况下广播 MAC 帧：一是 MAC 帧的目的地址是广播地址(48 位全 1 的 MAC 地址)；二是虽然 MAC 帧的目的地址是单播地址，但网桥转发表中找不到该 MAC 帧的目的 MAC 地址匹配的转发项。广播域是指所有网桥以广播方式输出 MAC 帧时，该 MAC 帧遍历的网络范围。以网桥为分组转发设备构成的以太网就是一个广播域。

2. 冲突域与广播域

任何目的地址的 MAC 帧都遍历冲突域，因此冲突域属于某个广播域。对于以网桥为分组转发设备构成的以太网，如果存在连接冲突域的网桥端口，该以太网构成的广播域中包含若干个冲突域，如图 3.27(a)所示。如果网桥端口与终端之间、网桥端口与网桥端口之间采用全双工通信方式，该以太网构成的广播域中不包含冲突域，如图 3.27(b)所示。

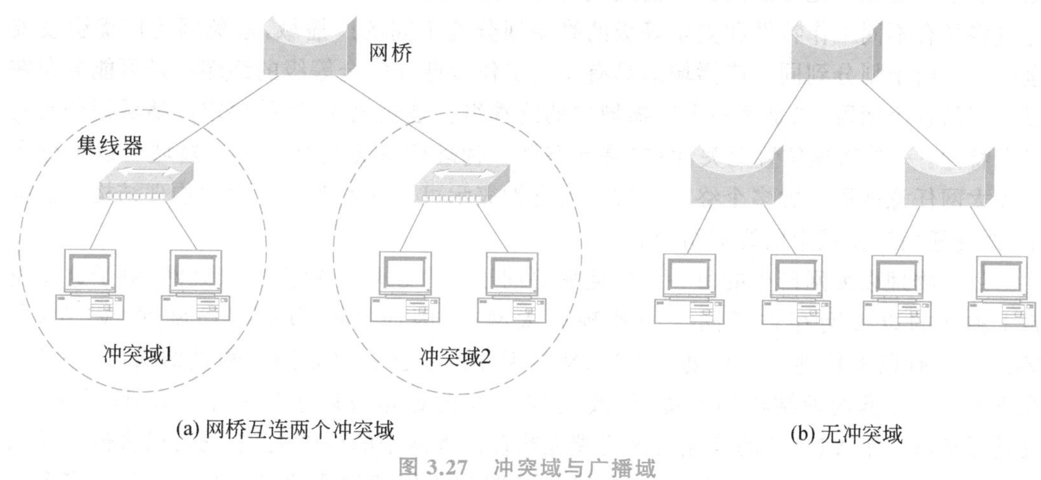

(a) 网桥互连两个冲突域　　(b) 无冲突域

图 3.27　冲突域与广播域

3. 广播是无法避免的

网桥广播 MAC 帧的两种情况都是不可避免的。一是初始状态下，网桥转发表为空，网桥在建立完整转发表之前，大量目的地址为单播地址，但在转发表中没有目的地址匹配的转发项的 MAC 帧都被网桥以广播方式输出。二是大量网络协议都是广播协议，这些协议对应的协议数据单元(Protocol Data Unit，PDU)都是以广播方式传输。这些 PDU 最终被封装成 MAC 帧时，这些 MAC 帧的目的 MAC 地址是广播地址。

4. 广播存在危害

广播一是浪费网络链路带宽和网桥、终端的处理能力，如图 3.28 所示，终端 A 发送给终端 B 的 MAC 帧因为广播遍历网络中所

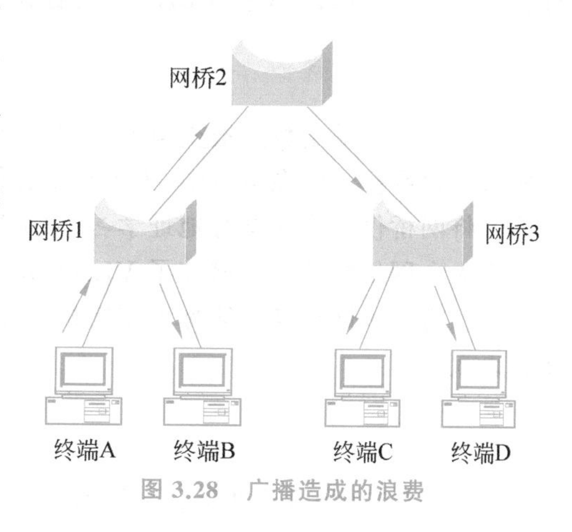

图 3.28　广播造成的浪费

有链路、网桥和终端，除了网桥1、网桥1连接终端A和终端B的链路及终端A和终端B，其他链路传输该MAC帧的过程、其他网桥和终端处理该MAC帧的过程都是无效的。二是引发安全问题，如果终端A发送给终端B的数据中包含类似账号、密码等私密信息，因为广播，这样的数据被所有其他终端接收，因而造成严重的安全后果。

3.4.2 VLAN与广播域分割

1. 引入VLAN的原因

广播一是不可避免，二是存在危害，因此降低广播造成的危害的主要办法是缩小广播域。缩小广播域一是可以减少广播造成的对链路带宽、网桥和终端处理能力的浪费；二是通过将具有不同工作特性和安全等级的终端划分到不同的广播域，避免因为广播引发安全问题。由于划分到同一广播域的具有相同工作特性和安全等级的终端一是可能分布在以太网的各个网段；二是每一个广播域中的终端组合是变化的，这就要求广播域划分具有以下特性：一是物理位置无关性；二是动态性。物理位置无关性表示广播域可以由分布在以太网任意网段中的多个终端组成。动态性表示可以在不改变以太网物理结构的前提下，改变任何广播域中的终端组合。

划分物理以太网产生的每一个广播域等同于一个逻辑上独立的以太网，由于这些逻辑上独立的以太网存在于同一个物理以太网中，因而被称为虚拟局域网（VLAN）。VLAN具有以下特性。一是划分VLAN时无须改变已有以太网的物理结构；二是可以在不改变以太网物理结构的前提下，改变VLAN的数量及属于每一个VLAN的终端。三是属于每一个VLAN的终端与该终端在物理以太网中的位置无关，既可以将位于任意位置的多个终端分配到同一个VLAN，也可以将位于任意位置的多个终端分配到多个不同的VLAN。图3.29给出将一个物理以太网分割为3个独立的广播域的过程，这3个独立的广播域分别是名为VLAN 2、VLAN 3和VLAN 4的VLAN。这3个VLAN等同于3个逻辑上独立的以太网。

每一个VLAN有用12位二进制数表示的唯一的标识符，该标识符称为VLAN标识符。VLAN 2、VLAN 3和VLAN 4的标识符分别是用12位二进制数表示的2、3和4。

2. 交换机与网桥

网桥是一种采用数据报交换方式的分组交换设备，在以太网中，更多的是用以太网交换机来称呼网桥。但在本章中，为了讨论方便，同时使用网桥和以太网交换机这两种设备名称。将网桥仅仅作为具有地址学习、MAC帧转发等分组交换功能的设备，将以太网交换机作为在网桥的基础上增加了VLAN划分及其他一些增强网络性能的功能的一种设备。本章将以太网交换机简称为交换机。以交换机为分组交换设备构建的以太网称为交换式以太网。

3. 划分VLAN的过程

划分VLAN的过程如下：一是确定属于每一个VLAN的交换机端口，二是在属于

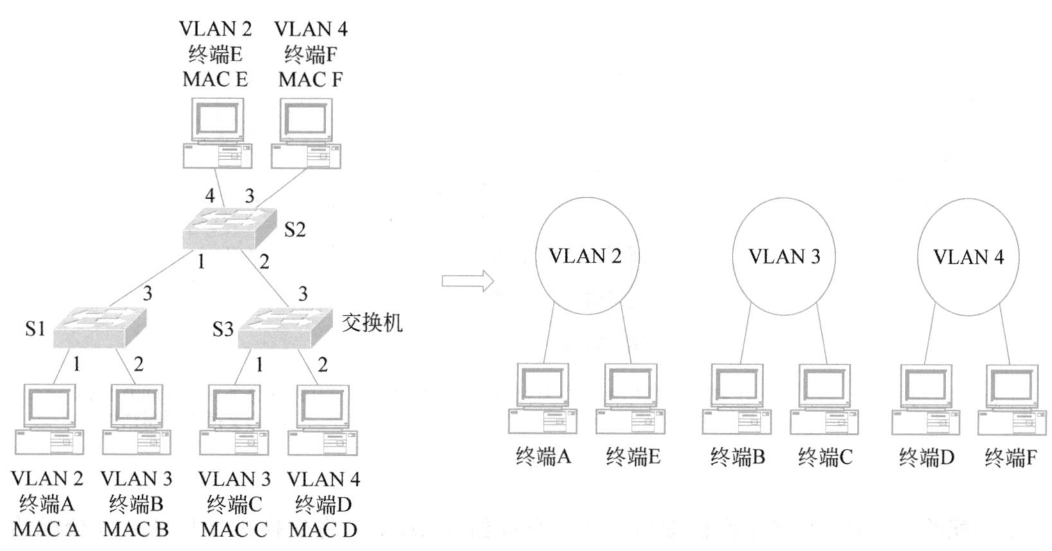

图 3.29　将一个物理以太网划分为多个 VLAN 的过程

相同 VLAN 的端口之间生成交换路径。两个端口之间的交换路径是指两个端口之间实现 MAC 帧传输过程的传输路径，由交换机端口和互连交换机端口的物理链路组成。

完成 VLAN 划分后，每一个交换机能够确定接收到的 MAC 帧所属的 VLAN，每一个 MAC 帧只能在它所属的 VLAN 内转发。

3.4.3　单交换机 VLAN 划分过程

VLAN 划分允许将物理以太网中任意多个交换机中的任意端口组合分配到某个 VLAN 中，且建立这些交换机端口之间的交换路径。这里先学习将单个交换机中的任意端口组合分配到某个 VLAN 中的过程。

1. 为 VLAN 分配端口

图 3.30(a)所示是一个拥有 9 个端口的交换机，初始状态下，交换机的所有端口属于一个 VLAN，该 VLAN 称为交换机的默认 VLAN。因此，默认状态下，交换机的所有端口属于同一个广播域。

将端口分配给不同的 VLAN，一是需要确定将交换机划分为几个 VLAN，二是需要确定交换机端口与 VLAN 之间的对应关系。交换机端口与 VLAN 之间的对应关系是任意的，即每一个端口可以分配给任何 VLAN，每一个 VLAN 可以包含任意交换机端口组合。

如图 3.30(b)所示，假定交换机划分为 3 个 VLAN，分别命名为 VLAN 2、VLAN 3 和 VLAN 4。交换机端口 1、3、5 分配给 VLAN 2，交换机端口 2、4、7 分配给 VLAN 3，剩余端口(端口 6、8、9)分配给 VLAN 4。为建立上述交换机端口与 VLAN 之间的对应关系，一是需要在交换机中创建 VLAN 2、VLAN 3 和 VLAN 4；二是需要将交换机端口 1、

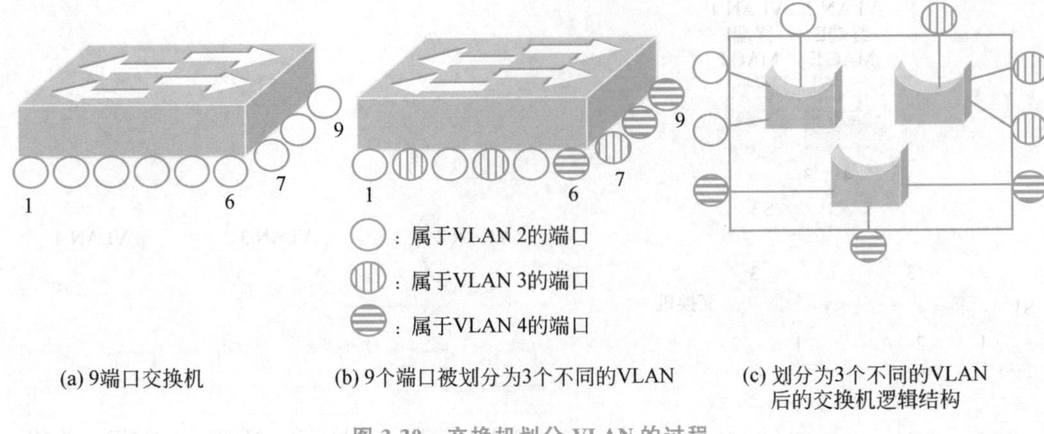

图 3.30 交换机划分 VLAN 的过程

3、5 分配给 VLAN 2，将交换机端口 2、4、7 分配给 VLAN 3，将交换机端口 6、8、9 分配给 VLAN 4。这里，每一个交换机端口只分配给单个 VLAN。完成 VLAN 端口配置过程后，建立如表 3.3 所示的 VLAN 与交换机端口映射表，映射表中给出了 VLAN 与端口之间的对应关系。

表 3.3 VLAN 与交换机端口映射表

VLAN	交换机端口	VLAN	交换机端口
VLAN 2	端口 1、端口 3、端口 5	VLAN 4	端口 6、端口 8、端口 9
VLAN 3	端口 2、端口 4、端口 7		

2. 建立端口之间的交换路径

每一个广播域可以想象成一个用网桥连接的以太网。因此，将 9 个端口分割为 3 个广播域的交换机，逻辑上等同于在交换机内设置了 3 个独立的网桥，这 3 个网桥分别连接属于 3 个不同广播域的端口，如图 3.30(c)所示。交换机每一个广播域的端口配置是任意的，因此交换机内的网桥也只有逻辑意义。

当交换机配置了一个广播域时，该广播域就拥有单独的转发表。当交换机从属于该广播域的某个端口接收到一帧 MAC 帧时，首先判别该 MAC 帧的目的 MAC 地址是否是广播地址，若是，就从属于该广播域的所有其他端口发送出去，否则就用该 MAC 帧的目的 MAC 地址去查找转发表。如果找到该 MAC 帧的目的地址匹配的转发项，就从该转发项指定的转发端口发送出去，MAC 帧的输入端口和输出端口必须属于同一个广播域。如果在转发表中找不到该 MAC 帧的目的地址匹配的转发项，和广播帧一样，从属于该广播域的所有其他端口发送出去。

因此，一旦将同一个交换机中的任意端口组合分配给某个 VLAN，这些端口相当于连接在该 VLAN 关联的网桥上，这些端口之间的关系与连接在相同网桥上的端口之间的关系一样。网桥将自动建立这些端口之间的交换路径。

3. 确定 MAC 帧所属的 VLAN

由于交换机的每一个端口只属于一个 VLAN，因此该 MAC 帧所属的 VLAN 由接收该 MAC 帧的交换机端口确定。接收该 MAC 帧的交换机端口所属的 VLAN 就是该 MAC 帧所属的 VLAN。因此，对于交换机每一个端口只属于一个 VLAN 的情况，从任何端口接收到的 MAC 帧只能在该端口所属的 VLAN 内转发。

3.4.4 跨交换机 VLAN 划分过程

跨交换机 VLAN 划分需要实现将物理以太网中任意多个交换机的任意端口组合分配到某个 VLAN 中，且建立这些交换机端口之间的交换路径。

1. 端口配置原则

为实现跨交换机 VLAN 划分，端口配置需要遵循以下原则：一是允许将属于不同交换机的多个端口分配到同一个 VLAN，二是必须保证任何两个属于同一 VLAN 的端口之间存在交换路径。

如图 3.31 所示，假定某个 VLAN 包含两个分别属于交换机 1 和交换机 2 的端口，且端口 A 位于交换机 1，端口 B 位于交换机 2。为了建立端口 A 和端口 B 之间的交换路径，需要在交换机 1 中选择某个端口 C（它和端口 A 属于同一个 VLAN），在交换机 2 中选择某个端口 D（它和端口 B 属于同一 VLAN）并连接端口 C 和端口 D。因此，交换机 1 中至少配置一个和端口 A 属于同一 VLAN 的端口 C，并使端口 C 连接交换机 2 的端口 D。交换机 2 也必须将端口 D 和端口 B 配置成属于同一 VLAN 的两个端口。

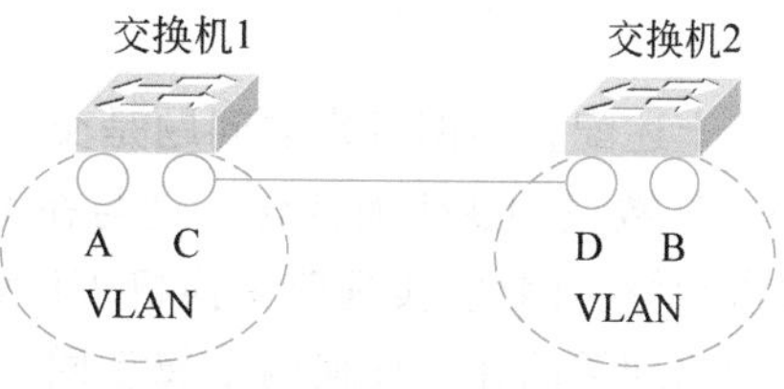

图 3.31 建立跨交换机 VLAN 端口之间的交换路径

2. 配置实例

如图 3.32 所示，为了实现终端 A 和终端 D 之间、终端 B 和终端 C 之间可以互相通信，终端 A、D 和终端 B、C 之间不能互相通信的目标，分别在交换机 1 和交换机 2 中将连接终端 A 和终端 D 的端口配置给 VLAN 2，连接终端 B 和终端 C 的端口配置给 VLAN 3。在每一个交换机端口只能属于一个 VLAN 的情况下，必须在交换机 1 和交换机 2 中选择两个端口，并将这两个端口分别配置给 VLAN 2 和 VLAN 3，用两条物理链路互连交换机 1 和交换机 2 中分别属于 VLAN 2 和 VLAN 3 的两对端口。完成 VLAN 端口配置过程后，建立如表 3.4、表 3.5 所示的交换机 1 和交换机 2 VLAN 与交换机端口映射表，映射表中给出了 VLAN 与端口之间的对应关系。

表 3.4　交换机 1 VLAN 与交换机端口映射表

VLAN	交换机端口
VLAN 2	端口 1、端口 3、端口 5
VLAN 3	端口 2、端口 4、端口 6

表 3.5　交换机 2 VLAN 与交换机端口映射表

VLAN	交换机端口
VLAN 2	端口 3、端口 5、端口 6
VLAN 3	端口 1、端口 2、端口 4

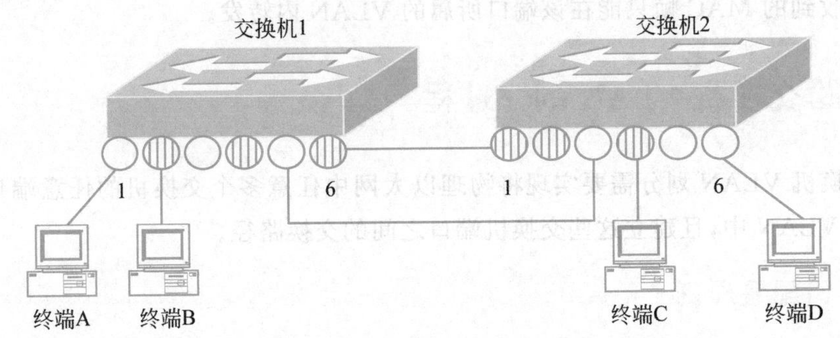

图 3.32　跨交换机 VLAN 划分的过程

3. 存在的问题

上述配置实例带来的问题是交换机之间的物理链路数量是不确定的，随着跨交换机 VLAN 数量的变化而变化。这与在不改变以太网物理结构的前提下实现 VLAN 划分的要求相悖。因此，实现跨交换机 VLAN 划分必须解决的问题是，能够通过交换机之间单一的物理链路建立任何两个属于同一 VLAN 的端口之间的交换路径。

3.4.5　802.1Q 与 VLAN 内 MAC 帧传输过程

1. 端口配置

图 3.33 所示是用单一物理链路实现跨交换机 VLAN 内终端之间通信过程的网络结构图。根据图 3.33 所示的跨交换机 VLAN 划分过程，交换机 1 端口 7 和交换机 2 端口 1 必须同时属于 VLAN 2 和 VLAN 3，这种同时属于多个 VLAN 的端口称为共享端口，也

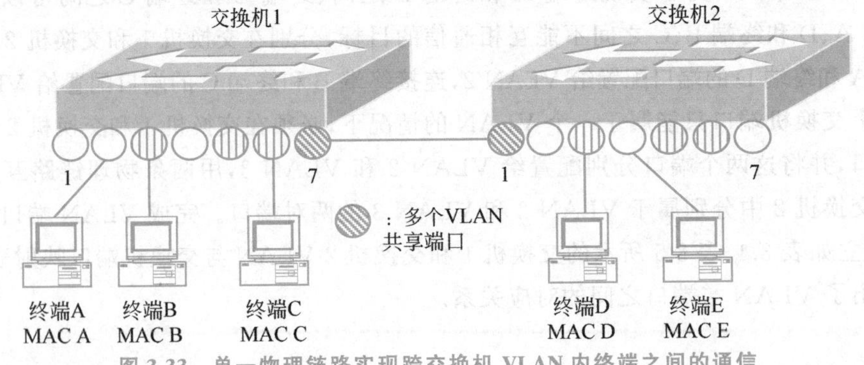

图 3.33　单一物理链路实现跨交换机 VLAN 内终端之间的通信

称主干端口。为了与共享端口区别，我们将只属于单个 VLAN 的交换机端口称为接入端口。

通过共享端口输出的 MAC 帧所属的 VLAN 必须与该共享端口属于的 VLAN 范围一致，如果图 3.33 所示的交换机 1 端口 7 和交换机 2 端口 1 同时属于 VLAN 2 和 VLAN 3，则这两个共享端口只能输出属于 VLAN 2 或 VLAN 3 的 MAC 帧。互连这两个共享端口的物理链路同时成为属于 VLAN 2 的终端之间和属于 VLAN 3 的终端之间的交换路径。

根据图 3.33 所示完成交换机 1 和交换机 2 VLAN 端口配置过程后，交换机 1 和交换机 2 建立如表 3.6、表 3.7 所示的 VLAN 与交换机端口映射表。

表 3.6　交换机 1 VLAN 与交换机端口映射表

VLAN	接入端口	共享端口
VLAN 2	端口 1、端口 2、端口 4	端口 7
VLAN 3	端口 3、端口 5、端口 6	端口 7

表 3.7　交换机 2 VLAN 与交换机端口映射表

VLAN	接入端口	共享端口
VLAN 2	端口 2、端口 4、端口 7	端口 1
VLAN 3	端口 3、端口 5、端口 6	端口 1

2. 802.1Q 与确定 MAC 帧所属 VLAN

针对如图 3.33 所示的端口配置，终端 A→终端 E MAC 帧传输过程中会出现一些问题。当终端 A 通过端口 2 向交换机 1 发送源 MAC 地址为 MAC A，目的 MAC 地址为 MAC E 的 MAC 帧时，交换机 1 由于通过端口 2 接收到该 MAC 帧，确定在 VLAN 2 内转发该 MAC 帧。如果在 VLAN 2 关联的转发表中找不到和 MAC E 匹配的转发项，交换机 1 通过端口 1、4 和 7 将该 MAC 帧转发出去。如果在 VLAN 2 关联的转发表中找到和 MAC E 匹配的转发项，则只通过端口 7 转发该 MAC 帧。交换机 2 通过端口 1 接收到交换机 1 从端口 7 转发出去的 MAC 帧，由于交换机 2 端口 1 是共享端口，因此交换机 2 无法根据接收该 MAC 帧的端口确定该 MAC 帧所属的 VLAN。

其实，交换机 1 将该 MAC 帧从端口 7 转发出去时，是知道该 MAC 帧所属的 VLAN 的，而且交换机 1 也知道端口 7 是共享端口，属于不同 VLAN 的 MAC 帧都有可能从该端口转发出去。为了让连接共享端口的交换机能够确定每一帧从共享端口转发出去的 MAC 帧所属的 VLAN，交换机 1 在所有从共享端口转发出去的 MAC 帧上加上一个 12 位二进制数表示的 VLAN 标识符(VLAN Identifier，VID)字段，包含 VLAN 标识符字段的 MAC 帧格式如图 3.34 所示。这种携带 VLAN 标识符字段的 MAC 帧结构称为 802.1Q 帧格式，802.1Q 是 IEEE 802 委员会为实现跨交换机 VLAN 内通信过程而制定的标准。图 3.34 中源 MAC 地址字段之后的两字节 8100H 用于指明该 MAC 帧携带

VLAN 标识符，为与类型字段相区分，类型字段值中不允许出现 8100H。对于携带 VID 的 MAC 帧，当交换机通过共享端口接收到该 MAC 帧时，不是根据接收该 MAC 帧的交换机端口，而是根据 MAC 帧携带的 VID 确定该 MAC 帧所属的 VLAN。

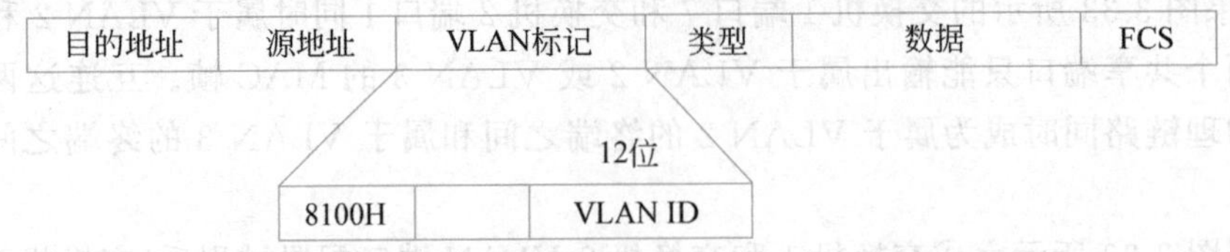

图 3.34　带 VLAN 标识符字段的 MAC 帧格式(802.1Q)

针对图 3.33 所示的跨交换机 VLAN 划分过程，属于相同 VLAN 的任意两个终端之间的通信过程如图 3.35 所示。对于终端 A 传输给终端 E 的 MAC 帧，由于交换机 1 通过共享端口(端口 7)转发该 MAC 帧时，在该 MAC 帧上加上了 VLAN 标识符(VID＝2)。当交换机 2 通过共享端口(端口 1)接收到该 MAC 帧时，不是通过接收该 MAC 帧的端口，而是通过该 MAC 帧携带的 VLAN 标识符(VID＝2)确定用于转发该 MAC 帧的 VLAN，并用该 MAC 帧的目的 MAC 地址查找该 VLAN 关联的转发表。如果在转发表中找到匹配的转发项，则通过该转发项指定的端口(端口 4)转发该 MAC 帧，否则通过属于该 VLAN 的所有其他端口(端口 2、4、7)输出该 MAC 帧。

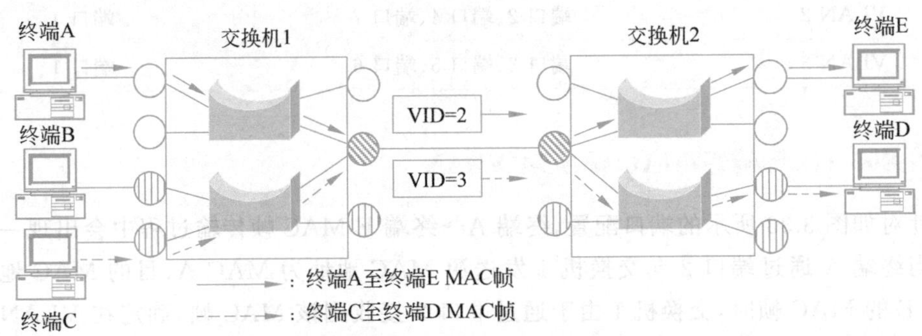

图 3.35　实现跨交换机 VLAN 内通信的过程

3. 确定 MAC 帧所属 VLAN 规则

1) 端口分类

端口可以分为共享端口(也称标记端口或主干端口)、接入端口(也称非标记端口)和混合端口。共享端口是同时属于多个 VLAN 的交换机端口，接入端口是只属于单个 VLAN 的交换机端口，混合端口是同时作为共享端口和接入端口加入多个 VLAN 的交换机端口。作为共享端口可以同时加入若干 VLAN，作为接入端口只允许加入一个 VLAN。一般交换机都支持共享端口和接入端口，不是所有交换机都支持混合端口。

2) 各类端口确定 MAC 帧所属 VLAN 规则

如果交换机支持 802.1Q，某个端口可以是同时属于多个 VLAN 的共享端口。为了确定从共享端口输入的 MAC 帧所属的 VLAN，MAC 帧需要携带 VLAN 标识符，交换机通过该 MAC 帧携带的 VLAN 标识符确定该 MAC 帧所属的 VLAN。为了标识从某个共享端口输出的 MAC 帧所属的 VLAN，需要给通过共享端口输出的 MAC 帧加上 VLAN 标识符。

通过共享端口输入的 MAC 帧所携带的 VLAN 标识符必须与该共享端口所属的 VLAN 范围一致，否则，交换机将丢弃该 MAC 帧。假定共享端口同时属于 VLAN 3、VLAN 5 和 VLAN 7，如果从该共享端口输入的 MAC 帧携带 VLAN 标识符且 VLAN 标识符是 3、5 和 7 中的一个，则确定该 MAC 帧或者属于 VLAN 3(VLAN 标识符为 3)，或者属于 VLAN 5(VLAN 标识符为 5)，或者属于 VLAN 7(VLAN 标识符为 7)。如果从该共享端口输入的 MAC 帧没有携带 VLAN 标识符，或者 VLAN 标识符不是 3、5 和 7 中的一个，交换机将丢弃该 MAC 帧。

通过接入端口输入的 MAC 帧不能是携带 VLAN 标识符的 MAC 帧，该 MAC 帧属于该接入端口所属的 VLAN。从接入端口输出的 MAC 帧不能是携带 VLAN 标识符的 MAC 帧。交换机丢弃通过接入端口输入的携带 VLAN 标识符的 MAC 帧。

通过混合端口输入的 MAC 帧可以是携带 VLAN 标识符的 MAC 帧，也可以是没有携带 VLAN 标识符的 MAC 帧。如果输入的 MAC 帧携带 VLAN 标识符，交换机将输入该 MAC 帧的混合端口作为共享端口，根据 MAC 帧携带的 VLAN 标识符确定该 MAC 帧所属的 VLAN。和共享端口相似，该 MAC 帧所携带的 VLAN 标识符必须与该混合端口作为共享端口加入的 VLAN 范围一致，否则，交换机将丢弃该 MAC 帧。

如果输入的 MAC 帧没有携带 VLAN 标识符，交换机将输入该 MAC 帧的混合端口作为接入端口，该 MAC 帧属于混合端口作为接入端口加入的 VLAN。

3.4.6 例题解析

【例 3.6】 假定网络结构如图 3.36 所示，终端 A、终端 D 和终端 E 属于一个 VLAN (VLAN 2)，终端 B、终端 C 和终端 F 属于另一个 VLAN(VLAN 3)。

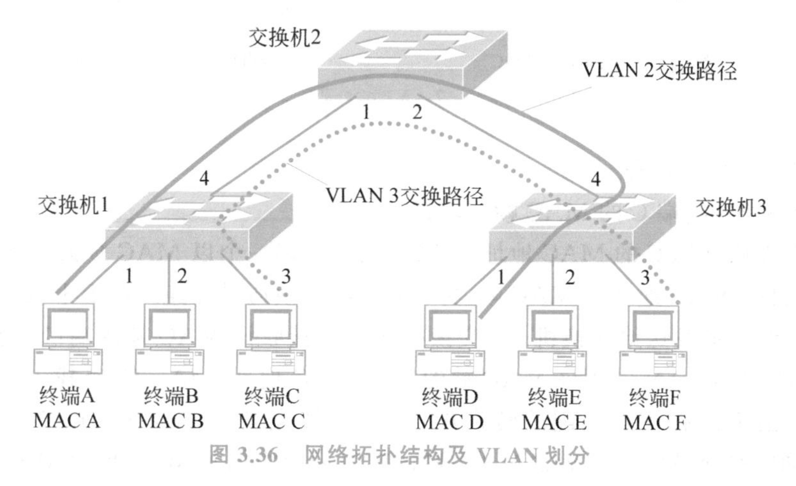

图 3.36 网络拓扑结构及 VLAN 划分

① 如何进行 VLAN 配置？

② 给出终端 B→终端 C、终端 A→终端 D、终端 F→终端 B 的传输过程；

③ 能否实现终端 B→终端 D 的通信过程？解释原因。

【解析】

1）VLAN 配置

配置 VLAN 的原则是所有属于同一 VLAN 的终端之间必须存在交换路径，如果某个端口只有属于单个 VLAN 的终端之间的交换路径经过，则配置为该 VLAN 的非标记端口。如果某个端口被多对属于不同 VLAN 的终端之间的交换路径经过，则配置为被这些 VLAN 共享的标记端口。根据图 3.36 给出的终端之间的交换路径，得出 VLAN 配置如图 3.37 所示：交换机 1 创建两个 VLAN，分别命名为 VLAN 2 和 VLAN 3。VLAN 2 包括端口 1 和 4，其中端口 4 为标记端口，被两个 VLAN 共享。VLAN 3 包括端口 2、3 和 4，端口 4 为标记端口。交换机 2 配置两个 VLAN，端口 1 和 2 均被 VLAN 2 和 VLAN 3 所共享，因此两个端口均是标记端口。交换机 3 配置两个 VLAN，VLAN 2 包括端口 1、2 和 4，VLAN 3 包括端口 3 和 4，端口 4 为标记端口，被 VLAN 2 和 VLAN 3 所共享。

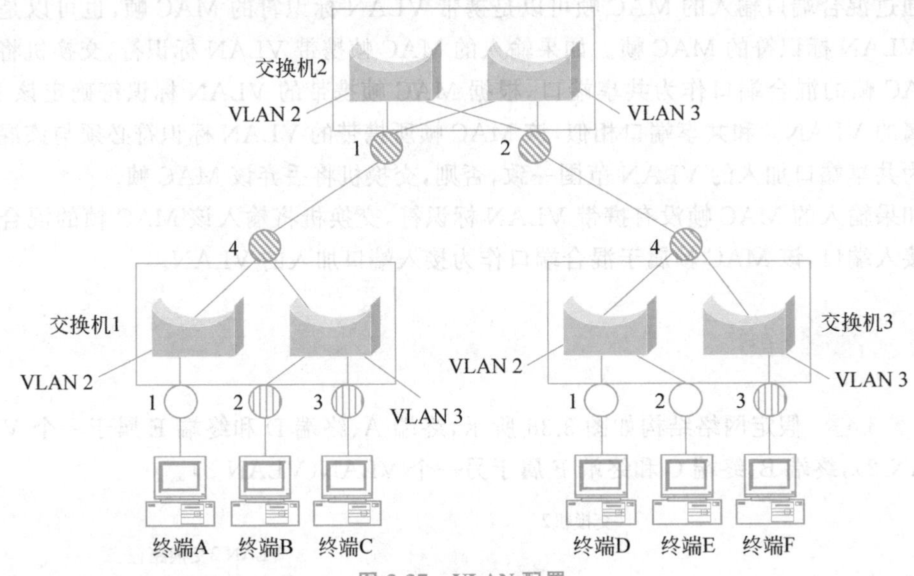

图 3.37 VLAN 配置

2）MAC 帧传输过程

(1) 终端 B→终端 C 的 MAC 帧传输过程

终端 B 获取终端 C 的 MAC 地址 MAC C 后，构建一个以 MAC B 为源 MAC 地址，MAC C 为目的 MAC 地址的 MAC 帧，并将该 MAC 帧通过互连终端 B 和交换机 1 中的端口 2 的双绞线缆发送给交换机 1。交换机 1 根据接收该 MAC 帧的端口(端口 2)确定该 MAC 帧属于 VLAN 3，用该 MAC 帧的目的 MAC 地址(MAC C)查找 VLAN 3 关联的转发表。由于没有找到匹配的转发项(一开始转发表为空)，在 VLAN 3 内广播该 MAC 帧，同时在交换机 1 内 VLAN 3 关联的转发表中添加 MAC 地址为 MAC B，转发端口为端口 2 的转发项。对于交换机 1，属于 VLAN 3 的端口为端口 2、3 和 4，因此通过除接收端口(端口 2)以外的所有其他端口(端口 3、4)转发该 MAC 帧。由于端口 4 对于 VLAN 3 是 802.1Q 标记端口,从端口 4 转发出去的 MAC 帧需要携带 VLAN 标识符,因此交换机 1 在从端口 4 转发出去的 MAC 帧上带上 VLAN 3 的 VLAN 标识符(VID=3)。

交换机 2 通过端口 1 接收到该 MAC 帧,通过该 MAC 帧携带的 VLAN 标识符(VID=3)得知该 MAC 帧属于 VLAN 3,同样用该 MAC 帧的目的 MAC 地址(MAC C)查找 VLAN 3 关联的转发表。找不到匹配的转发项,交换机 2 继续以广播方式广播该 MAC 帧,同时在 VLAN 3 关联的转发表内添加该 MAC 帧的源 MAC 地址(MAC B)对应的转发项。该 MAC 帧一直在图 3.37 所示的 VLAN 3 中广播,到达属于 VLAN 3 的所有终端,如图 3.38 所示。

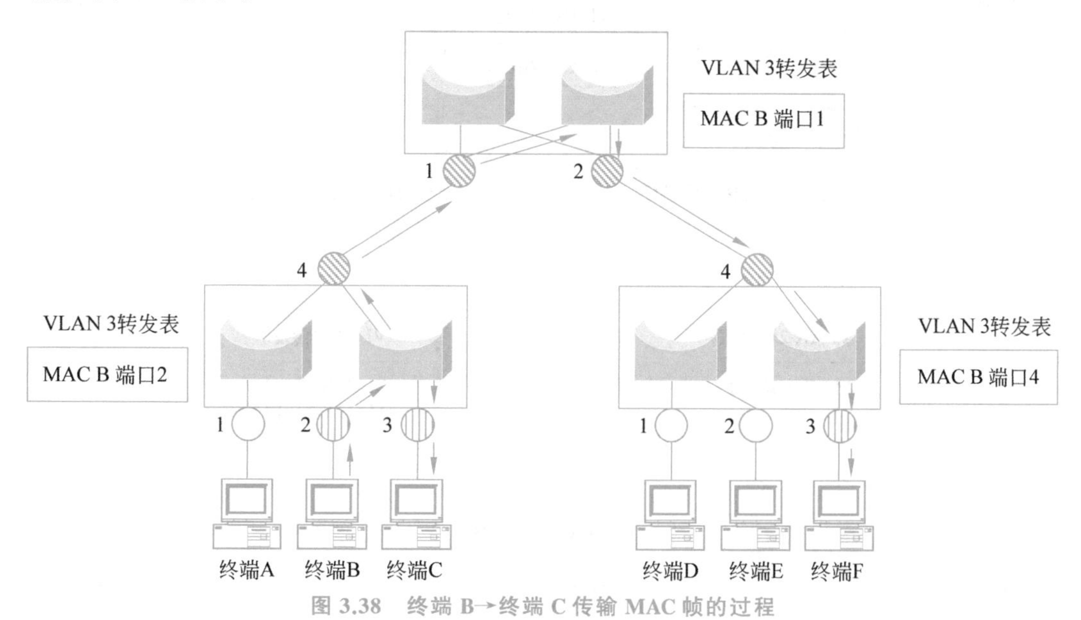

图 3.38　终端 B→终端 C 传输 MAC 帧的过程

(2) 终端 A→终端 D 的 MAC 帧传输过程

终端 A→终端 D 的 MAC 帧传输过程与终端 B→终端 C 的 MAC 帧传输过程大致相同。由于交换机 1、2、3 和 VLAN 2 关联的转发表中均没有该 MAC 帧的目的 MAC 地址(MAC D)匹配的转发项,该 MAC 帧在 VLAN 2 内广播,广播过程如图 3.39 所示。

(3) 终端 F→终端 B 的 MAC 帧传输过程

终端 F→终端 B 传输方式与前两次传输方式有所不同,由于交换机 1、2、3 和 VLAN 3 关联的转发表中均有该 MAC 帧的目的 MAC 地址匹配的转发项,因此交换机 3 从端口 3 接收到该 MAC 帧后,只从端口 4 将该 MAC 帧转发出去,当然转发出去的 MAC 帧携带 VLAN 3 的 VLAN 标识符(VID=3)。交换机 2 通过查找和 VLAN 3 关联的转发表,将该 MAC 帧从端口 1 转发出去。交换机 1 也通过查找和 VLAN 3 关联的转发表,从端口 2 将该 MAC 帧转发出去。由于在配置 VLAN 3 时指定端口 2 为非标记端口,在将该 MAC 帧从端口 2 转发出去前,必须先移走该 MAC 帧上的 VLAN 标识符(VID=3),传输过程如图 3.40 所示。

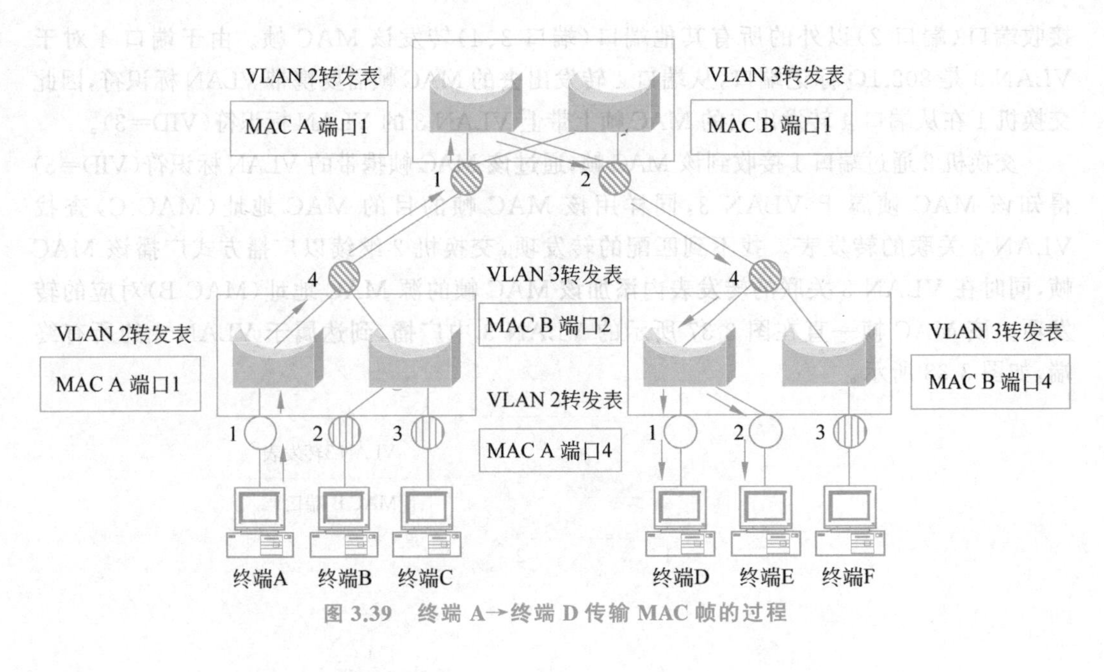

图 3.39　终端 A→终端 D 传输 MAC 帧的过程

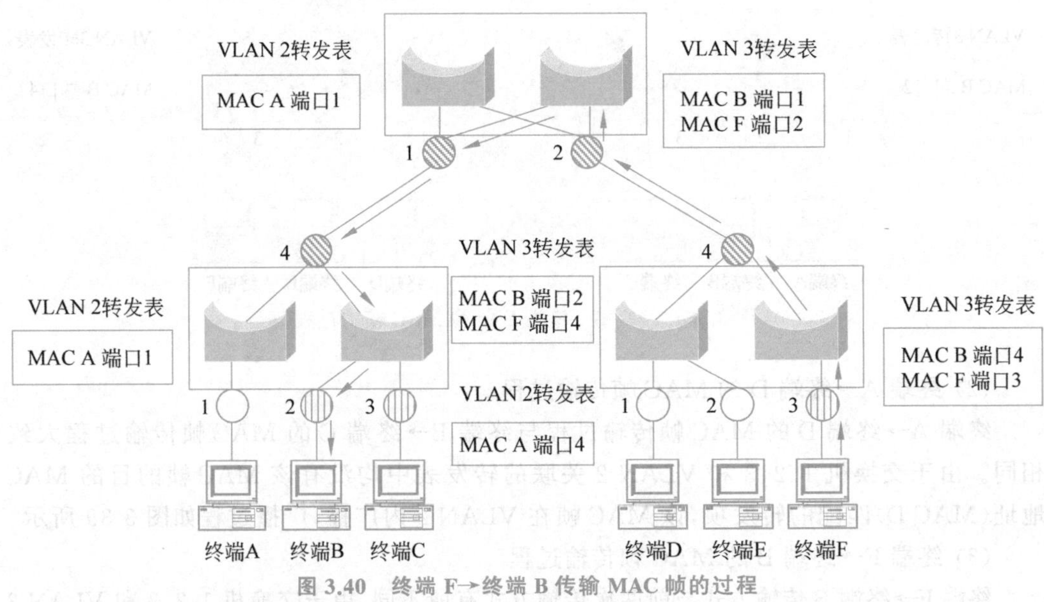

图 3.40　终端 F→终端 B 传输 MAC 帧的过程

3）不能实现属于不同 VLAN 的终端之间的通信过程

不能实现终端 B→终端 D 的 MAC 帧传输过程。由于在 VLAN 3 关联的转发表中找不到 MAC D 匹配的转发项，以 MAC B 为源 MAC 地址，MAC D 为目的 MAC 地址的 MAC 帧只能以广播方式在 VLAN 3 内广播，但只能到达属于 VLAN 3 的所有终端。终端 D 属于 VLAN 2，该 MAC 帧到达不了终端 D，如图 3.38 所示的终端 B→终端 C 的传输过程。

【例 3.7】　VLAN 配置如图 3.41 所示，交换机 1 的端口 1、2、4 和 7 属于 VLAN 2，端口 3、5 和 6 属于 VLAN 3，所有端口均为接入端口（非标记端口）。交换机 2 的端口 2、4

和 7 属于 VLAN 2,端口 1、3、5 和 6 属于 VLAN 3,所有端口均为接入端口(非标记端口)。回答以下问题:

① 终端 A 能否和终端 E 通信? 为什么?

② 终端 B 能否和终端 D 通信? 为什么?

③ 终端 A 能否和终端 D 通信? 为什么?

④ 终端 B 能否和终端 E 通信? 为什么?

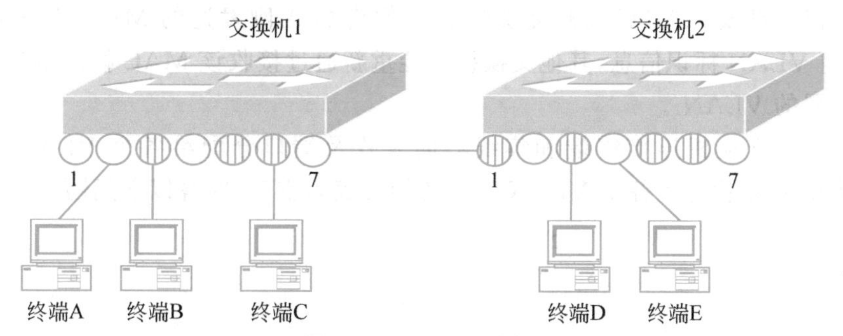

图 3.41 VLAN 配置图

【解析】 图 3.41 和图 3.33 的差别在于交换机 1 的端口 7 和交换机 2 的端口 1 的配置。在图 3.33 中,这两个端口均被 VLAN 2 和 VLAN 3 所共享,且都是标记端口,在这种配置下,题中四问很容易回答:同一 VLAN 内的终端之间,即使跨交换机,也可以互相通信;不同 VLAN 内的终端之间,即使连接在同一交换机上,也不可以互相通信。但一旦采用如图 3.41 所示的 VLAN 配置方式,情况就不同了。

(1) 问题①所要求的传输方式

由于终端 A 所连的端口 2 和端口 7 属于同一个 VLAN,因此终端 A 发送给终端 E 的 MAC 帧可以从端口 7 转发出去,进入交换机 2 的端口 1。由于交换机 1 的端口 7 是非标记端口,进入交换机 2 端口 1 的 MAC 帧没有携带任何 VLAN 标识信息,而交换机 2 的端口 1 又作为非标记端口属于 VLAN 3,因此交换机 2 确定该 MAC 帧属于 VLAN 3,交换机 2 在 VLAN 3 内转发该 MAC 帧,从而无法到达属于 VLAN 2 的端口 4。因此,也无法到达连接在端口 4 上的终端 E。

(2) 问题②所要求的传输方式

由于终端 B 所连的端口 3 和端口 7 不属于同一个 VLAN,终端 B 发送的 MAC 帧无法从端口 7 转发出去,因而也无法进入交换机 2 的端口 1,导致通信失败。

(3) 问题③所要求的传输方式

由于终端 A 所连的端口 2 和端口 7 属于同一个 VLAN,因此终端 A 发送给终端 D 的 MAC 帧可以从端口 7 转发出去,进入交换机 2 的端口 1。由于进入交换机 2 端口 1 的 MAC 帧没有携带任何 VLAN 标识信息,而交换机 2 的端口 1 又作为非标记端口属于 VLAN 3,因此交换机 2 确定该 MAC 帧属于 VLAN 3,交换机 2 在 VLAN 3 内转发该 MAC 帧。由于终端 D 所连的端口 3 属于 VLAN 3,因此该 MAC 帧能够到达终端 D。

(4) 问题④所要求的传输方式

由于终端B所连的端口3和端口7不属于同一个VLAN,终端B发送的MAC帧无法从端口7转发出去,因而也无法进入交换机2的端口1,导致通信失败。

造成上述情况的原因在于:如果输出端口是非标记端口,VLAN只有本地意义。对于终端A发送的MAC帧,由于交换机1接收该MAC帧的端口2作为非标记端口属于VLAN 2,因此交换机1确定该MAC帧属于VLAN 2,交换机1在VLAN 2内转发该MAC帧。但一旦该MAC帧离开交换机1,就像终端A刚发送的MAC帧一样,由于没有携带任何VLAN标识信息,其他交换机只能重新通过接收该MAC帧的端口来确定该MAC帧所属的VLAN 。

【例3.8】 交换机连接终端和集线器的方式及端口分配给各个VLAN的情况如图3.42所示,初始状态下各个VLAN对应的转发表为空表,回答以下问题。

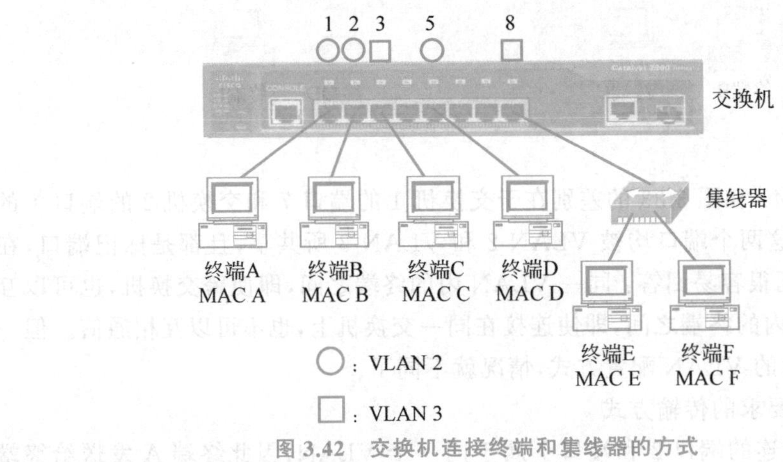

图3.42 交换机连接终端和集线器的方式

① 终端A→终端B的MAC帧到达哪些终端?

② 终端B→终端A的MAC帧到达哪些终端?

③ 终端E→终端B的MAC帧到达哪些终端?

④ 终端B→终端E的MAC帧到达哪些终端?

⑤ 终端B发送的广播帧到达哪些终端?

⑥ 终端F→终端E的MAC帧到达哪些终端?

【解析】

① 由于初始转发表为空表,因此VLAN 2对应的转发表中没有MAC地址为MAC B的转发项。该MAC帧被交换机在VLAN 2内广播,到达VLAN 2内除终端A以外的所有其他终端(终端B和D)。VLAN 2对应的转发表中增加MAC地址=MAC A,转发端口=端口1的转发项。

② 由于VLAN 2对应的转发表中存在MAC地址为MAC A的转发项,交换机只从端口1输出该MAC帧,该MAC帧只到达终端A。VLAN 2对应的转发表中增加MAC地址=MAC B,转发端口=端口2的转发项。

③ 由于连接终端E的设备是集线器,因此该MAC帧被集线器广播,到达交换机端

口 8 和终端 F。由于 VLAN 3 对应的转发表中没有 MAC 地址为 MAC B 的转发项，该 MAC 帧被交换机在 VLAN 3 内广播，到达 VLAN 3 内连接在除端口 8 以外的所有其他端口的终端(终端 C)。因此，该 MAC 帧到达终端 C 和终端 F。VLAN 3 对应的转发表中增加 MAC 地址＝MAC E，转发端口＝端口 8 的转发项。

④ 由于 VLAN 2 对应的转发表中没有 MAC 地址为 MAC E 的转发项，该 MAC 帧被交换机在 VLAN 2 内广播，到达 VLAN 2 内除终端 B 以外的所有其他终端(终端 A 和 D)。

⑤ 由于 MAC 帧的目的地址是广播地址，该 MAC 帧被交换机在 VLAN 2 内广播，到达 VLAN 2 内除终端 B 以外的所有其他终端(终端 A 和 D)。

⑥ 由于连接终端 F 的设备是集线器，该 MAC 帧被集线器广播，到达交换机端口 8 和终端 E。由于 VLAN 3 对应的转发表中存在 MAC 地址为 MAC E 的转发项，且该转发项中的转发端口(端口 8)就是交换机接收该 MAC 帧的端口，因此交换机丢弃该 MAC 帧。该 MAC 帧只到达终端 E。

3.5 以太网标准

以太网根据传输媒体和传输速率组合分类标准，传输媒体分为双绞线缆、多模光纤和单模光纤，传输速率分为 10Mbps、100Mbps、1Gbps、10Gbps、40Gbps 和 100Gbps 等。

3.5.1 10Mbps 以太网标准

1. 10BASE5

10BASE5 是用粗同轴电缆作为传输媒体的以太网标准，10 代表 10Mbps，BASE 代表基带传输方式，5 代表单段电缆的长度限制为 500m，超过 500m 需要由中继器互连的两段电缆组成，这个标准已经淘汰。

2. 10BASE2

10BASE2 是用细同轴电缆作为传输媒体的以太网标准，10 和 BASE 的含义与 10BASE5 相同，2 代表单段电缆的长度限制为 200m，超过 200m 需要由中继器互连的两段电缆组成，这个标准已经淘汰。

3. 10BASE-T

10BASE-T 是用双绞线缆作为传输媒体的以太网标准，10 和 BASE 的含义与 10BASE5 相同。双绞线缆由 4 对双绞线组成，用其中一对双绞线发送数据，另一对双绞线接收数据，因此可以实现全双工通信。10BASE-T 的出现是以太网发展史上的一个里程碑，它同时引发了一个新的行业——综合布线，使综合布线作为计算机网络的基础设施，在计算机网络的实施过程中成为必不可少的一部分。

10BASE-T 用于以集线器或交换机为组网设备的以太网中，网络设备之间、网络设备和终端之间的距离必须小于 100m。10BASE-T 可以采用 3 类双绞线缆。

3.5.2 100Mbps 以太网标准

1. 100BASE-TX

100BASE-TX 是用双绞线缆作为传输媒体的以太网标准，100 代表 100Mbps。100BASE-TX 必须采用 5 类以上双绞线缆。和 10BASE-T 一样，它只用于以集线器或交换机为组网设备的以太网中，网络设备之间、网络设备和终端之间的距离必须小于 100m。如果以集线器为组网设备，整个网络构成一个冲突域，冲突域直径必须小于 216m，这样整个网络中最多只允许两级集线器级联。如果以交换机为组网设备，由于交换机的互连级数不受限制，使网络覆盖范围不受限制。如果交换机与交换机之间、交换机和终端之间均采用全双工通信方式，就可消除冲突域，无中继通信距离不再受冲突域直径限制。

支持 100BASE-TX 的以太网交换机端口或网卡一般都支持 10BASE-T，在标明传输速率时，用 100/10BASE-TX 表明同时支持 100BASE-TX 和 10BASE-T，而且能够根据对方端口或网卡的传输速率标准自动选择传输速率（如果对方支持 100BASE-TX，则选择 100BASE-TX；如果对方只支持 10BASE-T，则选择 10BASE-T）。

2. 100BASE-FX

用双绞线缆作为传输媒体有一些限制：一是距离较短，不要说楼宇之间，就是同一楼层两端之间的距离都有可能超出 100m；二是必须要避开强电和强磁设备；三是封闭性不够，不能用于室外。因此，室外通信或超过 100m 的室内通信均采用光缆，而且室外通信必须采用铠装光缆——一种封闭性很好又有金属支撑和保护的光缆，可直埋地下或架空。

100BASE-FX 是用多模光纤作为传输媒体的以太网标准，采用两根 50/125μm 或 62.5/125μm 的多模光纤，可以同时发送和接收数据，因此支持全双工通信方式。如果两个 100BASE-FX 端口（通常情况下，一个是交换机端口，另一个是交换机端口或网卡）以全双工方式进行通信，它们之间的传输距离可达 2km。但如果以半双工方式进行通信，传输距离在 500m 左右，这是由于一旦采用半双工通信方式，则两个 100BASE-FX 端口之间就构成一个冲突域。对于 100BASE-FX 而言，512 位二进制数的最短帧长将冲突域直径限制为 2.56μs，换算成物理距离，大约等于$(2/3)c_0\times2.56\times10^{-6}=200000\times10^3\times2.56\times10^{-6}=512\text{m}$（$(2/3)c_0$ 等于 $200000\times10^3\text{m/s}$，$2.56\mu\text{s}=2.56\times10^{-6}\text{s}$）。因此，光纤连接的两个端口之间必须采用全双工通信方式才能真正体现光纤传输的远距离特点。

3.5.3 1Gbps 以太网标准

1. 1000BASE-T

1000BASE-T 是用双绞线缆作为传输媒体的以太网标准，1000 代表 1000Mbps。

1000BASE-T 必须采用 5e 类以上的双绞线缆。支持 1000BASE-T 标准的端口通常也支持 100BASE-TX 标准，因此常常标记成 1000/100/10BASE-TX，而且能够根据双绞线缆另一端连接的端口所支持的传输速率标准，从高到低自动选择传输速率。

2. 1000BASE-SX

1000BASE-SX 是用多模光纤作为传输媒体的以太网标准。在全双工通信方式(许多 1Gbps 以太网光纤端口只支持全双工通信方式)下，如果采用 62.5/125μm 多模光纤，无中继传输距离可达 225m；如果采用 50/125μm 多模光纤，无中继传输距离可达 500m。

3. 1000BASE-LX

1000BASE-LX 是用单模光纤作为传输媒体的以太网标准，采用 9μm 单模光纤。在全双工通信方式下，最小无中继传输距离为 2km。不同的 1000BASE-LX 端口，由于采用的激光强度不一样，无中继传输距离可在 2～70km 之间。

3.5.4 10Gbps 以太网标准

1. 10GBASE-LR

10GBASE-LR 是用单模光纤作为传输媒体的以太网标准，10G 代表 10Gbps。10GBASE-LR 只能工作在全双工通信方式下，无中继传输距离为 10km。很显然，交换和全双工通信方式完全消除了冲突域直径问题，使以太网无论在传输速率上还是传输距离上都成为城域网的最佳选择之一。

2. 10GBASE-ER

10GBASE-ER 是用单模光纤作为传输媒体的以太网标准。它只能工作于全双工通信方式，无中继传输距离为 40km。

10Gbps 以太网从 2004 年推向市场后，逐渐成为校园网主干网络的主流技术，在城域网中也和 SDH(同步数字体系)并驾齐驱。随着 10Gbps 以太网逐渐成为 LAN 和 MAN 主流技术，以及 10GBASE-T 标准和 7 类布线系统的出台，10Gbps 以太网也会像 1Gbps 以太网一样得到普及。

3.5.5 40Gbps 和 100Gbps 以太网标准

由于到达桌面的传输速率普遍为 100Mbps，甚至更高，因此，10Gbps 传输速率已经无法满足大型校园网核心链路的带宽要求。同样，10Gbps 传输速率也已经无法满足数据中心内实现服务器之间互连和服务器与网络之间互连的链路的带宽要求。这种情况下，对 40Gbps 以太网，甚至 100Gbps 以太网的需求开始显现。

1. 40GBASE-SR4

40GBASE-SR4 是用多模光纤作为传输媒体的以太网标准，40G 代表 40Gbps。40GBASE-SR4 只能工作在全双工通信方式，无中继传输距离可达 100m。

2. 40GBASE-LR4

40GBASE-LR4 是用单模光纤作为传输媒体的以太网标准，只能工作在全双工通信方式，无中继传输距离可达 10km。

3. 100GBASE-SR10

100GBASE-SR10 是用多模光纤作为传输媒体的以太网标准，100G 代表 100Gbps。100GBASE-SR10 只能工作在全双工通信方式，无中继传输距离可达 100m。

4. 100GBASE-LR4

100GBASE-LR4 是用单模光纤作为传输媒体的以太网标准，只能工作在全双工通信方式，无中继传输距离可达 10km。

5. 100GBASE-ER4

100GBASE-ER4 是用单模光纤作为传输媒体的以太网标准，只能工作在全双工通信方式，无中继传输距离可达 40km。

3.6 以太网的启示和思政元素

以太网发展过程所蕴含的思政元素以及可以给我们的启示如下。

1. 万事简单始

总线型以太网广泛应用的原因是简单和便宜。因此，一种新的技术出现时，如果应用这种技术的效益明显，实现这种技术的成本便宜，管理和应用这种技术的手段简单，则这种技术便会快速普及。

2. 发展的结果是采用中庸的方法

曼彻斯特编码的作用是实现接收端与发送端之间位同步，但它为每一位二进制数都进行接收端时钟周期的开始位置重新与信号中码元的起始位置一致的位同步过程。虽然发送端时钟频率与接收端时钟频率之间存在误差，但误差不会大到每一位二进制数都需要进行位同步过程的程度。因此，曼彻斯特编码是一种很极端的解决发送端时钟频率与接收端时钟频率不一致的方法。导致的问题是需要将信号的波特率提高一倍。由于发送端时钟频率与接收端时钟频率之间的误差不会很大，因此可以每隔 m 位二进制数进行一次位同步过程。100Mbps 以太网采用的 4B/5B 编码和 1000Mbps 以太网采用的 8B/10B 编码都是每隔 m 位二进制数进行一次位同步过程的编码，这两种编码只需要将信号的波特率提高 25%。

3. 革新是生存和发展的根本

共享式以太网和 CSMA/CD 算法存在严重缺陷，当网络应用进一步深入和普及时，它们已不再适应新的网络应用。如果没有网桥的出现，如果以太网不是从共享式以太网发展为交换式以太网，那么以太网将被新的网络技术所取代。以太网之所以取得目前的垄断地位，与以下革新密切相关：一是出现交换机和交换式以太网；二是采用双绞线缆和光纤作为传输媒体，并由此引发布线系统；三是出现 VLAN 和三层交换技术；四是将传输速率从 10Mbps 提高到 100Mbps、1000Mbps、10Gbps、40Gbps 和 100Gbps。

4. 事物是变化的

设计交换机工作过程的宗旨是实现连接在以太网上的终端之间的通信过程，但这种交换机工作流程引发以下两个副作用：一是大量 MAC 帧以广播方式在以太网中传输；二是要求以太网结构或是星形结构，或是树形结构。随着网络应用的不断深入，网络的安全性和容错性日益重要。由于广播导致安全问题，而星形结构和树形结构又导致网络容错性差，因此交换式以太网的安全性和容错性都是不好的。当网络的安全性和容错性变得与网络的连通性一样重要时，必须有用于解决交换机工作流程引发的两个副作用的新技术，VLAN 技术与生成树算法应运而生。因此，网络的目标是变化的，网络技术也需要与时俱进。

5. 一物可以多用

以太网在局域网中已经取得垄断地位，随着以太网技术的发展，它可以作为接入网，实现将家庭终端接入 Internet 的功能。以太网不仅在局域网应用中取得垄断地位，在接入网应用中也将取得垄断地位。

6. 集成技术长处，提高系统性能

以太网是一个系统，数据传输速率和无中继传输距离是该系统的重要性能指标。由于以太网从共享式转换为交换式，消除了冲突域直径与最短帧长之间的制约关系，使以太网数据传输速率和无中继传输距离可以自由发展。交换机交换技术的发展和光纤通信技术的应用又使以太网的数据传输速率达到 100Gbps，无中继传输距离达到 40km。

以太网数据传输速率和无中继传输距离的提高过程是充分挖掘和集成相关技术的长处，最大可能地提高系统性能的过程，而这恰恰是一个工程技术人员必备的工程素养。

本章小结

- 初始以太网是 10Mbps 总线型以太网,曼彻斯特编码、CSMA/CD 算法是其核心技术;
- 以太网体系结构将以太网分为物理层和 MAC 层;
- 网桥是一个采用数据报交换方式的分组交换机,可以实现多个总线型以太网互连,网桥将以太网作用范围扩展到无限;
- 全双工通信方式消除了冲突域,拓展了物理链路无中继传输距离;
- 生成树算法解决了交换机工作过程要求交换式以太网结构必须是星形或树形结构的问题,VLAN 技术解决了交换机工作过程引发的大量 MAC 帧以广播方式在以太网中传输而导致的安全问题和资源浪费问题;
- 以太网根据传输媒体和传输速率组合分类标准。

习 题

3.1 802.3 标准局域网和以太网有什么区别,目前使用的以太网是否是 802.3 标准局域网?为什么?

3.2 冲突域直径是如何确定的?限制冲突域直径的主要因素是信号衰减吗?

3.3 以太网为什么采用曼彻斯特编码?10Mbps 以太网对应的曼彻斯特编码的波特率是多少?如果不采用曼彻斯特编码,接收端如何解决基带信号的位同步问题?

3.4 求出二进制数 10001101 的曼彻斯特编码。

3.5 什么是帧对界?以太网如何实现帧对界?

3.6 以太网不采用出错重传的差错控制机制,只是在接收端对接收到的 MAC 帧进行差错检验,丢弃传输出错的 MAC 帧。这种简单的差错检验机制对以太网提出了什么要求?

3.7 以太网最短帧长是如何确定的,为什么必须检测到任何情况下发生的冲突?

3.8 后退算法如何体现它的自适应性?

3.9 什么是捕获效应,总线型以太网适合传输类似数字语音数据这样的多媒体数据吗?为什么?

3.10 假定单根总线的长度为 1km,传输速率为 1Gbps,信号传播速度为 $(2/3)c_0$,求最短帧长。

3.11 终端 A 和 B 在同一个 10Mbps 以太网网段上,它们之间的传播时延为 225 比特时间。假定在时间 $t=0$ 时,终端 A 和 B 同时发送了数据帧,在 $t=225$ 比特时间时同时检测到冲突发生,并在 $t=225+48=273$ 比特时间时发送完干扰信号;假定终端 A 和 B 选择的随机数分别是 0 和 1。回答:

① 终端 A 和终端 B 何时重传数据帧；

② 终端 A 重传的数据何时到达终端 B；

③ 终端 A 和终端 B 重传的数据会不会再次发生冲突；

④ 终端 B 在后退延迟后是否立即重传数据帧。

3.12 有 10 个终端连接到以太网上，试计算以下 3 种情况下每一个终端分配到的平均带宽：

① 10 个终端连接到 10Mbps 集线器；

② 10 个终端连接到 100Mbps 集线器；

③ 10 个终端连接到 10Mbps 以太网交换机。

3.13 以太网传输速率从 10Mbps 发展到 100Mbps、1Gbps、10Gbps 的主要技术障碍是什么？如何解决？讨论一下以太网最终能够成为 LAN、MAN 主流技术的原因。

3.14 假定图 3.43 中作为总线的电缆中间没有接任何中继设备，MAC 帧的最短帧长为 512b，电信号在电缆中的传播速度为 $2/3c_0$（c_0 为光速），分别计算出 10Mbps、100Mbps、1000Mbps 以太网所允许的电缆两端最长距离。

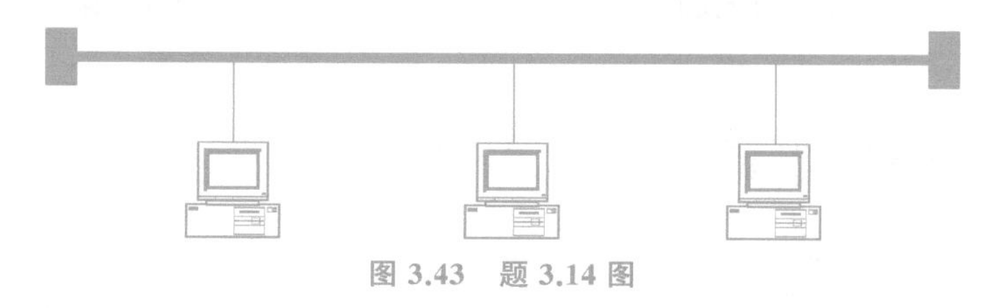

图 3.43　题 3.14 图

3.15 网桥分割冲突域的原理是什么？网桥如何实现属于不同冲突域的终端之间的通信功能？

3.16 说网桥是分组交换设备的依据是什么？

3.17 为什么说“交换到无限”？

3.18 为什么说交换式以太网是一个广播域？简述广播带来的危害。

3.19 现有 5 个终端分别连接在 3 段网段上，并且用两个网桥连接起来，如图 3.44 所示，每个网桥的两个端口号都标明在图上。开始时，两个网桥中的转发表都是空的，后来进行以下传输操作：H1→H5，H3→H2，H4→H3，H2→H1，试将每一次传输操

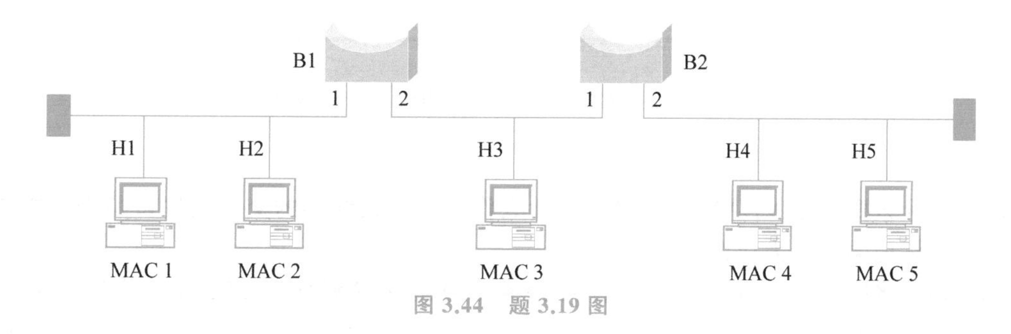

图 3.44　题 3.19 图

作发生的有关事项填写在表 3.8 中。

表 3.8　题 3.19 表

传输操作	网桥 1 转发表		网桥 2 转发表		网桥 1 的处理（转发、丢弃、登记）	网桥 2 的处理（转发、丢弃、登记）
	MAC 地址	转发端口	MAC 地址	转发端口		
H1→H5						
H3→H2						
H4→H3						
H2→H1						

3.20　图 3.45 所示的网络结构有多少个冲突域？多少个广播域？

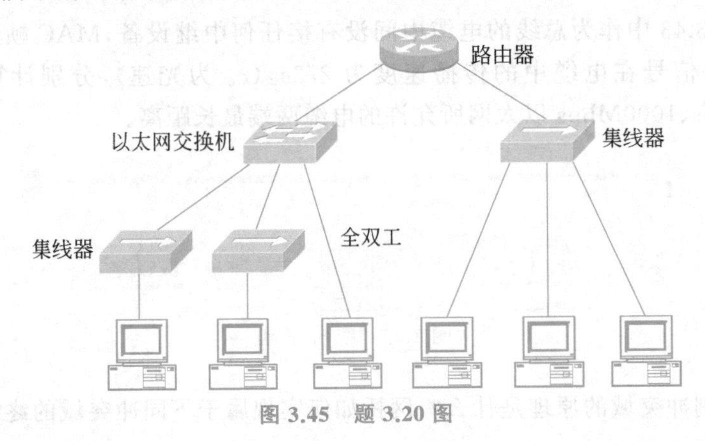

图 3.45　题 3.20 图

3.21　根据图 3.46 所示的网络结构，假定所有交换机的初始转发表为空，给出完成终端 A→终端 B、终端 E→终端 F、终端 C→终端 A 数据帧传输后各个交换机中转发表的内容。

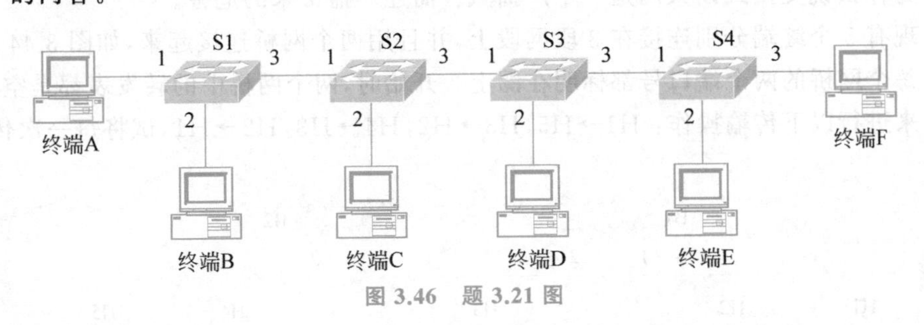

图 3.46　题 3.21 图

3.22　为什么要划分 VLAN？802.1Q 有什么作用？连接终端的交换机端口是否只能是非标记端口？为什么？

3.23　要求将图 3.47 所示网络的终端 A、终端 B 和终端 F 划分为 VLAN 2，终端 C、终端 E 划分为 VLAN 3，终端 D、终端 G 和终端 H 划分为 VLAN 4，给出 3 个交换机的

VLAN 与端口映射表。给出在所有终端都广播了以自身 MAC 地址为源 MAC 地址，以全 1 广播地址为目的 MAC 地址的广播帧后，3 个 VLAN 相关联的转发表内容。根据转发表内容简述终端 A→终端 F 的传输过程，说明终端 A→终端 D 不可达的原因。

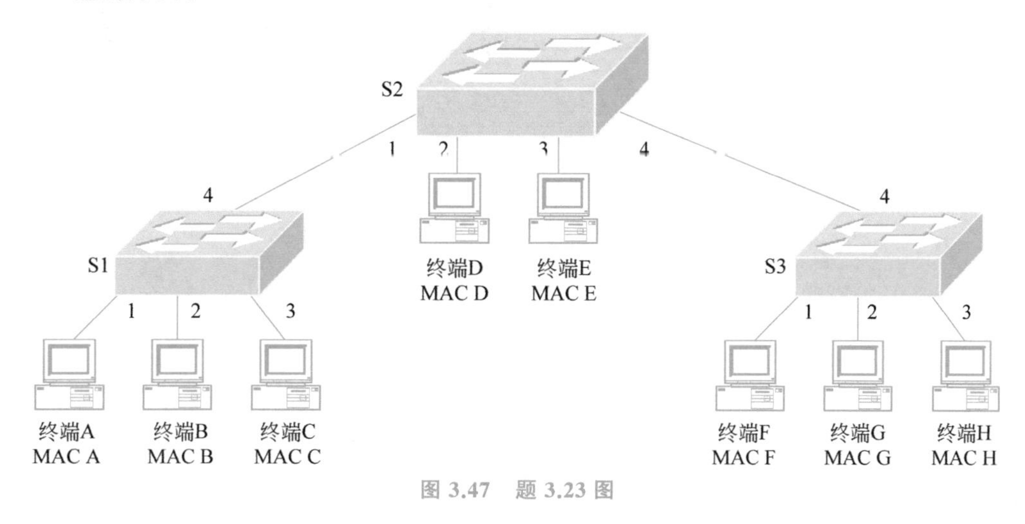

图 3.47　题 3.23 图

3.24　网络结构如图 3.48 所示，根据传输媒体为双绞线缆和光纤这两种情况，分别计算终端 A 和终端 B 之间的最大传输距离，假定集线器的信号处理时延为 0.56μs。

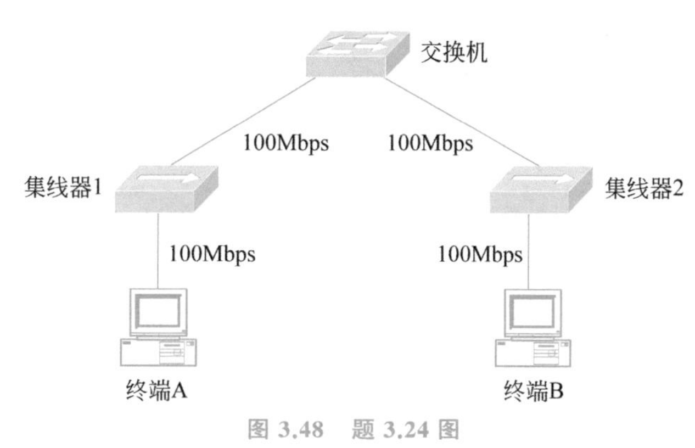

图 3.48　题 3.24 图

3.25　图 3.49 是连接某一幢楼内各个房间中终端的网络拓扑结构图，假定楼高为 30m，楼长为 90m，当图中设备的端口速率分别是 10Mbps 和 100Mbps 时，哪些设备可以是交换机或集线器？哪些设备只能是交换机？为什么？

3.26　有两幢楼间距离超过 500m 的楼，每幢楼有 5 层，每层有 20 个房间，每个房间至少有一台终端。假定信息交换主要发生在位于不同楼的终端之间，请设计能够把所有房间中终端连接在一起的交换式以太网，给出设备配置（多少端口、端口采用的以太网标准）并说明原因。

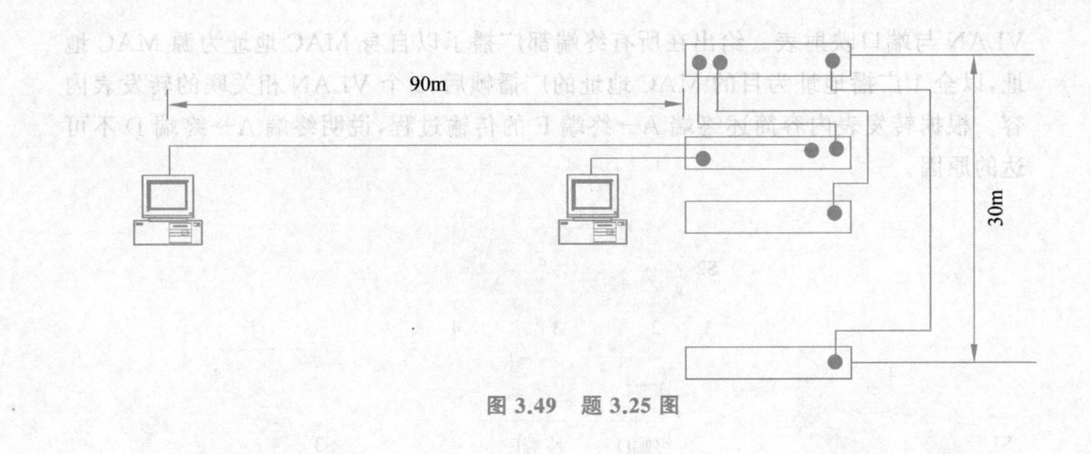

图 3.49　题 3.25 图

第4章

无线局域网

无线局域网(Wireless LAN,WLAN)是一种利用电磁波在自由空间的传播实现终端之间通信的网络,用无线局域网通信的最大好处是终端之间不需要铺设线缆。这一特性不仅使无线局域网非常适用于中间隔着湖泊、公共道路等不便铺设线缆的网络应用环境,而且解决了移动终端移动过程中的通信问题,成为造就移动互联网的重要因素之一。

4.1 无线局域网概述

无线局域网的核心有两个:一是无线,二是局域网。无线表明是利用无线信道实现终端之间的数据传输过程,局域网表明需要实现相互通信的终端分布在较小范围内。无线信道是自由空间用于传播电磁波的一段频段,因此电磁波与频段、二进制位流与电磁波之间的相互转换关系是无线局域网的基础。

4.1.1 无线通信基础

1. 电磁波频谱

无线通信过程是通过电磁波在自由空间的传播实现的,实现电磁波在自由空间的传播需要由变化的电场在邻近区域激发变化的磁场,再由变化的磁场在较远区域激发新的变化的电场,这种激发由近及远,不断继续下去的过程就是电磁波的传播过程。电磁波的主要特征参数有频率、初始相位和功率,这一点和按正弦或余弦变化的模拟信号相同。实际上,电磁波发射装置就是通过在天线上产生按正弦或余弦变化的电流来激发变化的电场,并因此产生电磁波。电磁波的传播速度在真空中等于光速 c_0,由于将电磁波峰值之间的距离定义为波长,由此可以得出波长 λ 和频率 f 之间的关系式:$f \times \lambda = c_0$。

用电磁波传输数据,需要完成调制解调过程。调制过程是将数据转换成电磁波的过程,解调过程是从电磁波中还原出数据的过程。数据传输速率取决于电磁波的波特率和调制技术,电磁波的波特率和信号带宽成正比。因此,要想得到较高数据传输速率,表示二进制位流的电磁波必须有较高的带宽。电磁波的频谱如图 4.1 所示。由于只有处于高频段的电磁波才有可能获得较高带宽，而且调制后的表示二进制位流的电磁波是以载波信号频率为中心频率的带通信号，因此利用电磁波进行数据传输时，常常用处于高频段的电磁波作为载波信号。

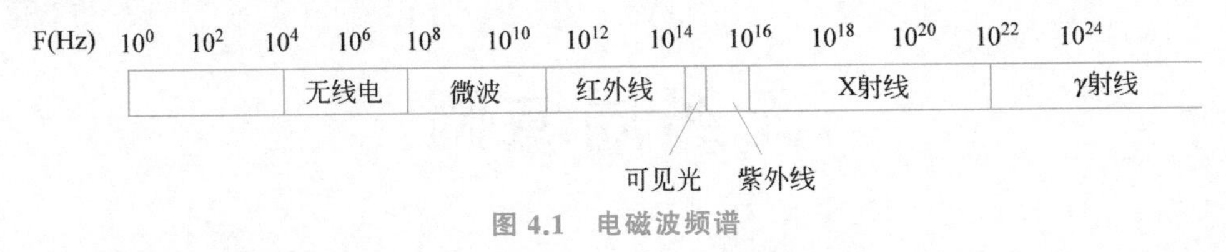

图 4.1 电磁波频谱

X 射线和 γ 射线对生物有很大的杀伤性，不能作为载波信号，因此可用作载波信号的电磁波的频率应在紫外线以下。电磁波的频率越高，其传播特性越接近可见光，而可见光的直线传播特性会对无线局域网的终端布置带来很大限制。因此，无线局域网常采用微波段中的电磁波作为载波信号，以此使调制后的表示二进制位流的电磁波是位于微波段的带通信号。

2. ISM 频段

相同频率的电磁波在空中会相互干扰，因此远距离传播的电磁波由于容易对其他电磁波造成干扰，对其频率必须进行严格控制。每个国家都有负责分配电磁波频率并规定其发射功率的权威机构，它必须保证不会在某个区域发生相同频率的电磁波互相干扰的问题。

为了满足公众利用电磁波进行通信的需求，会开放一些电磁波频段让公众自由使用，但必须将发射功率控制在较小范围内，这就好像允许大家在同一个公共场合交谈，但任何人交谈时发出的声音不能大到影响别人进行正常交谈的程度一样。为了能使利用开放频段进行无线通信的设备标准化，各国都尽量将开放的电磁波频段一致起来，图 4.2 是美国开放的电磁波频段，大多数国家都与此兼容。

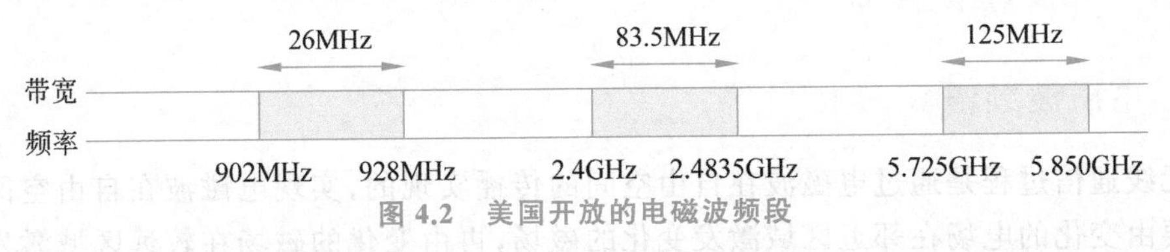

图 4.2 美国开放的电磁波频段

图 4.2 所示的电磁波频段称为 ISM(Industrial Scientific and Medical)频段，指的是工业、科学和医疗所使用的电磁波频段，这些单位无须批准就可使用如图 4.2 所示的电磁波频段。无线局域网使用的电磁波频段为 2.401～2.483GHz、5.15～5.35GHz 和5.725～5.825GHz 这 3 个频段。显然，5.15～5.35GHz 频段并不完全和 ISM 频段兼容，是专为无线局域网开放的电磁波频段。无线局域网中一般将 2.401～2.483GHz 频段简称为 2.4GHz 频段，将 5.15～5.35GHz 和 5.725～5.825GHz 这两个频段简称为 5GHz 频段。

3. 无线数据传输过程

无线数据传输过程如图 4.3 所示，发送终端需要发送的二进制位流经过发送终端连接的收发器调制后，转换成以载波信号频率为中心频率的带通信号，带通信号经过天线发射后，成为在自由空间传播的电磁波。该电磁波在自由空间传播需要占据频段，该频段是以载波信号频率为中心频率的带通信号的频率宽度。电磁波到达接收终端连接的收发器后，在天线中感应出带通信号，接收终端连接的收发器从带通信号中还原出二进制位流，将二进制位流传输给接收终端，完成二进制位流发送终端至接收终端的传输过程。在实际应用中，收发器、天线和终端往往集成在一个设备中，如安装无线网卡的笔记本计算机。

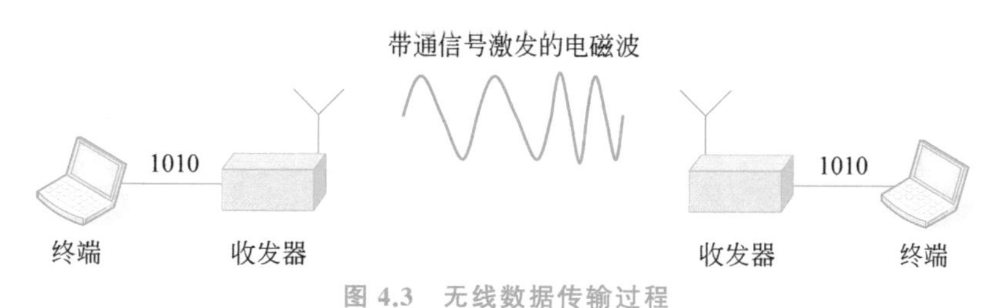

图 4.3　无线数据传输过程

无线数据传输过程中，两个终端之间传播的电磁波需要占据某个频段，该频段称为两个终端之间的无线信道。由于在该电磁波传播范围内，不能有其他信号源发射的与该频段重叠的电磁波，因此发送终端独占该无线信道。如果多个终端之间共享某个无线信道，即多个终端使用相同的频段进行数据传输过程，当某个终端通过无线信道发射电磁波时，在该电磁波传播范围内，不能有其他终端通过该无线信道发射电磁波。这一点与连接多个终端的总线型以太网相似。

任何两个终端之间只有存在无线信道，才能进行数据传输过程。即两个终端之间只有占据一段电磁波频段，两个终端之间才能进行无线数据传输过程。

4. 电磁波的特点

电磁波在自由空间传播过程中有以下特点。

1）能量损耗

电磁波在自由空间传播，其能量损耗和传播距离的平方成正比。由于开放频段的发射功率受到限制，因此无线局域网的无中继通信距离并不远。电磁波频率越高，越接近可见光的传播特性。对于频率处于无线局域网使用的频段的电磁波，障碍物对电磁波传播的影响很大，有些障碍物能直接阻挡电磁波的传播，有些障碍物虽然能够被电磁波穿过，但会严重损耗电磁波的能量。因此，如果发送端在过道，接收端在房间内，房间是否关门都会对接收到的电磁波的质量产生很大影响。

2）干扰

电磁波在自由空间的传播过程中非常容易受具有相同频率的电磁波的干扰，因此必须保证：在有效的通信范围内，不能存在两个以上发射相同频率电磁波的发射源。

3）多径效应

多径效应如图 4.4 所示，发送端发射的电磁波由于被障碍物反射，沿着多条传播路径到达接收端。而且，不同传播路径的传播时延和损耗都不同，使接收端接收到的是由这些电磁波叠加而成的严重失真的电磁波。最极端的情况是存在两条发送端至接收端的传播路径,且这两条传播路径相差 1/2 波长,在这种情况下,经过这两条传播路径到达接收端的电磁波相互抵消,叠加后的电磁波的能量为 0。

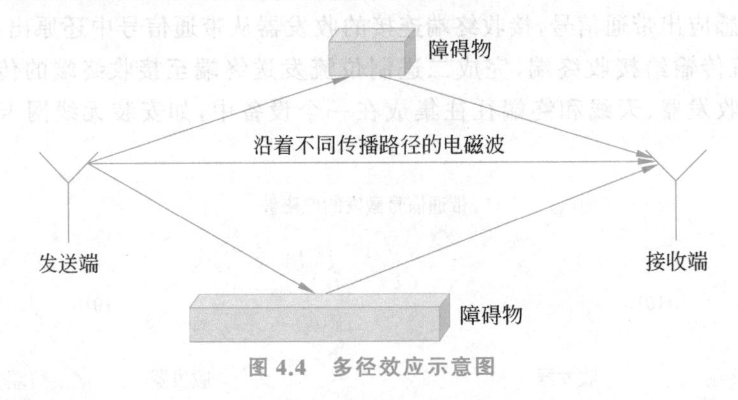

图 4.4 多径效应示意图

无线局域网利用电磁波传输数据带来的这些问题使终端位于不同位置时,接收到的电磁波的强度和信噪比都会不同。根据香农定理,数据传输速率取决于表示二进制位流的电磁波的带宽及电磁波的信噪比,因此,位于无线局域网中不同位置的终端,其传输速率可能不同,这一点和总线型以太网有很大不同。

5. 隐藏站和暴露站问题

1) 隐藏站问题

电磁波的能量损耗与电磁波的传播距离的平方成正比,一个终端发射的电磁波的传播范围是有限的。当两个终端间隔距离较远时,一个终端将检测不到另一个终端发射的电磁波的能量。因此,这两个终端对于对方都是不可见的,即是隐藏的。如图 4.5 所示,由于终端 C 不在终端 A 的电磁波传播范围内,因此终端 A 对于终端 C 是隐藏的,终端 A 对于终端 C 是隐藏站。如果某个终端存在隐藏站,会引发冲突。如图 4.5 所示,由于终端 B 位于终端 A 和终端 C 的电磁波传播范围内,因此终端 A 和终端 C 都可以向终端 B 发送数据。当终端 A 向终端 B 发送数据时,由于终端 C 检测不到终端 A 发送的电磁波的能量,无法知道终端 A 正通过自由空间进行数据传输过程,导致终端 C 也向终端 B 发送数据,使双方发送的电磁波在终端 B 发生冲突。这就是隐藏站导致的冲突问题。隐藏站导致的冲突问题称为隐藏站问题。隐藏站问题使发送终端即使采用边发送数据边检测冲突的 CSMA/CD 算法,也无法检测出因为存在隐藏站而引发的冲突。

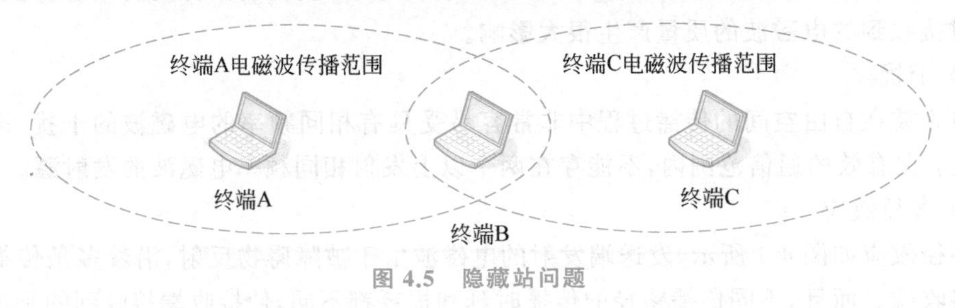

图 4.5 隐藏站问题

2）暴露站问题

如图 4.6 所示，由于终端 A 和终端 C 位于终端 B 的电磁波传播范围内，因此当终端 B 向终端 A 发送数据时，终端 C 能够检测到终端 B 发射的电磁波的能量，终端 C 认为该无线信道忙。由于终端 D 不在终端 B 的电磁波传播范围内，终端 A 不在终端 C 的电磁波传播范围内，因此，终端 B 发送的电磁波不会在终端 A 和终端 C 发射的电磁波发生冲突，终端 C 发送的电磁波不会在终端 D 和终端 B 发射的电磁波发生冲突。因此，在终端 B 向终端 A 发送数据期间，如果终端 C 需要向终端 D 发送数据，那么终端 C 可以正常进行向终端 D 发送数据的过程。但由于终端 C 检测到终端 B 发射的电磁波的能量，认为该无线信道忙，因此在终端 B 向终端 A 发送数据期间，不会同时进行终端 C 向终端 D 发送数据的过程。这就是无线通信的暴露站问题。

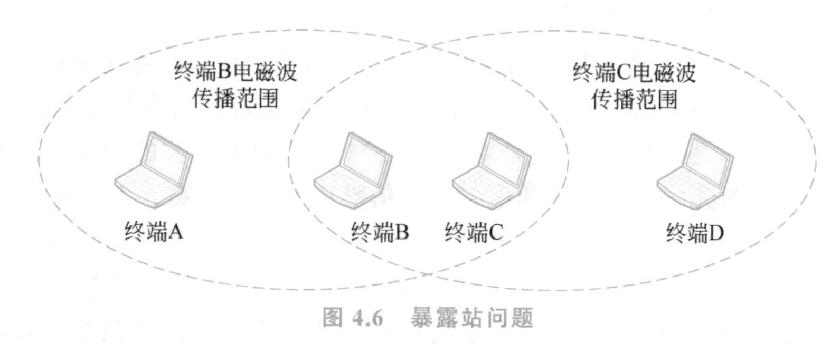

图 4.6 暴露站问题

值得强调的是，无线通信存在隐藏站和暴露站问题的原因是电磁波传播过程中的能量损耗。因为能量损耗，多个与发送端距离不同的终端接收到的电磁波的能量是不同的，一旦某个终端与发送端之间的距离超出电磁波传播距离，该终端将检测不到电磁波能量。由于电磁波以发送端为中心向四周扩散，因此很难在电磁波传播过程中对电磁波进行再生。这一点与总线型以太网不同，总线型以太网由于可以通过中继器再生数字信号，因此接收端接收到的数字信号的质量和接收端与发送端之间的距离无关。

4.1.2 无线局域网标准和信道

无线通信已经存在很长时间，随着计算机应用的普及，20 世纪 70 年代末开始研究利用无线通信技术实现主机间数据传输过程的无线分组交换网络。目前的无线局域网是指符合 802.11 系列标准的无线分组交换网络。1997 年，由 IEEE 制定了无线局域网的协议标准——802.11，后来，IEEE 又对 802.11 补充了 802.11a、802.11b、802.11g、802.11n、802.11ac 和 802.11ax，它们之间的相互关系如图 4.7 所示。为了强调无线局域网技术的演变过程，Wi-Fi 联盟将 802.11n 称为 Wi-Fi 4，将 802.11ac 称为 Wi-Fi 5，将 802.11ax 称为 Wi-Fi 6。从图 4.7 可以看出，这些协议标准的不同之处主要在于物理层，虽然后续协议标准增加了 MAC 层功能，但基本 MAC 层功能是所有协议标准都兼容的。物理层的差异主要体现在以下三方面：一是所使用的电磁波的频段，二是所使用的扩频技术，三是信号调制方法。这些因素决定了每一种协议标准所支持的数据传输速率。

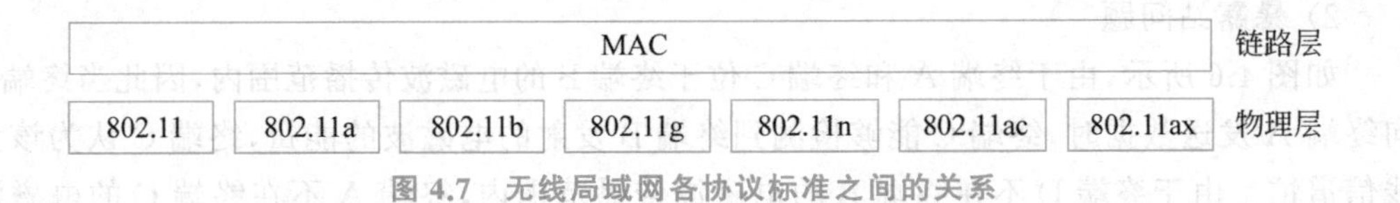

图 4.7　无线局域网各协议标准之间的关系

1. 扩频技术

香农定理描述了存在随机热噪声的信道的最大传输速率 RS 与信道带宽 BW 和信号信噪比 S/N 之间的关系。

$$RS = BW \times \log_2(1 + S/N)$$

可以通过香农定理得出以下结论。

- 可以通过提高带宽或者信号的信噪比来提高信道的数据传输速率；
- 在数据传输速率不变的情况下，可以通过提高信道带宽来降低信号的信噪比。

由于无线信道一是存在干扰，二是对属于 ISM 频段的电磁波的功率有严格限制，因此无线局域网中经过无线信道传播的电磁波的信噪比不可能很高。无线局域网为了在电磁波信噪比较低的情况下取得较高的数据传输速率，需要增加无线信道的带宽。

为了提高无线通信的容错性，要求无线信道的带宽大于实现数据传输速率所要求的带宽。这种在电磁波信噪比较低的情况下通过增加信道带宽实现较高数据传输速率，且为了提高无线通信的容错性使无线信道带宽大于实现数据传输速率所要求的带宽的技术称为扩频技术。扩频技术通过带宽冗余来提高无线通信的抗干扰性和容错性。

2. 无线局域网标准

几种无线局域网协议标准所使用的电磁波频段和支持的最高数据传输速率如表 4.1 所示。无线局域网中两个终端之间的实际数据传输速率与终端之间的距离有关，距离越远，电磁波能量损耗越大，数据传输速率越低。与以太网 10/100/1000Mbps 传输速率自适应一样，无线局域网 802.11/11b/11g/11n/11ax 自适应，即支持 802.11ax 的无线终端可以与支持 802.11ax、802.11n、802.11g、802.11b 和 802.11 的无线终端相互通信。因此，常用 802.11bgnax 表明这种兼容性。

表 4.1　无线局域网各协议标准特性

协议名称	电磁波频段	最高数据传输速率
802.11	2.4GHz	2Mbps
802.11a	5GHz	54Mbps
802.11b	2.4GHz	11Mbps
802.11g	2.4GHz	54Mbps
802.11n(Wi-Fi 4)	2.4GHz 和 5GHz	600Mbps
802.11ac(Wi-Fi 5)	5GHz	6Gbps
802.11ax(Wi-Fi 6)	2.4GHz 和 5GHz	9Gbps

3. 无线信道

信道是信号传播通道,对于无线局域网,信道是一段频段。无线局域网标准 802.11、11b、11g、11n 和 11ax 将 2.4GHz 频段(2.401~2.483GHz 频段)分成如图 4.8 所示的 13 个信道,每个信道的带宽为 22MHz。但从图 4.8 可以看出,相邻信道中心频率只相差 5MHz。因此,不同信道之间存在频率重叠问题,如信道 1 的频率范围为 2.401~2.423GHz,而信道 2 的频率范围为 2.406~2.428GHz,它们之间存在 2.406~2.423GHz 的频率重叠范围。所以,为避免相互干扰,通信区域重叠的无线局域网必须采用相互之间不存在频率重叠的信道。由于相邻信道中心频率只相差 5MHz,而两个保证不存在频率重叠问题的信道的中心频率至少相差 22MHz,因此只有当两个信道之间编号的差大于或等于 5 时,这两个信道之间才不会存在频率重叠问题,因而信道 1、6、11,信道 2、7、12 和信道 3、8、13 是两两之间不存在频率重叠的三组信道。

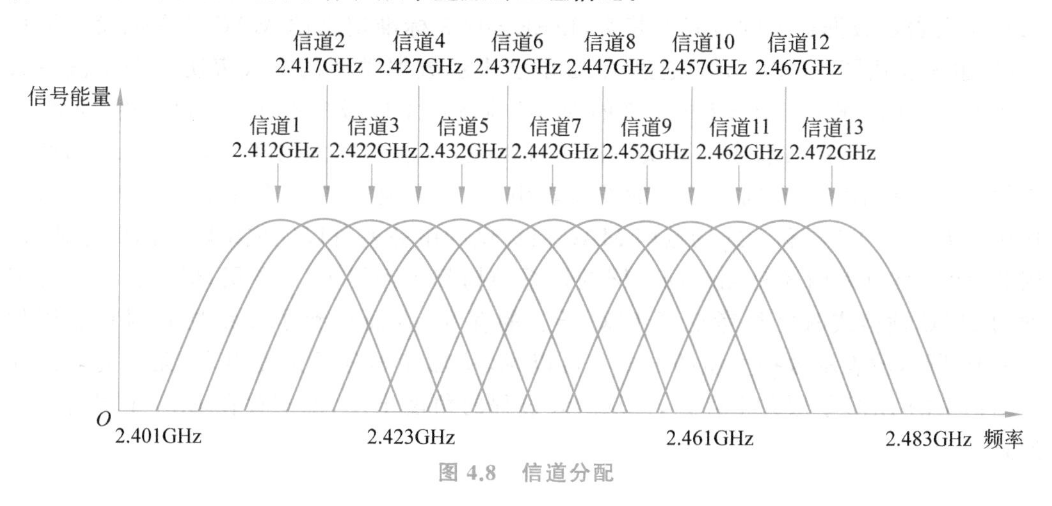

图 4.8 信道分配

4.1.3 无线局域网体系结构

基于无线局域网的 TCP/IP 体系结构如图 4.9 所示,它和基于以太网的 TCP/IP 体系结构相比多了逻辑链路控制(Logical Link Control,LLC)子层。在讨论以太网时已经提到,LLC 子层是为了屏蔽多种局域网的 MAC 子层的差异,为网际层提供统一的接口界面而设置的。但随着以太网在局域网中取得垄断地位,LLC 子层已不再作为局域网链路层的一部分,以太网链路层功能由 MAC 层(不再称为 MAC 子层)实现。无线局域网的链路层功能也基本由 MAC 子层实现,这里的 LLC 子层已不再具有 IEEE 802 委员会定义的 LLC 子层的全部功能,只是用来指明无线局域网 MAC 帧中数据字段中数据的类型,完全等同于以太网 MAC 帧中类型字

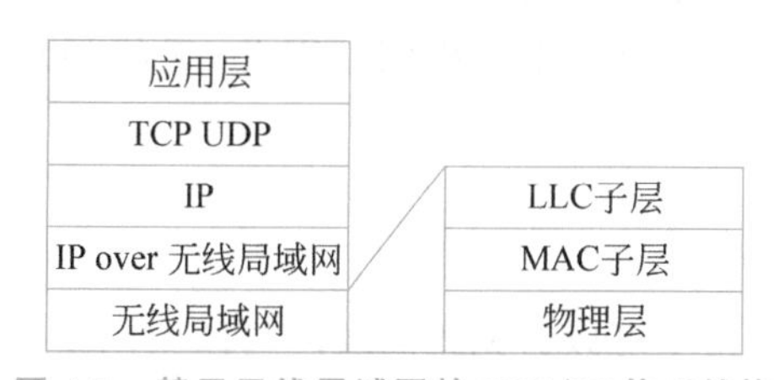

图 4.9 基于无线局域网的 TCP/IP 体系结构

段的功能。实际上,无线局域网用和以太网类型字段相同的类型编码表明 MAC 帧中数据字段中数据的类型,只是由于无线局域网的 MAC 帧中缺少类型字段,才采用 LLC 子层的表示方式。图 4.10 给出了 LLC 子层表示数据类型的方式。

1B	1B	1B	1B	1B	1B	2B	
AA	AA	03	00	00	00	以太网类型字段	数据字段

图 4.10 LLC 子层表示数据类型的方式

由于本章不讨论 LLC 子层的功能,图 4.10 中前 6 个字节的固定内容(AAAA03000000H)可以作为标识字段,用于表示后两个字节用与以太网类型字段相同的类型编码表明数据字段中数据的类型。

这里需要解释的是,为什么不在无线局域网的 MAC 帧中增加一个和以太网相同的类型字段来表明数据字段中数据的类型,而是如此复杂地采用图 4.10 所示的通过 LLC 子层表示数据类型的方式?其实,IEEE 802.3 标准定义的 MAC 帧中也没有类型字段,也需要用图 4.10 所示的通过 LLC 子层表示数据类型的方式表明数据字段中数据的类型。DIX Ethernet V2 中定义的 MAC 帧格式才是第 3 章讨论的以太网 MAC 帧格式,而这种帧格式目前成了事实标准。可以说,目前的以太网和 IEEE 802.3 标准定义的局域网并不完全相同。后来的发展表明,根本无须用到 LLC 子层定义的服务,直接用以太网 MAC 层和无线局域网 MAC 层提供的服务就可以完成网际层的服务请求。因此,无论是以太网还是无线局域网的体系结构都不需要 LLC 子层,但定义无线局域网的 MAC 帧格式时已经考虑了 LLC 子层的存在,因而导致了无线局域网只能用如图 4.10 所示的表示数据类型的方式。可以说,从功能划分的角度出发,无线局域网体系结构中的 LLC 子层并不存在,但从封装过程的角度出发,确实存在 LLC 子层的封装形式。

4.1.4 无线局域网与以太网

无线局域网与以太网虽然是两种不同类型的传输网络,但有很多相似之处,这些相似之处使无线局域网类似于一段以太网网段,可以用互连网段的方法实现无线局域网与以太网互连。

1. 相同的 MAC 地址

无线局域网中的每一个终端分配 48 位的 MAC 地址,无线局域网的 MAC 地址与以太网的 MAC 地址相同。因此,无线局域网与以太网中的终端可以分配统一的 MAC 地址。

2. 相似的 MAC 帧格式

由于可以为无线局域网与以太网中的终端分配统一的 MAC 地址,因此无线局域网中的终端可以直接用 MAC 地址标识以太网中的终端,同样以太网中的终端可以直接用

MAC 地址标识无线局域网中的终端。这样，无线局域网中的终端可以生成以以太网中的终端为目的终端的 MAC 帧，同样以太网中的终端也可以生成以无线局域网中的终端为目的终端的 MAC 帧。由于 MAC 帧中的主要字段是地址字段，在地址格式相同的情况下，无线局域网 MAC 帧格式与以太网 MAC 帧格式相差不大。

3. AP 的网桥特性

无线局域网与以太网互连结构如图 4.11 所示，关键设备是接入点(Access Point，AP)。接入点设备是一个至少有两个端口的设备，一个端口用于连接以太网，另一个端口用于连接无线信道。由于无线信道是一段电磁波频段，因此 AP 不存在物理的连接无线信道的端口，但该端口可以发射用于传输数据的电磁波，也可以接收其他终端发射的电磁波。

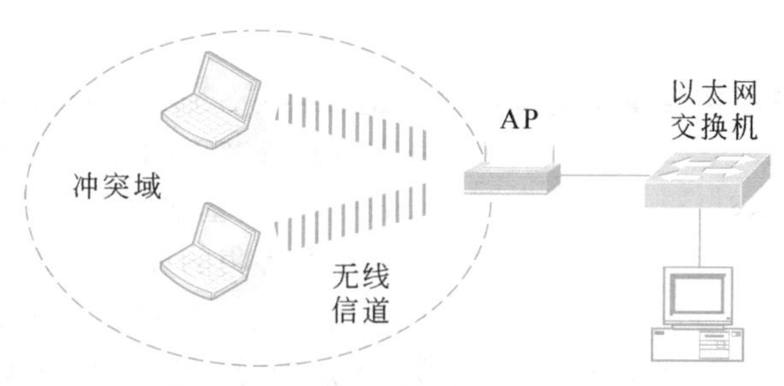

图 4.11　无线局域网与以太网互连

由于 AP 和多个无线局域网中的其他终端共享无线信道，因此无线局域网中的终端与 AP 连接无线信道的端口构成冲突域。以太网中可以用网桥互连多个冲突域，AP 是一个功能与以太网网桥相似的设备，用于将一个无线局域网与以太网互连在一起。通过 AP，无线局域网中的终端可以直接向以太网中的终端传输 MAC 帧，AP 通过无线信道接收到无线局域网中的终端发送的 MAC 帧，根据 MAC 帧的目的 MAC 地址确定 MAC 帧的输出端口是连接以太网的端口，将 MAC 帧通过连接以太网的端口发送出去。同样，以太网中的终端可以直接向无线局域网中的终端发送 MAC 帧，以太网根据 MAC 帧的目的 MAC 地址将该 MAC 帧转发给 AP，AP 通过连接以太网的端口接收到该 MAC 帧，根据该 MAC 帧的目的 MAC 地址确定该 MAC 帧的输出端口是连接无线信道的端口，将该 MAC 帧通过无线信道发送出去。

AP 实现无线局域网与以太网互连，至少应该具备以下功能。一是两种 MAC 帧格式的相互转换功能。由于无线局域网 MAC 帧格式与以太网 MAC 帧格式不同，因此需要由 AP 完成两种 MAC 帧格式的相互转换过程。二是根据 MAC 帧的目的 MAC 地址确定 MAC 帧输出端口的功能。AP 接收到 MAC 帧后，能够根据 MAC 帧的目的 MAC 地址确定目的终端是连接在无线局域网中的终端，还是连接在以太网上的终端。当然，比较简单的方法是将 AP 作为双端口网桥，通过地址学习建立转发表，转发表中的每一项转发项给出某个终端的 MAC 地址与 AP 某个端口之间的关联。

4.2 无线局域网应用方式

无线局域网已经得到广泛应用，从实现几个笔记本计算机之间通信而创建的临时无线局域网，到将家庭中的笔记本计算机和智能手机接入 Internet 的家庭无线局域网，再到实现移动终端无缝漫游的无线校园网等。随着智能手机和无线局域网的发展，产生了移动互联网，移动互联网大大拓展了互联网的应用范围。

4.2.1 IBSS

1. 网络结构

无线局域网的最小构成单位是基本服务集(Basic Service Set，BSS)。基本服务集所覆盖的地理范围称为基本服务区(Basic Service Area，BSA)，基本服务集是一个冲突域，属于同一基本服务集的设备共享一个无线信道。如图 4.12 所示的完全由工作站组成的基本服务集称为独立基本服务集(Independent BSS，IBSS)，工作站是具有无线通信能力的终端，通常是安装无线网卡的移动计算机。IBSS 只能实现属于同一基本服务集的工作站之间的相互通信。IBSS 也称为 AD HOC 网络，笔记本计算机创建的无线临时网络就是 IBSS。

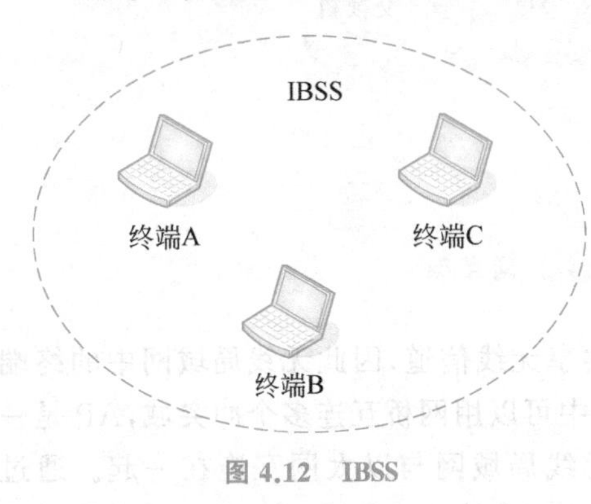

图 4.12　IBSS

2. MAC 帧传输过程

无线局域网中的终端需要配置无线网卡，和以太网卡一样，每一个无线网卡分配一个全球唯一的 MAC 地址。IBSS 终端之间直接通信，因此每一个终端向另一个终端发送数据时，数据被封装成以发送终端 MAC 地址为源 MAC 地址、以接收终端 MAC 地址为目的 MAC 地址的 MAC 帧。无线局域网中封装数据的 MAC 帧称为数据帧，图中用数据表示。由于通过无线信道发送的信号可以被 IBSS 中的所有终端接收，因此 IBSS 中的所有其他终端都能接收到该终端发送的 MAC 帧，但只有其无线网卡 MAC 地址与该 MAC 帧中的目的 MAC 地址相同的终端处理该 MAC 帧，并在确认该 MAC 帧传输正确的情况下，向发送该 MAC 帧的终端回答一个表明已经正确接收该 MAC 帧的确认应答(ACKnowledgement，ACK)帧，简称 ACK。MAC 帧发送和确认过程如图 4.13 所示。

无线局域网需要接收终端发送确认应答的原因如下：一是无线通信的可靠性较低，MAC 帧传输过程中容易出错；二是隐藏站问题使发送终端无法检测出所有冲突，任何终端都有可能与其他终端同时发送数据，且检测不到已经发生的冲突。因此，发送端向接收端发送 MAC 帧后，如果在规定时间内没有接收到接收端发送的确认应答，将再次发送该

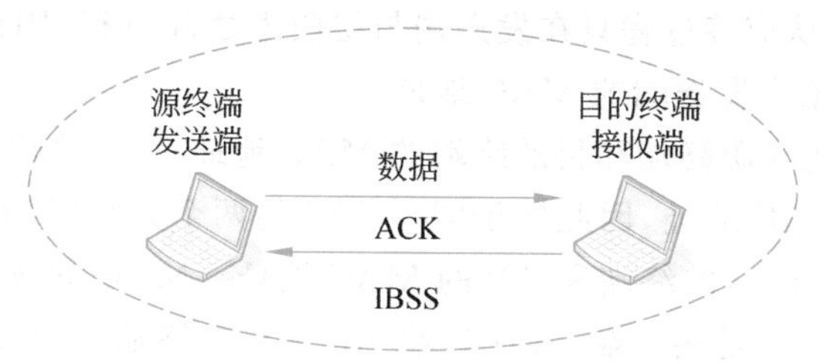

图 4.13　IBSS 终端之间的通信过程

MAC 帧，以此保证接收端能够正确接收该 MAC 帧。发送端发送 MAC 帧后，只有在接收到该 MAC 帧对应的确认应答后，才能发送下一帧 MAC 帧。

确认应答过程只在无线信道两端之间进行，无线信道一端发送的 ACK 中只需要给出另一端的 MAC 地址。

值得强调的是，无线局域网 MAC 帧格式与以太网 MAC 帧格式是不同的，后面将详细讨论无线局域网 MAC 帧格式。

4.2.2　BSS

1. 网络结构

如图 4.14 所示，BSS 与 IBSS 的不同之处在于 BSS 中存在一个称为接入点(AP)的设备，该设备用于实现无线局域网与其他网络互连。IBSS 只能实现属于相同 BSS 的终端之间的通信过程，由于对属于 ISM 频段的电磁波的能量有严格限制，因此任何一个终端发射的电磁波的传播范围不可能很大，这就限制了 IBSS 的应用。BSS 通过 AP 可以和其他网络实现互连，能够实现属于某个 BSS 中的终端与连接在其他网络上的终端之间的通信过程。如果两个 BSS 分别通过 AP 连接到同一个网络，就构成了扩展服务集(Extended Service Set，ESS)，ESS 可以实现两个分别属于不同 BSS 的终端之间的通信过程。

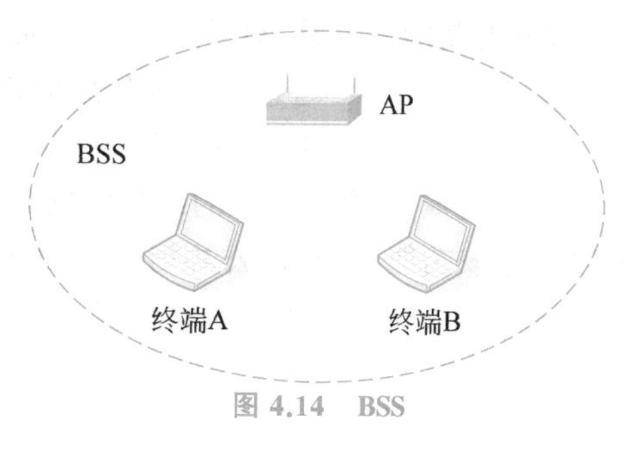

图 4.14　BSS

2. MAC 帧传输过程

属于 BSS 的终端开始数据传输过程前，需要获取 AP 的 MAC 地址，并将自己的 MAC 地址加入 AP 的 MAC 地址列表中。属于同一 BSS 的两个无线终端之间的 MAC 帧传输过程如图 4.15 所示，源终端不是直接将 MAC 帧传输给目的终端，MAC 帧经过源终端→AP→目的终端的传输路径。无线通信的确认应答过程发生在发送端和接收端之间，我们将发送端和接收端之间的传输路径称为一段，因此无线通信是逐段确认。源终端→AP 传输过程中，源终端是发送端，AP 是接收端。AP→目的终端传输过程中，AP 是发送端，目的终端是接收端。因此，源终端→AP 和 AP→目的终端传输过程中都存在确认应答过程。由于确认应答过程只在发送端与接收端之间进行，因此接收端发送给发送端的 ACK 中只需要给出发送端的 MAC 地址。

MAC 帧中必须包含源终端和目的终端的 MAC 地址，每一段传输过程中又需要给出发送端和接收端的 MAC 地址，因此属于同一 BSS 的两个无线终端之间传输的 MAC 帧中需要同时给出源终端、目的终端和 AP 的 MAC 地址。MAC 帧源终端至 AP 传输过程中，源终端是发送端，AP 是接收端。MAC 帧 AP 至目的终端传输过程中，AP 是发送端，目的终端是接收端。

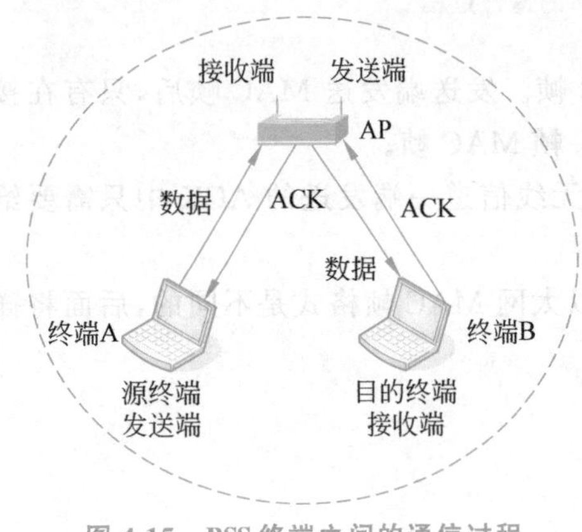

图 4.15　BSS 终端之间的通信过程

AP 接收到 MAC 帧后，确认该 MAC 帧的源地址和目的地址都在 MAC 地址列表中，才进行如图 4.15 所示的转发过程。因此，只有 MAC 地址已经加入 AP 的 MAC 地址列表中的无线终端之间才能实现 MAC 帧传输过程。

IBSS 与 BSS 终端之间的 MAC 帧传输过程存在差别，由于 IBSS 只能实现属于相同 IBSS 的两个终端之间的通信过程，因此源终端发送的 MAC 帧可以直接被目的终端接收。BSS 可以实现属于某个 BSS 的终端与属于另一个 BSS 的终端，或者连接在其他网络上的终端之间的通信过程，对于源终端和目的终端不是属于同一个 BSS 的情况，源终端发送的 MAC 帧可能需要由 AP 转发到 AP 连接的其他网络上。因此，源终端无法确定目的终端的位置，只能由 AP 确定是在同一 BSS 内转发，还是需要转发到 AP 连接的其他网络上。AP 做出判断的依据是 AP 的 MAC 地址列表，这也是将所有属于 BSS 的终端的 MAC 地址加入 AP 的 MAC 地址列表中的原因之一。

由于必须经过 AP 转发实现属于同一 BSS 的终端之间的通信过程，因此可以通过配置 AP，禁止属于同一 BSS 的终端之间的通信过程。当 AP 是公共场合的接入点设备时，可以通过该功能，只允许公共场合中的终端通过接入点访问公共网络资源，禁止公共场合中的终端进行相互之间的通信过程。

4.2.3　ESS

1. 网络结构

由单个基本服务集组成的无线局域网的作用范围是很小的。为了扩大无线局域网的作用范围，可以构建多个基本服务集，并通过一个分配系统(Distribution System，DS)将这些基本服务集互连在一起，构成扩展服务集(ESS)，如图 4.16 所示。扩展服务集为上层提供和基本服务集相同的服务。每一个基本服务集通过称为接入点(AP)的设备接入分配系统。分配系统可以是以太网，或是其他网络。

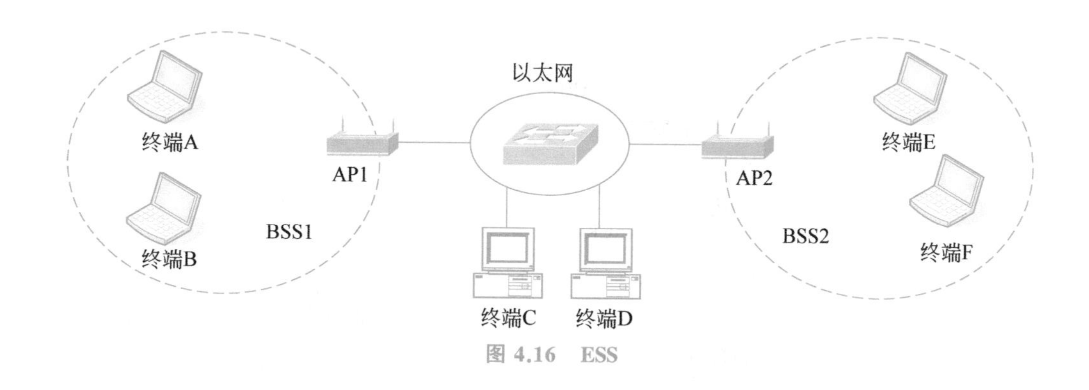

图 4.16　ESS

2. MAC 帧传输过程

1）无线终端与有线终端之间的 MAC 帧传输过程

无线终端与有线终端之间的 MAC 帧传输过程如图 4.17(a)所示，MAC 帧经过源终端→AP1→目的终端的传输路径。其中由无线局域网实现 MAC 帧源终端至 AP1 的传输过程，在该传输过程中，MAC 帧需要给出 3 个 MAC 地址：源终端、目的终端和 AP1 的 MAC 地址，其中源终端是发送端，AP1 是接收端，发送端与接收端之间实现确认应答过程。由以太网实现 MAC 帧 AP1 至目的终端的传输过程，在该传输过程中，MAC 帧需要转换成以太网 MAC 帧格式。

当 AP1 接收到 MAC 帧后，确定该 MAC 帧的源终端地址在 MAC 地址列表中，目的终端地址不在 MAC 地址列表中，才将该 MAC 帧从 AP1 连接以太网的端口发送出去，并将该 MAC 帧转换成只有源终端和目的终端地址的以太网 MAC 帧格式。

2）属于不同 BSS 的两个无线终端之间的 MAC 帧传输过程

属于不同 BSS 的两个无线终端之间的 MAC 帧传输过程如图 4.17(b)所示，MAC 帧经过源终端→AP1→AP2→目的终端的传输路径。其中由源终端连接的无线局域网实现 MAC 帧源终端至 AP1 的传输过程，在该传输过程中，MAC 帧需要给出 3 个 MAC 地址：源终端、目的终端和 AP1 的 MAC 地址，其中源终端是发送端，AP1 是接收端，发送端与接收端之间实现确认应答过程。由以太网实现 MAC 帧 AP1 至 AP2 的传输过程，在该传输过程中，MAC 帧需要转换成以太网 MAC 帧格式。

当 AP2 接收到 MAC 帧后，确定该 MAC 帧的目的终端地址在 MAC 地址列表中，才将该 MAC 帧发送到 AP2 连接的无线局域网中。由无线局域网实现 MAC 帧 AP2 至目的终端的传输过程，在该传输过程中，MAC 帧需要给出 3 个 MAC 地址：源终端、目的终端和 AP2 的 MAC 地址，其中 AP2 是发送端，目的终端是接收端，发送端与接收端之间实现确认应答过程。

4.2.4　WDS

1. 网络结构

无线分布式系统(Wireless Distribution System，WDS)结构如图 4.18 所示，无线网桥

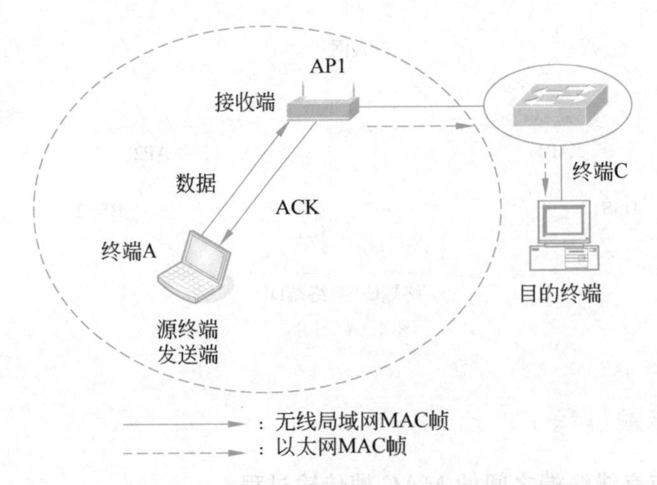

(a) 无线终端与有线终端之间的MAC帧传输过程

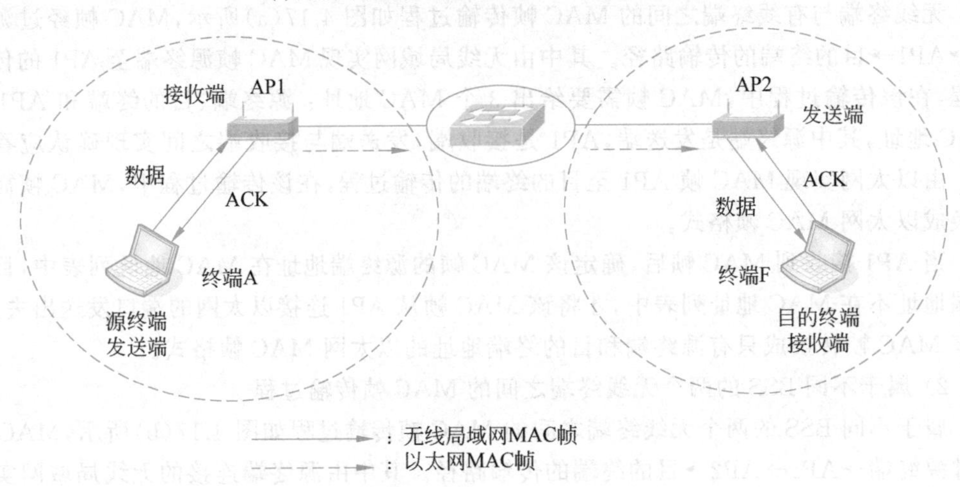

(b) 属于不同BSS的两个无线终端之间的MAC帧传输过程

图 4.17　MAC 帧传输过程

之间通过无线链路连接，每一个无线网桥连接一个局域网。如图 4.18 所示的以太网，每一个无线网桥存在连接有线网络的端口和连接无线链路的虚拟端口。如果某个无线网桥存在多条用于实现与其他无线网桥互连的无线链路，则该无线网桥存在多个虚拟端口，如无线网桥 1 存在一个以太网端口和两个虚拟端口。无线网桥存在转发表，可以根据转发表和 MAC 帧的目的 MAC 地址在以太网端口和虚拟端口之间转发 MAC 帧。无线网桥的每一个虚拟端口由对应无线链路互连的两个无线网桥的 MAC 地址唯一标识。无线网桥 1、无线网桥 2 和无线网桥 3 虚拟端口与无线链路映射表分别如表 4.2、表 4.3 和表 4.4 所示。

表 4.2　无线网桥 1 虚拟端口与无线链路映射表

虚拟端口	无线链路
V2	MAC B1 MAC B2
V3	MAC B1 MAC B3

表 4.3　无线网桥 2 虚拟端口与无线链路映射表

虚拟端口	无线链路
V2	MAC B2 MAC B1

表 4.4　无线网桥 3 虚拟端口与无线链路映射表

虚拟端口	无线链路
V2	MAC B3 MAC B1

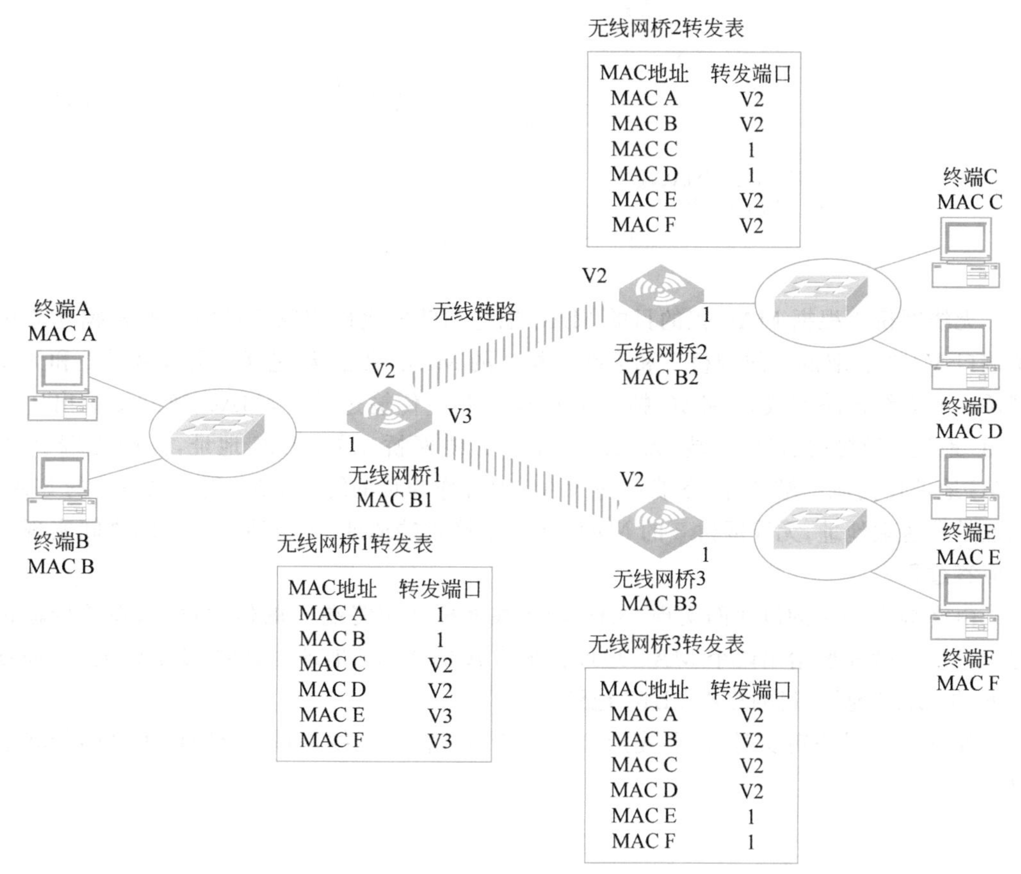

图 4.18　WDS 结构

值得强调的是，如图 4.18 所示的 3 个无线网桥使用相同的无线信道，因此两条无线链路共享 3 个无线网桥使用的无线信道。无线网桥之间通过无线链路传输 MAC 帧的过程与 IBSS 内终端之间传输 MAC 帧的过程相同。无线网桥必须争用到无线信道后，才能开始 MAC 帧传输过程。对于如图 4.18 所示的无线网桥 1，如果通过以太网端口接收到 MAC 帧，且转发表中不存在与该 MAC 帧的目的 MAC 地址匹配的转发项，无线网桥 1 将通过虚拟端口 V2 和 V3 将该 MAC 帧广播出去。由于虚拟端口 V2 和 V3 连接的两条无线链路共享无线信道，因此无线网桥 1 必须通过两次无线信道争用过程完成该 MAC 帧的广播操作。

2. MAC 帧传输过程

终端 A 至终端 F 的 MAC 帧传输过程如图 4.19 所示，MAC 帧经过终端 A→无线网桥1→无线网桥3→终端F的传输路径。其中由终端A连接的以太网实现MAC帧终端A至无线网桥1的传输过程，在该传输过程中，MAC帧需要给出两个MAC地址：终端A的MAC地址(源终端MAC地址)和终端F的MAC地址(目的终端MAC地址)。

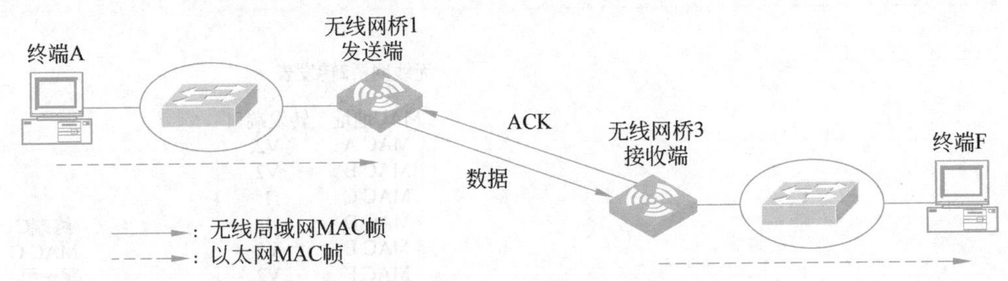

图4.19 MAC帧传输过程

无线网桥1根据MAC帧的目的MAC地址和转发表确定输出端口V3，根据建立虚拟端口V3时获取的无线网桥1和无线网桥3的MAC地址；经过互连无线网桥1和无线网桥3的无线链路完成该MAC帧传输过程。在该传输过程中，MAC帧需要给出4个MAC地址：源终端、目的终端、无线网桥1和无线网桥3的MAC地址，其中终端A的MAC地址作为源终端地址，终端F的MAC地址作为目的终端地址，无线网桥1的MAC地址是发送端地址，无线网桥3的MAC地址是接收端地址，发送端与接收端之间实现确认应答过程。

由终端F连接的以太网实现MAC帧无线网桥3至终端F的传输过程，在该传输过程中，MAC帧需要给出两个MAC地址：终端A的MAC地址(源终端MAC地址)和终端F的MAC地址(目的终端MAC地址)。

经过无线网桥转发时，需要完成以太网MAC帧与无线局域网MAC帧之间的转换过程。

4.2.5 AP-repeater模式

1. 网络结构

如果某个无线局域网应用环境的地理范围太大，使一个AP的电磁波传播范围无法容纳它，那么在这种情况下，可能需要多个AP。如图4.20所示，由于AP1的电磁波传播范围无法容纳终端C和终端D，因此需要增加一个AP2。AP1和AP2必须位于对方的电磁波传播范围内，以此保证AP1和AP2之间能够相互通信，AP2的电磁波传播范围容纳终端C和终端D。

终端A、终端B和AP1构成一个BSS，终端C、终端D和AP2构成另一个BSS。这两个BSS共享无线信道。因此，两个BSS中任何两个设备之间传输MAC帧前，必须争用到无线信道。

为了实现属于不同BSS的两个终端之间的通信过程，如终端A和终端C之间的通信过程，必须完成以下操作。

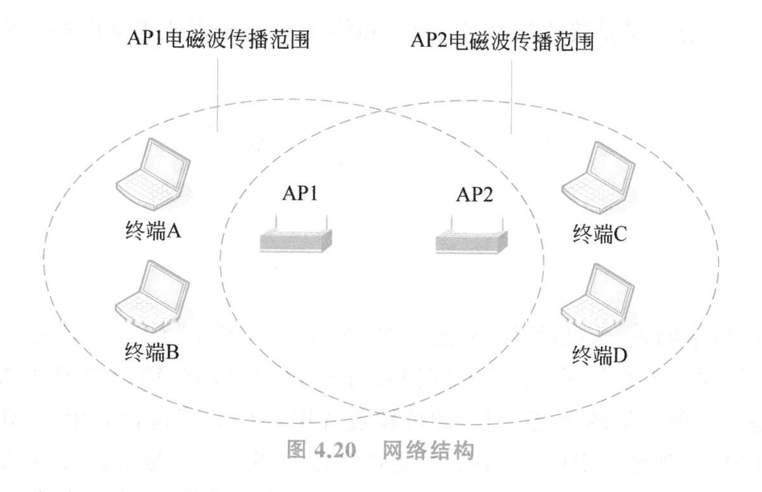

图 4.20　网络结构

① 终端 A 和终端 B 需要获取 AP1 的 MAC 地址，并将自己的 MAC 地址加入 AP1 的 MAC 地址列表中。

② 终端 C 和终端 D 需要获取 AP2 的 MAC 地址，并将自己的 MAC 地址加入 AP2 的 MAC 地址列表中。

③ 建立 AP1 和 AP2 之间的无线链路，该无线链路由 AP1 和 AP2 的 MAC 地址唯一标识。AP1 和 AP2 之间的无线链路与 AP1 和 AP2 形成的两个独立的 BSS 使用相同的无线信道。

值得强调的是，经过 AP1 和 AP2 之间的无线链路传输 MAC 帧的过程与终端 A 与 AP1 之间、终端 C 与 AP2 之间传输 MAC 帧的过程相同。

AP1 和 AP2 称为 repeater 的原因是它们在属于不同 BSS 的两个终端之间传输 MAC 帧的过程中起中继作用，但 AP1 和 AP2 不是仅仅作为电磁波放大器，而是作为桥设备。因此，AP 的作用与如图 4.18 所示的 WDS 结构中的无线网桥相似，只是无线网桥实现以太网与两个无线网桥之间的无线链路的互连，AP 实现 BSS 与两个 AP 之间的无线链路的互连。AP-repeater 模式使属于不同 BSS 的两个终端之间能够通过同一无线信道实现 MAC 帧传输过程。

2. MAC 帧传输过程

终端 A 至终端 C 的 MAC 帧传输过程如图 4.21 所示，终端 A 发送给终端 C 的 MAC 帧的源 MAC 地址是终端 A 的 MAC 地址，目的 MAC 地址是终端 C 的 MAC 地址。该 MAC 帧终端 A 至 AP1 的传输过程中，终端 A 的 MAC 地址是发送端地址，AP1 的 MAC 地址是接收端地址，终端 A 和 AP1 之间完成确认应答过程。由于该 MAC 帧的目的地址不在 AP1 的 MAC 地址列表中，AP1 通过与 AP2 之间的无线链路将该 MAC 帧发送出去。该 MAC 帧 AP1 至 AP2 的传输过程中，AP1 的 MAC 地址是发送端地址，AP2 的 MAC 地址是接收端地址，AP1 和 AP2 之间完成确认应答过程。由于该 MAC 帧的目的 MAC 地址在 AP2 的 MAC 地址列表中，AP2 直接将该 MAC 帧传输给终端 C。该 MAC 帧 AP2 至终端 C 的传输过程中，AP2 的 MAC 地址是发送端地址，终端 C 的 MAC 地址既是目的 MAC 地址，又是接收端地址，AP2 和终端 C 之间完成确认应答过程。

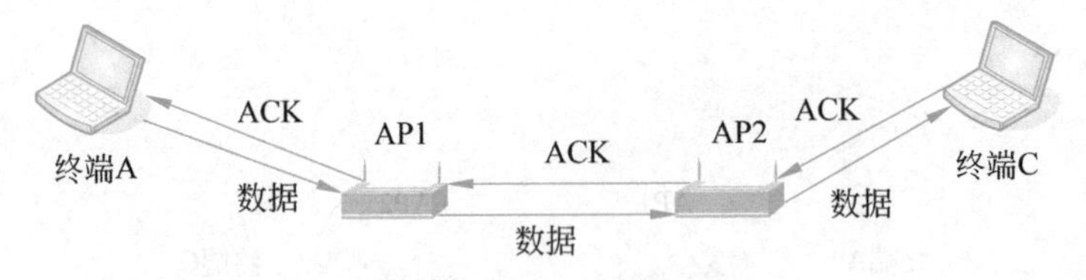

图 4.21 MAC 帧传输过程

值得强调以下两点：一是终端 A 至 AP1、AP1 至 AP2 和 AP2 至终端 C 的传输过程中，发送端争用同一无线信道；二是不同段传输过程中，MAC 帧包含的 MAC 地址数与 MAC 地址是不同的。终端 A 至 AP1 的传输过程中，MAC 帧包含 3 个 MAC 地址，分别是终端 A 的 MAC 地址、AP1 的 MAC 地址和终端 C 的 MAC 地址。终端 A 的 MAC 地址既是源终端地址，又是发送端地址；AP1 的 MAC 地址是接收端地址；终端 C 的 MAC 地址是目的终端地址。AP1 至 AP2 的传输过程中，MAC 帧包含 4 个 MAC 地址，分别是终端 A 的 MAC 地址、AP1 的 MAC 地址、AP2 的 MAC 地址和终端 C 的 MAC 地址。终端 A 的 MAC 地址是源终端地址，AP1 的 MAC 地址是发送端地址，AP2 的 MAC 地址是接收端地址，终端 C 的 MAC 地址是目的终端地址。AP2 至终端 C 的传输过程中，MAC 帧包含 3 个 MAC 地址，分别是终端 A 的 MAC 地址、AP2 的 MAC 地址和终端 C 的 MAC 地址。终端 A 的 MAC 地址是源终端地址，AP2 的 MAC 地址是发送端地址，终端 C 的 MAC 地址既是接收端地址，又是目的终端地址。

4.2.6 无线家庭网络

无线家庭网络通过无线路由器接入 Internet 的过程如图 4.22 所示，无线路由器通过接入网络接入 Internet，家庭网络中的终端可以通过以太网与无线路由器连接，也可以通过无线局域网与无线路由器连接。无线家庭网络通过无线路由器接入 Internet 的过程将在第 7 章“Internet 接入技术”中详细讨论。

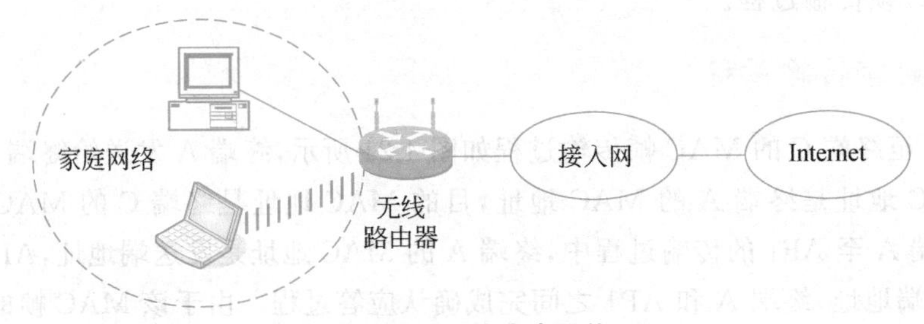

图 4.22 无线家庭网络

值得强调的是，无线路由器与 AP 不同，AP 是数据链路层设备，处理对象是 MAC 帧；无线路由器是网络层设备，处理对象是 IP 分组。

4.2.7　无线局域网与移动互联网

移动终端、无线通信技术与互联网结合产生移动互联网，如图 4.23 所示。移动终端包括笔记本计算机、平板电脑和智能手机。无线通信技术包括无线局域网和无线数据通信网络，如通用无线分组业务(General Packet Radio Service，GPRS)、3G、4G 和 5G 等。智能手机同时支持无线局域网和无线数据通信网络。随着无线局域网越来越普及，智能手机等移动终端可以随时随地通过无线局域网访问 Internet。智能手机移动、定位和随时随地访问 Internet 的特性对移动互联网的应用带来革命性的改变。

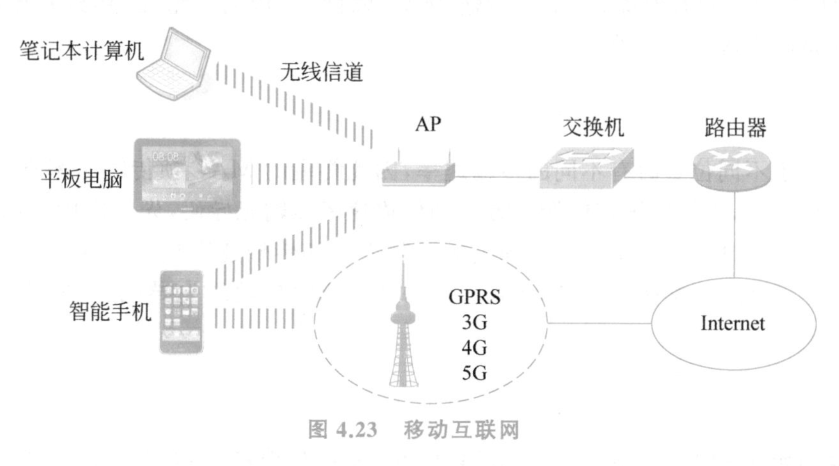

图 4.23　移动互联网

4.3　无线局域网 MAC 层

无线局域网中属于同一基本服务集(BSS)的终端通过争用无线信道完成数据传输的过程和总线型以太网中终端通过争用总线完成数据传输的过程非常相似，使无线局域网的 MAC 层工作过程与总线型以太网非常相似，这也是将无线局域网称为无线以太网的原因。但无线局域网和总线型以太网相比存在若干不同：一是无线局域网通过自由空间传播电磁波，无法对终端进行总线型以太网这样的物理接入控制。二是由于很难通过天线同时进行电磁波的发送和接收过程，且存在无线通信特有的隐藏站问题，因此总线型以太网的冲突检测操作在无线局域网中难以实现。三是在不发生冲突的情况下，基带信号通过同轴电缆传输的可靠性很高，因此总线型以太网 MAC 帧传输出错的概率很低。但无线局域网由于利用开放频段进行数据传输，信号能量受到严格限制，而且又无法通过冲突检测机制在发生冲突的情况下通过及时重传 MAC 帧来提高传输可靠性，因此无线局域网 MAC 帧传输出错的概率远远大于总线型以太网。这些不同使无线局域网的 MAC 层工作过程与总线型以太网有所不同。

MAC 层作为链路层，除了具有无线局域网要求的多点接入控制功能外，还需要具有帧对界、差错控制、寻址等链路层要求的功能。

4.3.1　无线局域网 MAC 帧

1. 帧对界

无线局域网 MAC 帧的帧对界过程和 10Mbps 以太网一样，由物理层完成。无线局域网中无线信道不忙时，无线信道上是没有电磁波的，或者电磁波的能量低到可以忽略不计。一旦开始传输 MAC 帧，无线信道上就出现载波信号调制后生成的电磁波，因此终端可以通过监测无线信道上是否存在电磁波来确定 MAC 帧的开始。和以太网相同，一是两帧 MAC 帧之间存在时隙；二是在传输 MAC 帧前，先传输一组先导码，先导码的其中一个功能是同步接收端时钟。

2. 确定 MAC 帧传输速率

终端位于不同位置时有不同的传输速率，因此终端的 MAC 帧传输速率不是固定的。在无线局域网中，终端以固定的调制方法和传输速率传输先导码，先导码中给出 MAC 帧的传输速率和调制方法。接收端以固定的调制方法和传输速率接收先导码，然后根据先导码中给出的 MAC 帧传输速率和调制方法接收 MAC 帧。先导码不是 MAC 帧的一部分。

3. MAC 帧格式

无线局域网 MAC 帧格式如图 4.24 所示，两字节控制字段主要给出协议版本号、MAC 帧类型及其他一些信息。持续时间字段以 μs 为单位给出某次数据传输过程所需要的时间。关联标识符用于确定属于特定关联的终端。地址字段用于确定源终端和目的终端、发送端和接收端的 MAC 地址。顺序控制字段给出 MAC 帧的序号，用于接收端检测是否是重复接收的 MAC 帧。数据字段作为净荷字段用于传输高层协议要求传输的数据。帧检验序列(FCS)字段是 32 位循环冗余检验码，用于接收端检测 MAC 帧传输过程中发生的错误。无线局域网除了用于数据传输的数据帧，还有用于鉴别、建立关联等 MAC 层操作的管理帧和用于解决隐藏站问题的控制帧。不同类型的 MAC 帧，其帧格式存在很大差距，图 4.24 所示是一般的帧结构。这里先简单介绍 MAC 帧各字段的含义。后面结合 MAC 层工作过程，再详细介绍相关字段的作用。

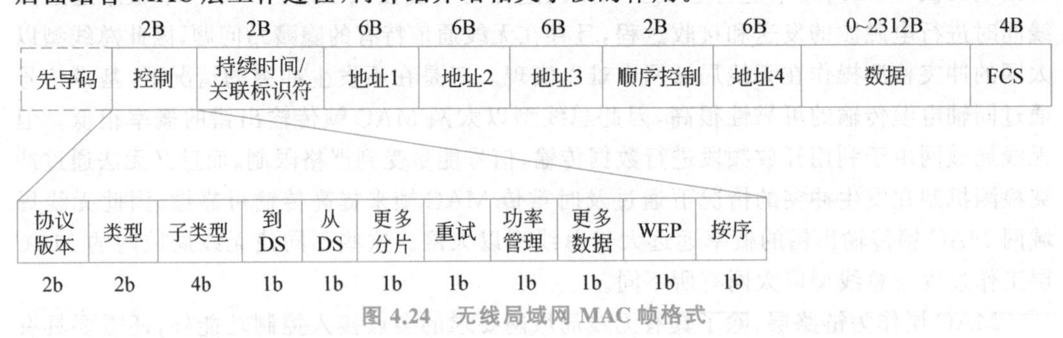

图 4.24　无线局域网 MAC 帧格式

4. 地址字段含义

无线局域网 MAC 帧中的 4 个地址字段值与无线局域网的应用方式有关，表 4.5 给出了不同应用方式下 4 个地址字段值的含义。

表 4.5 各种应用方式下的地址字段含义

应用方式	到 DS	从 DS	地址 1	地址 2	地址 3	地址 4
IBSS	0	0	目的终端地址	源终端地址	BSSID	无
终端→AP	1	0	BSSID	源终端地址	目的终端地址	无
AP→终端	0	1	目的终端地址	BSSID	源终端地址	无
WDS AP-repeater	1	1	接收端地址	发送端地址	目的终端地址	源终端地址

(1) IBSS

在 IBSS 应用方式下，两个终端之间直接传输 MAC 帧，发送 MAC 帧的终端称为源终端，接收 MAC 帧的终端称为目的终端。MAC 帧中的地址 1 字段是目的终端 MAC 地址，地址 2 字段是源终端 MAC 地址，地址 3 字段是基本服务集标识符(Basic Service Set IDentification，BSSID)，是创建 IBSS 时产生的 48 位随机数，用于唯一标识该 IBSS。所有属于相同 IBSS 的终端必须具有相同的 BSSID，每一个终端只有当接收到的 MAC 帧中的 BSSID 与自己的 BSSID 相同，且地址 1 字段值与自己的 MAC 地址相同时，才处理该 MAC 帧。通过将 MAC 帧控制字段中"到 DS 位"和"从 DS 位"两位控制位置 0 表示是 IBSS 应用方式。

值得强调的是，ACK 只携带接收端地址，ACK 的接收端地址就是对应数据帧的地址 2 字段值。其他应用方式下的 ACK 与 IBSS 的 ACK 相同。

(2) BSS

在 BSS 应用方式下，属于同一 BSS 的两个终端之间需要经过 AP 转发，才能完成 MAC 帧传输过程。源终端首先将 MAC 帧传输给 AP，然后由 AP 将 MAC 帧传输给目的终端。源终端传输 MAC 帧给 AP 的过程中，地址 1 字段是 AP 的 MAC 地址，也是接收端地址，地址 2 字段是源终端地址，地址 3 字段是目的终端地址。通过将 MAC 帧控制字段中"到 DS 位"和"从 DS 位"两位控制位分别置为 1 和 0，表示是 BSS 应用方式下源终端至 AP 的传输过程。AP 地址也是该 BSS 的基本服务集标识符，即 BSS 用 AP 的 MAC 地址作为基本服务集标识符(BSSID)。

AP 传输 MAC 帧给目的终端的过程中，地址 1 字段是目的终端的 MAC 地址，地址 2 字段是 AP 的 MAC 地址，地址 3 字段是源终端地址。通过将 MAC 帧控制字段中"到 DS 位"和"从 DS 位"两位控制位分别置为 0 和 1，表示是 BSS 应用方式下 AP 至目的终端的传输过程。

(3) ESS

在 ESS 应用方式下，源终端至目的终端的 MAC 传输过程涉及源终端所在 BSS 的源终端至 AP 的传输过程和目的终端所在 BSS 的 AP 至目的终端的传输过程。源终端所在 BSS 的源终端至 AP 的传输过程中，MAC 帧中的 BSSID 是源终端所在 BSS 中 AP 的 MAC 地址。通过将 MAC 帧控制字段中"到 DS 位"和"从 DS 位"两位控制位分别置为 1 和 0，表示是源终端至 AP 的传输过程。目的终端所在 BSS 的 AP 至目的终端的传输过程中，MAC 帧中的 BSSID 是目的终端所在 BSS 中 AP 的 MAC 地址，通过将 MAC 帧控制字段中"到 DS 位"和"从 DS 位"两位控制位分别置为 0 和 1，表示是 AP 至目的终端的传输过程。由于源终端和目的终端属于不同的 BSS，在两次无线局域网传输过程中，MAC 帧的 BSSID 是不同的。

(4) WDS 和 AP-repeater

在 WDS 应用方式下，源终端和目的终端位于不同的以太网。当 MAC 帧由一个无线网桥转发给另一个无线网桥时，经过互连两个无线网桥的无线链路传输的 MAC 帧需要携带 4 个地址。对于如图 4.19 所示的终端 A 至终端 F 的 MAC 帧传输过程，终端 A 是源终端，终端 F 是目的终端。经过互连无线网桥 1 和无线网桥 3 的无线链路时，无线网桥 1 是发送端，无线网桥 3 是接收端。因此，MAC 帧中的地址 1 字段是接收端地址，即无线网桥 3 的 MAC 地址；地址 2 字段是发送端地址，即无线网桥 1 的 MAC 地址；地址 3 字段是目的终端地址，即终端 F 的 MAC 地址；地址 4 字段是源终端地址，即终端 A 的 MAC 地址。通过将 MAC 帧控制字段中"到 DS 位"和"从 DS 位"两位控制位都置为 1，表示是 WDS 应用方式下经过互连两个无线网桥的无线链路的传输过程。

在 AP-repeater 模式下，经过两个 AP 之间无线链路传输的 MAC 帧中的地址字段数和各个地址字段的含义与经过两个无线网桥之间无线链路传输的 MAC 帧相同。

4.3.2 DCF 和 CSMA/CA

无线局域网 MAC 层主要实现多点接入控制功能，而用于实现多点接入控制功能的方法是分布协调功能(Distributed Coordination Function，DCF)和点协调功能(Point Coordination Function，PCF)。在 DCF 方法下，每一个终端平等、独立、自由地争用无线信道，且保证每一个终端使用无线信道的机会是均等的。DCF 采用载波侦听多点接入/冲突避免(Carrier Sense Multiple Access/ Collision Avoidance，CSMA/CA)算法，解决 IBSS 和 BSS 多个终端争用无线信道的问题。这里的载波指的是载波信号调制后生成的用于表示二进制位流的电磁波。PCF 用查询的方法解决 BSS 中多个终端争用无线信道的问题。BSS 中的 AP 根据优先级顺序逐个查询终端，被查询的终端如果需要发送数据，在接收到 AP 发送的查询帧后，可以立即发送数据。无线局域网中 DCF 是必需的，PCF 是可选的，因此本节只讨论 DCF 及 CSMA/CA。

1. CSMA/CA 操作过程

1) 信道空闲和 NAV

CSMA/CA 的操作过程如图 4.25 所示，当终端或 AP 需要传输 MAC 帧时，它们首先检测无线信道是否空闲。判定无线信道忙的依据是：信道存在电磁波且电磁波能量超过设定阈值。但允许终端或 AP 传输 MAC 帧必须同时满足以下两个条件：一是信道不忙，二是网络分配向量(Network Allocation Vector,NAV)为 0。

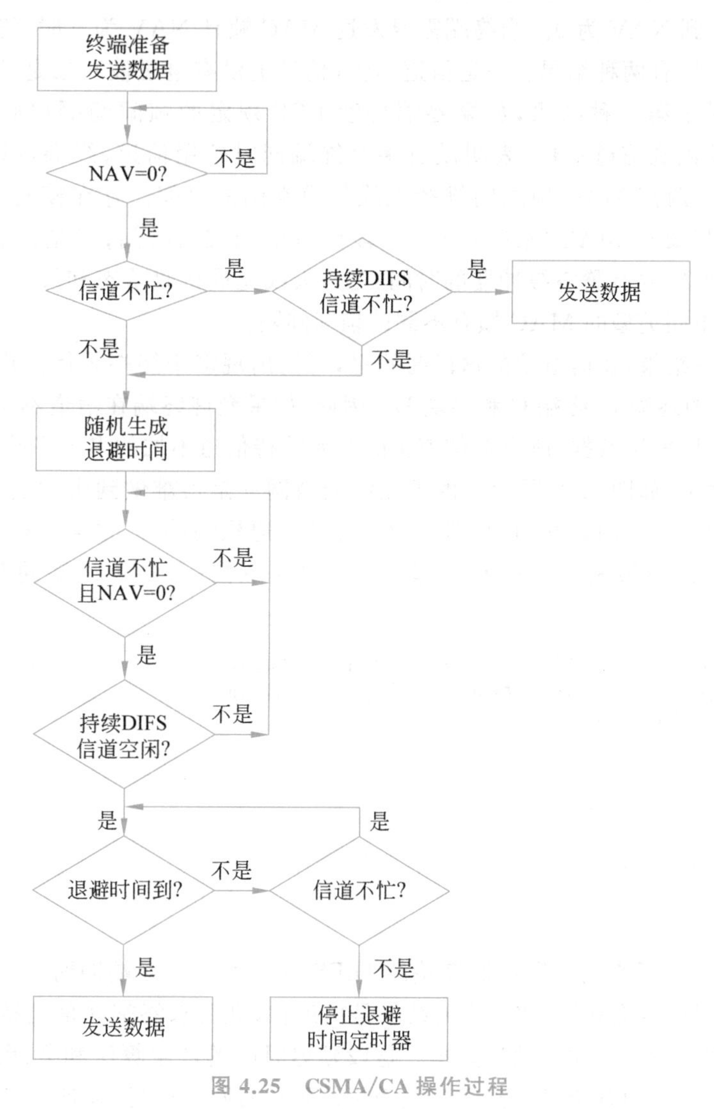

图 4.25 CSMA/CA 操作过程

每一个终端保持一个 NAV,可以将 NAV 看成一个计数器。如果 NAV 的值不为 0，每隔 1μs 减 1,直到为 0。终端或 AP 将 NAV 不为 0 等同于无线信道处于忙状态,所以判别 NAV 是否为 0 的过程被称为虚拟电磁波侦听过程。因此,只有物理侦听和虚拟侦听结果都表示信道不忙时,才认为信道空闲。NAV 赋值和更新过程如下：①建立关联时，终端 NAV 的初值由 AP 分配。②当终端完整接收某个有效 MAC 帧且终端 MAC 地址不等于该 MAC 帧的接收地址时,如果该 MAC 帧的持续时间字段值大于终端保持的 NAV,就用该 MAC 帧的持续时间字段值取代终端保持的 NAV,否则不改变 NAV。当然,无论是否重新对 NAV 赋值,NAV 的计数器功能都不受影响。无线局域网设置 NAV 的原因是允许预留信道。

2）初始检测信道的两种结果

当终端需要发送 MAC 帧时，终端首先判断 NAV 是否为 0，如果 NAV 不为 0，则终端一直等待，直到 NAV 为 0。当终端需要发送 MAC 帧且 NAV 为 0 时，终端检测信道。初始检测信道时，有两种结果：一是信道不忙（信道上没有电磁波）；二是信道忙（信道上有电磁波）。对于第一种结果，如果终端持续 DCF 规定的帧间间隔（DCF InterFrame Space，DIFS）检测到信道不忙，表明没有多个终端同时争用信道，终端可以立即传输数据。帧间间隔是两帧 MAC 帧之间维持无线信道空闲的时间。存在帧间间隔的原因如下：一是帧对界要求 MAC 帧之间存在一段没有电磁波的时间；二是接收端连续接收 MAC 帧时，中间需要有腾空缓冲器的时间；三是天线完成接收状态和发送状态之间的转换需要时间。不同类型的 MAC 帧有不同的帧间间隔。

对于第二种结果，在信道忙的这段时间里，可能出现多个终端等待信道不忙的情况，如图 4.26 所示的终端 B、终端 C 和终端 D。因此，如果允许终端在信道不忙且持续 DIFS 信道不忙后，立即发送数据，所有在信道忙时开始等待信道不忙的多个终端将同时发送数据，导致冲突发生，如图 4.26 所示。由于无线局域网一是很难做到边发送边检测冲突是否发生，二是因为存在隐藏站问题，即使做到边发送边检测冲突，也无法检测出所有可能发生的冲突，因此必须避免发生在信道持续 DIFS 不忙后，多个终端同时发送数据的情况。

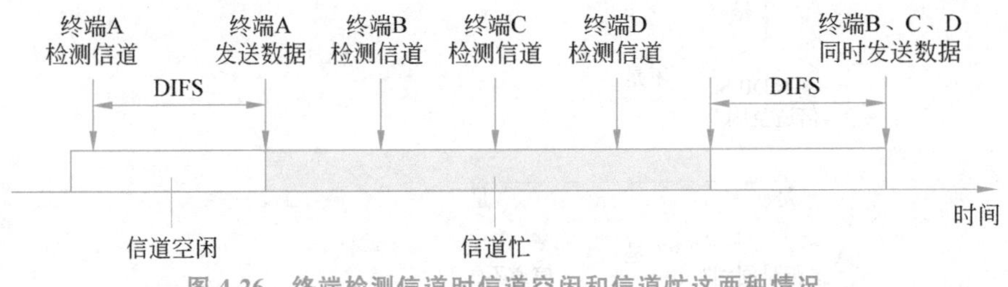

图 4.26　终端检测信道时信道空闲和信道忙这两种情况

无线局域网为了避免发生在信道持续 DIFS 不忙后多个终端同时发送数据的情况，规定：如果终端初始检测信道时，检测结果是信道忙，则要求终端在信道持续 DIFS 不忙后，还必须延迟一段时间才能发送数据。这段延迟时间的产生算法和截断二进制指数类型的后退算法相似，使各个终端独立产生随机的延迟时间，以此保证各个终端产生不同的延迟时间，延迟时间短的终端成功通过信道发送数据。因此，终端在初始检测到信道忙的情况下，每个终端需要通过类似以太网后退算法的退避算法独立产生随机的延迟时间，这个延迟时间称为退避时间，在信道持续 DIFS 不忙后，只有在退避时间内一直检测到信道不忙的终端才能发送数据。这种在信道持续 DIFS 不忙后，只有在退避时间内一直检测到信道不忙的终端才能发送数据的机制称为退避机制。

某个终端随机生成的退避时间作为退避时间定时器的初值，该终端检测到信道持续 DIFS 不忙后，启动退避时间定时器，退避时间定时器每经过规定时隙就减一。该终端一旦在退避时间内检测到信道忙，将停止退避时间定时器，重新等待信道空闲，此时退避时间定时器中的值称为该终端的剩余退避时间。该终端在再次检测到信道持续 DIFS 不忙后，只要在剩余退避时间内信道一直不忙，即可发送数据。一旦某个终端选定了退避时间，该终端只有在 DIFS 之后的信道空闲时间累积到退避时间时，才能发送数据。

如果终端 X 初始检测信道时，检测结果是信道不忙，在信道持续 DIFS 不忙后，和终端 Y 发生冲突的唯一可能是终端 Y 和终端 X 同时检测信道。由于多个终端同时检测信道且检测结果是信道不忙的概率是相当小的，因此对于初始检测结果是信道不忙的情况，在信道持续 DIFS 不忙后，允许终端直接发送数据，无须启动退避机制，以此提高无线信道的使用效率。

值得强调的是，如果某个终端需要连续发送多帧 MAC 帧，除了第一帧 MAC 帧可能满足不用启动退避机制的条件，后续 MAC 帧必须启动退避机制。因此，终端除了在发送第一帧 MAC 帧时就检测到信道空闲且信道持续 DIFS 不忙这种情况，都必须启动退避机制。

2. 退避算法

退避算法和截断二进制指数类型的后退算法类似，终端设置最大和最小争用窗口(CW_{MIN}和 CW_{MAX})。初始时 $CW=CW_{\mathrm{MIN}}$，终端检测到信道忙时，在 0～CW 中随机选择整数 R，并使退避时间 $T=R\times ST$。ST 是固定时隙，取决于无线局域网的物理层协议标准和数据传输速率。尽管 R 是 0～CW 中随机选择的整数，两个以上终端选择相同 R 的可能性依然存在，而且这种可能性随着等待信道空闲的终端的增多而增加。一旦两个以上终端选择了相同的随机数 R，它们将同时发送数据，导致冲突发生。虽然发送端无法检测到冲突发生，但一旦发生冲突，接收端将无法接收到正确的 MAC 帧，因此不能向发送端发送确认应答。发送端在发送 MAC 帧后直到重传定时器溢出都没有接收到确认应答，就认定冲突发生。发送端将通过 CSMA/CA 算法重新发送该 MAC 帧，但在计算退避时间时，增大 CW 值。如果 i 是重传次数，则 $CW=2^{3+i}-1$，直到 $CW=CW_{\mathrm{MAX}}$。一旦发送端接收到确认应答，则将 CW 设置成初值 CW_{MIN}。在 802.11 标准中，$CW_{\mathrm{MIN}}=7$，$CW_{\mathrm{MAX}}=255$。

3. 确认应答过程

在接收端接收到正确的 MAC 帧后，向发送端发送确认应答(ACK)，接收端经过短帧间间隔(Short InterFrame Space，SIFS)后，直接向发送端发送 ACK，无须执行 CSMA/CA 算法，也不用检测信道状态。为确保接收端成功发送 ACK，一是使 SIFS 小于 DIFS；二是发送端发送 MAC 帧时，持续时间字段的值＝接收端发送 ACK 所需要的时间＋SIFS。BSS 中所有其他终端将 MAC 帧中持续时间字段值作为 NAV，这些终端在 NAV 减至 0 前，认为信道处于忙状态，不会去争用信道，这就保证了接收端 ACK 的成功发送。图 4.27 所示是终端 A 向 AP 发送数据的过程。由于终端 A 在准备发送数据帧时，检测到信道忙，因此在信道持续空闲 DIFS 后，还必须经过 4 个时隙的退避时间，才开始发送数据帧，整数 4 是终端 A 在 0～7 中随机选择的整数。AP 接收到数据帧后，经过 SIFS，向终端 A 发送 ACK，其他终端在侦听到终端 A 发送的数据帧后，将自己的 NAV 更新为 AP 发送 ACK 所需要的时间＋SIFS。

需要强调的是接收端只对接收端地址(地址字段 1)是单播地址的 MAC 帧进行确认

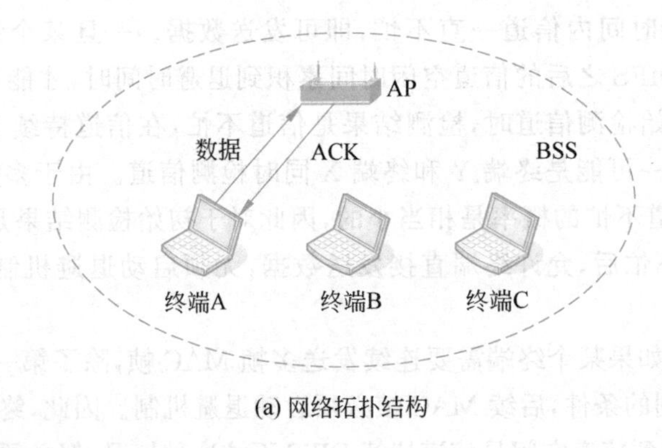

(a) 网络拓扑结构

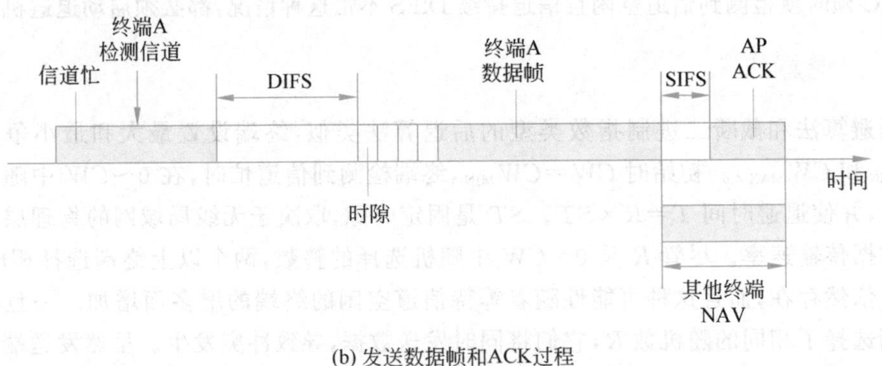

(b) 发送数据帧和ACK过程

图 4.27　确认应答过程

应答，如果 MAC 帧的接收端地址是组播或广播地址，所有接收该 MAC 帧的接收端都不发送确认应答。

4. 基于 DCF 完成数据传输的过程

图 4.28 给出了一个 BSS 网络拓扑结构，假定终端 A 需要向终端 C 发送数据，终端 B 需要向 AP 发送数据，基于 DCF 完成数据传输的过程如下(如图 4.29 所示)。终端 A、B 检测信道，发现信道处于忙状态，于是各自随机选择退避时间。结果，终端 A 选择的退避时间为 3 个时隙，而终端 B 选择的退避时间为 5 个时隙，在信道空闲并持续空闲 DIFS 后，终端 A、B 开始进入退避时间。终端 A 先结束退避时间，由于终端 A 至终端 C 的传输路径是终端 A→AP→终端 C，因此终端 A 在结束退避时间后，开始向 AP 发送数据帧，导致信道状态由闲转变为忙，使终端 B 停止退避时间定时器，此时终端 B 剩余 2 个时隙的退避时间。为了体现公平性，终端 B 在下一次争用过程中使用剩余的退避时间，而不用重新选择新的退避时间。

AP 接收到终端 A 发送给它的数据帧，经过 SIFS，向终端 A 发送确认应答(ACK)。同时，AP 也同样需要经过信道争用过程将终端 A 发送给它的数据帧发送给终端 C。AP 由于不是第一次发送 MAC 帧，因此自动随机选择退避时间，并在信道持续空闲 DIFS 后，进入退避时间。假定 AP 选择的退避时间是 1 个时隙，由于终端 B 剩余的退避时间是 2 个时隙，因此 AP 先结束退避时间，向终端 C 发送数据帧。终端 C 在接收到 AP 发送给它

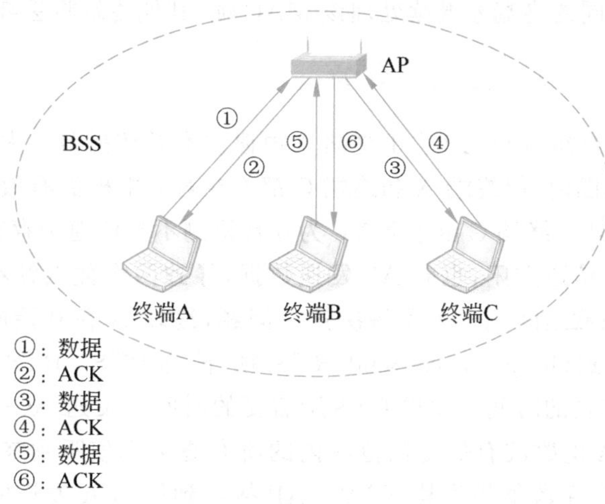

图 4.28 BSS 网络拓扑结构

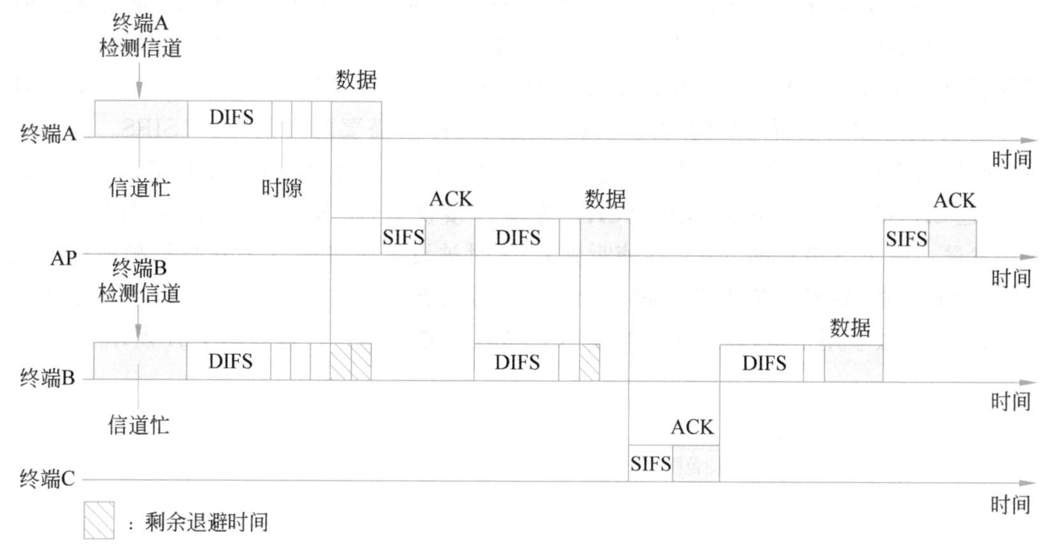

图 4.29 DCF 操作过程

的数据帧后，经过 SIFS，向 AP 发送 ACK。终端 B 在信道持续空闲 DIFS 后，进入退避时间，并经过 1 个时隙的退避时间后，向 AP 发送数据帧。AP 接收到终端 B 发送给它的数据帧后，经过 SIFS，向终端 B 发送 ACK。

如果终端 A 和终端 B 随机选择的退避时间相等，假定都是 3 个时隙，则终端 A 和终端 B 将同时发送数据帧。由于发生冲突，AP 接收不到正确的数据帧，不可能向终端 A 或终端 B 发送 ACK，致使终端 A 和终端 B 的重传定时器溢出。终端 A 和终端 B 分别增大争用窗口，并重新在增大后的争用窗口内随机选择退避时间。由于争用窗口分别增大一倍，终端 A 和终端 B 随机选择的退避时间再次以相等的概率降低。

在同一 BSS 内，某个终端发送 MAC 帧时，其他终端都侦听并接收该 MAC 帧，用该 MAC 帧的持续时间字段值更新自己的 NAV，但只有 MAC 地址和该 MAC 帧的接收端地址(地址字段1)相同的终端才继续处理该MAC帧,其他终端将丢弃该MAC帧。

5. RTS和CTS解决隐藏站问题的过程

如图4.30所示,终端B和AP位于终端A电磁波有效传播范围内,AP同时位于终端C电磁波有效传播范围内,但终端A和终端C都不在对方电磁波有效传播范围内。当终端A向AP发送数据时,终端C由于NAV为0且检测不到信道中存在的电磁波(电磁波能量低于阈值),认为信道空闲,也向AP发送数据,导致两个数据帧在AP处发生冲突,这就是前面讨论的隐藏站问题。为了解决这一问题,终端A在开始向AP发送数据前,先向AP发送请求发送(Request To Send,RTS)帧,简称RTS。RTS中的持续时间字段值=发送数据帧所需要的时间+发送CTS所需要的时间+发送ACK所需要的时间+3×SIFS。位于终端A电磁波有效传播范围内的所有终端都侦听到终端A发送的RTS,将RTS中的持续时间字段值作为其NAV。AP接收到终端A发送的RTS,经过SIFS,向终端A发送允许发送(Clear To Send,CTS)帧,简称CTS。CTS中的持续时间字段值=RTS持续时间字段值-AP发送CTS所需要的时间-SIFS。位于AP电磁波有效传播范围内的所有终端都侦听到AP发送的CTS,如果CTS中的持续时间字段值大于终端的当前NAV,将NAV更新为CTS中的持续时间字段值。这样,终端C的NAV更新为终端A发送数据帧所需要的时间+AP发送ACK所需要的时间+2×SIFS。终端A在接收到AP发送给它的CTS后,经过SIFS,直接向AP发送数据帧。AP接收到数据帧后,经过SIFS,直接向终端A发送ACK。终端A接收到AP发送的ACK,表明数据帧已成功发送。由于终端C的NAV在侦听到CTS时被设置成终端A发送数据帧所需要的时间+AP发送ACK所需要的时间+2×SIFS,因此在这段时间内,终端C认为信道处于忙状态,不会去争用信道,以此保证终端A的成功发送。整个过程如图4.31所示。

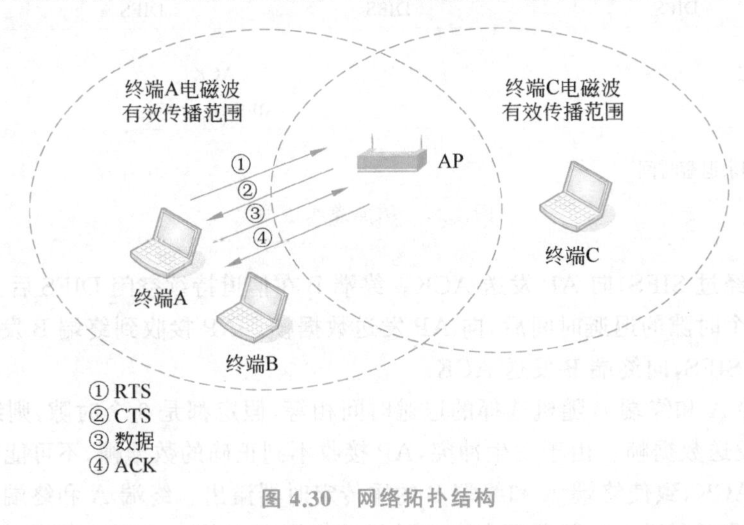

图4.30 网络拓扑结构

终端A发送的RTS仍然可能和终端C发送的MAC帧发生冲突,因此终端A如果在规定时间间隔内接收不到AP发送的CTS,将重新发送RTS。由于RTS是很短的控制帧,因此一方面和终端C发送的MAC帧发生冲突的概率较小,另一方面重新发送

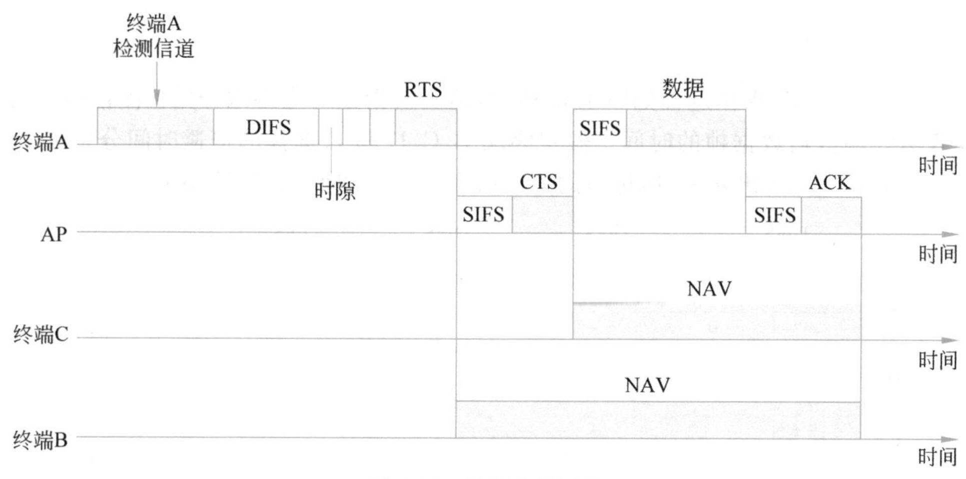

图 4.31　数据传输过程

RTS 的代价也较小。

但从图 4.31 中可以看出，保证终端 A 成功发送数据的代价是增加了和 AP 交换 RTS 和 CTS 所需要的时间。因此，当终端 A 发送的数据帧较长，和终端 C 发送的 MAC 帧发生冲突的概率较大，而且重新发送数据帧的代价也较大时，采用如图 4.31 所示的数据传输过程是合理的。当终端 A 发送的数据帧较短时，终端 A 直接发送数据帧的效率可能更高。因此，802.11 可以对采用如图 4.31 所示的数据传输过程的数据帧的长度设定阈值，只对长度超过阈值的数据帧采用如图 4.31 所示的数据传输过程。

6. 帧间间隔

帧间间隔是终端在完成当前 MAC 帧发送后进行下一帧 MAC 帧发送前必须等待的一段时间，这段时间的长短取决于终端将要发送的 MAC 帧的类型。一般情况下，终端在开始下一帧 MAC 帧发送前，根据发送的 MAC 帧的类型，要求侦听到信道持续空闲帧间间隔后，才能开始发送下一帧 MAC 帧。当对应的帧间间隔较短的 MAC 帧开始发送后，等待发送对应的帧间间隔较长的 MAC 帧的终端因为侦听到信道忙而停止争用过程。因此，帧间间隔决定了对应类型 MAC 帧的发送优先级，帧间间隔越短，对应类型的 MAC 帧的发送优先级越高。无线局域网为了对不同类型的 MAC 帧分配不同的优先级，确定了 4 种不同的帧间间隔，这里只讨论和本章内容有关的两种。

1) 短帧间间隔

短帧间间隔(SIFS)是无线局域网要求的最短帧间间隔，这段时间用于让终端完成发送方式和接收方式之间的转换。这种帧间间隔所对应的 MAC 帧通常是已经取得信道控制权的终端将要发送的 MAC 帧。

2) 分布协调功能帧间间隔

分布协调功能帧间间隔(DIFS)的时间长度＝SIFS＋2 个时隙。当终端用 DCF 方式传输数据时，必须侦听到信道持续空闲 DIFS 后，才能传输数据或进入退避时间。

7. 例题解析

【例 4.1】 DCF 操作过程如图 4.32 所示，箭头所指是对应终端开始检测信道的时间，灰框表示终端传输数据帧的时间。假定终端 B、C、D 和 E 选择的退避时间分别是 20μs、10μs、14μs 和 6μs，求出 $a \sim i$ 所标识的方框所表示的时间值(单位是 μs)。

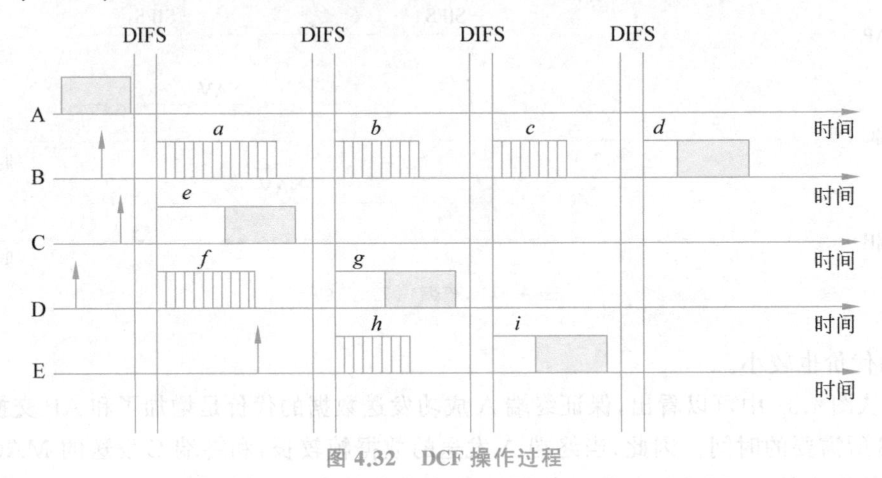

图 4.32 DCF 操作过程

【解析】

a 标识的方框表示终端 B 选择的退避时间，因此 $a=20$。

b 标识的方框表示终端 B 在终端 C 发送完数据后的剩余退避时间，因此 $b=a-e$，其中 e 标识的方框表示终端 C 选择的退避时间，因此 $e=10$，$b=a-e=20-10=10$。

c 标识的方框表示终端 B 在终端 D 发送完数据后的剩余退避时间，因此 $c=b-g$，其中 g 标识的方框表示终端 D 在终端 C 发送完数据后的剩余退避时间。由于 f 标识的方框表示终端 D 选择的退避时间，因此 $f=14$，$g=f-e=14-10=4$，$c=b-g=10-4=6$。

d 标识的方框表示终端 B 在终端 E 发送完数据后的剩余退避时间，因此 $d=c-i$，其中 i 标识的方框表示终端 E 在终端 D 发送完数据后的剩余退避时间。由于 h 标识的方框表示终端 E 选择的退避时间，因此 $h=6$，$i=h-g=6-4=2$，$d=c-i=6-2=4$。

由此可以得出：

$a=20$，$b=10$，$c=6$，$d=4$，$e=10$，$f=14$，$g=4$，$h=6$，$i=2$。

4.4 终端接入无线局域网过程

对于第 3 章讨论的总线型以太网，了解了总线型以太网多点接入控制过程，就基本了解了总线型以太网的工作过程。但无线局域网和总线型以太网不同：一是终端之间必须在开始通过 DCF 进行数据传输过程前，解决无线信道同步问题，即属于同一 BSS 的终端必须选择相同的无线信道进行通信；二是必须对 AP 和接入终端进行鉴别。由于终端通过总线型以太网传输数据前，必须有一个在物理上接入总线型以太网的过程，因此管理员和用户之间的相互确认比较简单、直接。但无线局域网并不需要这样的物理接入过程，这既是无线局域网的方便之处，也是无线局域网的安全隐患。为了安全，必须完成终端和AP之间的相互确认，当然这种确认并不是通过物理接触实现的。三是必须建立终端和AP之间的关联。总线型以太网只允许已经接入总线的终端之间相互通信，无线局域网和终端之间必须有类似总线型以太网这样的虚拟接入过程。只有完成虚拟接入过程的终端才允许通过无线局域网进行数据传输，这种虚拟接入过程就是建立关联过程。

4.4.1 BSS 配置信息

一个服务集可以由分配系统互连的多个基本服务集组成，因此扩展服务集就是一个服务集。每一个服务集有唯一的标识符，称为服务集标识符(Service Set Identifier, SSID)。构成服务集的多个 BSS 有相同的 SSID，需要成为这些 BSS 中其中一个 BSS 的成员的终端或 AP 必须拥有该 SSID，AP 在允许某个终端加入该 BSS 之前，必须确认该终端拥有标识该 BSS 的 SSID。由于在数据传输过程中，MAC 帧中用于体现终端标识信息的是终端的 MAC 地址，因此一旦 AP 确认某个终端拥有标识该 BSS 的 SSID，就将该终端的 MAC 地址记录在关联表中，只有关联表中包含其 MAC 地址的终端才能和 AP 交换数据。由于 AP 关联表中包含所有允许加入 BSS 的终端的 MAC 地址，因此 AP 关联表其实就是前面介绍的 MAC 地址列表。

确认终端是否拥有标识该 BSS 的 SSID 的过程中，用明文方式相互交换 SSID。由于无线通信的开放性，其他终端很容易截获 SSID，导致没有授权接入该 BSS 的终端因为截获了标识该 BSS 的 SSID，而成为授权终端。无线局域网解决这一问题的方法是，除了 SSID，所有授权加入该 BSS 的终端还必须拥有密钥 K。因此，AP 在允许某个终端加入 BSS 之前，必须确认该终端拥有标识该 BSS 的 SSID 和密钥 K。而且，在确认该终端是否拥有密钥 K 的过程中，不需要用明文方式交换密钥 K，这就保证了密钥 K 的安全性。BSS 的配置涉及 AP 和授权加入 BSS 的终端的配置。配置某个 AP 需要配置三组信息：一是用于和终端通信的无线信道。选择无线信道时，需要保证有效通信区域内没有其他 AP 使用频率范围与该信道的频率范围重叠的信道。目前，如果选择自动配置信道方式，AP 能够自动搜索有效通信区域内已经使用的信道，自动选择有效通信区域内没有使用的信道作为自己的信道。二是标识 AP 所在 BSS 的 SSID。三是用于鉴别接入终端的密钥 K。有些情况下，可能还必须配置 AP 支持的物理层标准等。目前 AP 和终端无线网卡大多支持 802.11n、802.11g、802.11b 和 802.11 DSSS，AP 和终端对于这 4 种标准是自适应的，即 AP 能够根据终端网卡的物理层标准自动选择其中一种标准和传输速率。

配置某个授权终端，需要为其配置标识需要加入的 BSS 的 SSID。如果 AP 需要通过密钥来确认终端是否是授权终端，还必须为其配置和 AP 相同的密钥 K。

4.4.2 同步过程

同步过程的第一步是建立扫描报告，扫描报告中对于每一个信道列出该信道上扫描到的服务集标识符(SSID)、AP的MAC地址(BSSID)、AP支持的物理层标准和数据传输速率及其他有关AP的性能参数,如接收到的电磁波能量等。终端通过以下两种方式完成扫描报告建立过程:一是被动扫描,二是主动扫描。

1. 被动扫描过程

AP通过选定信道周期性地发送信标帧,信标帧中包含有关该BSS的一些信息,如支持的物理层标准和传输速率等。在被动扫描过程中,终端对物理层标准允许的所有信道逐个侦听,每个信道的侦听时间必须大于AP发送信标帧的间隔。为了保证终端能够接收到信标帧,AP以最低数据传输速率发送信标帧。

终端完成所有信道侦听后,生成扫描报告,扫描报告中对于每一个信道列出该信道上侦听到的SSID、AP的MAC地址(BSSID)、AP支持的物理层标准和数据传输速率及其他有关AP的性能参数。

为了安全,允许AP发送的信标帧中不携带SSID,在这种情况下,终端无法通过被动扫描过程扫描到该SSID。因此,在扫描报告中,针对该信道,无法建立该SSID与AP之间的关联。

2. 主动扫描过程

由于AP发送信标帧的间隔较长,使被动扫描过程需要较长时间才能完成,终端为了加快信道同步过程,往往采用主动扫描过程。在主动扫描过程中,终端根据配置的信道列表逐个信道发送探测请求帧(Probe Request),然后等待AP回送探测响应帧(Probe Response)。如果经过了规定时间还没有接收到来自AP的探测响应帧,则探测下一个信道。AP接收到探测请求帧后,如果探测请求帧给出的SSID和自己的相同,就回送探测响应帧。探测响应帧中包含SSID、AP的MAC地址(BSSID)、AP支持的物理层标准和数据传输速率及其他有关AP的性能参数。

同样,为了保证AP能够接收到探测请求帧,终端以最低数据传输速率发送探测请求帧。AP也以相同的传输速率发送探测响应帧。

终端往往同时采用被动和主动扫描过程生成扫描报告。

3. 终端与AP同步

首先终端需要选择一个SSID,该SSID可以事先配置,也可以在扫描到的SSID列表中人工选择。终端选定SSID后,在扫描报告中选择一个AP进行同步。与终端同步的AP必须满足以下条件:一是该AP配置终端选定的SSID,二是终端支持的数据传输速率和物理层标准必须与AP支持的数据传输速率和物理层标准存在交集。如果存在多个满足上述条件的AP,则选择信号最强的AP进行同步。一旦同步过程结束,终端获知AP的MAC地址、所使用的信道、双方均支持的物理层标准和数据传输速率集。

4.4.3 鉴别过程

终端和AP之间完成信道同步过程后,进行相互鉴别过程。802.11支持单向鉴别,即由 AP 对终端进行鉴别；802.11i 支持双向鉴别，即终端和 AP 互相确认对方。这里，只讨论单向鉴别过程。AP 鉴别终端的过程就是判别终端是否是授权终端的过程，只允许授权终端加入 BSS。802.11 支持两种鉴别方式：开放系统鉴别和共享密钥鉴别。开放系统鉴别实际上不需要鉴别，终端向 AP 发送鉴别请求帧(Authentication Request)，AP 向终端回送鉴别响应帧(Authentication Response)，AP 并没有进行任何鉴别操作。因此，如果 AP 配置成开放系统鉴别方式，则所有终端都能得到 AP 确认。共享密钥鉴别过程就是确定终端是否拥有和 AP 相同的密钥 K 的过程。拥有和 AP 相同密钥的终端是允许加入 BSS 的授权终端。

共享密钥鉴别过程如图 4.33 所示，终端向 AP 发送鉴别请求帧，鉴别请求帧中表明采用共享密钥鉴别方法。AP 回送明文字符串 P，终端将 AP 发送给它的明文字符串 P 用密钥 K 加密后发送给 AP，AP 用密钥 K 对终端发送给它的加密后的密文 Y 进行解密。如果解密后的明文字符串和 AP 发送给终端的明文字符串 P 相同，表示鉴别成功。AP 向终端发送鉴别成功的鉴别响应帧，否则向终端发送鉴别失败的鉴别响应帧。共享密钥鉴别原理如下：假定 P 表示没有加密的明文，Y 表示对明文加密后的密文，E 表示加密算法，D 表示解密算法，K 表示密钥，则 $Y=E_K(P)$，$D_K(Y)=P$，即 $D_K(E_K(P))=P$，表示如果终端和 AP 采用相同的加密、解密算法和密钥，则终端用加密算法 E 和密钥 K 对明文 P 加密后产生的密文 Y，在 AP 用对应的解密算法 D 和相同密钥 K 进行解密后，还原成终端加密前的明文 P。共享密钥鉴别过程保证只有和 AP 拥有相同密钥 K 的终端才能通过鉴别。

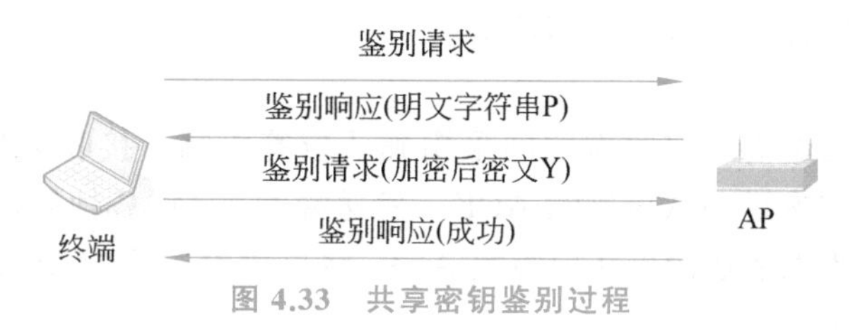

图 4.33　共享密钥鉴别过程

4.4.4　建立关联过程

终端在和 AP 进行数据交换前，必须先和 AP 建立关联(association)，因此和 AP 建立关联就像在总线型以太网中将终端连接到总线上。建立关联的前提是终端和 AP 之间成功完成同步和鉴别过程。终端向 AP 发送关联请求帧(Association Request)，关联请求帧中给出终端的一些功能特性，如是否支持查询、是否进入 AP 的查询列表、终端的 SSID 和终端支持的传输速率等。AP 对这些信息进行分析，确定是否和该终端建立关联。如果 AP 确定和该终端建立关联，则向该终端回送一个表示成功建立关联的关联响应帧(Association Response)，关联响应帧中给出关联标识符；否则，向终端发送分离帧(disassociation)。AP 和终端成功建立关联的先决条件是：

① AP 完成对该终端的鉴别(由鉴别过程完成)；

② AP 和该终端的 SSID 匹配(由同步过程完成)；

③ AP 和该终端支持的物理层标准和传输速率存在交集(由同步过程完成);

④ AP 具有的资源允许该终端接入 BSS(由建立关联过程完成)。

和某个终端建立关联后,在关联表中添加一项,该项内容包含终端的 MAC 地址、鉴别方式、是否支持查询、支持的物理层标准、数据传输速率和关联寿命等。关联寿命给出终端不活跃时间限制,只要终端持续不活跃时间超过关联寿命,终端和 AP 的关联就自动分离。就像总线型以太网中只有连接到总线上的终端才能进行数据传输一样,BSS 中只有 MAC 地址包含在关联表中的终端才能和 AP 交换数据。

值得强调的是,BSS 以 AP 的 MAC 地址作为基本服务集标识符(BSSID)。由于一个服务集可以由以太网互连的多个基本服务集组成,因此 BSSID 与 SSID 是不同的,构成服务集的多个基本服务集中的每一个基本服务集有唯一的 BSSID,但这些基本服务集有相同的 SSID。

4.4.5 MAC 帧分类

MAC 帧分为控制帧、管理帧和数据帧。控制帧用于控制无线局域网 MAC 帧传输过程。管理帧用于管理终端接入 BSS 过程中的每一个步骤。数据帧用于完成终端之间的数据传输过程。

1. 控制帧

控制帧有确认应答帧及 RTS 和 CTS。

1) ACK

无线局域网中发送端与接收端之间采用确认应答机制。接收端如果接收到正确的 MAC 帧,则向发送端发送确认应答帧 ACK。发送端发送 MAC 帧后,如果在规定时间内一直没有接收到接收端发送的确认应答帧 ACK,将再次发送该 MAC 帧。

2) RTS 和 CTS

RTS 和 CTS 分别是发送端和接收端之间为预占无线信道相互发送的 MAC 帧,帧中的持续时间字段值给出发送数据段所需要的时间,即预占无线信道的时间。发送端和接收端之间相互发送 RTS 和 CTS 的作用有两个:一是解决无线局域网的隐藏站问题,二是为大段数据传输预占无线信道。

2. 管理帧

1) 信标帧

AP 通过周期性发送信标帧,让需要接入 BSS 的终端完成被动同步过程。

2) 探测请求帧和响应帧

终端逐个信道发送探测请求帧,接收到探测请求帧的 AP 如果配置和探测请求帧中相同的 SSID,则发送探测响应帧。终端与 AP 通过探测请求帧和响应帧完成主动同步过程。

3) 鉴别请求帧和鉴别响应帧

终端和 AP 之间通过相互发送鉴别请求帧和鉴别响应帧完成终端的身份鉴别过程。

4）关联请求帧、关联响应帧和关联分离帧

终端和 AP 之间通过相互发送关联请求帧和关联响应帧建立终端与 AP 之间的关联。终端通过发送关联分离帧删除与 AP 之间的关联。

5）重建关联请求帧和重建关联响应帧

当终端在 BSS 中无缝漫游时，通过和新发现的 AP 之间相互发送重建关联请求帧和重建关联响应帧完成从一个 BSS 漫游到另一个 BSS 的过程。终端完成漫游后，需要及时修改分配系统中以太网交换机的转发表，这也是终端用重建关联请求帧请求建立与新发现的 AP 之间的关联的原因之一。

4.5 无线局域网的设计和分析

通过一个实际的无线局域网设计过程，深入分析无线局域网中的设备配置过程和 MAC 帧传输过程。通过分析接入控制器（Access Controller，AC）的功能和应用，给出大型无线局域网的设计方法。

4.5.1 网络结构

无线局域网结构如图 4.34 所示，以太网构成分配系统，3 个 BSS 分别通过 AP 接入分配系统。AP 有双重功能：一是控制无线终端接入 BSS 过程，二是实现 BSS 和以太网互连。为了实现无线终端 BSS 之间的无缝漫游，每一个 BSS 有相同的 SSID，由以太网互连的 3 个 BSS 构成一个广播域。

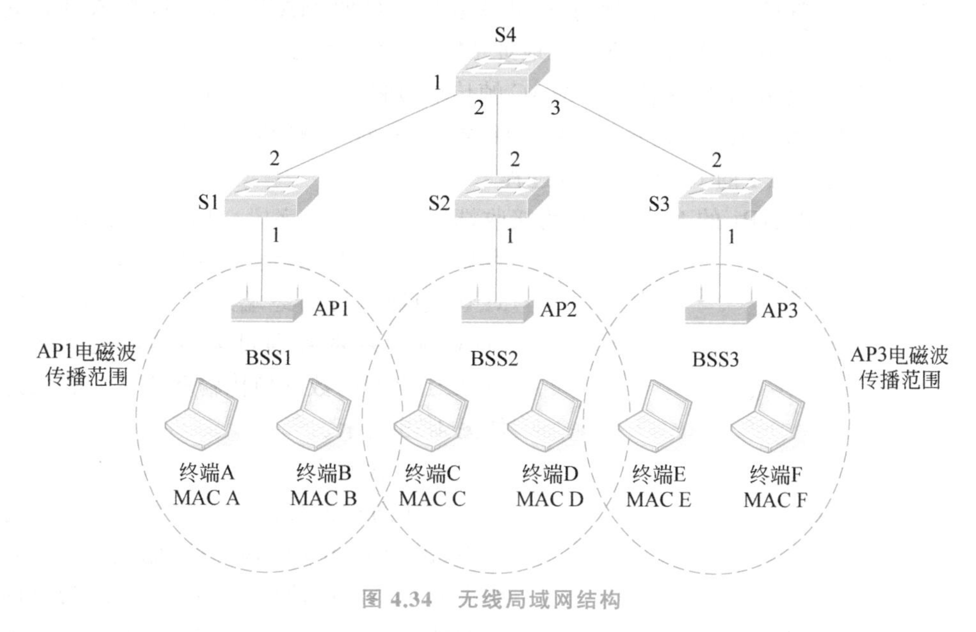

图 4.34 无线局域网结构

4.5.2 终端与AP建立关联过程

每一个AP需要配置SSID和密钥K,同时选择自动配置信道方式。一旦选择自动配置信道,AP首先侦听附近其他AP使用的信道,然后选择一个频段没有与附近AP使用的信道的频段重叠的信道作为自己使用的信道。

每一个终端需要配置与AP相同的SSID和密钥K。完成上述配置过程后,终端通过同步过程、鉴别过程和建立关联过程建立与AP之间的关联。当每一个BSS中的终端都与该BSS中AP建立关联时,每一个AP建立如表4.6～表4.8所示的关联表。

表4.6 AP1关联表

关联标识符	终端MAC地址
1111	MAC A
2222	MAC B

表4.7 AP2关联表

关联标识符	终端MAC地址
3333	MAC C
4444	MAC D

表4.8 AP3关联表

关联标识符	终端MAC地址
5555	MAC E
6666	MAC D

4.5.3 MAC帧传输过程

假定各个交换机初始状态下转发表为空,给出终端A至终端C、终端E至终端A的MAC帧传输过程。

1. 终端A至终端C的MAC帧传输过程

终端A向终端C传输MAC帧前,必须获取终端C的MAC地址。终端A在建立与AP1之间的关联时,获取AP1的MAC地址MAC AP1,AP1的MAC地址同时也成为BSS1的BSSID。终端A至终端C的MAC帧传输过程分为终端A至AP1的MAC帧传输过程、以太网广播MAC帧过程和AP2至终端C的MAC帧传输过程。

1) 终端A至AP1的MAC帧传输过程

终端A构建以AP1的MAC地址为接收端地址(地址1字段)、以自己的MAC地址为源终端地址(地址2字段)、以终端C的MAC地址为目的终端地址(地址3字段)的MAC帧。终端A通过无线信道完成终端A与AP1之间的数据帧传输和确认应答的过程如图4.35所示。

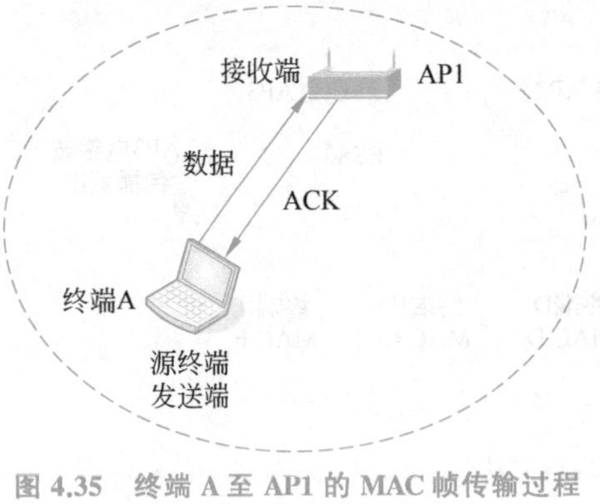

图4.35 终端A至AP1的MAC帧传输过程

2) 以太网广播MAC帧过程

AP1通过无线信道接收到正确的以自己的MAC地址为接收端地址(地址1字段)、以终端C的MAC地址(地址3字段)为目的终端地址的MAC帧,用源终端地址(终端A的地址)检索关联表。由于 AP1 的关联表中存在终端 A 的 MAC 地址 MAC A,因此向终端 A 发送确认应答,然后用目的终端地址检索关联表。由于 AP1 的关联表中不存在终端 C 的 MAC 地址 MAC C,因此 AP1 将 MAC 帧转换成以终端 A 的 MAC 地址为源 MAC 地址、以终端 C 的 MAC 地址为目的 MAC 地址的以太网 MAC 帧格式,将该 MAC 帧通过 AP1 连接以太网的端口发送出去。该 MAC 帧在以太网中广播,到达 AP2 和 AP3,同时在交换机 S1～S4 的转发表中建立终端 A 对应的转发项,如图 4.36 所示。

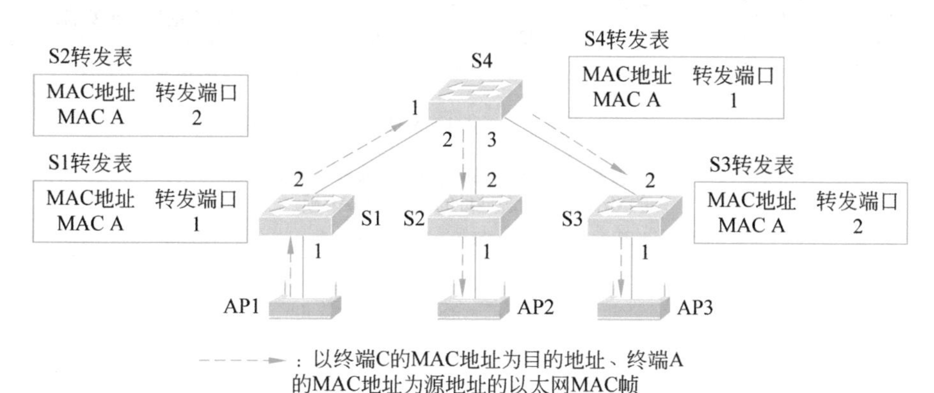

图 4.36 以太网广播过程

3) AP2 至终端 C 的 MAC 帧传输过程

AP3 由于在关联表中找不到 MAC 地址为 MAC C 的关联项,因此丢弃接收到的 MAC 帧。AP2 由于在关联表中找到 MAC 地址为 MAC C 的关联项,因此将该 MAC 帧转换成地址 1 字段为终端 C 的 MAC 地址(接收端地址)、地址 2 字段为 AP2 的 MAC 地址(发送端地址,同时也是 BSS2 的 BSSID)和地址 3 字段为终端 A 的 MAC 地址(源终端地址)的无线局域网 MAC 帧格式,将该 MAC 帧通过无线信道发送出去。终端 C 接收到该 MAC 帧后,向 AP2 发送确认应答,AP2 和终端 C 通过无线信道完成数据帧传输和确认应答的过程如图 4.37 所示。

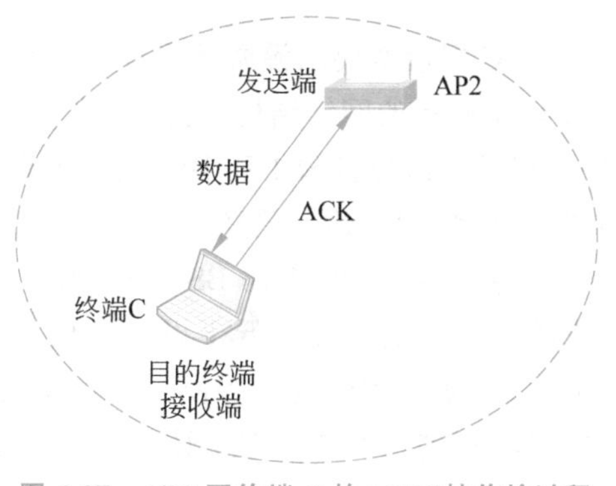

图 4.37 AP2 至终端 C 的 MAC 帧传输过程

2. 终端 E 至终端 A 的 MAC 帧传输过程

终端 E 至终端 A 的 MAC 帧传输过程与终端 A 至终端 C 的 MAC 帧传输过程相似,分为终端 E 至 AP3 的 MAC 帧传输过程、AP3 至 AP1 的 MAC 帧转发过程和 AP1 至终端 A 的 MAC 帧传输过程。值得强调的是 AP3 至 AP1 的 MAC 帧转发过程,由于以太网交换机 S1～S4 转发表中已经存在终端 A 对应的转发项,因此交换机 S3、S4 和 S1 分别从终端 A 对应的转发项所指定的转发端口将 MAC 帧发送出去。整个过程如图 4.38 所示。以太网完成该 MAC 帧 AP3 至 AP1 的转发过程后,交换机 S3、S4 和 S1 转发表中添加终端E对应的转发项。

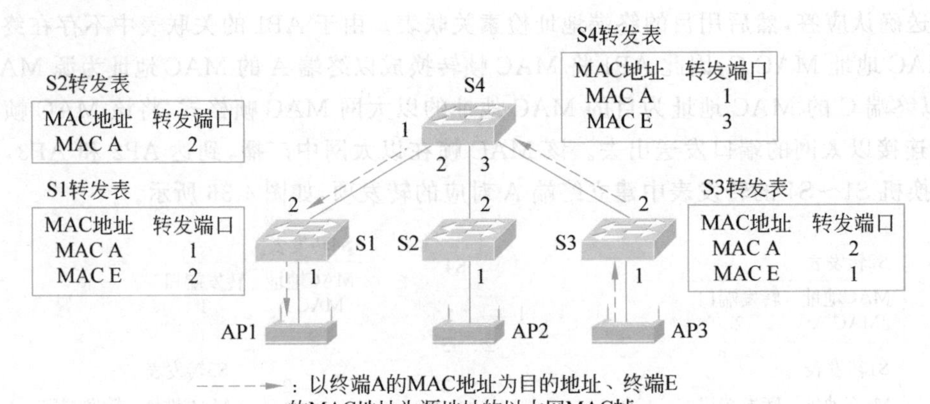

图 4.38 AP3 至 AP1 的 MAC 帧转发过程

4.5.4 终端漫游过程

这里所说的漫游是无缝漫游，是终端可以在不中断当前事务的情况下，从一个 BSS 移动到另一个 BSS 的过程。

1. 终端 A 从 BSS1 移动到 BSS2 的过程

MAC 层漫游要求漫游域是同一个广播域，即两个 BSS 属于同一个广播域。下面针对图 4.34 所示的网络结构，讨论终端 A 从 BSS1 无缝漫游至 BSS2 的实现机制。为实现 MAC 层无缝漫游，BSS1 和 BSS2 必须属于同一个广播域，为做到这一点，要求终端 A 能够与 AP1 和 AP2 建立关联。

当终端 A 从 BSS1 往 BSS2 移动时，从和 AP1 同步的信道上接收到的信号的强度越来越弱。当信号强度低于设定阈值时，终端 A 开始新的信道同步过程，根据配置的信道列表，逐个信道进行探测过程：发送探测请求帧，等待探测响应帧。如果在规定时间内接收不到探测响应帧，则选择下一个信道。在完成信道同步过程后，开始鉴别过程，并在鉴别过程成功完成后，开始建立关联过程。需要指出的是，终端 A 和 AP2 建立关联时发送的是重建关联请求帧(Reassociation Request)，该请求帧中给出漫游前和终端 A 建立关联的 AP 的 MAC 地址。对于 AP1，当终端 A 在检测到信号的强度低于阈值时，向其发送分离帧，结束和 AP1 之间的关联。或者当 AP1 在规定时间内一直接收不到来自终端 A 的 MAC 帧(终端不活跃时间超过关联寿命)时，自动结束和终端 A 之间的关联。

2. 修改转发表中的转发项

由于终端 A 位于 BSS1 时经过 DS 发送过 MAC 帧，因此 DS 中的以太网交换机会在转发表中记录下终端 A 的 MAC 地址和通往 AP1 的交换路径之间的对应关系，如

图 4.36 所示。在这种情况下，如果有其他终端向终端 A 发送数据帧，就有可能出错。对于如图 4.34 所示的网络结构，在终端 A 漫游到 BSS2 后，如果终端 E 向终端 A 发送数据帧，则终端 E 发送的数据帧被 DS 传输到 AP1，而不是 AP2。为解决这一问题，AP2 和终端 A 建立关联后，必须发送一个以终端 A 的 MAC 地址为源终端地址、AP1 的 MAC 地址为目的终端地址的 MAC 帧，将转发表中和终端 A 的 MAC 地址对应的交换路径改变为通往 AP2 的交换路径，如图 4.39 所示。

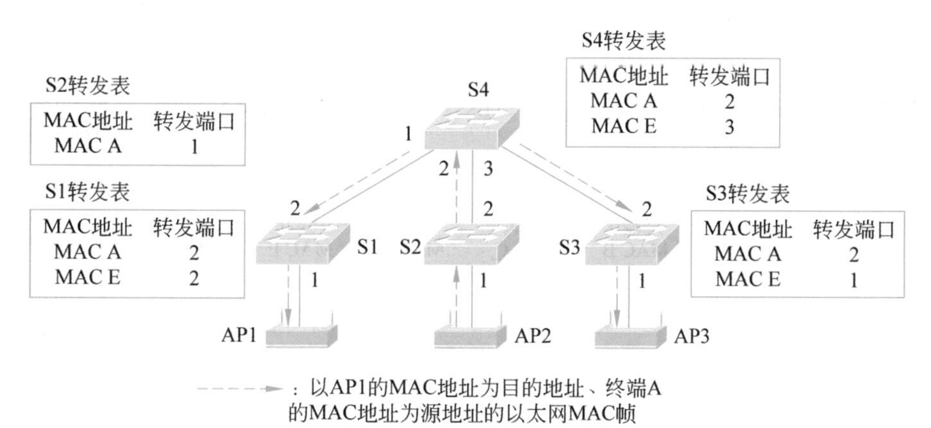

图 4.39 修改转发项过程

4.5.5 AP+AC 无线局域网结构

随着无线局域网的传输速率越来越高和移动终端尤其是智能手机的日益普及，无线局域网已经成为大学校园网的主要组成部分。校园网中存在数以百计的 AP，配置和维护 AP 成为一项繁重的工作。为简化 AP 的配置和维护过程，产生了无线局域网接入控制器(Access Controller，AC)，由接入控制器自动完成对 AP 的配置和维护过程。

1. 网络结构

采用 AC 的无线局域网结构如图 4.40 所示，单个 AC 连接到作为分配系统的以太网上，在 AC 上完成所有需要在 AP 上完成的配置。当有 AP 接入无线局域网时，由 AC 自动将配置信息下传给 AP，使 AP 具有与 AC 相同的配置信息。

2. AC 功能

AC 根据承担的功能的不同，可以分为 Local MAC 和 Split MAC 两种工作模式。

1) Local MAC

在 Local MAC 模式下，AC 的功能主要是向 AP 下传配置信息。AP 获得 AC 下传的配置信息后，其工作过程与图 4.34 所示的 AP 相同，由 AP 创建 BSS，对要求加入该 BSS 的终端完成鉴别过程，与完成鉴别过程的终端建立关联。建立关联的终端可以通过该 AP 与同一 BSS 中的其他终端或者其他 BSS 中的其他终端通信，图 4.41 给出了两个位于

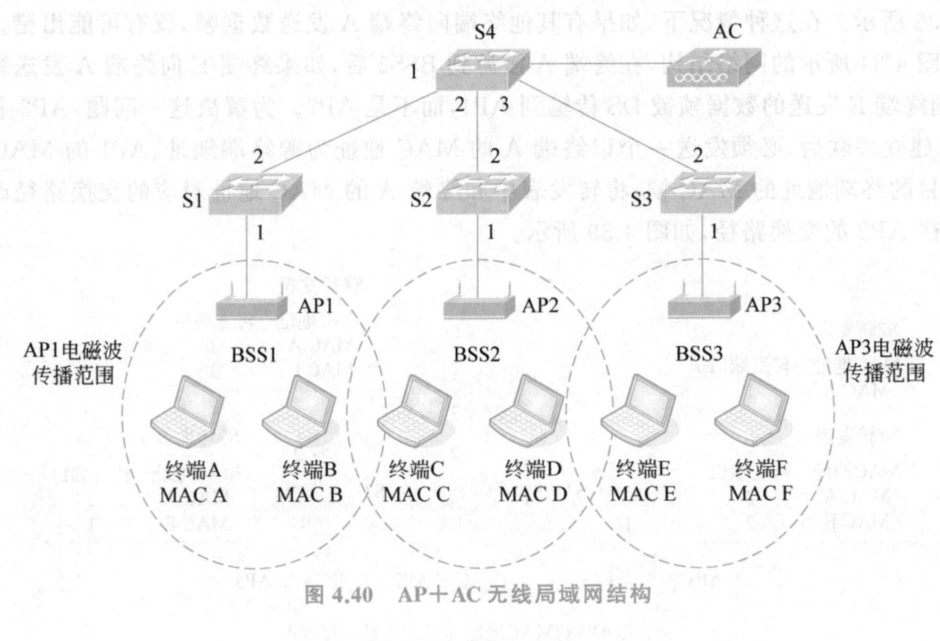

图 4.40　AP＋AC 无线局域网结构

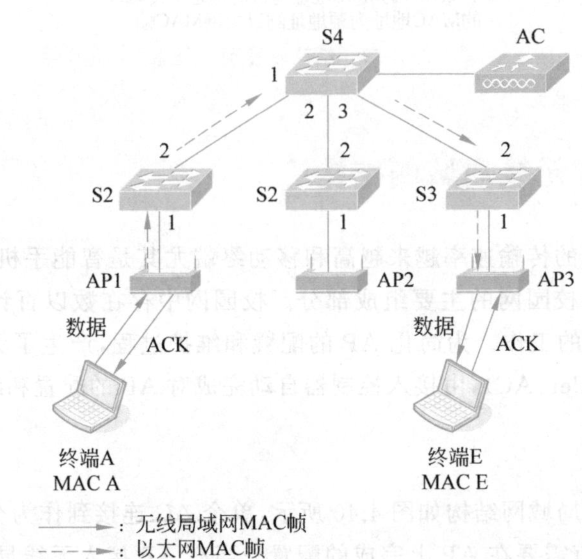

图 4.41　Local MAC 模式下两个位于不同 BSS 的终端之间的通信过程

不同 BSS 的终端之间的通信过程。

2）Split MAC

在 Split MAC 模式下，AP 只是完成经过无线局域网接收和发送无线局域网 MAC 帧的过程，AC 只向 AP 下传与正确接收和发送无线局域网 MAC 帧相关的配置信息。由 AC 完成对终端的鉴别过程，由 AC 与完成鉴别过程的终端建立关联。因此，AP 无法转发通过无线局域网接收到的 MAC 帧，必须将无线局域网 MAC 帧转发给 AC。为此，AP 通过与 AC 之间的隧道将通过无线局域网接收到的 MAC 帧传输给 AC，由 AC 选择目的终端所在的 BSS，将无线局域网 MAC 帧转发给目的终端所在的 BSS 中的 AP。图 4.42

给出了两个位于不同 BSS 的终端之间的通信过程。

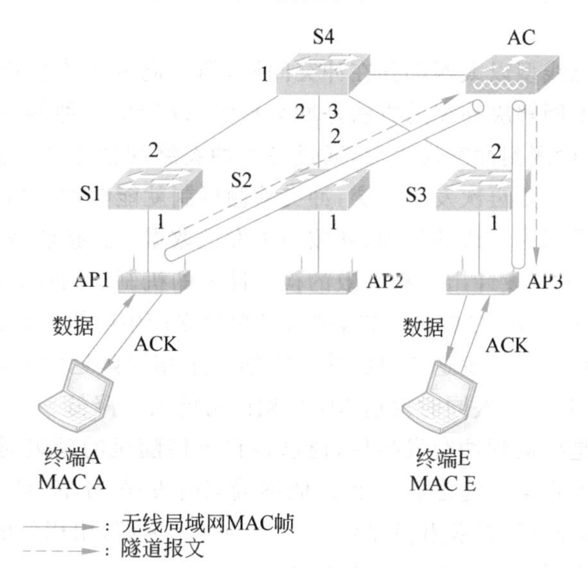

图 4.42 Split MAC 模式下两个位于不同 BSS 的终端之间的通信过程

3. AP 发现 AC 的机制

当 AP 启动时，首先需要发现 AC，建立与 AC 之间的隧道，通过与 AC 之间的隧道下传配置信息。如果 AP 和 AC 位于相同的广播域，AP 通过广播发现请求帧发现 AC。由于 AP 和 AC 位于相同的广播域，因此 AC 可以接收到 AP 广播的发现请求帧，向 AP 发送发现响应帧，发现响应帧中给出 AC 的地址，AP 由此与 AC 建立隧道，AC 通过隧道向 AP 下传配置信息。AC 为了保证只与授权的 AP 建立隧道，建立隧道前，可以对要求建立隧道的 AP 完成鉴别过程。

4.6 无线局域网的启示和思政元素

无线局域网的工作原理、设计方法和应用所蕴含的思政元素以及可以给我们的启示如下。

1. 无线通信技术与移动互联网

随着无线通信技术的发展，无线局域网和无线数据通信网络（如 3G、4G 和 5G）的传输速率越来越高。随着嵌入式技术的发展，智能手机不仅成为可能，而且处理能力越来越强。两者的结合使大量移动终端接入 Internet，移动终端的广泛接入催生了移动 Internet。智能手机移动、定位和随时随地访问 Internet 的特性对移动 Internet 的应用带来革命性的改变。这说明几种技术集成产生的效应可能根本性地改变人们的生活和工作方式。

2. 冲突检测与冲突避免

无线局域网和总线型以太网都存在冲突问题，但不同的工作机制导致不同的冲突解决方法。总线型以太网解决冲突的方法是冲突检测，设计出一种能够检测出所有可能发生的冲突的机制，在检测到冲突发生后，通过各个冲突终端独立产生随机延迟时间，避免冲突的再次发生。但只要再次发生冲突，冲突检测机制就能够检测出再次发生的冲突。

无线局域网一是因为天线的原因，导致一边发送数据一边接收数据比较困难，二是存在隐藏站问题，因此无法设计出一种有效的检测冲突的机制。因而，如果判定某个终端存在和其他终端同时发送 MAC 帧的可能，则该终端独立产生随机的延迟时间，并等待该延迟时间。由于多个可能同时发送 MAC 帧的终端产生相同延迟时间的可能性较小，因此在各自等待延迟时间后，再次同时发送 MAC 帧的可能大大降低。

总线型以太网是检测到冲突发生后，通过各自等待随机的延迟时间避免冲突再次发生。无线局域网是判定某个终端存在和其他终端同时发送 MAC 帧的可能后，通过让该终端等待随机的延迟时间，避免和其他终端发生冲突。因而，用相似的方法和不同的作用时间解决了两种工作机制不同的网络的相同问题。

3. 特定方法解决特定问题

无线局域网的隐藏站问题以及由于重复传输大段数据造成的无线信道带宽浪费和传输时延增加的问题导致无线局域网采用预占无线信道的方法。NAV、RTS 和 CTS 一是解决了隐藏站问题，二是事先为大段数据传输预占信道，以此保证大段数据传输过程中不会和其他终端发生冲突。

无线局域网有总线型以太网没有的问题，因此需要特定的用于解决无线局域网问题的方法。

4. 统一编址是实现互连的基础

无线局域网中的结点和以太网中的结点分配统一的 MAC 地址。无线局域网和以太网统一编址使得可以在无线局域网 MAC 帧中给出以太网中结点的地址，也可以在以太网 MAC 帧中给出无线局域网中结点的地址，这一点是实现无线局域网中终端和以太网中终端相互通信的关键。因此，无线局域网与以太网采用统一的 MAC 地址是在 MAC 层实现这两个网络互连的基础。

5. 冗余是实现容错性的基础

容错性是指系统具有在发生错误的情况下仍然能够提供正常服务功能的特性。无线通信的容错性是指在传输过程中发生错误的情况下仍然使接收端能够接收到与发送端一致的二进制位流的特性。实现容错性的前提是冗余，通过双机备份，在一台主机发生故障的情况下，通过由另一台主机提供服务，使系统能够维持正常服务功能。同样，扩频技术通过带宽冗余实现无线通信的容错性，以此提高无线通信的抗干扰能力。

6. 安全意识和规则意识

无线局域网的方便性是以电磁波经过自由空间传播为前提的，任何接收装置都有可能接收到经过自由空间传播的电磁波，因此，必须有安全机制保证经过无线信道传输的数据的保密性和完整性。

ISM 频段是开放频段，所有使用 ISM 频段通信的设备必须保证发射的电磁波的功率在允许的范围内。

本章小结

- 无线局域网将一段电磁波频段作为无线信道，BSS 中的结点共享该电磁波频段；
- 用 BSSID 唯一标识 BSS，如果 BSS 中存在 AP，用 AP 地址作为 BSSID；
- 用 SSID 唯一标识服务集，服务集可以由多个 BSS 组成，通过分配系统实现这些 BSS 的互连；
- 构成同一服务集的多个 BSS 有相同的 SSID；
- 移动终端接入 BSS 需要经过同步、鉴别和建立关联等步骤；
- 相同 BSS 中的结点之间通过 DCF 完成通信过程；
- AP 是用于实现 BSS 与分配系统互连的设备，一般情况下，AP 实现无线局域网(BSS)与以太网(分配系统)的互连；
- 无线局域网与以太网采用统一的 MAC 地址是在 MAC 层实现这两个网络互连的基础；
- 无线局域网和智能手机的快速发展是产生移动 Internet 的关键；
- 可以由 AC 自动完成大量 AP 的配置过程，AP＋AC 无线局域网结构是目前最常见的大型无线局域网结构。

习　题

4.1　无线局域网 LLC 子层的作用是什么？为什么以太网没有 LLC 子层？802.3 标准定义的局域网就是以太网吗？它们之间有什么区别？

4.2　如何选择用于无线局域网通信的频段？

4.3　多径效应最严重的情况是经过两条路径传输的电磁波到达接收端时相位相差 180°，如果电磁波的频率是 1GHz，两条路径相差多少距离才会造成这一情况？

4.4　电磁波的信号强度和传播距离的平方成反比，而数据传输速率又和电磁波信号强度有关，因此两个利用无线传输媒体通信的终端位于不同位置时，其数据传输速率应该不同。无线局域网在哪一层调节数据传输速率，如何调节？

4.5　电磁波频段是公共资源，如何分配电磁波频段？为何需要开放频段？对开放频段有什么要求？为什么？

4.6　AP是一种怎样的设备？如何实现无线局域网和DS的互连？

4.7　无线局域网有哪些标准？它们之间有什么异同？

4.8　信号强度、数据传输速率和容错这三者之间有什么关联，如何平衡？举例说明。

4.9　无线局域网为什么使用CSMA/CA？

4.10　为什么无线局域网使用停止等待的差错控制算法，而以太网不需要？这一点对它们的MAC层操作有什么影响？

4.11　DCF如果在发送第一帧数据帧时检测到信道不忙，则不需要退避时间，为什么？其他情况下需要退避时间的原因是什么？

4.12　无线局域网传输过程中为什么需要分段？接收端如何完成拼装过程？

4.13　为什么无线局域网的ACK中不需要包含序号？这样做会降低无线局域网的差错控制性能吗？

4.14　无线局域网帧间间隔SIFS和DIFS的作用是什么？

4.15　除了源终端地址和目的终端地址，无线局域网为什么会有发送端地址和接收端地址？它们之间有何关系？

4.16　终端和AP的同步过程解决什么问题？

4.17　AP为什么需要对终端进行鉴别？为什么说终端只有和AP建立关联，才成为BSS中的一员？

4.18　AC的作用是什么？为什么说AC+AP是目前大型无线局域网最常用的结构？

第5章

广　域　网

在第1章有关网络分类的内容中，根据网络的分布范围定义广域网，把广域网定义成一种分布范围广泛的网络，其广泛程度可以是一个国家，甚至全球。能够实现广域网分布范围内数据传输的传输网络很多，但目前互联网中最常见的广域网是同步数字体系(Synchronous Digital Hierarchy，SDH)。SDH是一种电路交换网络，而公共交换电话网(Public Switched Telephone Network，PSTN)是存在时间最长、使用最普遍的电路交换网络。因此，本章从PSTN开始讨论电路交换网络的工作原理。

5.1 PSTN

PSTN是电路交换网络，按需建立主叫与被叫之间的点对点语音信道。使用复用技术可以在一条线路上复用多条能够传输语音信号的物理链路，并用时隙表示这样一条物理链路。由于复用技术，按需建立点对点语音信道的过程成为通过转接表建立时隙之间映射的过程，在语音传输过程中，需要PSTN交换机完成时隙交换过程。PSTN交换机是电路交换机。

5.1.1 PSTN概述

1. 基于PSTN的TCP/IP体系结构

基于PSTN的TCP/IP体系结构如图5.1所示，PSTN作为电路交换网络，其功能是建立点对点信道，因此PSTN只是实现OSI体系结构中的物理层功能。点对点协议(Point to Point Protocol，PPP)实现OSI体系结构中的链路层功能。PPP和PSTN一起实现连接在PSTN上的两个结点之间的PPP帧传输过程。网络接口层IP over PSTN的功能是实现将IP分组封装成PPP帧的过程。

应用层	
TCP UDP	
IP	
IP over PSTN	网络接口层
PPP	链路层
PSTN	物理层

图5.1　基于PSTN的TCP/IP体系结构

2. PSTN 结构

1）电路交换网络

PSTN 是电路交换网络，如图 5.2 所示。话机通过线路与 PSTN 交换机相连，PSTN 交换机之间通过线路实现互连。电路交换网络必须保证能够按需建立任何两个话机之间的点对点信道。

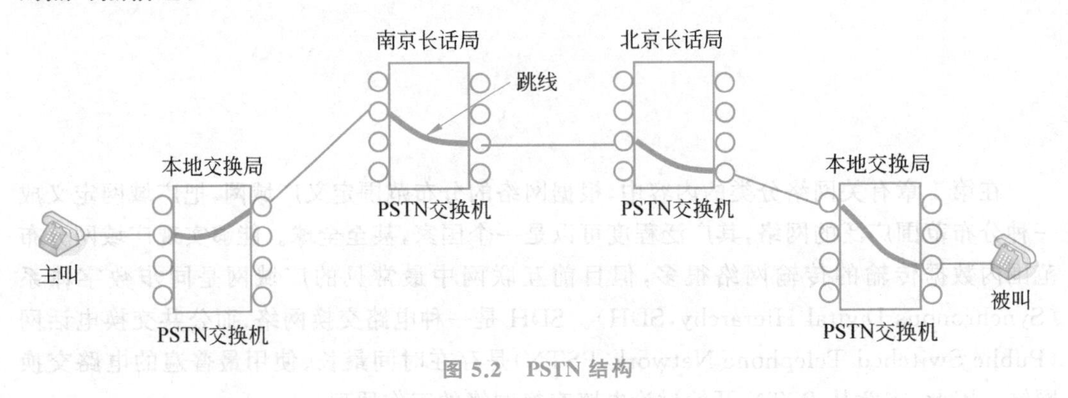

图 5.2 PSTN 结构

2）PSTN 交换机

保证任何两个话机之间都能建立点对点信道的关键设备是 PSTN 交换机，PSTN 交换机和以太网中讨论的数据报分组交换机是有本质区别的。PSTN 交换机的功能是根据需要在两个端口之间建立物理连接，如图 5.2 所示。在早期的电话网中，由话务员人工实现两个端口之间的物理连接。读者或许在以 20 世纪早期为时代背景的电影中看到过这样的镜头：人们摇动电话机接通话务员，告诉话务员要和某个地区、某个号码的人员通信，话务员手工完成当前 PSTN 交换机对应两个端口之间的物理连接，并通知下一站话务员继续类似工作，直到两个话机之间通信通路上的所有 PSTN 交换机都由话务员实现如图 5.2 所示的对应两个端口之间的物理连接。

这种由话务员人工完成 PSTN 交换机两个端口之间的物理连接的方式不仅不方便，也延长了建立主叫和被叫之间点对点信道的时间。随着电子技术的发展，人们开始生产能够根据主叫和被叫号码在 PSTN 交换机对应两个端口之间自动建立连接的 PSTN 交换机。这种 PSTN 交换机在自动建立连接过程中必须具有以下能力：①接收并处理和建立主叫与被叫之间连接相关的信息的能力；②能够根据被叫标识信息（被叫号码）确定正确的输出端口的能力。

3. 呼叫连接建立过程

主叫为了建立与被叫之间的点对点信道，必须向连接它的 PSTN 交换机传输一些相关信息，这些信息至少包含被叫号码及付费方式等内容。这种为在主叫与被叫之间建立点对点信道而必须在主叫和主叫直接连接的 PSTN 交换机之间及点对点信道上相邻 PSTN 交换机之间传输的信息称为信令，而根据信令确定正确的输出端口的过程称为路由。

每一个 PSTN 交换机通过人工配置建立如图 5.3 所示的路由表，路由表中的每一项称为路由项。路由项指明通往被叫的路径，如南京 847 局 PSTN 交换机中的路由项＜0 *，端口 7＞，表明所有区间呼叫必须经过端口 7 连接的线路。0 * 是被叫号码模式，用于表示第一位为 0，长度任意、其他号码为任意数字的一组被叫号码，这一组被叫号码包含了所有属于区间呼叫的被叫号码。

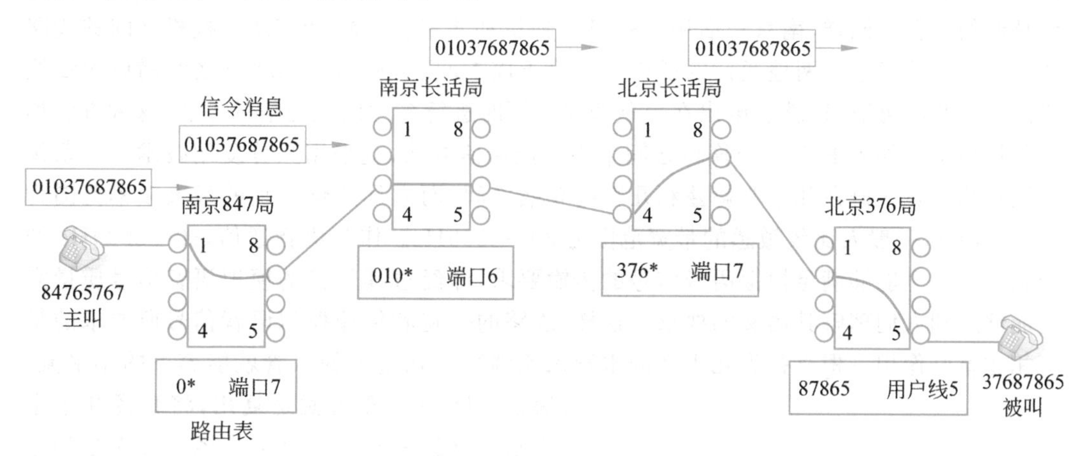

图 5.3 呼叫连接建立过程

用户通过对主叫话机拨号开始呼叫连接建立过程，用户拨入的被叫号码经过连接话机的用户线传输给本地局 PSTN 交换机，如图 5.3 中的南京 847 局 PSTN 交换机，本地局 PSTN 交换机用被叫号码检索路由表，检索的过程是用被叫号码逐项匹配路由项的过程。如果被叫号码属于路由表中其中一项路由项的被叫号码模式所指定的一组被叫号码，则被叫号码与该路由项匹配。由于图 5.3 中的南京 847 局 PSTN 交换机中路由项＜0 *，端口 7＞的被叫号码模式包含了所有第一位为 0 的被叫号码，因此被叫号码 01037687865 与路由项＜0 *，端口 7＞匹配。一旦匹配某项路由项，PSTN 交换机在接收到信令消息的端口和路由项指定的端口之间建立物理连接，如图 5.3 中南京 847 局 PSTN 交换机在端口 1(连接主叫话机用户线)和端口 7 之间建立物理连接。然后，通过路由项指定的端口(端口 7)将信令消息发送出去。通往被叫话机路径所经过的每一个 PSTN 交换机依次处理，最终建立主叫话机与被叫话机之间的点对点语音信道。

值得强调的是，图 5.3 给出的北京长话局 PSTN 交换机的路由项＜376 *，端口 7＞用于指明通往北京 376 局 PSTN 交换机的路径，其中被叫号码模式 376 * 用于指定所有局号为 376 的被叫号码。因此，用被叫号码匹配该路由项时，只使用北京地区号码，不包含北京地区区号 010。同样，用被叫号码匹配北京 376 局 PSTN 交换机中路由项＜87865，用户线 5＞时，只使用局内号码 87865，不包含北京地区区号和 376 局局号。

5.1.2 语音通信过程

1. 模拟通信和频分复用

话机生成的是模拟语音信号，可以直接通过主叫与被叫之间建立的点对点语音信道传输模拟语音信号。当然，如果主叫与被叫之间的点对点语音信道的距离很远，中间可能需要经过若干级放大电路。

如图5.3所示，PSTN交换机之间必须有多条线路相连，因为本地PSTN交换机和长话PSTN交换机之间的线路数决定了本地PSTN交换机所连接的话机可以同时进行长话呼叫的数目。同样，南京长话局PSTN交换机和北京长话局PSTN交换机之间的线路数也决定了同时进行两地通话的话机数。由于成本问题，在南京和北京之间铺设大量线路的方式并不可取，这就引申出在单条线路上同时进行多对话机通信的方法，这种方法称为复用技术。如果PSTN交换机之间采用模拟通信方式，就采用频分复用技术。一条优质线路的带宽大概在几十兆赫兹和几百兆赫兹之间，而人耳能够识别的最大频率范围为20～20kHz，一般人比较敏感的带宽范围为30～3000Hz。作为语音通信，30～3000Hz的带宽已经完全能够满足模拟语音信号的传输要求，即经过其传输的模拟语音信号质量完全能够达到人们理解其语义的要求。这样，线路的带宽和传输模拟语音信号所要求的带宽相比就好像用一根直径为几十米的水管来流淌直径几毫米的水管就能容下的小水流。解决这一问题的方法就是复用，将直径几十米的大水管分割为成千上万个直径为几毫米的小水管，每一个小水管独自流淌适合它容量的水流，而大水管总的流量为所有小水管流量的总和，如图5.4所示。

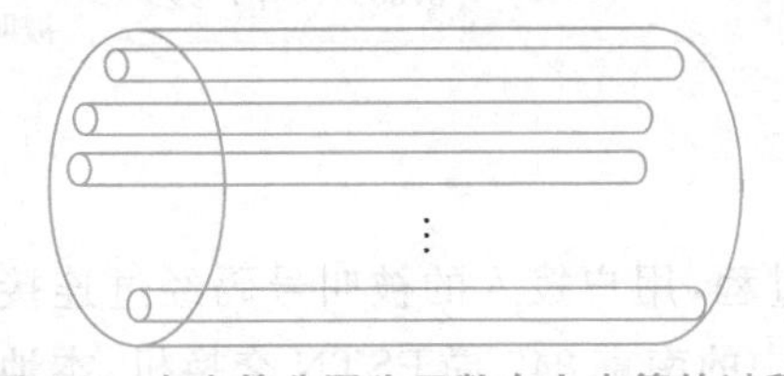

图5.4　大水管分隔为无数个小水管的过程

频分复用的原理和图5.4所示非常相似，将线路的几十兆赫兹的带宽分割为成千上万个4kHz带宽的频段，每段频段用于传输一路模拟语音信号。这种复用方式需要解决的问题是：如果用5.2～5.6MHz的频段来传输一路语音信号时，如何将带宽为0～4kHz的模拟语音信号调制成带宽为5.2～5.6MHz的模拟信号，并通过5.2～5.6MHz的频段进行传输？到达另一端时，如何重新将带宽为5.2～5.6MHz的模拟信号还原成带宽为0～4kHz的模拟语音信号？

2. 数字通信和时分复用

用模拟信号的方式传输语音信号会带来很多问题，由于远距离传输电信号会造成信号衰减，因此传输过程中需要逐段放大模拟信号，这种经过多级放大的模拟信号会造成失真，影响远距离通话效果。另外，随着光纤的出现和普及，光纤通信已成为主流，而光纤适合传输数字信号，因此无论从通信技术发展需要，还是从提高远距离通话质量的角度看，数字通信应该成为语音通信的基础。

1) PCM

目前话机只能生成模拟信号，如果实施端到端数字通信，势必需要更换已有全部话机，这是目前不可能实现的事情。因此，当前PSTN中，PSTN交换机之间实现数字通信，而PSTN交换机和话机之间仍然传输模拟语音信号。这就要求直接连接话机的PSTN交换机(通常称为本地局PSTN交换机)必须具备模拟信号和数字信号的双向转换功能，即需要将传输给远端PSTN交换机的模拟信号转换成数字信号，并经过PSTN

交换机间线路将数字信号传输给远端 PSTN 交换机。同时,必须将经过 PSTN 交换机间线路接收到的数字信号还原成模拟信号后,通过用户线传输给话机。模拟信号与数字信号相互转换的过程中涉及模拟信号至二进制数(Analog to Digital,A/D)转换过程和二进制数至模拟信号(Digital to Analog,D/A)转换过程。模拟信号转换成数字信号的过程分为两个步骤,一是通过 A/D 转换将模拟信号转换成二进制数,二是通过编码将二进制数转换成数字信号。数字信号转换成模拟信号的过程同样分为两个步骤,一是通过解码将数字信号转换成二进制数,二是通过 D/A 转换将二进制数转换成模拟信号。

A/D 转换的关键指标为采样频率和量化精度。采样过程是将时间和幅值都连续的模拟信号变成时间上离散但幅值仍然连续的信号,如图 5.5 所示。

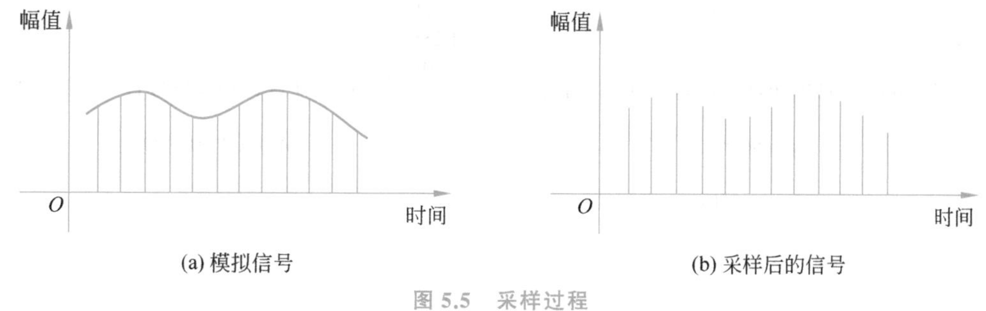

(a) 模拟信号　　(b) 采样后的信号

图 5.5　采样过程

为了保证能够用采样后的信号还原模拟信号,对采样密度有一定要求。已有研究证明:采样频率至少为模拟信号中所含有的最大频率谐波信号的两倍频率,对于带宽为 0～4kHz 的模拟语音信号,其采样频率至少为 8kHz。

量化精度解决用有限位二进制数表示采样后得到的信号幅值的问题。假定信号幅值范围为 0～5V,如果用两位二进制数表示采样后的幅值,那么可以用 00 表示 0V,01 表示 1.25V,10 表示 2.5V,11 表示 3.75V。如果采样后的幅值 $V_i<1.25V$,就用 00 表示。$1.25V\leqslant V_i<2.5V$,就用 01 表示。$2.5V\leqslant V_i<3.75V$,就用 10 表示。$3.75V\leqslant V_i$,就用 11 表示。由于两位二进制数只能表示 4 种幅值,连续幅值的信号只能用这 4 种幅值进行拟合,拟合后的幅值与采样后得到的原始幅值之间的最大误差为 $5V/2^2=1.25V$。显然,为了提高拟合精度(量化精度),需要增加表示采样后幅值的二进制数位数。如果将表示幅值的二进制数位数定为 8 位,在采样频率为 8kHz 的情况下,每一秒模拟语音信号产生的二进制数位数$=8000\times8=64\ 000$b。为了实时传输数字语音信号,对每一路语音信号,PSTN 交换机之间的数字传输系统必须提供一条 64kbps 传输速率的物理链路。

增加表示采样后幅值的二进制数位数可以提高拟合精度,如果 V 为最高信号幅值,n 为表示采样后幅值的二进制数位数,则最大误差$\leqslant V/2^n$,但同时需要将每一路语音信号要求的数据传输速率提高到 $n\times8$kbps。因此,需要在拟合精度和数据传输速率之间进行取舍。对于语音通信而言,经过研究表明:用 8 位二进制数表示采样后的幅值已经能够保证量化精度。

这种采样频率为 8kHz,用 8 位二进制数表示采样后幅值的 A/D 转换过程在 PSTN 中称作脉冲编码调制(Pulse Code Modulation,PCM)过程,最终产生的二进制数称为

PCM 码，脉冲编码调制（PCM）过程中采用的 8kHz 采样频率、表示采样后幅值的 8 位二进制数及由此推导出的 64kbps 的数据传输速率作为 PSTN 数字传输系统的基本参数。

2）D/A 转换

假定用两位二进制数表示每一个采样后的幅值，则表示图 5.5(b)所示的每一个采样后幅值的两位二进制数如图 5.6(a)所示，模拟语音信号转换成一串二进制数"10 11 11 11 10 10 11 11 11 11 10 10"。

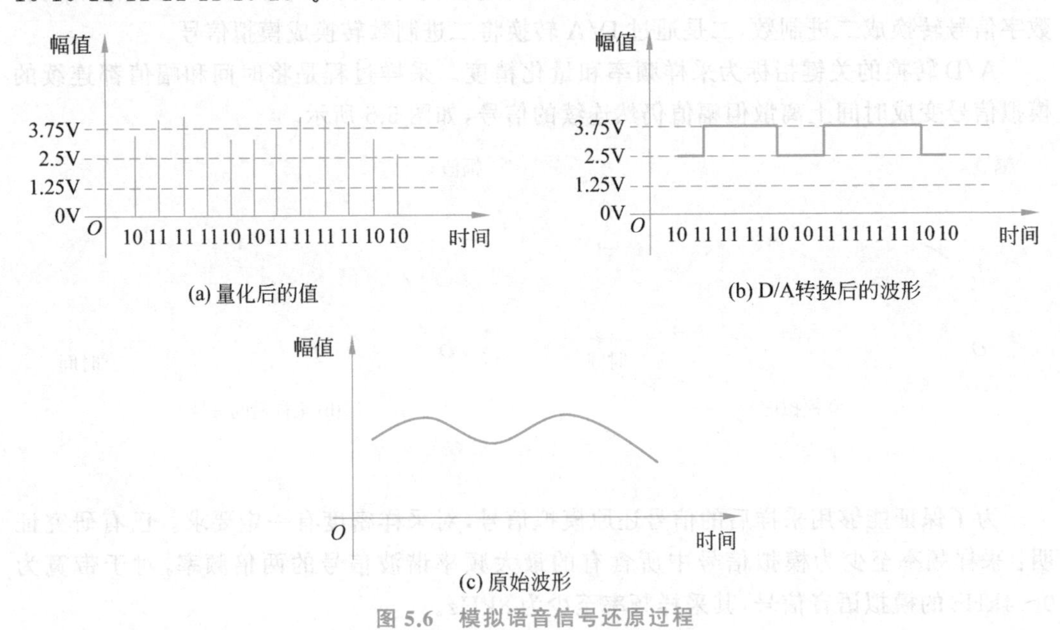

(a) 量化后的值

(b) D/A转换后的波形

(c) 原始波形

图 5.6 模拟语音信号还原过程

D/A 转换将两位二进制数表示的 4 种不同的值转换成对应的 4 种信号幅值，如 00 转换成 0V，01 转换成 1.25V，10 转换成 2.5V，11 转换成 3.75V。转换间隔与采样间隔相同，每 125μs 转换两位二进制数，在新的转换后的信号幅值产生前，信号维持原来的幅值不变。因此一串二进制数"10 11 11 11 10 10 11 11 11 11 10 10"D/A 转换后产生的信号波形如图 5.6(b)所示，与原始模拟语音信号（如图 5.6(c)所示）相比，存在较大差异，但这种差异在采样间隔为 125μs、每一个采样后的幅值用 8 位二进制数表示时，可以降低到忽略不计。

3）语音信号传输过程

语音信号从话机 A 传输到话机 B 的过程如图 5.7 所示，话机 A 产生的模拟语音信号经过用户线到达 PSTN 交换机 1，PSTN 交换机 1 将其转换成 PCM 码，PCM 码是以 8 位二进制数位为单位的二进制位流。PCM 码构成的二进制位流转换成数字信号后在 PSTN 交换机间传播，最终到达 PSTN 交换机 2，PSTN 交换机 2 从接收到的数字信号中还原出 PCM 码构成的二进制位流，以 8 位 PCM 码为单位进行 D/A 转换，D/A 转换后生成的模拟信号经过用户线到达话机 B。由于量化过程会造成量化误差，因此话机 B 接收到的模拟信号与话机 A 产生的模拟语音信号之间存在误差。

4）时分复用技术

同样，PSTN 交换机间的优质线路，尤其是光纤，其传输速率远大于 64kbps，如何用

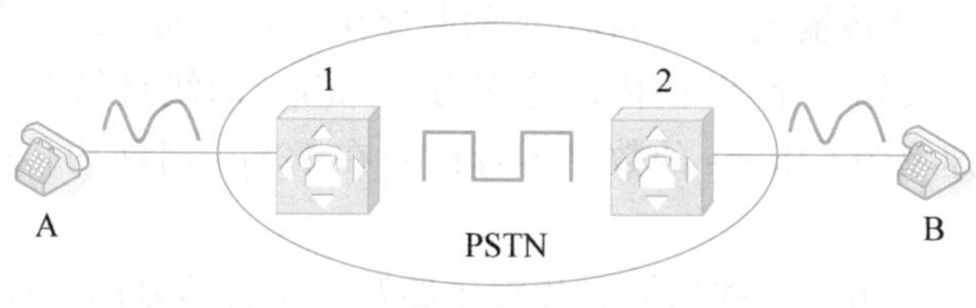

图 5.7　语音信号传输过程

一条高速的数字传输线路来同时传输多路数字化后的语音信号呢？对于数字传输线路，采用时分复用方法。

为了在一条传输速率为 2.048Mbps 的线路上传输多路传输速率为 64kbps 的数字语音信号，需要将线路的传输时间以 $T=125\mu s$ 为周期进行划分，每一周期内线路可以传输的字节数$=(125\mu s\times10^{-6}\times2.048\times10^{6})/8=32$。相同时间周期内，传输速率为 64kbps 的数字信号传输的字节数$=(125\mu s\times10^{-6}\times64\times10^{3})/8=1$。这样，可以把 125μs 分成 32(32/1=32)个时间片(也称时隙)，每一个时隙分配一路传输速率为 64kbps 的数字语音信号，32 个时隙可以同时传输 32 路传输速率为 64kbps 的数字语音信号。当然，线路上任何指定时刻，只能传输一路数字语音信号，所谓的同时传输是指 32 路传输速率为 64kbps 的数字语音信号在 125μs 时间周期内到达线路的数据肯定在 125μs 时间周期内全部由线路传输完毕。图 5.8 所示是 4 路传输速率为 64kbps 的数字语音信号通过时分复用技术同时经过传输速率为 256kbps 的线路进行传输的过程。

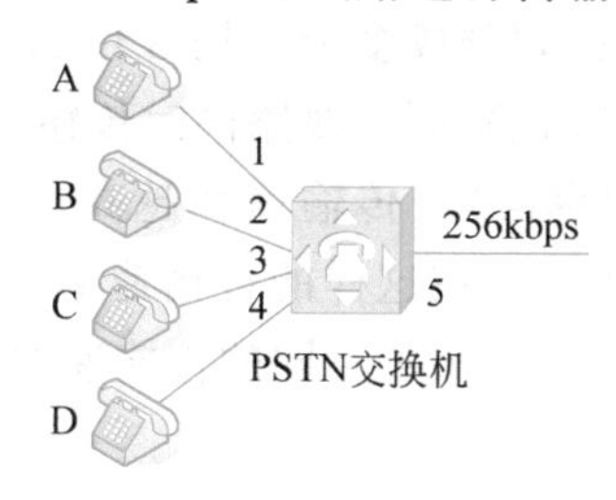

(a) 连接方式

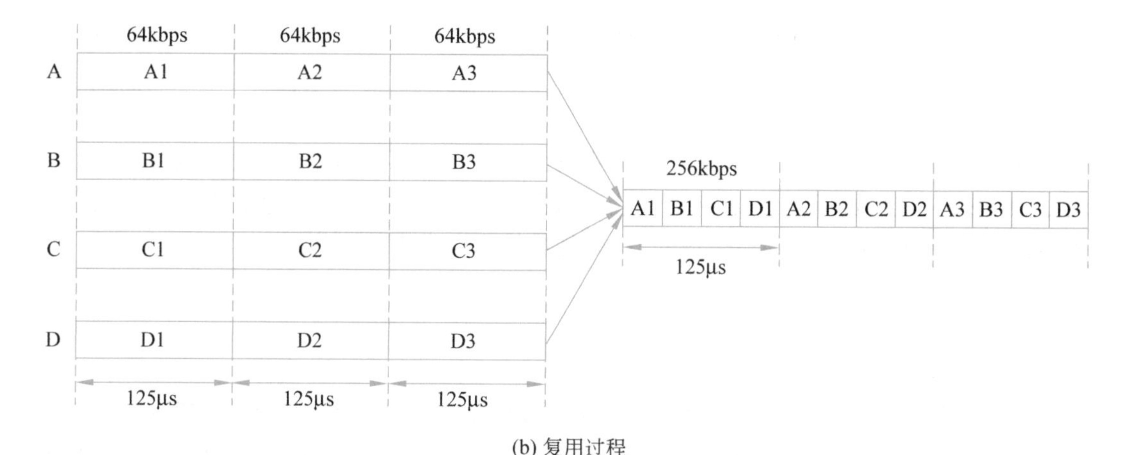

(b) 复用过程

图 5.8　4 路 64kbps 线路时分复用一条 256kbps 线路的过程

在图 5.8 中，每一路传输速率为 64kbps 的数字语音信号每 125μs 传输 1 字节，4 路数字语音信号每 125μs 传输 4 字节，而传输速率为 256kbps 的线路每 125μs 传输 4 字节，恰好能够将 4 路传输速率为 64kbps 的数字语音信号在 125μs 时间内传输的 4 字节全部传输完毕。

传输速率为 2.048Mbps 的线路同时传输多路数字语音信号的过程如图 5.9 所示。一旦确定线路传输速率，也就确定了 125μs 时间内包含的时隙数。这些时隙构成一个物理帧，帧中的每一个时隙都有唯一的编号，如图 5.9 中的 Chi(i=0,1,…,31)。

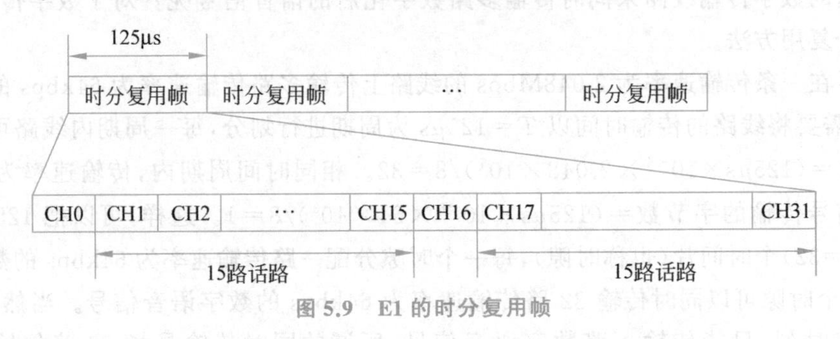

图 5.9 E1 的时分复用帧

在实际应用中，每 125μs 传输的 32 字节并不能全部用作数字语音通信，其中两个字节用作同步和信令通信。因此，真正能够用作数字语音通信的只有 30 字节，这意味着传输速率为 2.048Mbps 的线路能够同时支持 30 路语音通信。

时分复用的过程就是把 125μs 划分成多个传输 8 位二进制数需要的时隙，通过将多路数字语音信号对应到多个时隙来达到同一线路同时传输多路数字语音信号的目的的过程。时隙的长度由线路的传输速率决定，传输速率越高，125μs 时间内容纳的时隙数越多，能够同时传输的语音路数也越多。在这样的传输速率设计中，2.048Mbps 称为 E1 速率，比 E1 更高的是 E2 速率。表 5.1 给出了不同的传输速率及能够同时传输的语音路数。

表 5.1 E 系列传输速率和语音路数

速率类型	一次群(E1)	二次群(E2)	三次群(E3)	四次群(E4)	五次群(E5)
传输速率/Mbps	2.048	8.448	34.368	139.264	565.148
语音路数	30	120	480	1920	7680

从表 5.1 可以看出：PSTN 交换机间线路的传输速率不是任意的。这样做的目的是为了使 PSTN 交换机标准化，就像到商店买衣服，不可能存在任意尺寸的衣服，人们只能在有限尺寸标准的衣服中选择合适的，这就是规模生产带来的副作用。

3. 转接表和时隙交换

1) 转接表

为了动态建立主叫与被叫之间的点对点语音信道，通过如图 5.3 所示的呼叫连接建立过程，在主叫与被叫之间点对点语音信道经过的 PSTN 交换机端口之间动态建立物理连接。如果采用时分复用技术，则呼叫连接建立过程不再是 PSTN 交换机端口之间动态建立物理连接的过程。对于如图 5.8(a)所示的连接方式，是建立连接话机的端口与端口 5 中某个时隙之间的对应关系，如图 5.8(b)所示的时分复用过程对应的＜端口 1，端口 5 时隙 1＞、＜端口 2，端口 5 时隙 2＞、＜端口 3，端口 5 时隙 3＞和＜端口 4，端口 5 时隙 4＞。这种对应关系表明，从端口 1 输入的模拟语音信号经过 PCM 后，每 125μs 产生 8 位二进制数，该 8 位二进制数对应到端口 5 物理帧中的时隙 1。同样，每 125μs 通过端口 5 时隙 1 接收到的 8 位二进制数经过 D/A 转换后，输出到端口 1 连接的线路上。每一个 PSTN 交换机通过转接表建立不同端口时隙之间的对应关系。

2) 时隙交换过程

图 5.10 所示是多对话机通过时分复用实现同时通信的过程，虽然图中没有画出，但 PSTN 交换机间的通信线路应该有两条，实现两个 PSTN 交换机间的全双工通信。PSTN 交换机 1 给出的转接表说明用户线 1 和时隙 7 对应，即话机通过用户线 1 传输到 PSTN 交换机 1 的模拟信号经 PSTN 交换机 1 转换成数字信号后，通过 PSTN 交换机间线路的时隙 7 传输给 PSTN 交换机 2。同样，PSTN 交换机 1 也将 PSTN 交换机 2 至

(a) 转接表和时隙交换

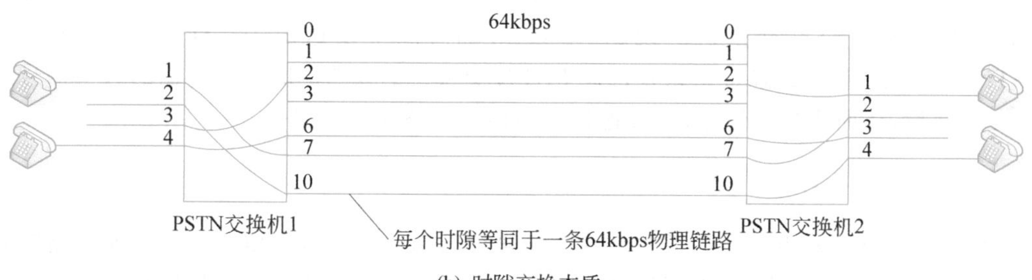

(b) 时隙交换本质

图 5.10　多对话机通过时分复用线路实现同时通信的过程

PSTN 交换机 1 线路中时隙 7 所传输的数字信号经 D/A 转换后，还原成模拟语音信号，通过用户线 1 传输到话机。PSTN 交换机 2 的转接表说明 PSTN 交换机间线路的时隙 7 和用户线 2 相对应，这说明 PSTN 交换机 1 用户线 1 所连话机产生的模拟语音信号最终到达 PSTN 交换机 2 用户线 2 所连话机。同样，PSTN 交换机 2 用户线 2 所连话机产生的模拟信号最终到达 PSTN 交换机 1 用户线 1 所连话机，这就实现了 PSTN 交换机 1 用户线 1 所连话机和 PSTN 交换机 2 用户线 2 所连话机之间的语音通信。通过分析转接表，可以得出同时进行语音通信的还有：PSTN 交换机 1 用户线 2 所连话机和 PSTN 交换机 2 用户线 4 所连话机、PSTN 交换机 1 用户线 3 所连话机和 PSTN 交换机 2 用户线 1 所连话机、PSTN 交换机 1 用户线 4 所连话机和 PSTN 交换机 2 用户线 3 所连话机。

图 5.10(a)中互连 PSTN 交换机 1 和 PSTN 交换机 2 的 E1 链路等同于 30 条传输速率为 64kbps 的全双工物理链路，PSTN 交换机通过转接表实现的时隙交换过程等同于在用户线和对应的传输速率为 64kbps 的输出物理链路之间建立连接，图 5.10(b)给出了图 5.10(a)对应的连接方式。

图 5.10 中 PSTN 交换机所具有的转接表在建立呼叫连接时创建，如果 PSTN 交换机间线路采用时分复用技术，则图 5.3 中建立的语音信号传输路径转变为如图 5.11 所示，PSTN 交换机不是在输入端口和输出端口之间建立连接，而是在输入线路某个时隙和输出线路某个时隙之间建立转接关系。

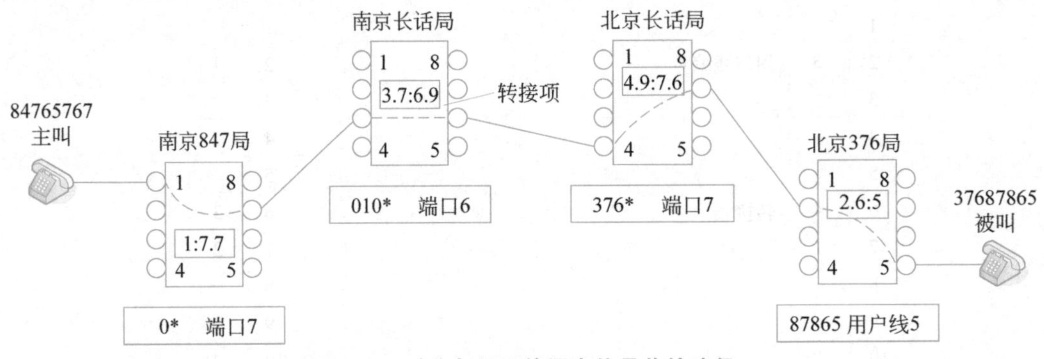

图 5.11　时分复用下的语音信号传输路径

如图 5.11 中南京 847 局 PSTN 交换机中转接项<1：7.7>，表明通过连接主叫话机用户线(端口 1)传输到南京 847 局 PSTN 交换机的模拟信号转换成数字信号后，通过连接南京长话局 PSTN 交换机的线路(端口 7)的时隙 7 发送出去。同样，南京 847 局 PSTN 交换机也将通过连接南京长话局 PSTN 交换机的线路的时隙 7 传输的数字信号经 D/A 转换后，还原成模拟信号，通过连接主叫话机用户线发送出去。

4. 时隙交换与虚电路分组交换的本质区别

PSTN 建立点对点语音信道时创建的转接项与虚电路分组交换网络建立虚电路时创建的转发项非常相似，但时隙交换是电路交换，与虚电路分组交换有本质区别。

1) 时隙和虚电路之间的区别

时隙在线路中是物理存在的，且每一个时隙独占线路的固定传输速率。PSTN 交换机能够确定每一个端口连接的线路上的所有时隙,因此能够根据转接项给出的时隙之间的映射完成时隙交换过程。建立时隙与源终端和目的终端之间的关联后,通过时隙传输的数据无须携带任何用于标识源终端和目的终端的控制信息。

对于虚电路分组交换网络,每一个端口连接的线路上可以存在多条虚电路,每一条虚电路有虚电路标识符。但线路并没有为每一条虚电路分配固定的传输速率,所有虚电路共享线路的传输速率。虽然转发项同样给出 x 端口上的 a 虚电路与 y 端口上的 b 虚电路之间的映射,但与时隙不同,线路上的虚电路不是物理存在的。虚电路分组交换机只能根据数据携带的虚电路标识符确定该数据所属的虚电路,从而根据转发项建立的虚电路之间的映射完成将通过 x 端口上的 a 虚电路接收到的数据通过 y 端口上的 b 虚电路转发出去的交换过程。因此,通过虚电路传输的数据必须携带虚电路标识符。

2) 时隙交换与虚电路分组交换之间的区别

由于以下原因:①时隙是物理存在的;②所有时隙独占线路相同的传输速率;③时隙之间的映射是一一对应的,即不存在多个不同的时隙映射到同一个时隙的情况。因此,不同端口的时隙之间的交换过程不存在问题。

由于没有为每一条虚电路分配固定的传输速率,当通过不同端口的不同虚电路接收到的数据需要同时通过相同端口的不同虚电路转发出去时,如通过 x 端口上的 a 虚电路接收到的数据需要通过 w 端口上的 d 虚电路转发出去、通过 y 端口上的 b 虚电路接收到的数据需要通过 w 端口上的 e 虚电路转发出去、通过 z 端口上的 c 虚电路接收到的数据需要通过 w 端口上的 f 虚电路转发出去,可能发生多个不同端口的多条虚电路的传输速率之和大于输出端口连接的线路的传输速率的情况,如 x 端口上的 a 虚电路、y 端口上的 b 虚电路和 z 端口上的 c 虚电路的传输速率之和大于 w 端口连接的线路的传输速率。在这种情况下,必须采用存储转发方式。

5. 端到端数据传输过程

终端 A 至终端 B 的数据传输过程如图 5.12 所示,终端 A 传输给终端 B 的二进制位流经过 modem A 调制后,转换成模拟信号。PSTN 交换机 1 将模拟信号 PCM 后,转换成 PCM 码,PCM 码构成的二进制位流转换成数字信号后在 PSTN 交换机间传播,最终到达 PSTN 交换机 2。PSTN 交换机 2 从接收到的数字信号中还原出 PCM 码构成的二进制位流,以 8 位 PCM 码为单位进行 D/A 转换。D/A 转换后生成的模拟信号经过用户线到达 modem B,modem B 通过解调模拟信号还原出终端 A 发送的二进制位流。

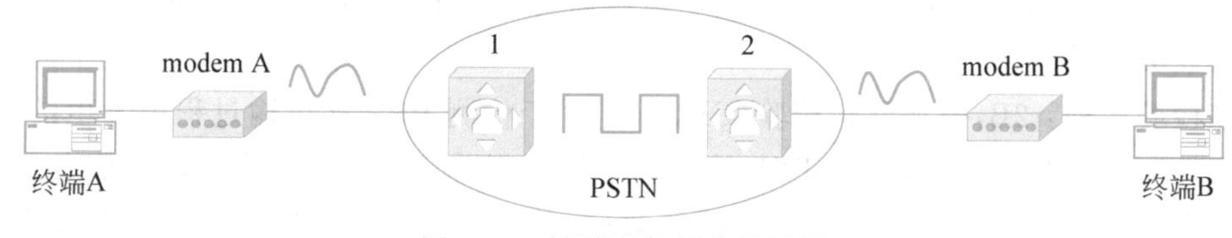

图 5.12 端到端数据传输过程

针对如图 5.12 所示的端到端数据传输过程,需要强调以下几点。

(1) 由于用户线只能传输频率范围为 0～4kHz 的模拟信号,因此终端 A 发送的二进制位流经过 modem 调制后，必须转换成频率范围为 0～4kHz 的模拟信号。

(2) PSTN 交换机对模拟信号 PCM 后生成的 PCM 码与终端 A 发送的二进制位流是完全不同的，PCM 码不是对模拟信号解调后还原的二进制位流，而是为了能够通过 D/A 转换还原模拟信号，对模拟信号 A/D 转换后的结果。

(3) 用户线数据传输速率取决于用户线带宽和调制后的模拟信号的不同状态数。用户线的带宽受 A/D 转换时的采样频率限制，根据 8kHz 采样频率可以得出用户线带宽≤4kHz。由于 A/D 转换时存在量化误差，因此 modem A 产生的模拟信号与 modem B 接收到的模拟信号之间存在误差。由于受量化误差的限制，调制后的模拟信号的不同状态数无法提高到一个较高的值，使用户线的数据传输速率只能在 33.6kbps 左右。

5.2 PPP

点对点协议(Point-to-Point Protocol，PPP)首先是一种基于点对点信道的链路层协议，用于实现将通过点对点信道传输的数据封装成帧，并对传输过程中出现的错误进行检验的功能。PPP 同时又是一种基于 PSTN 的接入控制协议，目前大多数接入网络也用 PPP 作为接入控制协议。这里讨论 PPP 作为基于点对点信道的链路层协议所具备的功能，PPP 作为接入控制协议所具备的功能将在第 7 章讨论。

5.2.1 PPP 帧结构

1. PPP 帧首部和尾部字段

PPP 帧结构如图 5.13 所示，各字段功能如下。

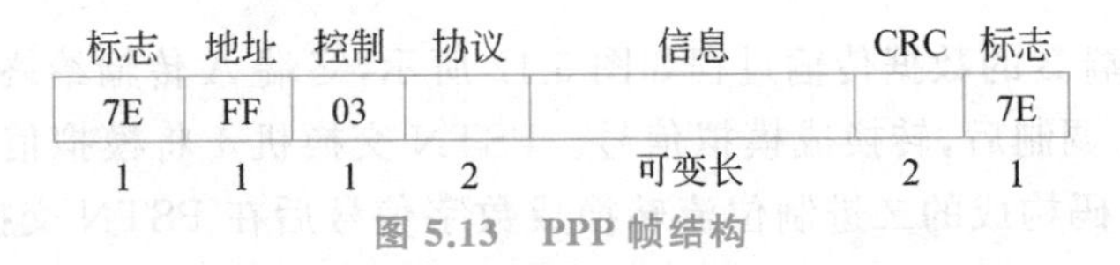

图 5.13　PPP 帧结构

帧开始标志和帧结束标志：1B，用于标识帧的开始和结束。

协议：2B，给出数据字段所包含的数据的类型。

信息：作为 PPP 帧的净荷字段，用于承载需要经过 PPP 帧传输的数据，如 IP 分组等上层协议数据单元。

帧检验序列：2B，循环冗余校验(CRC)码，用于检测 PPP 帧传输过程中发生的错误。地址和控制字段为固定值，表示 PPP 帧传输过程中不需要用到这两个字段的信息。

所有需要经过点对点物理链路传输的数据，都必须封装成 PPP 帧后，才能发送到点对点物理链路。

2. 差错检验

PPP和以太网MAC层相同，接收端对接收到的帧进行差错检验，丢弃传输过程中发生错误的帧，但没有重传机制。这主要是因为物理链路的可靠性越来越高，帧在传输过程中出错的概率越来越小。随着用户终端的处理能力越来越强，目前的趋势是由用户终端在传输层实施差错控制功能，以此减轻网络结点的处理负担。

5.2.2 帧对界

帧对界是指在一串二进制位流中正确确定PPP帧起始和结束字段的过程。基于字节的帧对界过程是指由物理层完成将二进制位流划分为字节流的过程，由PPP完成在一串字节流中正确确定PPP帧起始和结束字段的过程。基于二进制位流的帧对界过程是指由PPP直接完成在一串二进制位流中正确确定PPP帧起始和结束字段的过程。

1. 基于字节的帧对界过程

由物理层实现字节划分功能后，PPP看到的是一串字节流，PPP帧由一串字节组成。从图5.13所示的PPP帧结构中可以看出，PPP用7EH(后缀H表示是十六进制)作为每一个PPP帧的开始、结束标志字节。也就是说，只要检测到值为7EH的字节，就标志当前PPP帧结束，下一个PPP帧开始。由于7EH已经作为帧的开始、结束标志，因此PPP帧中的其他字段就不允许出现值为7EH的字节，其他字段中所有出现值为7EH字节的地方需要用其他值的字节代替。为了说明该字节是用来代替值为7EH的字节，而不是真正具有该值的数据字节，必须在替换字节前面插入一个转义符，用来表示紧跟转义符后面的字节是值为7EH的替代字节。在PPP帧结构定义中，规定转义符的值为十六进制7DH。这样一来，除标志字段外，所有其他字段中出现7EH和7DH的字节均须以7DH＋替代字节这样的字节组合代替。替代字节值和原字节值的关系如下：将原字节值的第6位求反(假定字节的最高位为第8位)后的值作为替代字节的值，因此7EH＝7DH＋5EH，7DH＝7DH＋5DH。

许多Modem用ASCII码中的控制字符(值位于0～1FH之间的字节)完成一些特定功能，因此PPP帧中值小于20H的字节在经过Modem传输时，极有可能被Modem误作为控制字符进行处理。为避免这种情况发生，在构成PPP帧时将所有值小于20H的字节也用7DH＋替代字节这样的字节组合代替，替代字节的产生规则也是将原字节值的第6位求反后的值作为替代字节的值，如1BH的替代字节组合为7DH＋3BH。

2. 基于二进制位流的帧对界过程

在基于二进制位流的帧对界过程中，PPP看到的是一串二进制位流，标志字段以独有的位流模式01111110来标志帧的开始和结束。在连续的帧传输过程中，可只用一个标志字段来标志当前帧的结束和下一帧的开始。

接收端通过搜索位流模式01111110来确定帧的开始。在接收帧中其他字段后，接收端继续通过搜索位流模式 01111110 来确定帧的结束。因此,位流模式 01111110 只允许作为帧的开始和结束标志。由于数据是由任意二进制位流组成的,当然有可能在帧的数据字段中出现位流模式 01111110,这将破坏帧对界过程。为避免发生这种情况,使用一种称为位填充的技术来解决这个问题。在帧开始标志发送之后和帧结束标志发送之前,发送端在发送出 5 个连续的二进制 1 以后,自动插入一个额外的二进制 0。接收端在检测到帧开始标志后,一直监测着接收到的二进制位流。一旦接收到 5 个连续的二进制 1,将检测第 6 位,如果第 6 位是二进制 0,则删除该位二进制 0。如果第 6 位是 1,并检测到第 7 位是 0,则表明接收到一个新的标志字段。如果第 7 位继续为 1,则表明该帧传输失败,接收端产生一个接收错误的状态标志。由于使用了位填充技术,任何二进制位流模式都可插入帧的数据字段,这个特性称为数据透明传输。

5.2.3 点对点信道和 PPP 链路

点对点信道用于传播表示二进制位流的信号,实现二进制位流从一端至另一端的传输过程。点对点信道两端运行 PPP 后,建立基于点对点信道的 PPP 链路。PPP 链路是在点对点信道完成两端之间二进制位流传输过程的基础上,增加了帧对界和差错检验等链路层功能。因此,点对点信道是两端之间用于传输二进制位流的通道,PPP 链路是两端之间用于传输 PPP 帧的通道。

5.3 SDH

同步数字体系(Synchronous Digital Hierarchy,SDH)是一种电路交换网络,用于按需建立点对点信道。由于复用技术,经过线路传输的信息组织成物理帧结构,信息端到端传输过程中需要完成复用和交换过程。由于不同应用有不同的物理帧结构,因此 SDH 作为公共基础设施的前提是能够复用和交换各种应用要求的物理帧结构。

5.3.1 SDH 概述

1. 基于 SDH 的 TCP/IP 体系结构

基于 SDH 的 TCP/IP 体系结构如图 5.14 所示,SDH 也是电路交换网络,其功能同样是建立点对点信道,因此 SDH 只是实现 OSI 体系结构中的物理层功能。PPP 实现 OSI 体系结构中的链路层功能。PPP 和 SDH 一起实现连接在 SDH 上的两个结点之间的 PPP 帧传输过程。网络接口层 IP over SDH 的功能是实现将 IP 分组封装

应用层	
TCP UDP	
IP	
IP over SDH	网络接口层
PPP	链路层
SDH	物理层

图 5.14 基于 SDH 的 TCP/IP 体系结构

成 PPP 帧的过程。

2. 引发 SDH 的原因

1）E 系列链路的复用和交换

通过分析可以发现，PSTN 实际上是由数字传输系统互连 PSTN 交换机而成的一个网络系统，如图 5.15 所示。当然，可以直接用一对点对点光纤（或优质同轴电缆）互连 PSTN 交换机，但这种互连方式比较复杂，如互连 N 台 PSTN 交换机需要 $N\times(N-1)/2$ 对光纤。因此，互连 PSTN 交换机的 E 系列链路同样采用复用和交换技术。在图 5.16 中，需要用两条 E3 链路分别互连 PSTN 交换机 1 和 3、PSTN 交换机 2 和 4，但不需要单独铺设这两条 E3 链路，而是通过复用一条 E4 链路实现。PSTN 交换机 1 连接的复用/分离器通过转接项＜1：3.1＞将 E4 帧中位置编号为 1 的 E3 信号和连接 PSTN 交换机 1 的 E3 链路绑定在一起，其中 1 是复用/分离器连接 PSTN 交换机 1 的端口号，3.1 表明端口 3 连接的 E4 链路对应的 E4 帧中位置编号为 1 的 E3 信号。同样，PSTN 交换机 3 连接的复用/分离器通过转接项＜1：3.1＞将 E4 帧中同一位置的 E3 信号和连接 PSTN 交换机 3 的 E3 链路绑定在一起。

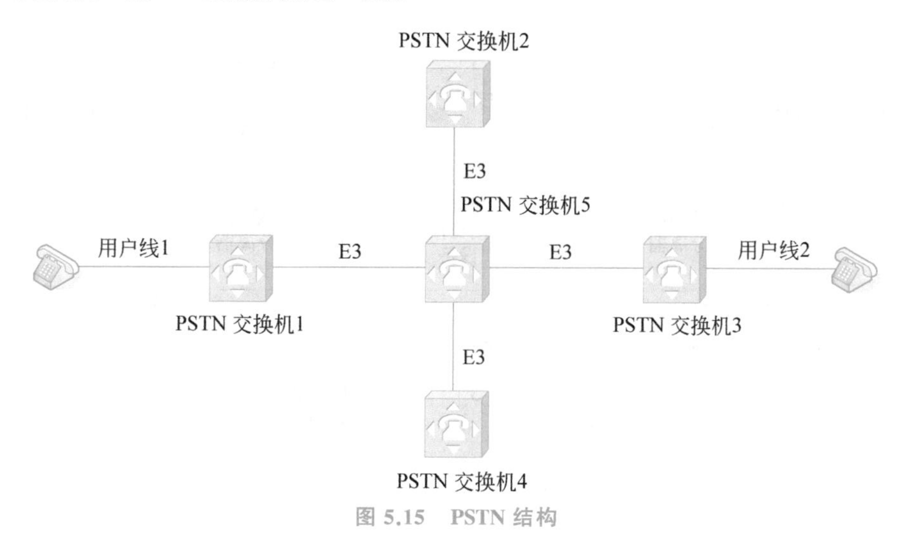

图 5.15　PSTN 结构

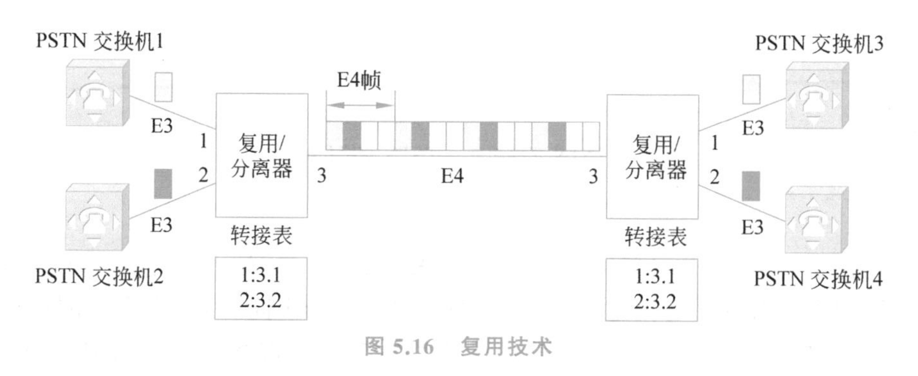

图 5.16　复用技术

复用技术要求参与复用的 E 链路两端的终端设备位于同一物理区域，如图 5.16 中的交换机 1、2 和交换机 3、4。如果参与复用的 E 链路两端的终端设备位于不同的物理区域，如图 5.17 所示，连接 PSTN 交换机 3 的 E3 链路的另一端是 PSTN 交换机 7，连接 PSTN 交换机 4 的 E3 链路的另一端是 PSTN 交换机 5，这两条 E3 链路复用同一条 E4 链路，但由于 PSTN 交换机 5 和 7 位于不同的物理区域，在这种情况下，需要交叉连接交换设备实现不同 E4 链路之间 E3 信号的交换。这种交换过程和 PSTN 交换机的时隙交换过程相似，即从一条 E4 链路中分离出 E3 信号，然后将 E3 信号重新复用到另一条 E4 链路中，转接项用于指明 E3 信号在这两条 E4 链路中的对应关系。

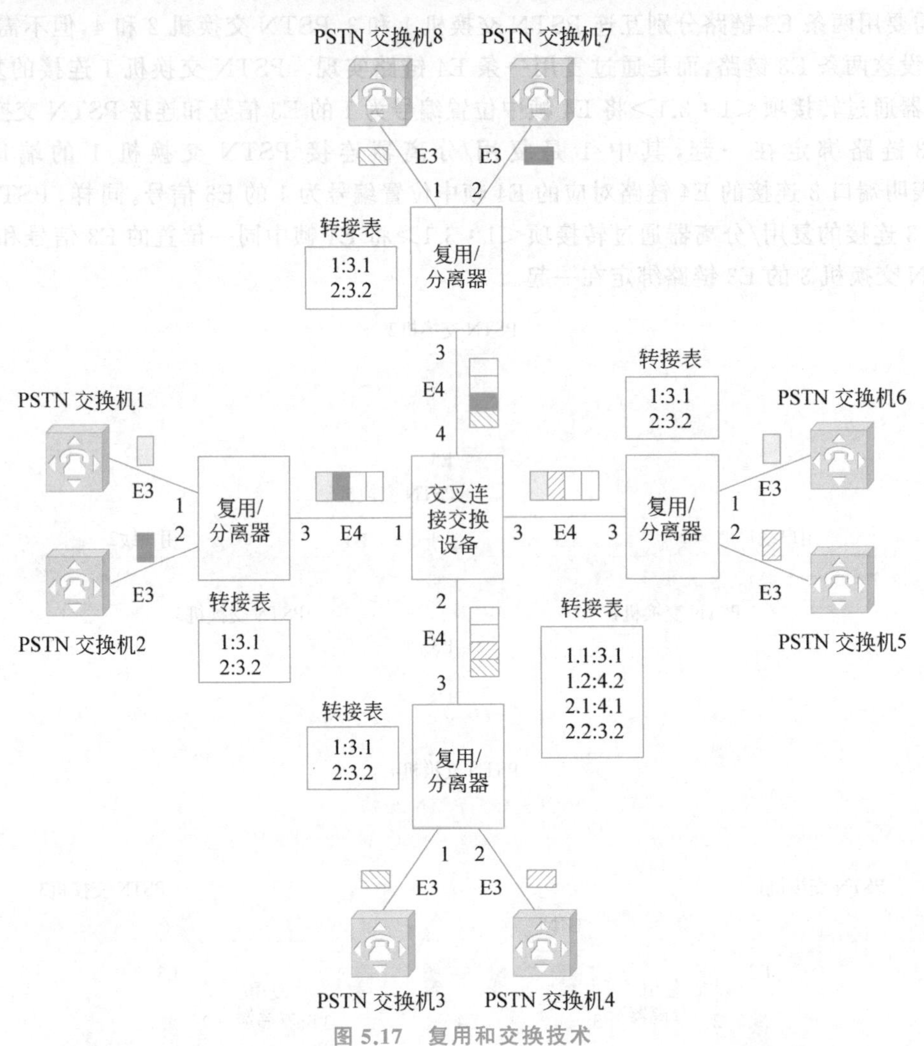

图 5.17 复用和交换技术

E4 链路由 4 个 E3 信号复用而成，每一个 E3 信号在 E4 帧中都有固定位置，这一点和每一个时隙在 E1 帧中有固定位置是一样的。转接项给出同一 E3 信号在不同 E4 帧中的位置关系，如转接项＜1.1：3.1＞表明，端口 1 连接的 E4 链路对应的 E4 帧中位置 1 中的 E3 信号和端口 3 连接的 E4 链路对应的 E4 帧中位置 1 中的 E3 信号是一一对应的，即需要从端口 1 连接的 E4 链路对应的 E4 帧中分离出位置 1 中的 E3 信号，然后将其复用到端口 3 连接的 E4 链路对应的 E4 帧的位置 1 中，反之亦然。PSTN 交换机中的转接项在建立呼叫连接时生成，在释放呼叫连接时删除，而交叉连接交换设备中的转接项往往由人工静态配置。PSTN 交换机间通过复用和交换技术建立的 E3 链路是专用的点对点链路，是电路交换路径。

2）SDH 统一提供 E 系列和 T 系列链路

目前世界上常用的数字传输系统有两大系列：一种是前面讨论的 E 系列，另一种是 T 系列。中国和欧洲使用的是 E 系列，北美和日本使用的是 T 系列，这两个系列并不兼容，表 5.2 给出 T 系列链路传输速率和支持同时通信的语音路数。因此，不同系列数字传输系统之间不能直接相互通信，需要进行转换，这给全球通信带来困扰。另外，从高次群帧中提取低次群信号的过程也十分困难，必须逐次分离。如果需要从 E4 帧中提取 E1 信号，首先需要分离出 E4 帧中的 4 个 E3 信号，然后从包含 E1 信号的 E3 帧中分离出 4 个 E2 信号，再从包含 E1 信号的 E2 帧中分离出该 E1 信号。为了解决数字传输系统的不兼容问题，简化信号复用、分离和交换过程，需要提供一种标准的数字传输系统，这种标准的数字传输系统就是同步数字体系（SDH）。

表 5.2　T 系列链路传输速率和语音路数

速率类型	一次群（T1）	二次群（T2）	三次群（T3）	四次群（T4）
传输速率/Mbps	1.544	6.312	44.736	274.176
语音路数	24	96	672	4032

5.3.2　SDH 帧结构

既然同步数字体系是一种通用的数字传输系统，它的帧结构必须是非常灵活的，就像是一条滚装船，必须能够同时搭乘旅客、汽车、货物甚至火车，而且应该比滚装船更加灵活。可以把 SDH 帧结构想象成具有这样一种功能的滚装船：如果只搭乘旅客，可以搭乘 5000 位旅客。如果只搭乘汽车，可以搭乘 500 辆汽车。如果只搭乘货物，可以搭乘 100 吨货物。如果只搭乘火车，可以搭乘 10 节车厢。如果混装，按照 500 旅客∶50 辆汽车∶10 吨货物∶1 节车厢这样的比例，任意安排旅客、汽车、货物和火车的数量。

基于这样的思路，提出如图 5.18 所示的 SDH STM-1（Synchronous Transfer Module：同步传递模块）帧结构，SDH 每一帧的传输时间为 125μs，这完全是为了和 PSTN 中 8kHz 的采样频率相吻合。SDH STM-1 每一帧共有 9×270＝2430 字节，这 2430 字节在传输时是逐字节、逐位传输的，但在表示其帧结构时，将 2430 字节安排成 9 行，每行 270 列的矩阵格式。由于每 125μs 传输 2430 字节，算出其传输速率＝2430×8000×8＝155.52Mbps。155.52Mbps 传输速率包含 9 列开销字节，实际净荷传输速率＝261×9×8000×8＝150.336Mbps。净荷传输速率就是实际为网络结点提供的传输速率，就像滚装船中真正用于搭乘旅客、汽车、货物和火车的空间。而开销字节数就像滚装船中一些服务设施所占用的空间。

不同网络结点要求的传输速率是不同的，如 PSTN 交换机 X 要求 E2 传输速率（8.448Mbps），而 PSTN 交换机 Y 要求 E3 传输速率（34.368Mbps）。就像多个用户同时通过某条滚装船运送物品时，不同用户有不同的运输要求，如用户 X 要求运送 20 辆汽车，而用户 Y 要求运送 2 节火车车厢。对滚装船而言，需要用一种方法将不同尺寸、不同类型的物品混装在一起。而且，为了方便装卸，需要将滚装船的空间分隔成不同类型的标准子空间，以对应不同尺寸、不同类型的物品，当然这种子空间的分隔可以动态改变。很显然，每一标准子空间的大小肯定不会和实际物品尺寸完全一致，应该是稍大于实际物品尺寸，并将实际物品放入对应标准子空间的过程称为封装，将标准子空间尺寸称为封装空间尺寸。同样，当 SDH 汇聚不同传输速率要求的数字传输服务请求时，也需要将这些不同的传输速率要求封装成对应的标准的子速率，这些标准的子速率应该是实际的传输速率要求＋作为开销的传输速率。因此，在图 5.18 中，当净荷传输速率用于提供 VC-4 标准子速率时，真正可以为网络结点提供数字传输服务的传输速率只有 $260\times9\times8000\times8=149.760$Mbps。和表 5.1 比较一下，这个传输速率可以支持 E4 传输速率，但如果要求支持 E5 传输速率，就需要更高速的数字传输系统。实际上，155.52Mbps 传输速率只是 SDH 的基本传输速率，称为第 1 级同步传输模块（Synchronous Transfer Module-1，STM-1），有点类似于 PSTN 中的 E1 传输速率。SDH 可以提供更高速的传输速率，这些高速传输速率必须是基本传输速率的整数倍，表 5.3 是目前 SDH 可以提供的传输速率。

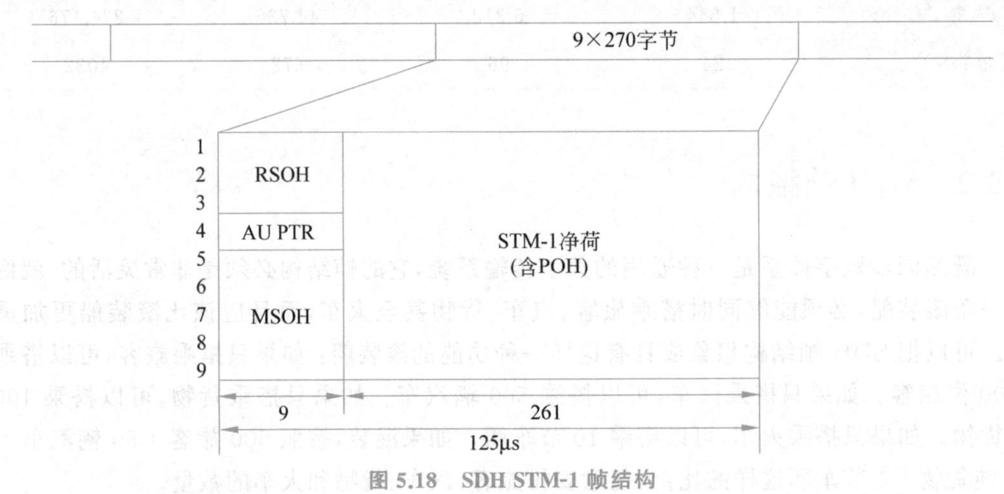

图 5.18 SDH STM-1 帧结构

表 5.3 SDH 信号结构

信　　号	速率/Mbps	容　　量
STM-1，OC-3	155.520	1E4 或 84 T1 或 3 T3
STM-4，OC-12	622.080	4E4 或 336 T1 或 12 T3
STM-16，OC-48	2488.320	16E4 或 1344 T1 或 48 T3
STM-64，OC-192	9953.280	64E4 或 5376 T1 或 192 T3
STM-256，OC-768	39813.12	256E4 或 21504 T1 或 768 T3

SDH STM-1 的传输速率是由 STM-1 帧结构决定的，那么 STM-4 的帧结构又该如何？图 5.19 所示是 STM-4 帧结构。STM-4 帧结构表明 STM-4 每 125μs 传输 4×270×9=9720 字节，算出其传输速率=4×2430×8000×8=622.08Mbps。从图 5.19 中也可以看出，STM-4 的开销也是 STM-1 的 4 倍。通过 STM-4，不难得出 STM-*N* 帧结构及 STM-*N* 的传输速率。

图 5.19 STM-4 帧结构

5.3.3 SDH 复用结构

SDH 作为标准的数字传输系统必须能够同时支持 E 系列和 T 系列信号结构，当然 STM-1 只能支持 E1、E2、E3、E4 和 T1、T2、T3，STM-4 才能支持 E5 和 T4。

SDH 复用过程就是如何将多个 E 系列或 T 系列信号复用成单一的 STM-1 或 STM-*N* 信号的过程。对于 STM-1 信号，根据它的传输速率，可以得出表 5.4 所对应的关系。

表 5.4 STM-1 信号能够支持的 E 系列和 T 系列信号

信号类型	E1	E3	E4	T1	T2	T3
数量	63	3	1	84	21	3

从表 5.4 可以看出，目前能够复用为 STM-1 信号的 E 系列和 T 系列信号只能是 E1、E3、E4 和 T1、T2、T3。E2 由于在实际应用中并不常见，因此 SDH 目前不支持 E2 信号的复用。

表 5.4 列出的数量是单一将该信号复用为 STM-1 信号时支持的信号数量，即可以将 63 个 E1 信号复用为一个 STM-1 信号。但实际应用中，往往是将多种信号复用成单一 STM-1 信号，图 5.20 给出了多种信号复用为 STM-1 信号的过程。从图 5.20 中可以看出，当多种信号复用成单一 STM-1 信号时，每一种信号的数量并不是任意分配的。当 T1 信号参与复用过程时，它的数量必须是 4 的整数倍；而当 E1 信号参与复用过程时，它的数量必须是 3 的整数倍。

在讨论滚装船装卸过程时也讲过，不可能在一个毫无分割的大空间内将人、汽车、货物及火车车厢堆放在一起，应该分别为人、货物、汽车、火车车厢分割出独立的子空间。一方面这种分割是动态的；另一方面这种分割是有基本单位的，如分隔出的旅客

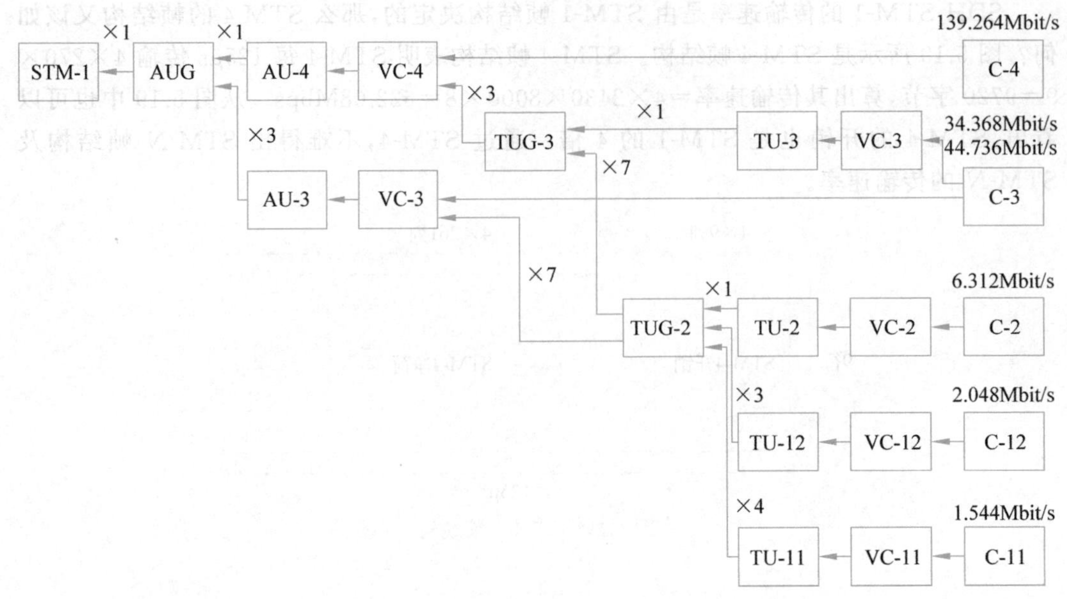

图 5.20 SDH 复用结构

房间是 4 个人的，因此旅客人数最好是 4 的倍数，否则就会造成浪费，对于汽车、货物、火车车厢也同样。

因此，当确定旅客、汽车、货物、火车车厢数量后，首先对滚装船进行空间分割(当然目前的滚装船是固定分割好的，但为了和 SDH 结构相一致，才要求滚装船具有动态分割功能)，然后再将旅客、汽车、货物、火车车厢装入对应的子空间。将多种信号复用为单一 STM-1 信号的过程也是相似的。

在 SDH 结构中，对应每一种信号的基本装载结构为容器(C)，对应 T1、E1，T2、E3，T3、E4 的容器分别为 C11、C12、C2、C3(E3 和 T3)和 C4。容器应该有一定的伸缩性，因为不同设备的 T 系列或 E 系列信号存在一定的传输速率误差，容器必须能够装载下误差范围内的对应信号。

虚容器(VC)由容器和通道开销(POH)组成(VC-n＝C-n＋VC-n POH)，通道开销(POH)的作用在于能够更方便地插入或取出信号。容器和 POH 对应图 5.18 中一定数量的字节数，字节数的多少决定了容器的传输速率和 POH 占用的带宽。

支路单元(TU)由低阶虚容器(VC-11，VC-12，VC-2，VC-3)和支路单元指针(TU-n PTR)组成(TU-n＝VC-n＋TU-n PTR)，支路单元指针用于指出虚容器在图 5.18 所示矩阵中的位置。将虚容器(VC)变成支路单元(TU)的目的是更方便地存取对应信号，支路单元组(TUG)由若干支路单元组成。

管理单元(AU)由高阶虚容器(VC-n n＝3，4)和管理单元指针(AU-n PTR)组成(AU-n＝VC-n＋AU-n PTR)，管理单元组(AUG)由若干管理单元组成。

以滚装船为例，可以简单说明一下管理单元组、管理单元、支路单元组、支路单元、虚容器、容器之间的关系。一般情况下，将滚装船划分成若干层，每一层的面积相等，位置固定，如管理单元组。在每一层，为了充分使用该层空间，将该层分隔成若干独立的子空间

(管理单元)。这些子空间用于装载对应的物品或旅客,不同类型的物品利用子空间的方式不同,如用于装载火车车厢的子空间,单个子空间只能装载一节火车车厢,类似 VC-3 或 VC-4 构成 AU-3 或 AU-4。有的子空间可能需要进一步分割,如装载旅客的子空间可能需要进一步分成二等舱区、三等舱区(支路单元组),每一个舱区又需要分割成多个房间(支路单元),每一个房间又分成若干床位(虚容器),床的大小又能适应不同身高的旅客。床位和床的区别在于床位是指房间中用于固定存放床并使旅客能够方便上、下床的一个空间范围。滚装船如此组织空间的目的在于既有效地利用空间,又方便装卸货物(或上、下旅客)。同样,SDH 如此组织帧结构的目的也在于既要充分利用传输速率,又要方便信号的存取。

5.3.4 SDH 应用

1. SDH 与 PSTN

图 5.21 所示是基于 SDH 实现的 PSTN,它和图 5.15 所示的基于 E 系列数字传输系统实现的 PSTN 结构十分相似,PSTN 交换机间的 E3 链路首先被复用到 STM-N 帧中,传输给交叉连接交换设备,交叉连接交换设备通过转接表在各个 STM-N 帧间完成 VC-3(E3 信号的虚容器封装格式)交换。图 5.21 所示的转接项＜1.1VC-3：3.1VC-3＞表明将端口 1 连接的 STM-N 帧中位置 1 的 VC-3 交换到端口 3 连接的 STM-N 帧中位置 1 的 VC-3。同样,PSTN 交换机 6 连接的复用/分离器将 STM-N 帧中位置 1 的 VC-3 和连接 PSTN 交换机 6 的 E3 链路关联在一起。从 SDH 帧结构和复用过程中可以看出：SDH 一是解决了统一传输 E 系列和 T 系列信号的问题,二是解决了直接在 STM-N 帧中分插、交换任何群次 E 系列和 T 系列信号的问题。

2. SDH 和互连网

SDH 用于建立远距离、高速、带宽固定的点对点链路。在城际互连网中,可以通过 SDH 建立的点对点链路实现路由器之间互连,如图 5.22 所示。电路交换网络通过复用和交换技术按需建立任意两个结点之间的点对点链路,对于 SDH,结点可以是 PSTN 交换机,或者是路由器。

虽然终端之间传输的数据有着突发性和间歇性等特性,但路由器之间传输的是多个网络之间的流量。随着互联网应用的深入,大量连接在不同网络的终端之间存在数据传输需求,因此路由器之间的链路往往汇集大量终端之间传输的数据。路由器之间的链路不需要考虑因为数据流量的突发性和间歇性导致的传输效率问题,而需要考虑如何应对汇集大量终端之间传输的数据后形成的持续大流量数据的问题。在这种情况下,SDH 按需建立的高速点对点链路因为有固定的传输速率,成为实现路由器互连的最佳链路。

虽然互联网中有数以亿计的终端,但路由器的数量是有限的,尤其是核心路由器的数量。因此,可以通过 SDH 建立的远距离、高速、带宽固定的点对点链路实现核心路由器

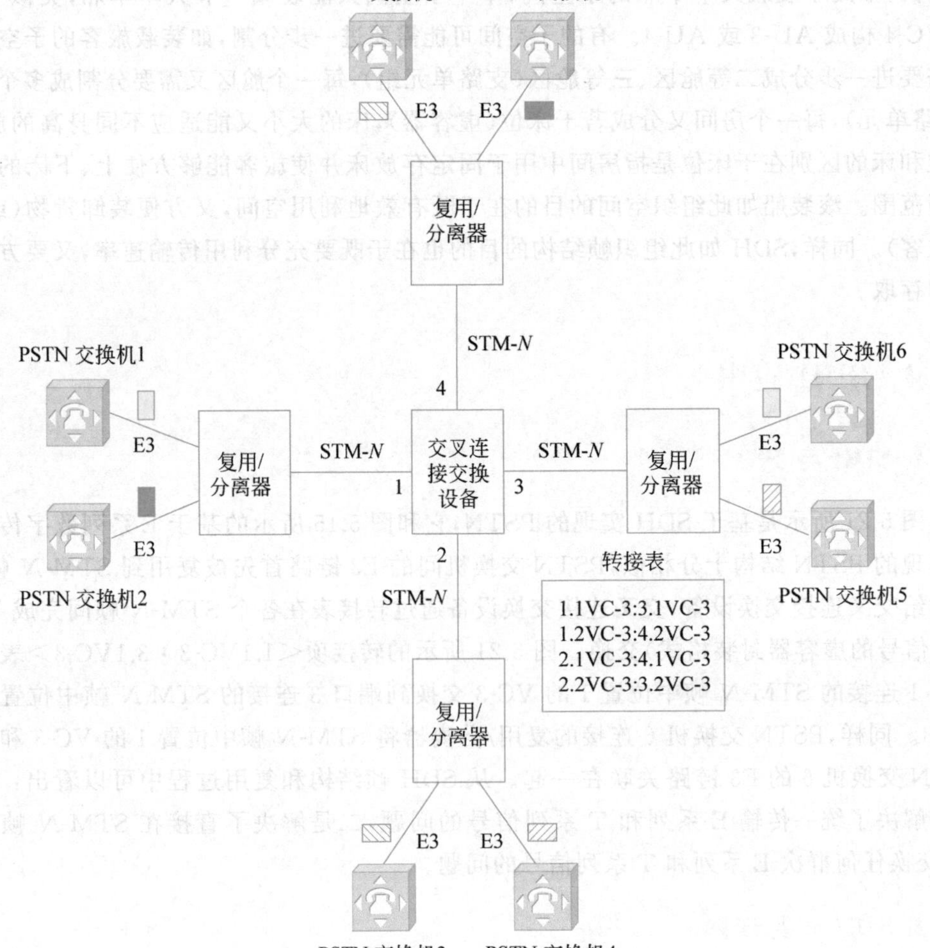

图 5.21 基于 SDH 实现的 PSTN 结构

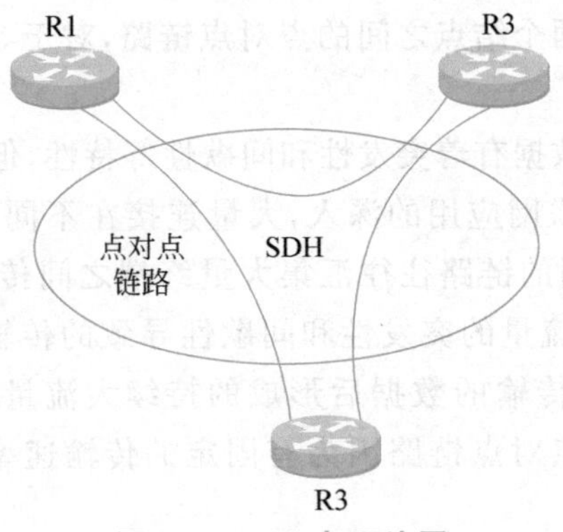

图 5.22 SDH 与互连网

之间的两两互连,以此实现核心路由器之间的高速传输能力。

5.4 广域网的启示和思政元素

广域网所蕴含的思政元素以及给我们的启示如下。

1. 电路交换和数据报分组交换相辅相成

在互联网中,按照用途划分,可以分为两类不同用途的传输网络:一是直接连接主机(终端和服务器)的传输网络,二是实现路由器互连的传输网络。直接连接主机的传输网络是面向终端间通信的传输网络,因此需要采用数据报交换方式。所以目前最常用的直接连接主机的传输网络是以太网。

互连路由器的传输网络有以下性能要求:一是实现有限路由器之间的互连,二是路由器之间的传输通路是固定的,三是路由器之间要求稳定、尽可能高的数据传输速率。由于是有限结点之间互连,因此采用电路交换和虚电路分组交换方式的传输网络都是合适的。由于结点之间的传输通路是固定的,因此电路交换网络和虚电路分组交换网络无须反复进行连接建立和释放过程。由于结点之间要求稳定、尽可能高的数据传输速率,因此电路交换网络建立的点对点信道最能满足这一性能要求。这就使电路交换网络建立的点对点信道成为最适用于互连路由器的物理链路。

互联网的广泛应用导致两极需求,传输特性两极的数据报分组交换网络和电路交换网络刚好用于满足这两极需求。因此,数据报分组交换网络常作为直接连接主机的传输网络,SDH 常作为实现路由器之间互连的传输网络。

值得说明的是,由于 1Gbps、10Gbps 以太网光纤端口之间的传输距离可以达到几十公里,因此,直接用单模光纤互连间隔几十公里的两个路由器的 1Gbps、10Gbps 以太网光纤端口的情况等同于用 1Gbps、10Gbps 点对点物理链路互连两个路由器的情况。

2. 复用技术与时隙交换

复用技术导致电路交换网络建立连接的过程不再是在电路交换机端口之间建立物理连接的过程,而是通过转接表建立时隙之间映射的过程。在端到端传输过程中,电路交换机需要根据转接表完成时隙交换过程。

其实虚电路分组交换过程与时隙交换过程有相似之处。一是每一个端口连接的线路上有多条虚电路,每一条虚电路用虚电路标识符唯一标识。同样,每一个端口连接的线路上有多个时隙,每一个时隙用序号唯一标识。二是转发表建立 x 端口上的 a 虚电路与 y 端口上的 b 虚电路之间的映射,同样转接表建立 x 端口上的 n 时隙与 y 端口上的 m 时隙之间的映射。三是虚电路分组交换机实现将通过 x 端口上的 a 虚电路接收到的数据通过 y 端口上的 b 虚电路转发出去的交换过程,同样电路交换机实现将通过 x 端口上的 n 时隙接收到的数据,通过 y 端口上的 m 时隙转发出去的交换过程。

但虚电路与时隙之间有以下区别:时隙在线路中是物理存在的,每一个时隙独占线路固定的传输速率，所有时隙的传输速率是相同的，电路交换机能够识别每一个端口连接的线路中的所有时隙。不过没有为每一条虚电路分配固定的传输速率，虚电路在线路中不是物理存在的，虚电路交换机必须根据数据携带的虚电路标识符确定数据所属的虚电路。这些区别导致时隙交换与分组交换的本质差异。

电路交换方式与虚电路交换方式有相似的实现交换的机制，但时隙与虚电路之间有本质区别，因此导致时隙交换与虚电路分组交换之间的本质差异。

3. 公共基础设施

复用和交换技术使同一电路交换网络可以建立任意两个结点之间有固定传输速率的点对点信道，且点对点信道可以传输对应多种不同标准的物理帧结构，这一点使电路交换网络成为公共基础设施，为多种不同的应用提供用于传输特定物理帧结构的点对点信道。

分层结构的好处是可以将每一层功能的实现过程标准化、专业化，使每一层有专门生产这一层设备的厂家，因此可以不断优化这一层功能的实现过程。将电路交换网络作为公共基础设施就是为了充分利用分层结构带来的好处。

4. 否定之否定

SDH是电路交换网络，用于建立固定传输速率的点对点信道。由于数据传输具有突发性和间歇性的特征，因此，电路交换网络并不适用于数据传输。但对于两个核心路由器之间的传输路径，由于核心路由器之间汇聚大量网络之间的流量，需要高速、点对点信道作为两个核心路由器之间的物理链路。SDH由于能够提供远距离、高速、点对点信道，成为远距离互连核心路由器的主要技术。

某种技术的优缺点在不同应用场景下是可以转换的，电路交换网络的特点使其不适合用于终端之间的数据传输，但适合用于核心路由器之间的数据传输。

本章小结

- 目前最常见的广域网是SDH；
- SDH是电路交换网络，用于按需建立点对点信道；
- 如果没有复用技术，按需建立点对点信道的过程就是在点对点信道经过的电路交换机的两个端口之间建立连接的过程；
- 复用技术要求将经过线路传输的信息封装成物理帧结构；
- 复用技术使按需建立点对点信道的过程变为通过转接表建立时隙之间映射的过程；
- 复用技术使电路交换机需要在数据传输过程中完成时隙交换过程；
- 时隙在线路中是物理存在的，每一个时隙独占线路固定的传输速率，所有时隙的传输速率是相同的；
- SDH已经成为公共基础设施，为PSTN和互联网按需建立传输速率固定的点对点信道；

- SDH 成为公共基础设施的前提是能够复用和交换各种应用要求的物理帧结构。

习　题

5.1　PSTN 交换机之间采用数字传输系统的优势是什么？为什么用户线不采用数字传输技术？

5.2　为什么 E 系列、T 系列甚至 SDH 的每一帧的传输时间为 125μs？PSTN 建立主叫和被叫之间呼叫连接后，呼叫连接所经过的 PSTN 交换机会建立怎样的转接表？

5.3　PSTN 交换机的功能之一是根据呼叫连接建立时所创建的转接表在各个端口所连链路上传输的 E 系列或 T 系列信号之间完成时隙交换，这和 SDH 的数字交叉连接交换设备在 STM-*N* 信号之间完成 VC-*n* 的交换有什么异同？

5.4　虚电路分组交换过程和 PSTN 时隙交换过程有何不同？

5.5　路由器之间和 PSTN 交换机之间为什么不直接用光缆连接，而是通过 SDH 连接？

5.6　PSTN 用户线 4000Hz 带宽限制是用户线本身质量所造成的吗？如果不是，解释造成用户线 4000Hz 带宽限制的原因。

5.7　为什么实现路由器互连的广域网采用电路交换网络 SDH？为什么直接连接主机的网络采用数据报分组交换网络以太网？

5.8　限制两个 PSTN 互连的终端之间的数据传输速率的因素有哪些？

5.9　SDH 成为公共基础设施需要解决哪些问题？

第6章

IP和网络互连

网络互连需要实现连接在不同网络上的两个终端之间的通信过程。网际协议(Internet Protocol,IP)和IP over X是实现网络互连的基础。路由器是互连不同网络的设备。VLAN是特殊的网络,可以用三层交换机实现不同VLAN的互连。

6.1 网络互连

异地信件投递过程与连接在不同类型网络上的终端之间的通信过程十分相似,可以通过分析异地信件投递过程得出实现连接在不同类型网络上的终端之间通信过程的思路。

6.1.1 不同类型网络互连需要解决的问题

1. 互连网络结构

互连网络结构如图6.1所示,由路由器实现以太网和PSTN这两个不同类型的网络的互连。因此,路由器需要具备连接以太网的端口和连接PSTN的端口。以太网用MAC地址唯一标识结点,结点之间传输的数据需要封装成MAC帧,MAC帧中需要给出源结点和目的结点的MAC地址,以太网能够实现MAC帧源结点至目的结点的传输过程。路由器连接以太网的端口同样具有MAC地址,因而能够实现终端A与路由器连接以太网的端口之间的MAC帧传输过程。

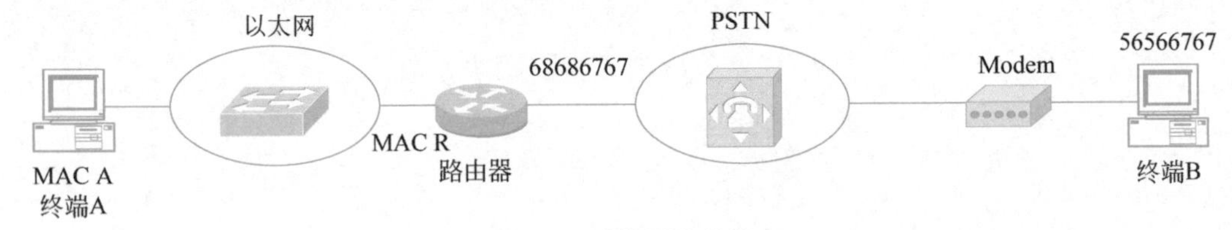

图6.1 互连网络结构

PSTN用电话号码唯一标识结点,结点之间开始数据传输过程前,必须通过呼叫连接建立过程建立两个结点之间的点对点语音信道，经过语音信道传输的数据需要封装成PPP帧。由于PPP帧是沿着点对点语音信道传输，因此PPP帧中不需要给出两个结点的地址信息。路由器连接PSTN的端口同样具有电话号码，因而终端B与路由器连接PSTN的端口之间能够建立语音信道，因此，能够实现终端B与路由器连接PSTN的端口之间的PPP帧传输过程。

如图6.1所示，终端A与终端B之间的传输路径由终端A和终端B、两个不同类型的传输网络与互连这两个不同类型传输网络的路由器组成。终端和路由器称为跳，对于终端A至终端B的传输路径，路由器称为终端A的下一跳，终端B称为路由器的下一跳。终端A只能通过以太网实现与下一跳路由器之间的MAC帧传输过程。同样，对于终端B至终端A的传输路径，路由器称为终端B的下一跳，终端A称为路由器的下一跳。终端B只能通过语音信道实现与下一跳路由器之间的PPP帧传输过程。

实现两个不同类型的网络互连，需要实现连接在不同类型网络上的两个终端之间的通信过程，如图6.1中终端A与终端B之间的通信过程。实现连接在不同类型网络上的两个终端之间的通信过程需要解决什么问题呢？

2. 需要解决的问题

1）地址标识不同

由于以太网用MAC地址唯一标识连接在以太网上的终端，而PSTN用电话号码唯一标识连接在PSTN上的终端，因此终端A无法识别终端B的电话号码，终端B无法识别终端A的MAC地址。双方无法用自己能够识别的标识符标识对方。

2）帧格式不同

终端A只能发送、接收MAC帧，终端A发送的数据或者发送给终端A的数据必须封装成MAC帧。终端B只能通过语音信道接收、发送PPP帧，终端B发送的数据或者发送给终端B的数据必须封装成PPP帧。MAC帧和PPP帧是两种完全不同的帧格式。因此，双方无法用对方能够识别的帧格式封装传输给对方的数据。

3）无法建立传输路径

以太网只能建立连接在同一以太网上的两个结点之间的交换路径，PSTN只能建立连接在PSTN上的两个结点之间的语音信道，所以终端A无法建立与终端B之间的交换路径，终端B也无法建立与终端A之间的点对点语音信道。因此，双方无法建立可以直接将数据传输给对方的传输路径。

6.1.2 信件投递过程的启示

将信件从南京投递到长沙的过程如图6.2所示。首先，将寄信人用来传递信息的信纸封装为信件，信封上写上寄信人和收信人地址，然后将信件交给南京邮局，南京邮局根据收信人地址——长沙确定信件的下一站——上海。由于南京至上海采用公路运输系统，因此信件被封装为适合公路运输系统的形式——信袋，而且信袋上用车次3536表明运输该信袋的车辆及信袋的始站与终站。由于上海至长沙采用航空运输系统，上海首先从信袋中提取出信件，然后将其封装成适合航空运输系统的形式——信盒，信盒上用航班号AU765表明运输该信盒的飞机及信盒的始站与终站。信件经过南京至上海的公路运输系统和上海至长沙的航空运输系统这两个阶段的运输服务到达目的地长沙。从图6.2所示的信件传输过程，可以得出以下启示。

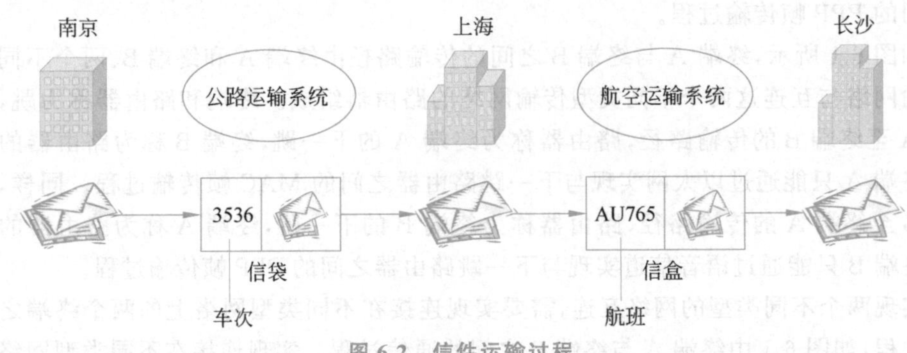

图6.2 信件运输过程

(1) 不同运输系统有不同的封装信件的形式和标识始站与终站的方式。

(2) 信件上收信人和寄信人的地址是统一的，和实际提供运输服务的运输系统标识始站与终站的方式无关。

(3) 信件是一种标准的封装形式，和实际提供运输服务的运输系统封装信件的形式无关。

(4) 南京根据信件上的收信人地址确定下一站为上海，同样上海也是根据信件上的收信人地址确定下一站为长沙，信件在南京至长沙的运输过程中是不变的。

(5) 由实际的运输系统提供当前站至下一站的运输服务。

6.1.3 端到端传输思路

如果将终端A对应到南京，将以太网对应到公路运输系统，将图6.1中的路由器对应到上海，将航空运输系统对应到PSTN，将终端B对应到长沙，那么可以通过仿真南京至长沙的信件运输过程，给出实现终端A至终端B的数据传输过程的思路，如图6.3所示。

(1) 对应信件的收信人和寄信人地址，定义一种和具体传输网络无关的、统一的终端地址格式——IP地址。

(2) 对应信件，定义一种和具体传输网络无关的、统一的数据封装格式——IP分组。和信件相同，IP分组用IP地址标识源终端和目的终端。

(3) 假定终端A的IP地址为IP A，终端B的IP地址为IP B，与南京发送给长沙的信件相同，终端A发送给终端B的数据封装成以IP A为源地址、以IP B为目的地址的IP分组。

(4) 与南京根据信件的收信人地址确定信件的下一站是上海，并将信件封装成适合连接南京和上海的公路运输系统运输的形式(信袋)一样，终端A能够根据终端B的IP地址IP B确定IP分组的下一跳是路由器，并将IP分组封装成适合以太网传输的MAC

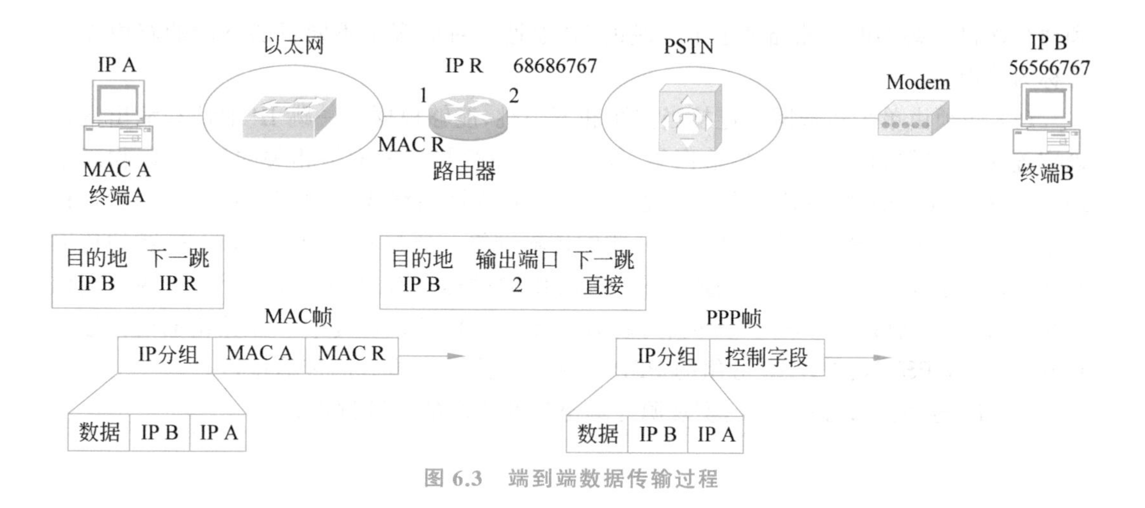

图 6.3 端到端数据传输过程

帧格式。MAC 帧的源地址是终端 A 的 MAC 地址,MAC 帧的目的地址是路由器连接以太网端口的 MAC 地址。

(5) 与上海能够从信袋中取出信件,根据信件的收信人地址确定下一站是长沙,并将信件重新封装成适合连接上海与长沙的航空运输系统运输的形式(信盒)一样,路由器能够从接收到的 MAC 帧中分离出 IP 分组,根据 IP 分组的目的 IP 地址 IP B 确定下一跳是终端 B。路由器通过呼叫连接建立过程建立路由器连接 PSTN 的端口与终端 B 之间的语音信道,重新将 IP 分组封装成适合语音信道传输的 PPP 帧,将 PPP 帧通过路由器与终端 B 之间的语音信道传输给终端 B。

6.1.4 IP 实现网络互连机制

从图 6.3 所示的端到端数据传输过程,可以得出 IP 实现网络互连的机制。

(1) 规定了统一的且与传输网络地址标识方式无关的 IP 地址格式,所有接入互连网的终端必须分配一个唯一的 IP 地址。同时,由于每一个终端都和实际传输网络相连,具有实际传输网络相关的地址(如以太网的 MAC 地址),为了区分,将 IP 地址称为逻辑地址,将实际传输网络相关的地址称为物理地址。

(2) 规定了统一的且与传输网络数据封装格式无关的 IP 分组格式,端到端传输的数据必须封装成 IP 分组,IP 分组中给出源终端和目的终端的 IP 地址,每一跳通过 IP 分组携带的目的终端 IP 地址确定下一跳。

(3) 路由器的每一个端口分配一个 IP 地址,同时具有该端口连接的网络所对应的物理地址,如以太网对应的 MAC 地址、PSTN 对应的电话号码。路由器实现不同类型网络互连的关键是具有以下功能:一是能够从输入端口连接的网络所对应的帧格式中分离出 IP 分组;二是能够根据 IP 分组的目的 IP 地址确定 IP 分组的输出端口,并将 IP 分组重新封装成输出端口连接的网络所对应的帧格式。

(4) 对应每一个目的终端,每一跳必须建立用于确定通往该目的终端的传输路径上下一跳的信息。该信息称为路由项,它主要由三部分组成:目的终端 IP 地址、输出端口和通往该目的终端的传输路径上下一跳的 IP 地址。对应多个不同目的终端的路由项集合称为路由表。

(5) 必须由单个传输网络连接当前跳和下一跳，能够根据下一跳 IP 地址和输出端口确定连接当前跳和下一跳的传输网络，解析出下一跳与传输网络相关的地址（即物理地址），能够将 IP 分组封装成互连当前跳和下一跳的传输网络要求的帧格式。这个过程称为 IP over X，X 是指互连当前跳和下一跳的传输网络。通过互连当前跳和下一跳的传输网络实现封装 IP 分组的帧当前跳至下一跳的传输过程。对应如图 6.3 所示的端到端数据传输过程，分别有 IP over 以太网、封装 IP 分组的 MAC 帧从终端 A 至路由器的传输过程和 IP over PSTN、封装 IP 分组的 PPP 帧从路由器至终端 B 的传输过程。

(6) IP 分组经过逐跳转发，实现源终端至目的终端的传输过程。

6.1.5 路由器结构

路由器从本质上讲是 IP 分组转发设备，根据 IP 分组首部携带的地址信息完成从输入端口至输出端口的转发过程。由于 IP 分组是终端之间传输的分组，因此路由器以数据报交换方式转发 IP 分组。图 6.4 所示是路由器功能结构，从功能上可以把路由器分成三部分：路由模块、线卡和交换模块。

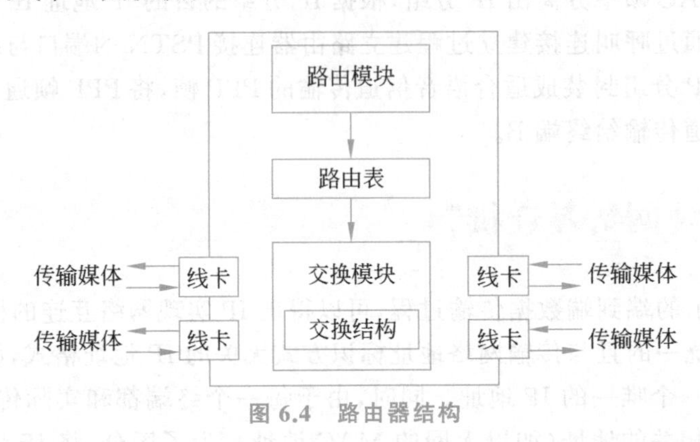

图 6.4 路由器结构

1. 路由模块

路由模块负责运行路由协议，生成路由表，在路由表中给出到达互连网络中任何一个终端的传输路径。当然，由于 IP 分组是逐跳转发，因此路由器的路由表中只需要给出通往互连网络中某个终端的传输路径上下一跳路由器的地址。由于生成路由表的过程比较复杂，因此路由模块的核心部件通常是 CPU，大部分功能由软件实现。除了生成路由表，路由模块也承担一些其他的管理功能。

2. 线卡

线卡负责连接外部传输媒体，并通过传输媒体连接传输网络，如连接以太网的线卡通过双绞线或光纤连接以太网交换机。线卡通过端口连接传输媒体，不同类型的传输媒体对应不同类型的端口，如连接5类双绞线的端口（俗称电端口）和连接光纤的端口（俗称光端口）。线卡除了实现和传输网络的物理连接，还需要按照所连接的传输网络的要求完成IP分组的封装和分离操作。封装操作将IP分组封装成适合通过传输网络传输的链路层帧格式，如以太网的MAC帧。分离操作和封装操作相反，从链路层帧中分离出IP分组。线卡进行接收操作时，从所连接的传输媒体接收到的物理层信号（如曼彻斯特编码流）中分离出链路层帧（如MAC帧），并从链路层帧中分离出IP分组。发送操作时，将IP分组封装成链路层帧（如MAC帧），将链路层帧通过物理层信号（如曼彻斯特编码流）发送到传输媒体。

3. 交换模块

当线卡从某个端口接收到的物理层信号中分离出IP分组时，就将该IP分组发送给交换模块。交换模块用IP分组的目的IP地址检索路由表，找到输出端口，并把IP分组转发给输出端口所在的线卡。随着端口的传输速率越来越高，如10Gbps的以太网端口，端口每秒接收、发送的IP分组数量越来越大。对于10Gbps的以太网端口，在极端情况下（假定IP分组的长度为46B，MAC帧的长度为64B），端口每秒接收、发送的IP分组数量$=10\times10^9/(64\times8)=19.53$M IP分组/s（19.53Mpps）。当路由器的多个端口都线速接收、发送IP分组时，交换模块的处理压力将变得很大，因此通常用称为交换结构的专用硬件来完成IP分组从输入端口到输出端口的转发处理。由于存在从多个输入端口输入的IP分组需要从同一个输出端口输出的情况，即使交换结构能够支持所有端口线速接收、发送IP分组，输出端口也需要设置输出队列，用输出队列临时存储那些无法及时输出的IP分组。

路由器是实现不同类型的传输网络互连的关键设备，它一方面通过路由模块建立到达任何终端的传输路径，另一方面在确定互连下一跳的传输网络后，将IP分组封装成适合互连下一跳的传输网络所对应的链路层帧格式，并通过该传输网络实现IP分组当前跳至下一跳的传输过程。

6.2 IP

网际协议（IP）是实现连接在不同类型传输网络上的终端之间通信的基础，用于定义独立于传输网络的IP地址和IP分组格式。

6.2.1 IP地址分类

1. IP地址与接口

在深入讨论IP地址前，需要说明一下，IP地址不是终端或路由器的标识符，而是终端或路由器接口的标识符，就像地址不是房子的标识符，而只是门牌号一样。一栋房子如果有多个门,则有多个不同的门牌号,也就有多个不同的地址,但以这些地址为收信人地址的信件都能投递到该房子的主人。同样,终端或路由器允许有多个接口,每个接口都有独立的标识符——IP 地址,但以这些 IP 地址为目的地址的 IP 分组都到达该终端或路由器。接口是指终端或路由器连接网络的地方,多数情况下,终端或路由器的每一个端口都连接独立的网络,在这种情况下,接口就是端口。但存在一个端口可能同时连接多个不同的网络,或是多个端口连接同一个网络的情况,在这种情况下,一个物理端口可能对应多个不同的接口,多个物理端口可能对应同一个接口。由于每个 IP 地址指向唯一的终端或路由器,因此从这点讲,IP 地址确实有终端或路由器标识符的作用。

2. IP 地址分类方法

图 6.5 给出了 IP 地址的分类方法。一般情况所说的 IP 地址是指 IPv4 所定义的 IP 地址,它由 32 位二进制数组成,为了表示方便,采用点分十进制表示法。点分十进制表示 IP 地址的过程如下:将 32 位二进制数分成 4 个 8 位二进制数,每个 8 位二进制数单独用十进制表示(0～255),4 个用十进制表示的 8 位二进制数用点分隔。如 32 位二进制数 01011101 10100101 11011011 11001001 表示的 IP 地址,对应的点分十进制表示是 93.165.219.201。

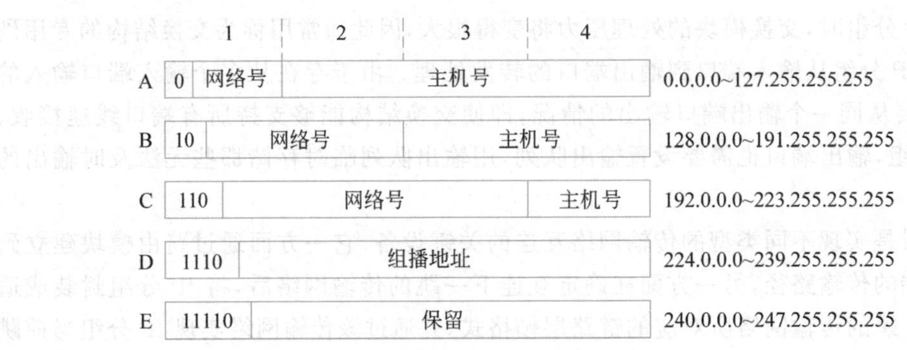

图 6.5　IP 地址分类方法

IP 是用来实现网络互连的协议,因此用来标识互连网中终端设备的每一个 IP 地址由两部分组成:网络号和主机号。最高位为 0,表示是 A 类地址,用 7 位二进制数标识网络号,24 位二进制数标识主机号。A 类地址中网络号全 0 和网络号全 1 的 IP 地址有特别用途,不能作为普通地址使用。0.0.0.0 表示 IP 地址无法确定,终端没有分配 IP 地址前,可以用 0.0.0.0 作为 IP 分组的源地址。127.x.x.x 是回送测试地址。在所有类型的 IP 地址中,主机号全 0 和主机号全 1 的 IP 地址也有特别用途,也不能作为普通地址使用。如网络号为 5 的 A 类 IP 地址的范围为 5.0.0.0～5.255.255.255,但 IP 地址 5.0.0.0 用于表示网络号为 5 的网络地址,而 IP 地址 5.255.255.255 作为在网络号为 5 的网络内广播的广播地址,这种类型的广播地址称为直接广播地址。A 类地址的范围是 0.0.0.0～127.255.255.255,但实际能用的网络号范围是 1～126,每一个网络号下允许使用的主机号 $=2^{24}-2$。由此可以看出,A 类地址适用于大型网络。

最高位为 10,表示 B 类地址,用 14 位二进制数标识网络号,用 16 位二进制数标识主机号,能够标识的网络号为 2^{14},每个网络号下允许使用的主机号 $=2^{16}-2$。B 类地址的范围是 128.0.0.0～191.255.255.255,适用于大、中型网络。

最高位为 110,表示是 C 类地址,用 21 位二进制数表示网络号,8 位二进制数表示主机号,能够标识的网络号为 2^{21},每个网络号下能够标识的主机号 $=2^{8}-2$。很显然,C 类地址只适用于小型网络。

A、B、C 三类地址中网络号全 0 的 IP 地址称为主机地址,用于标识本网络中的特定终端,如 0.0.0.37 表示本网络中主机号为 37 的终端。

A、B、C 三类地址都称为单播地址,用于唯一标识 IP 网络中的某个终端,但任何网络都有一个主机号全 1 的地址作为该网络的广播地址。这种广播地址不能用于标识网络内的终端,只能在传输 IP 分组时作为目的地址,表明接收方是该网络内的所有终端。任何网络都有一个主机号全 0 的地址作为该网络的网络地址。根据单播 IP 地址求出对应的网络地址的过程如下:根据该 IP 地址的最高字节值确定该 IP 地址的类型,根据类型确定主机号位数,清零主机号字段得到的结果就是该 IP 地址对应的网络地址。如 IP 地址 193.1.2.7 对应的网络地址为 193.1.2.0。

最高位为 1110,表示是组播地址,用 28 位二进制数标识组播组。同一个组播组内的终端可以任意分布在 Internet 中,因此组播组是不受网络范围影响的。有些组播地址有特殊用途,称为著名组播地址。下面就是一些常用的著名组播地址,这些组播地址表明接收端是同一网络内的特定结点。

224.0.0.1　表示网络中所有支持组播的终端和路由器。

224.0.0.2　表示网络中所有支持组播的路由器。

224.0.0.9　表示网络中所有运行 RIPv2 进程的路由器。

最高位为 11110,表示是 E 类地址,目前没有定义。

32 位全 1 的 IP 地址 255.255.255.255 称为受限广播地址,只能在传输 IP 分组时作为目的地址,表明接收方是本网络内的所有终端。

3. 互连网 IP 地址配置原则

互连网配置 IP 地址的原则如下。

(1) 连接在同一传输网络上的终端必须配置具有相同网络号、不同主机号的 IP 地址,如图 6.6 中连接在以太网上的终端 A 和终端 C。

(2) 每一个传输网络都有一个网络地址,如图 6.6 中以太网配置的网络地址 192.1.1.0 和 PSTN 配置的网络地址 192.1.2.0。

(3) 路由器的每一个接口都需要配置 IP 地址,该 IP 地址对应的网络地址必须和分配给该接口连接的传输网络的网络地址相同,如图 6.6 中连接以太网接口配置的 IP 地址是 192.1.1.254,其网络地址为 192.1.1.0,和以太网配置的网络地址相同。

如果一个物理以太网被划分为多个 VLAN,则每一个 VLAN 就是一个独立的传输网络,不同 VLAN 必须配置不同的网络地址,需要用路由器或其他具有路由功能的设备实现多个 VLAN 的互连。

图 6.6 IP 地址配置

6.2.2 IP 地址分层分类的原因

IP 地址分层指的是 32 位 IP 地址被分为网络号和主机号两部分，IP 地址分类指的是单播地址被分为 A、B、C 三类。

1. IP 地址分层的原因

1）实现网络互连的需要

由于 IP 用于实现不同类型网络的互连，因此需要能够根据终端的 IP 地址确定终端连接的网络，并能够根据两个终端的 IP 地址区分出这两个终端是连接在同一个网络上的两个不同的终端，还是连接在不同网络上的两个不同的终端。所以，IP 地址需要包含网络标识符（网络号）和主机标识符（主机号）两部分。不同的网络有不同的网络标识符，同一网络中的不同终端有相同的网络标识符和不同的主机标识符。因此，如果两个终端的 IP 地址有相同的网络标识符、不同的主机标识符，则表明这两个终端是连接在同一个网络上的两个不同的终端；如果两个终端的 IP 地址有不同的网络标识符，则表明这两个终端是连接在不同网络上的两个不同的终端。

2）减少路由项

（1）网络地址与路由项。

网络地址 192.1.1.0 有两重含义：一是标识网络，表示该网络的网络号是点分十进制表示 192.1.1.0 的高 24 位二进制数值；二是表示一组有相同网络号的 IP 地址 192.1.1.0～192.1.1.255。由于该组 IP 地址只能分配给连接在网络地址为 192.1.1.0 的网络上的终端，因此也可以用网络地址 192.1.1.0 表示连接在网络地址为 192.1.1.0 的网络上的终端集合。

路由器实现不同类型网络互连的其中一个关键因素是能够根据 IP 分组的目的 IP 地址确定通往该 IP 分组目的终端的传输路径。路由器中用路由项给出通往某个终端的传输路径。如图 6.7 所示，一是网络地址为 192.1.1.0 的网络上连接多个终端；二是对于路由器 R2 而言，通往所有连接在网络地址为 192.1.1.0 的网络上的终端的传输路径是相同的，即通往这些终端的传输路径上的下一跳是相同的，都是路由器 R1。在这种情况下，不需要为每一个连接在网络地址为 192.1.1.0 的网络上的终端单独建立路由项，而只需要为连接在网络地址为 192.1.1.0 的网络上的所有终端建立一项路由项，该路由项用网络地址 192.1.1.0 表示 IP 地址为 192.1.1.0～192.1.1.255 的一组终端。IP 地址分层使你可以用网络地址表示一组终端，因而可以用一项路由项给出通往用网络地址表示的一组终端的传输路径。在这种情况下，每一项路由项用于指明通往某个网络的传输路径，目的网络字段给出每一个网络的网络地址，下一跳给出当前路由器通往该网络的传输路径上的下一跳的 IP 地址。路由项信息结构由如图 6.7 中 R1 和 R2 路由表中的路由项所示。

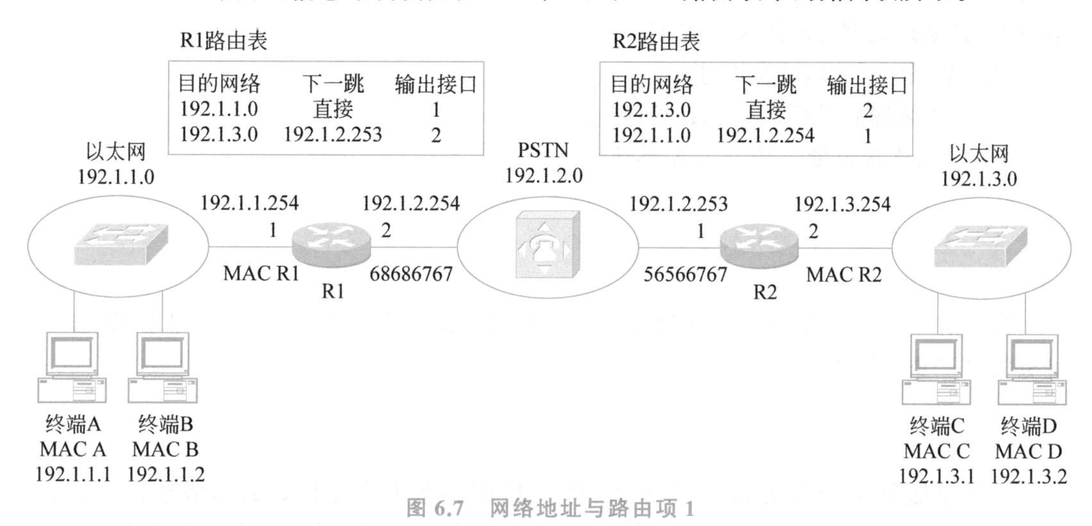

图 6.7 网络地址与路由项 1

(2) 路由器确定通往指定终端的传输路径的过程。

路由器根据终端的 IP 地址确定通往该终端的传输路径，由于路由器用路由项给出通往每一个终端的传输路径，因此路由器确定通往指定终端的传输路径的过程就是用该终端的 IP 地址在路由表中查找对应的路由项的过程。

下面以路由器 R1 确定通往 IP 地址为 192.1.3.2 的终端的传输路径为例讨论路由器确定通往指定终端的传输路径的过程。

① 根据终端的 IP 地址计算出该 IP 地址对应的网络地址。首先确定 IP 地址类型，然后根据 IP 地址类型得出 IP 地址中主机号对应的二进制数，将主机号对应的二进制数全部置 0。由于 IP 地址 192.1.3.2 是 C 类地址，得出该 IP 地址用最低 8 位二进制数表示主机号，将这 8 位二进制数全部置 0，得到 IP 地址 192.1.3.2 对应的网络地址是192.1.3.0。

② 用 IP 地址对应的网络地址检索路由表。用 IP 地址对应的网络地址逐项比较路由项中的目的网络，找到目的网络与 IP 地址对应的网络地址相同的路由项。路由器 R1 用 192.1.3.0 逐项比较路由项中的目的网络，发现路由项＜192.1.3.0，192.1.2.253，2＞中的目的网络等于 192.1.3.0，确定该路由项指出的传输路径就是通往 IP 地址为 192.1.3.2 的终端的传输路径。该路由项表明，路由器 R1 通往 IP 地址为 192.1.3.2 的终端的传输路径上的下一跳是 IP 地址为 192.1.2.253 的路由器，路由器 R1 接口 2 连接的传输网络直接连接 IP 地址为 192.1.2.253 的路由器接口。

2. IP 地址分类的原因

不同类型单播地址的主要区别在于每一个网络地址表示的有效 IP 地址数。由于每一个终端需要分配唯一的 IP 地址,因此网络地址表示的有效 IP 地址数也决定了连接在该网络地址指定的网络上的终端数。

不同类型的网络适合连接不同数量的终端,同一类型网络在不同的应用环境下连接的终端数也不同,因此可以根据网络需要连接的终端数量分配相应类型的 IP 地址。终端数量与 IP 地址类型之间的关系如下。

终端数量 $\leqslant 2^8-2$,C 类地址;

$2^8-2<$ 终端数量 $\leqslant 2^{16}-2$,B 类地址;

$2^{16}-2<$ 终端数量 $\leqslant 2^{24}-2$,A 类地址。

6.2.3 IP 地址分类的缺陷

IP 地址分类似乎解决了不同规模网络的网络地址分配问题,但事实并非如此,IP 地址分类有严重的缺陷。

1. IP 地址浪费严重

由于单播 IP 地址分为 A、B、C 三类,每一类 IP 地址有固定位数的网络号和主机号,因此会导致 IP 地址浪费。如一个连接 4000 个终端的以太网,需要分配一个 B 类网络地址,但一个 B 类网络地址包含 $2^{16}-2$ 个有效 IP 地址。因而 4000 个终端只是使用了 $2^{16}-2$ 个有效 IP 地址中的很小一部分,超过 90% 的有效 IP 地址被浪费了。产生这一问题的原因是固定分类只是将网络规模分为三种,而大多数网络规模介于两种网络规模之间。因此,不是网络地址包含的有效 IP 地址数不够,而是只使用了网络地址包含的有效 IP 地址中很小的一部分。如果能够随意确定 32 位 IP 地址中网络号和主机号的位数,则适合分配给连接 4000 个终端的以太网的网络地址是网络号为 20 位二进制数、主机号为 12 位二进制数的网络地址,该网络地址包含 $2^{12}-2=4094$ 个有效 IP 地址。但 A、B、C 三类单播地址中不存在网络号为 20 位二进制数、主机号为 12 位二进制数的网络地址。

2. 不能更有效地减少路由项

网络地址减少路由项的原因是可以用一个网络地址表示一组 IP 地址,因而可以用一个网络地址表示一组终端。对于如图 6.8 所示的情况,网络地址 192.1.0.0 表示一组 IP 地址 192.1.0.0～192.1.0.255,网络地址 192.1.1.0 表示一组 IP 地址 192.1.1.0～192.1.1.255。如果将两组 IP 地址对应的 32 位二进制数展开,如图 6.9 所示,可以发现,这两组 IP 地址对应的 32 位二进制数中的高 23 位维持不变,低 9 位二进制数从全 0 变化到全 1。如果能够随意确定 32 位 IP 地址中网络号和主机号的位数,将网络号的位数定为 23 位,主机号的位数定为 9 位,则 IP 地址集合 192.1.0.0～192.1.1.255 可以用一个网络

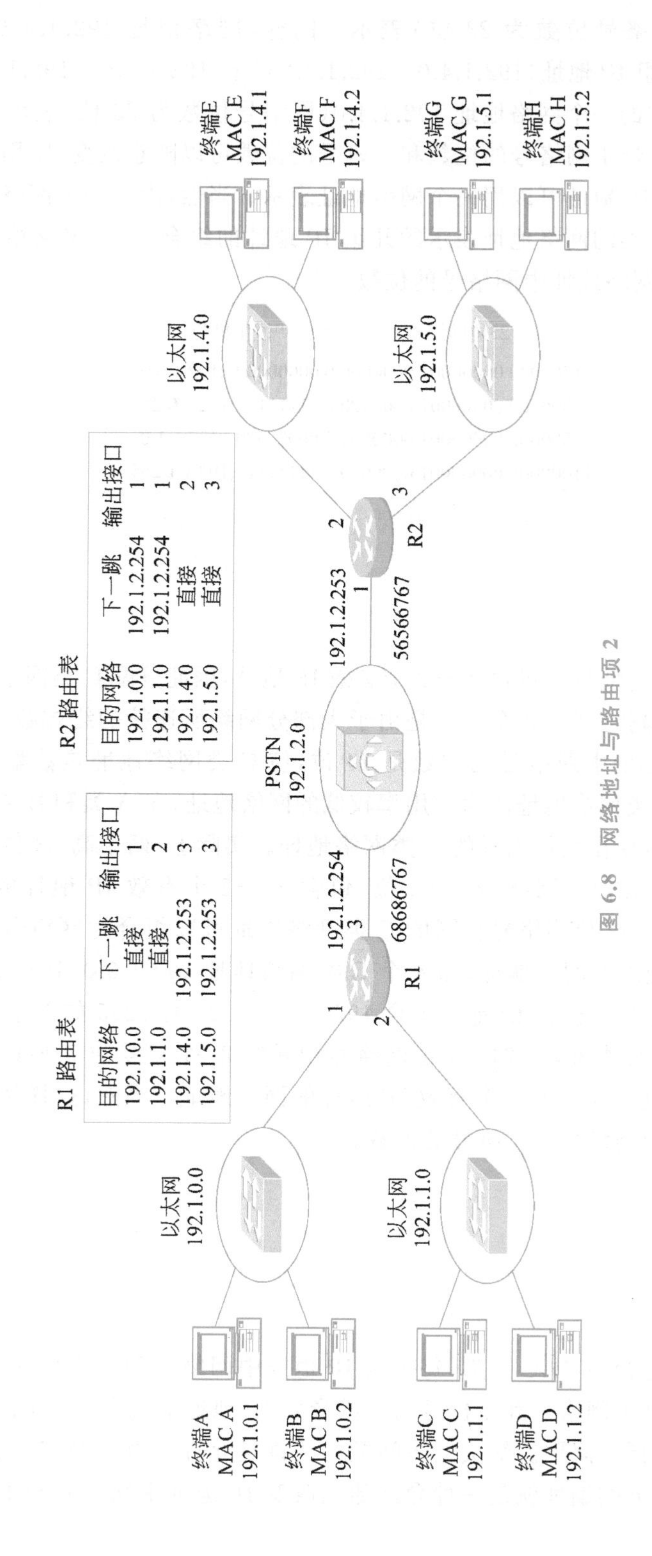

R1 路由表

目的网络	下一跳	输出接口
192.1.0.0	直接	1
192.1.1.0	直接	2
192.1.4.0	192.1.2.253	3
192.1.5.0	192.1.2.253	3

R2 路由表

目的网络	下一跳	输出接口
192.1.0.0	192.1.2.254	1
192.1.1.0	192.1.2.254	1
192.1.4.0	直接	2
192.1.5.0	直接	3

图 6.8　网络地址与路由项 2

地址 192.1.0.0(网络号位数为 23 位)表示。同样,网络地址 192.1.4.0 和网络地址 192.1.5.0表示的两组 IP 地址(192.1.4.0～192.1.4.255 和 192.1.5.0～192.1.5.255)可以用网络号位数为 23 位的一个网络地址 192.1.4.0(网络号位数为 23 位)表示。由此可以得出,如果 32 位 IP 地址中网络号的位数和主机号的位数可以随意改变,则用多个分类的网络地址表示的几组 IP 地址可以用一个网络地址表示。当然,由于一个网络地址表示的一组 IP 地址是几个分类的网络地址表示的几组 IP 地址的组合,因此该网络地址中的网络号位数小于分类的网络地址中网络号的位数。

23位网络号	9位主机号
11000000 00000001 0000000	0 00000000~;192.1.0.0
11000000 00000001 0000000	0 11111111;192.1.0.255
11000000 00000001 0000000	1 00000000~;192.1.1.0
11000000 00000001 0000000	1 11111111;192.1.1.255

图 6.9　两组 IP 地址合并成一组 IP 地址

3. C 类地址使用率低

由于C类网络地址只能包含 2^8-2 个有效 IP 地址,因此分配C类网络地址的网络所连接的终端数不能超过 2^8-2 个。一是由于大部分网络所连接的终端数大于 2^8-2 个;二是由于C类 IP 地址中网络号的位数是 24 位,使C类网络地址是数量最多的网络地址。这两点导致C类网络地址成为使用率较低的网络地址,在A类和B类网络地址早已分配殆尽的情况下,存在大量闲置的C类网络地址。实际上,两个高 23 位网络号相同的C类网络地址可以组合为网络号为 23 位、包含 2^9-2 个有效 IP 地址的网络地址,如图 6.9 所示。4 个高 22 位网络号相同的C类网络地址可以组合为网络号为 22 位、包含 $2^{10}-2$ 个有效 IP 地址的网络地址,如 4 个C类网络地址 192.1.0.0、192.1.1.0、192.1.2.0 和 192.1.3.0 可以组合成包含 IP 地址集合 192.1.0.0～192.1.3.255 的网络地址 192.1.0.0 (22 位网络号)。以此类推,高 $24-n$ 位网络号相同的 2^n 个C类网络地址可以组合为网络号为 $24-n$ 位、包含 $2^{8+n}-2$ 个有效 IP 地址的网络地址。当然,这样做的前提是允许任意改变 IP 地址中网络号和主机号的位数。

6.2.4　无分类编址

1. 无分类编址机制

单播 IP 地址分为 A、B、C 三类,每一类 IP 地址中网络号和主机号的位数是固定的。固定每一类 IP 地址中网络号和主机号的位数导致 IP 地址浪费严重、路由项增多和C类网络地址使用率较低等问题。解决上述问题的关键是允许随意改变 IP 地址中网络号和主机号的位数。无分类编址就是一种允许随意改变 IP 地址中网络号和主机号位数的编址方式。

在无分类编址方式下,32 位 IP 地址中网络号和主机号的位数是可变的,这样做消除了 IP 地址的分类，也解决了因为分类带来的种种问题，但必须提出一种用于指明 IP 地址中作为网络号的二进制数的方法。

无分类编址通过子网掩码指明 IP 地址中作为网络号的二进制数。子网掩码也是一个 32 位的二进制数，和 IP 地址的表示方法一样，用 4 个用点分隔的十进制数表示，每个十进制数表示 8 位二进制数，如 255.0.0.0，展开成二进制数表示为 11111111 00000000 00000000 00000000。子网掩码中值为 1 的二进制数对应 IP 地址中作为网络号的二进制数。5.1.1.2/255.0.0.0 表示 IP 地址是 5.1.1.2，对应的子网掩码是 255.0.0.0，如果将子网掩码展开成二进制数表示，只有高 8 位二进制数的值为 1，其余为 0，这就意味着 IP 地址的高 8 位为网络号，低 24 位为主机号。同样，5.1.1.2/255.255.255.0 表示 IP 地址的高 24 位为网络号，低 8 位为主机号。

目前还有一种更直接的表示方式是直接给出 IP 地址中作为网络号的二进制数位数，如 5.0.0.0/8、5.1.0.0/16、192.2.0.0/21 等，其中，8、16 和 21 分别是 IP 地址中网络号的位数。更简单的表示方式是省略 IP 地址中低位连续的 0，如 5.0.0.0/8 可以表示成5/8、5.1.0.0/16 可以表示成 5.1/16。

2. CIDR 地址块

网络地址是一组有相同网络号的 IP 地址，该组 IP 地址只能分配给连接在同一网络上的一组终端。在许多情况下，只是需要指定有相同高 N 位的一组 IP 地址，相同的高 N 位称为该组 IP 地址的 N 位网络前缀。该组 IP 地址可以是一组分配给连接在同一网络上的终端的 IP 地址，也可以是合并几组分配给连接在几个不同网络上的终端的 IP 地址后产生的 IP 地址集合，用 CIDR 地址块表示这样的 IP 地址集合。CIDR(Classless Inter-Domain Routing)是无分类域间路由的英文缩写。其意是可以通过为同一区域分配网络前缀相同的 IP 地址集合，有效减少域间路由项。

用 N 位网络前缀表示一组最高 N 位相同的连续的 IP 地址，网络前缀的表示方式和前面表示网络号的方式相同，可以用子网掩码或数字指定 32 位 IP 地址中网络前缀的位数，但网络前缀和网络号的含义不同，它只是用来表示具有相同网络前缀的一组 IP 地址。如 192.1.0.0/21 表示高 21 位相同的 CIDR 地址块，192.1.0.0 是该 CIDR 地址块的起始地址，称为网络前缀地址。该 CIDR 地址块对应的 IP 地址集合是 192.1.0.0～192.1.7.255，即维持高 21 位不变，低 11 位从全 0 到全 1 的 IP 地址范围。计算过程如图 6.10 所示。

11000000 00000001 00000 | 000 00000000;192.1.0.0~
11000000 00000001 00000 | 111 11111111;192.1.7.255

21位网络前缀

图 6.10　计算 CIDR 地址块表示的 IP 地址集合的过程

＜网络前缀，主机号＞的 IP 地址结构完全取消了原先定义的 A、B、C 三类 IP 地址的概念。N 位网络前缀的 CIDR 地址块可以分配给单个网络，在这种情况下，N 位网络前缀就是该网络的网络号。也可以分配给多个网络，在这种情况下，N 位网络前缀只是用来确定 CIDR 地址块的 IP 地址范围。

值得指出的是，如果某个CIDR地址块分配给单个网络，和分类地址一样，该CIDR地址块中主机号全0的IP地址作为该网络的网络地址。主机号全1的IP地址作为该网络的直接广播地址。对于任何有效IP地址，网络前缀全0的IP地址作为该IP地址的主机地址。

3. CIDR地址块的用途

1）聚合路由项

(1) 路由项聚合过程。

在如图6.8所示的网络结构中，C类网络地址192.1.0.0对应的CIDR地址块是192.1.0.0/24(或者192.1.0.0/255.255.255.0)，对应的IP地址集合是192.1.0.0～192.1.0.255。C类网络地址192.1.1.0对应的CIDR地址块是192.1.1.0/24，对应的IP地址集合是192.1.1.0～192.1.1.255。这两组IP地址可以组合成高23位相同的IP地址集合192.1.0.0～192.1.1.255，如图6.9所示。IP地址集合192.1.0.0～192.1.1.255可以用CIDR地址块192.1.0.0/23表示。同样，C类网络地址192.1.4.0和192.1.5.0对应的CIDR地址块分别是192.1.4.0/24和192.1.5.0/24，这两组IP地址可以组合成高23位相同的IP地址集合192.1.4.0～192.1.5.255，如图6.11所示，该IP地址集合可以用CIDR地址块192.1.4.0/23表示。因此，路由器R1路由表中的两项路由项＜192.1.4.0，192.1.2.253，3＞和＜192.1.5.0，192.1.2.253，3＞由于下一跳和输出接口相同，可以聚合为一项路由项＜192.1.4.0/23，192.1.2.253，3＞，其中用CIDR地址块192.1.4.0/23表示组合C类网络地址192.1.4.0和192.1.5.0表示的两组IP地址后生成的IP地址集合。同样，路由器R2路由表中的两项路由项＜192.1.0.0，192.1.2.254，1＞和＜192.1.1.0，192.1.2.254，1＞可以聚合为一项路由项＜192.1.0.0/23，192.1.2.254，1＞。聚合后的路由器R1和R2路由表如图6.12所示。

23位网络前缀　9位主机号

11000000 00000001 0000010 | 0 00000000 ～; 192.1.4.0 } 192.1.4.0/24
11000000 00000001 0000010 | 0 11111111 ; 192.1.4.255
11000000 00000001 0000010 | 1 00000000 ～; 192.1.5.0 } 192.1.5.0/24
11000000 00000001 0000010 | 1 11111111 ; 192.1.5.255
} 192.1.4.0/23

图6.11 两组IP地址合并成一组IP地址

(2) 路由器确定通往指定终端的传输路径的过程。

路由项中的目的网络地址是网络前缀地址，网络前缀地址和表示网络前缀位数的子网掩码(或数字表示的网络前缀位数)一起确定CIDR地址块。因此，如果某项路由项中目的网络地址指定的CIDR地址块包含该IP地址，则表明该IP地址与该路由项匹配，该路由项中给出的传输路径就是通往地址为该IP地址的终端的传输路径。

下面以路由器R1确定通往IP地址为192.1.5.2的终端的传输路径为例讨论路由器确定通往指定终端的传输路径的过程。

① 计算网络前缀地址。首先用目的网络地址指定的网络前缀位数求出该IP地址对应的网络前缀地址，根据网络前缀位数求出该IP地址对应的网络前缀地址的过程如下。

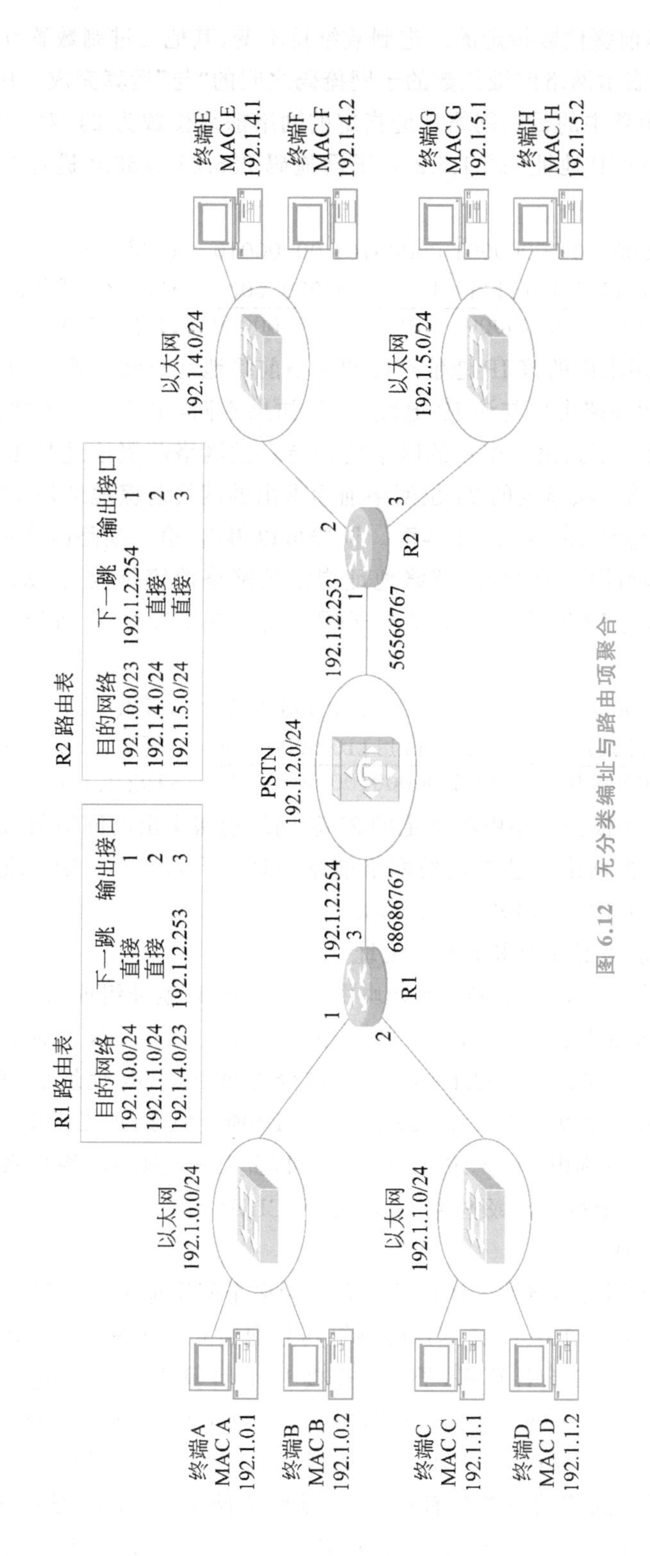

图 6.12 无分类编址与路由项聚合

32位IP地址中网络前缀位数指定的二进制数维持不变，其他二进制数置0。该过程也可以通过该IP地址和表示网络前缀位数的子网掩码之间的“与”运算完成。由于路由器R1路由表中第一项路由项中的目的网络地址指定的网络前缀位数为24，对应的子网掩码为255.255.255.0，因此将IP地址192.1.5.2与子网掩码255.255.255.0进行“与”运算，运算过程如下。

```
  11000000 00000001 00000101 00000010    ;192.1.5.2
& 11111111 11111111 11111111 00000000    ;255.255.255.0
-------------------------------------
  11000000 00000001 00000101 00000000    ;192.1.5.0
```

② 逐项比较。用求出的该IP地址对应的网络前缀地址与路由项中的目的网络地址比较，如果相同，表明该路由项与该IP地址匹配；如果不同，比较下一项路由项。由于路由器R1路由表中第一项路由项中目的网络地址指定的网络前缀地址是192.1.0.0，IP地址192.1.5.2根据该路由项指定的24位网络前缀求出的网络前缀地址是192.1.5.0，显然，第一项路由项和IP地址192.1.5.2不匹配。同样可以得出，第二项路由项和IP地址192.1.5.2不匹配。第三项路由项中目的网络地址指定的网络前缀位数是23，对应的子网掩码为255.255.254.0，将IP地址192.1.5.2与子网掩码255.255.254.0进行“与”运算，运算过程如下。

```
  11000000 00000001 00000101 00000010    ;192.1.5.2
& 11111111 11111111 11111110 00000000    ;255.255.254.0
-------------------------------------
  11000000 00000001 00000100 00000000    ;192.1.4.0
```

IP地址192.1.5.2根据该路由项指定的23位网络前缀求出的网络前缀地址是192.1.4.0，与该路由项中目的网络地址指定的网络前缀地址相同，因此与IP地址192.1.5.2匹配的路由项是＜192.1.4.0/23，192.1.2.253，3＞。

2）将CIDR地址块划分为多个网络地址

一个网络前缀位数为n的CIDR地址块由$2^{(32-n)}$个IP地址组成，该CIDR地址块可以划分为两个网络前缀位数为$n+1$的CIDR地址块，每一个CIDR地址块由$2^{(32-n-1)}$个IP地址组成。如CIDR地址块192.1.4.0/23可以分为两个CIDR地址块192.1.4.0/24和192.1.5.0/24。CIDR地址块192.1.4.0/23由2^9个IP地址组成，而CIDR地址块192.1.4.0/24和192.1.5.0/24分别由2^8个IP地址组成。以此类推，网络前缀位数为n的CIDR地址块可以划分为2^i个网络前缀位数为$n+i$的CIDR地址块，每一个CIDR地址块由$2^{(32-n-i)}$个IP地址组成。

下面通过一个实例给出将CIDR地址块划分为多个网络地址的过程。

假定CIDR地址块是192.1.2.0/24，需要将其分配给6个子网，每一个子网连接的终端数如下。子网1连接20台计算机，子网2连接12台计算机，子网3连接45台计算机，子网4连接27台计算机，子网5连接5台计算机，子网6连接11台计算机。CIDR地址块192.1.2.0/24需要划分为6个CIDR地址块，每一个CIDR地址块包含的IP地址数量是不同的，与对应子网连接的终端数有关，如分配给子网1的CIDR地址块包含的IP地址数必须≥20+2，以此保证至少有20个有效IP地址。划分CIDR地址块的过程是增加网络前缀位数并相应减少主机号位数的过程。CIDR地址块192.1.2.0/24划分为6个

CIDR 地址块的过程如下。

00000000～**00**111111(0～63)分配给子网 3 中的 45 台计算机，网络地址为 192.1.2.0/26；

0100000～**01**011111(64～95)分配给子网 4 中的 27 台计算机，网络地址为 192.1.2.64/27；

01100000～**011**11111(96～127)分配给子网 1 中的 20 台计算机，网络地址为 192.1.2.96/27；

10000000～**1000**1111(128～143)分配给子网 2 中的 12 台计算机，网络地址为 192.1.2.128/28；

10010000～**1001**1111(144～159)分配给子网 6 中的 11 台计算机，网络地址为 192.1.2.144/28；

10100000～**10100**111(160～167)分配给子网 5 中的 5 台计算机，网络地址为 192.1.2.160/29。

下面给出实现上述 CIDR 地址块划分过程的思路，终端数最多的子网 3 连接 45 台计算机(图 6.13(a)中用“子网 3(45)”表示)，需要 6 位二进制数表示主机号，将 CIDR 地址块 192.1.2.0/24 等分为 4 个网络前缀位数为 26、主机号位数为 6 的 CIDR 地址块，每一个 CIDR 地址块包含 64(2^6)个 IP 地址。这 4 个 CIDR 地址块中的高 24 位是相同的，是 CIDR 地址块 192.1.2.0/24 中的 24 位网络前缀，三段十进制数表示是 192.1.2。原来作为主机号的 8 位二进制数中的最高 2 位作为划分后的 4 个 CIDR 地址块的第 25 位和第 26 位网络前缀，4 个 CIDR 地址块的第 25 位和第 26 位网络前缀分别为 00、01、10 和 11，对应的 CIDR 地址块分别是 192.1.2.0/26、192.1.2.64/26、192.1.2.128/26 和 192.1.2.192/26。第 25 位和第 26 位网络前缀为 00 的 CIDR 地址块 192.1.2.0/26 分配给子网 3，如图 6.13(a)所示。

子网 4 和子网 1 连接的计算机数量分别是 27 和 20(图 6.13(a)中分别用“子网 4(27)”和“子网 1(20)”表示)，需要 5 位二进制数表示主机号，第 25 位和第 26 位网络前缀为 01 的 CIDR 地址块可以分成 2 个网络前缀位数为 27、主机号位数为 5 的 CIDR 地址块，这 2 个 CIDR 地址块的高 26 位相同，第 27 位分别是 0 和 1，对应的 CIDR 地址块分别是 192.1.2.64/27 和 192.1.2.96/27，每一个 CIDR 地址块包含 32(2^5)个 IP 地址，这 2 个 CIDR 地址块分别分配给子网 4 和子网 1，如图 6.13(a)所示。

子网 2 和子网 6 连接的计算机数量分别是 12 和 11(图 6.13(a)中分别用“子网 2(12)”和“子网 6(11)”表示)，需要 4 位二进制数表示主机号，第 25 位和第 26 位网络前缀为 10 的 CIDR 地址块可以分成 4 个网络前缀位数为 28、主机号位数为 4 的 CIDR 地址块，这 4 个 CIDR 地址块的高 26 位相同，第 27 位和第 28 位分别是 00、01、10 和 11，对应的 CIDR 地址块分别是 192.1.2.128/28、192.1.2.144/28、192.1.2.160/28 和 192.1.2.176/28，每一个 CIDR 地址块包含 16(2^6)个 IP 地址，前 2 个 CIDR 地址块分别分配给子网 2 和子网 6，如图 6.13(a)所示。

子网 5 连接的计算机数量是 5(图 6.13(a)中分别用“子网 5(5)”表示)，需要 3 位二进制数表示主机号。第 27 位和第 28 位网络前缀为 10 的 CIDR 地址块又可以划分为 2 个网络前缀位数为 29、主机号位数为 3 的 CIDR 地址块 192.1.2.160/29 和 192.1.2.168/29，将其中一个 CIDR 地址块分配给子网 5，如图 6.13(a)所示。

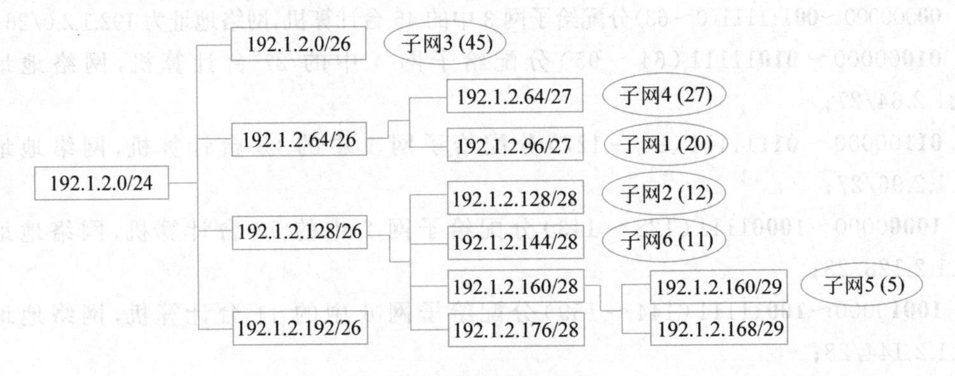

(a) CIDR地址块划分过程

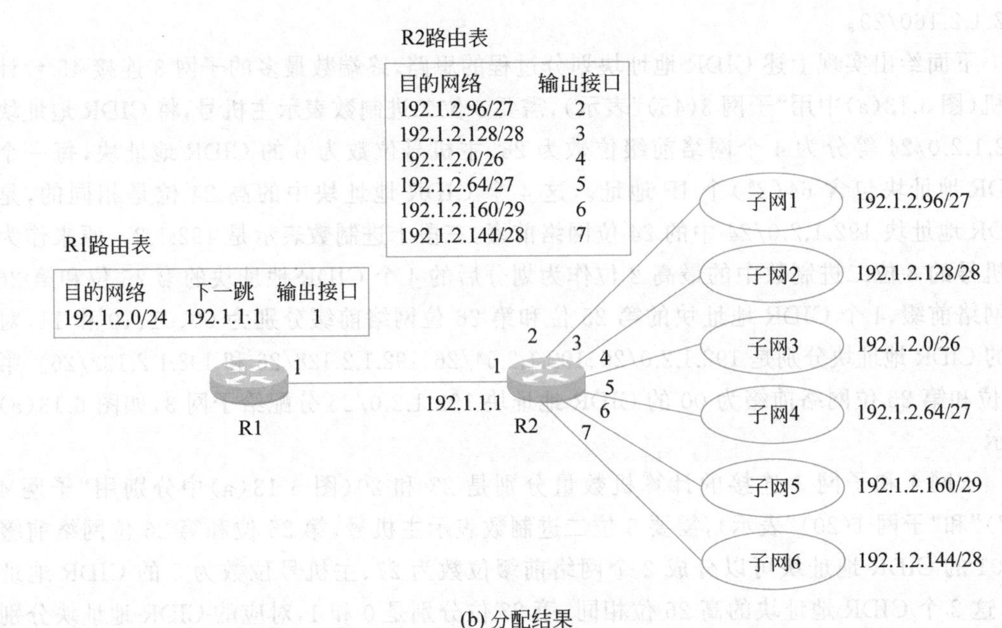

(b) 分配结果

图 6.13　将 CIDR 地址块划分为多个网络地址的过程

由于 CIDR 地址块 192.1.2.0/24 涵盖了分配给 6 个子网的 IP 地址集合，因此图 6.13(b)中的路由器 R1 只需要给出一项路由项＜192.1.2.0/24，192.1.1.1，1＞，表明只要终端 IP 地址的高 24 位等于 192.1.2，则通往该终端的传输路径上的下一跳是 IP 地址为 192.1.1.1 的路由器 R2。路由器 R2 对每一个子网均须给出一项路由项，目的网络字段值给出的 CIDR 地址块必须包含分配给该子网的全部 IP 地址。

4. 最长前缀匹配

由于 IP 地址 192.1.2.150 属于 CIDR 地址块 192.1.2.0/24，路由器 R1 确定路由项＜192.1.2.0/24，192.1.1.1，1＞与 IP 地址 192.1.2.150 匹配。同样，由于 IP 地址 192.1.2.150 属于 CIDR 地址块 192.1.2.144/28，路由器 R2 确定路由项＜192.1.2.144/28，7＞

与 IP 地址 192.1.2.150 匹配。

如果图 6.13(b)中的子网 6 既要提高访问外部网络的速度，但又不想改变自己的配置和访问其他子网的速度，则采用同时连接路由器 R1 和 R2 的方式，如图 6.14 所示。在这种情况下，路由器 R1 中的路由项变为两项，分别指向路由器 R1 和子网 6。当路由器 R1 需要确定通往 IP 地址为 192.1.2.150 的终端的传输路径时，发现该 IP 地址与目的网络字段值为 192.1.2.0/24 和 192.1.2.144/28 的两项路由项匹配，路由器 R1 如何确定最终匹配的路由项?

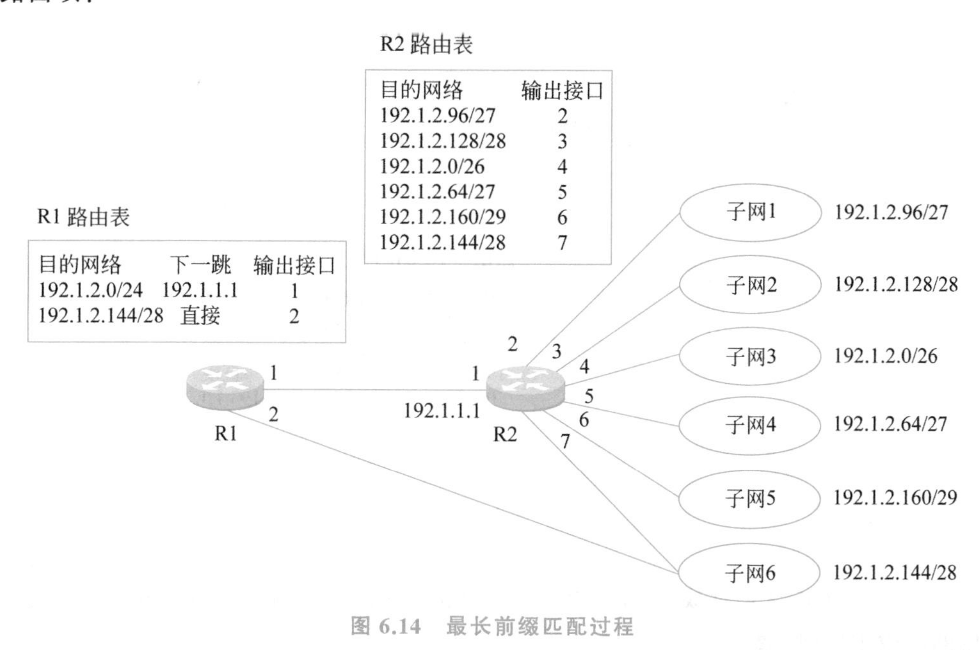

图 6.14 最长前缀匹配过程

显然，路由器 R1 应该选择直接连接子网 6 的传输路径，这也是子网 6 直接连接路由器 R1 的原因。路由器 R1 用最长前缀匹配来确定传输路径的优先级。最长前缀匹配是指如果有多项路由项与某个 IP 地址匹配，则比较这些路由项中目的网络指定的 CIDR 地址块的网络前缀位数，选择网络前缀位数最大的路由项作为最终与该 IP 地址匹配的路由项。在路由器 R1 匹配的两项路由项中，一项路由项中的目的网络是 192.1.2.0/24，网络前缀位数是 24，另一项路由项中的目的网络是 192.1.2.144/28，网络前缀位数是 28。选择目的网络是 192.1.2.144/28 的路由项作为最终匹配的路由项。

5. 默认路由项

如果某个 IP 地址和路由表中的所有路由项均不匹配，则选择默认路由项指定的传输路径。默认路由项的目的网络为 0.0.0.0，对应的子网掩码为 0.0.0.0。由于所有 IP 地址与子网掩码 0.0.0.0“与”运算后的结果都是 0.0.0.0，因此所有 IP 地址均与该路由项匹配。

当通往多个网络的传输路径具有相同的下一跳时，可用一项默认路由项指明通往这些网络的传输路径。在如图 6.15 所示的互连网络中，内部网络通过路由器 R1 连接 Internet，由于 Internet 由无数个网络组成，如果在路由表中详细列出 Internet 中所有网络对应的路由项，则路由项数目将十分庞大。根据图 6.15 所示的互连网络结构，路由器 R2 通往 Internet 的传输路径有唯一的下一跳：路由器 R1。因此，除了指明通往内部网络的传输路径的路由项外，可用一项默认路由项指明通往 Internet 的传输路径。如果某个 IP 地址和 3 个内部网络的网络地址都不匹配，则意味着该 IP 地址标识的目的终端位于 Internet，路由器 R2 选择通往 Internet 的传输路径作为通往该目的终端的传输路径。

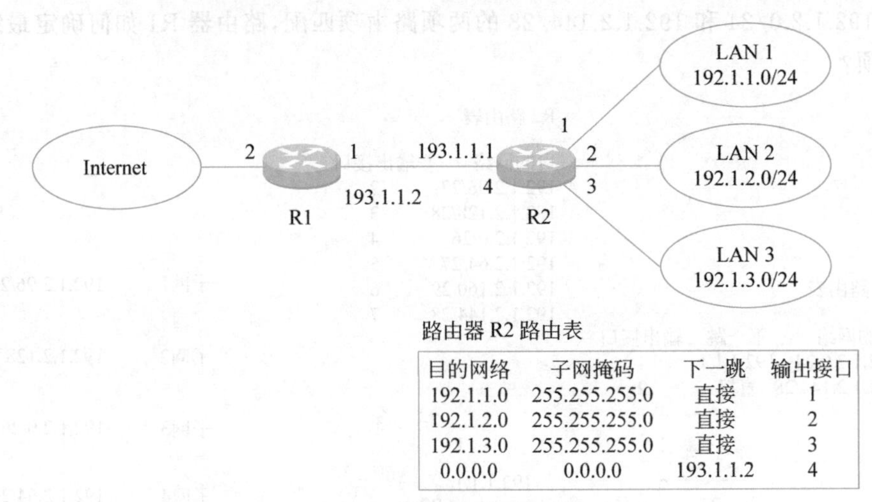

路由器 R2 路由表

目的网络	子网掩码	下一跳	输出接口
192.1.1.0	255.255.255.0	直接	1
192.1.2.0	255.255.255.0	直接	2
192.1.3.0	255.255.255.0	直接	3
0.0.0.0	0.0.0.0	193.1.1.2	4

图 6.15　默认路由项的功能

6. 例题解析

【例 6.1】　CIDR 地址块 59.67.159.0/27、59.67.159.32/27 和 59.67.159.64/26 聚合后可用的有效 IP 地址数为________。

A. 126　　　　B. 186　　　　C. 188　　　　D. 254

【解析】　可以将 CIDR 地址块 59.67.159.0/27 和 59.67.159.32/27 聚合为 CIDR 地址块 59.67.159.0/26，聚合过程如下。

```
59.67.159.0/27
00111011 01000011 10011111 000|00000 ；59.67.159.0～
00111011 01000011 10011111 000|11111 ；59.67.159.31
          27 位网络前缀
59.67.159.32/27
00111011 01000011 10011111 001|00000 ；59.67.159.32～
00111011 01000011 10011111 001|11111 ；59.67.159.63
          27 位网络前缀

59.67.159.0/26
00111011 01000011 10011111 00|000000 ；59.67.159.0～
00111011 01000011 10011111 00|111111 ；59.67.159.63
          26 位网络前缀
```

可以将 CIDR 地址块 59.67.159.0/26 和 59.67.159.64/26 聚合为 CIDR 地址块 59.67.159.0/25，聚合过程如下。

```
59.67.159.0/26
00111011 01000011 10011111 00|000000 ; 59.67.159.0~   ┐
00111011 01000011 10011111 00|111111 ; 59.67.159.63   │  59.67.159.0/25
        26位网络前缀                                   │  00111011 01000011 10011111 0|0000000 ; 59.67.159.0~
59.67.159.64/26                                        ├  00111011 01000011 10011111 0|1111111 ; 59.67.159.127
00111011 01000011 10011111 01|000000 ; 59.67.159.64~  │          25位网络前缀
00111011 01000011 10011111 01|111111 ; 59.67.159.127  ┘
        26位网络前缀
```

CIDR 地址块 59.67.159.0/25 的有效 IP 地址数为 $2^7-2=126$。因此，答案为 A。

【例 6.2】 计算并填写表 6.1。

表 6.1 根据 IP 地址和子网掩码计算地址

IP 地址	191.173.21.9
子网掩码	255.240.0.0
网络地址	191.160.0.0
直接广播地址	191.175.255.255
主机地址	0.13.21.9
CIDR 地址块中的最后一个可用 IP 地址	191.175.255.254

【解析】 将子网掩码 255.240.0.0 展开为 32 位二进制数：11111111 11110000 00000000 00000000，32 位二进制数由高 12 位连续 1 和低 20 位连续 0 组成，表示 32 位 IP 地址 191.173.21.9 中，高 12 位是网络号，低 20 位是主机号。

将 32 位 IP 地址 191.173.21.9 展开为 32 位二进制数：**10111111 1010**1101 00010101 00001001，其中高 12 位为网络号，低 20 位为主机号。

网络地址是将 32 位 IP 地址中的主机号全部置 0 后的结果。因此，网络地址如下：**10111111 1010**0000 00000000 00000000，点分十进制表示是 191.160.0.0。

直接广播地址是 32 位 IP 地址中的主机号全部置 1 后的结果。因此，直接广播地址如下：**10111111 1010**1111 11111111 11111111，点分十进制表示是 191.175.255.255。

主机地址是将 32 位 IP 地址中的网络号全部置 0 后的结果。因此，主机地址如下：**00000000 0000**1101 00010101 00001001，点分十进制表示是 0.13.21.9。

CIDR 地址块中的最后一个可用 IP 地址是直接广播地址减 1 后的结果，为 191.175.255.254。

【例 6.3】 计算并填写表 6.2。

表 6.2 根据主机地址和 CIDR 地址块中的最后一个可用 IP 地址计算地址和掩码

IP 地址	191.152.37.9
子网掩码	255.224.0.0
网络地址	191.128.0.0

续表

直接广播地址	191.159.255.255
主机地址	0.24.37.9
CIDR 地址块中的最后一个可用 IP 地址	191.159.255.254

【解析】 IP 地址中属于网络号的二进制位置 0 后的结果是主机地址，因此主机地址中从最高位开始，自值不为 0 的二进制位以后的二进制位都是属于主机号的二进制位。但主机地址中高位为 0 的二进制位未必都是属于网络号的二进制位，有可能是主机号中值为 0 的高位。因此，可以根据主机地址得出以下结果。

00000000 00011000 00100101 00001001 ；0.24.37.9

xxxxxxxx xxxhhhhh hhhhhhhh hhhhhhhh ：其中，x 表示待定，h 表示是属于主机号的二进制位。

最后一个可用 IP 地址是直接广播地址减 1 后的结果。由于直接广播地址是属于主机号的二进制位置 1 后的结果，因此直接广播地址中，从最低位开始，自值为 0 的二进制位以后的二进制位都是属于网络号的二进制位。但从最低位开始，值为 1 的二进制位未必都是属于主机号的二进制位，有可能是网络号中值为 1 的低位。因此，可以根据最后一个可用 IP 地址得出以下结果。

10111111 10011111 11111111 11111110 ：最后一个可用 IP 地址 191.159.255.254

10111111 10011111 11111111 11111111 ：直接广播地址 191.159.255.255

nnnnnnnn nnnxxxxx xxxxxxxx xxxxxxxx ：其中，x 表示待定，n 表示是属于网络号的二进制位。

比较根据主机地址得出的结果和根据最后一个可用 IP 地址得出的结果，确定 32 位 IP 地址中最高 11 位二进制位 10111111 100 是属于网络号的二进制位，最低 21 位二进制位 11000 00100101 00001001 是属于主机号的二进制位。得出 IP 地址和子网掩码是：191.152.37.9/255.224.0.0。由此可以得出表 6.2 中其他空格中的值。

6.2.5 IP 分组格式

1. 首部字段

IP 分组由首部与数据两部分组成。首部由 20 字节的固定项和可变长度的可选项组成。IP 分组首部格式如图 6.16 所示。

下面介绍 IP 分组首部各字段的含义。

版本：4b 版本字段给出 IP 分组所属 IP 协议的版本。由于每一个 IP 分组都含有版本字段，因此允许不同版本的 IP 协议可同时在一个互连网络内运行。目前存在两种版本的 IP 协议：IPv4 和 IPv6，其版本号分别为 4 和 6，本书只讨论 IPv4。

首部长度：4b 首部长度字段以 32 位字(4 字节)为单位给出 IP 首部的实际长度。由于首部的长度不是固定的，因此需要用首部长度字段给出 IP 首部长度。字段最小值为

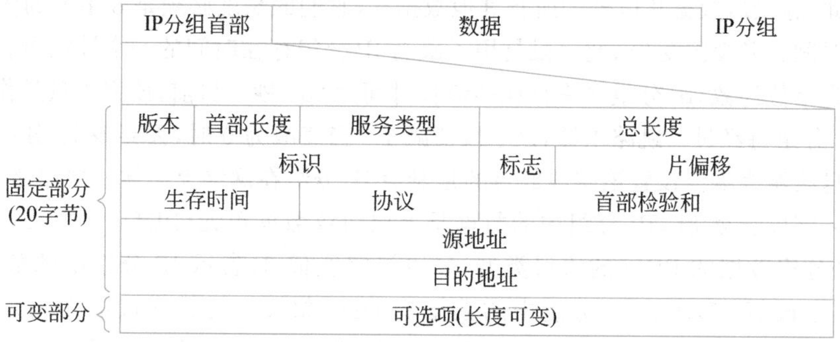

IP分组首部	数据		IP分组

固定部分(20字节)	版本	首部长度	服务类型	总长度
	标识		标志	片偏移
	生存时间	协议	首部检验和	
	源地址			
	目的地址			
可变部分	可选项(长度可变)			

图 6.16　IP 分组首部格式

5,用于没有可选项的情况。由于 IP 首部长度的基本单位是 4 字节,因此意味着首部固定部分长度为 20 字节。最大值为 15,这就将首部长度限制在 60 字节内,意味着可选项长度不能超过 40 字节。

服务类型:8b 服务类型字段允许终端告诉网络它希望得到的服务,可以通过服务类型字段指定 IP 分组的速度要求、可靠性要求及各种要求的组合。服务类型字段从左到右包括三位优先级位,以及三位标志位 D、T、R 和目前没有使用的两位。三位优先级位表示从 0(普通报文)到 7(网络控制报文)的 8 级分组优先级,优先级高的 IP 分组优先得到服务。三位标志位允许终端指定最希望得到的服务。允许指定的服务是 D(时延)、T(吞吐率,实际测量到的瞬时传输速率或是一段时间内的平均传输速率)、R(可靠性)。$D=1$ 表示该 IP 分组要求特别短的时延。$T=1$ 表示该 IP 分组要求特别高的吞吐率。$R=1$ 表示该 IP 分组要求尽可能不被损坏或丢弃。这些标志位可以帮助路由器选择对应的传输路径。实际上,早先的路由器一般都不考虑这些标志位,目前为支持多媒体应用,路由器开始支持服务分类(CoS)。1998 年,该字段改为区分服务字段,但只有支持区分服务(DiffServ)的网络使用该字段。

总长度:16b 总长度字段以字节为单位给出包括首部和数据的 IP 分组的长度,最大长度值为 65 535 字节。

标识:16b 标识字段用于标识属于同一 IP 分组的数据片,属于同一 IP 分组的数据片具有相同的标识字段值。发送端维持一个计数器,每发送一个 IP 分组,计数器加 1,计数器的值就作为 IP 分组的标识字段值。

标志:3b 标志字段包含 1 位保留位、1 位标志位 DF 和 1 位标志位 MF。DF 位置 1 要求不能对 IP 分组分片,禁止路由器把 IP 分组分片成多个数据片。一旦 IP 分组中的 DF 位置 1 表明该 IP 分组只能作为单个数据片传送,这就要求路由器即使选择一条并不是最佳的传输路径,也要避开只能传输长度很短的 IP 分组的传输网络。要求所有传输网络至少能传输小于 576 字节的 IP 分组。MF 位置 0 表示是若干数据片中的最后一个数据片,除最后一个数据片外,IP 分组分片后所生成的所有其他数据片都必须是 MF 位置 1。MF 位用于让接收端判别某个 IP 分组分片后所生成的所有数据片是否已全部接收到。

片偏移:13b 片偏移字段以 8 字节为单位给出该数据片在分片前的原始数据中的起始

位置。因此，除最后数据片以外的所有其他数据片，它们的长度必须是8字节的倍数。

生存时间：字段长度8b，此字段是用于限制IP分组存在时间的一个计数器。假定该计数器以秒为单位计数，IP分组允许存在的最长时间为255秒。目前，该字段只是作为最大跳数使用，IP分组每经过一跳路由器，该字段值减1。当值减为0时，丢弃该IP分组并发送一个警告消息给源终端。设置该字段的目的是避免IP分组在网络上无休止地漂荡。

协议：字段长度8b，IP分组中的数据是上层协议数据单元(PDU)。协议字段值给出了作为IP分组数据的PDU的协议类型，如协议字段值6，表示IP分组中的数据是TCP报文；协议字段值17，表示IP分组中的数据是UDP报文。协议字段的作用是确定处理该IP分组中数据的进程，即上层协议进程。TCP进程和UDP进程是最有可能处理该IP分组中数据的进程。

首部检验和：字段长度16b，对首部用检验和算法计算出的检错码，用于检测首部传输过程中发生的错误。每一跳路由器需要重新计算首部检验和，因为每经过一跳路由器，至少改变了一个首部字段值(生存时间字段)。

源地址和目的地址：字段长度分别为32b，源地址字段给出了源终端的IP地址，目的地址字段给出了目的终端的IP地址。

可选项：设计该字段的目的如下。

① 允许以后协议版本提供原始设计中遗漏的信息；

② 允许经验丰富的人试验一些新的想法；

③ 避免在报文首部中固定分配一些并不常用的信息字段。

可选项长度可变。目前，定义了以下5种可选项。

保密：该选项给出如何保密IP分组，和军事应用有关的路由器可以用该选项来避开某些认为不安全的国家或地区。实际上，所有路由器都忽略该选项。

严格源站选路：该选项给出从源终端到目的终端完整传输路径的IP地址列表，IP分组必须严格遵循给出的传输路径。系统管理员可以用这种功能在路由器路由表损坏的情况下发送紧急IP分组，或者用于发送测量时间参数的IP分组。

不严格源站选路：该选项要求IP分组一定要经过列表中指定的路由器，并按指定的顺序经过，但允许通过传输路径上的其他路由器。通常通过该选项指定少数几个路由器来强迫IP分组经过某一特殊传输路径。例如，强迫从伦敦到悉尼的IP分组经过美国西部而不是东部时，选项可指定IP分组必须经过纽约、洛杉矶、檀香山的路由器。当出于某种政治或经济考虑，需要IP分组经过或避开某些地区或国家时，可用该选项。

记录路由：该选项要求所有经过的路由器把它们的IP地址添加到该选项字段中，通过记录路由，可以帮助系统管理员查出路由算法中的一些问题。由于ARPA网刚建立时，IP分组经过的路由器最多不超过9个，因此用40字节记录经过的路由器已经很充足了，但对现在的Internet来说，用40字节记录经过的路由器是远远不够的。

时间戳：该选项基本上与记录路由选项一样，不同的是，除记录32位IP地址外，还记录32位时间戳。该选项也主要用于诊断路由算法发生的错误。

IP分组首部的可选项有很强的了解、管理网络的功能，常常被用来作为侦察网络的工具，为了网络的安全性，路由器需要关闭一些可选项的支持功能。

2. 分片

传输网络链路层帧净荷字段允许的最大长度称为最大传送单元(Maximum Transfer Unit,MTU),如以太网的MTU为1500字节。如果IP分组长度超过传输该IP分组的传输网络的MTU,则必须将IP分组分片。分片是将IP分组净荷字段中的数据分割为多个数据片的过程,除了最后一个数据片,其他数据片的长度必须是8字节的整数倍。每一个数据片加上IP首部构成IP分组,必须保证分片后的数据片长度和IP首部长度之和小于传输网络的MTU。通常情况下,除最后一个数据片,其他数据片长度的分配原则是:必须是8的倍数,且加上IP首部后尽量接近MTU。为了标识这些由分片同一个IP分组净荷字段中的数据产生的IP分组序列,这些IP分组必须具有相同的标识字段值。为了在目的端将这些IP分组中净荷字段包含的数据片重新还原为原始数据,这些IP分组中的每一个IP分组必须在片偏移字段中给出该IP分组包含的数据片在原始数据中的起始位置。为了让目的端确定所有数据片对应的IP分组是否均已到达,必须标志最后一个数据片对应的IP分组。分片过程如图6.17所示,4000字节数据被分成3个数据片,长度分别是1480、1480和1040。这3个数据片在原始数据中的起始位置分别是0、1480和2960,求出对应的片偏移分别是0/8=0、1480/8=185和2960/8=370。

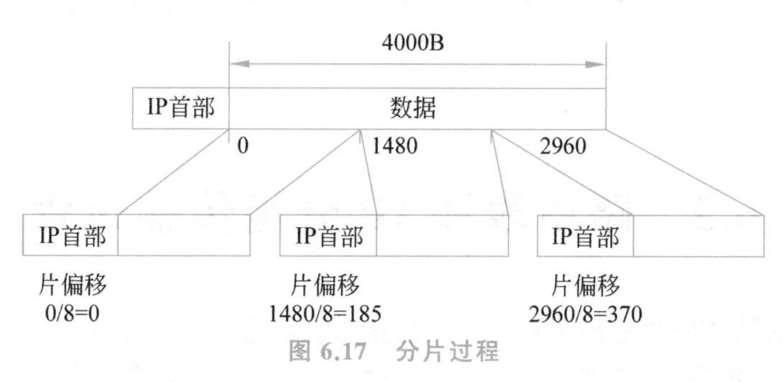

图6.17 分片过程

【例6.4】 终端A和终端B之间的传输路径由网络1、网络2和网络3组成,其中网络1的MTU=1500B,网络2的MTU=800B,网络3的MTU=420B。假定终端A传输给终端B的数据的长度为1440B,给出终端A及传输路径经过的各个路由器分片数据的过程。

【解析】 终端A及传输路径经过的路由器分片数据的过程如图6.18所示。终端A生成的IPv4分组的总长度为1460B(包括20B首部和1440B净荷),由于终端A连接路由器R1的链路的MTU=1500B,因此终端A可以直接将总长度为1460B的IP分组传输给路由器R1。当路由器R1向路由器R2传输该IP分组时,发现输出链路的MTU=800B,需要对IP分组进行分片操作。路由器R1将IP分组的净荷分片成两个数据片,两个数据片的长度分别为776B和664B,加上20B的IPv4首部后,分别构成两个总长度分别为796B(20B首部+776B净荷)和684B的IPv4分组。这两个IPv4分组的标识符字段值相同,后一个IPv4分组的片偏移=776/8=97。同样,当路由器R2向终端B传输这两个IP分组时,发现输出链路的MTU=420B,路由器R2需要再一次对这两个IPv4分组进行分片操作。776B 的数据片被分成长度分别为 400B 和 376B 的两个数据片，664B 的数据片被分成长度分别为 400B 和 264B 的两个数据片。这 4 个数据片加上 IP 首部后构成 4 个 IP 分组。原来 M 标志位为 1 的 IPv4 分组分片后生成的 IPv4 分组序列的 M 标志位都为 1。原来 M 标志位为 0 的 IPv4 分组分片后生成的 IPv4 分组序列，除由最后一个数据片构成的 IPv4 分组外，其他 IPv4 分组的 M 标志位也都为 1。这些 IPv4 分组的标识字段值都相同，图 6.18 中每一个 IP 分组首部中的片偏移给出净荷中的数据片在原始净荷中的位置。

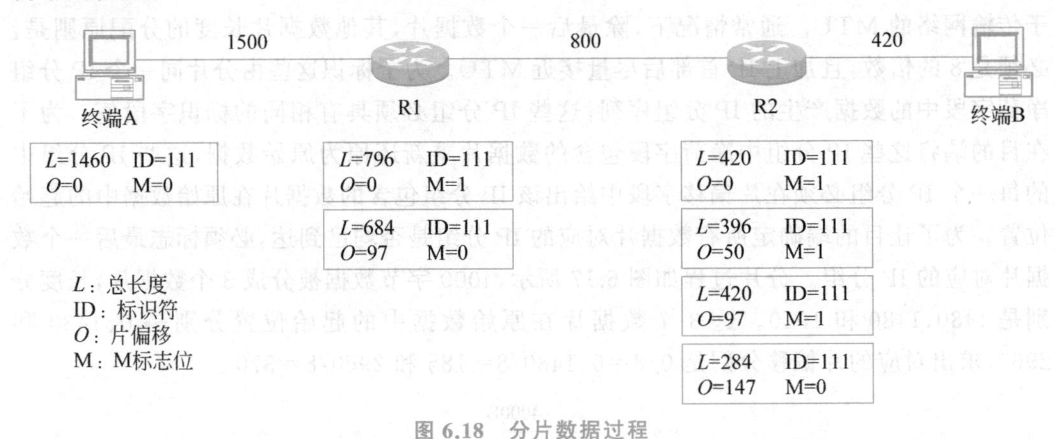

图 6.18　分片数据过程

6.3　路由表和 IP 分组传输过程

终端配置的默认网关地址和路由器中的路由表确定了连接在任意类型网络上的两个终端之间的 IP 传输路径，源终端发送给目的终端的 IP 分组沿着源终端至目的终端的 IP 传输路径，经过路由器逐跳转发，到达目的终端。

6.3.1　互连网结构与路由表

互连网是指不同网络互连而成的网际网，网际层将任何两个分配不同网络地址的网络作为两个不同的网络。因此，两个类型不同且分配不同网络地址的传输网络、两个物理上独立且分配不同网络地址的以太网、两个共享同一物理以太网但逻辑上相互独立且分配不同网络地址的 VLAN 都是两个不同的网络。对于连接在相同物理网络上的两组终端，只要这两组终端分配了网络地址不同的 IP 地址，这两组终端就属于两个不同的网络。必须通过路由器或三层路由设备实现不同网络之间的互连，即如果两个终端分配了网络地址不同的 IP 地址，这两个终端之间的传输路径必须包含路由器或三层路由设备。

1. 互连网结构

互连网结构如图 6.19 所示，3 个路由器互连 4 个网络，为了着重讨论终端 A 与终端 B

之间的数据传输过程，图中只是详细给出 LAN1 和 LAN2 的网络地址。连接在 LAN1 上的终端和路由器接口分配的 IP 地址必须属于 CIDR 地址块 192.1.1.0/24，同样连接在 LAN2 上的终端和路由器接口分配的 IP 地址必须属于 CIDR 地址块 192.1.2.0/24。路由器每一个接口分配的 IP 地址和子网掩码确定该路由器接口连接的网络的网络地址。由于路由器 R1 连接 LAN1 的接口分配的 IP 地址和子网掩码分别是 192.1.1.254 和 255.255.255.0，因此得出 LAN1 的网络地址为 192.1.1.0/24。同样，路由器 R3 连接 LAN2 的接口分配的 IP 地址和子网掩码分别是 192.1.2.254 和 255.255.255.0，因此得出 LAN2 的网络地址为 192.1.2.0/24。路由器连接不同网络的接口必须分配网络地址不同的 IP 地址。

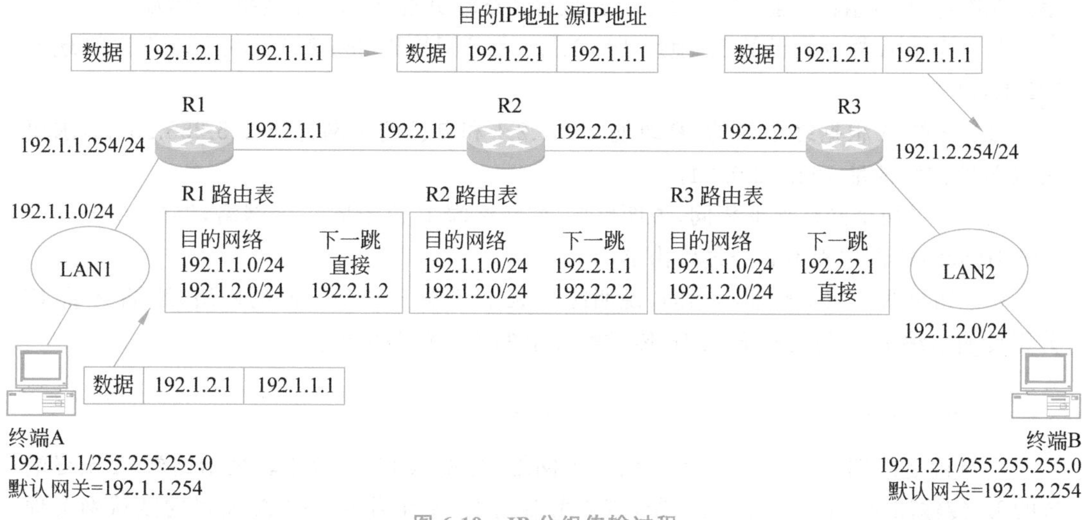

图 6.19 IP 分组传输过程

2. 路由表

路由器中的路由表给出连接在不同网络上的终端之间的 IP 传输路径，IP 传输路径由终端与路由器组成。如终端 A 至终端 B 的 IP 传输路径为终端 A→路由器 R1→路由器 R2→路由器 R3→终端 B。因为 192.1.1.254 是路由器 R1 连接 LAN1 的接口的 IP 地址，终端 A 根据配置的默认网关地址 192.1.1.254 确定终端 A 至终端 B 的 IP 传输路径上的下一跳是路由器 R1。路由器 R1 用终端 B 的 IP 地址检索路由表，确定路由表中与 IP 地址 192.1.2.1 匹配的路由项是＜192.1.2.0/24，192.2.1.2＞，由于下一跳 IP 地址 192.2.1.2 是路由器 R2 连接路由器 R1 的接口的 IP 地址，因此，路由器 R1 根据路由表确定通往终端 B 的 IP 传输路径上的下一跳是路由器 R2。由于路由器 R3 路由表中与 IP 地址 192.1.2.1 匹配的路由项是＜192.1.2.0/24，直接＞，下一跳是直接表示终端 B 连接在路由器 R3 直接连接的网络上，因此，路由器 R3 确定通往终端 B 的 IP 传输路径上的下一跳是终端 B 自身。

6.3.2 IP 分组传输过程

为了更深刻地理解路由表的作用，下面详细讨论图 6.19 中终端 A 至终端 B 的 IP 分组传输过程。

1. 确定源终端和目的终端是否在同一个网络

终端 A 向终端 B 传输数据前，必须先获取终端 B 的 IP 地址，然后将数据封装成以终端 A 的 IP 地址 192.1.1.1 为源 IP 地址、以终端 B 的 IP 地址 192.1.2.1 为目的 IP 地址的 IP 分组。在进行 IP 分组传输前，先确定终端 B 是否和终端 A 位于同一个网络，步骤如下。

(1) 终端 A 根据自己的 IP 地址 192.1.1.1 和子网掩码 255.255.255.0，求出网络地址 192.1.1.0/24。

(2) 终端 A 根据终端 B 的 IP 地址 192.1.2.1 和自己的子网掩码 255.255.255.0，求出终端 B 的网络地址 192.1.2.0/24。

(3) 如果两个网络地址相同，说明终端 A 和终端 B 位于同一个网络，终端 A 至终端 B 的 IP 分组传输过程不必经过路由器。

(4) 如果两个网络地址不相同，说明终端 A 和终端 B 位于不同的网络，终端 A 将 IP 分组传输给终端 A 至终端 B 的 IP 传输路径上的第一跳路由器。

2. 根据默认网关地址找到第一跳路由器

一旦确定终端 B 和终端 A 不在同一个网络，终端 A 将 IP 分组转发给终端 A 至终端 B 的 IP 传输路径上的第一跳路由器，该路由器的 IP 地址通过终端 A 配置的默认网关地址获得。如果连接终端 A 和第一跳路由器的网络是以太网，则必须将 IP 分组封装成以终端 A 的 MAC 地址为源 MAC 地址、以第一跳路由器连接以太网端口的 MAC 地址为目的 MAC 地址的 MAC 帧，然后将 MAC 帧通过以太网传输给第一跳路由器。IP 分组经过以太网实现当前跳至下一跳的传输过程在 6.5 节“IP over 以太网”中详细讨论。

3. 路由器逐跳转发

IP 分组到达路由器 R1 后，路由器 R1 根据 IP 分组的目的 IP 地址和路由表中的路由项确定该 IP 分组的下一跳路由器，步骤如下：

(1) 对应每一项路由项，根据路由项的子网掩码，求出目的 IP 地址对应的网络地址。由于路由器 R1 中每一项路由项中的目的网络字段给出的网络前缀位数是 24，目的 IP 地址根据不同路由项的子网掩码求出的网络地址是相同的，都是 192.1.2.0。

(2) 用根据 IP 分组的目的 IP 地址和路由项子网掩码求出的网络地址比较每一项路由项的目的网络字段值，如果有若干路由项的目的网络字段值和目的 IP 地址对应该路由项求出的网络地址相同，则选择其中网络前缀最长的路由项作为最终匹配的路由项。

(3) 在路由器 R1 的路由表中，只有路由项＜192.1.2.0/24，192.2.1.2＞和目的 IP 地址匹配，IP 分组被转发给 IP 地址为 192.2.1.2 的下一跳路由器。

(4) 传输路径上的路由器依次逐跳转发，IP 分组到达传输路径上的最后一跳路由器 R3。

4. 直接交付

路由器 R3 中和 IP 分组目的 IP 地址匹配的路由项是＜192.1.2.0/24，直接＞，表明该路由器和终端 B 之间不再有其他路由器，即终端 B 和该路由器的其中一个接口连接在同一个网络上，路由器通过该网络将 IP 分组直接传输给终端 B。

6.3.3 实现 IP 分组传输过程的思路

从上述讨论的 IP 分组端到端传输过程可以得出以下实现 IP 分组端到端传输的基本思路。

(1) 建立一条以源终端为始点、以目的终端为终点，中间由若干路由器组成的 IP 分组端到端传输路径，IP 分组沿着端到端传输路径逐跳转发，源终端通过配置的默认网关地址获得第一跳路由器的 IP 地址，中间路由器根据路由表和 IP 分组的目的 IP 地址确定下一跳路由器地址。

(2) 在获取下一跳路由器的 IP 地址后，经过 IP over *X* 技术与 *X* 的物理层和链路层功能，实现 IP 分组当前跳至下一跳的传输过程，*X* 是连接当前跳和下一跳的传输网络，如以太网。

建立端到端传输路径的关键是每一个路由器建立路由表，路由表中每一项路由项指出通往特定网络的传输路径上的下一跳路由器。因此，解决 IP 分组端到端传输的第一步是为互连网中的每一个路由器建立路由表。

6.4 路由表的建立过程

路由项分为直连路由项、静态路由项和动态路由项。直连路由项在完成路由器接口 IP 地址和子网掩码配置后由路由器自动生成。静态路由项通过人工配置。动态路由项由路由器通过运行路由协议生成，动态路由项能够及时反映互连网络的变化。

6.4.1 人工配置静态路由项

1. 网络结构

网络结构与路由器接口配置的 IP 地址和子网掩码如图 6.20 所示。完成网络设备之间、终端和网络设备之间的连接后，首先需要配置路由器接口。每一个连接网络的路由器接口需要配置 IP 地址和子网掩码，路由器接口配置的 IP 地址和子网掩码确定了该接口连接的网络的网络地址。两个路由器接口如果连接在同一个网络上，则需要配置网络号相同、主机号不同的 IP 地址。两个路由器接口如果连接在不同的网络上，则需要配置网络号不同的 IP 地址。一般情况下，同一路由器的不同接口不能配置网络号相同、主机号不同的 IP 地址，即不能将同一路由器的不同接口连接到同一个网络上。

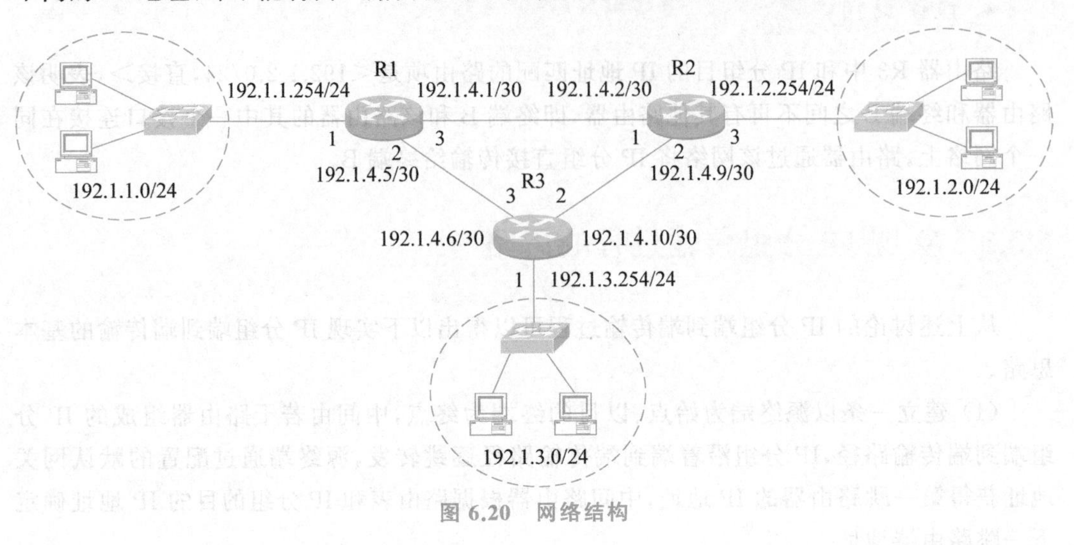

图 6.20　网络结构

2. 直连路由项

完成每一个路由器接口 IP 地址和子网掩码配置，并且将每一个路由器接口连接到某个网络后，路由器为该接口连接的网络自动创建一项路由项，我们将这种用于指明通往直接相连的网络的传输路径的路由项称为直连路由项。如路由器 R1 接口 2 配置 IP 地址192.1.4.5 和子网掩码 255.255.255.252(30 位网络前缀)后，得出该接口连接的网络的网络地址是 192.1.4.4/30，因此，对应的直连路由项中的目的网络是 192.1.4.4，子网掩码是 255.255.255.252。当为图 6.20 所示的所有路由器接口配置 IP 地址和子网掩码，并且将接口连接到网络后，每一个路由器自动生成只包含直连路由项的路由表，如表 6.3～表 6.5 所示。

表 6.3　路由器 R1 的路由表

目的网络	子网掩码	下一跳	输出接口
192.1.1.0	255.255.255.0	直接	1
192.1.4.0	255.255.255.252	直接	3
192.1.4.4	255.255.255.252	直接	2

表 6.4　路由器 R2 的路由表

目的网络	子网掩码	下一跳	输出接口
192.1.2.0	255.255.255.0	直接	3
192.1.4.0	255.255.255.252	直接	1
192.1.4.8	255.255.255.252	直接	2

表 6.5　路由器 R3 的路由表

目的网络	子网掩码	下一跳	输出接口
192.1.3.0	255.255.255.0	直接	1
192.1.4.4	255.255.255.252	直接	3
192.1.4.8	255.255.255.252	直接	2

3. 静态路由项

直连路由项只给出通往该路由器直接相连的网络的传输路径。由于路由表中没有用于指明通往没有与该路由器直接相连的网络的传输路径的路由项，因此路由器只能实现连接在直接相连的不同网络上的两个终端之间的 IP 分组传输过程。

对于没有直接相连的网络，必须通过分析得出该路由器通往该网络的传输路径，并确定该传输路径上下一跳路由器的 IP 地址。对于路由器 R1，网络地址为 192.1.2.0/24 的网络没有与其直接相连，得出路由器 R1 通往该网络的传输路径是：R1→R2→网络 192.1.2.0/24，确定路由器 R1 通往网络 192.1.2.0/24 的传输路径上的下一跳是路由器 R2，下一跳 IP 地址是路由器 R2 接口 1 的 IP 地址 192.1.4.2。选择路由器 R2 接口 1 的 IP 地址作为下一跳的 IP 地址的原因是路由器 R2 接口 1 与路由器 R1 接口 3 连接在互连路由器 R1 和 R2 的网络上，图 6.20 中互连路由器 R1 和 R2 的网络是点对点链路。

得出通往某个目的网络的传输路径，并确定该传输路径上下一跳的 IP 地址后，可以人工配置路由项，这些人工配置的路由项称为静态路由项。路由器 R1、R2 和 R3 包含静态路由项的完整路由表如表 6.6～表 6.8 所示。

表 6.6　路由器 R1 的完整路由表

目的网络	子网掩码	下一跳	输出接口
192.1.1.0	255.255.255.0	直接	1
192.1.2.0	255.255.255.0	192.1.4.2	3
192.1.3.0	255.255.255.0	192.1.4.6	2
192.1.4.0	255.255.255.252	直接	3
192.1.4.4	255.255.255.252	直接	2

表 6.7　路由器 R2 的完整路由表

目的网络	子网掩码	下一跳	输出接口
192.1.1.0	255.255.255.0	192.1.4.1	1
192.1.2.0	255.255.255.0	直接	3
192.1.3.0	255.255.255.0	192.1.4.10	2
192.1.4.0	255.255.255.252	直接	1
192.1.4.8	255.255.255.252	直接	2

表 6.8　路由器 R3 的完整路由表

目的网络	子网掩码	下　一　跳	输出接口
192.1.1.0	255.255.255.0	192.1.4.5	3
192.1.2.0	255.255.255.0	192.1.4.9	2
192.1.3.0	255.255.255.0	直接	1
192.1.4.4	255.255.255.252	直接	3
192.1.4.8	255.255.255.252	直接	2

4. 例题解析

【例 6.5】 互连网结构如图 6.21 所示，两个路由器互连三个网络，网络旁边的数字表示该网络连接的终端数。假定三个网络共享 CIDR 地址块 192.1.1.64/26。将 CIDR 地址块 192.1.1.64/26 根据网络连接的终端数划分为三个 CIDR 地址块，并将其分配给三个网络，每一个网络从最大可用 IP 地址开始分配路由器连接该网络的接口的 IP 地址，由此确定路由器 R1、R2 的路由表与终端 A、终端 B 和终端 C 的网络配置信息。

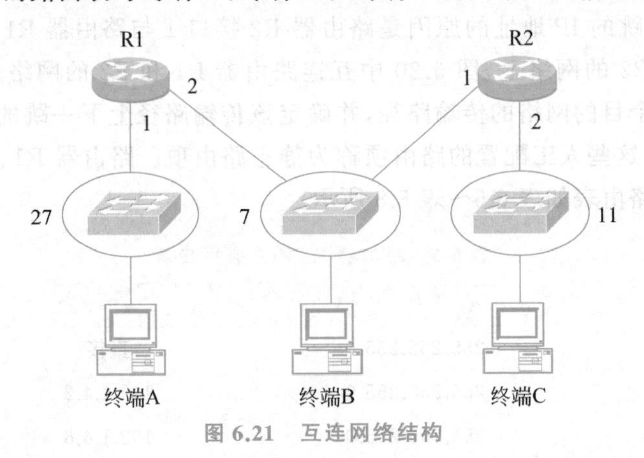

图 6.21　互连网络结构

【解析】

① 将 CIDR 地址块 192.1.1.64/26 分解为三个 CIDR 地址块，每一个 CIDR 地址块的网络地址相同，且使一个 CIDR 地址块中的有效 IP 地址数≥27+1，一个 CIDR 地址块中的有效 IP 地址数≥7+2，一个 CIDR 地址块中的有效 IP 地址数≥11+1。由此确定其中一个 CIDR 地址块的网络号位数为 27、主机号位数为 5，另外两个 CIDR 地址块的网络号位数为 28、主机号位数为 4。将 CIDR 地址块 192.1.1.64/26 分解为三个 CIDR 地址块的过程如下。

01 0 00000
01 0 11111 } 网络地址为 192.1.1.64/27，有效 IP 地址范围是 192.1.1.65～192.1.1.94

01 1 0 0000
01 1 0 1111 } 网络地址为 192.1.1.96/28，有效 IP 地址范围是 192.1.1.97～192.1.1.110

01 1 1 0000
01 1 1 1111 } 网络地址为 192.1.1.112/28，有效 IP 地址范围是 192.1.1.113～192.1.1.126

② 将网络地址 192.1.1.64/27 分配给路由器 R1 接口 1 连接的网络，路由器 R1 接口 1 的 IP 地址和子网掩码为 192.1.1.94/27(最大可用 IP 地址)。

将网络地址 192.1.1.96/28 分配给路由器 R1 接口 2 连接的网络，路由器 R1 接口 2 的 IP 地址和子网掩码为 192.1.1.110/28(最大可用 IP 地址)，路由器 R2 接口 1 的 IP 地址和子网掩码为 192.1.1.109/28(次大可用 IP 地址)。

将网络地址 192.1.1.112/28 分配给路由器 R2 接口 2 连接的网络，路由器 R2 接口 2 的 IP 地址和子网掩码为 192.1.1.126/28(最大可用 IP 地址)。

③ 确定路由器 R1 和 R2 的路由表如表 6.9 和表 6.10 所示。

表 6.9 路由器 R1 的路由表

目的网络	子网掩码	下一跳	输出接口
192.1.1.64	255.255.255.224	直接	1
192.1.1.96	255.255.255.240	直接	2
192.1.1.112	255.255.255.240	192.1.1.109	2

表 6.10 路由器 R2 的路由表

目的网络	子网掩码	下一跳	输出接口
192.1.1.64	255.255.255.224	192.1.1.110	1
192.1.1.96	255.255.255.240	直接	1
192.1.1.112	255.255.255.240	直接	2

④ 得出终端 A 其中一种正确的网络配置信息是：IP 地址和子网掩码为 192.1.1.65/27，默认网关地址为 192.1.1.94。

得出终端 B 其中一种正确的网络配置信息是：IP 地址和子网掩码为 192.1.1.97/28，默认网关地址为 192.1.1.110。

得出终端 C 其中一种正确的网络配置信息是：IP 地址和子网掩码为 192.1.1.113/28，默认网关地址为 192.1.1.126。

【例 6.6】 根据图 6.22 所示的互连网结构完成如表 6.11 所示的路由器 RG 的路由表中的路由项，给出①～⑥的值。

【解析】

① 求出每一个网络的网络地址。

互连路由器 RG 和 RE 的网络的网络地址必须包括 IP 地址 172.0.147.169 和 172.0.147.170，因此网络地址可以是 172.0.147.168/30 或者 172.0.147.168/29 等，但网络

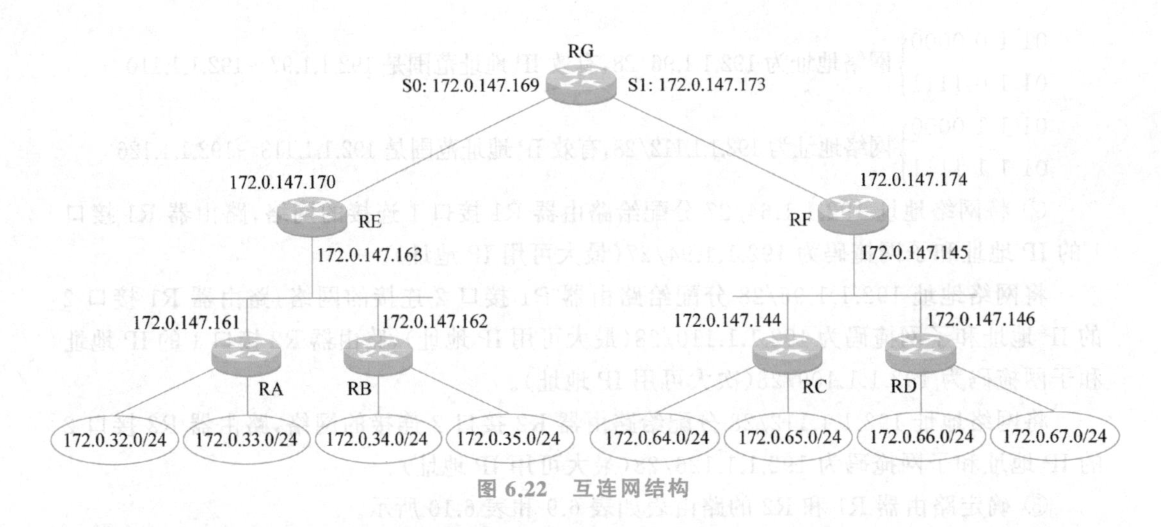

图 6.22　互连网结构

地址 172.0.147.168/29 的 IP 地址范围是 172.0.147.168～172.0.147.175，已经包括互连路由器 RG 和 RF 的网络中的 IP 地址。因此，互连路由器 RG 和 RE 的网络的网络地址只能是 172.0.147.168/30。

表 6.11　路由器 RG 的路由表

目的网络	输出接口	目的网络	输出接口
① 172.0.147.168/30	S0（直接连接）	④ 172.0.147.128/27	S1
② 172.0.147.172/30	S1（直接连接）	⑤ 172.0.32.0/22	S0
③ 172.0.147.160/29	S0	⑥ 172.0.64.0/22	S1

互连路由器 RG 和 RE 的网络的网络地址必须包括 IP 地址 172.0.147.173 和 172.0.147.174，因此网络地址可以是 172.0.147.172/30 或者 172.0.147.168/29 等，显然 172.0.147.168/29 等网络地址包含其他网络中的 IP 地址。因此，互连路由器 RG 和 RE 的网络的网络地址只能是 172.0.147.172/30。

互连路由器 RA、RB 和 RE 的网络的网络地址必须包括 IP 地址 172.0.147.161、172.0.147.162 和 172.0.147.163，163 的 8 位二进制数是 10100011。由于主机号全 1 不能作为有效 IP 地址，因此 IP 地址至少需要包含 3 位主机号。由此得出，网络地址可以是 172.0.147.160/29 或者 172.0.147.160/28 等，但 172.0.147.160/28 的 IP 地址范围是 172.0.147.160～172.0.147.175，已经包含其他网络中的 IP 地址。因此，互连路由器 RA、RB 和 RE 的网络的网络地址只能是 172.0.147.160/29。

互连路由器 RC、RD 和 RF 的网络的网络地址必须包括 IP 地址 172.0.147.144、172.0.147.145 和 172.0.147.146，144 的 8 位二进制数是 10010000。由于主机号全 0 不能作为有效 IP 地址，因此 IP 地址至少需要包含 5 位主机号。由此得出，网络地址可以是 172.0.147.128/27 或者 172.0.147.128/26 等，但网络地址 172.0.147.128/26 的 IP 地址范围是 172.0.147.128～172.0.147.191，已经包含其他网络中的 IP 地址。因此，互连路由器 RC、RD 和 RF 的网络的网络地址只能是 172.0.147.128/27。

② 聚合网络地址。

网络地址 172.0.32.0/24、172.0.33.0/24、172.0.34.0/24 和 172.0.35.0/24 可以聚合为 CIDR 地址块 172.0.32.0/22，网络地址 172.0.64.0/24、172.0.65.0/24、172.0.66.0/24 和 172.0.67.0/24 可以聚合为 CIDR 地址块 172.0.64.0/22。

③ 完成路由器 RG 的路由表。

根据上述分析结果，可以完成如表 6.11 所示的路由器 RG 的路由表。

6.4.2 路由协议与动态路由项

人工配置静态路由项的方法在小型互连网中是可以的，但对大型互连网中的所有路由器配置静态路由项的工作量是不可想象的，而且大型互连网中路由器的物理分布范围很广，保持路由表的一致性也很困难，更为严重的是大型互连网中的网络是随时间不断变化的。因此，必须及时修改各个路由器中的路由表以反映互连网的真实状况，这对于人工配置静态路由项的方法而言，几乎是不可能的，所以路由器中的路由项主要通过路由协议动态生成。路由协议动态生成的路由项称为动态路由项。

1. 路由协议分类

路由协议建立的传输路径是一条由路由器构成的传输路径，当源终端和目的终端不属于同一个网络时，连接源终端所在网络的路由器必须找到一条通往连接目的终端所在网络的路由器的传输路径，路由协议所建立的就是这样一条传输路径。同一网络内两个设备之间的传输过程由该网络的传输机制解决，不会涉及由路由协议建立的传输路径，如同一以太网内两个终端之间的通信或同一以太网内终端和路由器之间的通信由以太网传输机制解决。

单个路由协议不可能解决类似 Internet 这样由无数个网络互连而成的网际网，因此每一个路由协议都有其作用范围。在 Internet 中，无数个网络和互连网络的路由器被划分成多个自治系统(Autonomous System，AS)，每一个自治系统通常由单一管理部门负责管理，运行相同的路由协议。但自治系统不是孤岛，必须由设备将自治系统互连在一起，这种用于互连自治系统的设备称为自治系统边界路由器(Autonomous System Boundary Router，ASBR)。因此，两个不属于同一自治系统的终端之间的传输过程涉及两个层次的传输路径：一是连接源终端所在网络的路由器如何找到一条通往连接源终端所在自治系统的自治系统边界路由器的传输路径，二是连接源终端所在自治系统的自治系统边界路由器如何找到一条通往连接目的终端所在自治系统的自治系统边界路由器的传输路径。第一条传输路径由属于同一自治系统的路由器构成，第二条传输路径由互连不同自治系统的自治系统边界路由器构成，如图 6.23 所示。我们将用于建立第一条传输路径的路由协议称为内部网关协议(Interior Gateway Protocol，IGP)，而将用于建立第二条传输路径的路由协议称为外部网关协议(External Gateway Protocol，EGP)。常用的内部网关协议有路由信息协议(Routing Information Protocol，RIP)和开放最短路径优先(Open Shortest Path First，OSPF)等。常用的外部网关协议有边界网关协议(Border

Gateway Protocol,BGP)等,本章主要讨论内部网关协议：RIP。

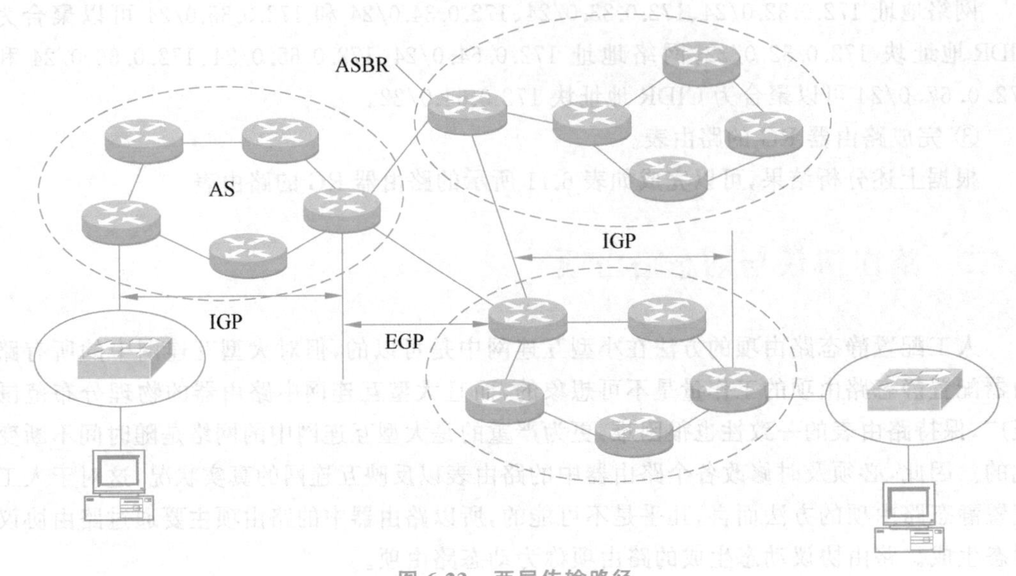

图 6.23 两层传输路径

2. RIP 创建动态路由项的过程

RIP 是一种距离向量路由协议,为互连网中的每一个网络生成用于指明通往该网络的最短路径的路由项。最短路径通常是指经过的路由器跳数最少的传输路径。

1) 基本思路

每一个路由器中的直连路由项是自动生成的,路由协议需要创建的是用于指明通往没有与该路由器直接相连的网络的传输路径的路由项。

每一个路由器定时向相邻路由器发送(V,D)表,(V,D)表中的V是该路由器能够到达的网络,D是该路由器到达该网络的距离。RIP 中用距离表示传输路径经过的路由器跳数,直接相连的网络的距离为 0。相邻路由器是连接在同一个传输网络上的路由器,图 6.24 中的 3 个路由器两两相邻。

当路由器X接收到相邻路由器Y发送的(V,D)表时,因为路由器X与路由器Y连接在同一个传输网络上,所以路由器X可以直接与路由器Y通信,不需要经过其他路由器。因此,路由器X可以到达(V,D)表中V所列出的全部网络。路由器X到达这些网络的传输路径上的下一跳是路由器Y,因此路由器X到达这些网络的距离是路由器Y到达这些网络的距离加 1。

初始时,每一个路由器只有直连路由项,通过相邻路由器之间不断交换(V,D)表,逐渐建立用于指明通往没有与该路由器直接相连的网络的传输路径的路由项。

2) 更新路由项算法

当路由器X接收到其相邻路由器Y发送的(V,D)表时,根据(V,D)表中的路由项$<V,D>$确定路由器X到达网络V的最短路径的过程如下。

① 用$D(X,V)$表示路由器X通往网络V的传输路径的距离,则$D(X,V)=D(Y,$

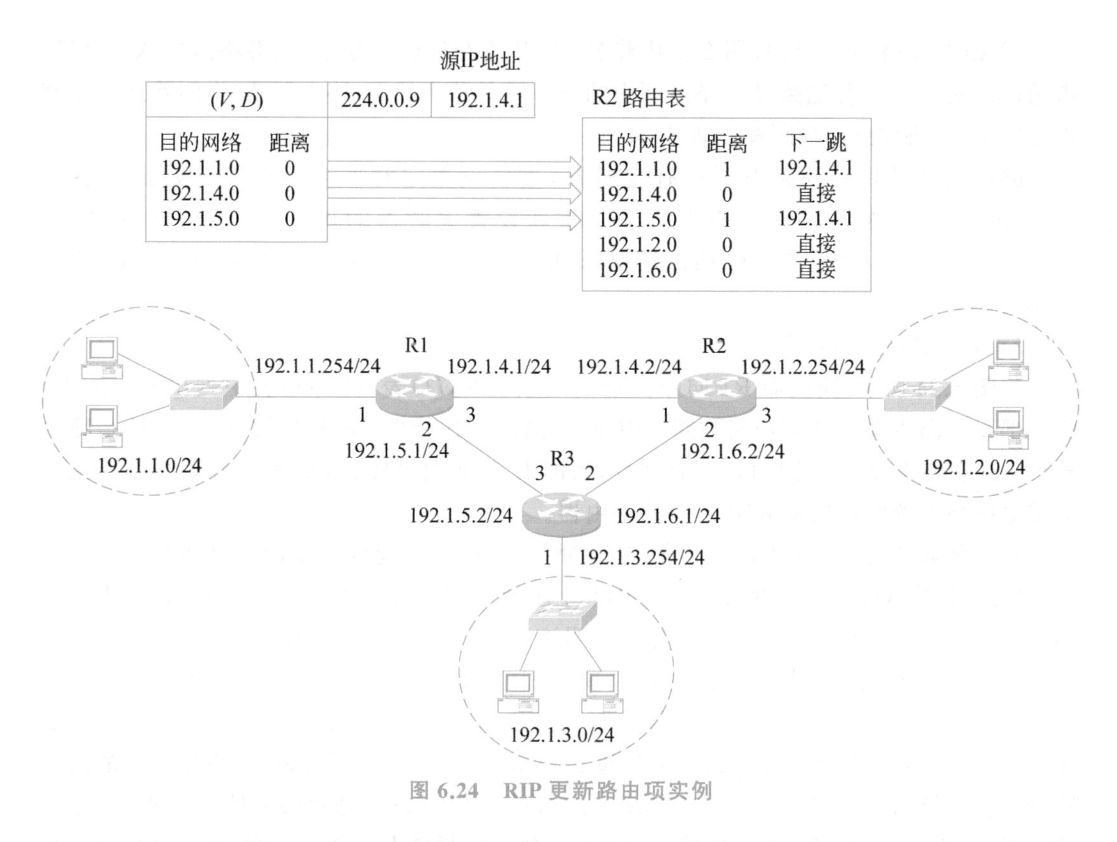

图 6.24 RIP 更新路由项实例

V)+1,表示如果路由器 X 通往网络 V 的传输路径以路由器 Y 为下一跳,则路由器 X 通往网络 V 的传输路径的距离是路由器 Y 通往网络 V 的传输路径的距离+1。

② 如果路由器 X 的路由表中没有用于指明通往网络 V 的最短路径的路由项,则以路由器 Y 为下一跳的通往网络 V 的传输路径作为路由器 X 通往网络 V 的最短路径,生成对应的路由项,目的网络=V,距离=$D(X,V)$,下一跳=路由器 Y,设置定时器。

③ 如果路由器 X 的路由表中已经存在用于指明通往网络 V 的最短路径的路由项,且该路由项指明的通往网络 V 的最短路径的下一跳不是路由器 Y,则根据最短路径原则,路由器 X 将选择距离较短的传输路径作为最短路径。因此,如果路由器 X 中存在路由项$<V,D'(X,V),Y'>$,$Y'\neq Y$ 且 $D(X,V)<D'(X,V)$,则路由器 X 选择路由器 Y 为下一跳的通往网络 V 的传输路径作为路由器 X 通往网络 V 的最短路径,用新的路由项$<V,D(X,V),Y>$(目的网络=V,距离=$D(X,V)$,下一跳=路由器 Y)取代原来的路由项,并重新设置定时器,否则保持原来的路由项不变。

④ 如果路由器 X 的路由表中已经存在路由项$<V,D'(X,V),Y)$,则说明路由器 X 通往网络 V 的最短路径就是以路由器 Y 为下一跳的通往网络 V 的传输路径,重新设置定时器。如果 $D(X,V)\neq D'(X,V)$,则说明 $X\rightarrow V$ 的最短路径距离已经发生变化,必须在路由项中用 $D(X,V)$取代 $D'(X,V)$,以反映当前 $X\rightarrow V$ 最短路径的实际距离。如果$D(X,V)\geq 16$,则将路由项的距离设置为 16,表示该路由项指明的传输路径已经不可达。

⑤ 如果 $D(Y,V)=16$，那么意味着 $Y \to V$ 传输路径已不存在，如果路由器 X 中用于指明通往网络 V 的传输路径的路由项中的下一跳是路由器 Y，路由器 X 将删除或停止使用该路由项(将该路由项距离设置成 16)。

路由表中的每一项路由项都有定时器，重新设置定时器表示重新开始定时器计时。如果在定时器溢出前一直没有进行重新设置定时器的操作，则定时器将溢出。一旦定时器溢出，将把该路由项的距离设置为 16，表明该路由项指定的最短路径已经不可达。

3) RIP 更新路由项实例

如图 6.24 所示，路由器 R1 向路由器 R2 发送(V,D)表，(V,D)表中列出路由器 R1 的全部直连路由项。(V,D)表被路由器 R1 封装成 IP 分组，IP 分组的源 IP 地址是路由器 R1 发送该(V,D)表的接口的 IP 地址，目的 IP 地址是 224.0.0.9，表示接收端是连接在该传输网络上的所有启动 RIP 功能的路由器。

需要强调的是，封装 RIPv1 消息的 IP 分组的目的 IP 地址是受限广播地址 255.255.255.255。封装 RIPv2 消息的 IP 分组的目的 IP 地址是组播地址 224.0.0.9。这里用组播地址 224.0.0.9 作为目的 IP 地址是为了表明该 IP 分组封装的是 RIP 消息。

当路由器 R2 接收到(V,D)表时，逐项处理(V,D)表中的路由项。对于第一项路由项(192.1.1.0,0)，由于路由器 R2 中没有目的网络为 192.1.1.0 的路由项，因此将以路由器 R1 为下一跳的通往网络 192.1.1.0 的传输路径作为路由器 R2 通往网络 192.1.1.0 的最短路径。创建路由项＜192.1.1.0,1,192.1.4.1＞，其中 192.1.1.0 是网络地址，1 是距离，是在路由器 R1 发送的(V,D)表中网络 192.1.1.0 对应的距离上加 1 后的结果。192.1.4.1 是下一跳地址，即路由器 R1 发送该(V,D)表的接口的 IP 地址。选择该 IP 地址作为下一跳 IP 地址的原因是路由器 R1 发送该(V,D)表的接口与路由器 R2 接收该(V,D)表的接口都连接在互连路由器 R1 和 R2 的网络上。

同样，由于路由器 R2 中没有目的网络为 192.1.5.0 的路由项，根据(V,D)表中的路由项(192.1.5.0,0)生成路由项＜192.1.5.0,1,192.1.4.1＞。

由于路由器 R2 中存在目的网络为 192.1.4.0 的路由项，且对应的距离为 0，因此不根据(V,D)表中的路由项(192.1.4.0,0)生成新的路由项。

4) RIP 缺陷

RIP 主要存在以下缺陷：一是由于用距离 16 表示该传输路径不可达，因此两个网络之间的 IP 传输路径最多只能经过 15 跳路由器；二是 RIP 存在计数到无穷大的问题，当通往某个网络的传输路径不可达时，有可能需要经过多次交换(V,D)表，才能将通往某个网络的传输路径不可达的消息扩散到自治系统中的其他路由器；三是 RIPv1 只支持分类 IP 地址，这也是将图 6.24 中的无分类地址改为与分类地址一致的 CIDR 地址块的原因(CIDR 地址块 192.1.4.0/24 等同于分类地址下的网络地址 192.1.4.0)。

5) 例题解析

【例 6.7】 假定路由器 X 的路由表如表 6.12 所示，接收到的来自相邻路由器 Y 的路由消息如表 6.13 所示，求出路由器 X 处理表 6.13 所示的路由消息中路由项后的路由表。

表 6.12　路由器 *X* 的路由表

目的网络	距　离	下一跳路由器	目的网络	距　离	下一跳路由器
N2	3	*Y*	N4	5	*Y*
N3	6	*A*	N5	7	*Y*

表 6.13　路由器 *Y* 发送的路由消息

目的网络	距　离	目的网络	距　离
N1	3	N4	4
N2	6	N5	16
N3	3		

【解析】 对于路由消息中的第一项路由项，由于路由器 *X* 的路由表中没有目的网络＝N1 的路由项，因此在路由表中增添路由项<N1，3＋1，*Y*>。

对于路由消息中的第二项路由项，由于路由器 *X* 的路由表中存在目的网络＝N2 且下一跳路由器＝*Y* 的路由项，因此用新的距离 7 取代老的距离 3。

对于路由消息中的第三项路由项，虽然路由器 *X* 的路由表中存在目的网络＝N3 且下一跳路由器＝*A* 的路由项，由于以路由器 *Y* 为下一跳路由器的传输路径距离(4)小于以路由器 *A* 为下一跳路由器的传输路径距离，因此用较短距离的传输路径取代原来的传输路径。

对于路由消息中的第四项路由项，由于无论距离还是下一跳路由器都和路由器 *X* 中已经存在的路由项相同，因此对路由器 *X* 中的路由项不做任何修改，只是重新设置定时器。

对于路由消息中的第五项路由项，由于其距离为 16，而且路由器 *X* 中已经存在目的网络为 N5 且下一跳路由器为 *Y* 的路由项，因此将该路由项距离设置成 16，表明该路由项指定的传输路径不可达。

处理完表 6.13 所示的路由消息中路由项后的路由器 *X* 的路由表如表 6.14 所示。

表 6.14　路由器 *X* 处理路由消息后的路由表

目的网络	距　离	下一跳路由器	目的网络	距　离	下一跳路由器
N1	4	*Y*	N4	5	*Y*
N2	7	*Y*	N5	16	*Y*
N3	4	*Y*			

6.5　IP over 以太网

IP over 以太网和以太网共同完成以下功能：①在确定互连当前跳与下一跳的传输网络为以太网和下一跳 IP 地址后，解析出下一跳连接以太网接口的 MAC 地址。②将 IP

分组封装成以当前跳连接以太网接口的 MAC 地址为源 MAC 地址、下一跳连接以太网接口的 MAC 地址为目的 MAC 地址的 MAC 帧。③经过互连当前跳与下一跳的以太网，完成该 MAC 帧当前跳至下一跳的传输过程。其中功能①和②由 IP over 以太网实现，即由以太网对应的网络接口层实现。功能③由以太网的物理层和 MAC 层实现。

6.5.1 ARP 和地址解析过程

如图 6.25 所示，终端 A 和服务器 B 连接在以太网上。即使如此，终端 A 访问服务器 B 时所给出的也不会是服务器 B 的 MAC 地址，往往是服务器 B 的域名，经过域名系统解析后得到的也是服务器 B 的 IP 地址。根据以太网交换机的工作原理，以太网交换机只能根据 MAC 帧的目的 MAC 地址和转发表来转发 MAC 帧，这就意味着：①不能在以太网上直接传输 IP 分组，必须将 IP 分组封装成 MAC 帧。②在将 IP 分组封装成 MAC 帧前，必须先获取连接在同一个网络上的源终端和目的终端的 MAC 地址。源终端的 MAC 地址可以直接从安装的网卡中读取，问题是如何根据目的终端的 IP 地址获取目的终端的 MAC 地址？地址解析协议(Address Resolution Protocol，ARP)和地址解析过程就用于实现这一功能，ARP 请求帧格式如图 6.26 所示。

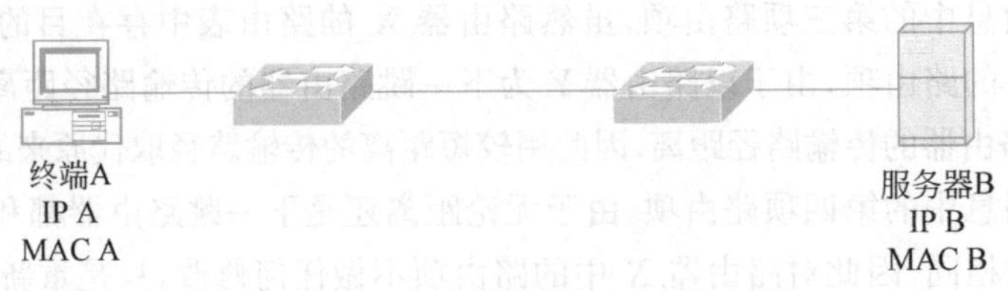

图 6.25　以太网内传送 IP 分组的过程

ff-ff-ff-ff-ff-ff	MAC A	类型=地址解析	数据	FCS
目的MAC地址	源MAC地址		IP A MAC A IP B ?	

图 6.26　ARP 请求帧格式

在图 6.27 中，终端 A 获知了服务器 B 的 IP 地址 IP B 后，广播一个 MAC 帧。该 MAC 帧的格式如图 6.26 所示，它的源 MAC 地址为终端 A 的 MAC 地址 MAC A，目的 MAC 地址为广播地址 ff-ff-ff-ff-ff-ff。MAC 帧中的数据字段包含终端 A 的 IP 地址 IP A 和 MAC 地址 MAC A，同时包含服务器 B 的 IP 地址 IP B，IP B 是需要解析的 IP 地址，称为目标地址，IP A 和 MAC A 称为发送终端的 IP 地址和 MAC 地址。该帧是 ARP 请求帧，要求 IP 地址为 IP B 的终端回复它的 MAC 地址。

由于该 MAC 帧的目的地址为广播地址，同一网络内的所有终端都能够接收到该 MAC 帧，每一个接收到该 MAC 帧的终端首先检测自己的 ARP 缓冲区，如果 ARP 缓冲区中存在发送终端的 IP 地址，用发送终端的 MAC 地址替换 ARP 缓冲区中与发送终端

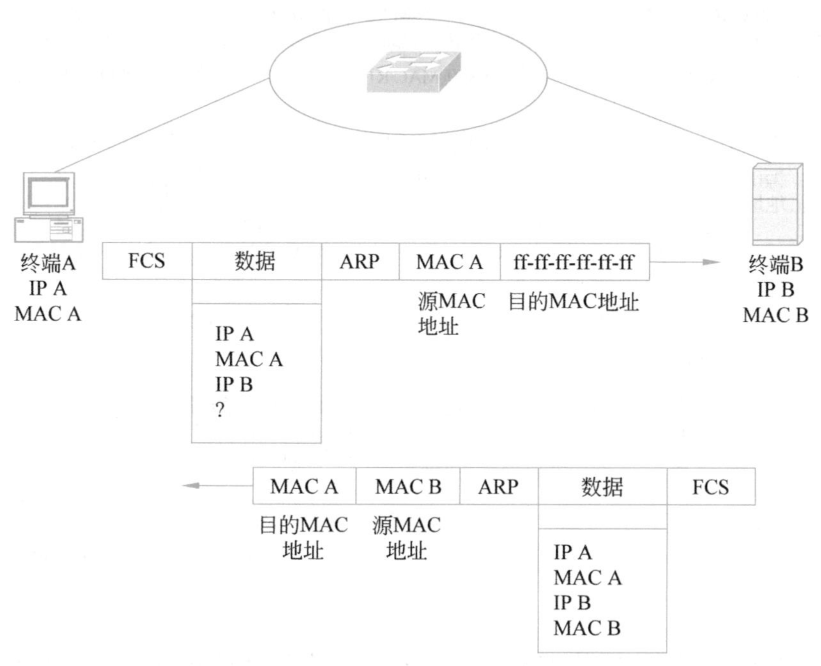

图 6.27 ARP 解析地址过程

的 IP 地址绑定的 MAC 地址，然后比较该 MAC 帧中给出的目标 IP 地址是否和自己的 IP 地址相同。如果相同，且 ARP 缓冲区没有发送终端的 IP 地址，那么将发送终端的 IP 地址和 MAC 地址对(IP A 和 MAC A)记录在 ARP 缓冲区中，并向发送终端回复自己的 MAC 地址，整个过程如图 6.27 所示。

ARP 地址解析过程只能发生于连接在同一个以太网上的源终端和目的终端之间。如果源终端和目的终端不在同一个网络内，则 IP 分组需要逐跳转发，源终端必须先将 IP 分组发送给由默认网关地址指定的第一跳路由器。当然，如果连接源终端和第一跳路由器的网络是以太网，则源终端通过 ARP 地址解析过程获取第一跳路由器连接以太网的接口的 MAC 地址。同样，如果连接第一跳和下一跳路由器的网络也是以太网，如图 6.28 所示，则第一跳路由器也必须通过 ARP 地址解析过程获取下一跳路由器连接以太网的接口的 MAC 地址。总之，如果互连当前跳和下一跳的网络是以太网，则 IP 分组封装成 MAC 帧后才能经过以太网实现当前跳至下一跳的传输过程。在将 IP 分组封装成 MAC 帧前，必须获取下一跳连接以太网的接口的 MAC 地址，ARP 地址解析过程用于完成根据下一跳连接以太网的接口的 IP 地址求出该接口的 MAC 地址的过程。

6.5.2 逐跳封装

图 6.28 给出了终端 A 传输给终端 B 的 IP 分组经过各个以太网时的封装过程。IP 分组在终端 A 至终端 B 的传输过程中是不变的，但它经过互连终端 A 和路由器 R1 的以太网时，封装成以路由器 R1 接口 1 的 MAC 地址 MAC R11 为目的 MAC 地址、以终端 A

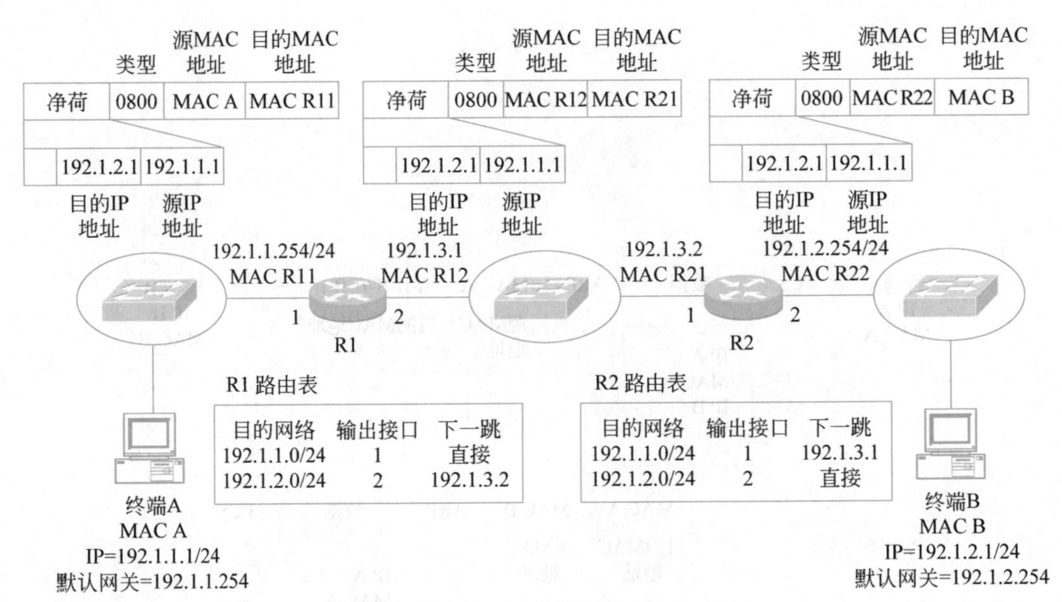

图 6.28 由多个以太网互连而成的互连网

的 MAC 地址 MAC A 为源 MAC 地址的 MAC 帧，类型字段 0800 表示净荷是 IP 分组。终端 A 通过解析默认网关地址 192.1.1.254 获得路由器 R1 接口 1 的 MAC 地址。IP 分组经过互连路由器 R1 和路由器 R2 的以太网时，封装成以路由器 R2 接口 1 的 MAC 地址 MAC R21 为目的 MAC 地址、以路由器 R1 接口 2 的 MAC 地址 MAC R12 为源 MAC 地址的 MAC 帧。路由器 R1 通过检索路由表获取路由器 R2 接口 1 的 IP 地址 192.1.3.2，通过解析 IP 地址 192.1.3.2 获得路由器 R2 接口 1 的 MAC 地址。IP 分组经过互连路由器 R2 和终端 B 的以太网时，封装成以终端 B 的 MAC 地址 MAC B 为目的 MAC 地址、以路由器 R2 接口 2 的 MAC 地址 MAC R22 为源 MAC 地址的 MAC 帧。路由器 R2 通过检索路由表得知终端 B 直接连接在接口 2 连接的以太网上，通过解析终端 B 的 IP 地址 192.1.2.1 获得终端 B 的 MAC 地址。

6.6 三层交换机与 VLAN 间通信过程

VLAN 等同于一个逻辑上独立的以太网，因此路由器可以像实现普通网络互连一样实现 VLAN 互连。但 VLAN 又是一种特殊的网络，特殊性体现在，一是可以在不改变物理以太网的前提下，将物理以太网划分为任意多个 VLAN；二是可以将任意终端组合分配给某个 VLAN，属于每一个 VLAN 的终端与该终端在物理以太网中的位置无关。这些特殊性使得用三层交换机实现 VLAN 互连更加方便和有效。

6.6.1 实现 VLAN 间通信过程的思路

VLAN 间通信过程指的是两个连接在不同 VLAN 上的终端之间的通信过程。实现

VLAN 间通信过程需要考虑以下问题。

1. 需要经过路由设备

两个不同的 VLAN 需要分配不同的网络地址,因此,连接在不同 VLAN 上的终端需要分配网络号不同的 IP 地址。两个连接在不同 VLAN 上的终端之间的 IP 传输路径至少包含一个路由设备,该路由设备可以是路由器,也可以是三层交换机。

2. 每个 VLAN 至少连接一个路由接口

每个 VLAN 至少与一个路由接口连接,连接该 VLAN 的路由接口分配的 IP 地址和子网掩码确定了该 VLAN 的网络地址,连接在该 VLAN 上的终端以该路由接口分配的 IP 地址为默认网关地址。路由接口可以是路由器端口,也可以是路由器逻辑接口,还可以是三层交换机中 VLAN 对应的 IP 接口。

3. 路由接口之间隔离广播域

VLAN 对应的广播域含连接该 VLAN 的路由接口,但从一个路由接口接收到的广播帧不能从另一个路由接口广播出去。

4. 路由接口间实现 IP 分组转发

路由设备能够从一个路由接口接收到的 MAC 帧中分离出 IP 分组,根据 IP 分组的目的 IP 地址和路由表确定该 IP 分组的输出路由接口,将 IP 分组重新封装成输出路由接口连接的 VLAN 要求的帧格式,并将 MAC 帧转发给输出路由接口连接的 VLAN。

5. 路由接口对应唯一的 VLAN

路由接口对应唯一的 VLAN 有两重意思：一是属于特定 VLAN 的 MAC 帧只能到达与该 VLAN 连接的路由接口,二是从某个路由接口输出的 MAC 帧只能属于该路由接口连接的 VLAN。

6.6.2 多端口路由器实现 VLAN 间通信的过程

1. 网络结构

多端口路由器实现 VLAN 间通信过程的网络结构如图 6.29 所示。每一个路由器端口是一个连接 VLAN 的路由接口,为该路由器端口配置的 IP 地址和子网掩码确定了该路由器端口连接的 VLAN 的网络地址。由于每一个路由器端口与属于某个 VLAN 的交换机接入端口相连,因此路由器端口连接的交换机接入端口所属的 VLAN 就是该路由器端口连接的 VLAN。只有属于该 VLAN 的 MAC 帧才能从属于该 VLAN 的接入端口输出,同样从属于该 VLAN 的接入端口输入的 MAC 帧只能属于该 VLAN。

完成路由器端口 IP 地址和子网掩码配置后,路由器自动生成如图 6.29 所示的路由表。路由器的每一个端口除了配置的 IP 地址，还具有一个和该端口连接的网络相关的物理地址，因此图 6.29 所示的路由器的 3 个端口分别具有一个 MAC 地址。

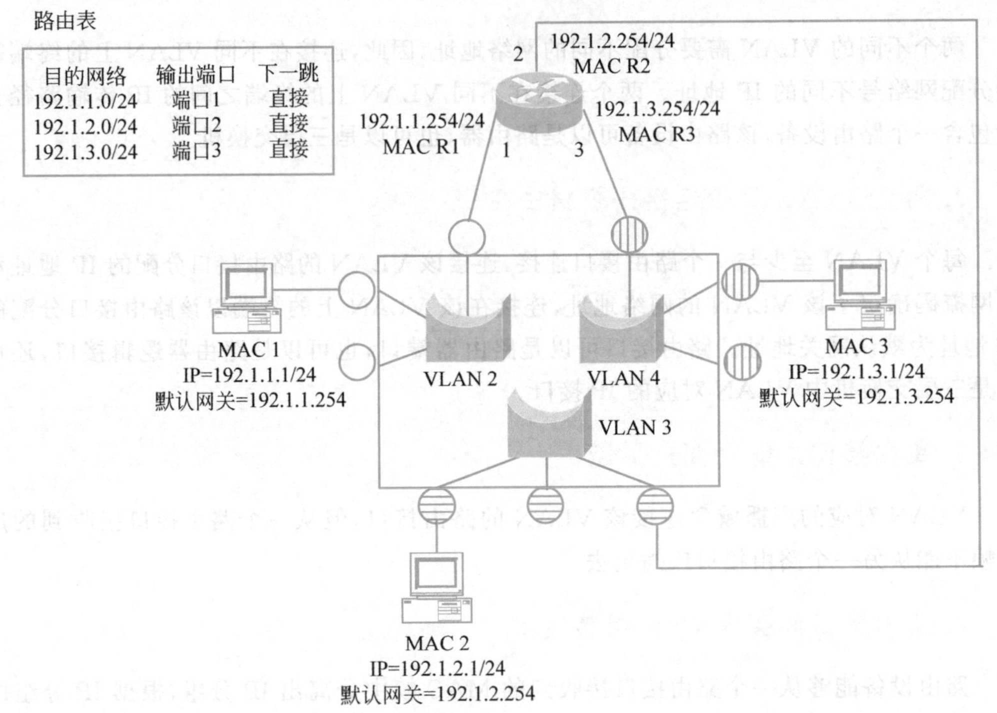

图 6.29 用路由器实现 3 个 VLAN 之间通信

2. VLAN 间通信过程

当 VLAN 2 中 IP 地址为 192.1.1.1 的终端向 VLAN 4 中 IP 地址为 192.1.3.1 的终端发送 IP 分组时，执行下述操作过程。

① 通过和子网掩码的"与"操作，确定源终端和目的终端不在同一个网络，源终端首先将 IP 分组发送给 IP 地址为 192.1.1.254 的默认网关(路由器)。IP 地址 192.1.1.254 是路由器连接 VLAN 2 的端口的 IP 地址。由于源终端和该端口之间的传输网络是 VLAN 2，因此源终端通过 ARP 地址解析过程获取路由器连接 VLAN 2 的端口的 MAC 地址 MAC R1，并将 IP 分组封装成以源终端 MAC 地址为源 MAC 地址、路由器连接 VLAN 2 的端口的 MAC 地址为目的 MAC 地址的 MAC 帧，通过 VLAN 2 将该 MAC 帧发送给路由器。发送给路由器的 MAC 帧通过路由器连接 VLAN 2 的端口进入路由器。

② 路由器从 MAC 帧中分离出 IP 分组，根据 IP 分组的目的 IP 地址去检索路由表，找到匹配的路由项＜192.1.3.0/24，端口 3，直接＞。通过在端口 3 连接的 VLAN 4 中进行 ARP 地址解析过程，获取目的终端(IP 地址＝192.1.3.1)的 MAC 地址。在获取目的终端的 MAC 地址(MAC 3)后，将 IP 分组封装成以路由器连接 VLAN 4 的端口的 MAC 地址(MAC R3)为源 MAC 地址、目的终端 MAC 地址(MAC 3)为目的 MAC 地址的 MAC 帧。该 MAC 帧通过属于 VLAN 4 的接入端口进入交换机，交换机通过 VLAN 4 将该

MAC 帧传输给目的终端。

6.6.3 单臂路由器实现 VLAN 间通信的过程

1. 网络结构

如图 6.29 所示的多端口路由器实现 VLAN 间通信过程的网络结构直观、简单、容易理解，但在具体的实现过程中不易操作。由于 VLAN 的划分是动态变化的，因此无法在设计、实施网络时确定路由器的以太网端口数，为解决这一问题，可将图 6.29 所示的网络结构转换成如图 6.30 所示的网络结构，图 6.30 所示的用单个物理端口实现 VLAN 间通信过程的路由器称为单臂路由器。

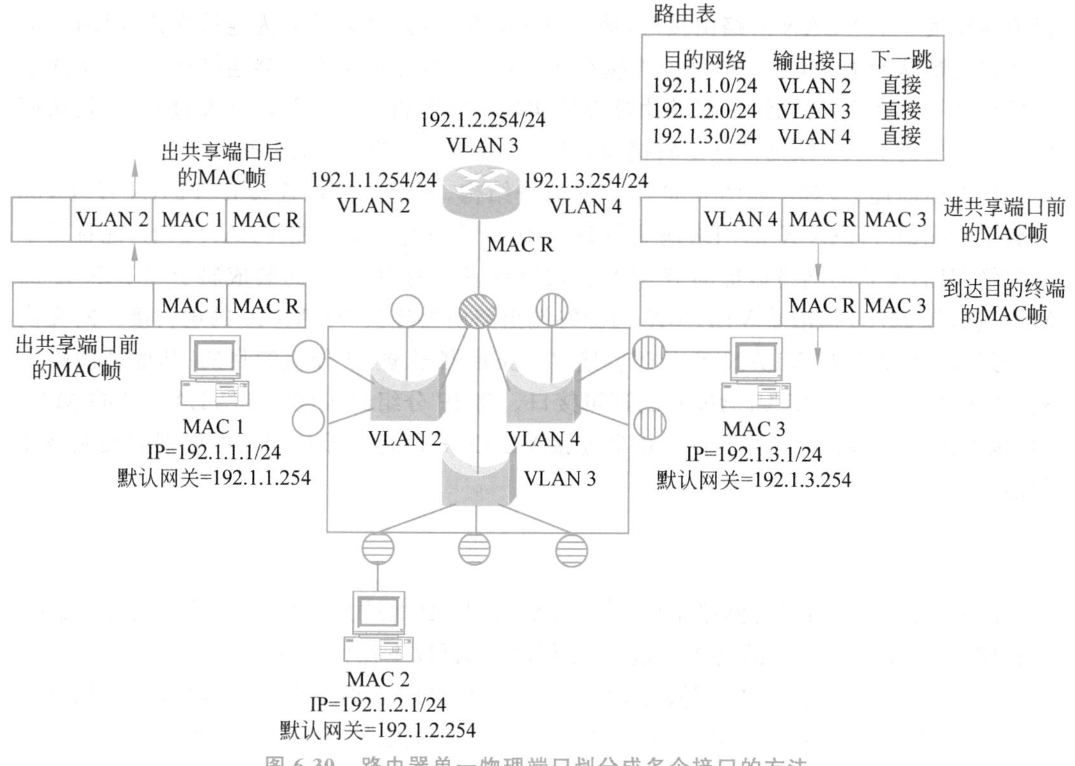

图 6.30 路由器单一物理端口划分成多个接口的方法

在如图 6.30 所示的网络结构中，交换机共享端口被 3 个 VLAN 共享。属于 3 个 VLAN 的 MAC 帧可以从该共享端口输入输出，从共享端口输出的 MAC 帧携带 MAC 帧所属 VLAN 的 VLAN 标识符，从该共享端口输入的 MAC 帧必须携带该 MAC 帧所属 VLAN 的 VLAN 标识符。路由器用一个物理端口连接交换机的共享端口，路由器的此物理端口被划分成 3 个逻辑接口，每个逻辑接口连接一个 VLAN，3 个逻辑接口分别连接 VLAN 2、VLAN 3、VLAN 4。每个逻辑接口与所连接的 VLAN 的 VLAN 标识符绑定，因此 3 个逻辑接口分别绑定 VLAN 标识符 2、VLAN 标识符 3、VLAN 标识符 4。当路由器物理端口接收到 MAC 帧时，路由器通过 MAC 帧携带的 VLAN 标识符确定接收该 MAC 帧的逻辑接口。每个从逻辑接口输出的 MAC 帧携带该逻辑接口连接的 VLAN 的 VLAN 标识符。

为每个逻辑接口分配 IP 地址和子网掩码。为逻辑接口分配的 IP 地址和子网掩码确定了该逻辑接口连接的 VLAN 的网络地址，连接在该 VLAN 上的终端以该 IP 地址作为默认网关地址。完成所有逻辑接口 IP 地址和子网掩码配置后，路由器自动生成如图 6.30 所示的路由表，路由项中的输出接口是连接 VLAN 的逻辑接口。

2. 实现原理

单个路由器物理端口实现 VLAN 间通信过程的前提如下：一是不同的逻辑接口分配不同网络号的 IP 地址，且通过 VLAN 标识符与不同的 VLAN 绑定，因此每个逻辑接口成为连接一个 VLAN 的路由接口，该逻辑接口配置的 IP 地址成为连接在该 VLAN 上的终端的默认网关地址，二是每个连接在 VLAN 上的终端与路由器连接该 VLAN 的逻辑接口之间存在交换路径，三是路由器能够实现不同逻辑接口之间的转发过程，四是从逻辑接口输出的 MAC 帧携带该逻辑接口连接的 VLAN 对应的 VLAN 标识符。

在上述前提下，对于如图 6.30 所示的网络结构，假定源终端连接在 VLAN *X* 上，配置属于分配给 VLAN *X* 的网络地址的 IP 地址。目的终端连接在 VLAN *Y* 上，配置属于分配给 VLAN *Y* 的网络地址的 IP 地址。源终端发送的 IP 分组封装成属于 VLAN *X* 的 MAC 帧，该 MAC 帧沿着 VLAN *X* 内源终端至路由器连接 VLAN *X* 的逻辑接口的交换路径到达路由器连接 VLAN *X* 的逻辑接口。路由器根据 IP 分组的目的 IP 地址和路由表确定输出接口是连接 VLAN *Y* 的逻辑接口。将 IP 分组封装成属于 VLAN *Y* 的 MAC 帧，该 MAC 帧沿着 VLAN *Y* 内路由器连接 VLAN *Y* 的逻辑接口至目的终端的交换路径到达目的终端。

3. VLAN 间通信过程

对应如图 6.30 所示的网络结构，当 VLAN 2 中 IP 地址为 192.1.1.1 的终端向 VLAN 4 中 IP 地址为 192.1.3.1 的终端发送 IP 分组时，执行以下操作过程。

① 通过和子网掩码的“与”操作，确定源终端和目的终端不在同一网络，源终端首先将 IP 分组发送给默认网关(路由器)。为了获取默认网关的 MAC 地址，源终端在 VLAN 2 内广播 ARP 请求帧。该 ARP 请求帧通过所有属于 VLAN 2 的端口发送出去，包括被 3 个 VLAN 共享的共享端口，通过共享端口发送出去的该 ARP 请求帧被加上 VLAN 标识符：VLAN 2。因此，该 ARP 请求帧只到达路由器连接 VLAN 2 的逻辑接口。路由器回送 ARP 响应帧时，也在该 ARP 响应帧加上 VLAN 标识符：VLAN 2。该 ARP 响应帧进入共享端口时，交换机通过其携带的 VLAN 标识符确定该 ARP 响应帧属于 VLAN 2，通过 VLAN 2 关联的网桥将该 ARP 响应帧转发给源终端。源终端将 IP 分组封装成以它的 MAC 地址(MAC 1)为源 MAC 地址、路由器物理端口的 MAC 地址(MAC R)为目的 MAC 地址的 MAC 帧。该 MAC 帧沿着 VLAN 2 内源终端至路由器连接 VLAN 2 的逻辑接口的交换路径到达路由器连接 VLAN 2 的逻辑接口。

② 路由器接收到该 MAC 帧，从中分离出 IP 分组，用 IP 分组的目的 IP 地址检索路由表，找到匹配的路由项<192.1.3.0/24，VLAN 4，直接>。为了获取目的终端的 MAC 地址，路由器构建 ARP 请求帧，该 ARP 请求帧被加上 VLAN 标识符：VLAN 4。当路由器发送的 ARP 请求帧进入被 3 个 VLAN 共享的共享端口时，交换机通过其携带的 VLAN 标识符确定该 ARP 请求帧属于 VLAN 4，因此该 ARP 请求帧只在 VLAN 4 中广播。当路由器通过目的终端发送的 ARP 响应帧获取目的终端的 MAC 地址后，它重新将 IP 分组封装成以自身 MAC 地址（MAC R）为源 MAC 地址、目的终端 MAC 地址（MAC 3）为目的 MAC 地址的 MAC 帧，并为该 MAC 帧加上 VLAN 标识符：VLAN 4。该 MAC 帧沿着 VLAN 4 内路由器连接 VLAN 4 的逻辑接口至目的终端的交换路径到达目的终端。

6.6.4 三层交换机实现 VLAN 间通信的过程

1. 三层交换机的由来

图 6.30 所示的网络结构解决了动态划分 VLAN 的问题，在一段时间内也成为通过路由器实现 VLAN 间通信的典型方法，但这种方法的问题也是显而易见的：一是路由器和以太网互连的物理链路往往成为传输瓶颈；二是和所有通过路由器互连 VLAN 的方式一样，需要在交换式以太网的基础上增加一台仅仅用于实现 VLAN 间通信的路由器，提高了网络的设备成本。

目前功能强一点的以太网交换机都采用机箱式结构，机箱内装有背板，各个功能模块插在背板上，功能模块之间通过背板实现通信，背板的带宽可以设计得非常高。在这种情况下，以太网交换机厂商自然想到通过在以太网交换机中增加一个路由模块，将以太网交换机变成一个集交换、路由功能于一体的新设备：三层交换机。将一个集交换、路由功能于一体的新设备称为三层交换机的原因是转发 IP 分组是网际层的功能，习惯的分层方法将网际层等同于 OSI 体系结构中的网络层，而网络层在 OSI 体系结构中位于第三层。因此，将具有转发 IP 分组功能的设备称为三层设备，而将只有 MAC 层功能的设备称为二层设备，也有了二层交换机和三层交换机的叫法。当然，目前情况下，并不是只有机箱式以太网交换机才有可能是三层交换机，许多固定端口的以太网交换机也安装了路由模块。用三层交换机实现 VLAN 间通信的网络结构如图 6.31(a)所示，对应的配置信息和 VLAN 间通信过程如图 6.31(b)所示。

图 6.31 中的三层交换机主要由两部分组成：支持 VLAN 划分的二层交换结构和路由模块，两者之间通过背板完成信息交换。路由模块的功能就像一个传统的路由器，运行路由协议、建立路由表、完成 IP 分组转发等。而二层交换结构就像普通以太网交换机一样，用目的 MAC 地址检索转发表，根据转发表中的转发项转发 MAC 帧。

2. 三层交换机配置

1) VLAN 配置

三层交换机集交换和路由于一身，交换功能用于建立属于相同 VLAN 的任意两个端

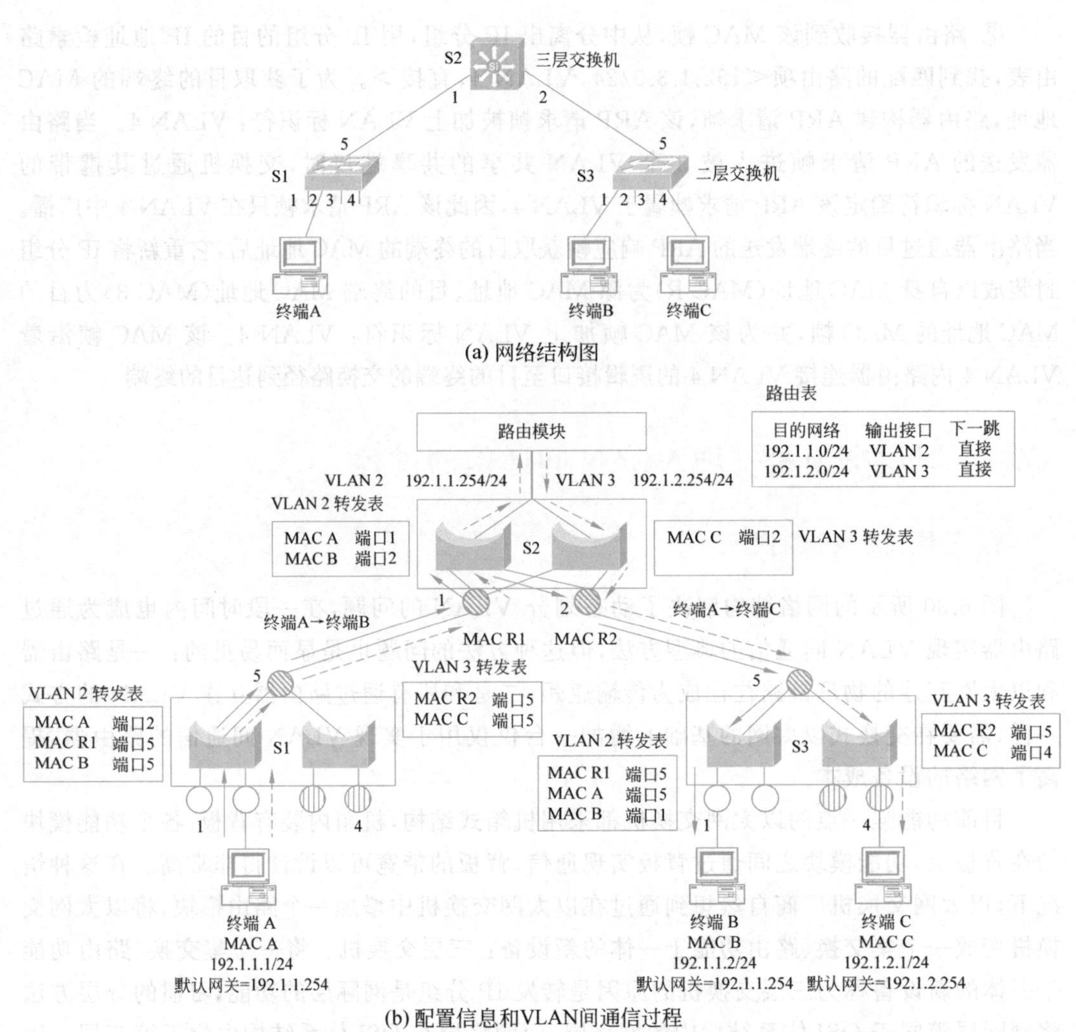

图 6.31　三层交换机实现 VLAN 间通信的过程

口之间的交换路径。三层交换机的 VLAN 配置功能与二层交换机完全相同。如图 6.31(b) 所示，如果将交换机 S1 端口 1、端口 2 和交换机 S3 端口 1、端口 2 分配给 VLAN 2，将交换机 S1 端口 3、端口 4 和交换机 S3 端口 3、端口 4 分配给 VLAN 3，为了建立属于相同 VLAN 的任意两个端口之间的交换路径，并且保证属于不同 VLAN 的两个端口之间不能通信，交换机 S1、S2 和 S3 中需要根据如表 6.15～表 6.17 所示的 VLAN 与端口映射表完成 VLAN 创建和端口分配过程。

表 6.15　交换机 S1 的 VLAN 与端口映射表

VLAN	接入端口	共享端口
VLAN 2	端口 1、端口 2	端口 5
VLAN 3	端口 3、端口 4	端口 5

表 6.16　三层交换机 S2 的 VLAN 与端口映射表

VLAN	接入端口	共享端口
VLAN 2		端口 1、端口 2
VLAN 3		端口 1、端口 2

表 6.17　交换机 S3 的 VLAN 与端口映射表

VLAN	接入端口	共享端口
VLAN 2	端口 1、端口 2	端口 5
VLAN 3	端口 3、端口 4	端口 5

2）定义 VLAN 对应的 IP 接口

三层交换机与二层交换机的最大区别是可以定义 VLAN 对应的 IP 接口，每一个 IP 接口连接一个 VLAN，为 IP 接口配置的 IP 地址和子网掩码确定了该 IP 接口连接的 VLAN 的网络地址。完成 IP 接口 IP 地址和子网掩码配置后，三层交换机自动建立如图 6.31 所示的直连路由项。由此可见，三层交换机中定义的连接 VLAN 的 IP 接口，其功能等同于连接不同类型传输网络的路由器接口。

三层交换机定义 VLAN 对应的 IP 接口的前提是该三层交换机创建了该 IP 接口连接的 VLAN，且有端口属于该 VLAN。当然，属于该 VLAN 的端口可以是只属于该 VLAN 的接入端口，也可以是该 VLAN 与其他 VLAN 共享的共享端口。因此，三层交换机 S2 定义连接 VLAN 2 和 VLAN 3 的 IP 接口的前提是创建了 VLAN 2 和 VLAN 3，且有同时属于 VLAN 2 和 VLAN 3 的共享端口：端口 1 和端口 2。

由于连接某个 VLAN 的 IP 接口的 IP 地址成为连接在该 VLAN 上的终端的默认网关地址，因此必须建立连接在 VLAN 上的终端与连接该 VLAN 的 IP 接口之间的交换路径。

三层交换机接收到 MAC 帧后，必须区分是在 VLAN 内转发的 MAC 帧，还是传输给 IP 接口的 MAC 帧。因此，三层交换机必须用一个特殊的 MAC 地址标识 IP 接口，所有以该 MAC 地址为目的 MAC 地址的 MAC 帧均被转发给 IP 接口。终端根据 IP 接口的 IP 地址解析该 IP 地址对应的 MAC 地址时，三层交换机回送标识 IP 接口的特殊 MAC 地址。

3）三层交换机实现 VLAN 间通信的原理

三层交换机实现 VLAN 间通信的原理与单臂路由器实现 VLAN 间通信的原理相似。假定源终端连接在 VLAN *X* 上，配置属于分配给 VLAN *X* 的网络地址的 IP 地址。目的终端连接在 VLAN *Y* 上，配置属于分配给 VLAN *Y* 的网络地址的 IP 地址。源终端发送的 IP 分组封装成属于 VLAN *X* 的 MAC 帧，该 MAC 帧沿着 VLAN *X* 内源终端至连接 VLAN *X* 的 IP 接口的交换路径到达连接 VLAN *X* 的 IP 接口。路由模块根据 IP 分组的目的 IP 地址和路由表确定输出接口是连接 VLAN *Y* 的 IP 接口。将 IP 分组封装成属于 VLAN *Y* 的 MAC 帧，该 MAC 帧沿着 VLAN *Y* 内连接 VLAN *Y* 的 IP 接口至目的终端的交换路径到达目的终端。所有发送给 IP 接口的 MAC 帧以标识 IP 接口的特殊

MAC 地址为目的 MAC 地址。

3. VLAN 内和 VLAN 间通信过程

1）VLAN 内通信过程

假定图 6.31(a)中的各个交换机已经建立了如图 6.31(b)所示的转发表，同一 VLAN 内两个终端之间的通信过程和普通交换式以太网中的通信过程一样，不需要涉及路由模块。如终端 A→终端 B 的通信过程，终端 A 将以 MAC A 为源 MAC 地址、MAC B 为目的 MAC 地址的 MAC 帧发送给交换机 S1，交换机 S1 根据接收该 MAC 帧的端口确定该 MAC 帧属于 VLAN 2，由 VLAN 2 关联的网桥转发该 MAC 帧。和 VLAN 2 关联的网桥检索对应的转发表，找到转发端口(端口 5)。由于转发端口被两个 VLAN 所共享且被配置为标记端口，因此将该 MAC 帧从端口 5 转发出去之前，先加上 VLAN 标识符：VLAN 2。从交换机 S1 端口 5 转发出去的 MAC 帧通过端口 1 进入交换机 S2。交换机 S2 通过该 MAC 帧携带的 VLAN 标识符(VLAN 2)确定该 MAC 帧属于 VLAN 2，因此由 VLAN 2 关联的网桥转发该 MAC 帧。和 VLAN 2 关联的网桥通过检索对应的转发表，找到转发端口(端口 2)。由于转发端口也是一个被两个 VLAN 所共享且被配置为标记端口的端口，因此从该端口转发出去的 MAC 帧仍然携带 VLAN 标识符：VLAN 2。同样，该 MAC 帧进入交换机 S3 后，确定由 VLAN 2 关联的网桥转发该 MAC 帧，并通过检索 VLAN 2 对应的转发表找到转发端口。由于转发端口(端口 1)是一个非标记端口，因此从这样的端口转发出去的 MAC 帧必须去除 VLAN 标识符。没有携带 VLAN 标识符的 MAC 帧通过端口 1 到达终端 B，完成 MAC 帧的终端 A→终端 B 的传输过程。

2）VLAN 间通信过程

下面以终端 A→终端 C 的通信过程为例，讨论一下三层交换机实现 VLAN 间通信的过程。

① 终端 A 通过将自身的 IP 地址和目的终端(终端 C)的 IP 地址与子网掩码进行“与”操作后发现，源终端和目的终端不在同一个网络，终端 A 确定需要将 IP 分组传输给默认网关。为了获取默认网关的 MAC 地址，终端 A 广播一个 ARP 请求帧，该 ARP 请求帧到达 VLAN 2 内所有终端和连接 VLAN 2 的 IP 接口。路由模块发现 ARP 请求帧中要求解析的 IP 地址是连接 VLAN 2 的 IP 接口的 IP 地址，路由模块将特殊 MAC 地址(MAC R1)作为标识连接 VLAN 2 的 IP 接口的 MAC 地址回复给终端 A。终端 A 将 IP 分组封装成以自身 MAC 地址(MAC A)为源 MAC 地址、标识连接 VLAN 2 的 IP 接口的 MAC 地址(MAC R1)为目的 MAC 地址的 MAC 帧。该 MAC 帧沿着 VLAN 2 内终端 A 至连接 VLAN 2 的 IP 接口的交换路径到达连接 VLAN 2 的 IP 接口。

② 路由模块从该 MAC 帧中分离出 IP 分组，用目的 IP 地址检索路由表，获知可以直接通过 VLAN 3 将 IP 分组转发给目的终端。路由模块也通过广播 ARP 请求帧来获取目的终端的 MAC 地址，该 ARP 请求帧在 VLAN 3 中广播，到达 VLAN 3 中的所有终端。终端 C 接收到该 ARP 请求帧后，回复一个响应帧，并将其 MAC 地址告知路由模块。路由模块将 IP 分组封装成以标识连接 VLAN 3 的 IP 接口的 MAC 地址(MAC R2)为源 MAC 地址、终端 C 的 MAC 地址(MAC C)为目的 MAC 地址，且携带 VLAN 标识符

(VLAN 3)的 MAC 帧。该 MAC 帧沿着 VLAN 3 内连接 VLAN 3 的 IP 接口至终端 C 的交换路径到达终端 C，完成 VLAN 间通信过程。

6.6.5 多个三层交换机互连

1. 网络结构

两个三层交换机互连的网络结构如图 6.32 所示，三层交换机 S1 中创建 VLAN 2 和 VLAN 3，将端口 1 作为接入端口分配给 VLAN 2，将端口 2 作为接入端口分配给 VLAN 3。同样，三层交换机 S2 中创建 VLAN 4 和 VLAN 5，将端口 1 作为接入端口分配给 VLAN 4，将端口 2 作为接入端口分配给 VLAN 5。要求实现属于不同 VLAN 的终端之间的通信过程。

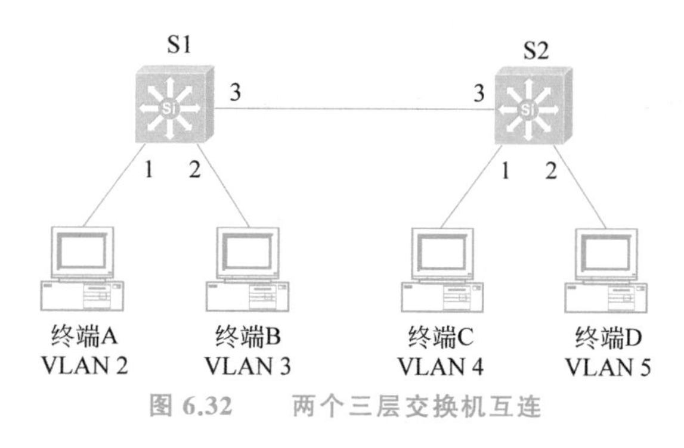

图 6.32　两个三层交换机互连

2. VLAN 配置

三层交换机 S1 中可以定义 VLAN 2 和 VLAN 3 对应的 IP 接口，因此能够实现分别属于 VLAN 2 和 VLAN 3 的终端 A 与终端 B 之间的通信过程。同样，三层交换机 S2 中可以定义 VLAN 4 和 VLAN 5 对应的 IP 接口，因此能够实现分别属于 VLAN 4 和 VLAN 5 的终端 C 与终端 D 之间的通信过程。为了实现三层交换机 S1 与 S2 之间互连，需要定义一个用于实现三层交换机 S1 与 S2 之间互连的 VLAN 6，且将三层交换机 S1 和 S2 的端口 3 作为接入端口分配给 VLAN 6。表 6.18 和表 6.19 分别是三层交换机 S1 和 S2 的 VLAN 与端口映射表。

表 6.18　交换机 S1 的 VLAN 与端口映射表

VLAN	接入端口	共享端口
VLAN 2	端口 1	
VLAN 3	端口 2	
VLAN 6	端口 3	

表 6.19　交换机 S2 的 VLAN 与端口映射表

VLAN	接入端口	共享端口
VLAN 4	端口 1	
VLAN 5	端口 2	
VLAN 6	端口 3	

3. IP 接口配置

三层交换机 S1 中定义 VLAN 2 和 VLAN 3 对应的 IP 接口，为这两个 IP 接口分配的 IP 地址和子网掩码确定了 VLAN 2 和 VLAN 3 的网络地址，同时这两个 IP 接口的 IP 地址分别成为连接在 VLAN 2 和 VLAN 3 上的终端的默认网关地址。三层交换机 S2 中定义 VLAN 4 和 VLAN 5 对应的 IP 接口，为这两个 IP 接口分配的 IP 地址和子网掩码确定了 VLAN 4 和 VLAN 5 的网络地址，同时这两个 IP 接口的 IP 地址分别成为连接在 VLAN 4 和 VLAN 5 上的终端的默认网关地址。三层交换机 S1 和 S2 中分别定义 VLAN 6 对应的 IP 接口，这两个 IP 接口需要分配网络号相同、主机号不同的 IP 地址。三层交换机 S1 和 S2 定义的 IP 接口分别如表 6.20 和表 6.21 所示。

表 6.20　交换机 S1 的 IP 接口配置

IP 接口	IP 地址/子网掩码	网络地址
VLAN 2 对应的 IP 接口	192.1.2.254/24	192.1.2.0/24
VLAN 3 对应的 IP 接口	192.1.3.254/24	192.1.3.0/24
VLAN 6 对应的 IP 接口	192.1.6.1/24	192.1.6.0/24

表 6.21　交换机 S2 的 IP 接口配置

IP 接口	IP 地址/子网掩码	网络地址
VLAN 4 对应的 IP 接口	192.1.4.254/24	192.1.4.0/24
VLAN 5 对应的 IP 接口	192.1.5.254/24	192.1.5.0/24
VLAN 6 对应的 IP 接口	192.1.6.2/24	192.1.6.0/24

4. 创建路由表

完成 IP 接口定义后，三层交换机 S1 自动生成目的网络分别是 VLAN 2、VLAN 3 和 VLAN 6 的直连路由项，同样三层交换机 S2 自动生成目的网络分别是 VLAN 4、VLAN 5 和 VLAN 6 的直连路由项。对于三层交换机 S1，通往没有与其直接相连的网络 VLAN 4 和 VLAN 5 的传输路径上的下一跳是三层交换机 S2，下一跳 IP 地址是 VLAN 6 对应的 IP 接口的 IP 地址 192.1.6.2。对于三层交换机 S2，通往没有与其直接相连的网络 VLAN 2 和 VLAN 3 的传输路径上的下一跳是三层交换机 S1，下一跳 IP 地址是 VLAN 6 对应的 IP 接口的 IP 地址 192.1.6.1。因此，三层交换机 S1 和 S2 的完整路由表分别如表 6.22 和表 6.23 所示。

表 6.22　交换机 S1 的路由表

目的网络	下一跳	输出接口
192.1.2.0/24	直接	VLAN 2
192.1.3.0/24	直接	VLAN 3

续表

目的网络	下一跳	输出接口
192.1.6.0/24	直接	VLAN 6
192.1.4.0/24	192.1.6.2	VLAN 6
192.1.5.0/24	192.1.6.2	VLAN 6

表 6.23　交换机 S2 的路由表

目的网络	下一跳	输出接口
192.1.4.0/24	直接	VLAN 4
192.1.5.0/24	直接	VLAN 5
192.1.6.0/24	直接	VLAN 6
192.1.2.0/24	192.1.6.1	VLAN 6
192.1.3.0/24	192.1.6.1	VLAN 6

5. 数据传输过程

图 6.32 所示的两个三层交换机互连的网络结构在完成 VLAN 定义、IP 接口定义和路由表创建过程后，等同于图 6.33 所示的网络结构。终端 A 至终端 C 的 IP 分组传输过程如下。终端 A 根据默认网关地址确定三层交换机 VLAN 2 对应的 IP 接口，终端 A 发送给 VLAN 2 对应的 IP 接口的 IP 分组由三层交换机 S1 的路由模块进行转发，路由模

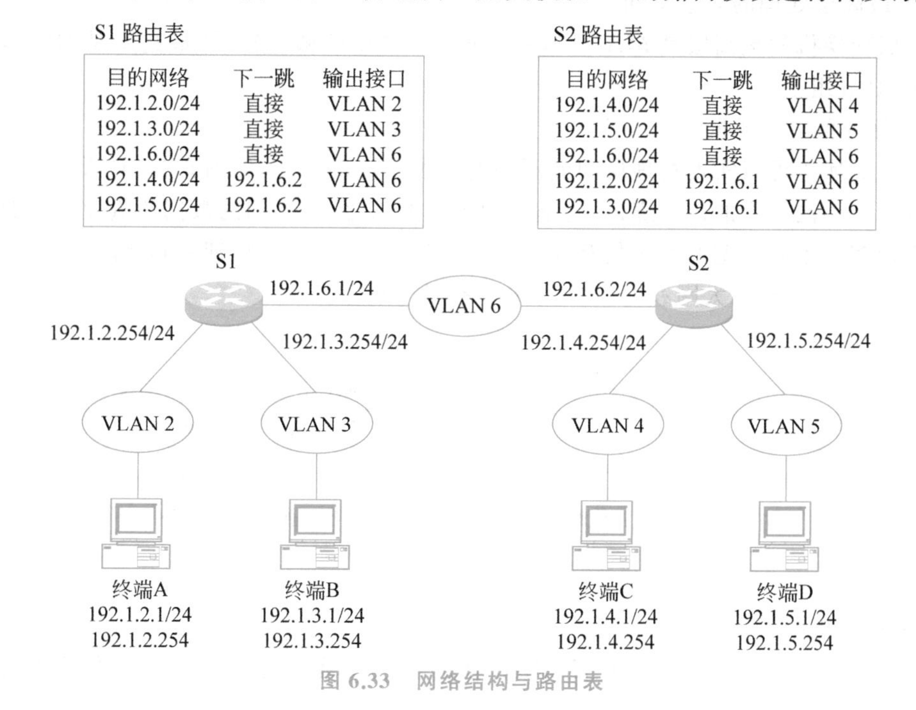

图 6.33　网络结构与路由表

块根据 IP 分组的目的 IP 地址 192.1.4.1 和路由项＜192.1.4.0/24,192.1.6.2,VLAN 6＞确定下一跳是三层交换机 S2 VLAN 6 对应的 IP 接口。三层交换机 S1 发送给三层交换机 S2 VLAN 6 对应的 IP 接口的 IP 分组由三层交换机 S2 的路由模块进行转发,路由模块根据 IP 分组的目的 IP 地址 192.1.4.1 和路由项＜192.1.4.0/24,直接,VLAN 4＞确定下一跳是终端 C,将 IP 分组发送给终端 C,从而完成 IP 分组从终端 A 至终端 C 的传输过程。IP 分组经过 VLAN 2、VLAN 6 和 VLAN 4 传输时封装成 MAC 帧,这些 MAC 帧的源和目的 MAC 地址及这些 MAC 帧所属 VLAN 的 VLAN ID 如表 6.24 所示。

表 6.24 经过不同 VLAN 传输的 MAC 帧地址和 VLAN ID

传输网络	源 MAC 地址	目的 MAC 地址	VLAN ID
VLAN 2	终端 A 的 MAC 地址	S1 VLAN 2 对应的 IP 接口的 MAC 地址	2
VLAN 6	S1 VLAN 6 对应的 IP 接口的 MAC 地址	S2 VLAN 6 对应的 IP 接口的 MAC 地址	6
VLAN 4	S2 VLAN 4 对应的 IP 接口的 MAC 地址	终端 C 的 MAC 地址	4

6.6.6 二层交换机、AP 和三层交换机与路由器之间的区别

1. 二层交换机与路由器之间的区别

二层交换机与路由器虽然都是互连设备,但存在很大差别。

1) 最高层处理的对象不同

二层交换机的最高层是 MAC 层,处理对象是 MAC 帧,路由器最高层是 IP 层,处理对象是 IP 分组。

2) 互连的对象不同

二层交换机可以实现物理层功能不同的多段网段的互连,如图 6.34(a)所示。这些网段可以采用不同类型的传输媒体,传播不同类型的信号,有不同的数据传输速率。路由器可以实现多个不同类型的网络的互连,这些网络可以有不同的物理层和链路层功能,如图 6.34(b)所示的互连以太网和 PSTN 的路由器互连原理。

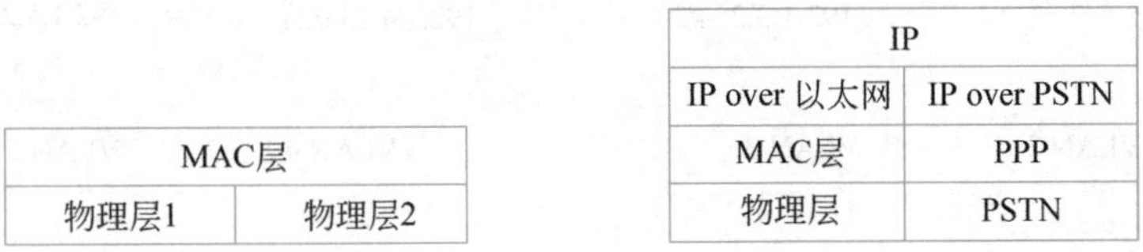

MAC层	
物理层1	物理层2

(a) 二层交换机互连原理

IP	
IP over 以太网	IP over PSTN
MAC层	PPP
物理层	PSTN

(b) 路由器互连原理

图 6.34 二层交换机与路由器

3) 转发机制不同

二层交换机建立转发表和转发 MAC 帧的流程使终端之间只允许存在单条交换路

径，大量 MAC 帧以广播方式在以太网中传输。

路由器通过路由协议建立路由表和根据路由表转发 IP 分组的过程允许两个终端之间存在多条 IP 传输路径。以单播 IP 地址为目的 IP 地址的 IP 分组沿着建立的 IP 传输路径只传输到目的终端连接的网络。

4）体系结构不同

二层交换机体系结构只包含以太网物理层和 MAC 层。路由器体系结构包含 IP 层、IP over X 层及 X 传输网络对应的链路层和物理层。IP 层功能包括建立任何两个网络之间的 IP 传输路径，完成 IP 分组的端到端传输过程。IP over X 功能是在确定下一跳的 IP 地址与互连当前跳和下一跳的传输网络 X 后，将 IP 分组封装成适合 X 传输网络传输的帧格式。X 传输网络对应的物理层和链路层功能完成封装 IP 分组的帧当前跳至下一跳的传输过程。对于以太网，IP over 以太网包括以下功能，通过 ARP 解析过程获取下一跳的 MAC 地址，以及将 IP 分组封装成 MAC 帧。而由以太网 MAC 层和物理层实现封装 IP 分组的 MAC 帧当前跳至下一跳的传输过程。

2. AP 与路由器之间的区别

1）AP 在 MAC 层实现无线局域网与以太网互连

AP 是桥设备，在 MAC 层实现无线局域网与以太网互连。如图 6.35(a)所示，如果用 AP 实现无线局域网和以太网互连，则一是无线局域网和以太网需要分配相同的网络地

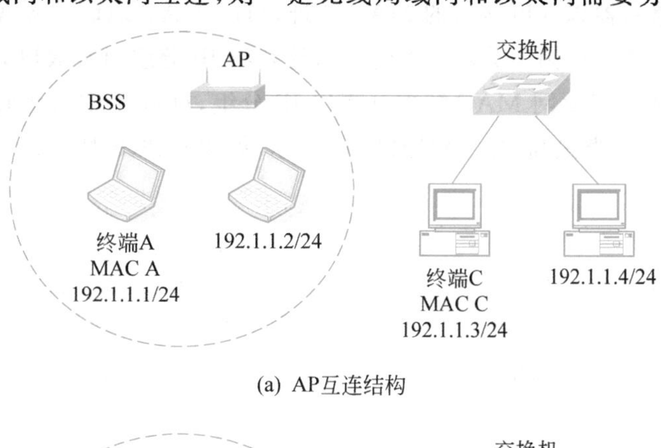

(a) AP互连结构

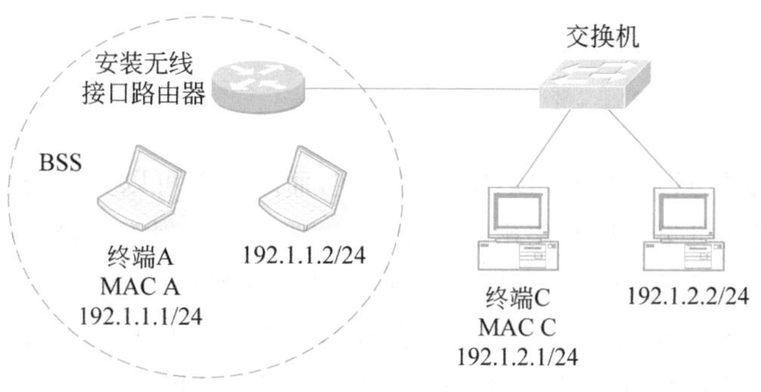

(b) 路由器互连结构

图 6.35 AP 与路由器互连结构

址，即网际层将 AP 互连的无线局域网和以太网作为一个网络；二是实现无线局域网中终端与以太网中终端通信时，无线局域网 MAC 帧和以太网 MAC 帧中的源和目的 MAC 地址是相同的，如终端 A 至终端 C 的 MAC 帧传输过程中，无论无线局域网 MAC 帧还是以太网 MAC 帧，源 MAC 地址都是 MAC A，目的 MAC 地址都是 MAC C；三是 AP 直接完成以太网 MAC 帧和无线局域网 MAC 帧之间的转换，即 AP 最高层处理对象是 MAC 帧，如图 6.36(a)所示。

2）路由器在网际层实现无线局域网与以太网互连

如图 6.35(b)所示，如果用路由器实现无线局域网和以太网互连，则一是路由器必须具有无线局域网接口和以太网接口，这两个接口必须有不同的 MAC 地址；二是无线局域网和以太网需要分配不同的网络地址，网际层将路由器互连的无线局域网和以太网作为两个不同的网络，路由器无线局域网接口分配的 IP 地址必须和无线局域网有相同的网络地址，路由器以太网接口分配的 IP 地址必须和以太网有相同的网络地址；三是实现无线局域网中终端与以太网中终端通信时，数据必须封装成 IP 分组，在端到端传输过程中，IP 分组的源和目的 IP 地址是不变的，但封装同一 IP 分组的无线局域网 MAC 帧中的源和目的 MAC 地址与以太网 MAC 帧中的源和目的 MAC 地址是不同的，如终端 A 至终端 C 的 IP 分组传输过程中，封装该 IP 分组的无线局域网 MAC 帧的源 MAC 地址是 MAC A，目的 MAC 地址是路由器无线接口的 MAC 地址，封装该 IP 分组的以太网 MAC 帧的源 MAC 地址是路由器以太网接口的 MAC 地址，目的 MAC 地址是 MAC C；四是路由器完成从无线局域网 MAC 帧中分离出 IP 分组，重新将 IP 分组封装成以太网 MAC 帧的过程，或者相反，完成从以太网 MAC 帧中分离出 IP 分组，重新将 IP 分组封装成无线局域网 MAC 帧的过程。路由器最高层处理对象是 IP 分组，如图 6.36(b)所示。

以太网MAC层	无线局域网MAC层
以太网物理层	无线局域网物理层

(a) AP互连原理

IP	
IP over 以太网	IP over 无线局域网
以太网MAC层	无线局域网MAC层
以太网物理层	无线局域网物理层

(b) 路由器互连原理

图 6.36　AP 与路由器互连原理

3. 三层交换机与路由器之间的区别

一是三层交换机只是实现 VLAN 之间互连，而路由器可以实现任意类型网络之间的互连；二是三层交换机集交换与路由功能于一身，即既可实现 VLAN 内通信过程，又可实现 VLAN 间通信过程，但路由器只用于实现 VLAN 间通信过程；三是由于每一个 VLAN 可以包含任意个交换机端口，因此连接在相同 VLAN 上的多个不同终端与连接该 VLAN 的 IP 接口之间的交换路径可以经过同一三层交换机的不同端口。如图 6.31 所示的终端 A、终端 B 与连接 VLAN 2 的 IP 接口之间的交换路径，但一般不会发生同一个网络内不同终端发送的 IP 分组可以通过相同路由器的多个不同端口进入路由器的情况。

上述讨论都是基于原始的路由器和三层交换机功能进行的。目前多个以太网端口的路由器与三层交换机之间的差别越来越小，路由器和三层交换机逐渐融合。

6.7 ICMP

Internet 控制报文协议（Internet Control Message Protocol，ICMP）属于 Internet 控制协议，其作用是监测 Internet 的操作、报告 IP 分组传输过程中发生的意外情况、测试 Internet 的运行状态。

6.7.1 ICMP 报文

ICMP 报文的种类有两种：ICMP 差错报告报文和 ICMP 询问报文。差错报告报文主要用于报告 IP 分组传输过程中发生的意外情况，而询问报文主要用于测试 Internet 的运行状态。每一种报文又由若干个不同报文类型的 ICMP 报文组成，如表 6.25 所示。

表 6.25　ICMP 报文类型

ICMP 报文种类	ICMP 报文类型	ICMP 报文种类	ICMP 报文类型
差错报告报文	终点不可达	询问报文	回送请求和响应
	源站抑制		时间戳请求和响应
	超时		子网掩码请求和响应
	参数问题		路由器询问和通告
	改变路由		

下面简要介绍不同报文类型的 ICMP 报文的功能。

终点不可达：终点不可达分为网络不可达、主机不可达、协议不可达、端口不可达、DF 位置 1 的 IP 分组需要分片，以及源路由失败这 6 种情况。一旦 IP 分组传输过程中碰到其中一种情况，就向该 IP 分组的发送终端发送终点不可达报文。

源站抑制：当路由器或主机由于拥塞而丢弃 IP 分组时，就向 IP 分组的发送终端发送源站抑制报文，要求 IP 分组的发送终端降低发送速率。

超时：当路由器接收到生存时间为 0 的 IP 分组时，或者接收终端在规定时间内不能接收到分片某个 IP 分组后产生的全部数据片时，就向 IP 分组的发送终端发送超时报文。

参数问题：当路由器或目的终端接收到首部字段有错的 IP 分组，且已无法再继续转发该 IP 分组时，向 IP 分组的发送终端发送参数问题报文。

改变路由：为了减少传输路由信息造成的开销，网络中的主机不参与路由协议的操作过程，因此主机中只有人工配置的一条默认路由。有些情况下，默认路由并不是最短路由。如图 6.37 所示，终端 A 配置的默认路由是路由器 A，但通往网络 192.1.2.0/24 的传输路径必须经过路由器 B。因此，当路由器 A 将终端 A 发送给属于网络 192.1.2.0/24 内终端的 IP 分组转发给和终端 A 属于同一网络的路由器 B 时，就向终端 A 发送改变路由报文，终端 A 添加一项路由项＜192.1.2.0/24，192.1.1.253＞，表明以后所有发送给属于网络 192.1.2.0/24 内终端的 IP 分组均转发给路由器 B，而不是默认路由器 A。

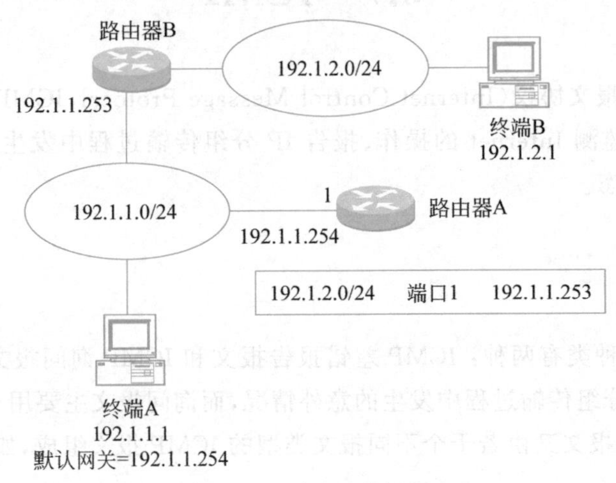

图 6.37 改变路由过程

回送请求和响应：路由器或主机通过回送请求报文向一个特定的目的设备发出询问，接收到该报文的目的设备（主机或路由器）必须向发送回送请求报文的源设备回答一个回送响应报文。某个源设备可以用回送请求和响应报文测试某个目的设备是否可达，并了解其相关状态。人们常用的用于测试某个目的设备是否可达的实用程序 ping 就是通过回送请求和回送响应报文实现的。

时间戳请求和响应：时间戳请求报文用于向某个目的设备询问当前的日期和时间，而时间戳响应报文用于回送接收请求报文的日期和时间及发送响应报文的日期和时间。

子网掩码请求和响应：主机通过子网掩码请求和响应来获知所在网络的子网掩码。

路由器询问和通告：主机通过广播路由器询问报文查询网络内路由器的工作状态，接收到路由器询问报文的路由器通过广播路由器通告报文来通告其路由信息。

6.7.2 ICMP 应用

1. ping 命令执行过程

ping 命令主要用于测试连接在互联网上的两个终端之间的连通性。如果图 6.38 中终端 A 需要测试与终端 B 之间的连通性，则启动命令：ping 192.1.4.1。其中 192.1.4.1 是终端 B 的 IP 地址，如果为终端 B 注册了域名，也可以用终端 B 的域名，但需要通过域名系统将终端 B 的域名解析成 IP 地址。

终端 A 启动 ping 命令后，将 ICMP ECHO 请求报文（回送请求报文）封装成 IP 分

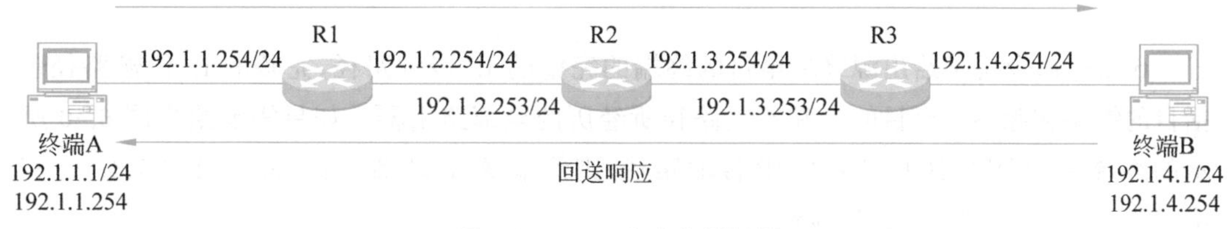

图 6.38　ping 命令执行过程

组，该 IP 分组的源 IP 地址是终端 A 的 IP 地址 192.1.1.1，目的 IP 地址是终端 B 的 IP 地址 192.1.4.1。如果互联网中存在终端 A 至终端 B 的传输路径，则通过互联网完成该 IP 分组从终端 A 至终端 B 的传输过程。终端 B 接收到该 ICMP ECHO 请求报文后，向终端 A 发送一个 ICMP ECHO 响应报文（回送响应报文），终端 B 将 ICMP ECHO 响应报文封装成 IP 分组，该 IP 分组的源 IP 地址是终端 B 的 IP 地址 192.1.4.1，目的 IP 地址是终端 A 的 IP 地址 192.1.1.1。如果互联网中存在终端 B 至终端 A 的传输路径，则通过互联网完成该 IP 分组从终端 B 至终端 A 的传输过程。终端 A 接收到该 ICMP ECHO 响应报文，表明存在终端 A 与终端 B 之间的双向传输路径。图 6.39 所示是 ping 命令执行界面。默认情况下，图 6.38 所示的传输过程重复 4 次。

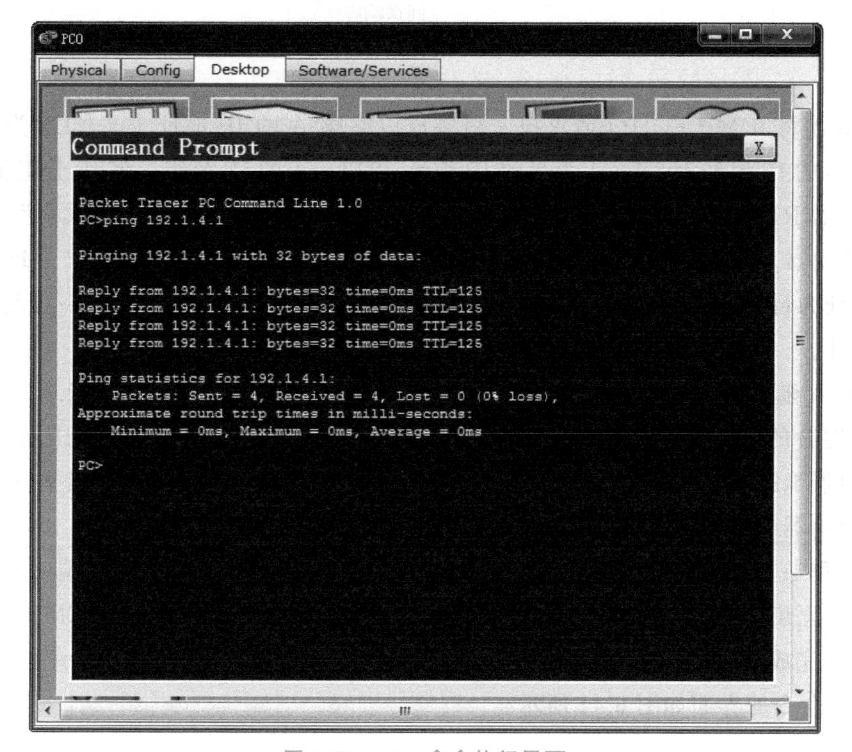

图 6.39　ping 命令执行界面

2. tracert 命令执行过程

tracert 命令用于给出源终端至目的终端的完整的 IP 传输路径,完整的 IP 传输路径包括目的终端和源终端至目的终端传输路径所经历的全部路由器。如果需要给出图 6.40 所示的终端 A 至终端 B 的完整的 IP 传输路径,则终端 A 启动命令:tracert 192.1.4.1。其中 192.1.4.1 是终端 B 的 IP 地址。

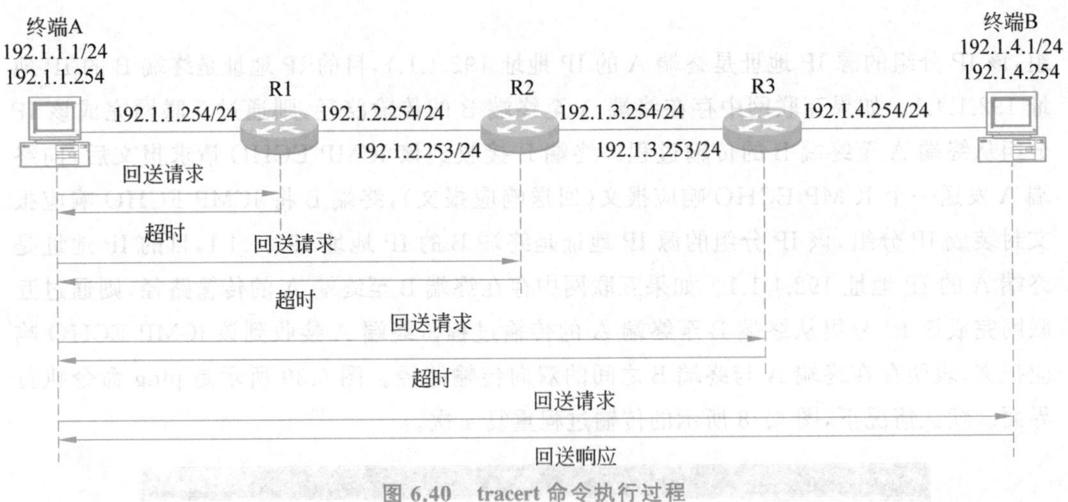

图 6.40 tracert 命令执行过程

终端 A 将 ICMP ECHO 请求报文封装成以终端 A 的 IP 地址 192.1.1.1 为源 IP 地址、终端 B 的 IP 地址 192.1.4.1 为目的 IP 地址、TTL=1 的 IP 分组。该 IP 分组传输到第一跳路由器 R1 时,TTL 值减为 0,路由器 R1 向终端 A 发送一个超时报文,超时报文封装成以路由器 R1 接收该 ICMP ECHO 请求报文的接口的 IP 地址为源 IP 地址、终端 A 的 IP 地址为目的 IP 地址的 IP 分组。终端 A 接收到超时报文后,获取第一跳路由器 R1 的 IP 地址。

终端 A 随后将 ICMP ECHO 请求报文封装成以终端 A 的 IP 地址 192.1.1.1 为源 IP 地址、终端 B 的 IP 地址 192.1.4.1 为目的 IP 地址、TTL=2 的 IP 分组。该 IP 分组到达第二跳路由器 R2 时,TTL 值减为 0,第二跳路由器 R2 向终端 A 发送超时报文,终端 A 因此获得路由器 R2 的 IP 地址。

该过程一直进行,直到封装 ICMP ECHO 请求报文的 IP 分组到达终端 B,终端 B 向终端 A 发送 ICMP ECHO 响应报文。一旦终端 A 接收到终端 B 发送的 ICMP ECHO 响应报文,则完成 tracert 命令执行过程。tracert 命令执行过程如图 6.40 所示。终端 A 执行 tracert 命令的界面如图 6.41 所示。

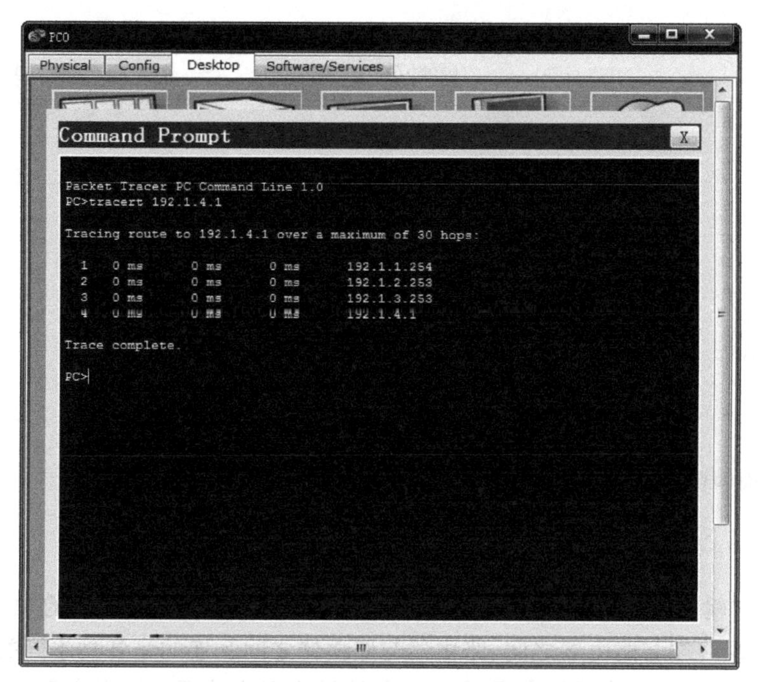

图 6.41 tracert 命令执行界面

6.8 IP 和网络互连的启示和思政元素

IP 实现网络互连的机制和过程所蕴含的思政元素以及给我们的启示如下。

1. 抽象是实现不同类型网络互连的基础

IP 实现不同类型网络互连的关键在于以下几点：一是定义独立于任何传输网络、统一的地址格式，即 IP 地址，用 IP 地址标识互联网中的所有结点；二是定义独立于任何传输网络、统一的分组格式，即 IP 分组，互联网终端间传输的数据封装成以数据的源和目的终端的 IP 地址为源和目的地址的 IP 分组；三是将实现终端与路由器之间、路由器与路由器之间互连的传输网络抽象为 IP 分组传输链路，将路由器抽象为采用数据报交换方式的 IP 分组交换机，以此将复杂的互联网抽象为单一的 IP 分组交换网络，抽象过程如图 6.42 所示。

IP 分组交换网络是由 IP 分组交换机、实现 IP 分组交换机之间和 IP 分组交换机与终端之间互连的 IP 分组传输链路组成的以 IP 分组为 PDU 并采用数据报交换方式的单一的分组交换网络。IP 分组交换网络完全屏蔽了互联网中由路由器互连的多个不同类型的传输网络。

通过分层屏蔽底层的差异使网际层可以将复杂的互联网作为单一的、面向终端的、采用数据报交换方式的 IP 分组交换网络。这也是将 TCP/IP 体系结构中的网际层等同于

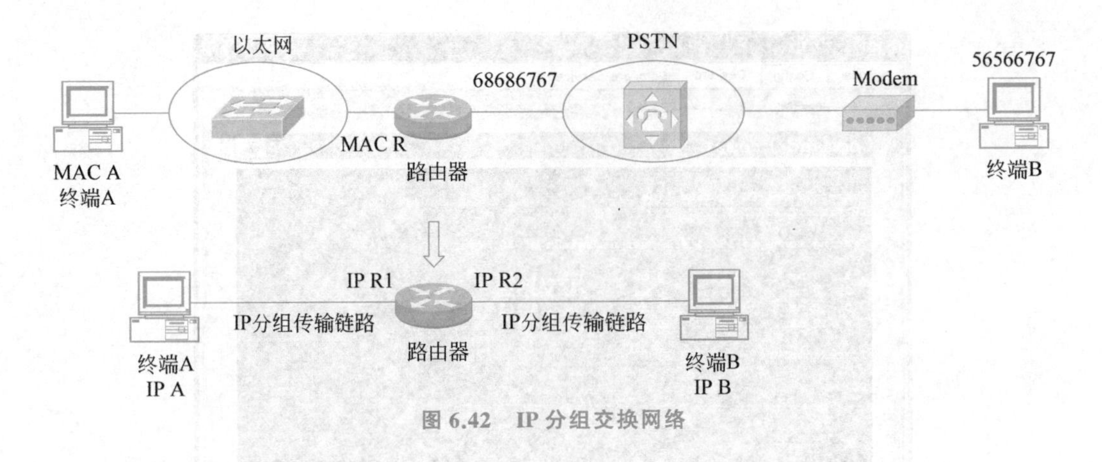

图 6.42 IP 分组交换网络

OSI 体系结构中的网络层的原因。

2. IP over *X* 和 *X* 传输网络的有机集成

IP 分组传输链路的功能是实现 IP 分组交换网络中两个结点之间的 IP 分组传输过程,但实际实现终端与路由器之间、路由器与路由器之间互连的是各种不同类型的传输网络。IP over *X* 和 *X* 传输网络实现了由 *X* 传输网络互连的两个结点之间的 IP 分组传输过程。IP over *X* 和 *X* 传输网络的有机集成,使网际层可以将任何用于实现终端与路由器之间、路由器与路由器之间互连的传输网络作为 IP 分组传输链路。

没有 IP,无法将复杂的互连网络抽象为单一的 IP 分组交换网络,因而无法用分组交换技术实现端到端传输过程。没有 IP over *X* 和 *X* 传输网络的有机集成,就无法在确定下一跳 IP 地址和连接当前跳和下一跳的传输网络是 *X* 传输网络的前提下,实现 IP 分组当前跳至下一跳的传输过程。

网络中通过抽象屏蔽差异,以此提出统一的实现机制。但对于存在的差异,底层必须具备有针对性的解决方法,IP over *X* 和 *X* 传输网络的有机集成就是将 *X* 传输网络转换成统一的 IP 分组传输链路的方法。

3. 路由器作为专业网络互连设备

互联网快速发展的其中一个原因是诞生了路由器这种专业网络互连设备。因为是专业网络互连设备,无论是硬件结构还是软件系统都是针对 IP、IP over *X* 和 *X* 传输网络实现过程而优化的,因此有良好的性能。由专业厂家生产专业设备的结果是,成本得到控制,技术得到发展,路由器性能和功能越来越好,价格越来越便宜。

4. 路由协议创建动态路由项

学习以太网交换机工作原理时,都会觉得以太网交换机的地址学习过程和转发表建立过程简单。学习路由器建立动态路由项过程时,都会觉得路由协议工作过程复杂,甚至可能有学生不理解为什么不能用以太网交换机的地址学习过程和转发表建立过程来建立路由器的路由表。

以太网交换机简单的地址学习过程和转发表建立过程是有代价的：一是以太网任意两个终端之间只能存在单条交换路径，二是大量以单播地址为目的地址的 MAC 帧以广播方式在以太网中传输。互联网是承受不起这种代价的，互联网工作特性要求：一是互联网中任意两个终端之间允许存在多条传输路径，而且为了平衡流量，终端之间传输的 IP 分组需要均衡地分配到多条传输路径中；二是互联网中终端之间传输的以单播地址为目的地址的 IP 分组只能沿着已经建立的端到端传输路径传输。

因此，网络不同，解决相似问题的方法和机制就会不同。学习网络一定要学会具体问题具体分析。

5. 三层交换机是特殊的网络互连设备

VLAN 虽然功能上等同于独立的以太网，但有以下特性：一是多个 VLAN 共享同一个物理以太网；二是在不改变物理以太网的前提下，可以将其划分为任意数量的 VLAN；三是交换机端口与 VLAN 之间的对应关系是任意的，即任意端口组合可以分配给任何一个 VLAN。这些特性使用路由器实现 VLAN 互连不是特别有效。随着以太网在局域网应用领域取得垄断地位，以及 VLAN 划分在以太网应用中的作用越来越重要，出现了可以同时实现 VLAN 内通信过程和 VLAN 间通信过程的专业设备：三层交换机。三层交换机成为有效的 VLAN 互连设备。

以太网普及促使 VLAN 技术的发展，VLAN 技术的发展进一步拓展以太网的应用，这种良性发展过程是以三层交换机有效实现 VLAN 互连为前提的。

6. 开放包容

开放是指通过 IP over X(X 指任何类型的传输网络)可以把任何类型的传输网络连接到互联网中，实现 IP 分组经过任何类型传输网络的传输过程。包容是指连接到互联网的可以是不同交换方式、不同作用范围、不同传输速率、不同规模、不同信道类型的传输网络。恰恰因为开放包容，使互联网可以实现任何位置、任何类型、任何连接方式的终端之间的通信过程，才使互联网能够发展到移动互联网和物联网。

海纳百川、有容乃大，坚持开放包容是发展壮大任何事业的基础。

7. 对立统一

路由器用于实现 IP 分组转发过程，而 IP 分组用于实现终端之间的数据传输过程，因此，路由器采用数据报交换方式。核心路由器之间一是间隔距离往往很远，二是汇聚大量终端之间传输的 IP 分组，因此需要用远距离、高速传输网络实现核心路由器之间的互连，采用电路交换方式的 SDH 是最适合用于实现核心路由器互连的传输网络。数据报交换方式和电路交换方式是交换方式的两极，在互联网中得到了有机统一。

相互对立的技术在合适的应用环境下可以有机统一，并将各自的技术长处发挥到极致，最大限度地满足应用环境的需求。

8. 规则意识和协作意识

协议是多个设备对等层之间约定的规则，网络正常工作的前提是所有设备的每一层都必须遵守协议。协议正常运行需要多个设备相互协作，如各个路由器通过 RIP 创建路由表的过程就是所有路由器基于 RIP 完成各自任务的过程。

任何一个团体，为了约束团体成员的行为，需要制定规则。只有当团体的各个成员遵守规则，各司其职，相互协作时，才有可能实现团体的共同目标。

本章小结

- 网络互连需要实现连接在不同类型传输网络上的两个终端之间的通信过程。
- IP 地址是独立于任何传输网络、统一的地址格式。
- IP 分组是独立于任何传输网络、统一的分组格式。
- IP 将互联网简化为 IP 分组交换网络，IP over *X* 和 *X* 传输网络实现由 *X* 传输网络互连的两个结点之间的 IP 分组传输过程。
- 路由器是实现网络互连的专业设备，它的核心功能一是建立路由表，实现 IP 分组转发；二是针对连接的多个不同类型的传输网络，实现 IP over *X* 和 *X* 传输网络对应的物理层和链路层功能，X 分别指该路由器连接的多个不同类型的传输网络。
- IP over 以太网和以太网在确定下一跳 IP 地址和互连当前跳与下一跳的网络是以太网的前提下，完成 IP 分组当前跳至下一跳的传输过程。
- ARP 用于完成根据下一跳的 IP 地址获取下一跳的 MAC 地址的过程。
- 路由器通过运行路由协议创建动态路由项，动态路由项能够及时反映互联网的变化过程。
- VLAN 是一种特殊的网络，用三层交换机实现 VLAN 互连更加有效。
- IP 分组交换网络是一种没有差错控制机制的网络，因此需要用 ICMP 对 IP 分组端到端传输过程中发生的错误进行监测。

习 题

6.1 为什么说 IP 是一种网际协议？IP 实现连接在不同传输网络上的终端之间通信的技术基础是什么？

6.2 为什么需要为路由器每一个接口分配 IP 地址？

6.3 作为互连设备，中继器、网桥和路由器有何区别？

6.4 何为默认网关？终端配置默认网关地址的作用是什么？

6.5 路由器实现不同类型的传输网络互连的技术基础是什么？

6.6 路由器主要由几部分组成？如何实现 IP 分组的转发过程？

6.7 IP 地址分为几类？它们的主要特点是什么？

6.8 简述 IP 地址和 MAC 地址之间的区别及各自的作用。

6.9 为什么需要无分类编址？它对路由项聚合和子网划分带来什么好处？

6.10 什么是最长前缀匹配算法？在什么条件下需要使用最长前缀匹配算法？

6.11 子网掩码 255.255.255.0 代表什么意思？如果某一网络的子网掩码为 255.255.255.248，该网络能够连接多少主机？

6.12 以下地址中的哪一个地址属于 CIDR 地址块 86.32.0.0/12，简述理由。

A. 86.33.224.123　　B. 86.79.65.216

C. 86.58.119.74　　D. 86.68.206.154

6.13 如果是分类编址，给出以下 IP 地址的类型。

(1) 128.36.199.3

(2) 21.12.240.17

(3) 183.194.76.253

(4) 192.12.69.248

(5) 89.3.0.1

(6) 200.3.6.2

6.14 一个 3200b 的 TCP 报文传到 IP 层，加上 160b 的首部后成为 IP 分组。下面的互连网由两个局域网通过路由器连接起来，但第 2 个局域网所能传送的最长数据帧中的数据部分只有 1200b，因此 IP 分组必须在路由器中进行分片，试问第 2 个局域网实际需要为上层传输多少位(b)数据？

6.15 假定传输层将包含 20 字节首部和 2048 字节数据的 TCP 报文递交给 IP 层，源终端至目的终端传输路径需要经过两个网络，其中第一个网络的 MTU 是 1024 字节，第二个网络的 MTU 是 512 字节，IP 首部是 20 字节，给出到达目的终端时分片后的 IP 分组序列，并计算出每一片的净荷字节数和片偏移。

6.16 路径 MTU 是端到端传输路径所经过网络中最小的 MTU，假定源终端能够发现路径 MTU，并以路径 MTU 作为源终端封装 IP 分组的依据，根据 6.15 题的参数，给出到达目的终端时分片后的 IP 分组序列，并计算出每一片的净荷字节数和片偏移。

6.17 为什么说“ARP 向网络层提供了转换地址的服务，应该属于数据链路层”这种说法是错误的？

6.18 ARP 缓冲器中每一项的寿命是 10～15 分钟，表述寿命太长或者太短可能出现的问题。

6.19 如果重新设计 IP 地址时，将 IP 地址设计为 48 位，能否通过 IP 地址和 MAC 地址之间的一一对应关系消除 ARP 地址解析过程？

6.20 设某路由器建立了如下路由表(三列分别是目的网络、子网掩码和下一跳路由器，若直接交付，则最后一列给出转发接口)：

128.96.39.0	255.255.255.128	接口 0
128.96.39.128	255.255.255.128	接口 1

128.96.40.0　　　255.255.255.128　R2

192.4.153.0　　　255.255.255.192　R3

默认　　　　　　　　　　　　　　R4

现收到 5 个 IP 分组，其目的 IP 地址如下。

(1) 128.96.39.10

(2) 128.96.40.12

(3) 128.96.40.151

(4) 192.4.153.17

(5) 192.4.153.90

试分别计算出下一跳路由器或转发接口。

6.21 某单位分配到一个 B 类网络地址 124.250.0.0，假定该单位有 4000 多台机器，分布在 16 个不同的地点。如果选用的子网掩码为 255.255.255.0，给每个地点分配一个子网号，并根据子网号计算出每个地点可分配的 IP 地址范围。

6.22 一个 IP 分组的数据字段长度为 4000 字节（固定长度首部），需要经过一个 MTU 为 1500 字节的网络计算出数据片数量，封装每一个数据片产生的 IP 分组首部中片偏移字段和 MF 标志的值。

6.23 IP 分组中的首部检验和只检验 IP 分组首部，这样做的好处是什么？坏处是什么？IP 分组首部检错码为什么不采用 CRC？

6.24 一个自治系统有 5 个局域网，其连接如图 6.43 所示。LAN 2 至 LAN 5 上的主机数分别为 91、150、3 和 15，该自治系统分配到的 CIDR 地址块为 30.138.118.0/23，求出每一个局域网的 CIDR 地址块。

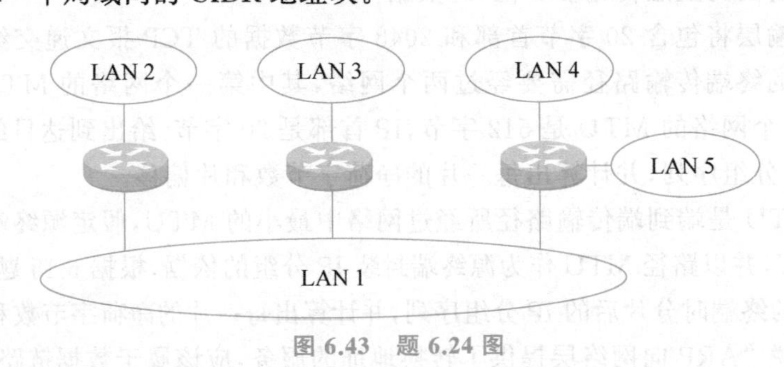

图 6.43　题 6.24 图

6.25 对如下 4 个地址块进行最大可能的聚合。

212.56.132.0/24

212.56.133.0/24

212.56.134.0/24

212.56.135.0/24

6.26 根据图 6.44 所示的网络地址配置，给出路由器 R1、R2 和 R3 的路由表。如果要求路由器 R2 中的路由项最少，如何调整网络地址配置，并根据调整后的网络地址配置，给出路由器 R1、R2 和 R3 的路由表。

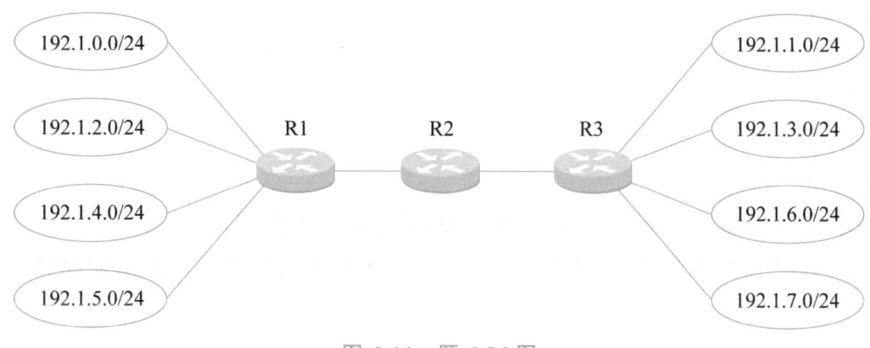

图 6.44　题 6.26 图

6.27　根据图 6.45 所示的互连网络结构，为每一个局域网分配合适的网络前缀。假定分配的 CIDR 地址块为 192.77.33.0/24，图中每一个局域网旁边标明的数字是该局域网的主机数。

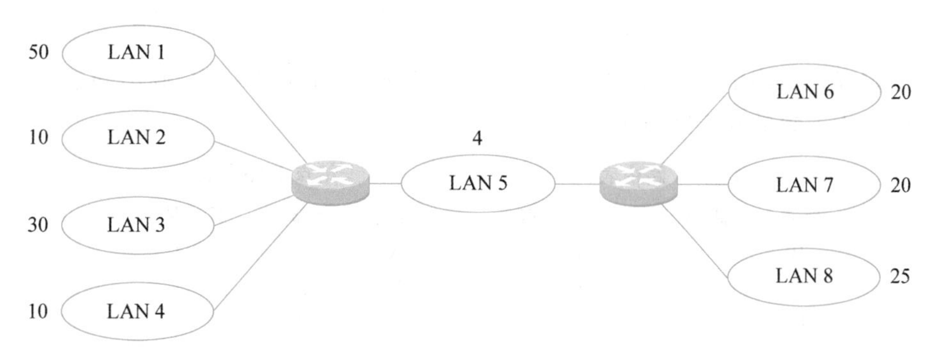

图 6.45　题 6.27 图

6.28　某单位分配到一个 CIDR 地址块 136.23.12.64/26，现在需要进一步划分为 4 个一样大的子网，试问：

(1) 每个子网的网络前缀有多长？

(2) 每个子网有多少地址？

(3) 每个子网的地址块是什么？

(4) 每个子网可分配给主机的最小地址和最大地址是什么？

6.29　为什么路由协议得出的端到端传输路径是由一系列路由器组成的？路由表中的下一跳路由器和当前路由器之间有什么限制？

6.30　假定路由器 B 的路由表中包含如下项目(三列分别是目的网络、距离和下一跳)：

N1　7　A

N2　2　C

N6　8　F

N8　4　E

N9　4　F

现路由器 B 接收到路由器 C 发来的路由消息(两列分别是目的网络和距离)：

N2　4

N3　8

N6　4

N8　3

N9　5

试求出路由器 B 更新后的路由表(详细说明每一个步骤)。

6.31　根据 RIP 工作原理,给出求解图 6.46 中结点 B 至其他各个结点最短路径的步骤。

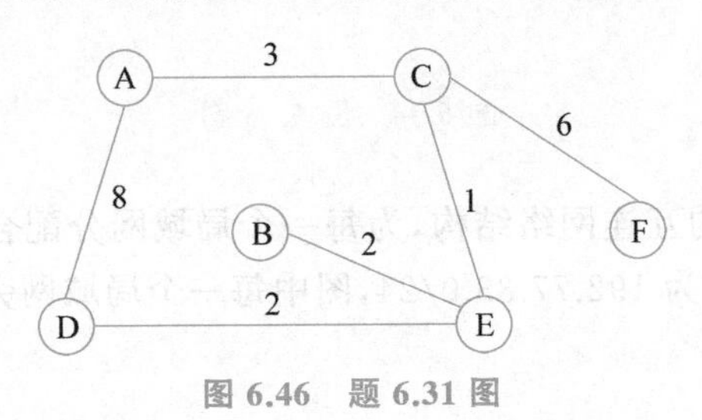

图 6.46　题 6.31 图

6.32　假定互连网络中结点 A 和结点 F 的路由表如下,距离为跳数,画出和这两个结点路由表一致的互连网络拓扑结构图。

结点 A 路由表

结点	距离	下一跳结点
B	0	B
C	0	C
D	1	B
E	2	C
F	1	C

结点 F 路由表

结点	距离	下一跳结点
A	1	C
B	2	C
C	0	C
D	1	C
E	0	E

6.33　IP over 以太网技术解决什么问题?如何解决?

6.34　VLAN 之间通信需要通过路由器或三层交换机是物理限制,还是逻辑限制?它和分别连接在以太网和 PSTN 网络上的两个终端之间通信必须经过路由器的原因有何异同?

6.35　给出图 6.47 中的 VLAN 划分和 IP 接口配置,并给出终端 A→终端 E 及终端 A→终端 D 之间的通信过程。要求:VLAN 2 和 VLAN 3 对应的 IP 接口必须在不同的三层交换机上。

6.36　互连网络结构图如图 6.48 所示。

① 补齐图中终端和路由器的配置信息,包括路由表,使其能够实现终端 A 和终端 B 之间的 IP 分组通信。

② 以①补齐的配置信息为基础,给出终端 A 至终端 B 的 IP 分组传输过程中涉及的所有 MAC 帧,并给出这些 MAC 帧的源和目的 MAC 地址(假定终端和路由器的 ARP 缓冲器为空)。

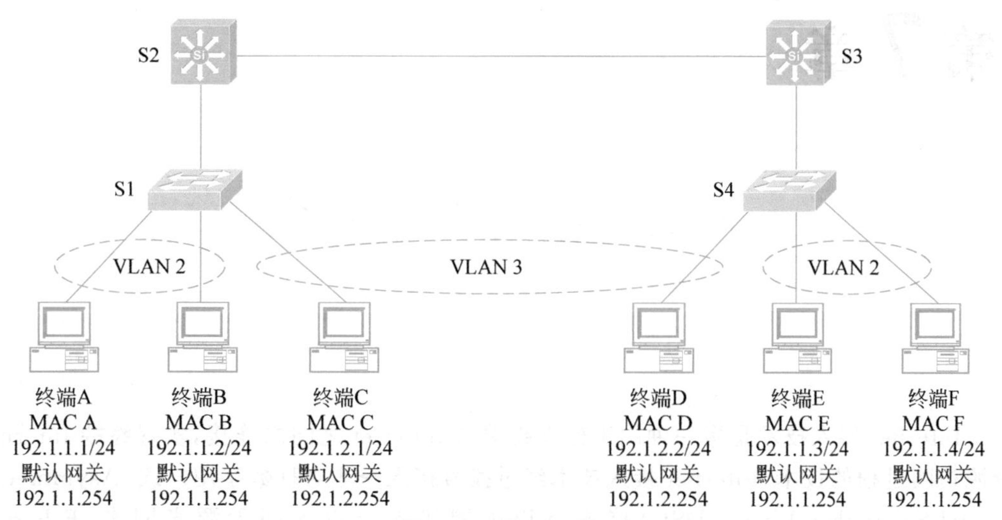

图 6.47　题 6.35 图

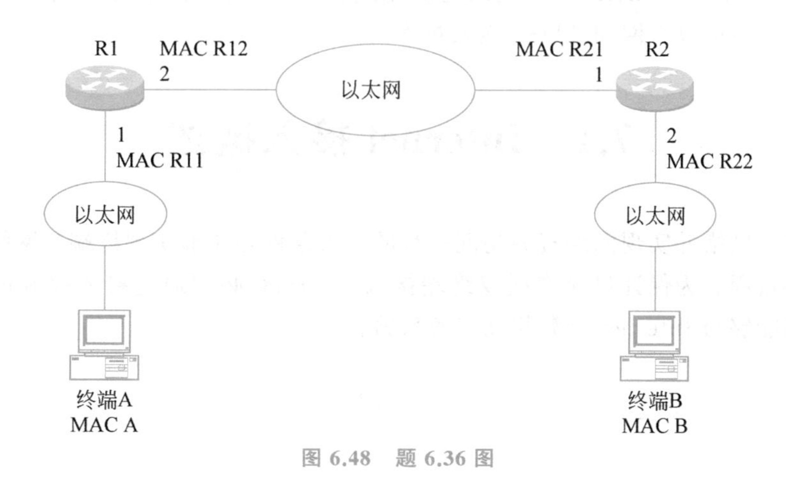

图 6.48　题 6.36 图

第 7 章

Internet 接入技术

Internet 接入技术是指一种用于建立终端与 Internet 之间的连接，实现终端 Internet 资源访问过程的技术，Internet 接入技术经过拨号接入→非对称数字用户线(Asymmetric Digital Subscriber Line，ADSL)接入→以太网接入→以太网无源光网络(Ethernet Passive Optical Network，EPON)接入的变化过程，不同接入技术有不同的数据传输速率。本章主要讨论以太网和 ADSL 接入技术。

7.1 Internet 接入概述

终端接入网络并实现网络资源访问过程的先决条件是能够实现终端与网络资源之间的数据交换过程。为保证只允许授权终端接入 Internet，必须通过接入控制过程保证只有授权终端能够与 Internet 资源相互交换数据。

7.1.1 终端接入 Internet 需要解决的问题

终端和网络必须完成相关配置后，才能实现终端与网络资源之间的数据交换过程。为了保证只允许授权终端访问网络资源，必须对与授权终端访问网络资源相关的配置过程进行控制。

1. 终端访问网络资源的基本条件

如图 7.1 所示，终端 A 如果需要访问服务器中的资源，那么必须完成以下操作过程。

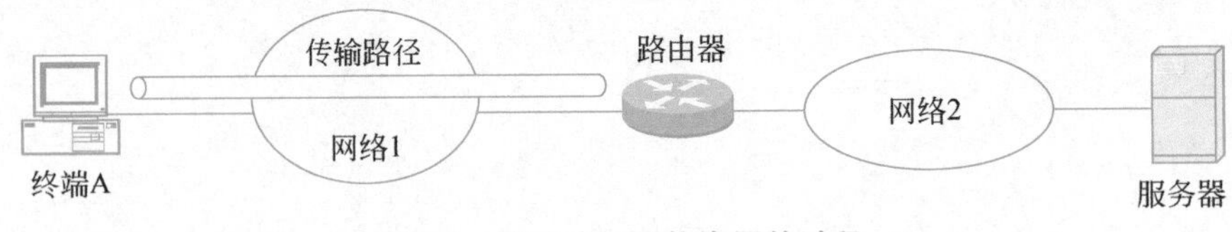

图 7.1　终端访问网络资源的过程

1) 建立终端 A 与路由器之间的传输路径

终端 A 需要接入网络 1，且建立与路由器之间的传输路径，不同类型的网络有不同的建立传输路径的过程。如果网络 1 是 PSTN，则需要通过呼叫连接建立过程建立终端 A 与路由器之间的点对点语音信道。如果网络 1 是以太网，则需要建立终端 A 与路由器之间的交换路径。

2) 终端 A 完成网络信息配置过程

建立终端 A 与路由之间的传输路径后，终端 A 需要完成网络信息配置过程，如 IP 地址、子网掩码、默认网关地址等。终端 A 完成网络信息配置过程后，才能访问网络 2 中的服务器。

3) 路由器路由表中建立对应路由项

为实现终端 A 与服务器之间的 IP 分组传输过程，路由器中针对终端 A 的路由项必须将终端 A 的 IP 地址和路由器与终端 A 之间的传输路径绑定在一起。路由器能够将目的 IP 地址为终端 A 的 IP 地址的 IP 分组通过连接路由器与终端 A 之间的传输路径的接口转发出去，该接口可以是物理端口，也可以是逻辑接口。

2. 终端接入 Internet 的先决条件

如果将图 7.1 中的网络 2 作为 Internet，网络 1 作为接入网络，路由器改为接入控制设备，则得出如图 7.2 所示的实现终端 A 接入 Internet 的过程。但开始终端 A 接入 Internet 的过程前，必须完成用户注册，只能由注册用户开始终端 A 接入 Internet 的过程。接入控制设备在确定启动终端 A 接入 Internet 过程的用户是注册用户的情况下，才允许终端 A 完成接入 Internet 的过程。接入控制设备确定用户是注册用户的过程称为用户身份鉴别过程。因此，终端 A 接入 Internet 的先决条件是由注册用户启动终端 A 接入 Internet 过程，接入控制设备需要对启动终端 A 接入 Internet 过程的用户进行身份鉴别过程。

由此得出，图 7.1 所示的终端访问网络资源的过程和图 7.2 所示的终端接入 Internet 的过程的最大不同为以下两点：

- 终端接入 Internet 前，必须证明使用终端的用户是注册用户。
- 在确定使用终端的用户是注册用户的前提下，由接入控制设备对终端分配网络信息，建立将终端的 IP 地址和终端与接入控制设备之间的传输路径绑定在一起的路由项。

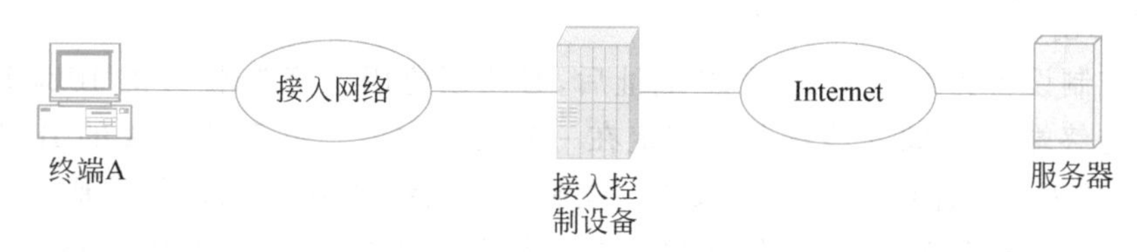

图 7.2　终端接入 Internet 的过程

3. 路由器与接入控制设备的区别

图 7.2 中的接入控制设备首先是一个实现接入网络和 Internet 互连的路由器，但除了普通路由器的功能外，还具有以下接入控制功能：

- 鉴别终端 A 用户的身份；
- 为终端 A 动态分配 IP 地址；
- 建立将终端 A 的 IP 地址和终端 A 与接入控制设备之间的传输路径绑定在一起的路由项等。

4. 终端接入 Internet 的过程

由于接入 Internet 的过程中存在身份鉴别过程，因此终端 A 完成 Internet 接入过程的操作步骤与图 7.1 中的终端 A 完成访问网络资源过程的操作步骤有所区别。

1）建立终端 A 与接入控制设备之间的传输路径

建立终端 A 与接入控制设备之间的传输路径后，才能进行终端 A 与接入控制设备之间的通信过程，后续操作步骤正常进行的前提是终端 A 与接入控制设备之间能够正常进行通信过程。不同的接入网络有不同的建立终端 A 与接入控制设备之间的传输路径的过程，拨号接入、ADSL 接入和以太网接入的主要区别在于建立终端 A 与接入控制设备之间的传输路径的过程。拨号接入方式下，通过终端 A 和接入控制设备之间的呼叫连接建立过程，建立终端 A 和接入控制设备之间的点对点语音信道。以太网接入方式下，由以太网建立终端 A 和接入控制设备之间的交换路径。

2）接入控制设备完成身份鉴别过程

接入控制设备必须能够确定启动终端 A 接入 Internet 过程的用户是否是注册用户，只有在确定用户是注册用户的前提下，才能进行后续操作步骤。

3）动态配置终端 A 的网络信息

接入控制设备完成用户身份鉴别过程，确定启动终端 A 接入 Internet 过程的用户是注册用户的情况下，才能对终端 A 配置网络信息。因此，终端 A 是否允许接入 Internet，即配置的网络信息是否有效，取决于使用终端 A 的用户。接入控制设备确定使用终端 A 的用户是注册用户的情况下，维持配置给终端 A 的网络信息有效。一旦确定使用终端 A 的用户不是注册用户，接入控制设备将撤销配置给终端 A 的网络信息。因此，终端 A 的网络信息不是静态不变的。

4）动态创建终端 A 对应的路由项

接入控制设备为终端 A 配置 IP 地址后，必须创建用于将终端 A 的 IP 地址和接入控制设备与终端 A 之间的传输路径绑定在一起的路由项。由于终端 A 的 IP 地址不是静态不变的，因此该路由项也是动态的。在确定使用终端 A 的用户是注册用户的情况下，维持用于将终端 A 的 IP 地址和接入控制设备与终端 A 之间的传输路径绑定在一起的路由项。一旦确定使用终端 A 的用户不是注册用户，接入控制设备将撤销该路由项。

7.1.2 PPP与接入控制过程

点对点协议(Point to Point Protocol,PPP)既是基于点对点信道的链路层协议,又是接入控制协议。

1. PPP作为接入控制协议的原因

1) 拨号接入过程

早期的拨号接入过程如图7.3所示,终端A通过modem连接用户线(俗称电话线),接入控制设备与PSTN连接。终端A和接入控制设备都分配电话号码,如图7.3所示的终端A分配的电话号码63636767和接入控制设备分配的电话号码16300。终端A通过呼叫连接建立过程建立与接入控制设备之间的点对点语音信道。

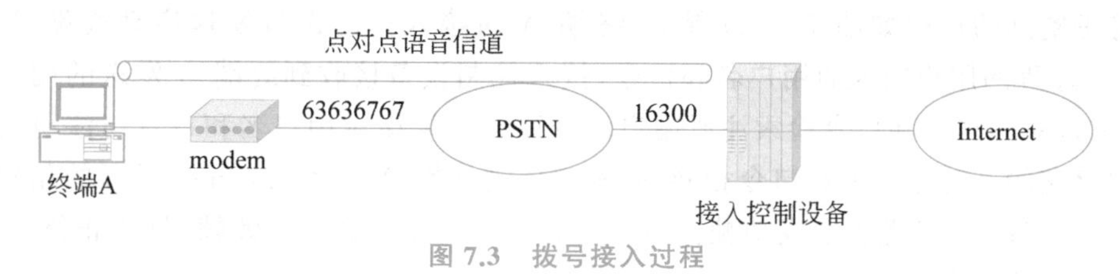

图7.3 拨号接入过程

2) 点对点语音信道与PPP

接入控制设备完成对终端A的接入控制过程中,需要与终端A交换信息,如终端A的用户身份信息、接入控制设备为终端A分配的网络信息(IP地址、子网掩码等)等。由于终端A与接入控制设备之间的传输路径是点对点语音信道,因此需要将终端A与接入控制设备之间相互交换的信息封装成适合点对点语音信道传输的帧格式,PPP帧就是适合点对点语音信道传输的帧格式。因此,接入控制设备完成对终端A的接入控制过程中,需要与终端A相互传输PPP帧。

2. 与接入控制相关的协议

1) PPP帧结构

与接入控制过程相关的控制协议有鉴别协议、IP控制协议等。鉴别协议用于鉴别用户身份,IP控制协议用于为终端动态分配IP地址,这些协议对应的协议数据单元(PDU)成为PPP帧中信息字段的内容。PPP帧中协议字段值给出信息字段中PDU所属的协议。封装不同控制协议PDU的PPP帧格式如图7.4所示。

2) 用户身份鉴别协议

完成注册后,ISP为注册用户分配用户名和口令,因此确定某个用户是否是注册用户的过程就是判断用户能否提供有效的用户名和口令的过程。假定接入控制设备中有注册用户信息库,注册用户信息库中存储了所有注册用户的用户名和口令,在这种情况下,接入控制设备确定某个用户是否是注册用户的过程就是判断用户能否提供注册用户信息库中存储的用户名和口令的过程。

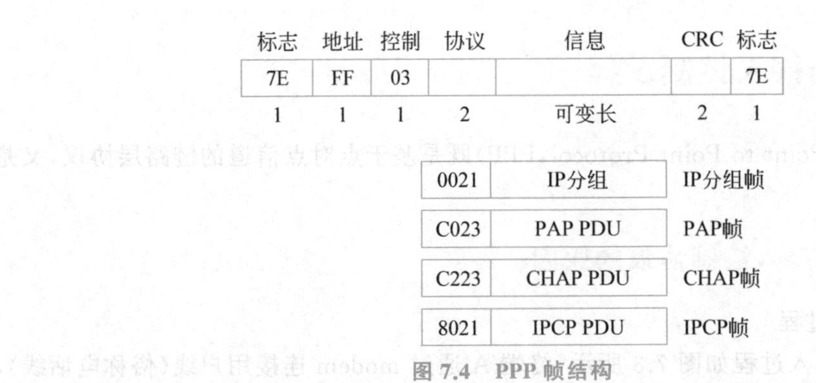

图 7.4 PPP 帧结构

鉴别用户身份的协议有口令鉴别协议(Password Authentication Protocol,PAP)和挑战握手鉴别协议(Challenge Handshake Authentication Protocol,CHAP)。PAP 完成用户身份鉴别的过程如图 7.5(a)所示,终端 A 向接入控制设备发送启动终端 A 接入 Internet 过程的用户输入的用户名和口令,接入控制设备接收到终端 A 发送的用户名和口令,用该对用户名和口令检索注册用户信息库。如果该对用户名和口令与注册用户信息库中存储的某对用户名和口令相同,则确定启动终端 A 接入 Internet 过程的用户是注册用户,向终端 A 发送鉴别成功帧。否则,向终端 A 发送鉴别失败帧,且终止终端 A 接入 Internet 的过程。

PAP 直接用明文方式向接入控制设备发送用户名和口令,而口令是私密信息,一旦被其他人窃取,其他人可以冒充该用户接入 Internet,且访问 Internet 产生的费用由该用户承担。因此,泄露口令的后果是非常严重的。

CHAP 鉴别用户身份的过程如图 7.5(b)所示,可以避免终端 A 用明文方式向接入控制设备传输口令。图 7.5(b)中的 $F_{单}(x)$是一个单向函数。单向函数的特点是:根据 x 计算出 $F_{单}(x)$是容易的,但是根据现有计算能力,通过 $F_{单}(x)$反推出 x 是不可能的。接入控制设备为了确定启动终端 A 接入 Internet 过程的用户是否是注册用户,向终端 A 发送一个随机数 C。随机数有以下特点:一是较长一段时间内产生两个相同的随机数的概率是很小的,二是根据已经产生的随机数推测下一个随机数是不可能的。当终端 A 接收到随机数 C 时,将随机数 C 与口令 P 串接为一个数:$C \| P$,然后将用户名和 $F_{单}(C \| P)$发送给接入控制设备,接入控制设备根据用户名找到对应的口令 P',计算出 $F_{单}(C \| P')$。如果接收到的 $F_{单}(C \| P)$等于 $F_{单}(C \| P')$,则表明启动终端 A 接入 Internet 过程的用户输入的用户名和口令与注册用户信息库中某对用户名和口令相同,接入控制设备向终端

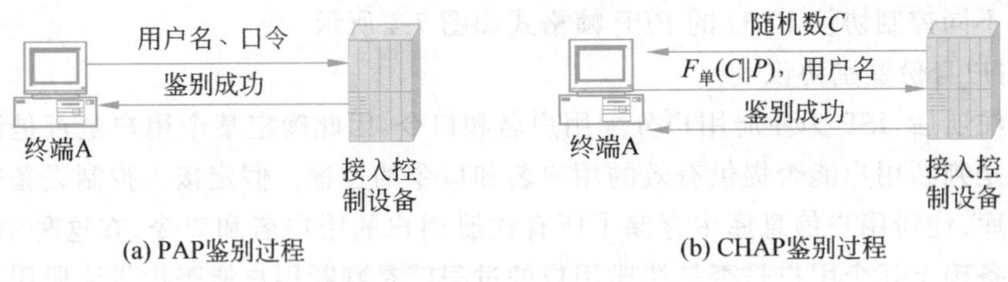

图 7.5 用户身份鉴别过程

A 发送鉴别成功帧；否则，向终端 A 发送鉴别失败帧，且中止终端 A 接入 Internet 的过程。向终端 A 发送随机数 C 的目的是即使每一次启动终端 A 接入 Internet 过程的用户是相同的，每一次鉴别过程中终端 A 发送给接入控制设备的单向函数值 $F_{单}(C \| P)$ 却是不同的，从而避免其他人通过窃取单向函数值 $F_{单}(C \| P)$ 冒充该用户的情况发生。

3）IPCP

IP 控制协议（Internet Protocol Control Protocol，IPCP）的作用是为终端 A 动态分配 IP 地址等网络信息。接入控制设备通过 IPCP 为终端 A 动态分配网络信息的过程如图 7.6 所示。终端 A 向接入控制设备发送请求分配 IP 地址帧，接入控制设备如果允许为终端 A 分配网络信息，则从 IP 地址池中选择一个 IP 地址，将该 IP 地址和其他网络信息一起发送给终端 A。然后在路由表中创建一项用于将分配给终端 A 的 IP 地址和终端 A 与接入控制设备之间的语音信道绑定在一起的路由项。接入控制设备允许为终端 A 分配 IP 地址的前提是确定启动终端 A 接入 Internet 过程的用户是注册用户。

3. PPP 接入控制过程

终端 A 和接入控制设备都要运行 PPP，两端 PPP 相互作用完成接入控制过程。接入控制过程如图 7.7 所示，由 5 个阶段组成，分别是物理链路停止、PPP 链路建立、用户身份鉴别、网络层协议配置和终止 PPP 链路。

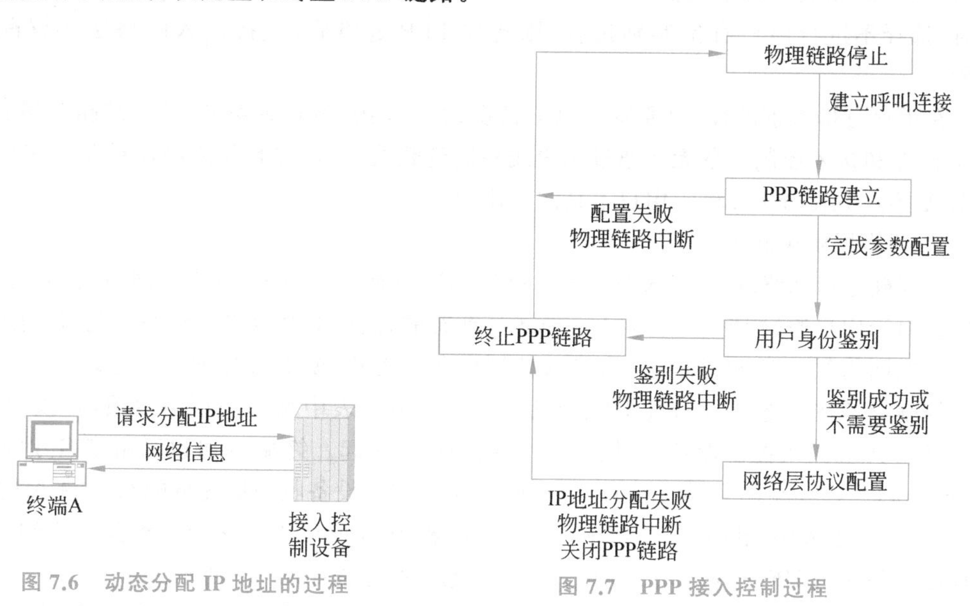

图 7.6 动态分配 IP 地址的过程

图 7.7 PPP 接入控制过程

1）物理链路停止

物理链路停止状态表明没有建立终端 A 与接入控制设备之间的语音信道，终端 A 和接入控制设备在用户线上检测不到载波信号。无论处于何种阶段，一旦释放终端 A 与接入控制设备之间的语音信道，或者终端 A 和接入控制设备无法通过用户线检测到载波信号，PPP 将终止操作过程，关闭终端 A 和接入控制设备之间建立的 PPP 链路。接入控制设备收回分配给终端 A 的 IP 地址，从路由表中删除对应路由项，PPP 重新回到物理链路停止状态。因此，物理链路停止状态是 PPP 的开始状态，也是 PPP 的结束状态。

2）PPP 链路建立

当通过呼叫连接建立过程建立终端 A 与接入控制设备之间的点对点语音信道时，PPP 进入 PPP 链路建立阶段。PPP 链路建立过程是终端 A 与接入控制设备之间为完成用户身份鉴别、IP 地址分配而进行的参数协商过程。一方面在开始用户身份鉴别前，需要终端 A 和接入控制设备之间通过协商指定用于鉴别用户身份的鉴别协议；另一方面双方在开始进行数据传输前，也必须通过协商，约定一些参数，如是否采用压缩算法、PPP 帧的 MTU 等。因此，在建立终端 A 和接入控制设备之间的语音信道后，必须通过建立 PPP 链路完成双方的协商过程。PPP 用于建立 PPP 链路的协议是链路控制协议（Link Control Protocol，LCP），建立 PPP 链路时双方交换的是 LCP 帧。

在 PPP 链路建立阶段，只要发生以下情况，PPP 将回到物理链路停止状态：一是终端 A 和接入控制设备无法通过用户线检测到载波信号，二是终端 A 与接入控制设备参数协商失败。

3）用户身份鉴别

成功建立 PPP 链路后，进入用户身份鉴别阶段，接入控制设备通过如图 7.5 所示的鉴别用户身份过程确定启动终端 A 接入 Internet 过程的用户是否是注册用户。如果是注册用户，则完成身份鉴别过程。PPP 用户身份鉴别阶段是可选的，如果建立 PPP 链路时，选择不进行用户身份鉴别过程，则建立 PPP 链路后，直接进入网络层协议配置阶段。

在用户身份鉴别阶段，只要发生以下情况之一，PPP 将进入终止 PPP 链路阶段：一是终端 A 和接入控制设备无法通过用户线检测到载波信号，二是接入控制设备确定启动终端 A 接入 Internet 过程的用户不是注册用户。

4）网络层协议配置

一旦确定启动终端 A 接入 Internet 过程的用户是注册用户，将进入网络层协议配置阶段。由于用户通过 PSTN 访问 Internet 是动态的，因此 ISP 也采用动态分配 IP 地址的方法。在网络层协议配置阶段，由接入控制设备为终端 A 临时分配一个全球 IP 地址。接入控制设备在为终端 A 分配 IP 地址后，必须在路由表中增添一项路由项，将该 IP 地址与终端 A 和接入控制设备之间的语音信道绑定在一起。终端 A 可以利用该 IP 地址访问 Internet。在终端 A 结束 Internet 访问后，接入控制设备收回原先分配给终端 A 的 IP 地址，并在路由表中删除相关路由项，收回的全球 IP 地址可以再次分配给其他终端。接入控制设备通过 IPCP 为终端 A 动态分配 IP 地址的过程如图 7.6 所示。

在网络层协议配置阶段，只要发生以下情况之一，PPP 将进入终止 PPP 链路阶段：一是终端 A 和接入控制设备无法通过用户线检测到载波信号，二是为终端 A 分配 IP 地址失败，三是终端 A 或接入控制设备发起关闭 PPP 链路过程。

5）终止 PPP 链路

在终止 PPP 链路阶段，终端 A 与接入控制设备释放建立 PPP 链路时分配的资源，PPP 回到物理链路停止状态。

4. 终端 A 接入 Internet 的实例

1）完成注册过程

用户向 ISP 完成注册过程，获取用户名和口令，如用户名 AAA 和口令 BBB。接入控制设备的注册用户信息库中添加用户名和口令：AAA 和 BBB，如图 7.8 所示。

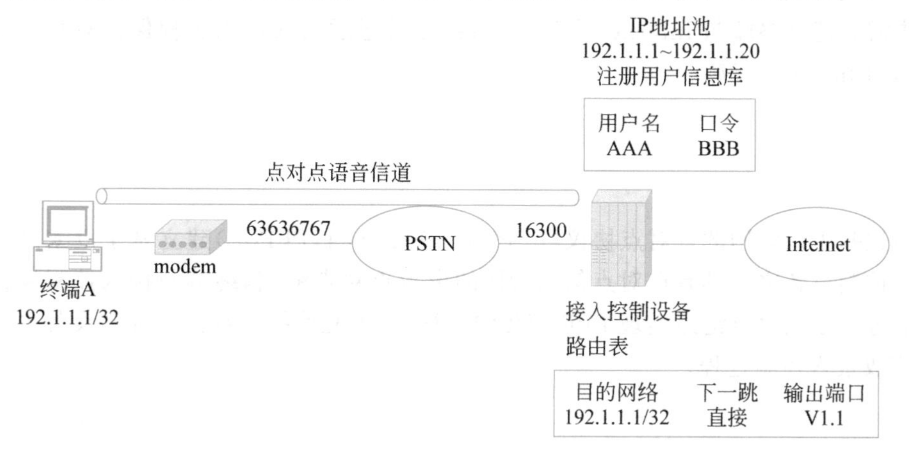

图 7.8　接入控制设备中的控制信息

2）终端 A 启动拨号连接程序

终端 A 通过 modem 与用户线相连，用户线分配电话号码，如图 7.8 所示的 63636767。同时，接入控制设备与 PSTN 相连，分配电话号码，如图 7.8 所示的 16300。终端 A 启动拨号连接程序，弹出如图 7.9 所示的拨号连接程序界面，输入接入控制设备的电话号码 16300 以及用户名 AAA 和口令 BBB。单击“拨号”按钮，拨号连接程序与接入控制设备一起完成以下步骤：一是建立终端 A 与接入控制设备之间的点对点语音信道。二是接入控制设备完成用户身份鉴别过程，确定启动终端 A 接入 Internet 过程的用户是注册用户。三是由接入控制设备为终端 A 分配 IP 地址 192.1.1.1/32，并在路由表中创建一项将 IP 地址 192.1.1.1/32 与终端 A 和接入控制设备之间的点对点语音信道绑定在一起的路由项。图中 V1.1 是接入控制设备连接终端 A 和接入控制设备之间的点对点语音信道的端口号，IP 地址 192.1.1.1/32 是接入控制设备 IP 地址池中的 IP 地址。终端 A 通过拨号连接程序成功接入 Internet 后，接入控制设备中的路由表如图 7.8 所示，终端 A 可以开始访问 Internet 过程。

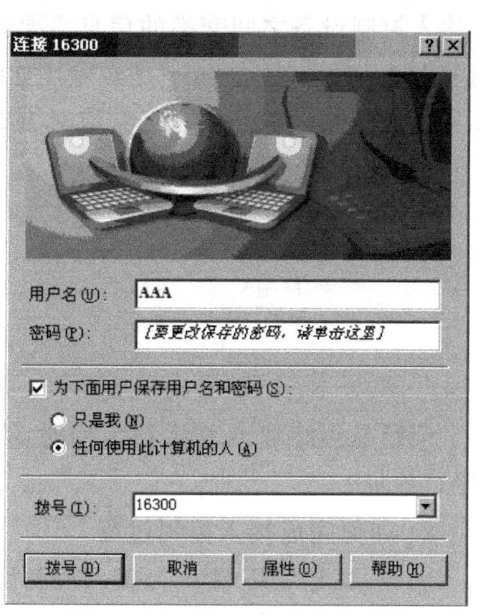

图 7.9　拨号连接程序界面

7.2 以太网和 ADSL 接入技术

以太网接入和非对称数字用户线路(Asymmetric Digital Subscriber Line,ADSL)接入首先需要建立终端与 Internet 之间的连接,然后通过接入控制过程保证只有授权终端能够访问 Internet 资源。

7.2.1 通过以太网接入 Internet 的过程

通过基于以太网的点对点协议(PPP over Ethernet,PPPoE)建立基于以太网的终端与接入控制设备之间具有点对点信道特性的虚拟点对点链路,终端与接入控制设备之间可以通过虚拟点对点链路实现 PPP 帧传输过程,并因此使终端和接入控制设备可以通过 PPP 完成接入控制过程。

1. 以太网作为接入网需要解决的问题

1) 如何获取对方的 MAC 地址

以太网作为接入网的网络结构如图 7.10 所示,终端 A 连接以太网,其 MAC 地址为 MAC A。接入控制设备的其中一个端口连接以太网,其 MAC 地址为 MAC R。终端 A 与接入控制设备之间交换的信息需要封装成 MAC 帧。为实现终端 A 与接入控制设备之间的 MAC 帧传输过程,一是必须建立终端 A 与接入控制设备之间的交换路径,二是终端 A 和接入控制设备必须相互获取对方的 MAC 地址。

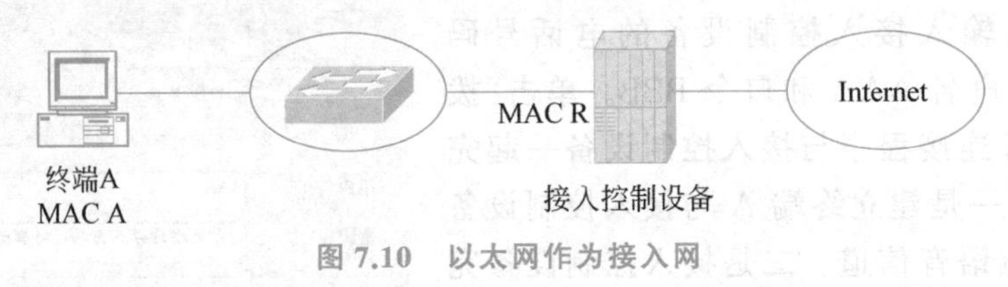

图 7.10 以太网作为接入网

问题是当终端 A 接入以太网时,终端 A 如何获取接入控制设备连接以太网的端口的 MAC 地址?

2) 如何完成接入控制过程

同样,在建立终端 A 与接入控制设备之间的交换路径,并相互获取对方的 MAC 地址后,接入控制设备与终端 A 之间需要完成身份鉴别、IP 地址分配等接入控制过程。为完成身份鉴别和 IP 地址分配过程,终端 A 与接入控制设备之间需要传输鉴别协议对应的 PDU 和 IPCP 对应的 PDU,并完成与图 7.7 所示相似的接入控制过程。图 7.7 所示的接入控制过程是由 PPP 完成的,图 7.4 给出了将鉴别协议对应的 PDU 和 IPCP 对应的 PDU 封装成 PPP 帧的过程。因此,简单的方法是终端 A 和接入控制设备执行 PPP,相互之间完成如图 7.7 所示的接入控制过程。但 PPP 是基于 PSTN 的,如何执行基于以太网的 PPP?

2. PPPoE

连接在以太网上的终端 A 与接入控制设备通过执行 PPP 完成如图 7.7 所示的接入控制过程的前提是终端 A 与接入控制设备之间能够相互传输 PPP 帧。为实现终端 A 与接入控制设备之间的 PPP 帧传输过程,一是需要实现终端 A 与接入控制设备之间的 MAC 帧传输过程,二是能够将封装鉴别协议对应的 PDU 和 IPCP 对应的 PDU 的 PPP 帧封装成 MAC 帧。PPPoE(PPP over Ethernet,基于以太网的 PPP)就用于实现这两个功能。

1) PPPoE 发现过程

终端 A 通过 PSTN 接入 Internet 时,已经获取接入控制设备的电话号码,因此可以通过呼叫连接建立过程建立终端 A 与接入控制设备之间的点对点语音信道。但终端 A 接入以太网时,终端 A 无法事先获取接入控制设备连接以太网端口的 MAC 地址,而终端 A 与接入控制设备之间传输 MAC 帧的前提是相互获取对方的 MAC 地址。因此,必须有一种使终端 A 与接入控制设备之间能够相互获取 MAC 地址的机制。PPPoE 发现过程就是这种机制。

PPPoE 发现过程如图 7.11 所示,终端 A 启动 PPPoE 后,广播一个发现启动报文,用于寻找接入控制设备。发现启动报文封装成以终端 A 的 MAC 地址 MAC A 为源地址、全 1 广播地址为目的地址的 MAC 帧。由于是广播帧,连接在以太网中的所有其他结点都能接收到发现启动报文。接收到发现启动报文的结点中只有配置成接入控制设备且接收到发现启动报文的端口支持 PPPoE 的结点才回送发现提供报文。发现提供报文封装成以接入控制设备连接以太网端口的 MAC 地址 MAC R 为源地址、终端 A 的 MAC 地址 MAC A 为目的地址的单播帧,该 MAC 帧中包含有关接入控制设备的一些信息。如果以太网中存在多个这样的接入控制设备,则终端 A 可能接收到多个来自不同接入控制设备的发现提供报文。终端 A 选择其中一个接入控制设备作为建立 PPP 会话的接入控制设备,向其发送发现请求报文,发现请求报文封装成以终端 A 的 MAC 地址为源地址、以终端 A 选择的接入控制设备的 MAC 地址为目的地址的单播帧。接入控制设备接收到发现请求报文,为该 PPP 会话分配 PPP 会话标识符,向终端 A 回送会话确认报文,会话确认报文封装成以接入控制设备连接以太网端口的 MAC 地址为源地址、终端 A 的 MAC 地址为目的地址的单播帧。终端 A 接收到会话确认报文,表明已成功建立 PPP 会

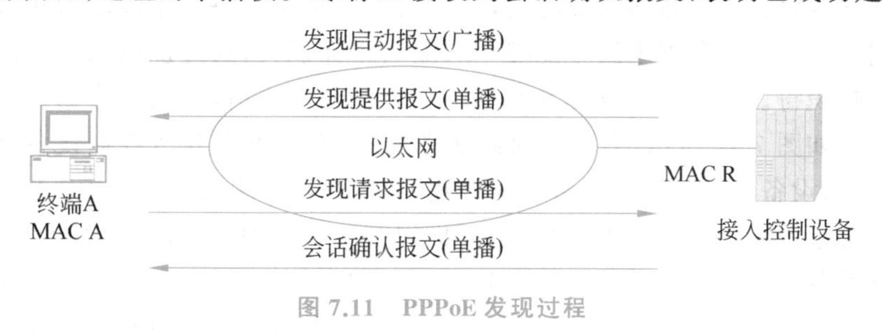

图 7.11 PPPoE 发现过程

话。终端 A 和接入控制设备用 PPP 会话两端的 MAC 地址和 PPP 会话标识符唯一标识该 PPP 会话。

2）PPP 会话和会话标识符的作用

终端 A 和接入控制设备通过 PPPoE 发现过程完成以下功能：一是通过在以太网交换机的转发表中建立与终端 A 的 MAC 地址 MAC A 和接入控制设备连接以太网端口的 MAC 地址 MAC R 关联的转发项，在以太网中建立终端 A 与接入控制设备之间的交换路径；二是终端 A 与接入控制设备之间相互获取 MAC 地址；三是接入控制设备创建以两端 MAC 地址和 PPP 会话标识符唯一标识的 PPP 会话。

终端 A 与接入控制设备之间的交换路径用于实现 MAC 帧终端 A 与接入控制设备之间的传输过程，终端 A 和接入控制设备之间相互获取对方的 MAC 地址是封装传输给对方的 MAC 帧的基础。PPP 会话和 PPP 会话标识符的作用是什么呢？

接入控制设备为终端 A 动态分配 IP 地址后，必须在路由表中创建用于将终端 A 的 IP 地址和终端 A 与接入控制设备之间的传输路径绑定在一起的路由项。对于终端 A 直接连接在以太网上的情况，可以用终端 A 和接入控制设备的 MAC 地址唯一标识终端 A 与接入控制设备之间的交换路径。但存在以下多个终端通过集中接入设备接入以太网，再通过以太网接入 Internet 的情况，如图 7.12 所示。

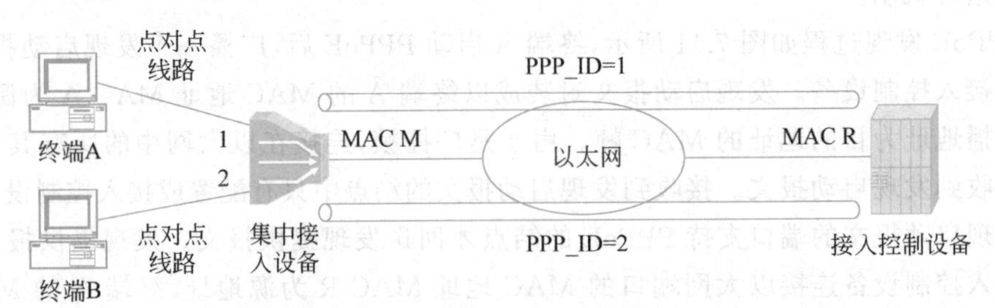

图 7.12　集中接入方式

集中接入设备有一个用于连接以太网的端口，该端口分配 MAC 地址，如图 7.12 所示的 MAC M。同时有若干个连接点对点线路的端口，每一个端口可以通过点对点线路连接一个终端。在这种情况下，终端与接入控制设备之间的传输路径由终端与集中接入设备之间的点对点线路和集中接入设备与接入控制设备之间的交换路径组成，多个终端与接入控制设备之间的多条传输路径共享集中接入设备与接入控制设备之间的交换路径。为了标识每一个终端与接入控制设备之间传输的数据，在集中接入设备与接入控制设备之间的交换路径上创建多条虚电路，每一条虚电路对应每一个终端与接入控制设备之间的传输路径。每一条虚电路分配唯一的虚电路标识符，通过虚电路传输的数据携带该虚电路的标识符。PPP 会话就是在交换路径上创建的虚电路，PPP 会话标识符就是虚电路标识符。如图 7.12 所示，为了分别建立终端 A、终端 B 与接入控制设备之间的传输路径，集中接入设备与接入控制设备之间创建两个 PPP 会话，这两个 PPP 会话有相同的两端 MAC 地址，但分别有唯一的 PPP 会话标识符。PPP_ID＝1 的 PPP 会话对应终端 A 与接入控制设备之间的传输路径，PPP_ID＝2 的 PPP 会话对应终端 B 与接入控制设备之间的传输路径。因此，终端 A 与接入控制设备之间的传输路径由终端 A 与集中接入设备之间的点对点线路和集中接入设备与接入控制设备之间 PPP_ID=1 的 PPP 会话组成。接入控制设备一旦为终端 A 分配 IP 地址，则在路由表中创建一项将终端 A 的 IP 地址与 PPP_ID=1 的 PPP 会话绑定在一起的路由项。

3）PPP 会话传输 PPP 帧的机制

对于 PPP 会话两端的设备，PPP 会话等同于点对点虚电路，由 PPP 会话两端设备的 MAC 地址和 PPP 会话标识符唯一标识。如图 7.13 所示，终端 A 与接入控制设备之间的 PPP 会话由两端设备的 MAC 地址 MAC A 和 MAC R 及 PPP 会话标识符 PPP_ID 唯一标识。终端 A 与接入控制设备之间为完成接入控制过程需要传输的 PPP 帧（如用于建立 PPP 链路的 LCP 帧、用于鉴别用户身份的 PAP 或 CHAP 帧、用于为终端 A 分配 IP 地址的 IPCP 帧及用于传输 IP 分组的 IP 分组帧），先被封装成如图 7.14 所示的基于以太网的隧道格式（或称为 PPP 会话格式），然后通过 PPP 会话进行传输。

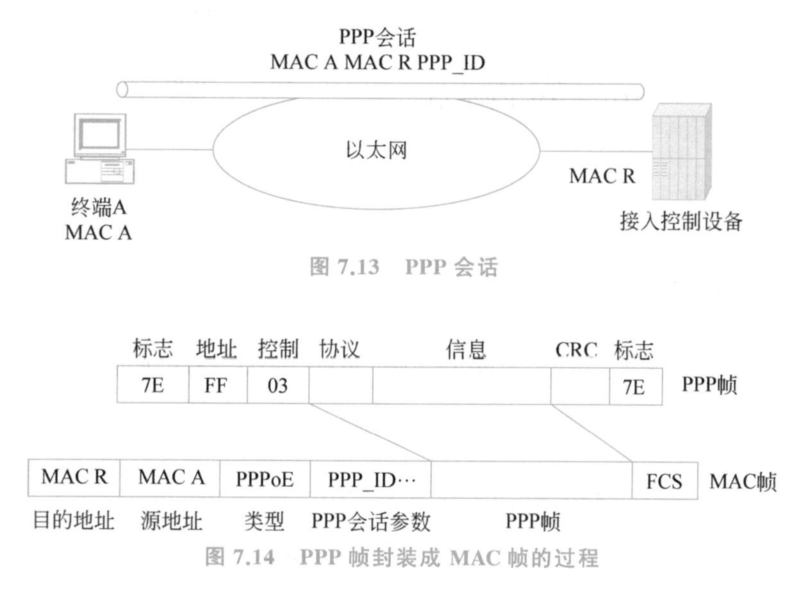

图 7.13 PPP 会话

图 7.14 PPP 帧封装成 MAC 帧的过程

PPP 会话格式如图 7.14 所示。MAC 帧的类型字段值需要表明该 MAC 帧是 PPP 会话格式，紧随类型字段的是有关 PPP 会话的参数，其中最重要的参数是 PPP_ID，用 PPP_ID 绑定 PPP 帧的传输路径与 PPP 帧的发送端和接收端。紧随 PPP 会话参数的是 PPP 帧。PPP 会话格式只包含 PPP 帧的协议和信息字段。如图 7.14 所示的 PPP 会话格式，由于源 MAC 地址是终端 A 的 MAC 地址 MAC A，目的 MAC 地址是接入控制设备连接以太网端口的 MAC 地址 MAC R，因此是用于封装终端 A 传输给接入控制设备的 PPP 帧的 PPP 会话格式。

3. 终端 A 通过以太网接入 Internet 的实例

终端 A 和接入控制设备与以太网相连，用户向 ISP 完成注册过程，获取用户名 AAA 和口令 BBB，ISP 在接入控制设备的注册用户信息库中添加用户名 AAA 和口令 BBB，如图 7.15 所示。终端 A 启动宽带连接程序，弹出如图 7.16 所示的宽带连接程序界面，输入用户名 AAA 和口令 BBB。单击“连接”按钮，宽带连接程序与接入控制设备一起完成以下步骤：一是建立终端 A 与接入控制设备之间的 PPP 会话，用终端 A 的 MAC 地址 MAC A、接入控制设备连接以太网端口的 MAC 地址 MAC R 和 PPP_ID=2 唯一标识该 PPP 会话；二是终端 A 与接入控制设备之间通过相互传输 PPP 帧完成接入控制过程，PPP 帧封装成如图 7.14 所示的 PPP 会话格式，经过终端 A 与接入控制设备之间建立的 PPP 会话完成 PPP 会话格式终端 A 与接入控制设备之间的传输过程。完成接入控制过程中，接入控制设备与终端 A 之间完成用户身份鉴别过程，确定启动终端 A 接入 Internet 过程的用户是注册用户。由接入控制设备为终端 A 分配 IP 地址 192.1.1.1/32，并在路由表中创建一项将 IP 地址 192.1.1.1/32 与终端 A 和接入控制设备之间的 PPP 会话绑定在一起的路由项。

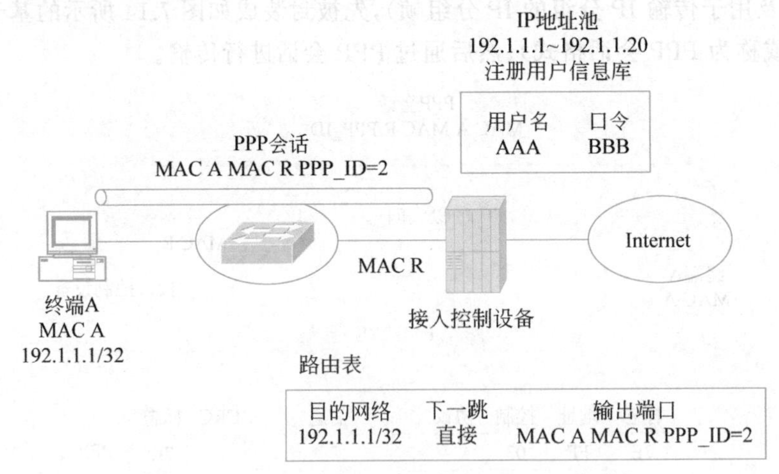

图 7.15　终端 A 通过以太网接入 Internet 的过程

图 7.16　宽带连接程序界面

7.2.2 通过 ADSL 接入 Internet 的过程

随着语音通信的普及，一般用户家庭中都已经铺设 PSTN 用户线，这也是早期通过拨号连接程序建立终端与接入控制设备之间点对点语音信道的原因。但终端与接入控制设备之间通过点对点语音信道传输数据有诸多限制：一是由于受带宽的限制，点对点语音信道的数据传输速率较低；二是终端访问 Internet 期间，需要一直维持与接入控制设备之间的点对点语音信道，对 PSTN 造成沉重负担。因此，需要一种可以通过已经铺设到家庭的 PSTN 用户线实现 Internet 接入，但又能解决拨号连接方式终端数据传输速率低和长期维持终端与接入控制设备之间点对点语音信道问题的 Internet 接入技术，非对称数字用户线(ADSL)就是这样一种 Internet 接入技术。

1. 网络结构

终端通过 ADSL 接入 Internet 的网络结构如图 7.17 所示，家庭中的关键设备是 ADSL Modem。ADSL Modem 有两个端口：一个是以太网端口，用于连接以太网，或直接连接终端。一个是用户线端口，用于连接 PSTN 用户线。电信公司进入用户家庭的 PSTN 用户线连接到语音分离器，从语音分离器输出两对用户线，一对连接 ADSL Modem 的用户线端口，一对连接话机。

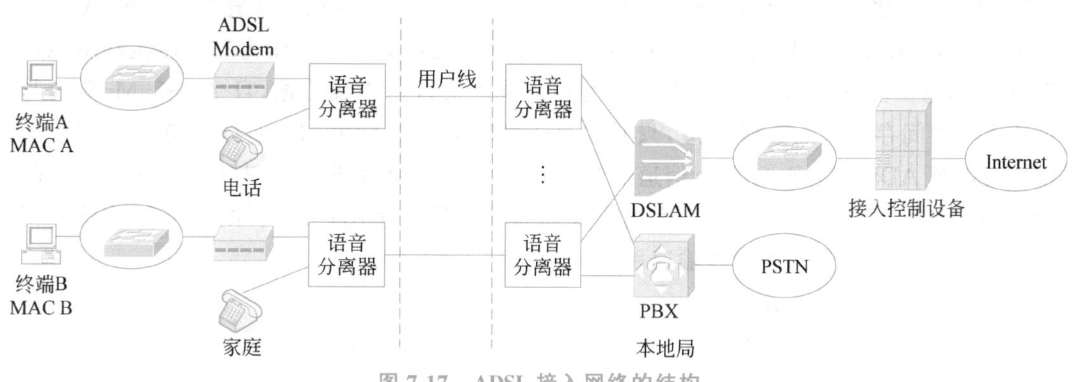

图 7.17　ADSL 接入网络的结构

本地局的关键设备是数字用户线接入复用器(Digital Subscriber Line Access Multiplexer，DSLAM)，DSLAM 有多个用户线端口和一个以太网端口。本地局每一条铺设到用户家庭的用户线同样连接到语音分离器，从语音分离器输出两对用户线，一对连接 DSLAM 的用户线端口，一对连接本地局的用户级交换机(Private Branch Exchange，PBX)。多条铺设到用户家庭的用户线经过语音分离器后，连接到 DSLAM 的多个用户线端口。用户家庭中语音分离器输出的连接 ADSL Modem 的用户线对应本地局语音分离器输出的连接 DSLAM 的用户线，用户家庭中语音分离器输出的连接话机的用户线对应本地局语音分离器输出的连接 PBX 的用户线。DSLAM 的以太网端口与接入控制设备的以太网端口连接到同一个以太网上。

2. 传输路径

1）用户线频分复用过程

为了在一对由铜质双绞线构成的用户线上实现全双工数据通信，并且允许用户在一对用户线上同时进行语音和数据通信，ADSL 将用户线的带宽分成了三部分：低频部分（0～4kHz）用于传输语音信号；中间一部分带宽（30～140kHz）用于上行传输；最高一部分带宽（150kHz～1.2MHz）用于下行传输，带宽分配如图 7.18 所示。

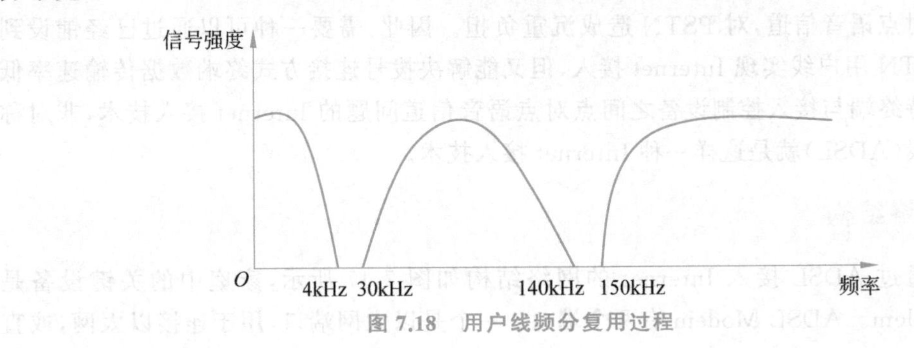

图 7.18　用户线频分复用过程

用户线上的每一段频段等于一条信道，将用户线带宽分为三段频段等于在用户线上复用了三条信道，如图 7.19 所示。30～140kHz 频段对应的信道作为 ADSL Modem 向 DSLAM 传输数据的上行信道，150kHz～1.2MHz 频段对应的信道作为 DSLAM 向 ADSL Modem 传输数据的下行信道，0～4000Hz 频段对应的信道作为互连话机和本地局 PBX 的信道。因此，语音信号与数据信号可以同时通过用户线传输，且 ADSL Modem 与 DSLAM 之间存在双向数据信道，只是 ADSL Modem 至 DSLAM 上行信道的带宽小于 DSLAM 至 ADSL Modem 下行信道的带宽，使上行信道的数据传输速率小于下行信道的数据传输速率。这也是将这种数字用户线称为非对称数字用户线的原因，非对称就是指上行信道和下行信道的数据传输速率不同。

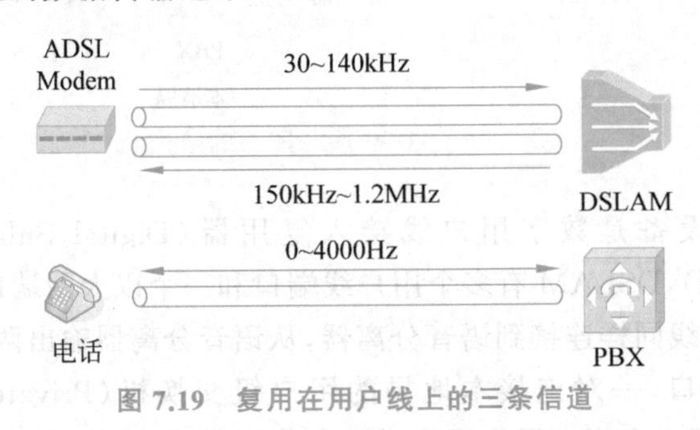

图 7.19　复用在用户线上的三条信道

从图 7.17 所示的连接方式中可以看出，语音分离器其实是一个滤波器，将用户线带宽 0Hz～1.2MHz 分为两段频段：一段是 0～4000Hz 频段，且使连接话机的端口只输出该频段内的信号。一段是 30kHz～1.2MHz 频段，且使连接 ADSL Modem 的端口只输出该频段内的信号。这样做的目的是避免语音信号与数据信号相互干扰。

2）ADSL Modem、DSLAM 和数据传输路径

终端 A 与接入控制设备之间的传输路径如图 7.20 所示，分为三段：一段是终端 A 与 ADSL Modem 之间的交换路径；一段是 ADSL Modem 与 DSLAM 之间的双向点对点信道；一段是 DSLAM 与接入控制设备之间的交换路径。

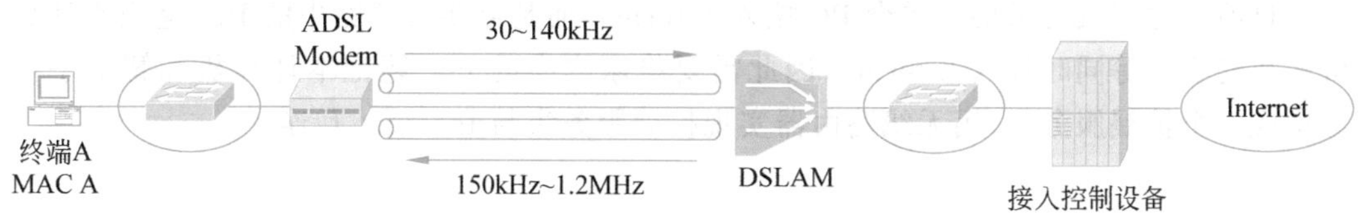

图 7.20　终端 A 与接入控制设备之间的传输路径

ADSL Modem 和 DSLAM 是一种桥接设备，用于实现以太网交换路径与点对点双向信道之间的互连。为实现互连功能，ADSL Modem 和 DSLAM 的物理层需要具备以下功能。

- 连接以太网的端口能够实现二进制位流和基带信号之间的相互转换；
- 连接用户线的端口能够实现二进制位流和指定频段内模拟信号之间的相互转换。

ADSL Modem 和 DSLAM 的链路层需要具备以下功能。

- 终端 A 与接入控制设备之间传输的数据需要封装成以终端 A 的 MAC 地址和接入控制设备连接以太网端口的 MAC 地址为源和目的 MAC 地址的 MAC 帧；
- ADSL Modem 和 DSLAM 具有以下帧格式转换功能：将通过以太网端口接收到的 MAC 帧转换成适合双向点对点信道传输的帧格式后，从用户线端口输出；或者相反，将通过用户线端口接收到的帧格式转换成 MAC 帧后，从以太网端口输出。

对于终端 A 与接入控制设备，ADSL Modem 和 DSLAM 是不可见的。因此，从终端 A 和接入控制设备的角度出发，终端 A 与接入控制设备之间的传输路径是通过以太网建立的交换路径。ADSL 接入过程与以太网接入过程相同，如图 7.21 所示。

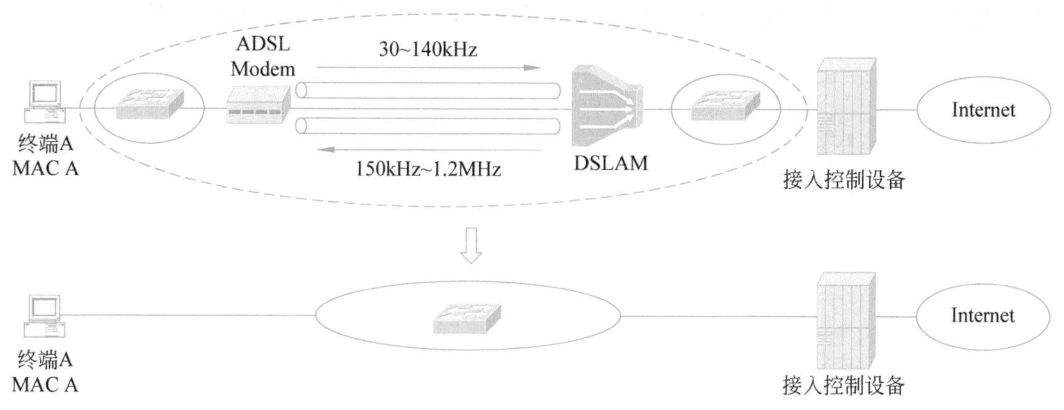

图 7.21　终端 A 与接入控制设备之间的传输路径

7.3 家庭局域网接入方式与无线路由器

目前家庭不仅是需要将单台 PC 接入 Internet，而是需要将家庭中的 PC、笔记本计算机和智能手机等同时接入 Internet，因此需要将家庭中的 PC、笔记本计算机和智能手机等构成一个扩展服务集，用无线路由器实现扩展服务集与 Internet 互连。

7.3.1 家庭局域网接入方式

家庭局域网接入方式中的关键设备是无线路由器。对于家庭局域网中的终端，无线路由器是默认网关，这些终端发送给 Internet 的 IP 分组首先传输给无线路由器，由无线路由器转发给 Internet。对于 Internet 中的路由器，无线路由器等同于连接在 Internet 上的一个终端。家庭局域网及家庭局域网分配的私有 IP 地址对 Internet 中的终端和路由器是透明的，因此，当无线路由器将家庭局域网中的终端发送给 Internet 的 IP 分组转发给 Internet 时，需要将该 IP 分组的源 IP 地址转换成无线路由器连接 Internet 接口的全球 IP 地址。当 Internet 中的终端向家庭局域网中的终端发送 IP 分组时，这些 IP 分组以无线路由器连接 Internet 接口的全球 IP 地址为目的 IP 地址。

1. ADSL 家庭局域网接入方式

ADSL 家庭局域网接入方式如图 7.22 所示，铺设到家庭的用户线连接到语音分离器，语音分离器输出两对用户线：一对连接话机，另一对连接 ADSL Modem 的用户线端口。用双绞线缆互连无线路由器的 Internet 端口（也称 WAN 端口）和 ADSL Modem 的以太网端口。无线路由器有若干交换机端口，安装以太网卡的终端可以直接连接到无线路由器的交换机端口。安装无线网卡的移动终端可以通过无线信道连接到无线路由器。

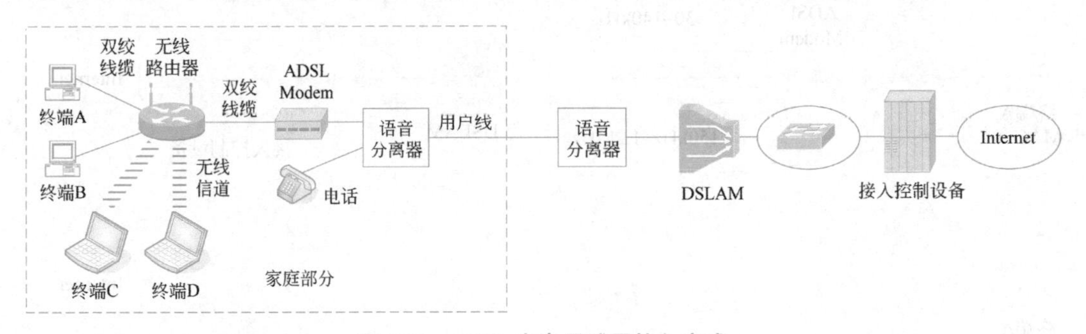

图 7.22 ADSL 家庭局域网接入方式

2. 以太网家庭局域网接入方式

以太网家庭局域网接入方式如图 7.23 所示，铺设到家庭的双绞线缆直接连接无线路由器的 WAN 端口(也称 Internet 端口)。安装以太网卡的终端可以直接连接到无线路由器的交换机端口。安装无线网卡的移动终端可以通过无线信道连接到无线路由器。

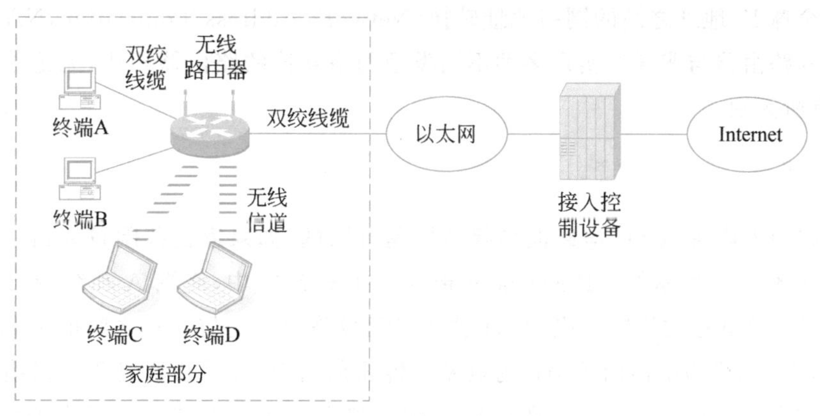

图 7.23 以太网家庭局域网接入方式

7.3.2 无线路由器

1. 无线路由器介绍

无线路由器的功能示意图如图 7.24 所示,内部一是存在一个多端口交换机,因此外部存在若干交换机端口,终端可以通过双绞线缆连接到这些交换机端口;二是存在 AP,因此移动终端可以通过无线信道连接到 AP 上;三是存在一个路由器,该路由器有一个用于连接 Internet 的 WAN 端口和一个用于连接家庭局域网的 LAN 端口。WAN 端口是外部可见的,LAN 端口是外部不可见的。家庭局域网包含一个无线局域网和一个以太网,内部用 AP 实现这两个网络互连。因此,家庭局域网中的终端和移动终端之间可以相互通信。路由器实现家庭局域网与 Internet 互连,家庭局域网中的移动终端和终端可以通过路由器访问 Internet。

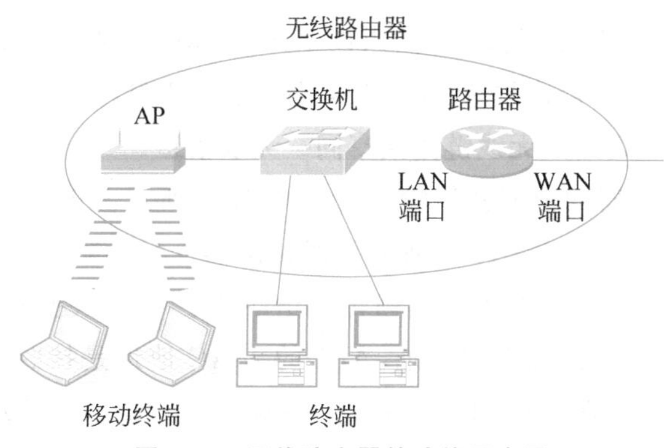

图 7.24 无线路由器的功能示意图

值得强调的是，无线路由器中的路由器只是实现 IP 分组家庭局域网与 Internet 之间的转发过程，且在转发过程中实现家庭局域网配置的私有 IP 地址与无线路由器 WAN 端口配置的全球 IP 地址之间的网络地址转换(Network Address Translation，NAT)。无线路由器中的路由器与普通的实现多种不同类型网络互连的路由器相比，无论性能还是功能，都是有所区别的。

2. 扩展无线通信距离

无线路由器内置 AP 的电磁波传播范围是有限的，如果家庭范围较大，且不易布线，可以采用如图 7.25 所示的 AP-Repeater 模式。在图 7.25 中，终端 A 和终端 B 在无线路由器内置 AP 的电磁波传播范围内，且建立与无线路由器内置 AP 之间的关联。终端 E 和终端 F 不在无线路由器内置 AP 的电磁波传播范围内，且无法通过双绞线缆连接到无线路由器的交换机端口上。为实现终端 E 和终端 F 通过无线路由器接入 Internet 的目的，在无线路由器内置 AP 的电磁波传播范围内放置一个 AP1，使终端 E 和终端 F 在 AP1 的电磁波传播范围内，并建立与 AP1 之间的关联。建立无线路由器内置 AP 与 AP1 之间的无线链路，用无线路由器内置 AP 和 AP1 的 MAC 地址唯一标识该无线链路。

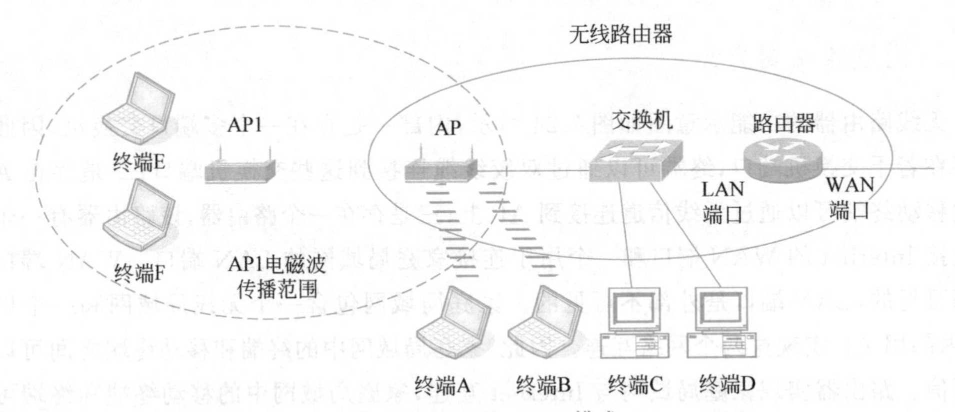

图 7.25 AP-Repeater 模式

完成上述过程后，终端 E、终端 F 接入以 AP1 的 MAC 地址为 BSSID 的 BSS，终端 A、终端 B 接入以无线路由器内置 AP 的 MAC 地址为 BSSID 的 BSS，这两个 BSS 和 AP1 与无线路由器内置 AP 之间的无线链路共享同一无线信道。

终端 E 至无线路由器的数据帧传输过程如图 7.26 所示。该数据帧的源 MAC 地址是终端 E 的 MAC 地址，目的 MAC 地址是无线路由器 LAN 端口的 MAC 地址。终端 E 由于与 AP1 建立关联，因此首先将数据帧传输给 AP1。在该数据帧中，终端 E 的 MAC 地址既是源 MAC 地址，又是发送端地址，AP1 的 MAC 地址是接收端地址，无线路由器 LAN 端口的 MAC 地址是目的 MAC 地址。终端 E 与 AP1 之间完成确认应答过程。AP1 与无线路由器内置 AP 之间通过无线链路连接，AP1 通过该无线链路将数据帧传输给无线路由器。在该数据帧中，终端 E 的 MAC 地址是源 MAC 地址，AP1 的 MAC 地址是发送端地址，无线路由器内置 AP 的 MAC 地址是接收端地址，无线路由器 LAN 端口的 MAC 地址是目的 MAC 地址。AP1 与无线路由器之间完成确认应答过程。

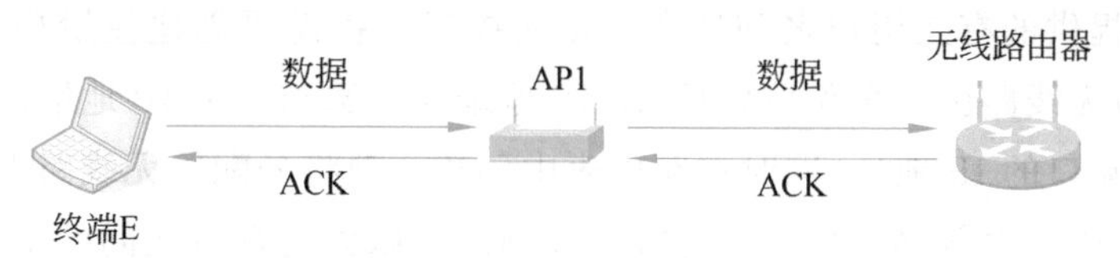

图 7.26　终端 E 至无线路由器的数据帧传输过程

3. 两种接入 Internet 的方式

无线路由器通常有三种接入 Internet 的方式，分别是 DHCP 自动配置方式、静态 IP 地址方式和 PPPoE 方式。这里主要讨论静态 IP 地址方式和 PPPoE 方式。

1) 静态 IP 地址方式

在静态 IP 地址方式下，无线路由器的 WAN 端口手工配置 IP 地址、子网掩码和默认网关地址。如图 7.27 所示，无线路由器的 WAN 端口和路由器以太网接口连接到同一个以太网，路由器以太网接口分配的 IP 地址和子网掩码决定了该接口连接的以太网的网络地址。由于路由器以太网接口配置 IP 地址 192.1.1.6 和子网掩码 255.255.255.248(29 位网络前缀)，因此以太网的网络地址为 192.1.1.0/29。无线路由器 WAN 端口配置属于网络地址 192.1.1.0/29 的 IP 地址，如图 7.27 所示的 192.1.1.1/29，并将路由器以太网接口的 IP 地址 192.1.1.6 作为默认网关地址。

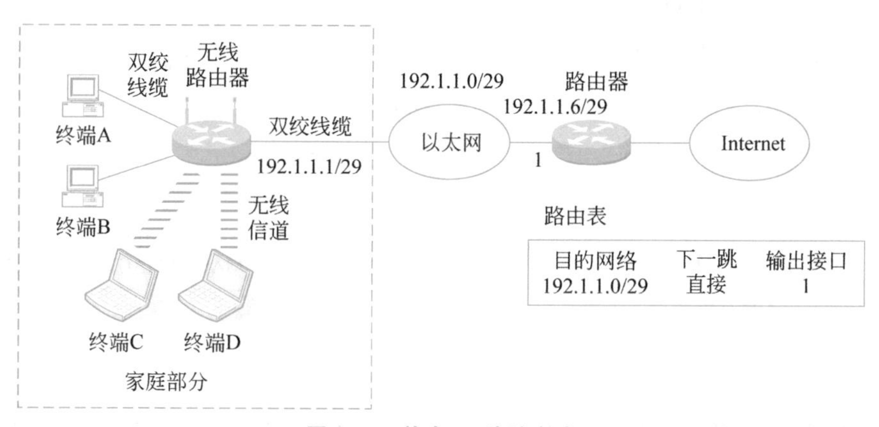

图 7.27　静态 IP 地址方式

路由器以太网接口配置 IP 地址和子网掩码 192.1.1.6/29 后，在路由表中自动生成一项直连路由项。路由项的目的 IP 地址为 192.1.1.0/26，下一跳为直接，输出接口为以太网接口(标号为 1 的路由器接口)。

值得强调的是，在静态 IP 地址方式下，路由器不对无线路由器的身份进行鉴别，无线路由器只要配置正确的 IP 地址、子网掩码和默认网关地址就可连接到 Internet。

2) PPPoE 方式

在 PPPoE 方式下，接入控制设备需要对无线路由器进行身份鉴别，因此无线路由器需要配置 ISP 提供的有效用户名和口令。接入控制设备需要创建注册用户信息库和 IP 地址池，完成对无线路由器身份鉴别后，从 IP 地址池中选择一个 IP 地址作为分配给无线路由器 WAN 端口的 IP 地址，同时在路由表中创建一项将分配给无线路由器 WAN 端口的 IP 地址和无线路由器 WAN 端口与接入控制设备以太网端口之间的 PPP 会话绑定在一起的路由项。

如图 7.28 所示，接入控制设备为无线路由器 WAN 端口分配的 IP 地址是 192.1.1.1/32，用无线路由器 WAN 端口的 MAC 地址 MAC W、接入控制设备以太网端口的 MAC 地址 MAC R 和 PPP 会话标识符 PPP_ID＝3 唯一标识无线路由器 WAN 端口与接入控制设备以太网端口之间的 PPP 会话。接入控制设备用路由项＜192.1.1.1/32，直接，MAC W MAC R PPP_ID＝3＞将 IP 地址 192.1.1.1/32 和路由器 WAN 端口与接入控制设备以太网端口之间的 PPP 会话绑定在一起。路由项中的输出端口是一个连接会话标识符是 MAC W、MAC R 和 PPP_ID＝3 的 PPP 会话的逻辑端口，接入控制设备的以太网端口可以连接多个 PPP 会话，因此同一物理端口上存在多个连接不同 PPP 会话的逻辑端口。

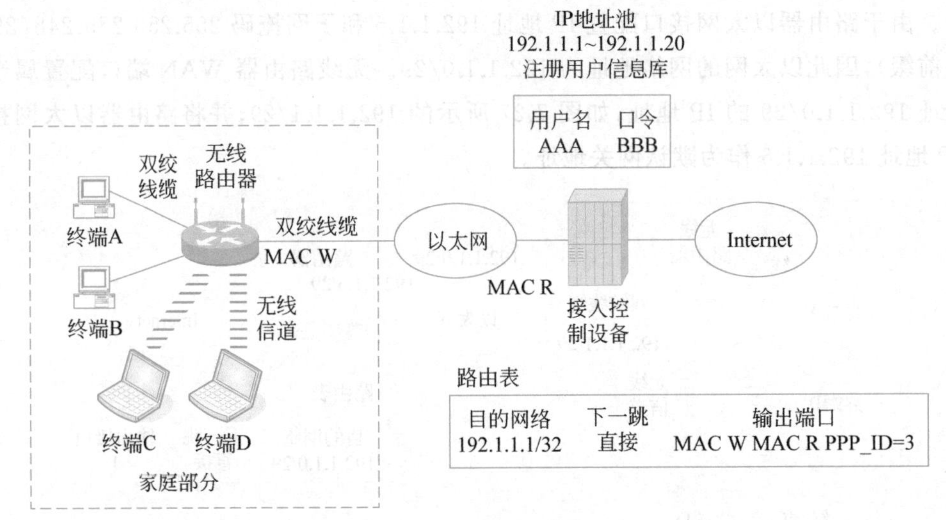

图 7.28 PPPoE 方式

需要指出的是，在以太网终端接入方式和以太网家庭局域网接入方式下，终端和无线路由器均可采用静态 IP 地址和 PPPoE 方式；在 ADSL 终端接入方式和 ADSL 家庭局域网接入方式下，终端和无线路由器一般只能采用 PPPoE 方式。

4. 私有 IP 地址和 NAT

全球 IP 地址是稀缺资源，因此家庭局域网接入 Internet 时，不可能由 ISP 为该家庭局域网分配一个网络地址。对于如图 7.27 和图 7.28 所示的家庭局域网接入 Internet 的过程，ISP 只对无线路由器的 WAN 端口分配一个全球 IP 地址，家庭局域网中的所有终端只能通过该全球 IP 地址访问 Internet。同样，Internet 中的终端发送给家庭局域网的 IP 分组都以无线路由器 WAN 端口的全球 IP 地址为目的 IP 地址。

家庭局域网中的每一个终端都必须分配 IP 地址，这些 IP 地址是私有 IP 地址。私有 IP 地址是 IETF 留作内部网络使用的一些特殊 IP 地址，Internet 不使用这些 IP 地址。为了区分，将 Internet 使用的 IP 地址称为全球 IP 地址。互联网工程任务组(Internet Engineering Task Force，IETF)推荐三组不在全球 IP 地址范围内的 IP 地址作为内部网络的私有 IP 地址。这三组 IP 地址是：

- 10.0.0.0/8
- 172.16.0.0/12
- 192.168.0.0/16

在上述私有 IP 地址范围中选择一组 IP 地址作为家庭局域网使用的 IP 地址。在图 7.29 中，选择私有 IP 地址 192.168.1.0/24 作为家庭局域网使用的 IP 地址。由于 Internet 不使用私有 IP 地址，因此以私有 IP 地址为源和目的 IP 地址的 IP 分组不能进入 Internet。但终端 A 需要向 Web 服务器发送数据时，数据被封装成以终端 A 的私有 IP 地址为源 IP 地址、Web 服务器的全球 IP 地址为目的 IP 地址的 IP 分组。由于 Internet 不使用私有 IP 地址，因此该 IP 分组进入 Internet 前，必须由无线路由器用 WAN 端口的全球 IP 地址替换该 IP 分组的源 IP 地址。当 Web 服务器向终端 A 发送数据时，数据被封装成以 Web 服务器的全球 IP 地址为源 IP 地址、无线路由器 WAN 端口的全球 IP 地

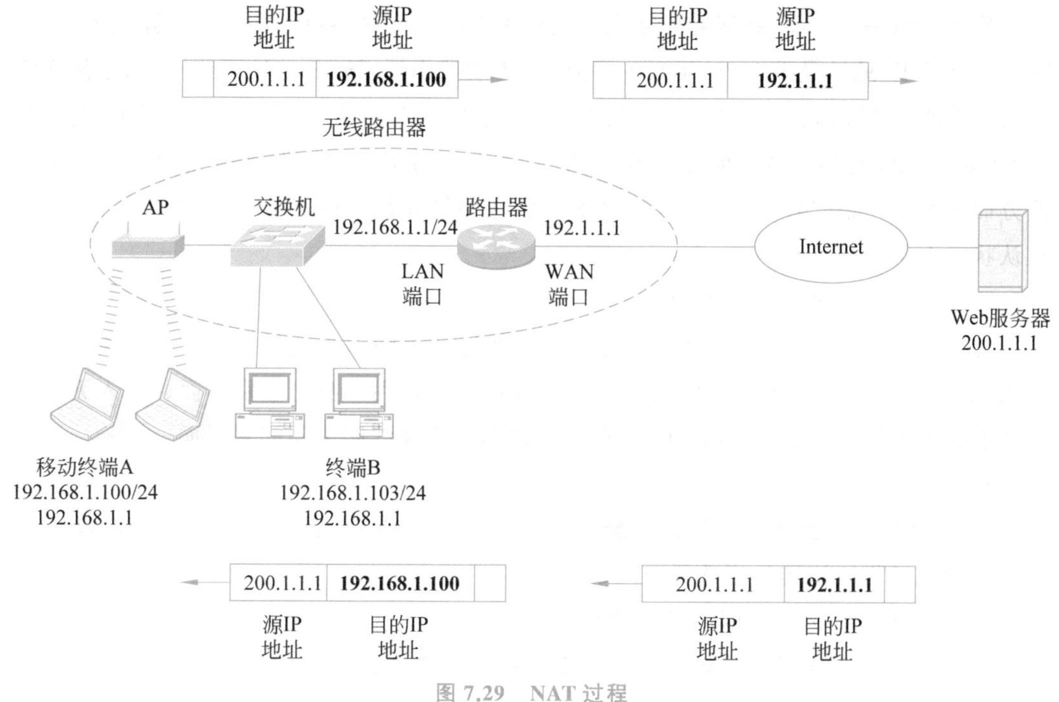

图 7.29　NAT 过程

址为目的 IP 地址的 IP 分组。为了将该 IP 分组正确送达终端 A,在该 IP 分组进入家庭局域网时,无线路由器用终端 A 的私有 IP 地址替换该 IP 分组的目的 IP 地址。上述由无线路由器完成的 IP 地址替换过程称为网络地址转换(NAT)。无线路由器实现 NAT 的过程如图 7.29 所示。

家庭局域网中的终端(包括终端和移动终端)可以通过无线路由器中的 DHCP 服务器自动获取网络配置信息。网络配置信息包括属于网络地址 192.168.1.0/24 的 IP 地址和子网掩码,及默认网关地址(默认网关地址是无线路由器 LAN 端口的私有 IP 地址),如图 7.29 所示的终端 A 和终端 B 获取的网络配置信息。

只允许家庭局域网中的终端发起访问 Internet 中资源的过程,这样的过程称为一次会话。首先由家庭局域网中的终端向 Internet 中的服务器发送一个服务请求,Internet 中的服务器回送一个服务响应。为了将 Internet 中服务器回送的以无线路由器 WAN 端口的全球 IP 地址为目的 IP 地址的服务响应正确送达家庭局域网中的终端,无线路由器在将家庭局域网中的终端发送给 Internet 的服务请求的源 IP 地址改为无线路由器 WAN 端口的全球 IP 地址时,在服务请求中嵌入一个唯一的标识符,在无线路由器的地址转换表中创建一项用于将该标识符与终端的私有 IP 地址绑定在一起的地址转换项。Internet 中的服务器回送的服务响应中携带该标识符,无线路由器根据服务响应携带的标识符确定该服务响应目的终端的私有 IP 地址。

5. 无线路由器配置实例

配置无线路由器前,终端需要接入无线路由器的以太网端口。如果无线路由器 LAN 端口的默认 IP 地址是 192.168.1.1/24(不同的无线路由器,该 IP 地址可能不同,参阅无线路由器手册),则通过配置本地连接属性,将终端以太网卡关联的 IP 地址设置为与 192.168.1.1/24 有相同网络地址的 IP 地址,如 192.168.1.2/24。对无线路由器主要配置两方面内容:一是配置宽带连接,二是配置无线网络属性。DHCP 服务器和 NAT 功能默认状态下是启动的。

1) 进入无线路由器配置界面

为终端手工设置 IP 地址后,启动浏览器,在地址栏输入无线路由器 LAN 端口的默认 IP 地址 192.68.1.1,弹出如图 7.30 所示的无线路由器用户身份鉴别界面。输入无线路由器手册提供的用户名和密码,单击"确定"按钮,弹出无线路由器配置界面。

2) 配置宽带连接

TP-LINK 无线路由器宽带连接配置界面如图 7.31 所示,主要完成以下配置过程。

- WAN 端口连接类型选择 PPPoE;
- 上网账号输入注册时 ISP 提供的账号;
- 上网口令和确认口令输入注册时 ISP 提供的口令;
- 单选"按需连接,在有访问时自动连接"选项;

图 7.30　无线路由器用户身份鉴别界面

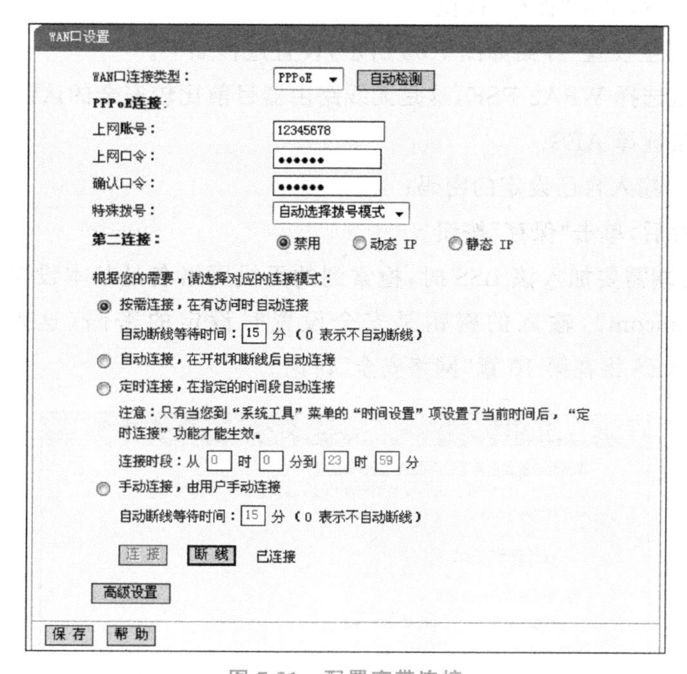

图 7.31　配置宽带连接

- 单击“保存”按钮。

3) 设置无线网络

无线网络设置过程分为基本设置和安全设置两部分。

基本设置界面如图 7.32 所示，设置过程如下。

- SSID 号：无线网络的 SSID(该无线路由器固定为 Chinaunicom)；
- 信道：输入 BSS 使用的信道号，选择“自动”，表明由无线路由器自动选择其他

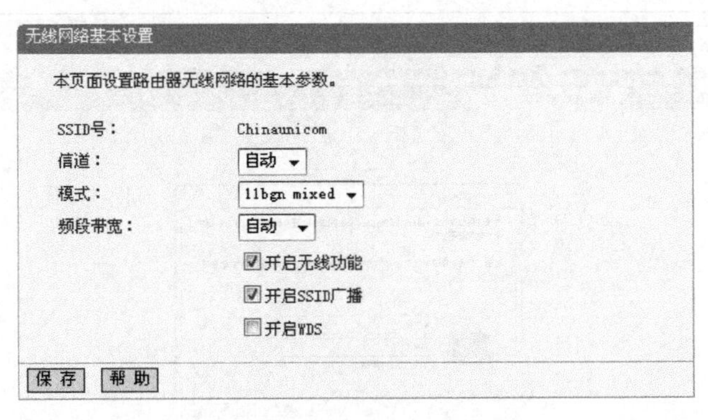

图 7.32 “无线网络基本设置”界面

BSS 未使用的信道；

- 模式：输入 BSS 支持的物理层标准，选择 11bgn mixed，表明无线路由器同时支持 802.11/b/g/n 标准的无线终端；
- 完成设置后，单击“保存”按钮。

“无线网络安全设置”界面如图 7.33 所示，设置过程如下。

- 认证类型选择 WPA2-PSK，这是无线路由器目前比较安全的认证类型；
- 加密算法选择 AES；
- PSK 密码输入自己设定的密码；
- 完成设置后，单击“保存”按钮。

其他无线终端需要加入该 BSS 时，检索到的无线网络名是基本设置时设定的 SSID（这里为 Chinaunicom），输入的密钥是安全设置时设定的密码（这里为 12345678）。WPA2-PSK 和 AES 将在第 10 章“网络安全”讨论。

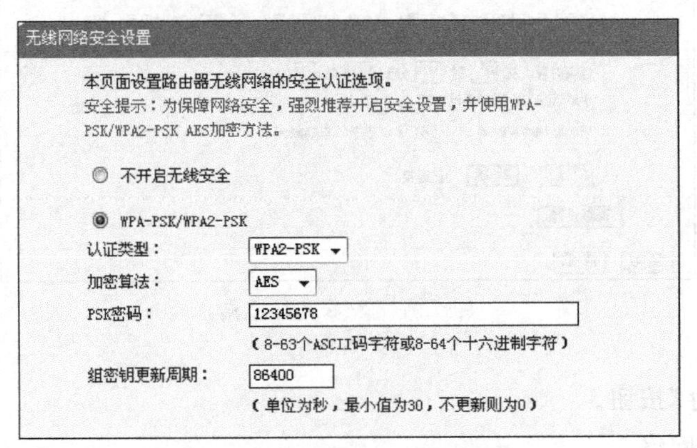

图 7.33 “无线网络安全设置”界面

完成上述设置后，用户可以检查无线路由器的运行状态。一旦 WAN 端口成功连接，如图 7.34 所示，家庭局域网中的终端可以开始访问 Internet。当然，无线终端必须与无线路由器建立无线连接后，才允许访问 Internet。

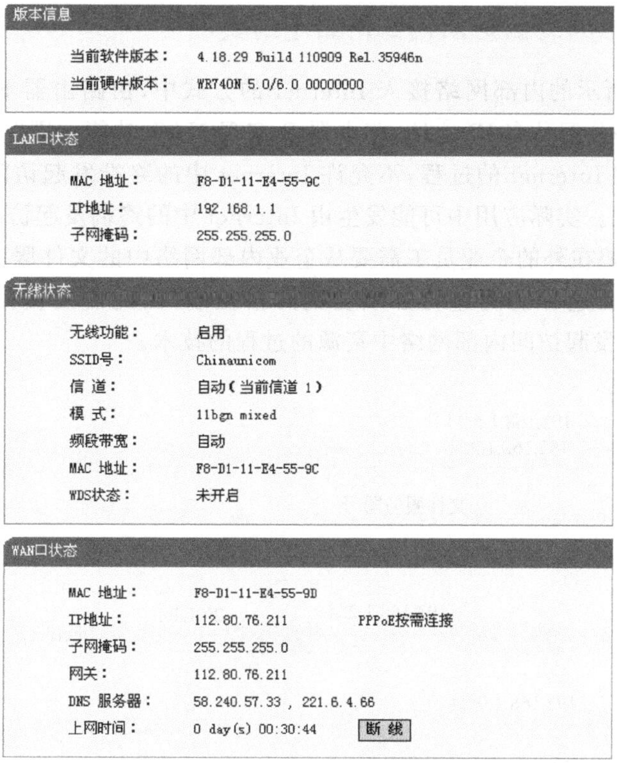

版本信息

当前软件版本： 4.18.29 Build 110909 Rel.35946n
当前硬件版本： WR740N 5.0/6.0 00000000

LAN口状态

MAC 地址： F8-D1-11-E4-55-9C
IP地址： 192.168.1.1
子网掩码： 255.255.255.0

无线状态

无线功能： 启用
SSID号： Chinaunicom
信 道： 自动(当前信道 1)
模 式： 11bgn mixed
频段带宽： 自动
MAC 地址： F8-D1-11-E4-55-9C
WDS状态： 未开启

WAN口状态

MAC 地址： F8-D1-11-E4-55-9D
IP地址： 112.80.76.211 PPPoE按需连接
子网掩码： 255.255.255.0
网关： 112.80.76.211
DNS 服务器： 58.240.57.33 , 221.6.4.66
上网时间： 0 day(s) 00:30:44 断 线

图 7.34 无线路由器的运行状态

7.4 VPN 接入技术

实际应用中可能存在以下限制，允许分配属于 Y 网络的 IP 地址的终端访问 Z 网络中的资源，但不允许分配属于 X 网络的 IP 地址的终端访问 Z 网络中的资源。因此，连接在 X 网络上的终端，因为分配了属于 X 网络的 IP 地址，从而无法访问 Z 网络中的资源。

为了实现某个连接在 X 网络上的终端对 Z 网络中资源的访问过程，需要在不改变该终端的物理位置的前提下，为该终端分配属于 Y 网络的 IP 地址 IP Y，并使该终端能够用 IP Y 实现对 Z 网络中资源的访问过程。虚拟专用网(Virtual Private Network，VPN)接入技术就是一种实现上述过程的技术。

7.4.1 引出 VPN 接入技术的原因

实际网络应用中会经常产生以下需求：一是 Internet 中的终端发起访问内部网络中资源的需求，二是连接在某个网络上的终端规避访问限制的需求。因此，需要有能够满足上述两种需求的技术。

1. Internet 中的终端访问内部网络中的资源

在如图 7.35 所示的内部网络接入 Internet 的方式中，由路由器 R 互连内部网络和 Internet，内部网络分配私有 IP 地址，路由器 R 实现 NAT 功能。因此，只能由内部网络中的终端发起访问 Internet 的过程，不允许 Internet 中的终端发起访问内部网络中的终端或服务器的过程。实际应用中可能发生由 Internet 中的终端发起访问内部网络中资源的情况，如一个出差在外的企业员工需要从企业内部网络中的文件服务器下载商务活动急需的资料。当然，这种访问过程必须受到严格控制，因此需要提供一种能够实现由 Internet 中的终端发起访问内部网络中资源的过程的技术。

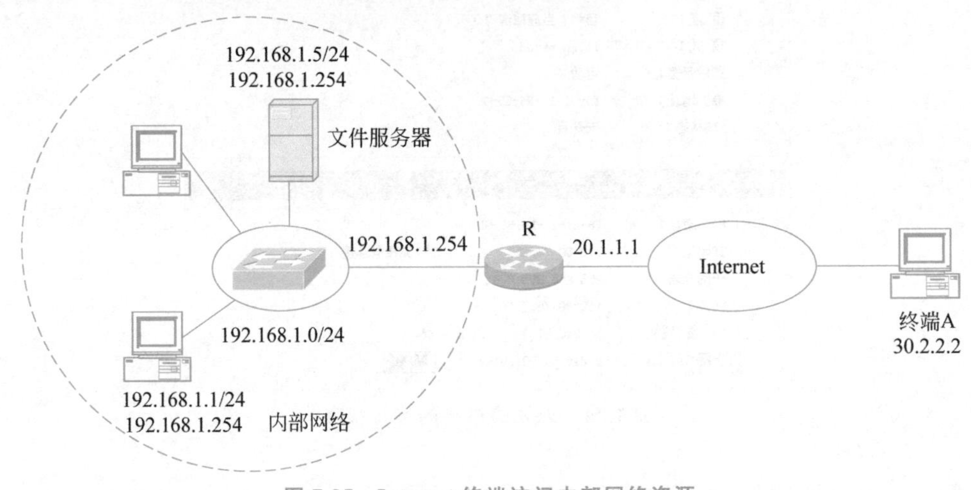

图 7.35　Internet 终端访问内部网络资源

2. 规避访问限制

互连网络结构如图 7.36 所示，假定互连网络对服务器访问做了限制，不允许连接在网络 1 中的终端访问服务器，但允许连接在网络 2 和网络 3 中的终端访问服务器。当然，网络 1 中的终端可以与路由器 R1 和 R2 相互通信。

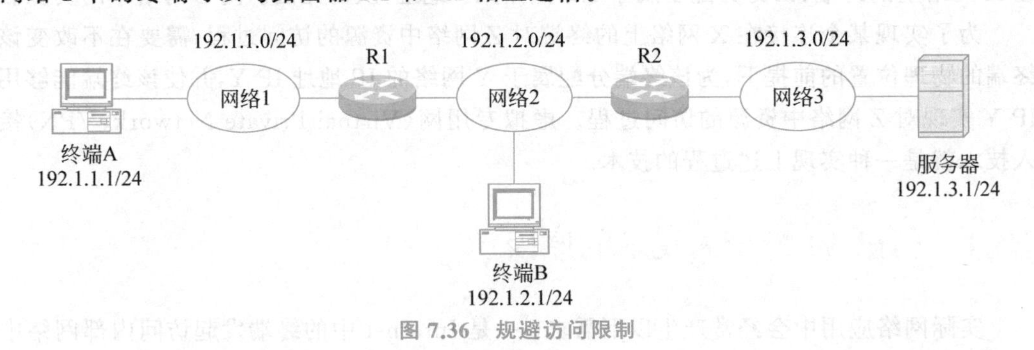

图 7.36 规避访问限制

为了使终端 A 能够规避访问限制，需要做到：一是在不改变终端 A 的物理位置的情况下，使终端 A 能够以属于网络 2 的 IP 地址访问服务器；二是互连网络能够将服务器发送的以终端A属于网络2的IP地址为目的IP地址的IP分组送达终端A。

7.4.2 VPN实现思路

对于如图7.35所示的网络结构，如果将Internet变换为PSTN，那么终端A可以通过呼叫连接建立过程建立终端A与路由器R之间的语音信道。路由器R和终端A之间通过PPP完成以下接入控制过程：鉴别终端A用户身份，为终端A分配IP地址，在路由器R的路由表中创建一项用于将分配给终端A的IP地址和终端A与路由器R之间的语音信道绑定在一起的路由项。完成上述接入控制过程后，终端A可以访问内部网络中的资源。问题是互连终端A和路由器R的是互联网，不是PSTN，因此首先需要建立路由器R连接Internet的接口与终端A之间具有点对点语音信道传输特性的传输路径，该传输路径称为虚拟点对点链路。成功建立路由器R连接Internet的接口与终端A之间的虚拟点对点链路后，路由器R和终端A可以通过虚拟点对点链路相互传输PPP帧，从而可以通过PPP完成接入控制过程。完成接入控制过程后，终端A可以通过路由器R分配的内部网络私有IP地址访问内部网络资源。

同样，对于如图7.36所示的互连网络结构，需要建立路由器R2与终端A之间的虚拟点对点链路，路由器R2和终端A可以通过该虚拟点对点链路相互传输PPP帧，从而可以通过PPP完成接入控制过程。完成接入控制过程后，终端A可以通过路由器R2分配的属于网络2的IP地址访问服务器。

因此，核心问题是，在知道两个结点的IP地址的基础上，建立基于两个结点之间IP传输路径的虚拟点对点链路，并通过两个结点之间的虚拟点对点链路实现两个结点之间的PPP帧传输过程，从而使两个结点之间可以通过PPP完成接入控制过程。连接在Internet上的终端通过上述接入控制过程接入另一个网络的方式称为VPN接入方式，实现VPN接入方式的技术称为VPN接入技术。

7.4.3 VPN接入网络结构

1. Internet中的终端发起访问内部网络中资源的过程

用于实现终端A发起访问内部网络中资源的过程的VPN接入网络结构如图7.37所示，它由两部分组成：内部网络和Internet，两者用路由器R实现互连。内部网络使用私有IP地址，Internet使用全球IP地址，路由器R连接内部网络的接口分配私有IP地址，连接Internet的接口分配全球IP地址。终端A连接在Internet上，分配全球IP地址。由于分配私有IP地址的内部网络对Internet中的终端是不可见的，因此终端A不能直接访问内部网络中的资源。由于内部网络中的终端之间可以相互通信，因此实现终端A访问内部网络中资源的基本步骤如下：一是为了使终端A可以作为内部网络中的终端访问内部网络资源，必须建立路由器R与终端A之间的虚拟点对点链路，终端A与路由器R连接Internet的接口之间可以通过第2层隧道协议(Layer Two Tunneling

Protocol,L2TP)或者点对点隧道协议(Point to Point Tunneling Protocol,PPTP)建立IP隧道,IP隧道类似于以太网通过PPPoE建立的PPP会话。因此,用终端A的全球IP地址、路由器R连接Internet的接口的全球IP地址和会话标识符唯一标识IP隧道,可以通过IP隧道实现终端A与路由器R之间的PPP帧传输过程。二是路由器R和终端A通过PPP完成接入控制过程,由路由器R为终端A分配一个内部网络使用的私有IP地址。因此,完成接入控制过程后,终端A具有两个IP地址:一个是接入Internet时分配的全球IP地址,另一个是为访问内部网络资源分配的内部网络私有IP地址。路由器R为了给终端A分配私有IP地址,需要配置一个私有IP地址池,图7.37所示的私有IP地址池为192.168.2.10~192.168.2.16。三是路由器R需要在路由表中创建一项将分配给终端A的私有IP地址和路由器R与终端A之间的虚拟点对点链路绑定在一起的路由项。路由器R由于具有将终端A接入内部网络的功能,称为VPN接入服务器。

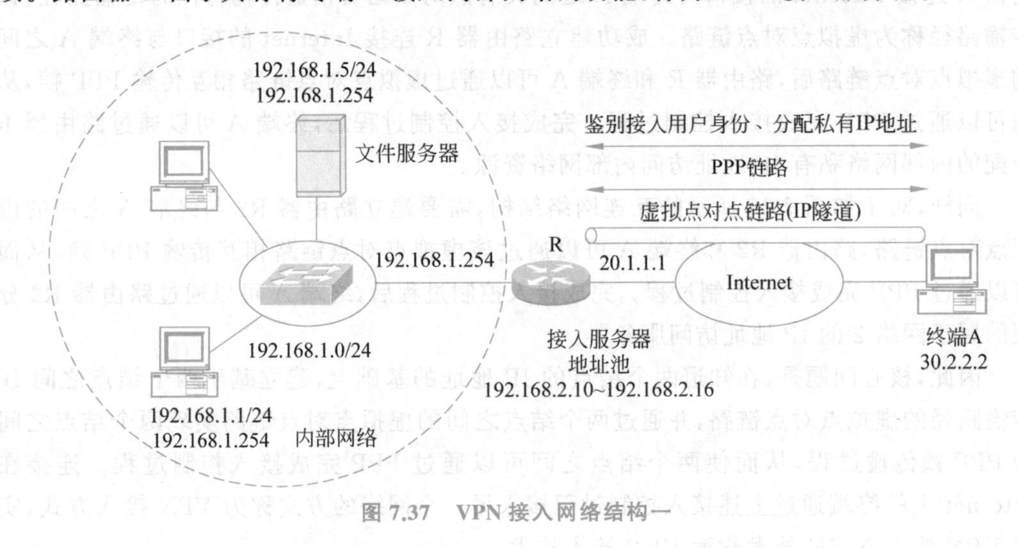

图7.37 VPN接入网络结构一

2. Internet中的终端规避访问限制的过程

实现终端A规避访问限制的基本步骤如下:一是为了使终端A可以作为连接在网络2中的终端,必须建立路由器R2与终端A之间的虚拟点对点链路。该虚拟点对点链路同样通过L2TP建立,用路由器R2连接网络2的接口的IP地址、终端A分配的属于网络1的IP地址和会话标识符唯一标识。二是由路由器R2对终端A分配一个属于网络2的IP地址。因此,完成接入控制过程后,终端A具有两个IP地址:一个是连接到网络1时分配的属于网络1的IP地址,另一个是为规避访问限制分配的属于网络2的IP地址。三是路由器R2需要在路由表中创建一项将分配给终端A的属于网络2的IP地址和路由器R2与终端A之间的虚拟点对点链路绑定在一起的路由项。

7.4.4 实现机制

图7.37和图7.38所示的VPN接入方式的本质是一样的,可以将图7.38所示的网络

2 等同于图 7.37 所示的内部网络，因此以实现图 7.37 所示的 VPN 接入方式为例讨论 VPN 实现机制。

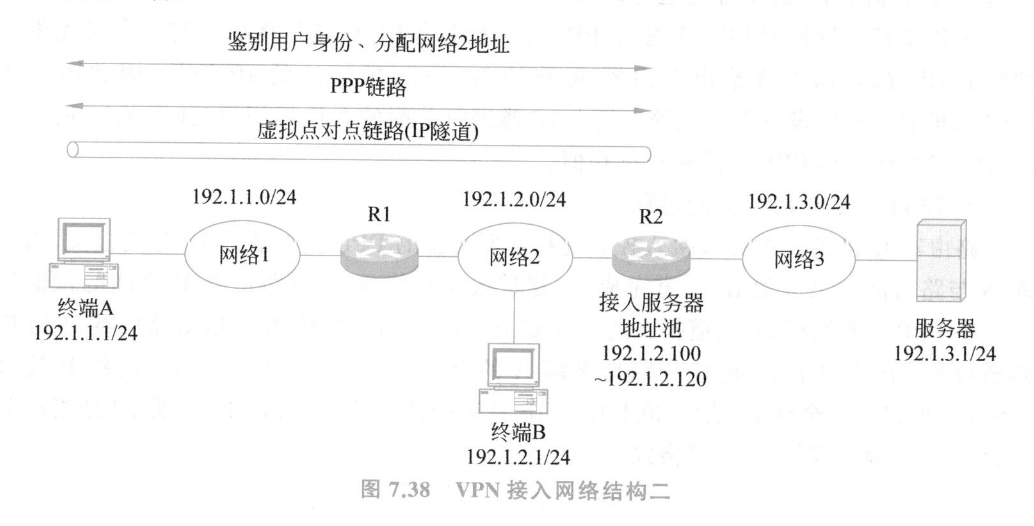

图 7.38　VPN 接入网络结构二

1. IP 隧道

1）IP 隧道建立过程和会话标识符

一旦终端 A 接入 Internet，分配全球 IP 地址，终端 A 和路由器 R 连接 Internet 的接口之间可以建立 IP 隧道。该 IP 隧道用两端的全球 IP 地址和会话标识符标识，如图 7.39 中用终端 A 的全球 IP 地址（30.2.2.2）、路由器 R 连接 Internet 的接口的全球 IP 地址（20.1.1.1）和会话标识符（S_ID＝3）标识的 IP 隧道。当终端 A 需要接入内部网络，成为内部网络终端时，该 IP 隧道的作用等同于点对点链路，路由器 R 的功能等同于接入控制设备。可以通过 PPP 完成对终端 A 的接入控制过程，如用户身份鉴别、私有 IP 地址分配等。

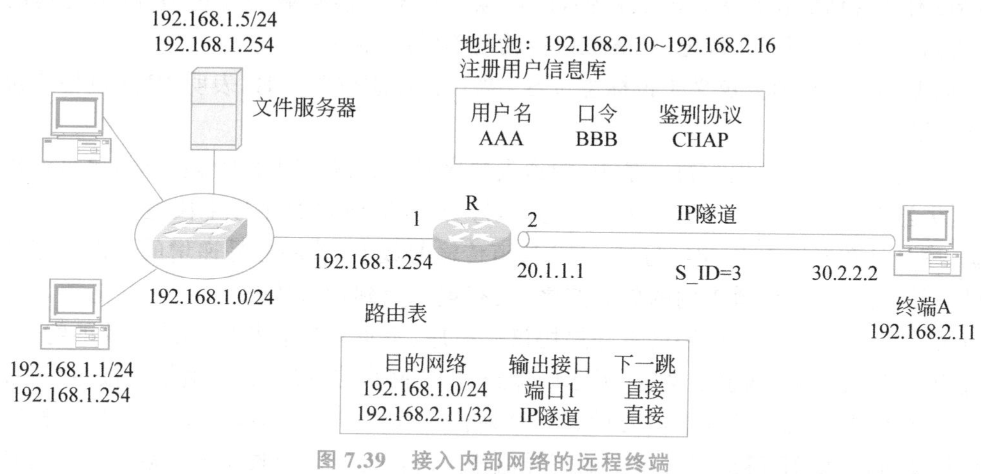

图 7.39　接入内部网络的远程终端

值得指出的是，终端 A 接入内部网络的过程中，终端 A 分配的全球 IP 地址只是用来建立 IP 隧道,实现 PPP 帧在 IP 隧道两端(终端 A 和路由器 R)之间的传输过程。通过 IP 隧道接入内部网络的终端称为远程终端。

IP 隧道建立过程与 PPPoE 建立 PPP 会话的过程相似,只是终端 A 建立与路由器 R 之间的 IP 隧道时,需要给出路由器 R 连接 Internet 的接口的 IP 地址,因此不需要 PPPoE 的接入控制设备发现过程。建立 IP 隧道时分配的会话标识符(如图 7.39 所示的 S_ID=3)的作用与 PPP 会话标识符相似。

2) IP 隧道传输 PPP 帧的过程

路由器 R 和终端 A 完成接入控制过程需要交换的 PPP 帧封装成 IP 隧道报文,由终端 A 与路由器 R 之间的 IP 隧道完成 IP 隧道报文在终端 A 与路由器 R 之间的传输过程。将 PPP 帧封装成 IP 隧道报文的过程如图 7.40 所示。终端 A 发送给路由器 R 的 IP 隧道报文的源和目的 IP 地址分别是终端 A 的全球 IP 地址 30.2.2.2 和路由器 R 连接 Internet 的接口的全球 IP 地址 20.1.1.1。IP 首部中的协议字段值 115 表明 IP 分组净荷是封装 PPP 帧生成的 IP 隧道格式。

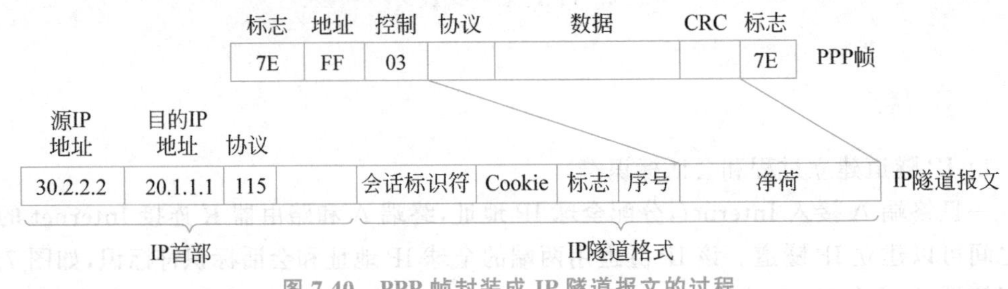

图 7.40 PPP 帧封装成 IP 隧道报文的过程

IP 隧道格式中各个字段的含义如下。

会话标识符:32 位,唯一标识 IP 隧道,其功能等同于 PPP 会话的会话标识符。

Cookie:32 位或 64 位,它是会话标识符的补充,也用于标识传输数据的 IP 隧道。Cookie 有比会话标识符更强的随机性,因此除非攻击者能够截获经过 IP 隧道传输的数据,否则很难伪造用于在特定 IP 隧道中传输的 IP 隧道报文。

标志:8 位,目前只定义 1 位标志位 S。当该位标志位置 1 时,表明 IP 隧道格式包含序号字段。

序号:24 位,发送端为每一条 IP 隧道设置序号计数器。建立 IP 隧道时,序号计数器为 0,发送端发送数据时,将序号计数器值作为 IP 隧道格式的序号字段值。每发送一帧数据,序号计数器增 1,因此经过同一 IP 隧道传输的数据,其序号是递增的。设置序号的目的是保证经过 IP 隧道传输的数据按序、没有重复地到达接收端。由于 IP 隧道仿真点对点链路,而基于点对点链路的链路层协议有按序、不重复接收相同链路层帧的特性,但通过 IP 隧道传输 IP 隧道报文时,无法确保经过 IP 网络传输的 IP 隧道报文按序、不重复地到达接收端。因此,接收端需要设置一个期待接收序号计数器,当正确接收到某个 IP 隧道报文时,将该 IP 隧道报文携带的序号值增 1 后作为期待接收序号计数器值。只有当接收到的 IP 隧道报文携带的序号值大于等于期待接收序号计数器值时,接收端才接收并处理该 IP 隧道报文,否则接收端将丢弃该 IP 隧道报文。

2. PPP 操作过程

终端 A 为了接入内部网络，需要在作为 VPN 接入服务器的路由器 R 上进行注册，申请用户名和口令。该路由器中不但需要存放所有注册用户的信息(用户名和口令)，还需要分配一个私有 IP 地址池，用来为通过身份鉴别的远程终端分配私有 IP 地址。接下来的操作和普通用户终端通过 PPP 实现 Internet 接入时一样，通过 LCP 建立 PPP 链路，同时约定鉴别协议(PAP 或 CHAP)，然后用建立 PPP 链路时约定的鉴别协议鉴别远程终端用户身份。在通过鉴别后，用 IPCP 为远程终端分配私有 IP 地址，同时在路由表中添加一项将该 IP 隧道和分配给远程终端的私有 IP 地址绑定在一起的路由项，如图 7.39 所示。

3. 访问内部网络资源的过程

1) 终端 A 至内部网络文件服务器的传输过程

图 7.39 中的终端 A 向内部网络中的文件服务器传输数据时，需要获得内部网络文件服务器的私有 IP 地址(192.168.1.5)和自身通过 VPN 接入过程获得的私有 IP 地址(192.168.2.11)，然后构建以自身私有 IP 地址为源 IP 地址、以内部网络文件服务器私有 IP 地址为目的 IP 地址的 IP 分组。由于终端 A 和路由器 R 之间通过虚拟点对点链路(IP 隧道)连接，因此 IP 分组被封装成适合虚拟点对点链路传输的 PPP 帧。但用于实现终端 A 至路由器 R 的数据传输过程的传输路径是 IP 隧道，而且该 IP 隧道用终端 A 的全球 IP 地址、路由器 R 连接 Internet 的接口的全球 IP 地址和会话标识符 S_ID=3 唯一标识，因此 PPP 帧必须封装成 IP 隧道报文后才能通过 IP 隧道实现终端 A 至路由器 R 的传输过程。IP 隧道报文其实就是以封装 PPP 帧的 IP 隧道格式为净荷、以终端 A 的全球 IP 地址 30.2.2.2 为源 IP 地址、路由器 R 连接 Internet 的接口的全球 IP 地址 20.1.1.1 为目的 IP 地址的 IP 分组，封装过程如图 7.41 所示。

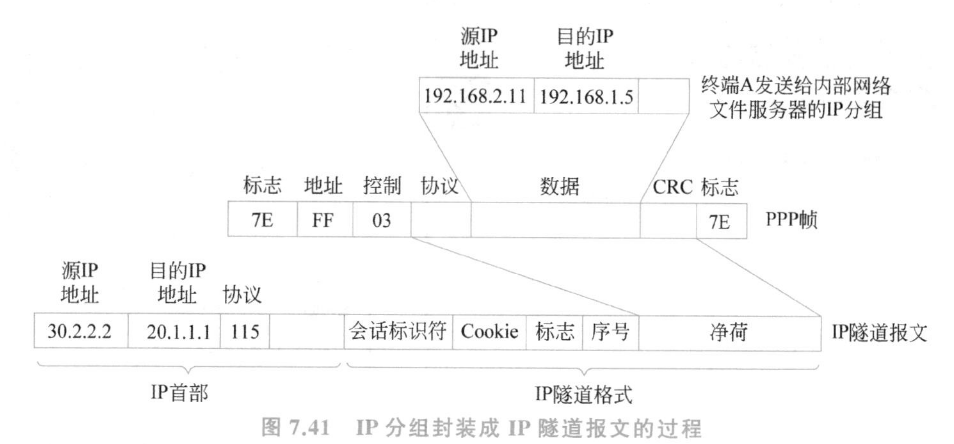

图 7.41 IP 分组封装成 IP 隧道报文的过程

IP 隧道报文经过 IP 隧道到达路由器 R，路由器 R 经过如图 7.41 所示的逆操作，从中分离出 IP 分组，以 IP 分组的目的 IP 地址检索路由表。找到匹配的路由项＜192.168.1.0/24，端口 1，直接＞，通过端口 1 连接的以太网，将 IP 分组发送给内部网络文件服务器，完成终端 A 至内部网络文件服务器的数据传输过程。

2）内部网络文件服务器至终端 A 的传输过程

内部网络文件服务器将发送给终端 A 的数据封装成以内部网络文件服务器的私有 IP 地址 192.168.1.5 为源 IP 地址、以终端 A 的私有 IP 地址 192.168.2.11 为目的 IP 地址的 IP 分组，根据默认网关地址将该 IP 分组发送给路由器 R。路由器 R 根据 IP 分组的目的 IP 地址 192.168.2.11 检索路由表，找到匹配的路由项<192.168.2.11/32，IP 隧道，直接>，该路由项表明目的终端通过 IP 隧道与路由器 R 直接相连。路由器 R 将该 IP 分组封装成 PPP 帧，将 PPP 帧封装成 IP 隧道格式，以 IP 隧道格式为净荷生成 IP 隧道报文。IP 隧道报文的源 IP 地址是路由器 R 连接 Internet 的接口的全球 IP 地址 20.1.1.1，目的 IP 地址是终端 A 的全球 IP 地址 30.2.2.2。IP 隧道报文经过 IP 隧道到达终端 A，完成内部网络文件服务器至终端 A 的数据传输过程。

值得指出的是，终端 A 接入控制过程中分配的 IP 地址用于实现资源访问过程，终端 A 接入 Internet 时分配的全球 IP 地址用于实现 PPP 帧在 IP 隧道两端之间的传输过程。

7.4.5 Windows 启动 VPN 连接的过程

1. 建立 VPN 连接

某个终端首先需要接入 Internet，获取有效的用户名和口令，然后创建 VPN 连接。创建 VPN 连接时，需要设置 VPN 接入服务器连接 Internet 的接口的全球 IP 地址，如图 7.42 所示的路由器 R 连接 Internet 的接口的全球 IP 地址。

2. 启动 VPN 连接

双击新建的 VPN 连接，在弹出的窗口中输入有效用户名和口令，如图 7.43 所示。单击“连接”按钮，即可建立与内部网络的 VPN 连接。

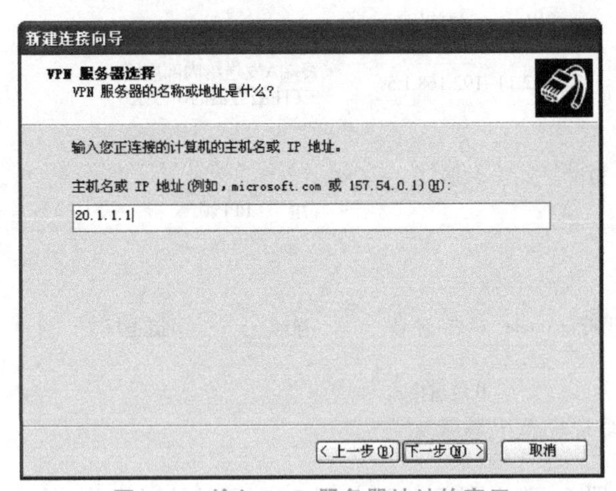

图 7.42 输入 VPN 服务器地址的窗口

图 7.43 启动 VPN 连接的窗口

7.5 Internet 接入技术的启示和思政元素

Internet 接入技术所蕴含的思政元素以及给我们的启示如下。

1. 接口层屏蔽差异

PPP 既是基于点对点信道的链路层协议，同时又是接入控制协议。终端和接入控制设备之间通过 PPP 完成以下接入控制过程：建立终端与接入控制设备之间的传输通路，对接入用户身份进行鉴别，为终端动态分配 IP 地址，在接入控制设备的路由表中创建一项将终端的 IP 地址和终端与接入控制设备之间的传输路径绑定在一起的路由项。

如果网络不能建立两个结点之间的点对点链路，可以在网络与 PPP 之间增加接口层，接口层的作用是为两个结点之间建立基于该网络的虚拟点对点链路。

ADSL 和以太网并不能在终端和接入控制设备之间建立点对点链路，但通过建立基于以太网的 PPP 会话实现终端与接入控制设备之间的 PPP 帧传输过程，使连接在 ADSL 和以太网上的终端与接入控制设备之间同样可以通过 PPP 完成接入控制过程。

VPN 接入时，终端和 VPN 接入服务器之间是 IP 传输路径，通过建立基于互联网的 IP 隧道实现终端与 VPN 接入服务器之间的 PPP 帧传输过程，使连接在互联网上的终端与 VPN 接入服务器之间同样可以通过 PPP 完成接入控制过程。

通过在不同类型的网络上仿真出 PPP 基于的点对点链路，使所有通过虚拟点对点链路互连的终端与接入控制设备之间都可以通过 PPP 完成接入控制过程。虚拟点对点链路可以是基于以太网的 PPP 会话，也可以是基于互联网的 IP 隧道。PPPoE 和 L2TP 这样的接口层协议的作用就是分别基于以太网和互联网为 PPP 提供用于传输 PPP 帧的虚拟点对点链路。

2. 技术进步带来的应用的改变

ADSL 取代拨号接入方式的原因如下：一是 ADSL 仍然使用用户线，免去了 ISP 重新铺设线路到用户家庭的麻烦；二是 ADSL 直接在 ADSL Modem 与 DSLAM 之间建立双向不对称的信道，信道带宽尤其是下行信道带宽远远超过语音信道的带宽，因此有比拨号接入方式高得多的数据传输速率。

但随着以太网的发展和光纤传输媒体的广泛应用，一是使交换机之间无中继传输距离可以达到几十公里，甚至上百公里；二是铺设光纤的成本大大降低，光纤开始进入各个住宅区，甚至直接进入家庭。在这种情况下，家庭终端通过以太网接入 Internet 成为可能，而以太网的高数据传输速率又是 ADSL 无法达到的。因此，技术的发展使接入技术完成了拨号接入方式→ADSL 接入方式→以太网接入方式→EPON 接入方式的改变过程。

3. 智能手机导致无线接入成为主流

智能手机的飞速发展和智能手机随时随地访问 Internet 及定位、传感等功能使

Internet 的服务发生根本性的变化，Internet 发展为移动 Internet。由于无线数据通信网络和无线局域网是将智能手机接入 Internet 的主要接入网络，因此使无线路由器成为必需的家庭接入设备。

4. 产品是市场与技术的结晶

有些产品比较特殊，这些产品的问世进一步证明了产品是市场与技术的结晶这一命题。

1) AP

AP 用于实现无线局域网与以太网互连，由于无线局域网与以太网是两种不同类型的传输网络，因此实现这两种不同类型传输网络互连的设备应该是路由器。但 AP 不是网际层设备，而是链路层设备。AP 直接在以太网与无线局域网之间完成 MAC 帧转发过程，并在转发过程中，完成以太网 MAC 帧与无线局域网 MAC 帧之间的相互转换。

由于 AP 是链路层设备，因此 AP 互连的以太网和无线局域网可以作为一个网络，可以为用以太网作为分配系统的扩展服务集(ESS)分配相同的网络地址，这是实现 MAC 层无缝漫游的基础。

由于无线局域网与以太网有相同的地址格式和相似的 MAC 帧格式，使得在链路层实现无线局域网与以太网互连成为可能，因此在 ESS 实现 MAC 层无缝漫游的市场需求与在链路层实现无线局域网与以太网互连的技术相结合成就了 AP 这一设备。

2) 无线路由器

随着互联网应用的深入和智能手机的普及，出现一个家庭中同时有多个不同类型的终端需要接入 Internet 的情况，此时一种新型设备的市场需求出现了。这种新型设备要求具备以下功能：一是可以将家庭中安装以太网卡和无线网卡的终端互连成家庭局域网；二是能够将家庭局域网接入 Internet；三是由于 Internet 无法为家庭局域网中的终端分配全球 IP 地址，需要该新型设备完成家庭局域网分配的私有 IP 地址与全球 IP 地址之间的相互转换。因此，该新型设备必须内置交换机和 AP，由交换机构建一个小型以太网，由 AP 实现无线局域网与交换机构建的小型以太网之间的互连。同时，该新型设备需要具备连接家庭局域网的接口(LAN 接口)和连接 Internet 的接口(WAN 接口)，实现 IP 分组家庭局域网与 Internet 之间的转发过程。在转发 IP 分组过程中，完成家庭局域网分配的私有 IP 地址与 WAN 接口分配的全球 IP 地址之间的相互转换。这种新型设备就是无线路由器。之所以称为无线路由器，一是因为该设备 LAN 端口连接的家庭局域网中包含无线局域网，二是因为该设备实现 IP 分组家庭局域网与 Internet 之间的转发过程。

但该设备与普通路由器相比，有以下不同：一是对于 Internet 中的其他路由器，该设备等同于一个终端，因此该设备通过默认网关地址确定 Internet 中第一跳路由器的 IP 地址，不运行路由协议，不建立用于指明通往 Internet 中网络的传输路径的路由项，二是该设备仅仅实现 IP 分组 LAN 接口连接的家庭局域网与 WAN 接口连接的 Internet 之间的转发过程。因此，该设备是专用的，是一种仅用于实现将家庭局域网接入 Internet 的设备。这一点使该设备的价格远低于普通路由器的价格，强大的市场需求和合适的价格使该设备走进千家万户。

当出现具备某种功能的设备的市场需求，同时现有的技术又能够以合适的成本产生这一设备时，该设备将应运而生。

5. 不变与变的辩证关系

PPP 是基于点对点信道的接入控制协议，用于实现接入控制过程。随着技术的发展和应用场景的改变，接入网络已经从 PSTN 变化为用 ADSL、以太网、EPON，VPN 接入技术将 IP 网络作为远程终端接入内部网络的接入网络。这些接入网络建立的传输路径完全不同于 PSTN 建立的点对点语音信道。为了继续将 PPP 作用于这些接入网络，分别针对这些接入网络构建了用于仿真点对点信道的 PPP 会话或 IP 隧道，使 PPP 基于 PPP 会话或 IP 隧道实现接入控制过程。

不变是为了保留已经证明行之有效的方法和机制。变是为了能够让保留的方法和机制适用于已经发展的技术和已经变化的应用场景。不变和变的有机统一才能让保留的方法和机制能够不断拓展应用范围，让新的技术和新的应用场景能够不断涌现。

6. 授权与控制

接入控制技术的作用是实现授权和控制，用户通过注册获得授权，通过接入控制过程保证只有授权用户才能接入 Internet 或内部网络，实现对 Internet 资源或内部网络资源的访问过程。

权力是需要被授予的，且执行权力的过程需要得到有效控制。因此，任何人不应有超越法律的特权，任何执法者的执法过程都需要得到有效监督。

本章小结

- PPP 既是基于点对点信道的链路层协议，又是接入控制协议；
- 在拨号接入方式下，终端通过呼叫连接建立过程建立与接入控制设备之间的点对点语音信道；
- 在 ADSL 接入方式下，直接在 ADSL Modem 与 DSLAM 之间建立固定的双向不对称信道，下行信道带宽大于上行信道带宽，DSLAM 通常通过以太网与接入控制设备相连；
- 在以太网接入方式下，终端可以直接通过以太网与接入控制设备相连；
- 目前最普遍的接入 Internet 的方式是，构建家庭局域网，通过无线路由器将家庭局域网接入 Internet；
- 无线路由器可以同时通过以太网和无线局域网连接家庭中的终端和智能手机；
- VPN 接入方式通过 L2TP 建立终端与 VPN 接入服务器之间的 IP 隧道，两端通过 PPP 完成接入控制过程；
- 终端接入控制过程中分配的 IP 地址用于实现资源访问过程，终端接入 Internet 时分配的全球 IP 地址用于实现 PPP 帧在 IP 隧道两端之间的传输过程。

习　题

7.1 简述 PSTN、ADSL 和以太网接入技术的特点。
7.2 拨号上网时，Windows 的连接程序完成了哪些功能？
7.3 简述接入控制设备的功能。
7.4 一个用户完成拨号接入需要哪些步骤？每一步完成什么功能？使用什么协议？
7.5 4kHz 的载波信号能够达到 33.6kbps 数据传输速率的原因是什么？
7.6 同样通过用户线接入 Internet，为什么 ADSL 可以达到如此高的下行传输速率（1～2Mbps）？
7.7 用户通过 PSTN 接入 Internet 和通过 ADSL 技术接入 Internet 都需要运行连接程序，这两种连接程序的功能有何异同？
7.8 一个用户完成 ADSL 接入需要哪些步骤？每一步完成什么功能？使用什么协议？
7.9 基于点对点物理链路的链路层协议的基本功能有哪些？PPP 如何实现这些功能？
7.10 Internet 接入为什么需要用户身份鉴别和 IP 地址分配功能？PPP 如何完成这些功能？
7.11 PPPoE 的功能是什么？用户终端使用 PPPoE 的理由是什么？
7.12 PPP 是基于点对点物理链路的链路层协议，为什么会用于 ADSL 和以太网这样并不存在点对点物理链路的接入过程？PPP 在这些应用环境会有什么问题？需要解决什么问题？
7.13 当家庭局域网通过无线路由器接入 Internet 时，家庭局域网内终端的 IP 地址如何分配？家庭局域网内的终端如何实现对 Internet 的访问？
7.14 以太网和 ADSL 技术都被称为宽带接入技术，它们各有什么特点？
7.15 一个用户完成以太网接入需要哪些步骤？每一步完成什么功能？使用什么协议？
7.16 单位有一个通过无线路由器接入 Internet 的内部网络，假定该无线路由器具有 VPN 接入功能，当某个单位员工住宿在一个只有拨号方式上网的宾馆时，请给出该单位员工用 VPN 接入内部网络的过程。
7.17 为什么 PPPoE 通过广播发现启动报文来获取接入控制设备以太网端口的 MAC 地址，而 VPN 接入技术要求指定 VPN 接入服务器连接 Internet 的接口的全球 IP 地址？
7.18 为什么 IP 隧道报文需要通过序号保证 PPP 帧按序传输，而 PPP 会话格式中不需要序号字段？

第8章

传　输　层

网际层实现的传输服务与应用层要求的传输服务有很大的落差，为了消除这种落差，提出了传输层。传输层基于网际层提供的传输服务，实现应用层要求的传输服务。

8.1　传输层的功能和协议

传输层的功能就是弥补应用层要求的传输服务与网际层提供的传输服务之间的落差。在网际层提供的连接在不同网络上的两个终端之间的 IP 分组传输服务的基础上，实现应用层要求的进程之间按序、可靠的传输服务。

8.1.1　引入传输层的原因

传输网络与网际协议(IP)实现了 IP 分组连接在不同网络上的两个终端之间的传输过程，但人们最终的网络应用方式并不是端到端 IP 分组传输，而是实现两个应用进程之间的远程通信。如用户用浏览器远程访问某一个 Web 服务器时，浏览器和 Web 服务器都是在物理终端设备上运行的应用软件，用户用浏览器访问 Web 服务器的过程实际上就是两个应用进程之间的远程交互过程。不能直接通过终端之间的 IP 分组传输功能实现两个应用进程之间的远程交互过程的主要原因如下：

① IP 分组只给出源和目的终端的 IP 地址，而一个物理终端可以同时运行多个应用进程。因此，只能通过 IP 分组的目的 IP 地址将 IP 分组正确传输到某个物理终端，但无法通过 IP 分组的目的 IP 地址将 IP 分组正确地传送给对应的应用进程。就像家庭地址只能给出收信人所居住的房屋的位置，如果房屋内同时居住若干人的话，光靠家庭地址是无法正确地将信件送达收信人的，除了家庭地址，还必须给出收信人姓名。

② IP 分组在传输过程中，经过的每一跳路由器只校验 IP 分组首部，并不校验 IP 分组的数据字段。因此，即使 IP 分组中的数据在传输过程中出错，网际层既不知晓，也不做任何处理。对于类似文件传输这样的应用，传输可靠性是至关重要的，而网际层并不提供任何有关传输可靠性的功能。

③ 可以将用户通过浏览器远程访问 Web 服务器的过程想象成用户坐着小车去银行

进行存、取款操作。为了顺利完成存、取款操作，用户事先必须弄清楚两点：一是银行目前的状态，例如是否有大量客户排队等待存、取款操作，以至于银行用于客户排队的空间都没有了；二是通往银行的道路的状态，例如通往银行的道路是否十分拥挤，以至于用户根本无法到达银行。对应到用户用浏览器访问 Web 服务器的操作过程，可以将这两点对应为：一是 Web 服务器是否有能力对用户的访问请求做出响应，二是网络能否顺利地将包含浏览器和 Web 服务器交互时需要相互传输的数据的 IP 分组送达目的终端。而网际层无论在传输 IP 分组前还是在传输 IP 分组的过程中，均不会对双方终端的状态及互连双方终端的互连网络的状态进行监测。

鉴于上述原因，必须在应用层和网际层之间插入另一个功能层，而这个功能层就是传输层。

8.1.2 传输层的功能

传输层的功能用于弥补网际层为传输层提供的 IP 分组传输服务与传输层为应用层提供的进程间按序、可靠的传输服务之间的落差。

1. 标识进程

传输层需要具有标识进程的能力，传输层提供的进程标识信息与网际层提供的终端标识信息（IP 地址）一起唯一标识某个物理终端上运行的进程。

2. 流量控制

发送进程必须根据接收进程的处理能力发送数据，发送进程发送的数据量必须在接收进程能够接收和处理的流量范围内。根据接收进程处理能力控制发送进程发送流量的过程称为流量控制。传输层必须具有流量控制能力。流量控制发生在两个进程之间。

3. 差错控制

IP 是没有差错控制机制的协议。两个终端之间传输的 IP 分组一是没有数据检错功能，因此接收端无法检测出 IP 分组中数据的传输错误；二是没有确认重传机制，发送端发送某个 IP 分组后，无法确认该 IP 分组是否已经被接收端成功接收，因此也无法重传传输出错的 IP 分组；三是不能保证按序到达，由于两个终端之间存在多条传输路径，经过不同传输路径传输的 IP 分组有不同的传输时延，而且每一条传输路径的传输时延是变化的，与经过该条传输路径的流量有关，因此发送端发送 IP 分组的顺序与接收端接收 IP 分组的顺序可能是不同的。所以，传输层必须具备差错控制功能，使传输层能够在网际层提供的两个终端之间不可靠的 IP 分组传输服务的基础上，提供两个进程之间按序、可靠的数据传输服务。

4. 拥塞控制

互联网的传输能力是有限的，当进入互联网的流量超出互联网的传输能力时，就会发生拥塞，这与当交通流量超过城市道路的通行能力时，会发生交通拥堵是一样的。网际层没有拥塞控制功能，传输层的拥塞控制功能包括确定拥塞结点和减少经过拥塞结点的流量。拥塞控制与流量控制是不同的，流量控制只发生在两个通信的进程之间，拥塞控制发生在多个发送的流量经过拥塞结点的进程之间。

8.1.3 面向连接和无连接的区别

可以从提供的服务和服务实现方式两方面讨论传输层面向连接和无连接的区别。

1. 提供的服务

如图 8.1 所示，面向连接服务提供发送端至接收端的按序可靠传输服务，即接收端传输层提交给接收端应用层的数据及数据顺序与发送端应用层提交给发送端传输层的数据及数据顺序完全一致。无连接服务与此相反，传输层一是不能保证发送端应用层提交给发送端传输层的数据能够正确到达接收端应用层，二是不能保证接收端传输层提交给接收端应用层的数据顺序与发送端应用层提交给发送端传输层的数据顺序一致。

图 8.1 面向连接服务

2. 服务实现方式

为了实现面向连接的服务，发送端传输层和接收端传输层之间进行数据传输过程前需要完成以下协调过程：一是需要确定双方是否就绪，只有发送端传输层处于允许发送数据的状态，且接收端传输层处于能够接收数据的状态，才能开始数据传输过程；二是发送端传输层与接收端传输层为了实现面向连接服务需要分配一些资源，如发送端的输出缓冲器和接收端的输入缓冲器等；三是双方为了实现面向连接服务需要协商一些参数，如接收端传输层允许接收的数据量、每一个传输层报文封装的最大数据长度等。双方通过连接建立过程完成上述协调过程，因此面向连接服务完整的数据传输过程包括：建立连接、传输数据和释放连接。释放连接过程用于释放双方为了实现面向连接服务分配的资源。

无连接服务不需要连接建立和释放过程，因此接收端传输层可能因为没有就绪、没有输入缓冲器等原因不能接收发送端传输层传输给它的数据。

因此，可以从两方面理解传输层连接：一是提供按序、可靠的数据传输服务；二是传输数据前，双方需要建立连接；传输数据后，双方需要释放连接。

3. 传输层连接与其他层连接的区别

电路交换网络为了动态建立点对点信道需要建立连接,虚电路交换网络为了建立点对点虚电路需要建立连接,这些连接的建立过程其实就是端到端传输路径的建立过程。传输层连接与这些连接是不同的,传输层连接建立过程只是两端传输层实体为实现数据按序、可靠的传输服务而进行的协调过程。因此,传输层连接与其他连接存在以下区别:一是传输层连接只与两端传输层有关,与两端之间传输路径所经过的传输网络和路由器无关。而电路交换连接需要在电路交换机中建立两个端口之间的动态连接,虚电路连接需要在虚电路分组交换机中创建用于将虚电路标识符与该虚电路对应的传输路径绑定的转发项。二是电路连接和虚电路连接建立过程只发生在连接在单个传输网络中的两个结点之间,传输层连接建立过程发生在连接在互联网上的两个终端之间。

8.1.4 面向字节流和面向报文的区别

面向字节流要求应用层向传输层提交的是一串字节流,面向报文要求应用层向传输层提交的是一系列报文。在面向字节流的情况下,由传输层负责将字节流分割为一段一段的数据,然后将每一段数据封装成传输层报文。在面向报文的情况下,传输层需要将每一个应用层提交的报文封装成传输层报文,但它不能对应用层提交的报文进行分割和拼装。

8.1.5 传输层协议

在 TCP/IP 协议结构中,用作传输层的协议有两个,它们分别是用户数据报协议(User Datagram Protocol, UDP)和传输控制协议(Transmission Control Protocol, TCP),如图 8.2 所示。

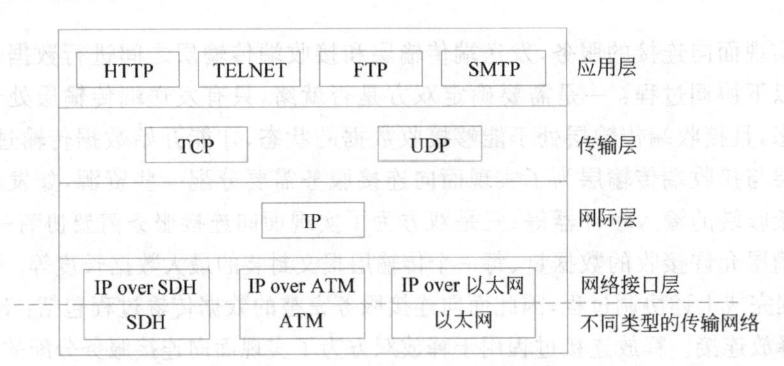

图 8.2 TCP/IP 协议结构

1. UDP 与 TCP 的功能区别

UDP 是一种功能简单的传输层协议,只提供标识进程和对通过传输层传输的数据检错的功能,没有传输层要求的差错控制、流量控制和拥塞控制功能。TCP 是一种提供完整的传输层功能的传输层协议。

2. UDP、TCP 与应用层协议之间的关系

应用层协议可以分为三类：一类是只使用 UDP 的应用层协议，一类是只使用 TCP 的应用层协议，另一类是既可使用 UDP，也可使用 TCP 的应用层协议。

只使用 UDP 的应用层协议有简单网络管理协议（Simple Network Management Protocol，SNMP）、动态主机配置协议（Dynamic Host Configuration Protocol，DHCP）等。只使用 TCP 的应用层协议有远程登录（TELNET）协议、简单邮件传输协议（Simple Mail Transfer Protocol，SMTP）、邮局协议第 3 版（Post Office Protocol 3，POP3）、文件传输协议（File Transfer Protocol，FTP）、超文本传输协议（Hyper Text Transfer Protocol，HTTP）等。既可使用 UDP，也可使用 TCP 的应用层协议有域名系统（Domain Name System，DNS）等。

8.2 端 口 号

传输层用端口号标识进程，端口号分为著名端口号、注册端口号和临时端口号。

8.2.1 端口号的作用和分配过程

1. 端口号的作用

传输层用端口号标识进程，因此端口号必须具有本地唯一性，即相同物理终端上运行的两个应用进程必须具有不同的端口号。传输层用 16 位二进制数表示端口号，因此可标识 64k 个不同的应用进程。由于端口号只有本地意义，因此对某个物理终端而言，64k 个端口号应该足够。

由于用端口号标识进程，因此两个应用进程开始通信前，不但要知道双方所在终端的 IP 地址，而且还要知道双方的端口号。在实际通信过程中，IP 地址和端口号一起才能唯一标识通信双方的应用进程。因此，我们将 32 位 IP 地址和 16 位端口号的组合称为插口，用 48 位插口唯一标识某个应用进程，如图 8.3 所示。

图 8.3 插口和 IP 地址、端口之间的关系

2. 端口号的分配方法

端口号可以分为著名端口号、注册端口号和临时端口号三种不同类型，每一种类型的端口号的范围如下。

0～1023：著名端口号

1024～49151：注册端口号

49152～65535：临时端口号

1）著名端口号

著名端口号，也称熟知端口号，是标识标准 Internet 服务进程的端口号。著名端口号与标准 Internet 服务进程之间的关联是固定的，因此任何客户端进程均可用某个和标准 Internet 服务进程关联的端口号与该标准 Internet 服务进程进行通信。

2）注册端口号

注册端口号是用户事先向 IANA 注册，用来标识用户服务进程的端口号。一旦某个端口号被注册，该端口号固定标识某个用户服务进程。

3）临时端口号

临时端口号是某个进程为了与其他进程通信而临时分配的端口号。该进程一旦结束本次通信过程，将释放该临时端口号，因此临时端口号与进程之间的关联是动态的。某个进程与不同进程通信可能使用不同的临时端口号，某个进程不同时间与同一个进程通信也可能使用不同的临时端口号。

8.2.2 UDP 和 TCP 著名端口号

1. UDP 著名端口号

UDP 著名端口号标识使用 UDP 的标准 Internet 服务进程，由对应的应用层协议描述这些标准 Internet 服务进程提供的服务。表 8.1 给出了 UDP 著名端口号与描述这些标准 Internet 服务进程提供的服务的应用层协议之间的关联。值得指出的是，DHCP 和 SNMP 的客户端和服务器端均使用著名 UDP 端口号。

表 8.1 UDP 著名端口号

服务进程	DNS	DHCP	TFTP	SNMP	RIP
著名端口号	53	67/68	69	161/162	520

2. TCP 著名端口号

表 8.2 给出了 TCP 著名端口号与描述这些标准 Internet 服务进程提供的服务的应用层协议之间的关联。

表 8.2 TCP 著名端口号

服务进程	FTP(数据连接)	FTP(控制链接)	TELNET	SMTP	HTTP
著名端口号	20	21	23	25	80

8.3 UDP

用户数据报协议(User Datagram Protocol，UDP)与 IP 一样提供尽力而为传输服务，只是 IP 提供的是连接在不同网络上的两个终端之间的 IP 分组传输服务，UDP 提供的是两个运行在不同物理终端上的进程之间的 UDP 报文传输服务。

8.3.1 UDP 的主要特点

UDP 是无连接传输层协议。这意味着一是 UDP 不是可靠的传输协议。二是 UDP 传输数据前，不需要建立连接过程；传输数据后，不需要释放连接过程。

UDP 是面向报文的传输层协议。这意味着应用层向 UDP 提交的是一系列报文。

8.3.2 UDP 报文格式

用户数据报格式如图 8.4 所示。

源端口号和目的端口号用于标识通信双方的应用进程，检验和字段用于检测 UDP 报文(包括用户数据)传输过程中发生的错误。如果接收端通过检验和字段发现 UDP 报文传输过程中出错，则接收端丢弃该 UDP 报文，向发送端发送一个“端口不可达”的 ICMP 报文。

UDP 除了可以让接收端通过检验和字段值发现 UDP 报文传输过程中发生的错误外，没有其他差错控制功能，也没有流量控制和网络拥塞控制功能。因此，UDP 提供的是尽力而为的 UDP 报文传输服务。

源端口号	目的端口号
UDP报文长度	检验和
用户数据	

图 8.4 UDP 报文格式

8.3.3 UDP 用途

从上述分析中可以看出，UDP 除了实现应用进程之间通信和对包含的数据进行检错的功能外，和网际层提供的功能相似。实际应用中需要这种仅仅实现应用进程之间通信，对传输可靠性、网络拥塞控制不做要求的数据传输服务吗？答案是肯定的。

1. VoIP

对于有些应用来说，数据传输的实时性比数据传输的可靠性重要，如网络电话(Voice over Internet Protocol，VoIP)。为了通过 IP 网络实现语音通信，必须在发送端按照 8kHz 采样频率对模拟语音信号进行采样，然后将采样值经过量化后转换成用 8 位二进制数表示的 PCM 码。若干这样的 PCM 码构成 UDP 报文，然后再将 UDP 报文封装成 IP 分组传输到目的终端。假定每一个 UDP 报文包含 4ms 的 PCM 码，即 8000 个/s×0.004s=32 字节数字语音数据，那么从某个时间点 t 开始，依次产生的 UDP 报文分别包含 $t \sim t+4, t+4 \sim t+8, \cdots, t+(n-1)\times 4 \sim t+n\times 4$ms 的数字语音数据。当接收端接收到包含 $t \sim t+4$ms 数字语音数据的 UDP 报文后，会延迟一段时间后开始播放语音。为了能够真实还原语音信号，开始播放后，就不允许停顿。但如果包含 $t+(k-1)\times 4 \sim t+k\times 4$ms 数字语音数据的 UDP 报文传输出错或丢弃，则接收端不可能在播放完包含 $t+(k-2)\times 4 \sim t+(k-1)\times 4$ms 数字语音数据的 UDP 报文后停下来，开始等待，并直到接收到发送端重新发送的包含 $t+(k-1)\times4\sim t+k\times4\text{ms}$ 数字语音数据的 UDP 报文后再继续播放。因此，接收端宁可空过这一段时间，也不会通过长时间停顿来等待重发的 UDP 报文，如图 8.5 所示。在这种情况下，接收端只需要检验 UDP 报文传输过程中是否出错，不会要求发送端重新发送传输出错的 UDP 报文。

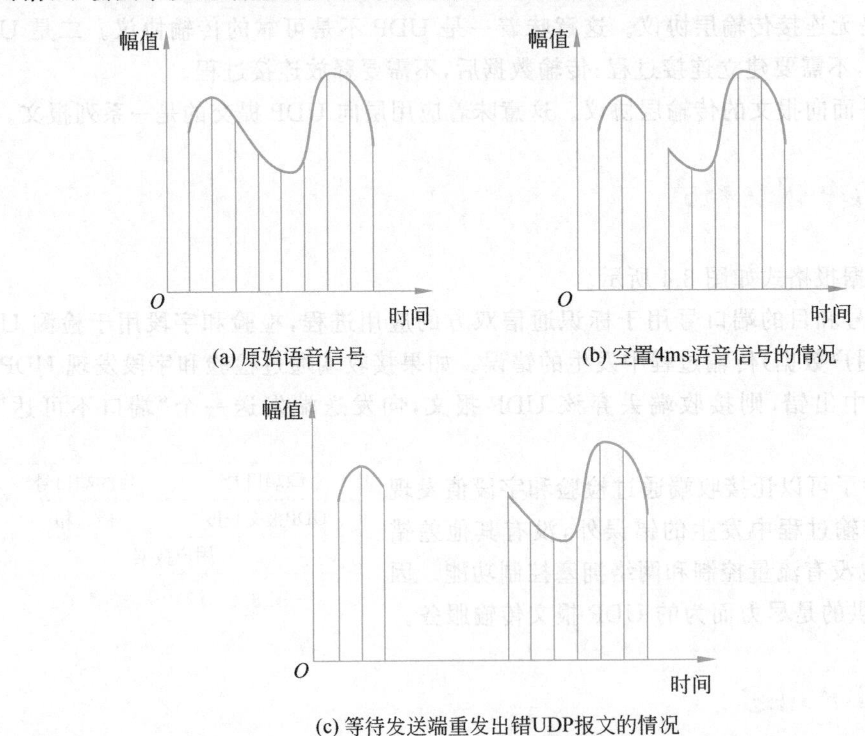

图 8.5　UDP 不要求发送端重发出错 UDP 报文的原因

另一方面，由于语音通信的实时性，为了保证 VoIP 系统的通信质量，需要在网络中预留带宽。在网络中预留带宽就像城市交通中设置公交车专用车道一样，网络发生拥塞不会对已经在网络中预留带宽的语音通信造成很大影响。因此，对于 VoIP 系统这样的应用，网络拥塞控制也不是必不可少的功能。鉴于上述情况，采用 UDP 这样简洁的传输层协议来实现语音通信是比较恰当的。

2. 简短交互应用

简短交互应用具有以下特点：一是只需要一次交互过程，二是交互过程中双方传输简短报文，三是要求交互的实时性尽可能好。如客户端发送一个简短的请求报文给服务器，服务器立即回送一个简短的响应报文给客户端。由于 UDP 传输数据前，不需要建立连接，因此用 UDP 实现简短交互应用既可以省去建立连接和释放连接过程所需要的开销，也可以是提高交互过程的实时性。

8.4 TCP

传输控制协议(TCP)在IP实现的尽力而为IP分组传输服务的基础上,为应用层提供进程间按序、可靠的字节流传输服务,并实现流量控制和网络拥塞控制功能。

8.4.1 TCP的主要特点

1. 面向连接

TCP是面向连接的协议,它完成数据传输过程需要3个阶段:一是连接建立阶段,二是数据传输阶段,三是连接释放阶段。TCP连接建立阶段主要解决以下3个问题:

(1) 互相感知对方的存在;

(2) 双方约定一些参数,如初始序号、初始窗口大小、最大报文段长度(Maximum Segment Size,MSS)等;

(3) 分配用于本次数据传输所需要的资源,如缓冲器、连接表中的项目等。

每一个TCP连接用双方的IP地址和端口号(即两端插口)唯一标识。

2. 面向字节流

应用进程提交给TCP的数据是一串无结构的字节流,按序、可靠传输是指必须使发送端应用进程提交的字节流无差错、不丢失、不重复、按序地到达接收端的应用进程。但TCP进程的传输单位是TCP报文,因此发送端TCP进程在开始传输发送端应用进程提交的字节流前,必须将字节流分段,然后将每一段字节流封装成TCP报文。

3. 实施流量控制和拥塞控制

流量控制在发送端和接收端之间进行,保证发送端将发送数据速率控制在接收端有能力处理的范围内。而拥塞控制在终端和网络之间进行,通过终端和网络之间的相互作用,使进入网络的流量维持在网络能够承受的范围内。

8.4.2 TCP报文格式

TCP报文格式如图8.6所示。TCP报文首部各字段的含义如下。

源端口号和目的端口号:各占2字节,用于标识通信双方的应用进程。

序号和确认序号:各占4字节,TCP对应用进程提交给它的字节流中的每一个字节都编上一个序号。由于受网络最大传输单元(Maximum Transfer Unit,MTU)的限制(如以太网一次传输数据不能超过1500字节,即MTU=1500B),TCP不可能将应用进程以字节流形式提交给它的数据封装成一个TCP报文,而是需要将数据分段,将每一段数

<table>
<tr><td colspan="8">源端口号</td><td>目的端口号</td></tr>
<tr><td colspan="9">序号</td></tr>
<tr><td colspan="9">确认序号</td></tr>
<tr><td>TCP首部长度</td><td>保留</td><td>URG</td><td>ACK</td><td>PSH</td><td>RST</td><td>SYN</td><td>FIN</td><td>窗口</td></tr>
<tr><td colspan="8">检验和</td><td>紧急指针</td></tr>
<tr><td colspan="9">可选项</td></tr>
<tr><td colspan="9">数据</td></tr>
</table>

图 8.6　TCP 报文格式

据封装成一个 TCP 报文,序号就是这一段数据的第一个字节的序号。TCP 是提供差错控制的传输层协议,差错控制过程就是接收端首先对接收到的 TCP 报文进行校验,如果没有发现传输错误,就向发送端发送一个确认应答。确认应答中的确认序号是接收端已经正确接收到的字节流中最后一个字节的序号加 1,之所以加 1 就是将确认序号作为接收端期待接收的下一段数据的第一个字节的序号。接收端正确接收的字节流是指没有传输错误,且又按序到达的一系列数据段。

TCP 首部长度：4 位二进制数,它以 32 位二进制数(4 字节)为单位给出 TCP 首部的长度,由此可以算出 TCP 首部的最大长度为 15×4=60 字节。由于紧随 TCP 首部的是数据,该值也给出了数据相对于 TCP 报文开始字节的相对位移,因此也被称为数据偏移字段。

TCP 报文首部中包含 6 个控制位,下面对这些控制位逐个进行讨论。

紧急位(URG)：当 URG=1 时,表明紧急指针字段有效,TCP 报文中含有紧急数据。紧急数据位于 TCP 报文数据字段的开始部分,由紧急指针给出紧急数据的最后一个字节相对于数据开始处的位移。紧急数据是发送端要求接收端立即处理的数据,如发送端通过键盘发出中断命令(Ctrl+C 键)。该中断命令如果作为紧急数据传输,则到达接收端后立即处理,否则就需要在接收端缓冲区中排队等待处理。

确认位(ACK)：只有当 ACK=1 时,确认序号字段才有效。

推送位(PSH)：接收端 TCP 进程向应用进程提交数据的方式是多种多样的,但不会每接收到一个字节,就向应用进程提交一个字节。而是当接收端缓冲区有了一定数量的字节后才向应用进程提交数据。同样发送端也不是每当应用进程向发送端 TCP 进程提交一个字节,发送端 TCP 进程就发送一个字节,因为 TCP 报文中的数据字段长度直接影响网络的实际传输效率。因此,从发送端应用进程产生命令到接收端应用进程做出响应是存在一定时延的。如果在某个交互性要求较高的应用中,发送端应用进程希望输出命令后,立即得到接收端应用进程的响应,就要求发送端 TCP 进程在接收到这样的命令后,立即将命令封装成 TCP 报文发送出去,并将 PSH 位置 1。接收端 TCP 进程接收到这样的 TCP 报文后,就立即将缓冲区中的数据提交给接收端应用进程。注意,PSH 位置 1 只是加速接收端 TCP 进程向接收端应用进程提交数据的速度,并不能改变接收端应用进程处理数据的顺序,这和 URG 位不同。

复位位(RST)：当 RST=1 时，表明 TCP 连接中出现严重错误，必须复位该 TCP 连接。复位该 TCP 连接就是先释放该 TCP 连接，然后重新建立 TCP 连接。

同步位(SYN)：如果 SYN=1、ACK=0，则意味着是请求建立 TCP 连接的 TCP 连接请求报文；如果 SYN=1、ACK=1，则意味着是同意建立 TCP 连接的 TCP 连接响应报文。因此，如果 SYN=1，则处于 TCP 连接建立过程。

终止位(FIN)：当 FIN=1 时，表明发送端已完成数据传输，请求释放 TCP 连接。

窗口：2 个字节。网络拥塞控制根据接收端的状态和连接通信双方的网络的状态进行，接收端状态用于表明接收端当前的处理能力，这种处理能力通过接收端能够接收的字节数来表示。窗口字段值就是接收数据的一方向发送数据的一方公告的当前能够接收的字节数，而且该字节数以确认序号为基准。如果确认序号为 501，窗口字段值为 200，则意味着接收端可以接收序号范围为 501～700 的字节。发送端发送的数据的字节数不仅受制于接收端状态，也受制于网络状态。因此，窗口字段值是发送端允许发送的数据的字节数的上限，发送端实际发送的数据的字节数还受网络状态制约。

检验和：2 个字节。发送端根据检验和算法对 TCP 报文进行计算，并将计算结果填入检验和字段。接收端重新根据检验和算法对接收到的 TCP 报文进行计算，并将计算结果和检验和字段值比较，相等表明 TCP 报文在传输过程中没有出错；否则表明 TCP 报文在传输过程中出错，接收端将丢弃该 TCP 报文，并要求发送端重新传输该 TCP 报文。

8.4.3 TCP 建立连接和释放连接的过程

1. 连接建立过程

TCP 作为面向连接的传输层协议，在双方实际传输数据前，必须事先进行联络，并约定一些参数，这种事先联络并约定参数的过程称为建立连接过程。

TCP 采用客户/服务器方式，主动发起连接建立的应用进程称为客户(client)，而被动等待连接建立的应用进程称为服务器(server)。在实际的用户用浏览器访问 Web 服务器的过程中，Web 服务器首先通过被动打开命令，要求它的 TCP 进程不断侦听端口号为 80 的连接建立请求，而用户一旦点击某个链接，浏览器在获取该链接相关的 IP 地址后，发出连接建立请求。Web 服务器侦听到该连接建立请求后，开始做出响应。图 8.7 就是客户和服务器进程建立 TCP 连接的过程。

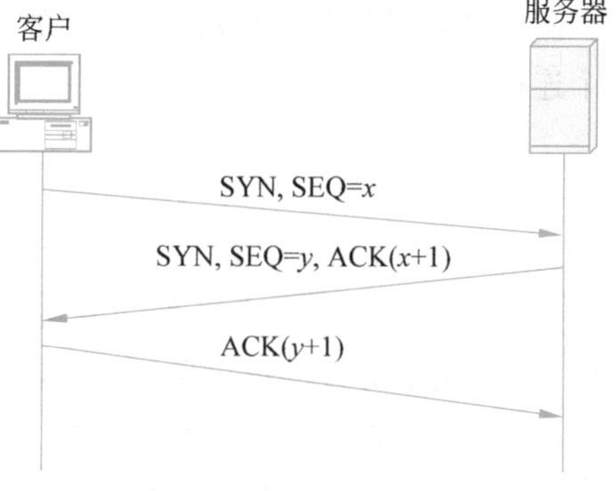

图 8.7 用三次握手建立 TCP 连接

在图 8.7 中，客户端用 SYN=1、ACK=0 作为连接建立请求的标志，服务器端如果响应该连接建立请求，就用 SYN=1、ACK=1 作为连接建立响应的标志。只有当客户端接收到 SYN=1、ACK=1 的连接建立响应后，才确认服务器端同意建立 TCP 连接，并以

ACK＝1 作为确认。在连接建立过程中，双方必须约定初始序号和窗口大小，客户端在发出连接建立请求时，将序号设置为初始序号 x。服务器端如果认可该序号，就以 $x+1$ 作为确认序号(图 8.7 中用 ACK($x+1$)表示)，该序号将作为客户端以后发送的数据的第一个字节的序号。同样，服务器端在响应中也将序号设置为初始序号 y。如果客户端认同该序号，就在确认中以 $y+1$ 作为确认序号，服务器端将该序号作为以后发送的数据的第一个字节的序号。同时，客户和服务器分别在请求、响应、确认中给出各自的窗口大小。

2. 连接释放过程

一旦完成数据传输过程，必须释放连接。释放连接的主要目的是让双方释放为实现面向连接的数据传输过程而分配的资源，如缓冲器等。只有将分配的资源释放出来，新的TCP 连接才能再次使用这些资源。释放连接的过程如图 8.8 所示。

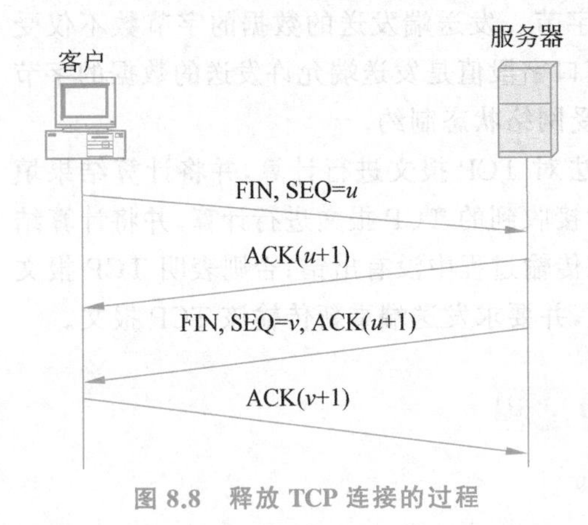

图 8.8 释放 TCP 连接的过程

由于 TCP 连接可以双向传输数据，因此 TCP 连接两端分别为发送数据和接收数据分配了资源。如果其中一方(客户端)完成数据发送，就向对方(服务器端)发送一个连接释放请求，该请求用 FIN＝1 作为标志，序号 u 是发送完成的数据的最后一个字节的序号加 1。服务器端在接收到该连接释放请求后，以确认序号 $u+1$ 作为该连接释放请求的确认应答，并释放为接收数据而分配的资源。客户端接收到该确认应答后，释放为发送数据分配的资源。但服务器端仍可继续向客户端发送数据，客户端也仍然可以接收数据，并对正确接收的数据做出确认应答。如果服务器端也完成数据发送，也向客户端发出连接释放请求，客户端一方面向服务器端发出确认应答，一方面释放为接收数据而分配的资源，关闭整个连接。同样，服务器端在接收到客户端的确认应答后，释放为发送数据分配的资源，并关闭整个连接。

3. 发送窗口和接收窗口

1) 发送窗口和 ARQ

建立 TCP 连接后，发送端一是确定初始序号，如图 8.7 所示的客户端 TCP 进程的 $x+1$；二是确定对方的窗口值，假定如图 8.7 所示的服务器端在连接建立响应中给出的窗口字段值是 w，表示客户端初始时允许发送序号范围为 $x+1 \sim x+1+w$ 的字节。序号范围 $x+1 \sim x+1+w$ 称为发送窗口，是发送端在没有接收到确认应答前允许发送的字节的序号范围。发送端接收到确认应答后，根据确认应答求出发送窗口的过程如下：假定确认应答中的确认序号为 a，窗口字段值为 w，则发送窗口为 $a \sim a+w$，如图 8.9 所示。随着不断接收到确认应答，发送端的发送窗口是变化的。

接收端在确认应答(在全双工通信过程中，可以在接收端向发送端发送的数据中捎带

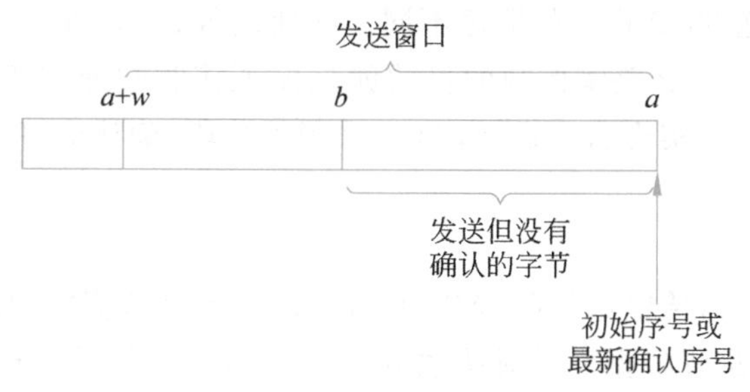

图 8.9 发送窗口

确认应答)中指定窗口值,在不考虑网络拥塞控制的情况下,允许发送端 TCP 进程在连续发送完封装序号属于发送窗口的全部字节的 TCP 报文后,等待接收端的确认应答。这种在接收到确认应答前可以发送完序号属于发送窗口的全部字节的机制称为连续 ARQ 机制。根据接收端发送的确认应答中的确认序号和窗口字段值确定发送端发送窗口,在接收到接收端发送的新的确认应答前,只允许发送端发送序号属于发送窗口的字节的机制称为流量控制。接收端通过控制发送端的发送窗口来控制发送端的发送流量。

2) 输入缓冲器和接收窗口

如图 8.10 所示,假定接收端输入缓冲器长度是 L,接收端发送的最新的确认应答中给出的确认序号是 d,接收端已经确认但没有提交给应用层的字节中序号最小的字节的序号为 c,则 $d \sim c+L$ 是接收端的接收窗口,$w=L-(d-c)$是接收窗口的大小,也是接收端发送的最新的确认应答中的窗口字段值。

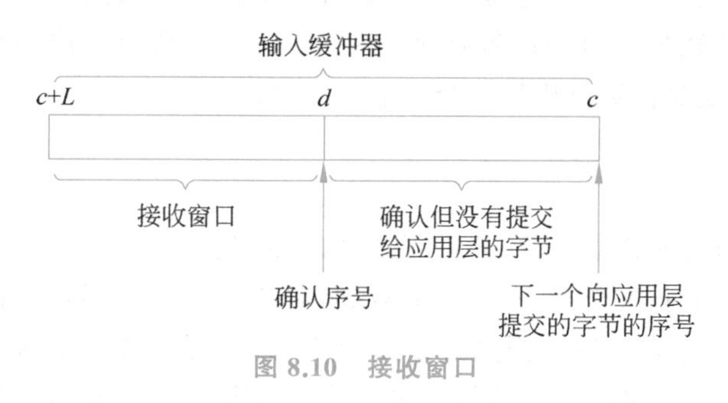

图 8.10 接收窗口

无论数据是否按序到达,接收端都能够接收序号属于 $d \sim c+L$ 的字节,即序号属于接收窗口的字节。随着接收端不断地向应用层提交已经确认的字节,接收窗口随之发生变化。同样,随着接收端发送的最新的确认应答中给出的确认序号的改变,接收窗口也随之发生变化。

8.4.4 TCP 差错控制机制

通过两个终端之间 TCP 连接传输的数据的基本单位称为段,在每段数据上加上 TCP 首部就构成 TCP 报文。由于每一个 TCP 报文都封装成 IP 分组进行传输,而且多个 IP 分组经过网络传输后可能错序,因此到达接收端 TCP 进程的 TCP 报文的顺序可能和发送端 TCP 进程发送 TCP 报文的顺序不同。除此之外，TCP 报文在传输过程中有可能被损坏、丢失或复制。TCP 差错控制的目的就是保证接收端能够正确、按序地向应用进程提交 TCP 报文。为了实现这一目标，TCP 采用了分段、确认应答和重传这三种机制。

1. 分段

发送端 TCP 进程对传输给接收端 TCP 进程的一串字节流中的每一个字节都分配一个序号，接收端 TCP 进程根据序号对接收到的错序的段重新进行排序。每一个 TCP 首部携带一个用于标识该段数据的 32 位序号，该序号是发送端 TCP 进程分配给该段数据的第一个字节的序号，如图 8.11 所示。

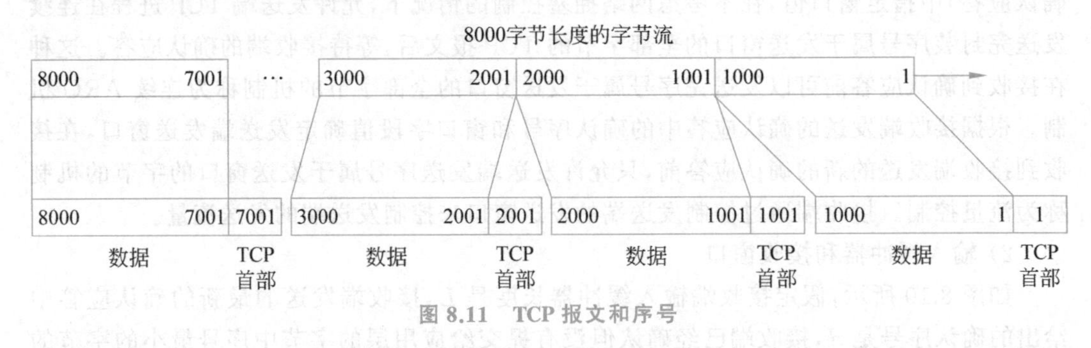

图 8.11　TCP 报文和序号

如图 8.11 所示，发送端应用进程要求 TCP 进程传输一串由 8000 字节构成的数据给接收端应用进程。发送端 TCP 进程接收到来自应用进程的数据后，将数据分成 8 段，每一段包含 1000 字节数据。每一段数据加上一个 TCP 首部后构成一个 TCP 报文，TCP 首部中给出的序号是每段数据中第一个字节的序号。

2. 确认应答过程

发送端 TCP 进程和接收端 TCP 进程之间的数据发送和确认应答过程如图 8.12 所示。假定每一个 TCP 报文包含 1000 字节数据，对图 8.12 可以做如下说明：

- 接收端对接收到的 TCP 报文可以逐个确认，也可以累积确认。确认应答中给出的确认序号是正确接收到的数据中末端字节序号加 1，它也是接收端期待接收的数据的开始字节序号。在全双工通信过程中，接收端通常在发送的数据中捎带确认应答。因此，如果确定即将向发送端发送数据，接收端在接收到来自发送端的数据后，不立即发送确认应答，而是等到向发送端发送数据时捎带确认应答。当然，必须控制等待时间，以免发送端重传定时器溢出。
- 接收端接收到重复的 TCP 报文时，丢弃该 TCP 报文，立即发送确认应答。由于不同 TCP 报文的传输时延不同，导致接收端接收到错序的 TCP 报文，接收端一旦接收到错序的 TCP 报文，立即发送确认应答。由于确认序号是正确接收到的数据中末端字节序号加 1，因此对于因为接收到错序或者重复的 TCP 报文而发送的确认应答，其确认序号等于前面由于接收到正确的数据而发送的确认应答，因而被称为重复的确认应答。由于接收端存在接收窗口，因此接收端仍然将错序但序号属于接收窗口的字节存储在输入缓冲器中。当接收端接收到因为传输时延过长而先发后到的数据,如图 8.12 中序号为 3001 的 TCP 报文,接收端发送的确认应答中的确认序号将体现前面接收到的虽然错序但仍然接收并存储在输入缓冲器中的 TCP 报文。

- 一旦某个 TCP 报文在传输过程中丢失,序号大于该 TCP 报文的其他 TCP 报文都将被接收端作为错序的 TCP 报文。与因为传输时延抖动引发错序的情况不同,在发送端重发丢失的 TCP 报文前,接收端接收到的都是错序的 TCP 报文,因而一直发送重复的确认应答。

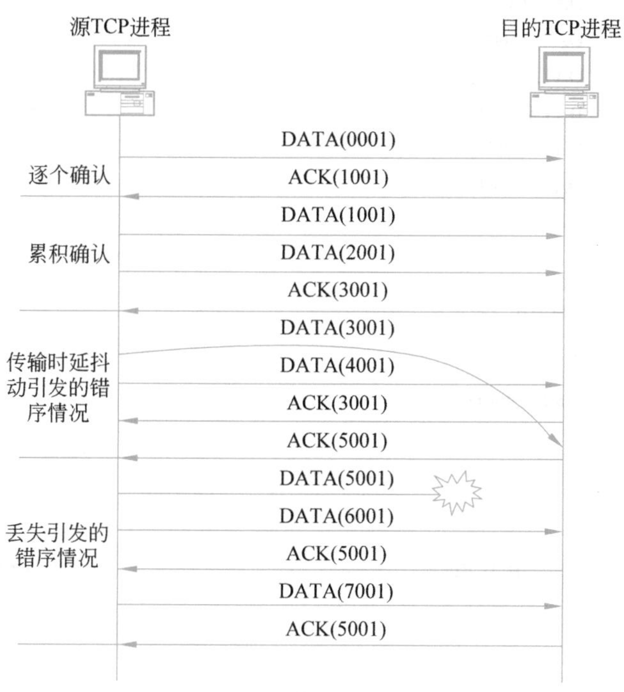

图 8.12 确认应答过程

3. 重传机制

重传机制如图 8.13 和图 8.14 所示,讨论重传机制前,首先需要强调的是,连续 ARQ 机制下,发送端按序发送序号属于发送窗口的字节。接收端发送的确认应答中的确认序号和窗口字段值虽然具有调整发送端发送窗口的功能,但当前接收到的确认应答中的确认序号与发送端随后发送的 TCP 报文中的序号之间没有直接因果关系。如图 8.13 所示,当发送端接收到确认序号为 2001 的确认应答时,发送端继续按序发送序号分别为 3001、4001 和 5001 的 TCP 报文。只要在确认序号为 2001 的情况下,这些 TCP 报文中包含的字节的序号属于发送端的发送窗口。

差错控制机制的本质是出错重传,以下情况视为出错:一是 TCP 报文在传输过程中丢失。二是因为检测出 TCP 报文传输过程中产生的错误被接收端丢弃,在这种情况下,接收端不发送确认应答。三是因为错序且 TCP 报文中字节的序号不属于接收窗口被接

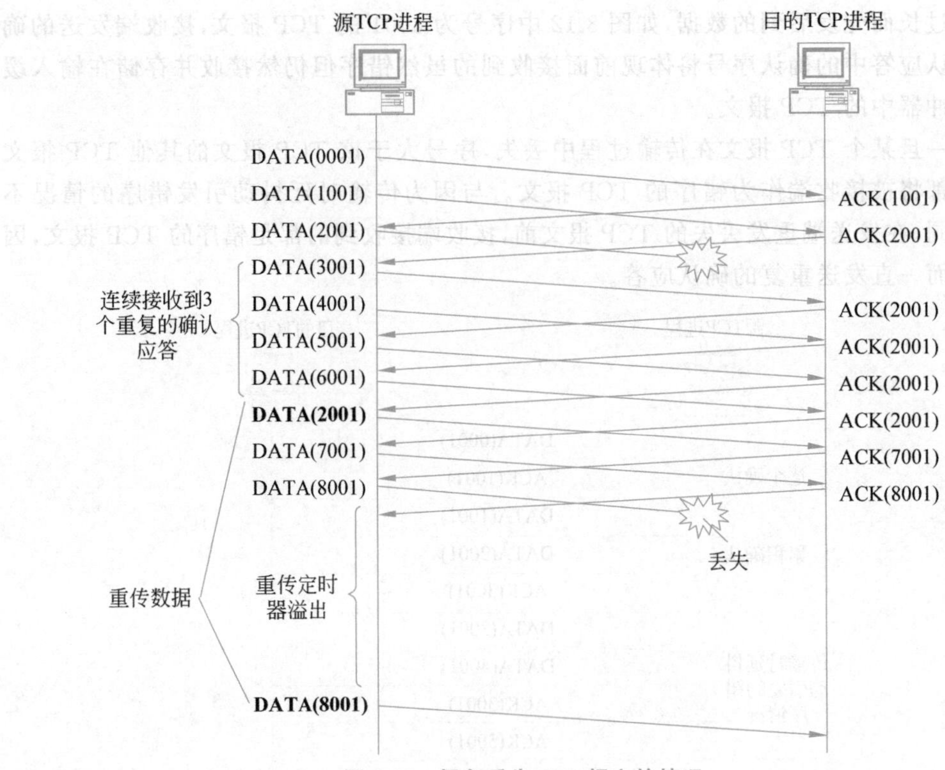

图 8.13　偶尔丢失 TCP 报文的情况

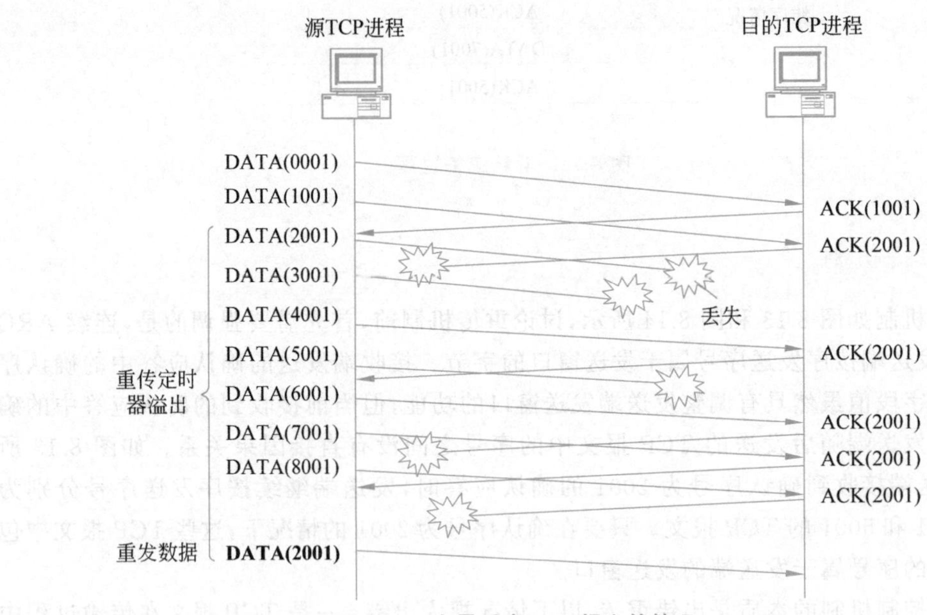

图 8.14　大量丢失 TCP 报文的情况

收端丢弃。发送端需要根据接收端发送的确认应答来推测出错的 TCP 报文，并予以重发。TCP 确定某个 TCP 报文出错的依据有两个：一是重传定时器溢出，二是连续接收 3 个重复确认应答。需要说明的是，接收到确认序号为 x 的确认应答后，再一次接收到确认序号为 x 的确认应答称为重复接收确认序号为 x 的确认应答。连续接收 3 个确认序号为 x 的重复确认应答等同于连续接收 4 个确认序号为 x 的确认应答。

1) 重传定时器溢出

发送端每发送一个 TCP 报文，就将该 TCP 报文暂存在缓冲器，同时为该 TCP 报文设置一个定时器。如果在定时器溢出之前，接收到表明接收端成功接收该 TCP 报文的确认应答，就从缓冲区中删除该 TCP 报文，当然也关闭为该 TCP 报文设置的定时器。如果直到定时器溢出，仍未接收到表明接收端成功接收该 TCP 报文的确认应答，则说明该 TCP 报文传输出错或丢失，发送端重新发送该 TCP 报文，并重新为该 TCP 报文设置定时器。由于设置该定时器的目的是为了控制 TCP 报文重传，因而称其重传定时器。

重传定时器的溢出时间应该大于端到端的往返时延(Round-Trip Time，RTT)，否则即使某个 TCP 报文被接收端成功接收，也因为重传定时器溢出时间太短，在接收到接收端发送的确认应答前，会再次发送该 TCP 报文，造成网络资源的浪费。一是由于端到端传输路径可能包含多个不同的网络，而且由于路由协议可以动态地改变端到端传输路径，使前后 TCP 报文的传输路径可能不同；二是随着网络拥塞程度的变化，TCP 报文经过分组交换设备(交换机或路由器)的转发时延也随之变化。因此，在接收到该 TCP 报文的确认应答前，正确地估计出该 TCP 报文的端到端往返时延是比较困难的。

在建立 TCP 连接过程中，TCP 进程记录下初始往返时延 RTT(从发送 TCP 控制报文到接收到确认应答报文的时延)。在以后发送数据时，对每一个接收到确认应答的 TCP 报文求出该 TCP 报文的往返时延 RTT_i，该往返时延被称为采样往返时延。根据下式计算平均往返时延：

$$\text{初始平均往返时延} = RTT$$

$$\text{新平均往返时延} = (1-\alpha) \times \text{原平均往返时延} + \alpha \times RTT_i \quad (0 \leqslant \alpha < 1) \qquad (8.1)$$

α 的值确定新采集到的 TCP 报文往返时延对重新计算后的平均往返时延的影响力，如果 $\alpha=1$，则完全由新采集到的 TCP 报文的往返时延取代平均往返时延。这样做的好处是，当由于网络拥塞程度发生变化，导致 TCP 报文往返时延发生变化时，平均往返时延能够及时地反映这种变化。不好的是，由于新采集到的往返时延的滞后效应，用前一次 TCP 报文的往返时延作为这一次 TCP 报文的往返时延的估计值有可能出错。如发送端发送的某个 TCP 报文，经过某个结点时，该结点恰好空闲，该 TCP 报文在该结点的转发时延几乎为零，因而使该 TCP 报文的往返时延较短。但当发送端发送下一个 TCP 报文时，该结点的拥塞程度有所提高，使这一次发送的 TCP 报文的往返时延有所增大。这样，用前一次 TCP 报文的往返时延作为这一次 TCP 报文的往返时延的估计值，就有可能出错。如果 $\alpha=0$，则平均往返时延固定等于初始往返时延，对网络状态的变化不做响应，当然也会和实际的 TCP 报文的往返时延造成较大误差。因此，必须精心选择 α 值，使其既能比较真实地反映网络状态，又不会因某个 TCP 报文偶尔快速或慢速传输，导致平均往返时延有较大的波动。

TCP 报文设置的重传定时器溢出时间根据计算出的新平均往返时延和采样往返时延的波动范围确定。

2）连续接收到 3 个重复的确认应答

根据图 8.12 所示的确认应答过程，接收端接收到错序的 TCP 报文，无论该 TCP 报文中字节的序号是否属于接收窗口，接收端均立即向发送端发送重复确认应答。导致错序的可能原因有两个：一是某个 TCP 报文的传输时延比其他 TCP 报文大，发生先发后到的情况。在这种情况下，随着先发后到的 TCP 报文到达接收端，接收端发送的确认应答将恢复正常。二是其中某个 TCP 报文丢失，导致后续 TCP 报文全部成为错序的 TCP 报文，接收端一直发送重复确认应答。为了区别这两种不同的情况，发送端将接收到少量几个重复确认应答的情况视为某个 TCP 报文发生先发后到的情况，将连续接收到 3 个重复确认应答视为某个 TCP 报文传输出错的情况。

3）两种重传情况的比较

连续接收到多个重复的确认应答的情况如图 8.13 所示，发生这种情况的原因往往是在连续发送的多个 TCP 报文中偶尔丢失了某个 TCP 报文。发生重传定时器溢出的原因可能有两个：一是某组数据的最后几个 TCP 报文丢失，且经过较长间隔后发送下一组数据，如图 8.13 所示；二是有大量 TCP 报文（包含数据报文和确认应答）传输出错，如图 8.14 所示。对于因为连续接收到 3 个重复的确认应答而引发重传的情况，发送端往往只需要重传确定丢失的单个 TCP 报文。对于因为重传定时器溢出而引发重传的情况，发送端需要重传缓冲区中确定丢失的 TCP 报文及所有在该 TCP 报文后面发送的 TCP 报文，这种重传机制称为 GO-back-N。

8.4.5 TCP 拥塞控制机制

1. 网络发生拥塞的现象及原因

分组从某个端口输入后，根据转发表和分组携带的目的地址确定输出端口。如果输出端口正在输出其他分组，该分组将先存储在输出端口的输出队列中。如果输出队列已经被其他等待输出的分组占满，只能丢弃该分组。在这种情况下，意味着分组交换设备该输出端口连接的链路发生拥塞。由于经过各条链路的流量的随机性，发生拥塞是不可避免的。对于如图 8.15 所示的从 3 个端口输入的分组需要通过同一个端口输出的情况，只要 3 个端口的输入速率之和超过输出端口的输出速率，输出端口所连接的链路就一定发生拥塞。某条链路发生拥塞，意味着流经该链路的流量超出了链路的传输能力。解决拥塞的思想也很简单，减少流经拥塞链路的流量。减少流经拥塞链路流量的最基本方法是，发送端一旦检测到至接收端的传输路径包含拥塞链路，立即降低发送速率，直至拥塞消除。发送端检测至接收端传输路径是否包含拥塞链路的方法是判别发送端至接收端的分组是否被某个分组交换设备丢弃。其实，除了输出队列满这一原因，还存在其他丢弃该分组的情况，如该分组因为传输过程中发生错误被接收端或分组交换设备丢弃的情况。可以用发送端至接收端的分组是否丢弃来判别发送端至接收端传输路径是否包含拥塞链路的前提是，极大部分分组丢弃是由输出队列满这一原因造成的。

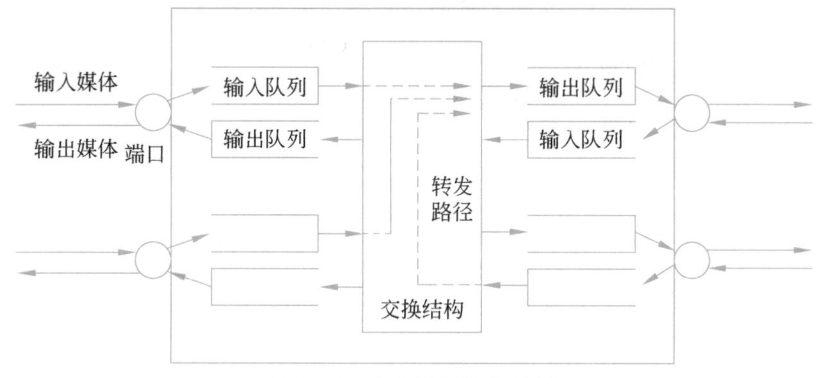

图 8.15　分组交换设备结构

2. TCP 避免和消除拥塞的机制

发送端的发送流量由发送窗口控制，而发送窗口又受接收端公告的窗口字段值控制，接收端通过向发送端公告不同的窗口字段值来实现接收端和发送端之间的流量控制。TCP 拥塞控制机制的目的是找出网络能够承载的发送端至接收端的流量，这种流量用拥塞窗口(Congestion Window,CWnd)表示。因此，发送端用于计算发送窗口的实际窗口值＝MIN[拥塞窗口接收端公告的窗口字段值]。发送端确定或调整拥塞窗口的方法如下：

- 在 TCP 连接刚建立时，发送端通过逐步增大拥塞窗口来探测网络能够承载的流量；
- 当发送端检测到有 TCP 报文丢失时，立即向下调整拥塞窗口；
- 由于检测到 TCP 报文丢失的方法有重传定时器溢出和连续接收到 3 个重复确认应答这两种，而且这两种方法所反映出的 TCP 报文丢失程度也不同，因此发送端对应的向下调整拥塞窗口的方法也应不同。

1) 慢启动

慢启动过程如图 8.16 所示。当 TCP 连接刚建立时，发送端对网络的传输能力一无所知，为了尽快探测到网络能够承载的端到端流量，发送端采用慢启动机制。发送端在慢启动过程中，一开始只传输单个 TCP 报文，该 TCP 报文的数据段长度等于最大报文段长度(Maximum Segment Size,MSS)，即拥塞窗口＝1×MSS。然后等待接收端的确认应答(ACK)。当发送端接收到来自接收端的确认应答(ACK)时，将拥塞窗口(CWnd)从 1 个 MSS 增加到 2 个 MSS，即拥塞窗口＝2×MSS，然后连续传输 2 个 TCP 报文，这两个 TCP 报文的数据段长度同样等于 MSS。当发送端 TCP 进程接收到表明接收端成功接收这 2 个 TCP 报文的确认应答(ACK)时，将拥塞窗口(CWnd)从 2 个 MSS 增加到 4 个 MSS，即拥塞窗口＝4×MSS，并连续传输 4 个数据段长度等于 MSS 的 TCP 报文。

我们将发送端开始发送报文到接收到所有发送报文对应的 ACK 的时间间隔称为一轮，TCP 的往返时延等同于一轮。因此，在慢启动过程中，发送端每经过一轮，将拥塞窗口增加一倍。拥塞窗口(CWnd)一直呈指数级增大，直到发生以下情况：①发送端实际窗

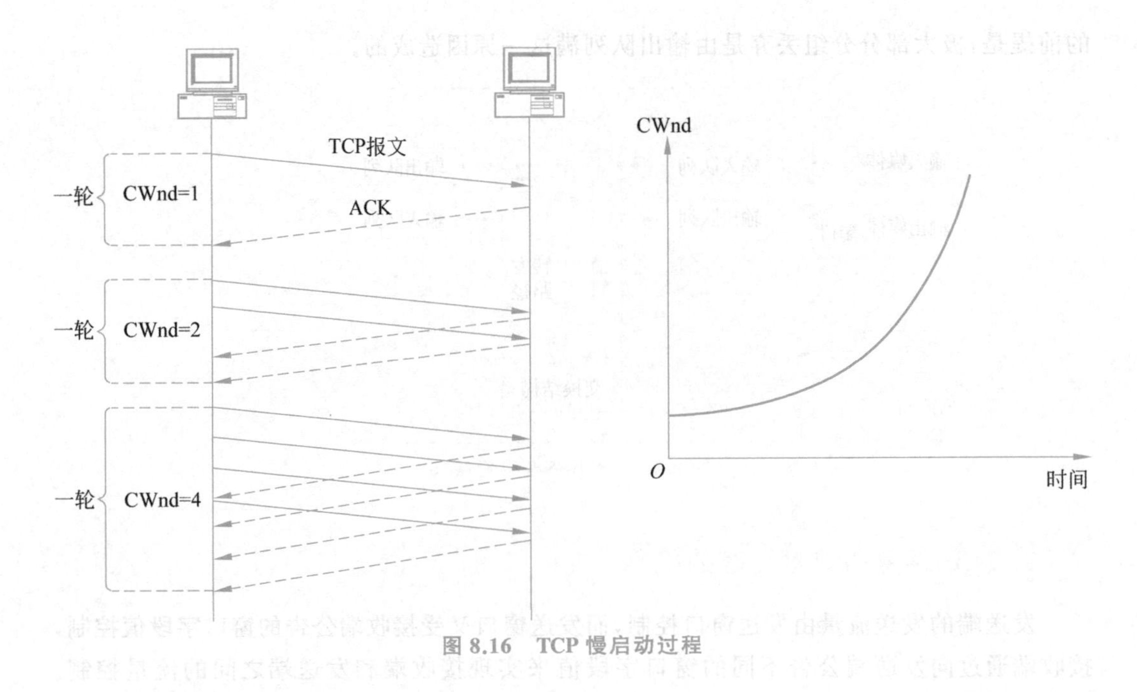

图 8.16 TCP 慢启动过程

口值达到接收端公告的窗口字段值。在这种情况下，实际窗口值将一直维持为接收端公告的窗口字段值。②发送端通过发现 TCP 报文丢失确定网络发生拥塞。在这种情况下，发送端开始调整拥塞窗口过程。

2) 重传定时器溢出时向下调整拥塞窗口的机制

当发送端因为和某个 TCP 报文关联的重传定时器溢出而发现有 TCP 报文丢弃时，它将当前实际窗口值的一半作为慢启动阈值，并重新返回到慢启动过程，即慢启动阈值＝实际窗口值/2，拥塞窗口＝1×MSS。在这次慢启动过程中，拥塞窗口仍然呈指数级增长，直到拥塞窗口等于慢启动阈值。当拥塞窗口(CWnd)等于慢启动阈值时，发送端开始线性增长拥塞窗口，每经过一轮，拥塞窗口增加 1 个 MSS，即拥塞窗口＝拥塞窗口＋MSS。通过这种缓慢增长拥塞窗口的方式，发送端逐渐接近原先导致网络丢弃 TCP 报文时的实际窗口值。这种在拥塞窗口等于慢启动阈值的情况下，通过线性增长拥塞窗口，使其逐渐接近原先导致网络丢弃 TCP 报文的实际窗口值的过程称为拥塞避免过程，整个操作过程如图 8.17 所示。线性增长拥塞窗口的过程一直进行，直到发生以下情况：①发送端实际窗口值达到接收端公告的窗口字段值。在这种情况下，实际窗口值将一直维持为接收端公告的窗口字段值。②发送端通过发现 TCP 报文丢失确定网络发生拥塞。在这种情况下，发送端开始调整拥塞窗口过程。当然，慢启动过程中也可能发生 TCP 报文丢失的情况。在这种情况下，发送端立即根据确定 TCP 报文丢失的依据开始拥塞窗口调整过程。

TCP 在每一次因为重传定时器溢出而确定 TCP 报文丢失后，将当时的实际窗口值的一半作为慢启动阈值，并重新返回到慢启动模式的结果是：当某个时间段内由于网络拥塞导致报文连续丢失时，发送端的慢启动阈值及注入网络的流量呈指数级下降，使发生拥塞的路由器可以清空它们的拥塞队列。

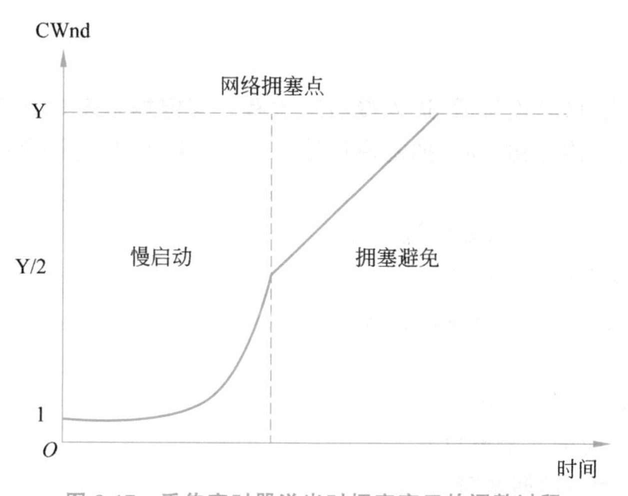

图 8.17　重传定时器溢出时拥塞窗口的调整过程

3）连续接收到 3 个重复确认应答时向下调整拥塞窗口的机制

如果发送端连续接收到 3 个重复确认应答（ACK），则意味着发送端仍然能够将 TCP 报文送达接收端，当然送达接收端的 TCP 报文不是接收端期待接收的 TCP 报文。在这种情况下，发送端并不需要通过返回到慢启动过程来骤然地降低发送流量，而是在重传确定丢失的 TCP 报文后，直接进入快速恢复过程。快速恢复过程使发送端在重传确定丢失的 TCP 报文后，跳过慢启动过程，直接进入拥塞避免过程。将当前实际窗口值减半后作为新的拥塞窗口，即拥塞窗口＝实际窗口值/2。然后，每经过一轮，拥塞窗口增加一个 MSS，即拥塞窗口＝拥塞窗口＋MSS。这样做可以为 TCP 连接提供更高的吞吐率，整个操作过程如图 8.18 所示。线性增长拥塞窗口的过程一直进行，直到发生以下情况：①发送端实际窗口值达到接收端公告的窗口字段值。在这种情况下，实际窗口值将一直维持为接收端公告的窗口字段值。②发送端通过发现 TCP 报文丢失确定网络发生拥塞。在这种情况下，发送端开始调整拥塞窗口过程。

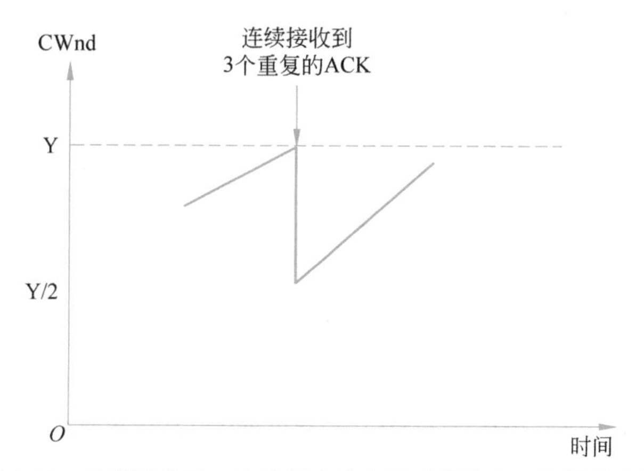

图 8.18　连续接收到 3 个重复确认应答时拥塞窗口的调整过程

3. 例题解析

【例 8.1】 建立 TCP 连接后，进入慢启动过程。假定拥塞窗口是 MSS 数量，即拥塞窗口以 MSS 为单位，因此初始时，拥塞窗口等于 1。如果 TCP 连接存在过程中发生以下事件：

(1) 第 4 轮接收到 3 个重复确认应答。

(2) 第 17 轮发生定时器溢出。

(3) 第 25 轮接收到 3 个重复确认应答。

计算以下值：

① 第 4 轮开始时的拥塞窗口 a。

② 第 5 轮开始时的拥塞窗口 b。

③ 第 17 轮开始时的拥塞窗口 c。

④ 第 18 轮开始时的慢启动阈值 d。

⑤ 第 25 轮开始时的拥塞窗口 e。

⑥ 第 26 轮开始时的拥塞窗口 f。

⑦ 第 2 轮开始时的拥塞窗口 g。

⑧ 第 29 轮开始时的拥塞窗口 h。

【解析】 拥塞窗口变化过程如图 8.19 所示。轮数 n 指的是第 n 轮开始，因此轮数 n 对应的拥塞窗口是经过 $n-1$ 轮后的拥塞窗口。

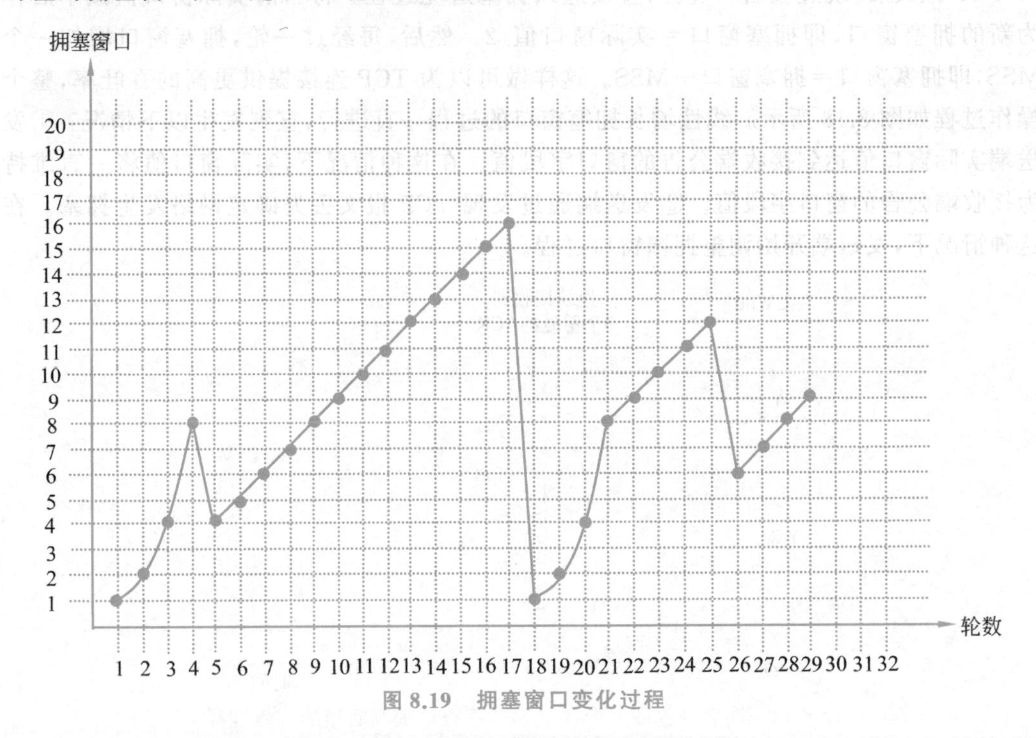

图 8.19 拥塞窗口变化过程

① 由于第 4 轮开始时，拥塞窗口已经经过 3 轮呈指数级增长过程，因此第 4 轮开始

时拥塞窗口 $a=2^3=8$。

② 由于第 4 轮接收到 3 个重复确认应答，第 5 轮开始时的拥塞窗口是第 4 轮开始时拥塞窗口的一半，因此第 5 轮开始时的拥塞窗口 $b=a/2=8/2=4$。

③ 由于从第 5 轮开始到第 17 轮开始，中间经过 12 轮，且每经过一轮，拥塞窗口增 1，因此第 17 轮开始时的拥塞窗口 $c=b+12=4+12=16$。

④ 由于第 17 轮定时器溢出，第 18 轮开始时的慢启动阈值 $d=c/2=8$。

⑤ 第 18 轮开始，经过 3 轮达到慢启动阈值 8，然后线性增长拥塞窗口，因此第 21 轮开始时，拥塞窗口＝8，第 25 轮开始时的拥塞窗口 $e=d+25-21=8+4=12$。

⑥ 由于第 25 轮接收到 3 个重复确认应答，第 26 轮开始时的拥塞窗口是第 25 轮开始时拥塞窗口的一半，因此第 26 轮开始时的拥塞窗口 $f=d/2=12/2=6$。

⑦ 第 2 轮开始时的拥塞窗口 $g=2^1=2$。

⑧ 第 29 轮开始时的拥塞窗口 $h=f+29-26=6+3=9$。

8.4.6 TCP 的几点说明

1. TCP 与 IP 分工

TCP/IP 是完美组合，IP 的功能定义是实现互联网数以亿计终端间 IP 分组传输过程的基础，TCP 基于 IP 实现的终端间 IP 分组传输服务为应用层提供进程间按序、可靠的字节流传输服务。

1) IP 尽力而为传输服务的原因

由于以下原因，IP 只能实现尽力而为的 IP 分组传输服务。

(1) 路由器采用数据报交换方式

由于 IP 的功能是实现终端间 IP 分组传输过程，因此路由器只能采用数据报交换方式。恰恰因为路由器采用数据报交换方式，所以通过无分类编址和为相同区域分配有相同网络前缀的 CIDR 地址块，使核心路由器可以用有限的路由项指明通往互联网中数以亿计的终端的传输路径。但数据报交换方式有以下两个特点：一是传输 IP 分组前，每对终端间没有虚电路交换方式这样的连接建立过程；二是路由器独立路由每一个 IP 分组。这两个特点使终端间传输的 IP 分组一是不能通过差错控制机制实现可靠传输，二是不能保证 IP 分组按序到达。

(2) 简化路由器 IP 分组转发过程

随着数以亿计的终端接入互联网，核心链路和核心路由器成为性能瓶颈。为了满足成千上万对终端之间同时传输 IP 分组的要求，核心链路的带宽不断提高，如 10Gbps 的以太网链路和 SDH 链路。由于核心路由器的多个端口连接多条核心链路，随着端口连接的核心链路的传输速率越来越高，端口每秒接收、发送的 IP 分组数量越来越大。对于 10Gbps 的以太网端口，在极端情况下(假定 IP 分组的长度为 46B，MAC 帧的长度为 64B)，端口每秒接收、发送的 IP 分组数量 $=10\times10^9/(64\times8)=19.53$M IP 分组/s (19.53Mbps)，当核心路由器的多个端口都线速接收、发送 IP 分组时，核心路由器的 IP

分组转发能力成为性能瓶颈。为了提高核心路由器的IP分组转发能力，必须简化路由器转发IP分组的处理过程。由于路由器对每一个IP分组中的数据计算检验和的过程比较费时，因此路由器只对IP分组首部检错，不对IP分组中的数据检错。

(3) 路由器之间无法进行IP分组差错控制机制

由于以下原因，路由器之间无法进行IP分组差错控制机制。

- 路由器不对IP分组中的数据检错；
- 路由器必须尽量简化IP分组转发过程。

2) TCP功能设定的原因

一是终端的处理能力越来越强，由终端完成数据的传输控制过程成为可能；二是互联网的目的是实现终端间数据传输过程，因此只有终端间才能相互确认数据传输过程；三是解决网络拥塞的根本手段是限制终端进入网络的流量，因此终端是控制数据传输过程的合适设备。

3) TCP与IP的完美结合

以下几点是IP能够实现互联网中数以亿计的终端之间IP分组传输过程的关键因素：

- 路由器采用数据报交换方式。
- 无分类编址。
- 为同一区域分配网络前缀相同的CIDR地址块。
- 不对IP分组中的数据检错。
- 路由器之间不实行差错控制。

但上述因素导致的结果是，IP只能提供尽力而为的IP分组传输服务。

TCP在两个终端间实行数据传输控制过程，与终端间传输路径经过的互连设备无关。TCP基于终端实现差错控制、流量控制和拥塞控制。

总之，TCP/IP通过合理地将功能分布到通信两端和通信两端之间传输路径经过的路由器，实现了运行在互联网中数以亿计的终端上的进程之间的按序可靠传输服务。

2. TCP差错控制与传输网络差错控制之间的关系

1) 链路层担负起检错的重责

信道两端的链路层设备要求尽可能地检测出数据信道传输过程中发生的错误，因此链路层帧采用的计算检错码的算法通常是具有较强检错功能的循环冗余检验(CRC)，如以太网MAC帧、无线局域网MAC帧和PPP帧等。一旦链路层设备通过检错码检测出接收到的链路层帧有错，将立即丢弃有错的链路层帧。

2) 传输网络差错控制机制不能取代传输层差错控制机制

传输网络差错控制机制可以保证连接在该传输网络上的两个结点之间的链路层帧可靠传输，如图8.20所示，传输网络1的差错控制机制可以保证传输网络1对应的链路层帧在终端A与路由器R1之间的可靠传输。但是，即使终端A与终端B之间的传输路径经过的每一个传输网络均实现差错控制机制，也不能取代终端A与终端B之间在传输层进行的差错控制机制，原因如下。

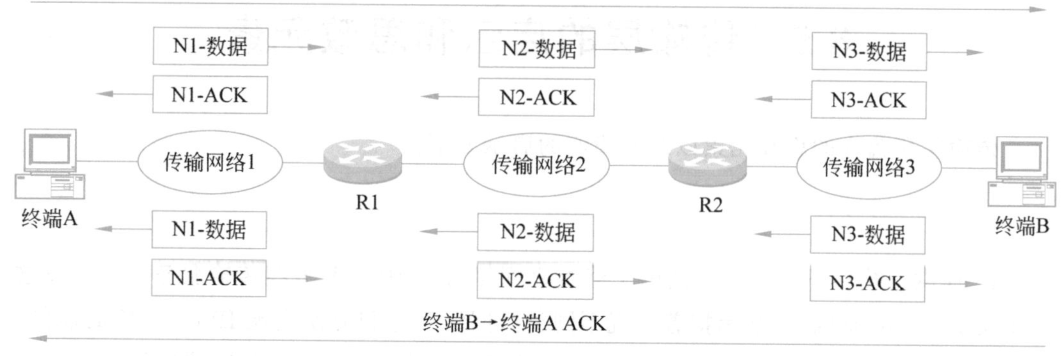

图 8.20 传输网络和传输层差错控制机制

- 链路层帧携带的检错码不能检测出所有错误，需要多种检错机制协同工作；
- 路由器可能因为拥塞丢弃 IP 分组，这种情况不是传输网络差错控制机制能够处理的；
- 每一个 IP 分组独立选择传输路径，使 IP 分组端到端传输时延变化很大，个别 IP 分组因为传输时延太大被接收端拒绝接收，如接收端在规定时间内不能接收到分片某个 IP 分组后产生的全部数据片时引发的超时错误；
- 接收端的缓冲器大小决定了接收端的接收窗口大小，IP 分组不能按序到达的特性使部分 IP 分组因为不在接收窗口范围内被接收端拒绝接收；
- 互联网的目的是实现终端间数据传输过程，因此只有终端间才能相互确认数据传输过程。

3）合理设置传输网络差错控制机制

如果每一个传输网络都设置检错、确认、超时、重传的差错控制机制，则终端 A 至终端 B 的一次数据传输过程引发的信息交换过程如图 8.20 所示。在终端 A 至终端 B 的数据传输过程中，终端 A 传输给终端 B 的数据每经过一个传输网络，就封装成该传输网络对应的数据帧，传输网络的差错控制机制使每一个传输网络需要对每一个数据帧完成一次确认应答过程。

当终端 B 向终端 A 发送确认应答时，终端 B 发送给终端 A 的确认应答每经过一个传输网络，就封装成该传输网络对应的数据帧，传输网络差错控制机制使每一个传输网络需要对每一个数据帧完成一次确认应答过程。因此，终端 A 与终端 B 之间的一次确认应答过程会导致每一个传输网络进行两次确认应答过程。

如果传输网络的可靠性很好，两个结点之间链路层帧传输出错的概率很小，则可以取消该传输网络的重传机制，只由传输层实现差错控制，以此减少传输网络因为确认应答造成的开销，如以太网。

如果传输网络的可靠性较差，两个结点之间链路层帧传输出错的概率不是很小，只由传输层实现差错控制，则会导致较大的重传延迟。因此，需要由传输网络本身的差错控制机制及时完成该传输网络对应的链路层帧的出错重传过程，如无线局域网。

8.5 传输层的启示和思政元素

传输层所蕴含的思政元素以及给我们的启示如下。

1. TCP/IP有机集成

IP提供连接在不同网络上的两个终端之间尽力而为的IP分组传输服务。之所以这样定义IP功能,是因为IP承担着实现不同类型网络互连和方便实现IP over X 的职能。尽力而为的IP分组传输服务显然不能满足进程间按序、可靠的字节流传输服务。TCP的功能就是基于IP提供的终端之间尽力而为的IP分组传输服务,为应用层提供进程间按序、可靠的字节流传输服务。TCP/IP一起实现两个进程之间按序、可靠的字节流传输服务。这两个进程可以运行在连接在不同网络上的两个终端中。

上述分析中可以看出分层网络体系结构的重大意义。用IP屏蔽传输网络的差异,用TCP实现进程间按序、可靠的字节流传输服务。因此,IP与传输网络和路由器相关,而TCP只与通信两端有关,与传输网络和互连传输网络的路由器无关。

2. 简单是有前提的

网络拥塞控制的基本思路如下:一是确定端到端传输路径是否经过拥塞链路,二是判定拥塞链路的拥塞程度,三是根据拥塞链路的拥塞程度控制发送端的发送流量。TCP根据是否丢弃TCP报文确定端到端传输路径是否经过拥塞链路,根据TCP报文丢弃程度判定拥塞链路的拥塞程度。这两点最后又转换为发送端需要重传TCP报文的两种情况。使发送端TCP进程能够如此方便地判断端到端传输路径是否经过拥塞链路和拥塞链路的拥塞程度,是因为存在以下前提:丢弃TCP报文的主要原因是端到端传输路径经过拥塞链路,拥塞链路的不同拥塞程度会导致发送端出现两种不同的需要重传TCP报文的情况。

因此,只要分析透不同事物之间的因果关系,就可以从一种能够观察到的现象推导出另一种正在发生但无法观察的现象。

3. 协议需要考虑各种情况

进程间字节流传输过程是一个极其复杂的过程,与端到端传输路径经过的传输网络、互连传输网络的路由器,及其端到端通信方式和通信过程有关。TCP只是运行在两端的协议,因此需要通过两端之间的TCP报文交换过程和交换的TCP报文内容分析出底层传输网络和路由器状态的变化过程,及其端到端通信方式和通信流量的变化过程。因此,设计类似TCP这样的协议的工作流程需要考虑所有可能的状态组合、所有可能发生的事情。

4. 摸着石头过河

拥塞控制就是使每一个发送端找到不会导致互联网发生拥塞的最大发送流量。这个过程其实就是一个摸着石头过河的过程，是一个不断测试、不断调整的过程。慢启动过程就是一个典型的通过不断测试、不断调整，找出发送端在维持互联网没有发生拥塞的前提下的最大发送流量的过程。

5. TCP 描述传输层功能实现过程和细节

传输层的功能用于弥补网际层提供的端到端不可靠的 IP 分组传输服务与应用层要求的进程间按序、可靠的字节流传输服务之间的落差，TCP 不仅定义了两端对等层之间交换的报文的格式，还描述了传输层功能实现过程。因此，在 TCP/IP 体系结构中，某层协议的实现过程也是该层功能的实现过程，协议不仅用于规范对等层之间的通信过程，还用于描述该层功能的实现过程。

6. 自律和全局观

拥塞控制要求发送端进程在检测到流量经过的传输路径中存在拥塞链路时，能够根据检测到的拥塞程度，自动调整发送流量，直到拥塞消除。因此，实现拥塞控制的前提有两个：一是发送端进程需要自律，严格执行 TCP 拥塞控制算法；二是发送端进程需要有全局观，明白畅通的网络是完成正常通信过程的基础。

一个团体强调集体最优，而不是个人最优，有时为了集体最优，需要个人做出一定的牺牲。而且必须明白，维持集体优势是维持个人优势的基础，每一个个人需要自觉维持集体优势。

7. 分工协作

IP 和 TCP 分工协作的结果是实现应用层进程之间按序、可靠的字节流传输服务。现代社会是一个专业化的社会，需要专业的人做专业的事。现代社会又是强调协作的社会，只有各个专业充分协作，协同创新，才能推动社会的发展和进步。

8. 社会各级都需要容错纠错

网络的容错纠错体现在网络的各层，每一个传输网络需要在链路层提供容错纠错功能，以此保障连接在同一传输网络的结点之间的通信过程。传输层也需要容错纠错，以此保障应用层进程之间的通信过程。

社会各级都会存在一些问题，每一级都需要有发现问题、解决问题的机制，这样，各级存在的问题才不会相互交织，成为危害社会的大问题。

本章小结

- 传输层的功能是为应用层提供进程间按序、可靠的传输服务；
- 设置传输层的原因是网际层提供的服务与应用层要求的服务之间存在落差；
- 用端口号标识某个终端中的进程，用插口唯一标识互联网中的进程；
- UDP 是一种实现进程间尽力而为报文传输服务的传输层协议；
- TCP 是一种实现进程间按序、可靠的字节流传输服务，且具有流量控制和拥塞控制功能的传输层协议；
- TCP/IP 是完美组合，IP 功能设置是实现互联网数以亿计终端间 IP 分组传输过程的基础，TCP 基于 IP 实现的终端间 IP 分组传输服务为应用层提供进程间按序、可靠的字节流传输服务。

习 题

8.1 简述传输层的作用。

8.2 UDP 报文和 IP 分组有何差别？为什么需要 UDP？

8.3 简述 UDP 适用于传输多媒体数据的原因。

8.4 TCP/IP 体系结构为什么把差错控制和拥塞控制放在传输层？

8.5 TCP 实现拥塞控制的前提是什么？哪些类型的传输网络使用 TCP 会出现问题？

8.6 端口的作用是什么？用什么唯一标识网络中的某个进程？

8.7 简述 TCP 报文中序号的作用，如果应用层要求传输层传输的数据长度超过序号表示范围，那么如何传输？

8.8 传输层报文序号范围和传输层报文在网络中的生存时间有何关系？

8.9 重传定时器溢出和连续接收到 3 个重复的确认应答是发现 TCP 报文丢失的两种依据，它们之间有什么区别？为什么会对拥塞控制机制产生影响？

8.10 TCP 连接刚建立时采用慢启动机制发送 TCP 报文的理由是什么？为什么重传定时器溢出也需要采用慢启动机制来降低发送流量？为什么两种慢启动过程需要设置不同的慢启动阈值？

8.11 讲述网络和 TCP 进程相互配合解决网络拥塞的过程。

8.12 TCP 是面向连接的传输层协议，它和面向连接的传输网络（如电路交换网络和虚电路分组交换网络）有何不同？经过 TCP 连接传输的 TCP 报文是按序到达接收端吗？

8.13 TCP 连接的本质含义是什么？为什么存在 TCP 连接建立过程？

8.14 TCP 的发送窗口和接收窗口的含义是什么？

8.15 为什么 TCP 发送端的发送窗口受制于接收端的接收窗口？

8.16 是否只有网络拥塞才会导致 TCP 报文丢失？如果因为其他原因导致 TCP 报文丢失，会对 TCP 进程造成何种影响？

8.17 假定 TCP 的慢启动阈值为 8(单位为 TCP 报文)，当拥塞窗口为 12 时，发送端重传定时器溢出，分别求出 1～15 轮开始时的拥塞窗口。

8.18 TCP 拥塞窗口与发送轮次 n 的关系如表 8.3 所示。

表 8.3 TCP 拥塞窗口与发送轮次 n 的关系

拥塞窗口	1	2	4	8	16	32	33	34	35	36	37	38	39
n	1	2	3	4	5	6	7	8	9	10	11	12	13
拥塞窗口	40	41	42	21	22	23	24	25	26	1	2	4	8
n	14	15	16	17	18	19	20	21	22	23	24	25	26

① 指出属于慢启动过程的轮次。

② 指出属于拥塞避免过程的轮次。

③ 指出确定 TCP 报文丢失的轮次及依据。

④ 第几轮次发送第 70 个 TCP 报文。

8.19 假定双方都需要发送 512 字节，客户端和服务器端的初始序号分别为 120 和 160，双方窗口为 100 字节，给出用 TCP 传输数据的全过程(包括连接建立、数据传输、连接释放)。

8.20 用浏览器单击某个链接失败，属于 TCP 的原因有哪些？

8.21 假定发送端的端口传输速率为 10Mbps，往返时延为 20ms，对方设定的窗口为 100 字节，求发送端的吞吐率。如果将发送端的端口传输速率提高到 1Gbps，会发生什么问题？如果想提高发送端的吞吐率，有什么措施？有什么办法可以使吞吐率等于 1？

8.22 给出适用 TCP 和 UDP 的应用实例，并解释原因。

8.23 TCP 是端到端协议，即终端运行的协议，从 TCP 工作机制可以看出网络对终端自觉性的依赖。如果两个终端通过 IP 网络进行数据传输，它可以不受限制地连续发送数据吗？网络对此有何对策？

8.24 一个 UDP 报文的数据字段长度为 8192，在链路层使用以太网来传输，试问如何分片？给出分片后产生的每一个 IP 分组中的数据字段长度和片偏移字段值。

8.25 终端 A 向终端 B 发送一个长度为 L 字节的文件，每一个 TCP 报文的数据字段长度为 1460 字节。

① 在序号不重复使用的条件下，L 的最大值是多少？

② 根据①求出的 L 最大值，假定传输层、网际层和链路层首部之和为 66 字节，链路的传输速率为 10Mbps，求出文件的最短发送时间。

8.26 终端 A 向终端 B 连续发送两个序号分别为 70 和 100 的 TCP 报文，请做下列计算：

① 求第一个 TCP 报文的数据字段长度。

② 求终端 B 对应第一个 TCP 报文的确认序号。

③ 如果终端 B 对应第二个 TCP 报文的确认序号为 180,求第二个 TCP 报文的数据字段长度。

④ 如果第一个 TCP 报文丢失,第二个 TCP 报文到达终端 B,求终端 B 对应第二个 TCP 报文的确认序号。

8.27 一个应用进程使用 UDP 传输数据,某个 UDP 报文到了 IP 层被划分为 4 个数据片发送出去,结果前两个数据片丢失,后两个数据片正确到达接收端。过了一段时间,该应用进程再次重传该 UDP 报文,UDP 报文到了 IP 层,又被划分为 4 个数据片发送出去。这一次是前两个数据片正确到达接收端,后两个数据片丢弃,接收端能否将分两次接收到的数据片正确还原成 UDP 报文?解释为什么。

8.28 用户用浏览器访问 Web 服务器时,感到很慢,从 TCP 工作机制着手分析,可能有哪些情况?

第9章

应用层

应用层的功能是在传输层提供的进程间按序、可靠的字节流传输服务的基础上，为用户提供各种互联网服务，如电子邮件、万维网、文件传输服务等。域名系统和动态主机配置协议是其他互联网服务的基础。

9.1 网络应用基础

网络应用是网络应用软件为用户提供的网络服务，实现网络应用一般需要两端网络应用进程协调工作。两端网络应用进程之间分别有客户/服务器(Client/Server，C/S)结构和对等(Peer to Peer，P2P)结构，用应用层协议规范两端网络应用进程之间的相互作用过程。

9.1.1 网络应用、应用层和应用层协议

1. 网络应用

网络应用是网络应用软件为用户提供的网络服务，如浏览器为用户提供的访问网站的服务。当用户启动浏览器时，在浏览器地址栏中输入：http://www.mfqylm.com/，浏览器显示如图 9.1 所示的网页。Internet 提供的基本服务(如文件传输服务、电子邮件服务、远程登录服务等)都是网络应用，不同网络应用由不同的网络应用软件实现。Internet 飞速发展的主要原因之一是新的网络应用不断涌现，如电子商务、电子政务、网络银行、即时通信等。

2. 应用层

互连网络结构与每一个结点的体系结构如图 9.2 所示。终端、服务器和路由器均具有网际层和网络接口层的功能。

网际层一是定义统一的 IP 地址和 IP 分组格式，源终端传输给目的终端的数据封装

图 9.1　网站主页

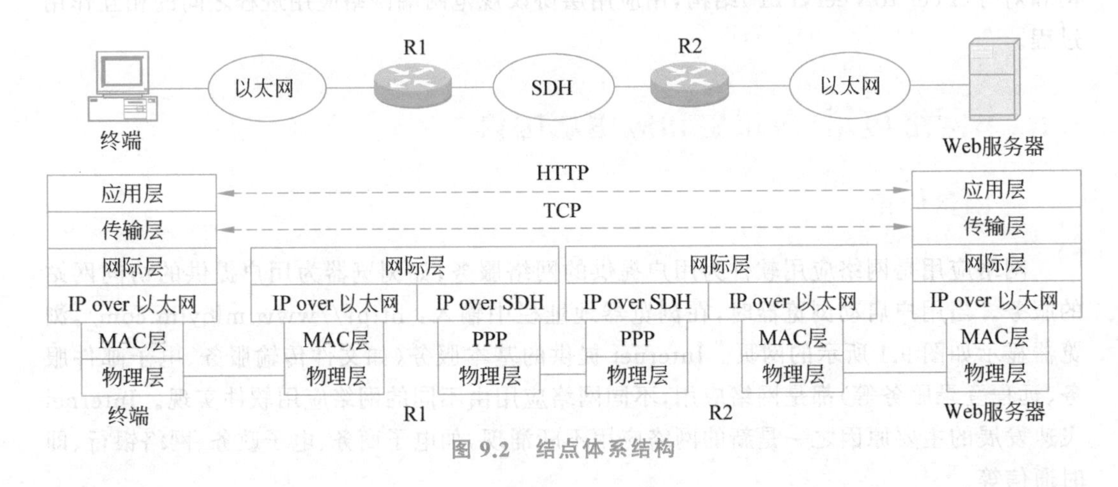

图 9.2　结点体系结构

成以源终端 IP 地址为源 IP 地址、目的终端 IP 地址为目的 IP 地址的 IP 分组；二是创建由源终端、目的终端及源终端至目的终端的传输路径经过的路由器组成的 IP 传输路径。三是通过逐跳转发实现 IP 分组从源终端至目的终端的传输过程。

不同网络有不同的网络接口层，如果路由器有多个连接不同类型网络的接口，则会有多个不同的网络接口层。网络接口层对网际层提供统一的 IP 分组当前跳至下一跳的传输过程，但网络接口层只是将 IP 分组封装成互连当前跳与下一跳的传输网络要求的帧格式，由传输网络完成封装 IP 分组的帧当前跳至下一跳的传输过程。

以太网对应的网络接口层 IP over 以太网主要完成以下功能：一是根据下一跳的 IP 地址解析出下一跳以太网端口的 MAC 地址；二是将 IP 分组封装成以当前跳以太网端口的 MAC 地址为源 MAC 地址、下一跳以太网端口的 MAC 地址为目的 MAC 地址的 MAC 帧。为了表明该 MAC 帧净荷是 IP 分组，MAC 帧类型字段值为 0x0800。以太网 MAC 层和物理层实现 MAC 帧当前跳至下一跳的传输过程。

SDH 对应的网络接口层 IP over SDH 主要完成将 IP 分组封装成 PPP 帧的功能。为了表明该 PPP 帧净荷是 IP 分组，PPP 帧类型字段值为 0x0021。SDH PPP 和物理层实现 PPP 帧当前跳至下一跳的传输过程。

只有终端和服务器具有传输层和应用层，传输层的功能是实现两个进程之间按序、可靠的字节流传输过程。

应用层是在传输层提供的进程之间按序、可靠的字节流传输服务的基础上，为用户提供网络应用。应用层的功能由网络应用软件实现，不同的网络应用对应不同的网络应用软件，如浏览器实现的功能是在传输层提供的进程之间按序、可靠的字节流传输服务的基础上，为用户提供访问网站的服务。

3. 应用层协议

如图 9.2 所示，由终端网络应用软件（浏览器）和 Web 服务器端网络应用软件（Web 服务器进程）一起实现访问网站服务。浏览器和 Web 服务器进程之间实现访问网站服务的过程中需要相互作用和交换消息，应用层协议规定了两个应用进程之间相互作用和交换消息时需要遵循的规则，包括消息结构、消息包含的字段及每一个字段的含义和相互作用流程等。不同的网络应用对应不同的应用层协议，如 HTTP 对应访问网站服务。通常将应用层 PDU 称为消息。

9.1.2 应用结构

应用结构是指实现网络应用的两端网络应用进程之间的关系，目前存在两种应用结构，分别是 C/S 结构和 P2P 结构。

1. 客户/服务器结构

客户/服务器（C/S）结构如图 9.3 所示，网络应用由客户进程和服务器进程共同实现，客户进程和服务器进程之间的协调过程必须遵循该网络应用对应的应用层协议。客户进程的作用是获取用户的服务请求，然后将用户的服务请求发送给服务器进程，由服务器进程完成用户请求的服务，通过服务响应将服务结果发送给客户进程，客户进程将服务结果以友好的界面呈现给用户。客户进程与服务器进程之间交换的服务请求和响应必须符合对应应用层协议的要求。客户/服务器结构有以下特点。

1）资源不对称

运行客户进程的平台称为客户，运行服务器进程的平台称为服务器。资源集中在服

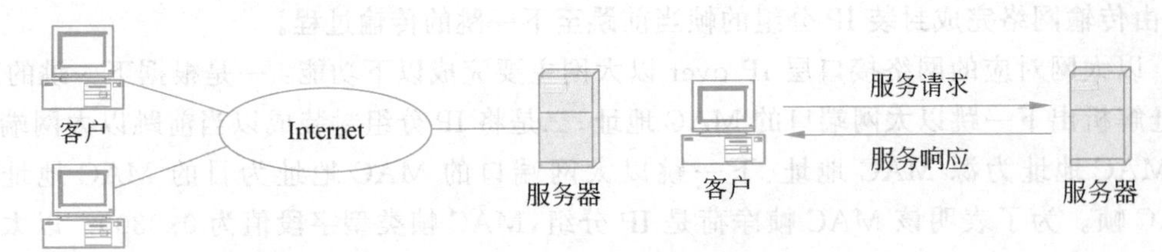

图 9.3 客户/服务器结构

务器上,客户通过访问服务器实现资源共享,一个服务器可以同时为多个客户提供服务。服务器由于一是需要管理大量信息资源,如视频、语音、图片、字符和数值等;二是需要同时为多个客户提供服务,因此服务器硬件需要配置处理能力更强的CPU、较大容量的硬盘和内存等,服务器软件需要配置资源管理/调度能力更高、并发性更好的操作系统。客户由于只是用于向服务器发出服务请求、接收服务器的服务响应,以及实现和用户之间的交互,因此对硬件和软件的要求不高。

2) 客户随时需要访问服务器

为了能够随时满足客户的服务要求,服务器必须随时准备好提供服务。为了方便客户与服务器之间通信,服务器必须配置相对固定的IP地址,服务器进程用相对固定的端口号标识。服务器进程一直运行,随时准备接收并处理客户进程发送的服务请求。

客户的IP地址是可以动态变化的,标识客户进程的端口号也可以是临时分配的。

3) 服务器是网络服务提供者

网络服务完全由服务器提供,客户只是被动接受服务器提供的服务。因此,客户的增加只是提高了服务器的服务效率和效果,但不能增加网络服务功能。

4) 客户之间不直接通信

两个客户之间通过服务器实现信息交换过程,如两个客户之间的电子邮件传输过程,如图9.4所示。客户之间如果需要共享信息资源,提供信息资源的客户先将信息资源上传到服务器,其他客户通过访问服务器实现信息资源共享。

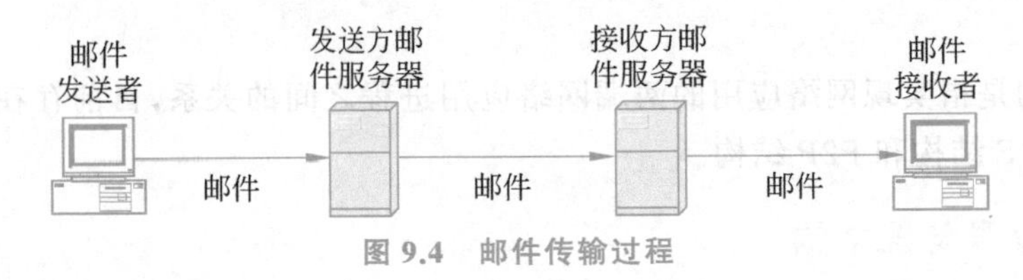

图 9.4 邮件传输过程

5) 大量传统网络服务基于客户/服务器结构

域名系统(Domain Name System,DNS)、动态主机配置协议(Dynamic Host Configuration Protocol,DHCP)、万维网(World Wide Web,WWW)、文件传输协议(File Transfer Protocol,FTP)、电子邮件等网络服务都是基于客户/服务器结构。

2. 对等结构

客户/服务器结构中的客户不能为其他客户提供服务,因此大量接入Internet的客户的资源没有被充分利用。随着 PC 性能的不断提高,PC 的硬件、软件资源越来越丰富,如果能够将大量客户资源构成一个资源池,所有客户能够共享资源池中的资源,则 Internet 的服务能力将随着客户的增加而增加。在这种应用结构下,每一个客户既是资源和服务的提供者,又是资源和服务的享用者。因此,我们将这种通过客户之间直接通信实现资源共享,每一个客户地位平等,既可为其他客户提供服务,又可享受其他客户提供的服务的应用结构称为对等(P2P)结构。对等结构有以下特点。

1) 主机地位平等

主机不再分客户和服务器,所有主机地位平等,每一个主机的资源,包括硬件、软件和数据,作为 Internet 资源的组成部分,可以被所有其他主机共享。每一个主机既是资源和服务的提供者,又是资源和服务的享用者。

2) 主机之间直接通信

如果两个主机之间需要共享信息资源,则信息资源享用者直接向信息资源提供者发出请求,信息资源提供者直接将信息资源传输给信息资源享用者。

3) 需要和 C/S 结构共存

客户之所以可以与服务器直接通信,是因为服务器有相对固定的 IP 地址,且该 IP 地址被所有需要与其通信的客户所熟知。但主机的 IP 地址不是固定的,某个主机的 IP 地址也很难被所有其他主机熟知,从而使两个需要直接通信的主机事先知道对方的 IP 地址是困难的。解决这一问题的方法是结合 C/S 结构,所有需要参与直接通信的主机先登录到某个服务器,将自己的 IP 地址记录到服务器,并获取其他登录主机的 IP 地址,然后通过从服务器获得的 IP 地址直接与该主机通信。如腾讯通,完成登录过程后,一是将自己的 IP 地址记录到服务器上;二是通过选择通信对象,获取通信对象的 IP 地址,并直接与通信对象通信。由于存在服务器,当某个主机离线时,可以将发送给该主机的数据存储在服务器中,一旦该主机在线,由服务器将数据转发给该主机。

4) 大量新型网络服务基于 P2P 结构

即时通信、分布式计算、协同工作、流媒体、文件共享等网络服务都基于 P2P 结构。

9.2 DNS

DNS 的功能是实现域名至 IP 地址的转换,分层域名结构和分布式域名服务器结构是互联网 DNS 的实现基础。

9.2.1 产生 DNS 的原因

1. 用名字标识主机

Internet 用 IP 地址唯一标识主机,基于以下原因,访问主机资源时,直接给出标识主机的 IP 地址是困难的。

1) IP 地址难记

虽然采用点分十进制表示法表示 32 位二进制数的 IP 地址,但记住没有逻辑关联性的一串十进制数仍然是一件困难的事。

2) 主机的 IP 地址是变化的

IP 地址的网络号用于确定主机连接的网络,当主机连接的网络发生改变时,分配给主机的 IP 地址也随之发生变化。因此,主机的 IP 地址不是一成不变的,可能随着主机连接的网络的改变而改变。

为了解决 IP 地址难记和 IP 地址变化带来的问题,用名字标识主机,只要主机连接在 Internet 中,名字与主机之间的绑定便一直存在。因此,名字不会随着主机连接的网络的改变而改变。标识主机的名字需要能够反映出主机提供的服务和主机的特性,因此名字与主机之间存在一定的关联性,这种关联性能够帮助人们记住某个主机的名字。

由于 Internet 用 IP 地址唯一标识主机,因此实际访问主机资源时,必须完成主机名字至主机 IP 地址的转换过程,这种转换过程称为名字解析。当 Internet 中提供服务的主机数量较少时,可以通过文件建立主机名字与主机 IP 地址之间的映射。该文件由某个服务器负责更新与维护,需要完成主机名字至主机 IP 地址转换的终端定期从该服务器下载该文件。目前主机中仍然存在该文件,如 Windows 中的 hosts 文件。

2. 域名空间和域名解析

随着互联网中主机数量的增大,一是为了避免名字冲突;二是为了方便建立名字与主机之间的映射,不再用单层名字标识主机,而是将主机根据组织属性分为若干类,每一个类称为一个域,为每一个域分配的名字称为域名。这样,计算机名字由域名+域内名字组成。为了更精细地分类主机,每一个域可以进一步细分,由此形成分层的域名结构。

随着互联网中主机数量的增大和采用分层的域名结构,无法由单个服务器负责更新和维护域名与主机之间的映射,需要由多个域名服务器构呈分布式域名系统,每一个域名服务器负责更新和维护一部分域名与主机之间的映射。

因此,随着互联网中主机数量增大,一是采用分层的基于域的主机名字命名方法,二是通过分布式数据库系统更新和维护域名与主机之间的映射,三是通过域名解析过程完成域名至 IP 地址的转换过程。上述 3 点构成域名系统(DNS)。

9.2.2 DNS 与其他网络应用之间的关系

DNS 的作用是当用户访问服务器中的资源时,可以用域名标识服务器。如图 9.5 所示,用户访问某个 Web 服务器时,不是给出该 Web 服务器的 IP 地址,而是给出标识该 Web 服务器的域名:www.163.com。浏览器首先通过 DNS 将域名 www.163.com 转换为 Web 服务器的 IP 地址 192.1.1.1,然后用 Web 服务器的 IP 地址访问 Web 服务器中的资源。

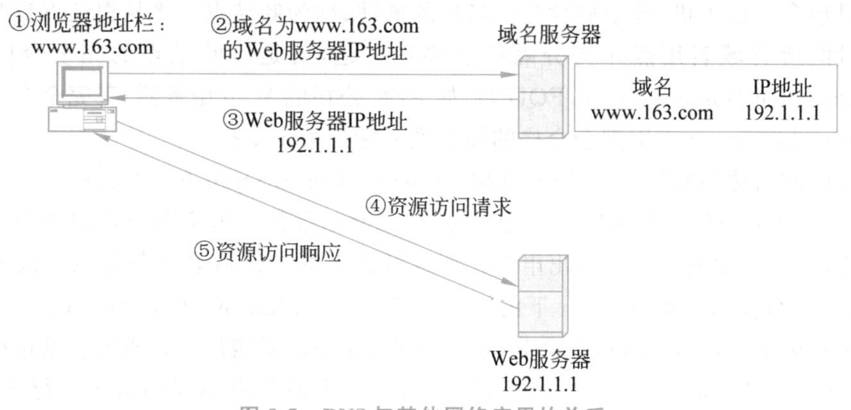

图 9.5 DNS 与其他网络应用的关系

9.2.3 域名结构

因特网采用分层的域名结构，如图 9.6 所示。不同层的域名之间用点分隔，最顶层是无名的根域(root)，其次是一级域名(也称顶级域名)。一级域名包含两种类型的域名，分别是国家域名和通用域名。国家域名表示国家域，如.cn 表示中国，.us 表示美国。通用域名表示某类组织或机构，如.com 表示公司和企业，.org 表示非营利性组织，.edu 表示教育机构。大部分通用域名只表示美国的组织或机构，如.edu 只表示美国的教育机构。

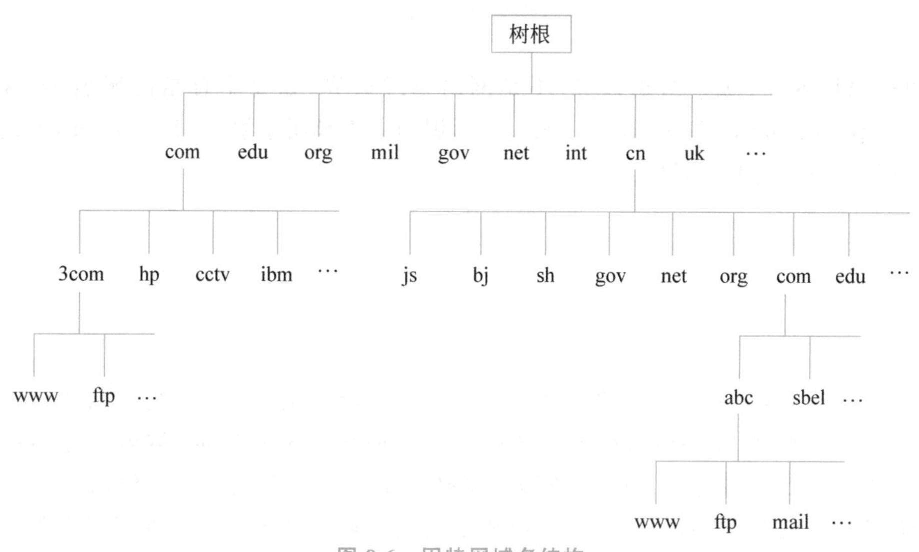

图 9.6 因特网域名结构

顶级域名下是二级域名，如中国的公司、企业域用.com.cn 表示，而中国的教育机构可用.edu.cn 表示。

二级域名下可再分三级域名，如中国的 ABC 企业，用域名 abc.com.cn 表示。域名表示一个域，而域表示一个领域，子域是对该领域的进一步细分。如果用最后一级域名表示的子域只包含一台主机，该子域就是域名树的树叶，称为叶结点。将从根结点到叶结点分枝所经过的所有域名用点作为分隔符连接在一起，就是该叶结点的完全合格的域名(Fully Qualified Domain Name，FQDN)，如ABC公司的Web服务器，其完全合格的域名就是www.abc.com.cn。用完全合格的域名唯一标识某个主机。

由互联网名称与数字地址分配机构(Internet Corporation for Assigned Names and Numbers，ICANN)负责顶级域名的管理功能，因此如果某个国家需要在顶级域名中增加一个国家域名，必须向该组织提出申请。顶级域名下的二级域名由负责该顶级域名管理的组织负责管理，如顶级域名cn下的二级域名由中国互联网管理中心(China Internet Network Information Center，CNNIC)负责管理，如果需要增加标识省或直辖市的二级域名，必须向CNNIC提出申请。由此可以得出，每一个域名由不同的组织进行管理，这些组织又可以将子域分配给下一级组织进行管理。管理某个域名的组织只需要保证组织内所有子域的域名不重复。不同组织内子域的域名是相互独立的。这种分层域名结构可以带来以下好处：一是完全合格的域名可以完整标识主机的组织属性，如完全合格的域名www.cs.ust.edu.cn表示如图9.7所示的组织属性；二是分层域名结构容易产生标识某个主机的唯一完全合格的域名，且使该完全合格的域名与主机之间有更大的相关性，因而容易记忆；三是只需要负责某个域名管理的组织允许，就可在该域名下增加或撤销子域。

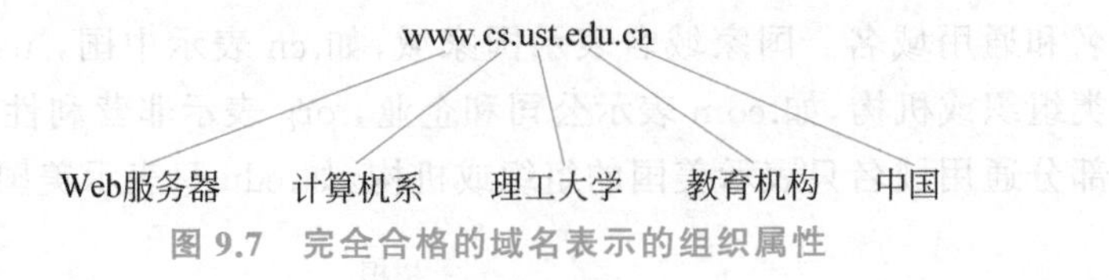

图9.7 完全合格的域名表示的组织属性

值得强调的是，域是组织边界，不是网络物理边界，如完全合格的域名www.abc.com.cn、ftp.abc.com.cn和mail.abc.com.cn标识的主机都属于组织abc.com.cn，但这3台主机可以连接在不同的网络上。

9.2.4 域名服务器结构与DNS资源记录

1. 域名系统功能与组成

域名系统(DNS)的功能是将完全合格的域名转换成该完全合格的域名所标识的主机的IP地址。如图9.8所示，域名系统由一系列域名服务器组成，域名服务器中存储的信息称为DNS资源记录。DNS资源记录必须给出以下信息：一是给出完全合格的域名与IP地址之间的绑定关系，二是需要给出构成域名系统的一系列域名服务器之间的关联。

2. 资源记录

域名服务器中的资源记录主要由下述字段组成：

<名字，类别，类型，值>

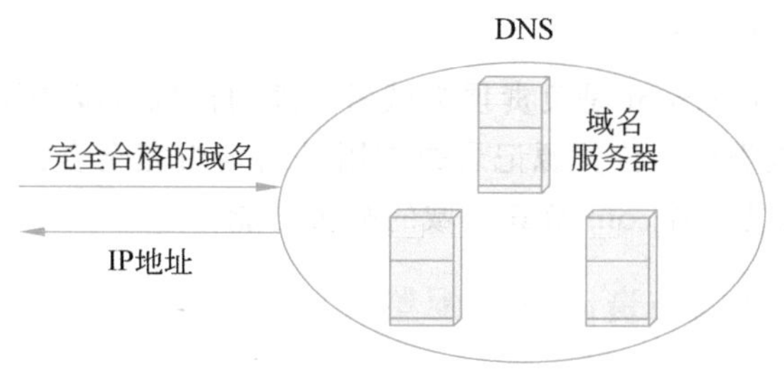

图 9.8 域名系统功能与组成

名字是用于解析的域名，值是解析结果，类别给出定义类型的实体。目前只有一种类别：IN，表明是 Internet。类型给出解释名字和值之间关系的方法，DNS 服务器上一般有四类记录类型：

A(地址)——名字是完全合格的域名，值是与该完全合格的域名对应的 IP 地址。

CNAME(别名)——名字是某个完全合格的域名的别名，值是该完全合格的域名。

MX(邮件)——名字是信箱地址中的域名，值是该邮件服务器的完全合格的域名，如有多个邮件服务器，在值前面用数字表示优先级。

NS(域名服务器)——名字是域名，值是负责该域的域名服务器的完全合格的域名。

A 记录的例子如下：

```
www.abc.com.cn  IN  A  192.1.1.1
ftp.abc.com.cn  IN  A  192.1.1.2
```

其中，www.abc.com.cn 是标识某个 Web 服务器的完全合格的域名，192.1.1.1 是该 Web 服务器的 IP 地址，A 是记录类型，IN 是类别。该资源记录的作用是建立完全合格的域名 www.abc.com.cn 与 IP 地址 192.1.1.1 之间的绑定关系。

CNAME 记录的例子如下：

```
download  IN  CNAME  ftp.abc.com.cn
```

download 是别名，ftp.abc.com.cn 是该别名对应的完全合格的域名，CNAME 是记录类型，IN 是类别。该资源记录的作用是建立名字 download 与完全合格的域名 ftp.abc.com.cn 之间的对应关系，即可以用名字 download 代替完全合格的域名 ftp.abc.com.cn。

MX 记录的例子如下：

```
abc.com.cn  IN  MX  10  mail.abc.com.cn
```

abc.com.cn 是信箱地址中的域名，mail.abc.com.cn 是标识邮件服务器的完全合格的域名，MX 是记录类型，10 是表示优先级的数字，IN 是类别。该资源记录的作用是建立信箱地址域名 abc.com.cn 与标识邮件服务器的完全合格的域名 mail.abc.com.cn 之间的绑定关系，即将完全合格的域名为 mail.abc.com.cn 的邮件服务器作为域名为 abc.com.cn 的信箱的邮件服务器。如果为域名为 abc.com.cn 的信箱指定了多个邮件服务器，则选择优先级值最小的邮件服务器作为域名为 abc.com.cn 的信箱的邮件服务器。

NS 记录的例子如下：

```
com  IN  NS  dns.root
```

com 是顶级域名，dns.root 是负责顶级域名管理的根域名服务器的完全合格的域名，NS 是记录类型，IN 是类别。该资源记录的作用是指定由完全合格的域名为 dns.root 的根域名服务器负责顶级域名 com 及其子域的解析功能。

3. 域名服务器结构与资源记录配置

1）域名服务器结构

域名服务器采用层次结构，根域名服务器负责管理顶级域名，每一个顶级域名有对应的域名服务器。根域名服务器通过类型为 NS 的资源记录建立每一个顶级域名与对应的域名服务器之间的关联。如图 9.10 所示，对应如图 9.9 所示的互联网中的域名服务器设置，根域名服务器中通过资源记录＜com，NS，dns.com＞和＜dns.com，A，192.1.2.7＞确定由 IP 地址为 192.1.2.7、完全合格的域名为 dns.com 的域名服务器负责 com 域。同样，com 域分为 a.com 和 b.com 两个子域，com 域域名服务器中通过资源记录＜a.com，NS，dns.a.com＞和＜dns.a.com，A，192.1.1.3＞确定由 IP 地址为 192.1.1.3、完全合格的域名为 dns.a.com 的域名服务器负责 a.com 域。域名服务器采用分层结构的好处是，可以由负责该域的组织决定该域的子域划分过程，在某个域中增加一个子域时，只要在该域对应的域名服务器中增加用于建立该子域域名与对应的域名服务器之间关联的资源记录。如在 com 域中增加子域 a.com 时，只需要在 com 域的域名服务器中增加用于建立 a.com 域与对应的域名服务器之间关联的资源记录＜a.com，NS，dns.a.com＞和＜dns.a.com，A，192.1.1.3＞。

2）域名服务器在网络中的物理位置

域名服务器的逻辑结构与域名服务器在互联网中的物理位置无关，域名服务器之间的关系通过域名服务器中类型为 NS 的资源记录体现。负责任何域的域名服务器可以放置在互联网中的任何位置。

3）可以从任何域名服务器开始解析过程

如果需要完成某个完全合格的域名至 IP 地址的转换过程，可以从任何域名服务器开始解析过程，如解析出完全合格的域名 www.b.edu 的 IP 地址。从 a.com 域域名服务器开始的解析过程如下：根据 a.com 域域名服务器中的资源记录＜edu，NS，dns.root＞和＜dns.root，A，192.1.3.7＞确定根域名服务器。根据根域名服务器中的资源记录＜edu，NS，dns.edu＞和＜dns.edu，A，192.1.4.7＞确定 edu 域域名服务器。根据 edu 域域名服务器中的资源记录＜b.edu，NS，dns.b.edu＞和＜dns.b.edu，A，192.1.5.7＞确定 b.edu 域域名服务器。根据 b.edu 域域名服务器中的资源记录＜www.b.edu，A，192.1.5.2＞解析出完全合格的域名 www.b.edu 的 IP 地址是 192.1.5.2。如果从 com 域域名服务器开始解析过程，同样可以根据 com 域域名服务器中的资源记录＜edu，NS，dns.root＞和＜dns.root，A，192.1.3.7＞确定根域名服务器。

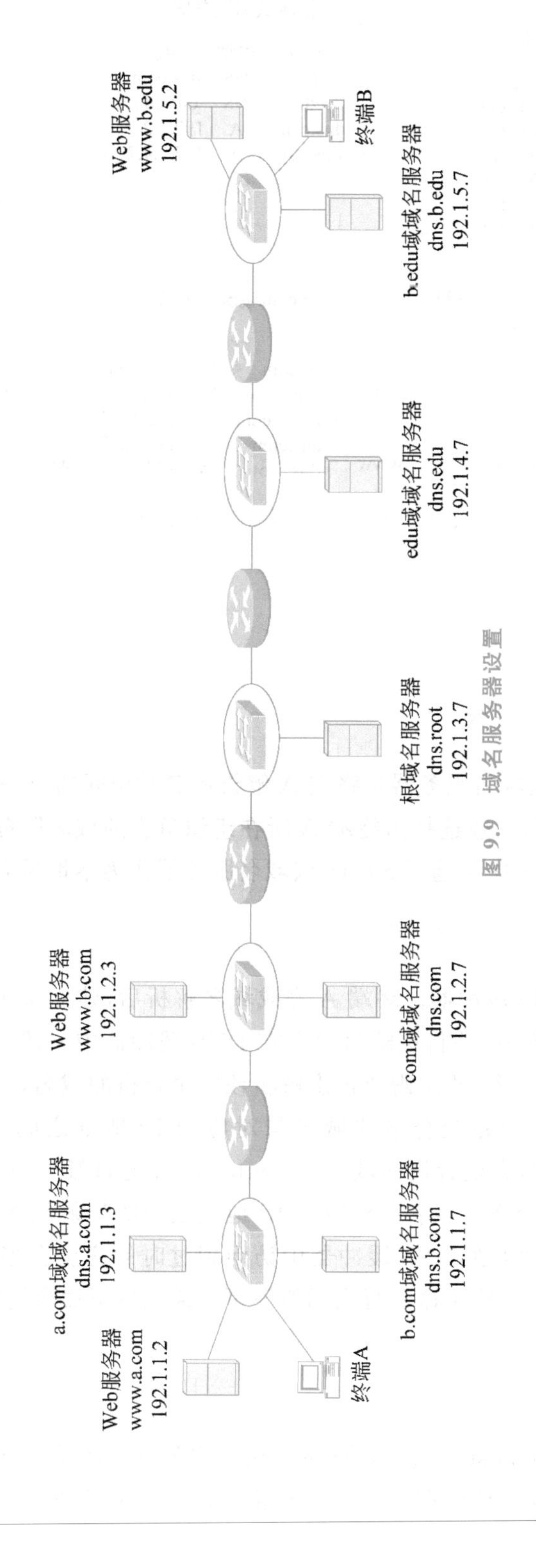
Web服务器
www.a.com
192.1.1.2
a.com域名服务器
dns.a.com
192.1.1.3
终端A
b.com域名服务器
dns.b.com
192.1.1.7
Web服务器
www.b.com
192.1.2.3
com域名服务器
dns.com
192.1.2.7
根域名服务器
dns.root
192.1.3.7
edu域名服务器
dns.edu
192.1.4.7
Web服务器
www.b.edu
192.1.5.2
终端B
b.edu域名服务器
dns.b.edu
192.1.5.7

图 9.9 域名服务器设置

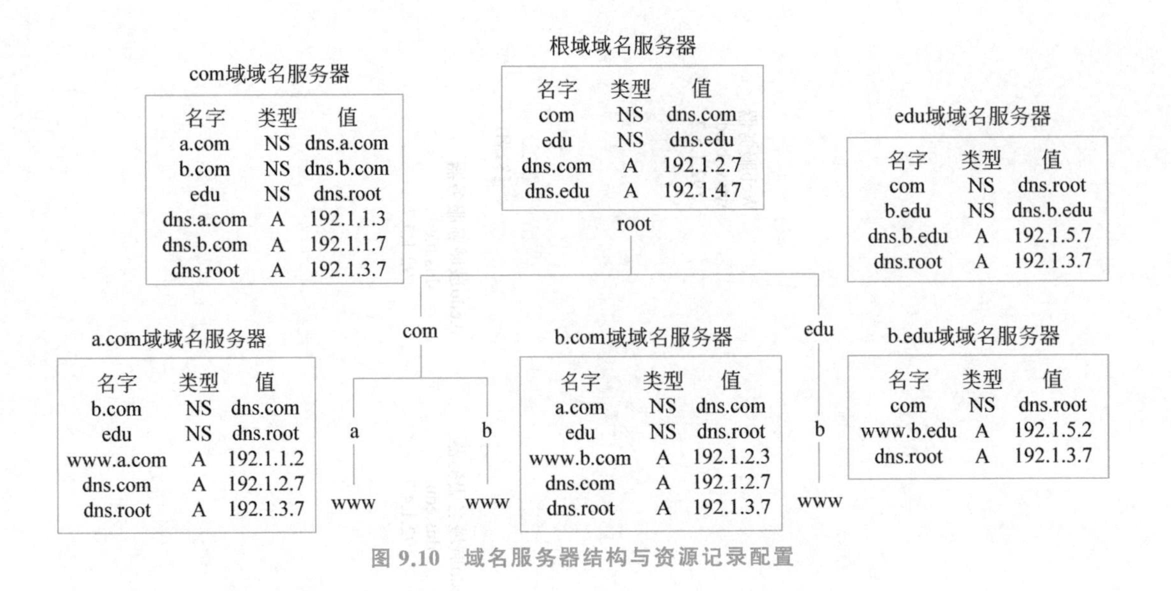

图 9.10 域名服务器结构与资源记录配置

9.2.5 域名解析过程

1. 终端 A 的基本配置

终端 A 配置的本地域名服务器是终端 A 解析域名时访问的第一个域名服务器，因此也称为默认域名服务器，一般选择由终端 A 所在组织负责的域名服务器作为终端 A 的本地域名服务器。这里，终端 A 选择 a.com 域域名服务器作为本地域名服务器。

2. DNS 缓冲器和 hosts 文件

终端 A 中分配 DNS 缓冲器。终端 A 完成域名解析后，建立某个完全合格的域名与对应的 IP 地址之间的映射，并将该映射保存在 DNS 缓冲器中一段时间。如果在该映射保存在 DNS 缓冲器期间，终端 A 需要再次解析该完全合格的域名，它可以通过访问 DNS 缓冲器获得该映射。由于完全合格的域名与对应的 IP 地址之间的映射是动态的，如 b.edu 域域名服务器中与完全合格的域名 www.b.edu 绑定的 IP 地址可能从 192.1.5.2 变为 192.1.5.3，因此完全合格的域名与对应的 IP 地址之间的映射只能在 DNS 缓冲器中保存有限时间，否则可能发生在 DNS 缓冲器中访问到过时的完全合格的域名与对应的 IP 地址之间映射的情况。终端 A 命令行提示符下可以通过以下命令清空终端 A 的 DNS 缓冲器。

```
ipconfig /flushdns
```

终端 A 中如果存在 hosts 文件，则向本地域名服务器发送域名解析请求之前，先检索 hosts 文件。如果 hosts 文件中存在该完全合格的域名与对应的 IP 地址之间的映射，则终端 A 直接使用该映射。

3. 递归解析过程

递归解析过程如图 9.11 所示，如果终端 A 需要解析完全合格的域名 www.b.edu，且 DNS 缓冲器和 hosts 文件中均不存在该完全合格的域名与对应的 IP 地址之间的映射，则终端 A 向本地域名服务器发送完全合格的域名 www.b.edu 的解析请求。

图 9.11　递归解析过程

本地域名服务器接收到该解析请求后，首先在数据库中检索名字为 www.b.edu、类型为 A 的资源记录。如果不存在这样的资源记录，则检索名字为 b.edu、类型为 NS 的资源记录。如果不存在这样的资源记录，则检索名字为 edu、类型为 NS 的资源记录。根据资源记录＜edu，NS，dns.root＞和＜dns.root，A，192.1.3.7＞确定根域名服务器，向根域名服务器发送完全合格的域名 www.b.edu 的解析请求。

根域名服务器依次检索名字为 www.b.edu、类型为 A 的资源记录，名字为 b.edu、类型为 NS 的资源记录，名字为 edu、类型为 NS 的资源记录。根据资源记录＜edu，NS，dns.edu＞和＜dns.edu，A，192.1.4.7＞确定 edu 域域名服务器，向 edu 域域名服务器发送完全合格的域名 www.b.edu 的解析请求。

edu 域域名服务器根据资源记录＜b.edu，NS，dns.b.edu＞和＜dns.b.edu，A，192.1.5.7＞确定 b.edu 域域名服务器，向 b.edu 域域名服务器发送完全合格的域名 www.b.edu 的解析请求。

b.edu 域域名服务器根据资源记录＜www.b.edu，A，192.1.5.2＞解析出完全合格的域名 www.b.edu 对应的 IP 地址 192.1.5.2，沿着发送解析请求相反的路径回送解析结果。解析结果到达本地域名服务器，由本地域名服务器发送给终端 A。

递归解析过程的特点是，在当前域名服务器根据资源记录检索结果确定下一个域名服务器后，由当前域名服务器直接向下一个域名服务器发送解析请求。上述解析过程之所以称为递归解析过程，是因为终端 A 和本地域名服务器之间、当前域名服务器和下一个域名服务器之间不断重复着相同的发送解析请求、等待解析结果的过程。

4. 迭代解析过程

迭代解析过程如图 9.12 所示，本地域名服务器接收到终端 A 发送的完全合格的域名 www.b.edu 的解析请求后，首先在数据库中检索名字为 www.b.edu、类型为 A 的资源记录。如果不存在这样的资源记录，则检索名字为 b.edu、类型为 NS 的资源记录。如果不存在这样的资源记录，则检索名字为 edu、类型为 NS 的资源记录。根据资源记录＜edu，NS，dns.root＞和＜dns.root，A，192.1.3.7＞确定根域名服务器，向根域名服务器发送完全合格的域名 www.b.edu 的解析请求。

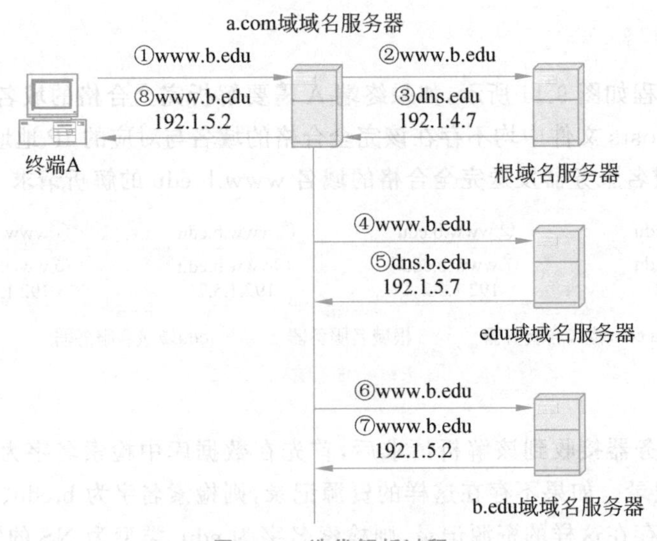

图 9.12 迭代解析过程

根域名服务器依次检索名字为 www.b.edu、类型为 A 的资源记录，名字为 b.edu、类型为 NS 的资源记录，名字为 edu、类型为 NS 的资源记录。根据资源记录＜edu，NS，dns.edu＞和＜dns.edu，A，192.1.4.7＞确定 edu 域域名服务器，向本地域名服务器回送 edu 域域名服务器的 IP 地址。

本地域名服务器向 edu 域域名服务器发送完全合格的域名 www.b.edu 的解析请求。edu 域域名服务器根据资源记录＜b.edu，NS，dns.b.edu＞和＜dns.b.edu，A，192.1.5.7＞确定 b.edu 域域名服务器，向本地域名服务器回送 b.edu 域域名服务器的 IP 地址。

本地域名服务器向 b.edu 域域名服务器发送完全合格的域名 www.b.edu 的解析请求。b.edu 域域名服务器根据资源记录＜www.b.edu，A，192.1.5.2＞解析出完全合格的域名 www.b.edu 对应的 IP 地址 192.1.5.2，向本地域名服务器回送解析结果，本地域名服务器向终端 A 发送解析结果。

迭代解析过程的特点是，在当前域名服务器根据资源记录检索结果确定下一个域名服务器后，当前域名服务器将下一个域名服务器的 IP 地址回送给本地域名服务器，由本地域名服务器向下一个域名服务器发送解析请求。上述解析过程之所以称为迭代解析过程，是因为本地域名服务器重复进行向下一个域名服务器发送解析请求，等待下一个域名服务器回送解析结果的过程。

迭代解析过程可以直接在终端 A 和各个域名服务器之间进行。如图 9.12 所示的解析过程实际包含两部分：一是终端 A 和本地域名服务器之间的递归解析过程，二是本地域名服务器与其他域名服务器之间的迭代解析过程。

5. 两种解析过程的比较

在递归解析过程中，核心域名服务器（如根域名服务器）负责大量解析请求和解析结果的转发操作，容易造成这些核心域名服务器过载。迭代解析过程通过独立设置核心域名服务器和本地域名服务器，将处理负担均衡地分布到各个本地域名服务器中，从而减轻核心域名服务器的处理负担。

6. DNS 消息

DNS 消息封装成 UDP 报文，UDP 报文封装成 IP 分组。因此，主机与域名服务器之间或者两个域名服务器之间传输的 DNS 消息封装成 UDP 报文，UDP 报文封装成以主机和域名服务器或者两个域名服务器的 IP 地址为源和目的 IP 地址的 IP 分组。

9.3 DHCP

终端访问网络资源前，必须配置基本的网络信息。这些网络信息可以手工配置，也可以自动获得，DHCP 是一种用于让终端自动获得网络配置信息的协议。

9.3.1 DHCP 的作用和结构

1. DHCP 的作用

每一个终端访问网络资源前，必须配置下述信息：

- IP 地址
- 子网掩码
- 默认网关(或称默认路由器)地址
- 本地域名服务器地址

这些信息称为网络配置信息，可以由用户手工配置。如果采用手工配置方式，用户只有在非常清楚地了解终端接入的网络的情况后，才能获取上述信息，并因此完成对终端的配置过程。

为了方便终端接入，可以让终端自动通过网络获取网络配置信息。如果采用自动获取方式，用户无须关心终端接入的网络的情况。动态主机配置协议(Dynamic Host Configuration Protocol，DHCP)就是一种让终端能够通过网络自动获取网络配置信息的协议。

2. DHCP 的结构

DHCP 基于客户/服务器结构，如图 9.13 所示。由 DHCP 客户发起配置过程，配置过程中，由 DHCP 服务器为每一个 DHCP 客户生成网络配置信息，并将网络配置信息发送给 DHCP 客户。

1) DHCP 客户的功能

DHCP 客户的功能如下：一是发起配置过程，二是管理从 DHCP 服务器获得的网络配置信息，尤其是 IP 地址的租用管理。DHCP 服务器分配给 DHCP 客户的每一个 IP 地

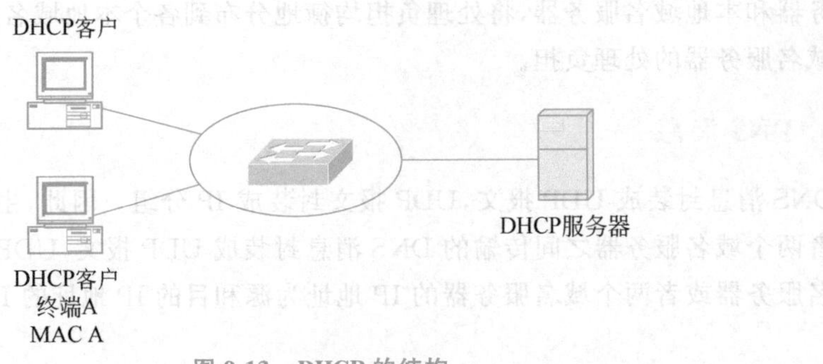

图 9.13 DHCP 的结构

址都有租用期，DHCP 客户需要在 IP 地址租用期结束前更新租用期或者重新从 DHCP 服务器申请新的 IP 地址。

2) DHCP 服务器的功能

DHCP 服务器的功能如下：一是响应 DHCP 客户发送的配置请求，二是管理网络配置信息。由于每一个 DHCP 客户需要分配不同的 IP 地址，因此需要配置一个 IP 地址池，并为每一个分配的 IP 地址绑定 DHCP 客户的 MAC 地址和租用期。

9.3.2 DHCP 无中继工作过程

DHCP 无中继工作过程的网络环境如图 9.13 所示，DHCP 客户和 DHCP 服务器属于同一个广播域。

1. DHCP 发现消息封装过程

终端在自动获取网络配置信息前，自身没有 IP 地址，也不知道 DHCP 服务器的地址，因此只能通过广播的方式寻找 DHCP 服务器。由于 DHCP 是应用层协议，终端发送的 DHCP 消息必须先封装成 UDP 报文格式，再将 UDP 报文封装成 IP 分组格式，最后将 IP 分组封装成 MAC 帧格式，封装过程如图 9.14 所示。DHCP 消息封装成 UDP 报文时，客户端口号为 68，服务器端口号为 67，这两个都是著名端口号。当 UDP 报文封装成 IP 分组时，由于终端不知道自身和 DHCP 服务器的 IP 地址，因此将源 IP 地址设置成 0.0.0.0，目的 IP 地址设置成 255.255.255.255，表示该 IP 分组是广播分组。当 IP 分组封装成 MAC 帧时，源 MAC 地址是终端的 MAC 地址，如终端 A 的 MAC A，目的 MAC 地址是广播地址 ff:ff:ff:ff:ff:ff。DHCP 消息包含的内容为终端的终端标识符（通常是终端的 MAC 地址，如 MAC A）和请求分配 IP 地址的请求信息等。由于广播只能在同一网络内进行，因此 DHCP 客户和 DHCP 服务器需要连接在同一个网络上。

2. DHCP 客户和 DHCP 服务器的交互过程

DHCP 客户和 DHCP 服务器的交互过程如图 9.15 所示。接收端根据 UDP 报文的源和目的端口号确定 DHCP 消息，根据 DHCP 消息中的操作码字段值确定 DHCP 消息类型。

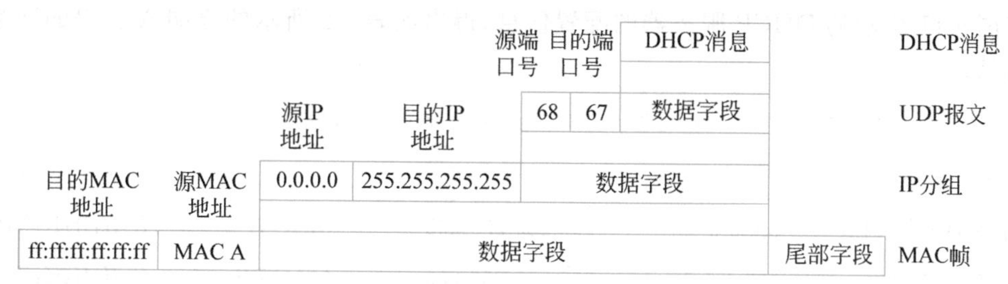

图 9.14　DHCP 发现消息封装过程

终端 A 首先通过广播 DHCP 发现消息(DHCP DISCOVER)来确定网络中配置的 DHCP 服务器。一个网络可以配置多个 DHCP 服务器,所有 DHCP 服务器接收到 DHCP 发现消息后,在确定自己能够对该 DHCP 客户提供网络信息配置服务的情况下,在该网络对应的作用域中分配一个未使用的 IP 地址。然后,向终端 A 发送 DHCP 提供消息(DHCP OFFER),DHCP 提供消息中给出为终端 A 分配的 IP 地址和作为 DHCP 服务器标识符的 DHCP 服务器地址。需要强调的是,此时 DHCP 服务器并没有真正为终端 A 分配该 IP 地址,只是为终端 A 预留了该 IP 地址。为了避免响应其他终端发送的 DHCP 发现消息时再次分配该 IP 地址,DHCP 服务器可以冻结该 IP 地址一段时间,在冻结期间不再分配该 IP 地址。由于 DHCP 服务器将提供消息封装成 IP 分组时,终端 A 并没有真正分配 IP 地址,因此将目的 IP 地址设置为广播地址 255.255.255.255。由于 DHCP 服务器已经通过终端 A 广播的 DHCP 发现消息获得终端 A 的 MAC 地址,因此在将该 IP 分组封装成 MAC 帧时,可以将 MAC 帧封装成以终端 A 的 MAC 地址为目的地址、DHCP 服务器的 MAC 地址为源地址的单播帧。但由于该 IP 分组的目的 IP 地址是广播地址,因此在将该 IP 分组封装成 MAC 帧时,仍然以全 1 广播地址作为该 MAC 帧的目的 MAC 地址。

由于网络中允许配置多个 DHCP 服务器,因此终端 A 可能接收到多个不同 DHCP 服务器发送的 DHCP 提供消息。通常情况下,终端 A 选择第一个 DHCP 提供消息的发送者作为完成本次网络信息配置的 DHCP 服务器,然后广播 DHCP 请求消息(DHCP REQUEST)。在已经获取 DHCP 服务器 IP 地址的情况下,终端 A 广播 DHCP 请求消息的原因是,该 DHCP 请求消息同时具有通知其他 DHCP 服务器不再需要继续冻结发送给终端 A 的 DHCP 提供消息中给出的 IP 地址的功能。接收到 DHCP 请求消息的 DHCP 服务器中,IP 地址与 DHCP 请求消息中给出的 DHCP 服务器标识符相同的 DHCP 服务器完成对终端 A 的网络信息配置,通过 DHCP 确认消息(DHCP ACK)将配置给终端 A 的网络信息传输给终端 A,并将分配给终端 A 的 IP 地址和作为终端 A 标识符的 MAC 地址 MAC A 绑定在一起。然后,为该 IP 地址分配一个租用期,如图 9.15 中的 8 天。

终端 A 完成网络信息配置过程后,才真正分配 IP 地址。因此,在 DHCP 工作过程中,终端 A 发送的 IP 分组的源 IP 地址全部是 0.0.0.0,DHCP 服务器发送的 IP 分组的目的 IP 地址全部是 255.255.255.255。如图 9.15 所示的 DHCP 客户和 DHCP 服务器的交互过程中,各个 DHCP 消息的源和目的 IP 地址及源和目的 MAC 地址如表 9.1 所示。根据如图 9.15 所示的 DHCP 服务器的配置信息，得出如表 9.2 所示的终端 A 获得的网络配置信息。

表 9.1 DHCP 消息的源和目的 IP 地址及源和目的 MAC 地址

DHCP 消息类型	源 IP 地址	目的 IP 地址	源 MAC 地址	目的 MAC 地址
DHCP DISCOVER	0.0.0.0	255.255.255.255	MAC A	ff:ff:ff:ff:ff:ff
DHCP OFFER	192.1.1.5	255.255.255.255	MAC DS	ff:ff:ff:ff:ff:ff
DHCP REQUEST	0.0.0.0	255.255.255.255	MAC A	ff:ff:ff:ff:ff:ff
DHCP ACK	192.1.1.5	255.255.255.255	MAC DS	ff:ff:ff:ff:ff:ff

表 9.2 终端 A 的网络配置信息

IP 地址	192.1.1.6	默认网关地址	192.1.1.254
子网掩码	255.255.255.0	DNS 域名服务器地址	192.1.1.4

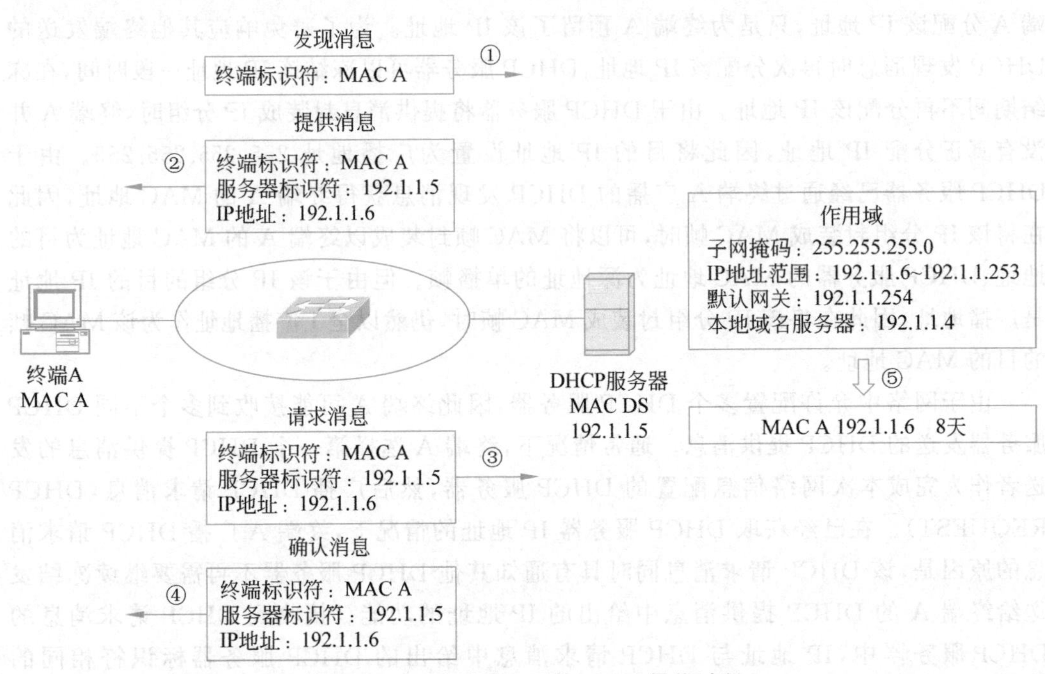

图 9.15 无中继情况下的 DHCP 操作过程

终端在分配的 IP 地址的租用期即将到期的情况下，需要通过发送 DHCP 请求消息来延长使用该 IP 地址的租用期。在这种情况下，终端发送的 DHCP 请求消息被封装成目的 IP 地址为 DHCP 服务器的 IP 地址的单播 IP 分组，DHCP 服务器在允许的情况下，通过返回 DHCP 确认消息允许终端继续使用该 IP 地址。

9.3.3 DHCP中继工作过程

对于校园网这样子网众多，而且子网内的终端配置也经常变化的互连网络结构，为每一个子网配置一个 DHCP 服务器是不现实的，因此往往要求用单个 DHCP 服务器完成所有子网内终端的配置过程。但实现这一过程必须解决以下问题：①如果某个终端和 DHCP 服务器不在一个子网内，则该终端广播的 DHCP 发现和请求消息如何到达 DHCP 服务器？②不同子网都有不同的网络地址，如 VLAN 2 的网络地址为 192.1.2.0/24，当 DHCP 服务器接收到某个终端发送的请求分配 IP 地址的 DHCP 发现或请求消息时，如何确定发送终端所属的 VLAN？

1. DHCP 消息中继过程

如图 9.16 所示，为了使终端 A 在 VLAN 2 内广播的 DHCP 发现和请求消息能够传输到连接在 VLAN 1 内的 DHCP 服务器，必须启动路由器 R1 的中继代理功能，并将 DHCP 服务器的 IP 地址设置为中继地址。当路由器 R1 通过连接 VLAN 2 的接口接收到目的地址为广播地址的 MAC 帧，且能够从 MAC 帧中分离出 IP 分组，并从 IP 分组中分离出 UDP 报文时，检查该 UDP 报文的目的端口号。如果该 UDP 报文的目的端口号

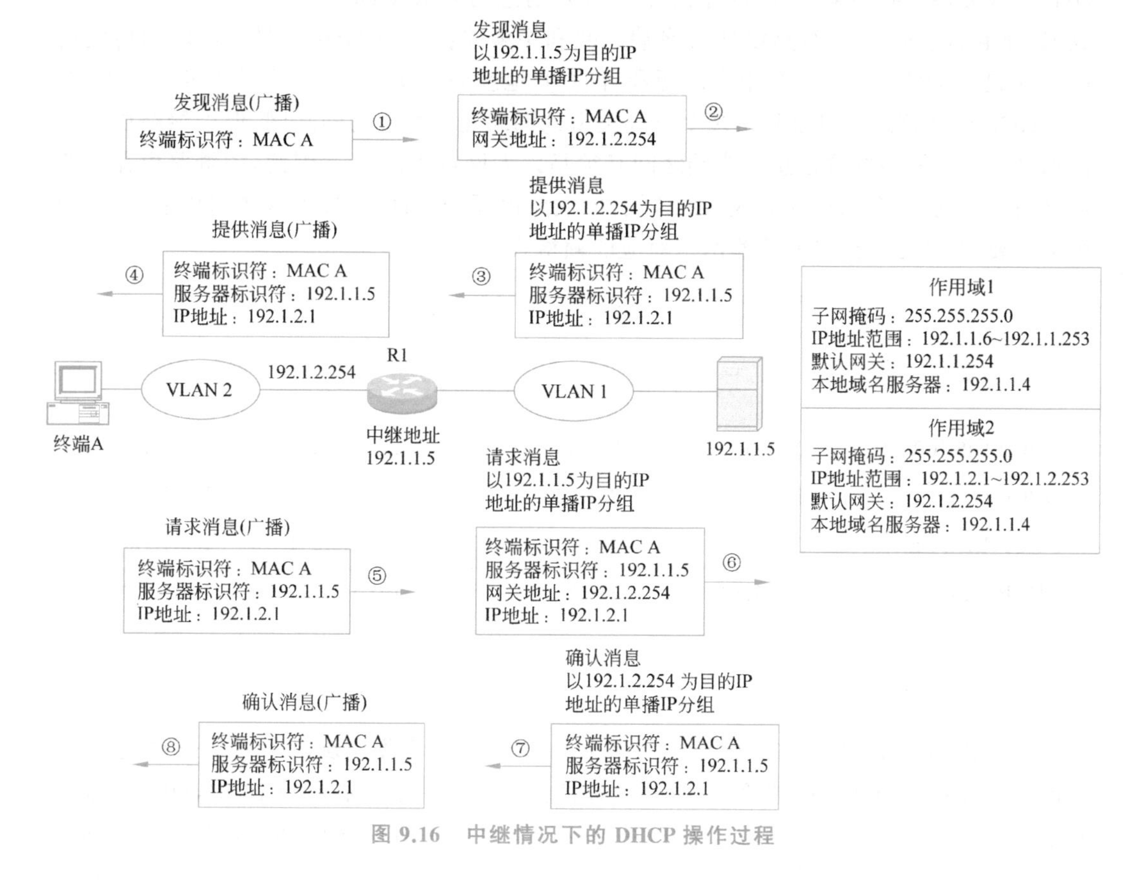

图 9.16 中继情况下的 DHCP 操作过程

为 67，确定该 UDP 报文封装了需要转发给 DHCP 服务器的 DHCP 发现或请求消息，则重新将该 UDP 报文封装成以 DHCP 服务器的 IP 地址为目的 IP 地址、路由器接收该 UDP 报文的接口的 IP 地址为源 IP 地址的 IP 分组，并将接收该 UDP 报文的路由器接口的 IP 地址 192.1.2.254 作为网关地址写入 DHCP 消息中，然后以正常的单播 IP 分组传输方式，通过 VLAN 1 将该 IP 分组发送给 DHCP 服务器。

中继路由器 R1 与 DHCP 服务器之间可以是由多个不同类型网络互连而成的网际网，DHCP 服务器发送的 DHCP 提供和确认消息最终封装成以 DHCP 服务器的 IP 地址为源 IP 地址、以中继路由器 R1 连接 VLAN 2 的接口的 IP 地址为目的 IP 地址的单播 IP 分组，并以正常的单播 IP 分组传输方式，通过 VLAN 1 将该 IP 分组传输给中继路由器。

当中继路由器接收到目的 IP 地址为连接 VLAN 2 的接口的 IP 地址的 IP 分组，且从该 IP 分组中分离出目的端口号为 68 的 UDP 报文时，中继路由器将该 UDP 报文重新封装成以中继路由器连接 VLAN 2 的接口的 IP 地址为源 IP 地址、以广播地址为目的 IP 地址的 IP 分组，并将该 IP 分组封装成以中继路由器连接 VLAN 2 的接口的 MAC 地址为源 MAC 地址、以广播地址为目的 MAC 地址的 MAC 帧，将该 MAC 帧通过该接口连接的 VLAN 2 发送出去。

值得强调以下两点：一是 DHCP 消息在中继路由器与终端之间和中继路由器与 DHCP 服务器之间传输时，同样存在将 DHCP 消息封装成 UDP 报文，将 UDP 报文封装成 IP 分组的过程，但中继路由器与终端之间和中继路由器与 DHCP 服务器之间传输的 IP 分组是不同的，这些 IP 分组中的源和目的 IP 地址如表 9.3 所示。二是中继路由器 R1 与 DHCP 服务器之间可以是由多个不同类型的网络互连而成的网际网，但中继路由器与请求自动获取网络配置信息的终端之间必须是以太网或 VLAN。因此，中继路由器与终端之间传输的 IP 分组被封装成 MAC 帧，中继路由器与 DHCP 服务器之间传输的 IP 分组被封装成 IP 分组经过的传输网络对应的帧格式。

表 9.3　DHCP 消息中继前和中继后的源和目的 IP 地址

DHCP 消息类型	VLAN 2		VLAN 1	
	源 IP 地址	目的 IP 地址	源 IP 地址	目的 IP 地址
DHCP DISCOVER	0.0.0.0	255.255.255.255	192.1.2.254	192.1.1.5
DHCP OFFER	192.1.2.254	255.255.255.255	192.1.1.5	192.1.2.254
DHCP REQUEST	0.0.0.0	255.255.255.255	192.1.2.254	192.1.1.5
DHCP ACK	192.1.2.254	255.255.255.255	192.1.1.5	192.1.2.254

2. DHCP 服务器配置过程

在配置 DHCP 服务器时，需要创建多个作用域，每一个作用域对应一个子网，通过默认网关地址将子网和作用域给出的 IP 地址范围绑定在一起。在图 9.16 中，DHCP 服务器定义了两个作用域：作用域 1 和作用域 2。作用域 1 对应 VLAN 1，IP 地址范围为 192.1.1.6～192.1.1.253，用默认网关地址 192.1.1.254 将作用域 1 和 VLAN 1 绑定在一起。作用域 2 对应 VLAN 2，IP 地址范围为 192.1.2.1～192.1.2.253，用默认网关地址 192.1.2.254 将作用域 2 和 VLAN 2 绑定在一起。

中继路由器转发 DHCP 消息时，将接收该 DHCP 消息的路由器接口的 IP 地址作为默认网关地址写入 DHCP 消息中，因此中继路由器连接不同 VLAN 的接口的 IP 地址必须是 DHCP 服务器中该 VLAN 对应的作用域的默认网关地址。

当 DHCP 服务器接收到终端 A 发送的 DHCP 发现或请求消息时，首先判别 DHCP 消息是否携带默认网关地址。在携带默认网关地址的情况下，用 DHCP 消息携带的网关地址去匹配作用域，然后在匹配到的作用域所给出的 IP 地址范围内，为终端 A 选择一个未分配的 IP 地址，如图 9.16 的 IP 地址：192.1.2.1。终端 A 自动获取的网络配置信息如表 9.4 所示。

表 9.4　终端 A 的网络配置信息

IP 地址	192.1.2.1	默认网关地址	192.1.2.254
子网掩码	255.255.255.0	DNS 域名服务器地址	192.1.1.4

9.4 WWW

万维网（World Wide Web，WWW）是 Internet 最成功的应用之一，是促使 Internet 和人们的生活、娱乐紧密相连的重要因素。WWW 采用客户/服务器结构，客户进程被称为浏览器（browser），服务器进程被称为 Web 服务器。客户进程用统一资源定位器（Uniform Resource Locator，URL）标识需要访问的 Internet 资源，这些资源包括 Internet 上所有可以被访问的对象，如文件、文档、目录、图像、声音等，浏览器和 Web 服务器之间通过超文本传输协议（Hyper Text Transfer Protocol，HTTP）完成信息交换。为了在不同的计算机系统之间统一 Web 页面显示格式，必须用标准的语言制作 Web 页面，这种用来制作 Web 页面的标准语言就是超文本标记语言（Hyper Text Markup Language，HTML）。

9.4.1 统一资源定位器

WWW 用统一资源定位器标识分布在整个 Internet 中的可被访问的对象，统一资源定位器（URL）的通用形式如下：

```
<URL 的访问方式>://<主机>:<端口>/<路径>
```

常见的 URL 访问方式有 3 种，分别是：文件传输协议（FTP）、超文本传输协议（HTTP）和 Usenet 新闻（NEWS）。本节只讨论前两种使用较多的访问方式。

主机字段用完全合格的域名方式或 IP 地址方式给出被访问对象所在的 Web 服务器。

端口字段给出 Web 服务器侦听的端口号。由于针对不同的访问方式，Web 服务器都有对应的著名端口号。如果没有选用与访问方式对应的著名端口号不同的端口号，端口字段可以省略。

路径字段给出被访问对象在Web服务器中的存放位置，如文件的访问路径。下面是针对FTP和HTTP两种不同访问方式的URL实例。

ftp://rtfm.mit.edu/pub/abc.txt

http://www.tsinghua.edu.cn/chn/yxse/index.htm

FTP访问方式中的主机名rtfm.mit.edu是麻省理工学院(MIT)匿名服务器rtfm的完全合格的域名，/pub/abc.txt是存放文件abc.txt的路径，表明abc.txt存放在服务器pub目录下。

HTTP访问方式中的主机名www.tsinghua.edu.cn是清华大学Web服务器的完全合格的域名，/chn/yxse/index.htm是指向层次结构的从属页面的路径。

9.4.2 HTTP

HTTP是用于浏览器和Web服务器之间进行信息传输的协议，是一种请求、响应型协议。客户需要访问Web服务器的资源时，向Web服务器发送请求消息。服务器接收到客户发送给它的请求消息后，按照请求消息所要求的访问操作，完成资源检索，并将检索结果和资源封装在响应消息中返回给客户。HTTP请求消息所要求的访问操作主要有以下这些。

GET URL：请求读取由URL标识的信息。

PUT URL：在URL标明的位置下存储一个文档。

DELETE URL：删除URL标识的资源。

响应消息中包含表示操作结果的状态和请求消息中要求读取的信息，操作状态包含操作成功、访问的资源不存在等。下面通过如图9.17所示的用浏览器访问某个Web页面的过程来讨论HTTP的操作过程。

① 用户在浏览器地址栏中输入：http://www.tsinghua.edu.cn/pub/abc.htm；

② 浏览器从URL中分离出主机域名(www.tsinghua.edu.cn)，并向DNS服务器发出解析域名请求；

③ DNS服务器完成域名解析过程，返回IP地址：166.111.4.100；

④ 浏览器与Web服务器建立TCP连接；

⑤ 浏览器向Web服务器发出包含读取文件命令GET/pub/abc.htm的HTTP请求消息；

⑥ Web服务器根据文件路径/pub/abc.htm检索文件系统，读取文件/pub/abc.htm；

⑦ Web服务器将文件/pub/abc.htm包含在HTTP响应消息中，并将HTTP响应消息发送给浏览器；

⑧ 浏览器通过HTML解释器显示文件/pub/abc.htm的内容；

⑨ 浏览器与Web服务器释放TCP连接。

根据图9.17所示的HTTP操作过程，可以得出：

- HTTP请求消息定义了浏览器要求Web服务器完成的操作，及完成操作所需要

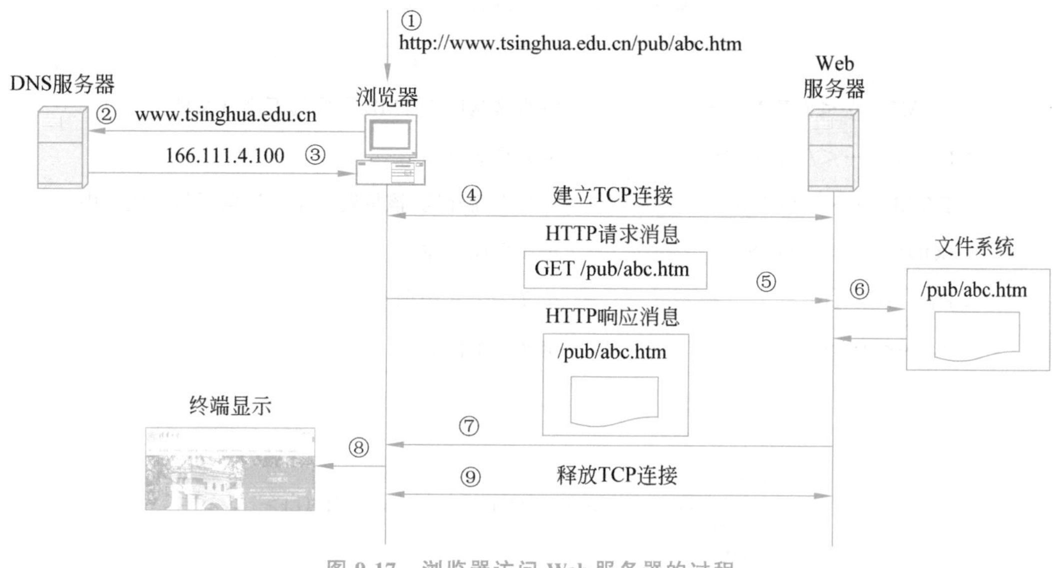

图 9.17　浏览器访问 Web 服务器的过程

的参数；

- HTTP 响应消息定义了 Web 服务器的操作结果状态，及请求消息要求访问的资源；
- HTTP 请求和响应消息封装成 TCP 报文；
- 浏览器的核心功能是根据用户输入的 URL 构建对应的 HTTP 请求消息，并把请求消息发送给 URL 指定的 Web 服务器，并在接收到 *.html 文件时，根据 HTML 语法正确显示文件内容；
- Web 服务器的核心功能是完成 HTTP 请求消息指定的资源的访问过程，并将结果通过 HTTP 响应消息发送给浏览器；
- 浏览器成功访问某个 URL 指定的资源的前提是 URL 中主机名指定的 Web 服务器处于就绪状态，即处于等待接收 HTTP 请求消息的状态，同时 Web 服务器能够检索到 URL 指定的资源。

WWW 这种特定的以浏览器为客户，以 Web 服务器为服务器，客户和 Web 服务器之间通过 HTTP 规范相互传输的消息和相互作用过程的 C/S 结构称为浏览器/服务器(B/S)结构，以此凸显用浏览器作为客户所带来的方便。

9.4.3 HTML

多个在不同操作系统上运行的浏览器可能访问同一个 Web 页面，带来的问题是如何保证这些浏览器以同样的格式在屏幕上显示该 Web 页面？这就要求用一种标准的语言描述 Web 页面的显示格式，这种标准语言就是 HTML，它以标签的方式定义了多个用于排版的命令，表 9.5 给出了几个常用的 HTML 标签。图 9.18 所示是一个描述 Web 页面显示格式的简单 HTML 文档，图 9.19 所示是浏览器根据图 9.18 所示的 HTML 文档描述的 Web 页面显示格式显示的 Web 页面。

表 9.5　一些常用的 HTML 标签

标　签	说　明
＜HTML＞…＜/HTML＞	声明这是用 HTML 写成的万维网文档
＜HEAD＞…＜/HEAD＞	定义页面首部
＜TITLE＞…＜/TITLE＞	定义页面标题，该标题显示在浏览器的标题框中
＜BODY＞…＜/BODY＞	定义页面主体
＜Hn＞…＜/Hn＞	定义一个 n 级题头
＜P＞…＜/P＞	定义一个段落

```
<HTML>
<HEAD>
        <TITLE>这是一个HTML 文档显示实例</TITLE>
</HEAD>
<BODY>
<H1>显示文档主体</H1>
<P>第一个段落，
由两行组成</P><P>第二个段落</P>
</BODY>
</HTML>
```

图 9.18　一个 HTML 文档实例

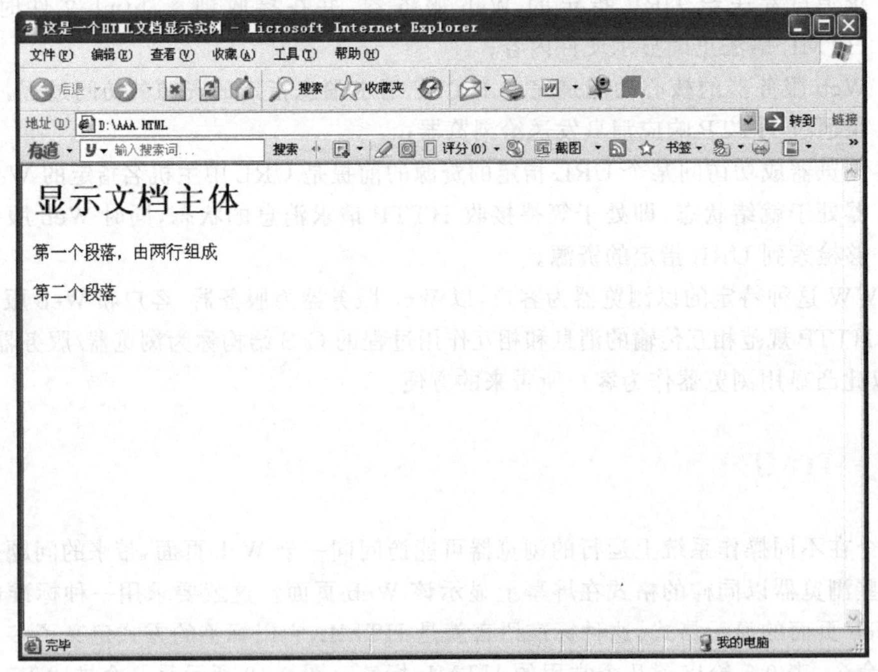

图 9.19　浏览器显示的文档格式

9.5 电子邮件

电子邮件也是 Internet 最主要的应用之一,人们可以通过电子邮件系统完成信息交换过程。电子邮件的主要协议有简单邮件传输协议(Simple Mail Transfer Protocol, SMTP)和邮局协议第 3 版(Post Office Protocol 3,POP3)。SMTP 用于实现发送端用户代理与发送端邮件服务器之间、发送端邮件服务器与接收端邮件服务器之间的邮件传输过程,POP3 用于实现接收端用户代理与接收端邮件服务器之间的邮件接收过程。

9.5.1 电子邮件传输过程

1. 电子邮件系统的组成与协议

图 9.20 所示是电子邮件传输过程中涉及的设备和协议。

用户代理(User Agent,UA)负责电子邮件的撰写、显示和处理。撰写是指通过方便的邮件编辑环境和通信录等辅助工具生成、编辑信件。显示是指通过计算机屏幕显示邮件内容,包括声音和图像,这就要求用户代理(UA)能够集成其他应用系统。处理是指对邮件的存储、打印、转发和删除操作,目前最常见的用户代理是微软公司的 Outlook。

用户代理在发送邮件前,必须先在某个邮件服务器注册一个信箱,获得信箱的电子邮件(E-mail)地址。同时,还必须获得接收方的 E-mail 地址。E-mail 地址由用户名、分隔符和邮件服务器域名三部分组成,如 abc@163.com 就是一个 E-mail 地址,abc 是用户名,@是分隔符,读作 at,163.com 是 163 邮件服务器域名。

邮件服务器是电子邮件系统的核心,负责发送和接收邮件,同时向发信人报告邮件传送情况,如已交付、被拒绝、丢失等。

用户代理向邮件服务器发送邮件时使用 SMTP,邮件服务器之间传输邮件时也使用 SMTP,而用户代理从邮件服务器读取邮件时使用 POP3。

SMTP 和 POP3 都是基于客户/服务器结构的应用层协议。用户代理向邮件服务器发送邮件或通过邮件服务器接收邮件时作为客户,邮件服务器作为服务器。但当邮件服务器之间通过 SMTP 传输邮件时,发送邮件的邮件服务器为客户,接收邮件的邮件服务器为服务器。

整个邮件传输过程由下述步骤组成:

① 用户通过发送端用户代理编辑邮件;

② 发送端用户代理通过 SMTP 将邮件传输给发送端邮件服务器;

③ 发送端邮件服务器通过 SMTP 将邮件传输给接收端邮件服务器;

④ 接收端用户代理通过 POP3 从接收端邮件服务器读取邮件;

⑤ 接收端用户代理向用户显示邮件内容。

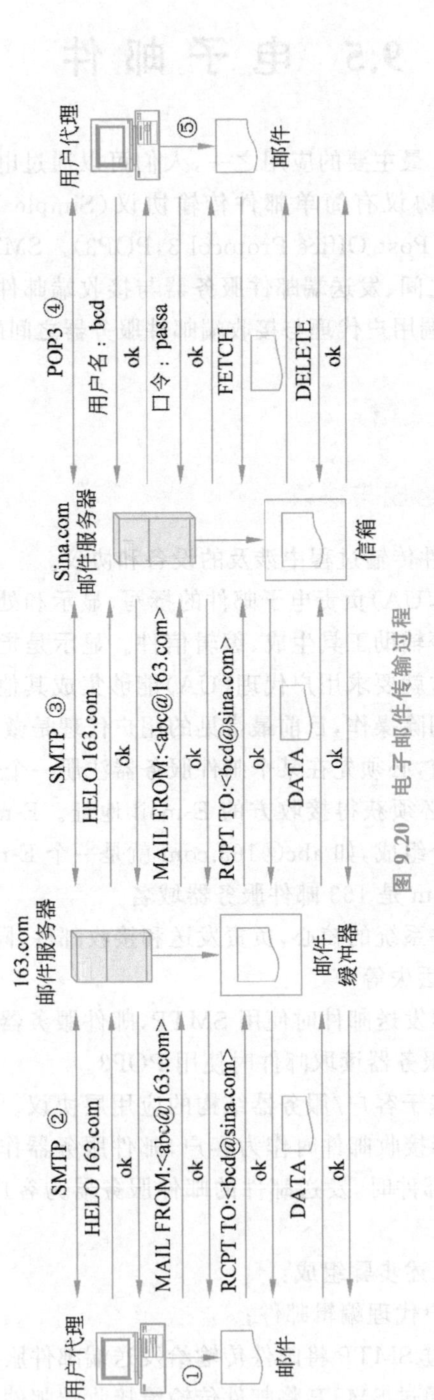

图 9.20 电子邮件传输过程

2. SMTP 发送邮件的操作过程

电子邮件的传输过程由发送端用户代理发起。由于 SMTP 是基于 TCP 的应用层协议，因此 SMTP 发送邮件操作过程分为 TCP 连接建立过程、SMTP 会话建立过程、发送邮件过程、SMTP 会话释放过程和 TCP 连接释放过程。

1）TCP 连接建立过程

发送端用户代理首先必须建立和邮件服务器之间的 TCP 连接，在 TCP 连接成功建立后，进入 SMTP 会话建立过程。

2）SMTP 会话建立过程

由邮件服务器向用户代理发送服务器就绪的状态消息。用户代理在接收到邮件服务器就绪的状态消息后，向邮件服务器发送 HELO 命令，表示要求向邮件服务器发送邮件，如图 9.20 所示，命令中给出发送端邮件服务器域名。如果邮件服务器有能力接收邮件，就向用户代理发送服务器 ok 状态消息。此时，完成 SMTP 会话建立过程。

3）发送邮件过程

成功建立 SMTP 会话后，用户代理可以开始向邮件服务器发送邮件的过程。用户代理通过 MAIL 命令开始邮件发送过程，MAIL 命令中给出邮件的发信人地址，如果邮件服务器已准备好接收邮件，就向用户代理发送接收就绪状态消息。用户代理随后通过 RCPT 命令向邮件服务器发送收信人地址。邮件服务器接收到收信人地址后，分两种不同的情况检测收信人地址。一种是发送端邮件服务器与接收端邮件服务器之间传输邮件的情况，客户为发送端邮件服务器，服务器为接收端邮件服务器。因此，接收端邮件服务器能够在接收邮件前判别是否存在收信人地址指定的信箱，如果存在，则通过向发送端邮件服务器发送接收就绪，允许发送端邮件服务器发送邮件。另一种是用户代理和发送端邮件服务器之间传输邮件的情况，由于发送端邮件服务器并不知道是否确实存在收信人地址指定的信箱，因此在没有确认由收信人地址指定的邮件服务器和信箱已经就绪的情况下，就允许用户代理发送邮件。如果在稍后向由收信人地址指定的邮件服务器发送邮件时失败，就以邮件方式通知用户代理：邮件发送失败。一旦用户代理接收到接收就绪状态消息，就开始通过 DATA 命令发送邮件内容。邮件服务器在接收到完整的邮件内容后，向用户代理发送正确接收状态消息，此时邮件传输过程结束。

4）SMTP 会话释放过程

在完成邮件传输过程后，由用户代理发起 SMTP 会话释放过程。

5）TCP 连接释放过程

由用户代理发起与邮件服务器之间的 TCP 连接释放过程。

发送端邮件服务器将接收到的邮件存储在邮件缓冲器中，在方便的时候，通过 SMTP 将其发送给接收端邮件服务器。发送端邮件服务器和接收端邮件服务器之间通过 SMTP 传输邮件的过程与发送端用户代理和发送端邮件服务器之间传输邮件的过程相同。在接收端邮件服务器接收到邮件后，将其存放在由收信人 E-mall 地址指定的信箱，如图 9.20 所示的bcd@sina.com。

3. POP3 读取邮件的操作过程

由接收端用户代理发起读取电子邮件的过程。由于 POP3 是基于 TCP 的应用层协议，因此 POP3 读取邮件的操作过程分为 TCP 连接建立过程、POP3 会话建立过程、读取邮件过程、POP3 会话释放过程和 TCP 连接释放过程。

1）TCP 连接建立过程

接收端用户代理首先建立和接收端邮件服务器之间的 TCP 连接，在 TCP 连接成功建立后，开始 POP3 会话建立过程。

2）POP3 会话建立过程

由邮件服务器向用户代理发送服务器就绪状态消息。用户代理在接收到邮件服务器就绪的状态消息后，开始登录过程。先向邮件服务器发送用户名，邮件服务器确认是注册用户后，向用户代理发送用户名正确的状态消息。用户代理接收到用户名正确的状态消息后，再向邮件服务器发送口令，邮件服务器确认用户名和口令与某个注册信箱匹配后，向用户代理发送成功登录的状态消息。

3）读取邮件过程

用户代理通过 FETCH 命令从邮件服务器读取邮件，POP3 在读取邮件后，通过 DELETE 命令从信箱中删除已经读取的邮件。

4）POP3 会话释放过程

完成读取邮件过程后，由用户代理发起 POP3 会话释放过程。

5）TCP 连接释放过程

由用户代理发起与邮件服务器之间的 TCP 连接释放过程。

9.5.2 电子邮件信息格式

1. SMTP 邮件格式

SMTP 邮件格式如图 9.21 所示，分为邮件首部和邮件体，邮件首部由关键词和参数组成，中间用冒号分隔。常见的关键词如下。

Date：给出邮件发送日期、时间。

From：给出发信人名称和邮箱地址。

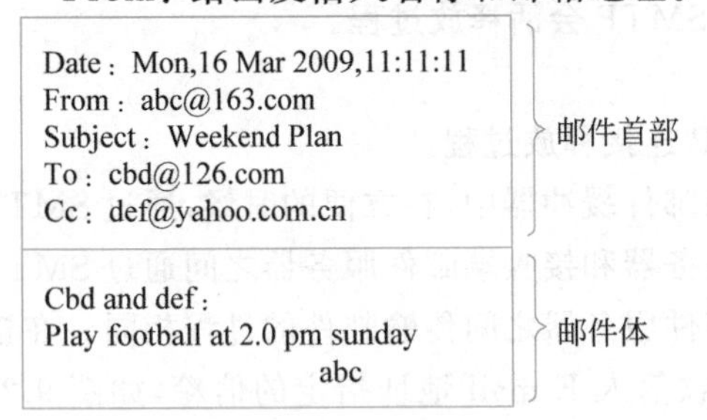

图 9.21　SMTP 邮件格式

Subject：给出邮件主题，用于向收信人提示邮件内容。

To：给出收信人邮箱地址。

Cc：一封邮件可以抄送给多个收信人，给出抄送者的邮箱地址。

SMTP 邮件体给出邮件内容。SMTP 只能传输 7 位 ASCII 码，因此无法传输由任意二进制位流构成的邮件体，如可执行文件和包含非英语国家文字的文档。为解决这一问题，提出了通用 Internet 邮件扩充(Multipurpose Internet Mail Extension，MIME)。

2. MIME 邮件格式

MIME 主要包括以下三部分内容：

- 5 个新的邮件首部字段，用于提供有关邮件体的信息；
- 定义了多种邮件内容格式，对多媒体电子邮件的表示方法进行了标准化；
- 定义了传送编码，可对任何内容格式进行转换，使其能够被 SMTP 邮件系统正常传输。

图 9.22 给出了 MIME 和 SMTP 的关系，发送用户需要传输的邮件内容可以是任何二进制位流，这些内容被组织成 MIME 格式，然后转换成适合经过 SMTP 邮件系统传输的编码格式。同样，接收端 SMTP 代理首先将邮件内容还原成 MIME 格式，然后提交给接收用户，接收用户从 MIME 格式中提取出由任意二进制位流组成的邮件内容。

MIME 邮件格式如图 9.23 所示，它在 SMTP 首部的基础上增加了 5 个首部，分别如下。

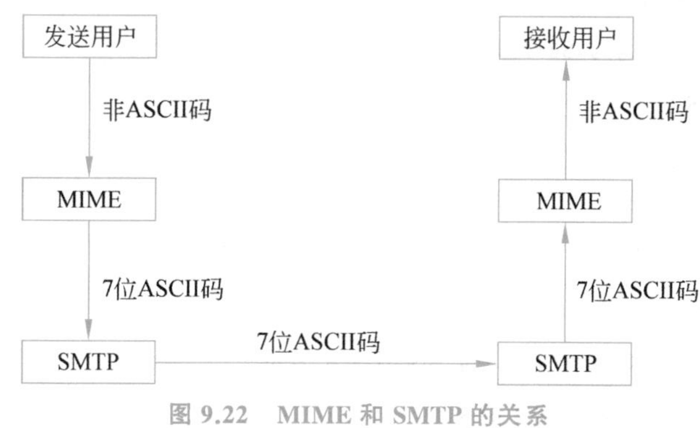

图 9.22　MIME 和 SMTP 的关系

图 9.23　MIME 邮件格式

MIME-Version：版本号，目前为 1.0。

Content-Type：通过类型/子类型参数说明邮件体内容类型。

Content-ID：内容标识符，唯一标识指定的邮件内容。

Content-Transfer-Encoding：用于说明实际传送的邮件的编码方式。

Content-Description：描述邮件体对象的可读字符串。

表 9.6 给出了 MIME 支持的邮件体内容类型。可以看出，MIME 邮件体不再仅仅由标准 ASCII 码组成，可以是任意二进制位流，包括图像、动画和音频。表 9.7 给出了编码邮件体内容的编码方式。最常用的是 base64 编码，它将任意二进制位流以 6 位为单位分组，在 ASCII 字符集中选择 64 个可打印字符，对应 6 位二进制数的 64 种不同的值。每一种 6 位二进制数值用对应的 7 位可打印 ASCII 码表示，以此将邮件体任意二进制位流编码为一组可打印的 ASCII 字符。

表 9.6 MIME Content-Type 参数组合及含义

类　型	子类型	说　明
text	plain	无格式文本，简单 ASCII 字符串
	enriched	提供较多格式灵活的文本类型
multipart	mixed	邮件由多个子报文组成，多个不同子报文相互独立，但一起传输，并按照在邮件中的顺序提供给收件人
	parallel	和 mixed 基本相同，但提供给收件人时，没有给各个子报文定义顺序
	alternative	不同子报文是同一信息的不同版本，提供最佳版本给收件人
	digest	和 mixed 基本相同，但每一个子报文是一个完整的 rfc822 邮件
message	rfc822	rfc822 邮件
	partial	为传输一个超大邮件，以对收件人透明的方式分割邮件
	external-body	包含一个指向存储在其他地方的对象的指针
image	jpeg	JPEG 格式图像，JFIF 编码
	gif	GIF 格式图像
video	mpeg	MPEG 格式动画
audio	basic	单通道 8 位 μ 律编码，8kHz 采样速率
application	PostScript	Adobe PostScript
	octet-stream	不间断字节流

表 9.7 MIME 传送编码

编　码	说　明
7bit	数据由短行(每行不超过 1000 字符)的 7 位 ASCII 字符表示
8bit	存在非标准 ASCII 字符，即最高位置 1 的 8 位字节
binary	不仅允许包含非标准 ASCII 字符，而且每行长度可以超过 1000 字符
quoted-printable	一种既实现用 ASCII 字符表示数据，又尽可能保持原来的可读性的编码
base64	一种用 64 个 7 位二进制数表示的可打印 ASCII 字符，表示任意 6 位二进制数的编码
x-token	用于命名非标准编码

```
Date: Mon,16 Mar 2009,11:11:11
From: abc@163.com
Subject: Weekend Plan
To: cbd@126.com
Cc: def@yahoo.com.cn
MIME-Version:1.0
Content-Type:multipart/mixed;boundary=ZZYYXX
```

```
--ZZYYXX
CBD和DEF:
周末郊外踏青,后面附郊外风景照。
                    ABC

--ZZYYXX
Content-Type:image/gif
Content-Transfer-Encoding:base64
(风景照像素数据)

--ZZYYXX--
```

以上是一个 MIME 邮件,它由两个独立的子报文组成:一个只包含字符信息的子报文和一个包含图像数据的子报文,首部中关键词 Content-Type 和后面的参数 multipart/mixed 说明了这一点。boundary=ZZYYXX 定义了分隔字符串,如果出现紧跟两个连字符"–"后面的字符串 ZZYYXX,则表明新的子报文开始。分隔字符串后面紧跟两个连字符"–"表明整个 multipart 结束。

9.6 FTP

文件传输和万维网、电子邮件一样,都是 Internet 最重要的应用之一。文件传输服务使本地用户可以根据权限对文件服务器中的文件系统进行操作,这些操作包括上传文件、下载文件、显示文件信息、删除文件等。文件传输协议(File Transfer Protocol ,FTP)是一种用于实现文件传输服务的协议。

9.6.1 FTP 工作原理

FTP 的工作模型如图 9.24 所示,用户接口用来接收用户输入的命令,并把命令执行结果返回给用户。不同客户系统提供的用户接口也不同,有的提供图形界面,有的提供命令行界面。协议解释器对 FTP 命令或响应按照 FTP 定义的操作进行处理,如接收到 GET 命令,则打开文件,通过数据连接将文件内容传输出去;如接收到 PUT 命令,则将通过数据连接接收到的文件内容存储到指定目录下。为实现文件传输功能,客户和服务器之间需要建立两个 TCP 连接。一个 TCP 连接作为控制连接,在客户和服务器之间传输 FTP 命令和响应。另一个 TCP 连接作为数据连接,在客户和服务器之间传输文件内容。数据传输进程根据协议解释器的要求,或从文件系统中打开某个文件并把文件内容通过数据连接传输给对方,或将通过数据连接接收到的文件内容写入文件系统中的某个目录下。

FTP 分为主动模式和被动模式,两种模式下,都由客户发起建立与服务器之间的控制连接,并经过控制连接交换 FTP 命令和响应。服务器端用于控制连接的端口号为 21。

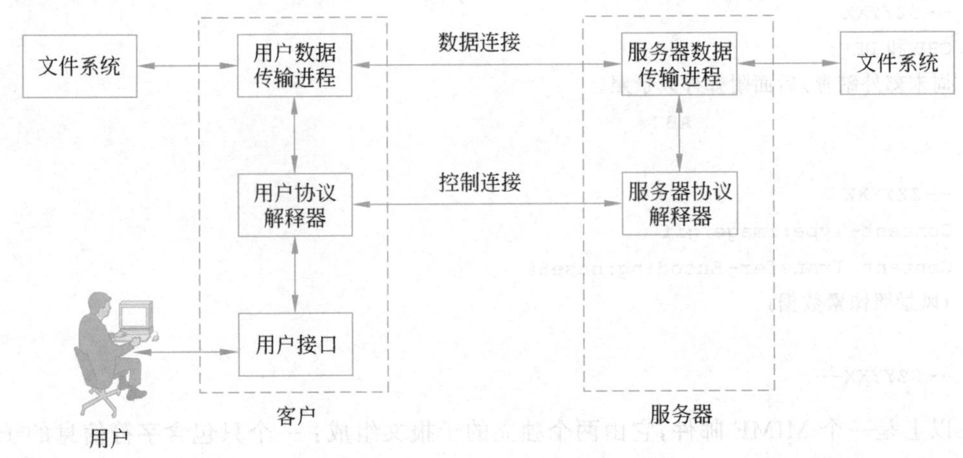

图 9.24 FTP 的工作模型

客户端在大于 1024 的端口号中随机选择 2 个相邻端口号用于控制连接和数据连接。在需要传输文件的情况下,如果是主动模式,由服务器发起建立数据连接。服务器端用于数据连接的端口号为 20,客户通过命令 PORT 将客户端用于数据连接的端口号通告给服务器。如果是被动模式,由客户发起建立与服务器之间的数据连接。服务器端用于数据连接的端口号为大于 1024 的随机端口号。服务器通过命令 PORT 将服务器端用于数据连接的端口号通告给客户。客户可以通过命令 PASV 指定被动模式。完成文件传输后,由客户分别关闭客户和服务器之间的数据连接和控制连接。

9.6.2 FTP 工作过程

1. 网络结构

实现终端 A 访问 FTP 服务器过程的网络结构如图 9.25 所示。FTP 服务器完全合格的域名为 ftp.b.edu,由 DNS 服务器完成域名解析过程。因此,终端 A 除了配置 IP 地址、子网掩码和默认网关地址外,还必须配置域名服务器地址 192.1.2.1。

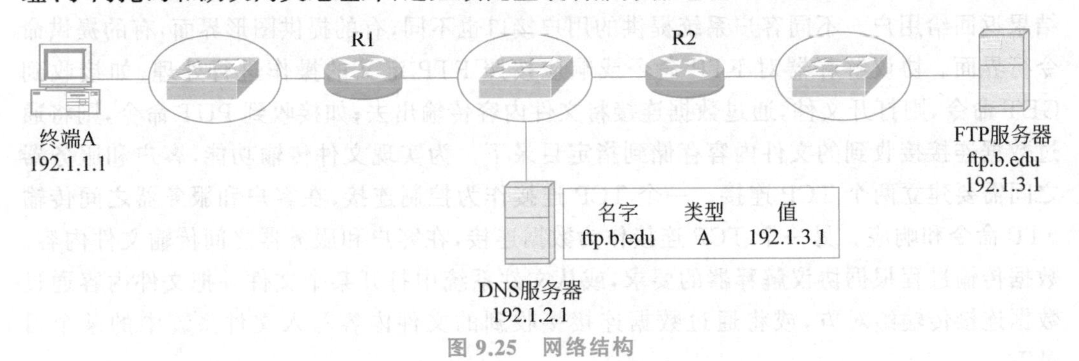

图 9.25 网络结构

2. 访问 FTP 服务器的过程

终端 A 访问 FTP 服务器的过程如图 9.26 所示。用户通过在命令行界面下输入命令 ftp ftp.b.edu 开始访问 FTP 服务器过程,其中 ftp 是命令,ftp.b.edu 是用于指定访问的 FTP 服务器的参数。这里用完全合格的域名 ftp.b.edu 指定 FTP 服务器,也可以直接用 IP 地址指定 FTP 服务器,如 192.1.3.1。

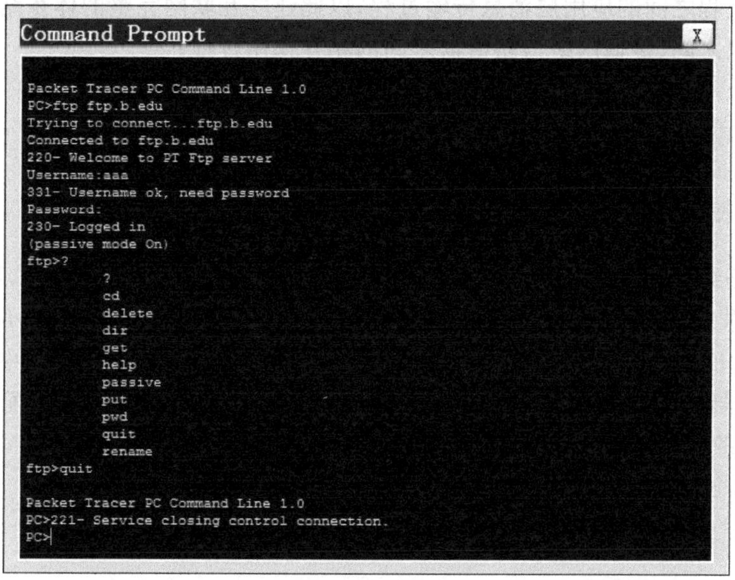

```
Command Prompt
Packet Tracer PC Command Line 1.0
PC>ftp ftp.b.edu
Trying to connect...ftp.b.edu
Connected to ftp.b.edu
220- Welcome to PT Ftp server
Username:aaa
331- Username ok, need password
Password:
230- Logged in
(passive mode On)
ftp>?
        ?
        cd
        delete
        dir
        get
        help
        passive
        put
        pwd
        quit
        rename
ftp>quit

Packet Tracer PC Command Line 1.0
PC>221- Service closing control connection.
PC>
```

图 9.26　访问 FTP 服务器的过程

输入该命令后,终端 A 开始建立与 FTP 服务器之间的连接。当出现提示信息 connected to ftp.b.edu 时,表示终端 A 成功建立与 FTP 服务器之间的连接。

当出现提示信息 220-welcome to ftp.b.edu 时,表示终端 A 接收到 FTP 服务器发送的服务器就绪状态消息。

当出现提示信息“username:”时,表示终端 A 要求用户输入有效用户名。当出现提示信息 331- username ok,need password 时,表示终端 A 接收到 FTP 服务器发送的用户名正确的状态消息,并提示要求输入口令。

当出现提示信息“password:”时,表示终端 A 要求用户输入口令。当出现提示信息 230- logged in 时,表示终端 A 接收到 FTP 服务器发送的登录成功的状态消息。此时,用户可以通过命令对 FTP 服务器中的目录和文件进行操作。图 9.26 中列出了常用的目录和文件操作命令,如 cd 是改变工作目录命令、delete 是删除文件命令等。

当用户完成对 FTP 服务器中目录和文件的操作过程后,通过命令 quit 结束访问 FTP 服务器过程。当出现提示信息 221-Service closing control connection 时,表示终端 A 接收到 FTP 服务器发送的已经关闭终端 A 与 FTP 服务器之间连接的状态消息。

9.7 综合应用分析

下面通过一个基于互连网的实际网络应用实现过程，深入分析应用层协议之间的关系（尤其是其他应用层协议与DHCP和DNS之间的关系）、应用层消息逐层封装过程，以及两个应用进程之间的应用层消息传输过程，以此建立互联网完整的体系结构，掌握互联网中各层协议之间、传输网络与路由器之间的相互作用过程。

9.7.1 互连网络的结构与配置

1. 互连网络结构

互连网络结构如图9.27所示，路由器R1和R2分别连接一个以太网，路由器R1连接的以太网称为LAN 1，路由器R2连接的以太网称为LAN 2。通过SDH实现两个路由器互连，SDH建立路由器R1和R2之间的全双工点对点信道。LAN 1中连接终端A、DHCP服务器和DNS服务器，终端A通过DHCP服务器自动获取网络配置信息，通过DNS服务器完成将域名www.a.com解析成IP地址192.1.3.1的过程。LAN 2中连接域名为www.a.com的Web服务器。

2. 网络和服务器配置

1）网络地址配置

LAN 1分配网络地址192.1.1.0/24，路由器R1连接以太网的接口分配IP地址192.1.1.254，该IP地址成为连接在LAN 1中的终端和服务器的默认网关地址。

LAN 2分配网络地址192.1.3.0/24，路由器R2连接以太网的接口分配IP地址192.1.3.254，该IP地址成为连接在LAN 2中的Web服务器的默认网关地址。

互连路由器R1和R2的网络是SDH建立的全双工点对点信道，为该网络分配网络地址192.1.2.0/30，其中路由器R1连接SDH的接口分配IP地址192.1.2.1，路由器R2连接SDH的接口分配IP地址192.1.2.2。

2）路由器的路由表配置

完成路由器R1和R2两个接口的IP地址配置后，路由器R1和R2的路由表中自动生成两项直连路由项。对于路由器R1，通往网络192.1.3.0/24的传输路径的下一跳是路由器R2，下一跳地址是路由器R2连接SDH的接口的IP地址192.1.2.2。对于路由器R2，通往网络192.1.1.0/24的传输路径的下一跳是路由器R1，下一跳地址是路由器R1连接SDH的接口的IP地址192.1.2.1。

通过手工配置静态路由项，或者通过启动路由协议，由路由协议自动生成动态路由项，最终在路由器R1和R2的路由表中生成一项用于指明通往没有与其直接相连的网络的传输路径的路由项。

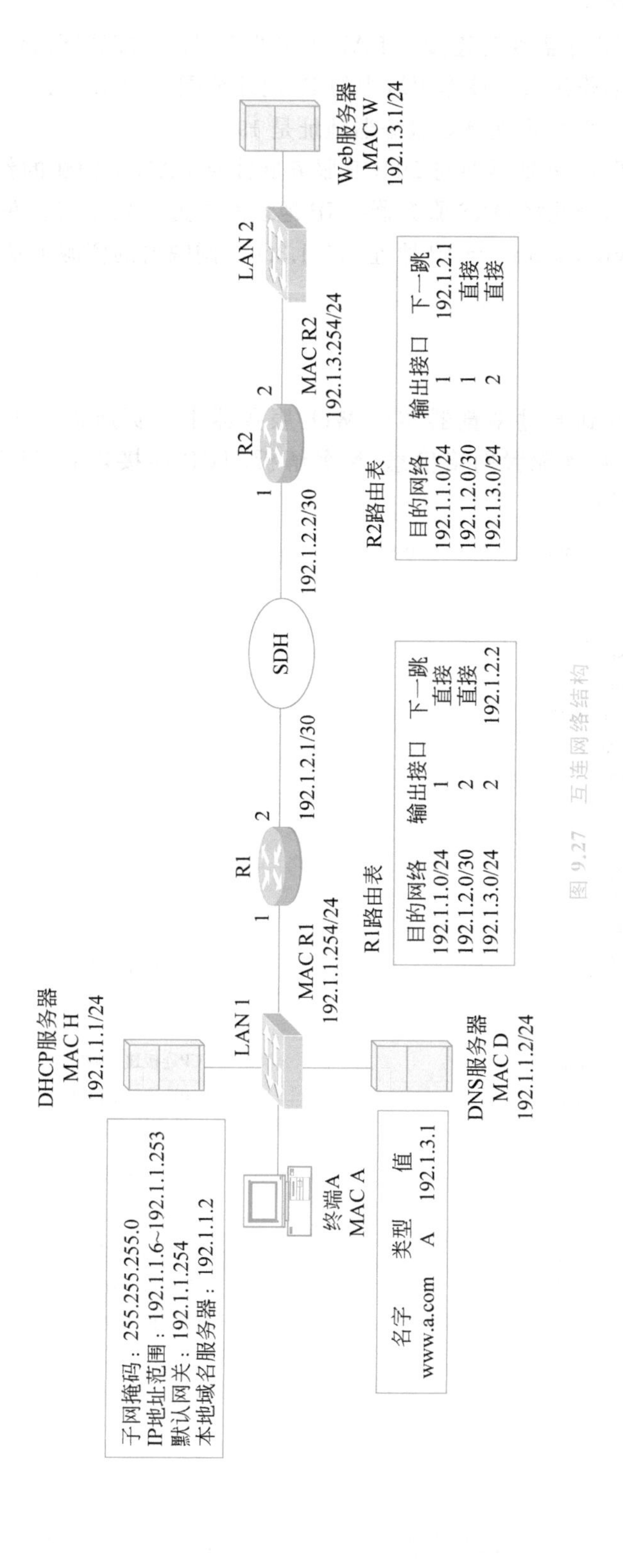

DHCP服务器
MAC H
192.1.1.1/24
子网掩码：255.255.255.0
IP地址范围：192.1.1.6~192.1.1.253
默认网关：192.1.1.254
本地域名服务器：192.1.1.2
终端A
MAC A
LAN 1
名字 类型 值
www.a.com A 192.1.3.1
DNS服务器
MAC D
192.1.1.2/24
MAC R1
192.1.1.254/24
1
R1
2
192.1.2.1/30
R1路由表
目的网络 输出接口 下一跳
192.1.1.0/24 1 直接
192.1.2.0/30 2 直接
192.1.3.0/24 2 192.1.2.2
SDH
192.1.2.2/30
1
R2
2
MAC R2
192.1.3.254/24
R2路由表
目的网络 输出接口 下一跳
192.1.1.0/24 1 192.1.2.1
192.1.2.0/30 1 直接
192.1.3.0/24 2 直接
LAN 2
Web服务器
MAC W
192.1.3.1/24

图 9.27 互连网络结构

3）服务器配置

DHCP 服务器由于需要为连接在 LAN 1 中的终端自动配置网络信息，因此需要创建一个针对 LAN 1 的作用域。该作用域中的 IP 地址范围是 192.1.1.6～192.1.1.253，默认网关地址是 192.1.1.254，本地域名服务器地址是 192.1.1.2。

DNS 服务器的 IP 地址需要与 DHCP 服务器针对 LAN 1 创建的作用域中的本地域名服务器地址相同，因此将 DNS 服务器的 IP 地址配置为 192.1.1.2。在 DNS 服务器中配置用于建立域名 www.a.com 与 IP 地址 192.1.3.1 之间映射的资源记录。

9.7.2 数据交换过程

终端 A 从加电到通过浏览器访问 Web 服务器中主页所涉及的数据交换过程如图 9.28 所示，分为自动配置网络信息、域名解析、TCP 连接建立、HTTP 请求和响应、TCP 连接释放等过程。

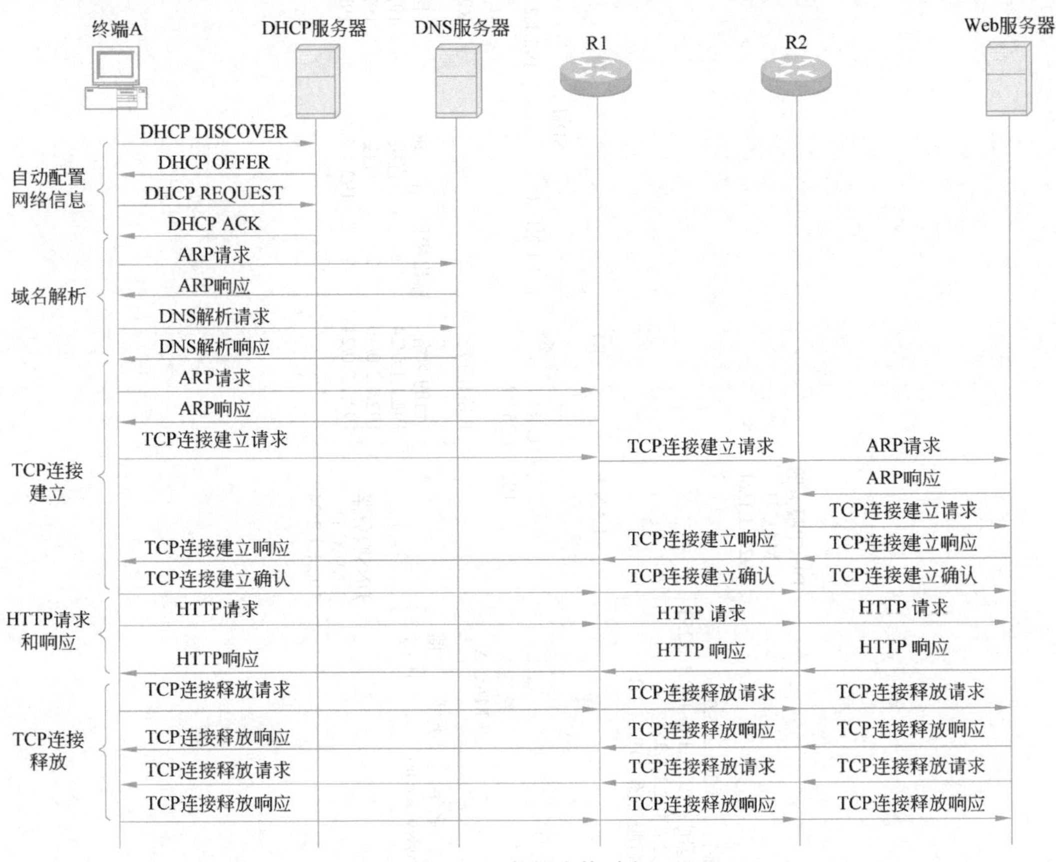

图 9.28 数据交换过程

1. 自动配置网络信息

如果终端 A 选择自动获取网络信息方式，则加电后，终端开始如图 9.28 所示的与

DHCP 服务器交换 DHCP 消息的过程，由 DHCP 服务器根据作用域中的信息为终端 A 分配 IP 地址 192.1.1.6、子网掩码 255.255.255.0、默认网关地址 192.1.1.254 和本地域名服务器地址 192.1.1.2。封装这些 DHCP 消息的 UDP 报文的源和目的端口号、封装 UDP 报文的 IP 分组的源和目的 IP 地址、封装 IP 分组的 MAC 帧的源和目的 MAC 地址如表 9.8 所示。

2. 域名解析

启动终端 A 的浏览器，在浏览器地址栏中输入 URL：http://www.a.com，终端 A 开始如图 9.28 所示的域名解析过程。终端 A 根据从 DHCP 服务器获得的网络信息确定本地域名服务器地址 192.1.1.2，向本地域名服务器发送域名解析请求。由于终端 A 和本地域名服务器位于同一个网络，因此终端 A 可以直接通过 LAN 1 向本地域名服务器发送域名解析请求。终端 A 将域名 www.a.com 解析请求封装成 DNS 消息，将 DNS 消息封装成 UDP 报文，将 UDP 报文封装成以终端 A 的 IP 地址为源 IP 地址、以本地域名服务器的 IP 地址为目的 IP 地址的 IP 分组。在将 IP 分组封装成 MAC 帧前，终端 A 通过地址解析过程解析出本地域名服务器的 MAC 地址，然后将 IP 分组封装成以终端 A 的 MAC 地址为源 MAC 地址、以本地域名服务器的 MAC 地址为目的 MAC 地址的 MAC 帧。通过 LAN 1 将 MAC 帧传输给本地域名服务器。本地域名服务器根据资源记录＜www.a.com，A，192.1.3.1＞完成域名解析过程，将解析结果通过 DNS 解析响应回送给终端 A。域名解析过程交换的 DNS 消息格式如表 9.8 所示。

3. TCP 连接建立

终端 A 解析出 Web 服务器的 IP 地址后，开始如图 9.28 所示的 TCP 连接建立过程。终端 A 将发送给 Web 服务器的 TCP 连接建立请求封装成以终端 A 的 IP 地址为源 IP 地址、以 Web 服务器的 IP 地址为目的 IP 地址的 IP 分组。由于终端 A 和 Web 服务器不在同一个网络，因此终端 A 需要将该 IP 分组传输给默认网关——路由器 R1。传输给默认网关的 IP 分组需要封装成 MAC 帧，因此终端 A 首先通过地址解析过程解析出路由器 R1 连接以太网的接口的 MAC 地址，将 IP 分组封装成以终端 A 的 MAC 地址为源 MAC 地址、以路由器 R1 连接以太网的接口的 MAC 地址为目的 MAC 地址的 MAC 帧，将该 MAC 帧通过以太网传输给路由器 R1。

路由器 R1 从 MAC 帧中分离出 IP 分组，用 IP 分组的目的 IP 地址检索路由表，找到匹配的路由项＜192.1.3.0/24，2，192.1.2.2＞。由于路由器 R1 的接口 2 连接 SDH，因此路由器 R1 重新将 IP 分组封装成 PPP 帧，然后通过 SDH 建立的互连路由器 R1 与路由器 R2 的点对点信道将 PPP 帧传输给路由器 R2。

路由器 R2 从 PPP 帧中分离出 IP 分组，用 IP 分组的目的 IP 地址检索路由表，找到匹配的路由项＜192.1.3.0/24，2，直接＞，确定 Web 服务器直接连接在接口 2 连接的以太网上。根据 IP 分组的目的 IP 地址，通过地址解析过程解析出 Web 服务器的 MAC 地址，重新将 IP 分组封装成以路由器 R2 连接以太网的接口的 MAC 地址为源 MAC 地址、以 Web 服务器的 MAC 地址为目的 MAC 地址的 MAC 帧，通过以太网将该 MAC 帧传输给

表 9.8 消息格式

帧类型	源地址	目的地址	源 IP 地址	目的 IP 地址	协议	源端口号	目的端口号	净荷内容
MAC 帧	MAC A	ff:ff:ff:ff:ff:ff	0.0.0.0	255.255.255.255	UDP	68	67	DHCP DISCOVER 终端标识符＝MAC A
MAC 帧	MAC H	ff:ff:ff:ff:ff:ff	192.1.1.1	255.255.255.255	UDP	67	68	DHCP OFFER 终端标识符＝MAC A 服务器标识符＝192.1.1.1 预分配 IP 地址＝192.1.1.6
MAC 帧	MAC A	ff:ff:ff:ff:ff:ff	0.0.0.0	255.255.255.255	UDP	68	67	DHCP REQUEST 终端标识符＝MAC A 服务器标识符＝192.1.1.1 预分配 IP 地址＝192.1.1.6
MAC 帧	MAC H	ff:ff:ff:ff:ff:ff	192.1.1.1	255.255.255.255	UDP	67	68	DHCP ACK 终端标识符＝MAC A IP 地址＝192.1.1.6
MAC 帧	MAC A	ff:ff:ff:ff:ff:ff						ARP 请求 目标地址＝192.1.1.2
MAC 帧	MAC D	MAC A						ARP 响应 目标地址＝192.1.1.2 MAC 地址＝MAC D
MAC 帧	MAC A	MAC D	192.1.1.6	192.1.1.2	UDP	2307	53	DNS 解析请求 Name＝www.a.com
MAC 帧	MAC D	MAC A	192.1.1.2	192.1.1.6	UDP	53	2307	DNS 解析响应 Name＝www.a.com IP 地址＝192.1.3.1
MAC 帧	MAC A	ff:ff:ff:ff:ff:ff						ARP 请求 目标地址＝192.1.1.254
MAC 帧	MAC R1	MAC A						ARP 响应 目标地址＝192.1.1.254 MAC 地址＝MAC R1

续表

帧类型	源地址	目的地址	源 IP 地址	目的 IP 地址	协议	源端口号	目的端口号	净荷内容
MAC 帧	MAC A	MAC R1	192.1.1.6	192.1.3.1	TCP	2703	80	TCP 连接建立请求 SYN=1、ACK=0
PPP 帧			192.1.1.6	192.1.3.1	TCP	2703	80	TCP 连接建立请求 SYN=1、ACK=0
MAC 帧	MAC R2	ff:ff:ff:ff:ff:ff						ARP 请求 目标地址=192.1.3.1
MAC 帧	MAC W	MAC R2						ARP 响应 目标地址=192.1.3.1 MAC 地址=MAC W
MAC 帧	MAC R2	MAC W	192.1.1.6	192.1.3.1	TCP	2703	80	TCP 连接建立请求 SYN=1、ACK=0
MAC 帧	MAC W	MAC R2	192.1.3.1	192.1.1.6	TCP	80	2703	TCP 连接建立响应 SYN=1、ACK=1
PPP 帧			192.1.3.1	192.1.1.6	TCP	80	2703	TCP 连接建立响应 SYN=1、ACK=1
MAC 帧	MAC R1	MAC A	192.1.3.1	192.1.1.6	TCP	80	2703	TCP 连接建立响应 SYN=1、ACK=1
MAC 帧	MAC A	MAC R1	192.1.1.6	192.1.3.1	TCP	2703	80	TCP 连接建立确认 ACK=1
PPP 帧			192.1.1.6	192.1.3.1	TCP	2703	80	TCP 连接建立确认 ACK=1
MAC 帧	MAC R2	MAC W	192.1.1.6	192.1.3.1	TCP	2703	80	TCP 连接建立确认 ACK=1
MAC 帧	MAC A	MAC R1	192.1.1.6	192.1.3.1	TCP	2703	80	HTTP 请求 GET INDEX.HTML
PPP 帧			192.1.1.6	192.1.3.1	TCP	2703	80	HTTP 请求 GET INDEX.HTML
MAC 帧	MAC R2	MAC W	192.1.1.6	192.1.3.1	TCP	2703	80	HTTP 请求 GET INDEX.HTML

续表

帧类型	源地址	目的地址	源 IP 地址	目的 IP 地址	协议	源端口号	目的端口号	净荷内容
MAC 帧	MAC W	MAC R2	192.1.3.1	192.1.1.6	TCP	80	2703	HTTP 响应
PPP 帧			192.1.3.1	192.1.1.6	TCP	80	2703	HTTP 响应
MAC 帧	MAC R1	MAC A	192.1.3.1	192.1.1.6	TCP	80	2703	HTTP 响应
MAC 帧	MAC A	MAC R1	192.1.1.6	192.1.3.1	TCP	2703	80	TCP 连接释放请求 FIN＝1
PPP 帧			192.1.1.6	192.1.3.1	TCP	2703	80	TCP 连接释放请求 FIN＝1
MAC 帧	MAC R2	MAC W	192.1.1.6	192.1.3.1	TCP	2703	80	TCP 连接释放请求 FIN＝1
MAC 帧	MAC W	MAC R2	192.1.3.1	192.1.1.6	TCP	80	2703	TCP 连接释放响应 ACK＝1
PPP 帧			192.1.3.1	192.1.1.6	TCP	80	2703	TCP 连接释放响应 ACK＝1
MAC 帧	MAC R1	MAC A	192.1.3.1	192.1.1.6	TCP	80	2703	TCP 连接释放响应 ACK＝1
MAC 帧	MAC W	MAC R2	192.1.3.1	192.1.1.6	TCP	80	2703	TCP 连接释放请求 FIN＝1
PPP 帧			192.1.3.1	192.1.1.6	TCP	80	2703	TCP 连接释放请求 FIN＝1
MAC 帧	MAC R1	MAC A	192.1.3.1	192.1.1.6	TCP	80	2703	TCP 连接释放请求 FIN＝1
MAC 帧	MAC A	MAC R1	192.1.1.6	192.1.3.1	TCP	2703	80	TCP 连接释放响应 ACK＝1
PPP 帧			192.1.1.6	192.1.3.1	TCP	2703	80	TCP 连接释放响应 ACK＝1
MAC 帧	MAC R2	MAC W	192.1.1.6	192.1.3.1	TCP	2703	80	TCP 连接释放响应 ACK＝1

Web 服务器。

Web 服务器向终端 A 发送 TCP 连接建立响应，终端 A 向 Web 服务器发送 TCP 连接建立确认，完成终端 A 与 Web 服务器之间的 TCP 连接建立过程。在 TCP 连接建立过程中，终端 A 与 Web 服务器之间交换的 TCP 报文格式如表 9.8 所示。

4. HTTP 请求和响应

终端 A 与 Web 服务器之间成功建立 TCP 连接后，开始如图 9.28 所示的交换 HTTP 请求和响应消息的过程。终端 A 向 Web 服务器发送 HTTP 请求消息。该 HTTP 请求消息封装成 TCP 报文，TCP 报文封装成以终端 A 的 IP 地址为源 IP 地址、以 Web 服务器的 IP 地址为目的 IP 地址的 IP 分组。该 IP 分组沿着终端 A 至 Web 服务器的 IP 传输路径到达 Web 服务器。IP 分组经过互连终端 A 与路由器 R1 的以太网、互连路由器 R1 和 R2 的全双工点对点信道和互连路由器 R2 与 Web 服务器的以太网时，分别封装成这些传输网络对应的帧格式。

Web 服务器向终端 A 发送 HTTP 响应，终端 A 的浏览器将 Web 服务器发送的 HTTP 响应显示在屏幕上。终端 A 与 Web 服务器之间交换的 HTTP 请求和响应消息格式如表 9.8 所示。

5. TCP 连接释放

终端 A 与 Web 服务器之间完成 HTTP 请求和响应消息交换过程后，开始如图 9.28 所示的 TCP 连接释放过程。在 TCP 连接释放过程中，终端 A 与 Web 服务器之间交换的 TCP 报文格式如表 9.8 所示。

9.8 应用层的启示和思政元素

应用层所蕴含的思政元素以及给我们的启示如下。

1. 否定之否定——C/S 结构与 P2P 结构

Internet 初始应用以 C/S 结构为主，资源集中在服务器中，因此有了专门的 Internet 服务提供者。随着 PC 的性能越来越高，Internet 中成千上万 PC 的处理能力和存储的信息成为有极高利用价值的资源，这是导致 P2P 结构产生并发展的直接原因。

互联网应用遵循这样的规律，初始时，方便实现的 C/S 结构成为主流的网络应用结构，并因此带动互联网应用的快速发展。随着应用的不断深入、共享资源技术的不断提高和互联网中 PC 资源的日益丰富，能够充分利用成千上万 PC 的处理能力和存储的信息的 P2P 结构成为新的网络应用结构。

C/S 结构将主机分为客户端和服务器端，客户端和服务器端的功能、性能以及在互联网中的作用都是不同的，因此客户端和服务器端在互联网中的地位不是平等的。P2P 结构使每一个主机既是互联网资源的享用者，又是互联网资源的提供者，真正做到“我为人人、人人为我”。

2. Web与互联网应用的深入

Web技术的诞生与发展是互联网应用的一个里程碑。大量与人们生活、工作密切相关的网络应用都是基于Web技术，如门户网站、电子商务、网上银行、娱乐平台等。Web技术将网络资源链接在一起，人们可以通过一个门户网站方便地访问到分布在互联网中的大量资源。

计算机技术与通信技术的结合诞生了互联网，互联网为相互通信和资源共享提供了基础。网络应用的发展使人们对网络中资源的分布与联系有了深入的认识，因此导致Web技术的诞生和发展。Web技术的应用使互联网日益与人们日常生活和工作紧密地结合在一起。

3. 缓冲与一致性之间的矛盾

许多资源分布在互联网中，检索到这些资源需要一定的处理和传输时间。因此，为了快速得到这些资源，简单的办法是将这些资源存储在本地缓冲器中，需要时，直接从本地缓冲器中访问这些资源。但这些资源又有时效性，可能随着时间改变。因此，需要及时更新存储在本地缓冲器中的这些资源。这就是互联网中缓冲与一致性之间的矛盾，缓冲提高了资源访问速度，但可能存在访问到的资源与实际资源不一致的问题。因此，互联网需要提出解决缓冲与一致性之间矛盾的办法，并有机制保证，当出现访问到的资源与实际资源不一致的情况时，不会对网络应用产生严重影响。

4. 方便与安全之间的矛盾

互联网中一些方便用户的机制与网络安全之间是存在矛盾的，如DHCP使终端可以自动获得访问互联网所需的全部网络配置信息，但存在DHCP欺骗攻击。因此，需要在用户方便性和网络安全性之间取得平衡，对于有不同需求的网络，需要根据需求在用户方便性和网络安全性之间进行取舍。

5. 以人为本

网络服务必须以人为本，提供的服务一是需要切实为用户设想，解决用户的痛点。二是要充分研究用户体验，让用户舒适地享受服务过程。三是需要成就用户，通过服务提升用户的素质、能力和品德，让用户更加完美。

6. 不忘初心

网络平台的目的是减少交易的中间环节，节省交易成本和交易时间，为商家和用户之间的交易提供便捷。这是开发网络平台的初心。如果违背了当初开发网络平台的初心，利用网络平台实施垄断、获取不当利益，必将受到国家的惩处。

本章小结

- 网络应用结构从初始的 C/S 结构，到目前 C/S 结构与 P2P 结构并存，以后采用 P2P 结构的网络应用将会越来越多；
- DNS 的功能是实现域名至 IP 地址的转换，域名层次结构与分布式域名服务器结构是互联网 DNS 的实现基础；
- DHCP 的功能是让终端自动获取网络配置信息；
- Web 技术是互联网应用快速发展的基础，HTTP、HTML 和 URL 是 Web 技术的核心内容；
- 电子邮件和 FTP 是基本的互联网服务；
- DNS 和 DHCP 提供的服务是 WWW、电子邮件和 FTP 等互联网服务的基础，因此 DNS 和 DHCP 也称为基础服务。

习 题

9.1 简述 C/S 结构与 P2P 结构的特点。

9.2 互联网的域名结构是怎样的？它与目前电话号码的结构有何异同之处？

9.3 域名系统的功能是什么？如何实现域名到 IP 地址的转换？

9.4 什么是完全合格的域名？为什么只有完全合格的域名才能转换成 IP 地址？

9.5 DHCP 如何实现自动配置功能？为什么需要路由器(或三层交换机)的中继功能？

9.6 简述浏览器访问某个 Web 服务器主页的过程。

9.7 浏览器访问 URL 指定的资源的过程中使用哪些应用层和传输层协议？

9.8 结合图 9.20，简述两个用户代理之间传输邮件的过程。

9.9 简述从 FTP 服务器下载文件的过程。

9.10 为什么本章中有的应用层协议传输层采用 UDP，而有的应用层协议传输层采用 TCP？

第10章 网络安全

随着互联网的广泛应用,网络和网络中信息资源的重要性日益显现,它们逐渐成为攻击目标。网络协议安全性方面的先天不足,使网络安全已经不是单纯依靠技术就能解决的问题。保障网络安全成为一个综合性工程,涉及法律法规、管理和安全技术与理论等。本章主要讨论安全基础理论、安全技术和安全协议这三方面的内容。

10.1 网络安全概述

网络安全问题与网络安全技术是矛盾的两个方面,目前还不存在可以一劳永逸地解决网络安全问题的安全技术,安全技术随着安全问题的不断发现而不断发展。因此,未来一段时间内,仍然是不断地发现安全问题,不断地用已有的和新发明的安全技术解决安全问题的过程。

10.1.1 网络安全问题

说到网络安全问题,读者或许有切肤之痛:用户名/密码被盗用、机器被病毒感染、喜欢访问的网站无法访问等。目前主要的网络安全问题有病毒、黑客、拒绝服务(Denial of Service,DoS)攻击和网络欺骗等。

1. 病毒

病毒是最常见的网络安全问题,连接在网络中的主机大多感染过一种或几种病毒。病毒可以使一台计算机瘫痪、使计算机中的重要信息丢失、泄露计算机中的重要信息、为黑客攻击打开后门等。

2. 黑客

目前,黑客是指具有以下行为的人员:一是侵入他人计算机系统,非法获取他人计算机系统中的信息,或者使他人计算机系统无法正常提供服务。二是使网络无法正常提供通信服务。黑客的存在使网络和网络中的主机随时可能遭到攻击。

3. 拒绝服务攻击

网络的价值在于网络提供的服务,如电子邮件、Web 站点、电子商务、在线学堂等,如果网络丧失服务功能,网络也将失去它存在的价值。拒绝服务攻击是一种使网络丧失服务功能的攻击行为,如黑客使某个网站瘫痪、阻塞连接某个网站的物理链路等。

4. 网络欺骗

由于网络是一个虚拟世界,因此网络中存在太多的欺骗行为,如冒充某个注册用户登录、冒用他人的 IP 地址、构建钓鱼网站进行诈骗等。

10.1.2 引发网络安全问题的原因

引发网络安全问题的主要原因有两个：一是网络和网络中信息资源的重要性;二是网络技术和管理存在缺陷。

1. 网络和网络中信息资源的重要性

网络的广泛应用使网络与人们的生活、工作密切相关,网络已经成为维系社会正常运作的支柱。网络中的信息事关企业、甚至国家的发展,因此网络和网络信息的安全已经事关个人、企业,甚至国家的安危成败。

2. 技术与管理缺陷

网络技术与管理主要有以下三方面的缺陷。

1) 通信协议固有缺陷

网络协议的原旨是实现终端间的通信过程,因此网络协议中的安全机制是先天不足的,这就为利用网络协议的安全缺陷实施攻击提供了渠道,如 SYN 泛洪攻击、源 IP 地址欺骗攻击、ARP 欺骗攻击等。

2) 硬件、系统软件和应用软件的固有缺陷

目前的硬件和软件实现技术不能保证硬件和软件系统是完美无缺的,硬件和软件系统存在缺陷,因此引发大量利用硬件、系统软件和应用软件缺陷实施的攻击。如 Windows 操作系统会不时发现漏洞,从而引发大量利用已经发现的 Windows 操作系统漏洞实施的攻击。因此,微软公司需要及时发布用于修补漏洞的补丁软件,用户也必须及时通过下载补丁软件来修补已经发现的漏洞。

3) 不当使用和管理不善

安全意识淡薄和安全措施没有落实到位也是引发安全问题的因素之一,以下行为都存在安全隐患：

- 如用姓名、生日、常见数字串(如 12345678)、常用单词(如 security、admin)等作为口令。
- 网络硬件设施管理不严,黑客可以轻而易举地接近交换机等网络接入设备。

- 杀毒软件不及时更新。
- 不及时下载补丁软件来修补已经发现的系统软件和应用软件的漏洞。
- 下载并运行来历不明的软件。
- 访问没有经过安全认证的网站。

10.1.3 网络安全目标

网络安全目标是实现网络信息的可用性、保密性、完整性、不可抵赖性和可控制性等。

1. 可用性

可用性是网络信息被授权实体访问并按需使用的特性。通俗地讲，就是做到有权使用网络信息的人任何时候都能使用已经被授权使用的网络信息，网络无论在何种情况下都要保障这种服务，而无权使用网络信息的人任何时候都不能访问没有被授权使用的网络信息。

2. 保密性

保密性是防止信息泄露给非授权个人或实体，只为授权用户使用的特性。通俗地讲，信息只能让有权看到的人看到，无权看到信息的人无论在何时用何种手段都无法看到信息。

3. 完整性

完整性是网络信息未经授权不能改变的特性。通俗地讲，在信息经过网络传输、存储的过程中，非授权用户无论何时用何种手段都不能删除、篡改、伪造网络信息。

4. 不可抵赖性

不可抵赖性是在信息交互过程中，所有参与者不能否认曾经完成的操作或承诺的特性。这种特性体现在两方面：一是参与者开始参与信息交互时，必须对其真实性进行鉴别；二是信息交互过程中必须能够保留使其无法否认曾经完成的操作或许下的承诺的证据。

5. 可控制性

可控制性是对网络信息的传播及内容具有控制能力的特性。通俗地讲，就是可以控制用户的信息流向、对信息内容进行审查、对出现的安全问题提供调查和追踪手段。

10.1.4 网络安全内涵

网络安全是指与保障信息可用性、保密性、完整性、不可抵赖性和可控制性相关的理论和技术，主要内容包括：基础理论、安全协议和安全技术。

1. 基础理论

网络安全的基础理论是指各种密钥生成算法、加密解密算法和报文摘要算法等，以及这些算法引申出的鉴别机制和数字签名方法。

2. 安全协议

安全协议是为保证信息安全传输而制订的协议，如 IP 安全协议（IP Security，IP Sec）、基于安全插口层的超文本传输协议（Hyper Text Transfer Protocol over Secure Socket Layer，HTTPS）等。安全协议的基础是加密解密算法、报文摘要算法、鉴别机制和数字签名等。

3. 安全技术

安全技术是每一层为保障网络安全所采用的技术手段，如物理层防电磁辐射技术、链路层接入控制技术、网际层防火墙技术等，不同的传输网络有不同的安全技术。

10.1.5 网络攻击举例

知己知彼，百战不殆。了解网络攻击过程，才能深刻理解网络安全技术的由来和作用。

1. 嗅探、截获和重放攻击

嗅探、截获和重放攻击是几种基本的网络攻击行为。嗅探攻击是一种窃取经过网络传输的信息的行为。该攻击不会改变正常的信息传输路径，信息可以沿着正常的传输路径完成发送端至接收端的传输过程，但黑客终端能够在信息沿着正常的传输路径传输时窃取信息。如图 10.1(a)所示，集线器能够正常完成终端 A 至终端 B 的 MAC 帧传输过程。一旦黑客终端接入集线器，由于集线器接收到 MAC 帧后，通过除接收端口以外的所有其他端口输出该 MAC 帧，因此该 MAC 帧也被黑客终端接收。嗅探攻击只能窃取信息，不能篡改信息。

截获攻击是一种通过改变发送端至接收端之间的传输路径，使信息不能沿着正常的传输路径完成发送端至接收端传输过程的行为。如图 10.1(b)所示，截获攻击使发送端发送的信息沿着改变后的传输路径到达黑客终端。黑客终端接收到发送端发送的信息后，可以进行以下操作：一是复制该信息，然后将信息传输给接收端；二是篡改信息，然后将篡改后的信息传输给接收端；三是复制该信息，延迟一段时间后，再将信息传输给接收端，或者延迟一段时间后，重复多次将信息传输给接收端。

实施截获攻击的前提是改变发送端至接收端的传输路径，以下讨论的动态主机配置协议（Dynamic Host Configuration Protocol，DHCP）欺骗攻击和路由项欺骗攻击都能改变两个终端之间的传输路径，可以作为实施截获攻击的手段。

重放攻击是一种通过嗅探或截获攻击窃取发送端发送给接收端的信息，延迟一段时

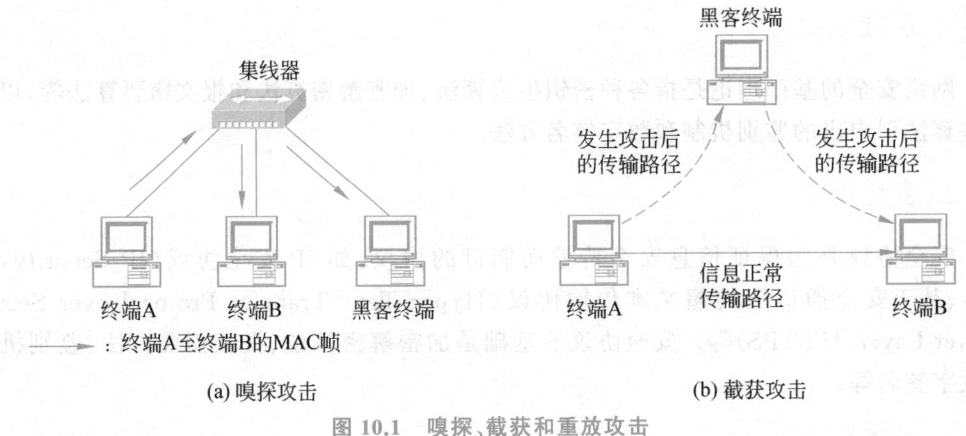

图 10.1　嗅探、截获和重放攻击

间后重复多次将窃取的信息发送给接收端的行为。因此，实施重放攻击的前提是，黑客终端已经通过嗅探或截获攻击窃取信息。

2. SYN 泛洪攻击

1）SYN 泛洪攻击原理

终端访问 Web 服务器之前，必须建立与 Web 服务器之间的 TCP 连接。建立 TCP 连接的过程是三次握手过程。Web 服务器在会话表中为每一个 TCP 连接创建一项连接项，连接项将记录 TCP 连接从开始建立到释放所经历的各种状态。一旦 TCP 连接释放，会话表也将释放为该 TCP 连接分配的连接项。会话表中的连接项是有限的，因此 Web 服务器只能建立有限的 TCP 连接。SYN 泛洪攻击就是通过快速消耗掉 Web 服务器 TCP 会话表中的连接项，使正常的 TCP 连接建立过程因为会话表中连接项耗尽而无法正常进行的攻击行为。

2）SYN 泛洪攻击过程

SYN 泛洪攻击过程如图 10.2 所示，黑客终端伪造多个本不存在的 IP 地址，请求和 Web 服务器建立 TCP 连接。Web 服务器在接收到 SYN＝1 的 TCP 连接建立请求后，为请求建立的 TCP 连接在会话表中分配一项连接项，并发送 SYN＝1、ACK＝1 的 TCP 连接建立响应。但由于黑客终端是用伪造的 IP 地址发起的 TCP 连接建立过程，Web 服务器发送的 TCP 连接建立响应不可能到达真正的网络终端，因此也无法接收到来自客户端的 TCP 连接建立确认，该 TCP 连接处于未完成状态，分配的连接项被闲置。当这种未完成的 TCP 连接耗尽会话表中的连接项时，Web 服务器将无法对正常的建立 TCP 连接请求做出响应，Web 服务器的服务功能被抑制。

正常终端如果接收到 SYN＝1、ACK＝1 的 TCP 连接建立响应，且自己并没有发送过对应的建立 TCP 连接请求，就向服务器发送 RST＝1 的复位报文，使服务器可以立即释放为该 TCP 连接分配的连接项。因此，黑客终端用伪造的、网络中本不存在的 IP 地址发起 TCP 连接建立过程是成功实施 SYN 泛洪攻击的关键。

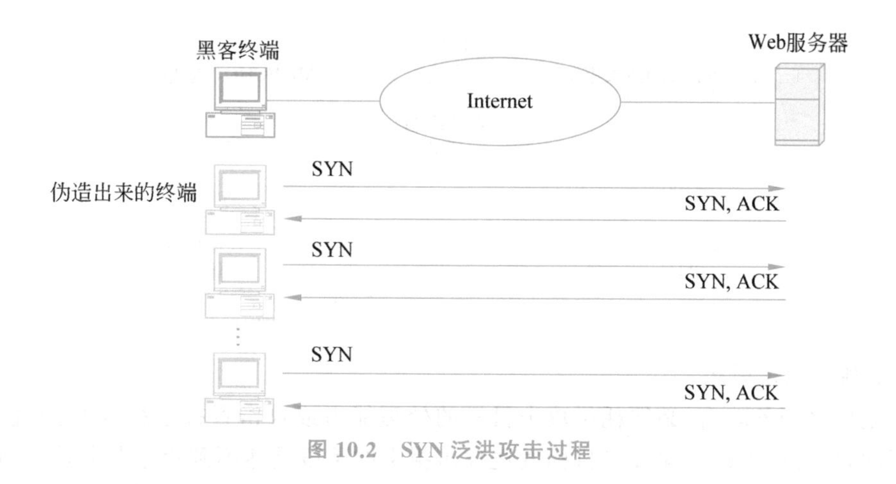

图 10.2 SYN 泛洪攻击过程

3. Smurf 攻击

1) Smurf 攻击原理

(1) ping 过程

测试两个终端之间是否存在传输路径,可以用以下 ping 命令。

```
ping 目的终端地址
```

如果终端 A 运行 ping 命令 ping IP B,则发生如图 10.3 所示的 ping 过程。终端 A 向终端 B 发送一个 ICMP ECHO 请求报文,该请求报文被封装成以 IP A 为源 IP 地址、以 IP B 为目的 IP 地址的 IP 分组。终端 B 接收到终端 A 发送的 ICMP ECHO 请求报文后,向终端 A 回送一个 ICMP ECHO 响应报文,该响应报文被封装成以 IP B 为源 IP 地址、以 IP A 为目的 IP 地址的 IP 分组。终端 A 接收到终端 B 发送的 ICMP ECHO 响应报文后,表明终端 A 与终端 B 之间存在传输路径。

图 10.3 ping 过程

(2) 间接攻击过程

间接攻击过程如图 10.4 所示,黑客终端随机选择一个 IP 地址作为目的 IP 地址,如图 10.4 所示的 IP P。向 IP 地址为 IP P 的终端发送 ICMP ECHO 请求报文,但该请求报文被封装成以攻击目标的 IP 地址 IP D 为源 IP 地址、以 IP P 为目的 IP 地址的 IP 分组。当 IP 地址为 IP P 的终端接收到该 ICMP ECHO 请求报文,向 IP 地址为 IP D 的终端(攻击目标)发送 ICMP ECHO 响应报文,该 ICMP ECHO 响应报文被封装成以 IP P 为源 IP 地址、以 IP D 为目的 IP 地址的 IP 分组。间接攻击过程使黑客终端对于攻击目标是透明的,攻击目标很难直接跟踪到黑客终端。

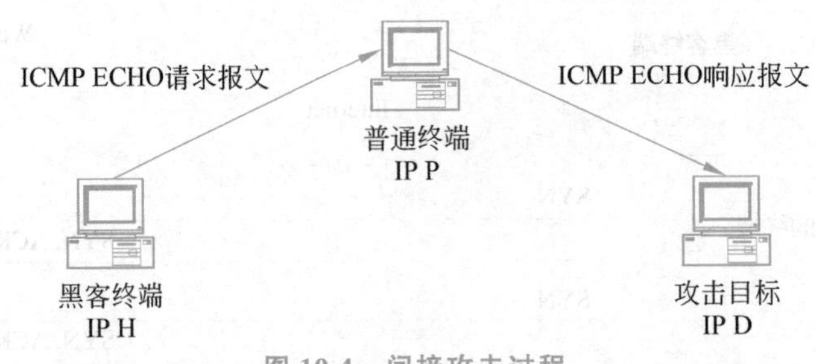

图 10.4 间接攻击过程

(3) 放大攻击效果

实施拒绝服务攻击,必须耗尽攻击目标的处理能力或攻击目标连接互联网链路的带宽。因此,黑客终端逐个向攻击目标发送攻击报文的手段是达不到拒绝服务攻击目的的,它必须放大攻击效果。如图 10.5 所示,黑客终端在所连接的网络中广播一个 ICMP ECHO 请求报文,该请求报文被封装成以攻击目标的 IP 地址 IP D 为源 IP 地址、以全 1 的广播地址为目的 IP 地址的 IP 分组。该 IP 分组到达网络内的所有终端,网络内所有接收到该 ICMP ECHO 请求报文的终端都向 IP 地址为 IP D 的终端发送 ICMP ECHO 响应报文。黑客终端的攻击报文被放大了 n 倍(n 是网络内其他终端的数量)。

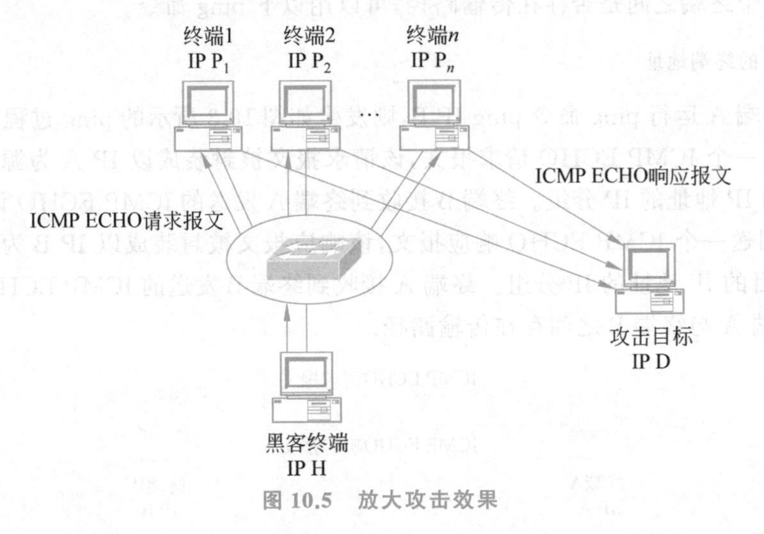

图 10.5 放大攻击效果

2) Smurf 攻击过程

Smurf 攻击过程如图 10.6 所示,黑客终端发送一个以攻击目标的 IP 地址为源 IP 地址、直接广播地址为目的 IP 地址的 ICMP ECHO 请求报文。直接广播地址是网络号为某个特定网络的网络号、主机号全 1 的 IP 地址,以这种地址为目的 IP 地址的 IP 分组将发送给网络号所指定的网络中的全部终端。假定 LAN 1 和 LAN 2 的网络地址分别为 192.1.1.0/24 和 192.1.2.0/24,LAN 3 和 LAN 4 的网络地址分别为 10.1.0.0/16 和 10.2.0.0/16,黑客终端的 IP 地址为 192.1.1.1,攻击目标的 IP 地址为 192.1.2.1。黑客终端发送给 LAN 3 的 ICMP ECHO 请求报文的源 IP 地址为 192.1.2.1(攻击目标的 IP 地址),目的 IP 地址为 10.1.255.255。这样的 IP 分组在 LAN 3 中以广播方式传输,到达 LAN 3 中的所有终端。由于 LAN 3 中所有终端接收到的是 ICMP ECHO 请求报文，因此 LAN 3 中所有终端生成并发送以自身 IP 地址为源 IP 地址、ICMP ECHO 请求报文的源 IP 地址为目的 IP 地址的 ICMP ECHO 响应报文。这些 IP 分组一起发送给攻击目标，导致攻击目标连接网络的链路发生拥塞，使其他网络中的终端无法和攻击目标正常通信。

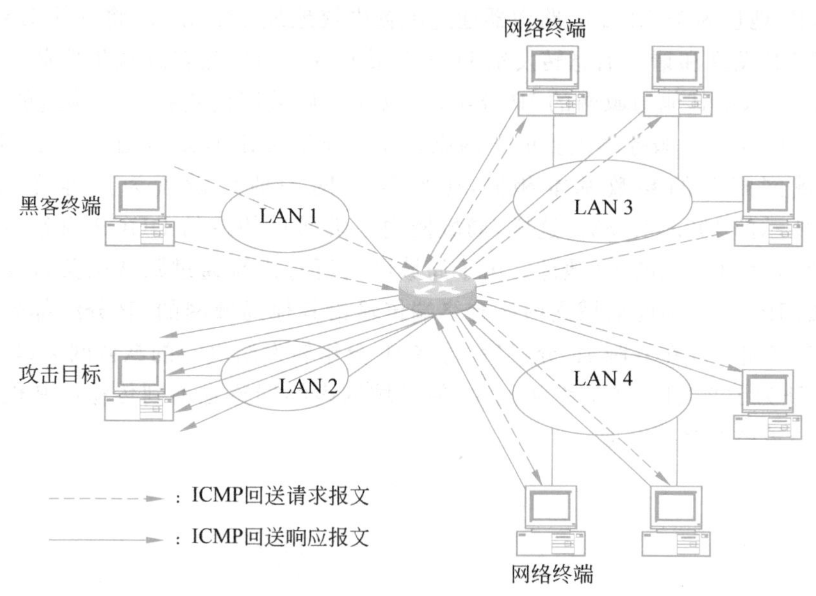

图 10.6　Smurf 攻击过程

黑客终端能够阻塞攻击目标连接网络的链路的主要原因是利用了广播引发的放大作用。由于直接广播地址的接收方是特定网络中的所有终端，因此黑客终端发送的单个 ICMP ECHO 请求报文将引发特定网络中的所有终端向攻击目标发送 ICMP ECHO 响应报文。如果该特定网络中有 100 个终端，黑客终端发送的攻击报文就被放大了 100 倍。如图 10.6 所示，在 LAN 3 和 LAN 4 分别连接 3 个终端的情况下，黑客终端发送的两个 ICMP ECHO 请求报文导致攻击目标接收到 6 个 ICMP ECHO 响应报文。

4. DHCP 欺骗攻击

1）DHCP 欺骗攻击原理

终端访问网络前，必须配置网络信息，如 IP 地址、子网掩码、默认网关地址和本地域名服务器地址等。这些网络信息可以手工配置，也可以通过 DHCP 自动获取。目前终端普遍采用自动获取方式。

由于终端自动获取的网络信息来自 DHCP 服务器，因此 DHCP 服务器中网络信息的正确性直接决定终端获取的网络信息的正确性。当网络中存在多个 DHCP 服务器时，终端随机选择一个能够提供 DHCP 服务的 DHCP 服务器为其提供网络信息，这就为黑客实施 DHCP 欺骗攻击提供了可能。

黑客可以伪造一个 DHCP 服务器，并将其接入网络中。伪造的 DHCP 服务器中根据攻击需要给出错误的默认网关地址或是错误的本地域名服务器地址。当终端从伪造的

DHCP 服务器获取错误的默认网关地址或是错误的本地域名服务器地址时，后续访问网络资源的行为将被黑客所控制。

2）DHCP 欺骗攻击过程

DHCP 欺骗攻击过程如图 10.7 所示。正常 DHCP 服务器设置在另一个局域网内（LAN 2），IP 地址为 192.2.2.5，路由器通过配置中继地址 192.2.2.5，将其他 LAN 内终端发送的 DHCP 发现和请求消息转发给 DHCP 服务器。如果黑客终端想要截获所有本局域网内终端发送给其他局域网的 IP 分组，可以在本局域网内连接一个伪造的 DHCP 服务器。伪造的 DHCP 服务器配置的子网掩码和可分配的 IP 地址范围与正常 DHCP 服务器为该局域网配置的参数基本相同，但将默认网关地址设置为黑客终端地址，如图 10.7 中所示的 192.1.1.253。这样，局域网内终端通过伪造的 DHCP 服务器得到的默认网关地址是黑客终端的 IP 地址。由于局域网内所有终端通过默认网关转发传输给其他局域网的 IP 分组，因此局域网内所有终端传输给其他局域网的 IP 分组都先到达黑客终端。黑客终端可以在复制 IP 分组后，再将 IP 分组转发给真正的默认网关，如图 10.7所示的 IP 地址为 192.1.1.254 的默认网关，使局域网内终端感觉不到传输给其他局域网的 IP 分组已经被黑客终端窃取。

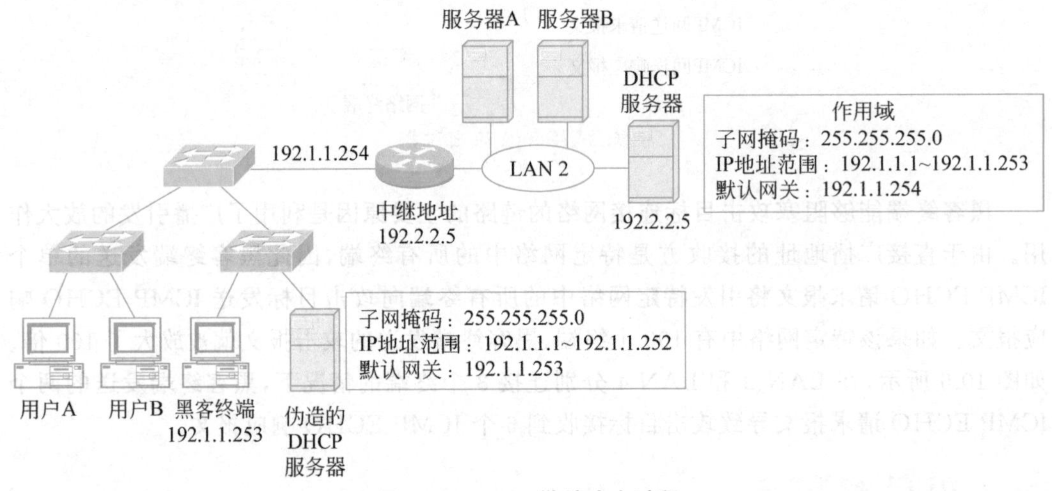

图 10.7　DHCP 欺骗攻击过程

局域网内终端在发现 DHCP 服务器的过程中，往往选择第一个向其发送 DHCP 提供消息的 DHCP 服务器作为提供网络信息配置服务的 DHCP 服务器。由于伪造的 DHCP 服务器直接连接在局域网中，因此局域网内终端总是先接收到伪造的 DHCP 服务器发送的提供消息，选择伪造的 DHCP 服务器为其提供网络信息配置服务。

5. ARP 欺骗攻击

1）ARP 欺骗攻击原理

连接在以太网上的两个终端之间传输 IP 分组时，发送终端必须先获取接收终端的 MAC 地址。然后，将 IP 分组封装成以发送终端 MAC 地址为源 MAC 地址、接收终端

MAC 地址为目的 MAC 地址的 MAC 帧。通过以太网实现 MAC 帧从发送终端至接收终端的传输过程。

如果发送终端只获取接收终端的 IP 地址,发送终端首先需要通过地址解析协议(Address Resolution Protocol,ARP)完成地址解析过程。

每一个终端都有 ARP 缓冲器,一旦完成地址解析过程,在 ARP 缓冲器中建立 IP 地址与 MAC 地址的绑定项。如果 ARP 缓冲器中已经存在某个 IP 地址与 MAC 地址的绑定项,则用绑定项中的 MAC 地址作为绑定项中 IP 地址的解析结果,不再进行地址解析过程。

ARP 地址解析过程如图 10.8 所示,如果终端 A 已经获取终端 B 的 IP 地址 IP B,需要解析出终端 B 的 MAC 地址。终端 A 广播如图 10.8 所示的 ARP 请求报文,请求报文中给出终端 A 的 IP 地址 IP A 与终端 A 的 MAC 地址 MAC A 的绑定项,同时给出终端 B 的 IP 地址 IP B。该广播报文被以太网中的所有终端接收,每一个接收到该 MAC 帧的终端首先检测自己的 ARP 缓冲区,如果 ARP 缓冲区中存在 IP 地址为 IP A 的绑定项,用 MAC 地址 MAC A 替换 ARP 缓冲区中与 IP 地址 IP A 绑定的 MAC 地址。由于终端 B 的 IP 地址是 IP B,因此,终端 B 的 ARP 缓冲器中无论是否存在 IP 地址为 IP A 的绑定项,终端 B 都将在 ARP 缓冲器中记录下终端 A 的 IP 地址 IP A 与终端 A 的 MAC 地址 MAC A 的绑定项。然后向终端 A 发送 ARP 响应报文,响应报文中给出终端 B 的 IP 地址 IP B 与终端 B 的 MAC 地址 MAC B 的绑定项。终端 A 将该绑定项记录在 ARP 缓冲器中。当以太网中其 ARP 缓冲区中已经记录下 IP A 与 MAC A 绑定项的终端需要向终端 A 发送 MAC 帧时,可以通过 ARP 缓冲器中 IP A 与 MAC A 的绑定项直接获取终端 A 的 MAC 地址。图 10.8 中假定终端 C 的 ARP 缓冲区中事先存在 IP 地址为 IP A 的绑定项。

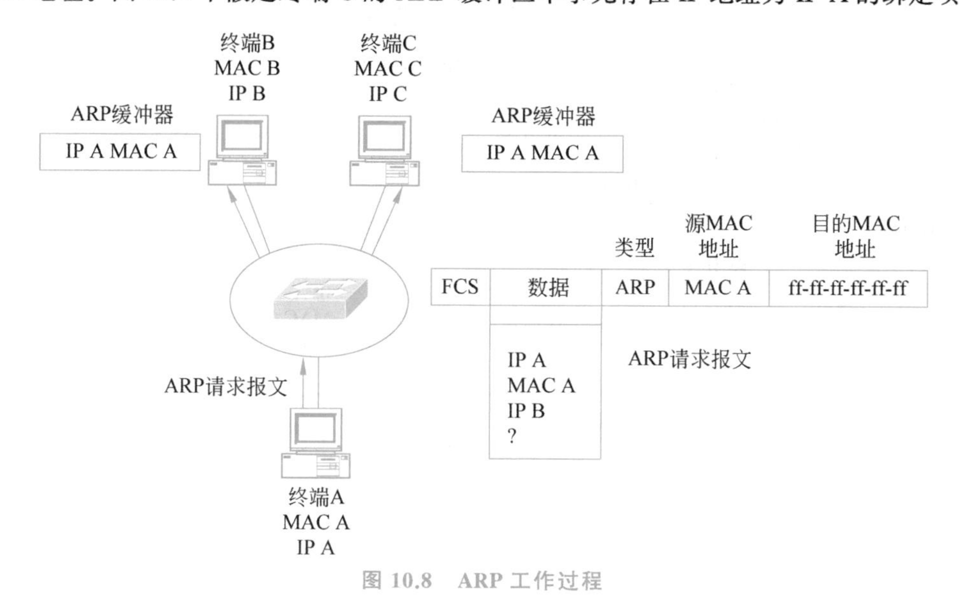

图 10.8　ARP 工作过程

由于以太网中的终端无法鉴别 ARP 请求报文中给出的 IP 地址与 MAC 地址绑定项的真伪,因此在接收到 ARP 请求报文后,简单地将 IP 地址与 MAC 地址绑定项记录在

ARP 缓冲器中，这就为实施 ARP 欺骗攻击提供了可能。如果终端 A 想要截获其他终端发送给终端 B 的 IP 分组，则在发送的 ARP 请求报文中给出 IP 地址 IP B 和 MAC 地址 MAC A 的绑定项。相关终端在 ARP 缓冲器中记录 IP B 与 MAC A 的绑定项后，如果需要向 IP 地址为 IP B 的结点传输 IP 分组，该 IP 分组被封装成以 MAC A 为目的 MAC 地址的 MAC 帧。该 MAC 帧经过以太网传输后，到达终端 A，而不是终端 B。

2）ARP 欺骗攻击过程

在图 10.9 所示的网络结构中，黑客终端分配的 IP 地址为 IP C，网卡的 MAC 地址为 MAC C，而终端 A 分配的 IP 地址为 IP A，网卡的 MAC 地址为 MAC A。正常情况下，当路由器需要转发目的 IP 地址为 IP A 的 IP 分组时，可以通过 ARP 地址解析过程解析出 IP A 对应的 MAC 地址 MAC A（如果 ARP 缓冲器中没有 IP A 对应的 MAC 地址），或者直接从 ARP 缓冲器中检索出 IP A 对应的 MAC 地址 MAC A，将 IP 分组封装成以 MAC R 为源 MAC 地址、MAC A 为目的 MAC 地址的 MAC 帧，然后通过连接路由器和终端 A 的以太网将该 MAC 帧传输给终端 A。当黑客终端希望通过 ARP 欺骗来截获发送给终端 A 的 IP 分组时，它首先广播一个 ARP 请求报文，并在请求报文中给出终端 A 的 IP 地址 IP A 与自己的 MAC 地址 MAC C 的绑定项。路由器接收到该 ARP 请求报文后，在 ARP 缓冲器中记录 IP A 与 MAC C 的绑定项，当路由器需要转发目的 IP 地址为 IP A 的 IP 分组时，将该 IP 分组封装成以 MAC R 为源 MAC 地址、MAC C 为目的 MAC 地址的 MAC 帧。这样，连接路由器和终端的以太网将该 MAC 帧传输给黑客终端，而不是终端 A，黑客终端成功拦截了原本发送给终端 A 的 IP 分组。为了更稳妥地拦截发送给终端 A 的 IP 分组，黑客终端通常在实施拦截前，通过攻击瘫痪掉终端 A。

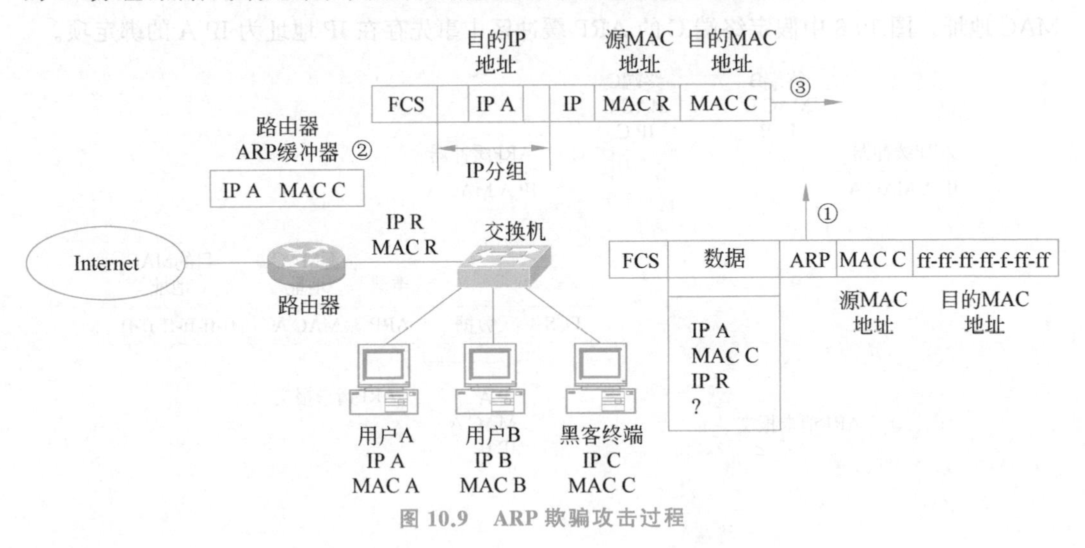

图 10.9 ARP 欺骗攻击过程

6. 路由项欺骗攻击

1）路由项欺骗攻击原理

路由项欺骗攻击原理如图 10.10 所示。如果正常情况下，路由器 R1 通往网络 W 的传输路径的下一跳是路由器 R2,则通过路由器 R2 发送给它的目的网络为网络 W 的路由项计算出路由器 R1 路由表中目的网络为网络 W 的路由项,如图 10.10(a)所示。如果黑客终端想要截获路由器 R1 传输给网络 W 的 IP 分组,向路由器 R1 发送一项伪造的路由项,该伪造的路由项将通往网络 W 的距离设置为 0。路由器 R1 接收到该路由项后,选择黑客终端作为通往网络 W 的传输路径的下一跳,并重新计算出路由表中目的网络为网络 W 的路由项,如图 10.10(b)所示。路由器 R1 将所有目的网络为网络 W 的 IP 分组转发给黑客终端。黑客终端复制接收到的 IP 分组后,再将 IP 分组转发给路由器 R2,使该 IP 分组能够正常到达网络 W,以此实现欺骗路由器 R1 和该 IP 分组的发送端的目的。

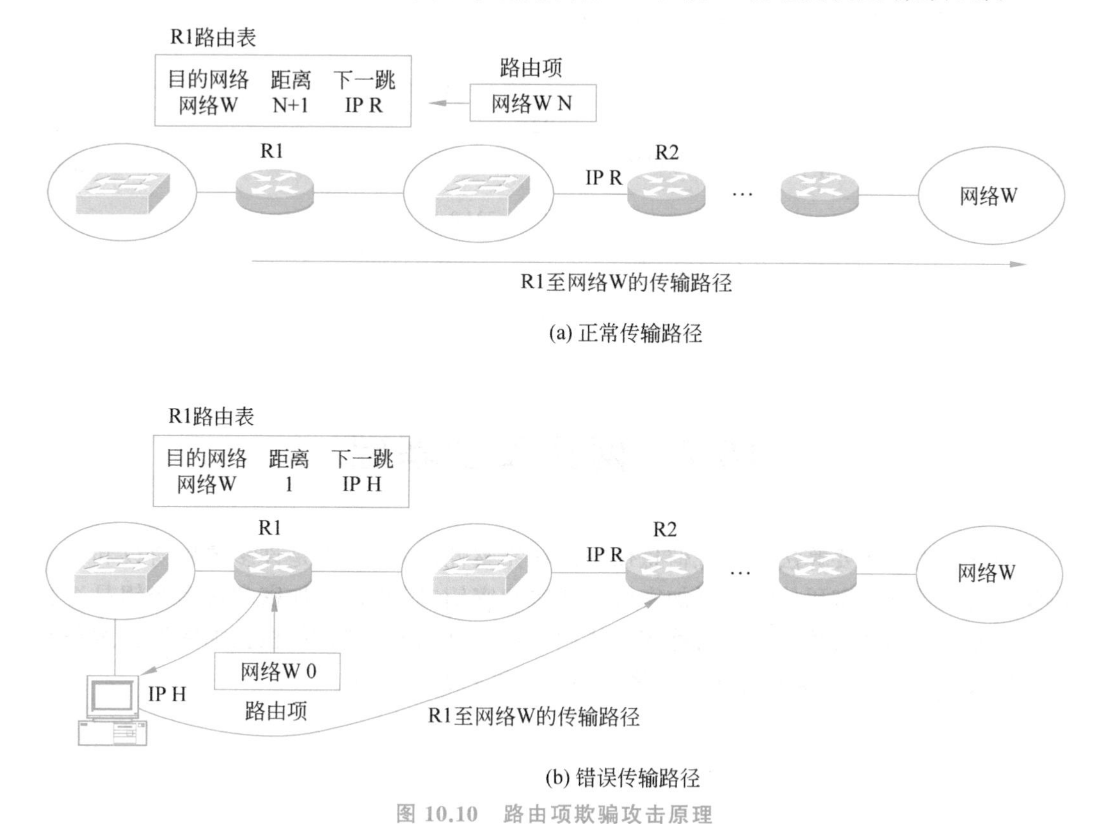

图 10.10 路由项欺骗攻击原理

2) 路由项欺骗攻击过程

针对图 10.11 所示的网络拓扑结构,路由器 R1 通过路由协议生成的正确路由表如图中路由器 R1 正确路由表所示,在这种情况下,终端 A 发送给终端 B 的 IP 分组将沿着终端 A→路由器 R1→路由器 R2→路由器 R3→终端 B 的传输路径到达终端 B。如果某个黑客终端想截获连接在 LAN 1 上终端发送给连接在 LAN 4 上终端的 IP 分组,则通过接入 LAN 2 中的黑客终端发送一个以黑客终端 IP 地址为源地址、组播地址 224.0.0.9 为目的地址的路由消息。该路由消息伪造了一项黑客终端直接和 LAN 4 连接的路由项,和黑客终端连接在同一网络(LAN 2)的路由器 R1 和 R2 均接收到该路由消息。对于路由器 R1 而言,由于伪造路由项给出的到达 LAN 4 的距离最短,因此将通往 LAN 4 的传输路径上的下一跳路由器改为黑客终端，如图 10.11 中路由器 R1 错误路由表所示，并导致路由器 R1 将所有连接在 LAN 1 上终端发送给连接在 LAN 4 上终端的 IP 分组错误地转发给黑客终端。图 10.11 中终端 A 发送给终端 B 的 IP 分组经过路由器 R1 用错误的路由表转发后，不是转发给正确传输路径上的下一跳路由器 R2，而是直接转发给黑客终端。

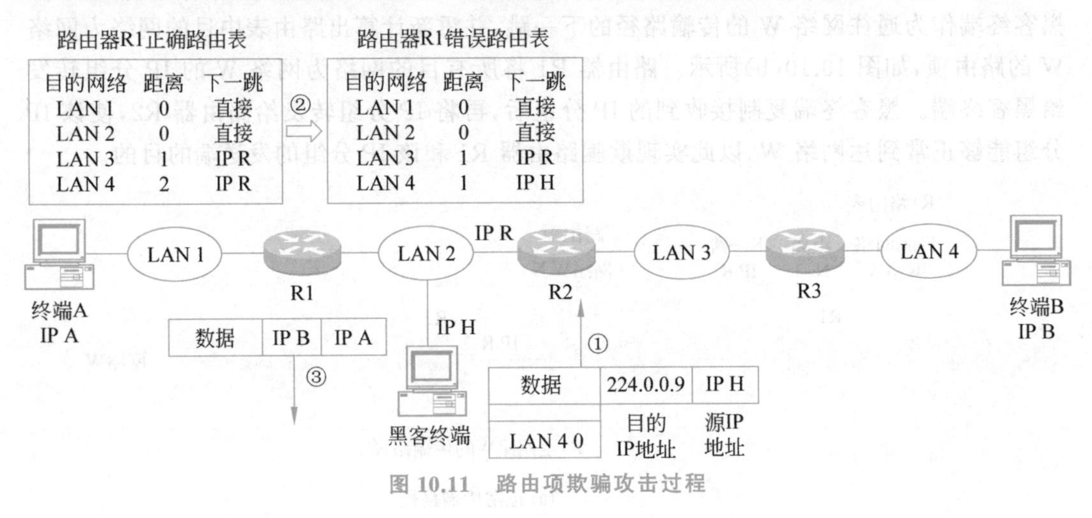

图 10.11　路由项欺骗攻击过程

10.2　网络安全基础

加密和报文摘要算法是实现信息保密性和完整性的基础，也是许多鉴别协议和安全协议的实现基础。密码体制包括加密解密算法和密钥，因此根据加密和解密密钥是否相同可以分为对称密码体制和非对称密码体制。在对称密码体制下，根据加密解密过程和密钥使用方式的不同，又可分为分组密码体制和序列密码体制。

10.2.1　加密算法

加密运算是对数据的一次转换，解密运算是加密运算的逆过程。可以通过加密运算将明文转换成密文，也可以通过解密运算将密文还原成明文。

1. 加密算法分类

图 10.12 给出一般的加密解密过程，发送端通过加密算法 E 和加密密钥 $K1$ 将明文 P 转换成密文 $Y(Y=E_{K1}(P))$，接收端通过解密算法 D 和解密密钥 $K2$ 重新将密文还原成明文 $P(P=D_{K2}(Y)=D_{K2}(E_{K1}(P)))$。如果加密算法所使用的加密密钥 $K1$ 等于解密密钥 $K2$，这种加密算法称为对称密钥加密算法，否则称为非对称密钥加密算法。

2. 对称密钥加密算法

对称密钥加密算法由 5 个元素组成：明文 P、密文 Y、加密算法 E、解密算法 D 和密

图 10.12　加密解密过程

钥 K（加密密钥 $K1$＝解密密钥 $K2=K$）。由于加密算法和解密算法的运算过程是互逆的，因此很容易从一种操作过程推出另一种操作过程。加密体制的 Kerckhoff's 原则是：所有加密解密算法都是公开的，保密的只是密钥。

一旦加密解密算法公开，在黑客能够获得一部分密文 Y 及对应的明文 P 的条件下仍然保证密钥安全性的前提是：黑客无法在知道加密解密算法的情况下，通过有限的密文 Y 及对应的明文 P 推导出密钥 K；或者每一个密钥只进行一次加密运算，而且每一个密钥都是从一个足够大的密钥集中随机生成，密钥之间没有任何相关性。第一种情况要求足够复杂的加密解密运算过程，而且这种运算过程必须经过广泛测试，保证黑客无法破解，即无法通过有限的密文和明文对解析出密钥。第二种情况要求一次一密钥，而且密钥必须在足够大的密钥集中随机生成，确保密钥之间没有相关性，黑客无法根据已知的有限密钥序列推导出下一次用于加密运算的密钥，但对加密解密算法的复杂性没有要求。分组密码针对第一种情况，序列密码针对第二种情况，序列密码也称为流密码。

1）分组密码

（1）分组密码体制的本质含义

分组密码体制的加密算法如图 10.13(a)所示，它的输入是 n 位明文 P 和 b 位密钥 K，输出是 n 位密文 Y，表示为 $E_K(P)=Y$，同一密钥允许进行多次加密运算。由于黑客可能截获或嗅探到这些用同一密钥加密后的密文，甚至可能获得一部分密文对应的明文，因此加密解密算法必须保证：黑客无法通过密文甚至有限的密文、明文对推导出密钥，这就要求分组密码体制下的加密解密算法足够复杂。分组密码体制下的加密运算过程如图 10.13(b)所示，首先将明文分割成固定长度的数据段，然后单独对每一段数据进行加密运算，生成和数据段长度相同的密文，密文序列和明文分组后生成的数据段序列一一对应。解密运算过程就是将密文还原为对应数据段的过程。

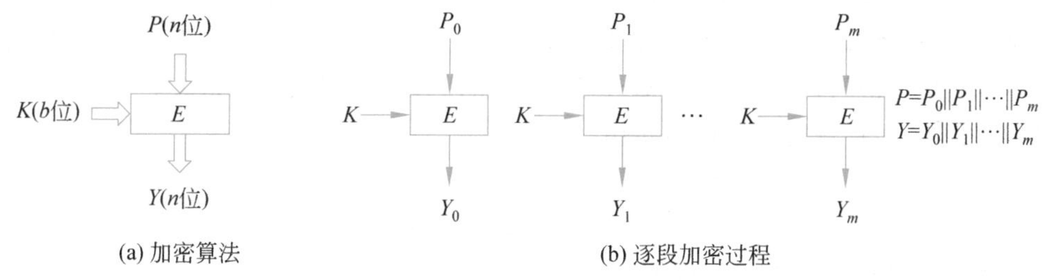

图 10.13　分组密码加密过程

（2）常见的分组密码加密算法

① DES　数据加密标准(Data Encryption Standard，DES)的密钥长度和数据段长度均为 64 位，加密运算前，将数据分为 64 位长度的数据段，然后对每一段数据段进行加密

运算，生成 64 位长度的密文。

② AES　高级加密标准（Advanced Encryption Standard，AES）的密钥长度可以是 128 位、192 位或者 256 位，数据段长度固定为 128 位。加密运算前，将数据分为 128 位长度的数据段，然后对每一段数据段进行加密运算，生成 128 位长度的密文。

（3）分组密码加密算法的安全性因素

分组密码加密运算过程的安全性取决于以下几个因素。

数据段长度：增加数据段的长度有利于提高加密算法的安全性（不容易通过明文、密文对解析出密钥），但增加运算复杂性。

密钥长度：增加密钥的长度有利于提高加密算法的安全性，但增加运算复杂性。

2）序列密码

序列密码体制的每一次加密运算过程使用不同的密钥，即一次一密。如图 10.14 所示，发送端在密钥集中随机生成一个与明文 P 相同长度的密钥 K，密钥 K 和明文 P 进行异或运算后得到密文 Y。接收端用同样的密钥 K 和密文 Y 进行异或运算，还原出明文 P。如果密钥集足够大，每一次加密运算的密钥不同，且这些密钥之间不存在相关性，则这种密码体制是最安全的。但一是密钥集总是有限的；二是计算机很难真正在密钥集中随机生成密钥，密钥之间无法做到没有任何相关性；三是发送端和接收端必须同步密钥，因此序列密码体制的安全性也存在一定的局限。

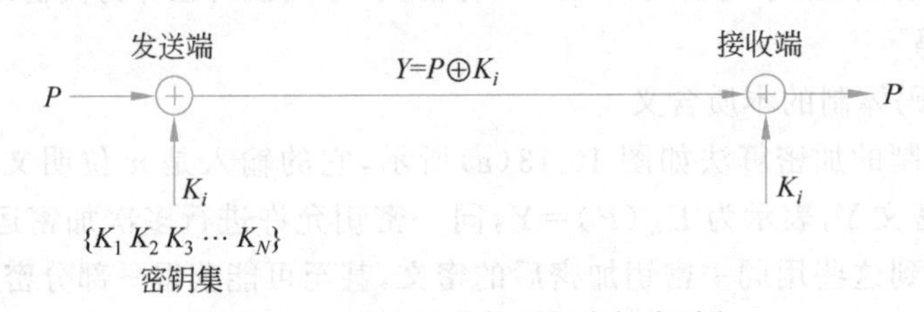

图 10.14　序列密码体制加密解密过程

3. 非对称密钥加密算法

公开密钥加密算法是一种非对称密钥加密算法，使用不同的加密密钥和解密密钥。它的加密解密过程如图 10.15 所示，发送者用加密算法 E 和密钥 PK 对明文 P 进行加密，接收者用解密算法 D 和密钥 SK 对密文 Y 进行解密。加密密钥 PK 是公开的，而解密密钥 SK 是保密的，只有接收者知道，用于解密用公开密钥加密的密文。习惯上将加密密钥称为公钥，而将解密密钥称为私钥。

$$Y=E_{PK}(P)$$

$$D_{SK}(Y)=D_{SK}(E_{PK}(P))=P$$

公开密钥加密算法的原则如下：

① 容易成对生成密钥 PK 和 SK，且 PK 和 SK 一一对应。

② 加密和解密算法是公开的，而且可以对调，$D_{SK}(E_{PK}(P))=E_{PK}(D_{SK}(P))=P$。

③ 加密和解密过程容易实现。

④ 从计算可行性讲，无法根据 PK 推导出 SK。

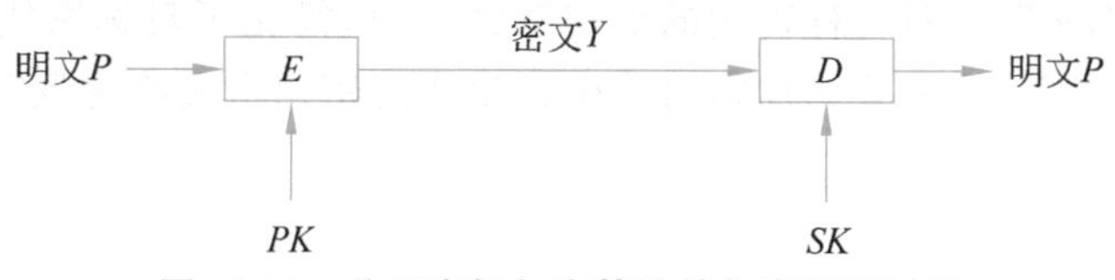

图 10.15　公开密钥加密算法的加密解密过程

⑤ 从计算可行性讲，如果 $Y=E_{PK}(P)$，无法根据 PK 和密文 Y 推导出明文 P。

RSA(Rivest-Shamir-Adleman)是目前最常用的公开密钥加密算法。RSA 私钥的安全性取决于密钥长度 n，当 n 为 1024 位以上二进制数时，根据目前的计算能力，RSA 私钥的安全性是可以保证的。但 n 越大，加密和解密运算的计算复杂度越高。

4. 对称密钥加密算法和非对称密钥加密算法的适用环境

1）优缺点

对称密钥加密算法的优势是加密解密运算过程相对简单，计算量相对较少；劣势是密钥的分发比较困难。公开密钥加密算法的劣势是加密解密运算过程比较复杂，计算量相对较大，因此不适合大量数据加密的应用环境；优势是密钥分发简单，可以通过有公信力的传播媒介公告公钥。

2）完美结合的实例

图 10.16 所示是这两种密钥体制完美结合的应用实例。假定发送端拥有接收端的公钥 PKA，当发送端需要加密发送给接收端的数据时，发送端随机生成密钥 K，用密钥 K 和对称密钥加密算法(如 DES)加密发送给接收端的数据，生成数据密文 Y_1(Y_1 = DESE_K(数据))。同时，用接收端的公钥 PKA 和 RSA 加密算法加密对称密钥 K，生成密钥密文 Y_2(Y_2 = $\text{RSAE}_{\text{PKA}}(K)$)，将数据密文 Y_1 和密钥密文 Y_2 串接在一起，发送给接收端。接收端用公钥 PKA 对应的私钥 SKA 和 RSA 解密算法解密出密钥 K($\text{RSAD}_{\text{SKA}}(\text{RSAE}_{\text{PKA}}(K))=K$)，然后用密钥 K 和对称密钥解密算法解密出数据(DESD_K(DESE_K(数据)) = 数据)。这里 DESE 表示 DES 加密算法，DESD 表示 DES 解密算法，RSAE 表示 RSA 加密算法，RSAD 表示 RSA 解密算法。

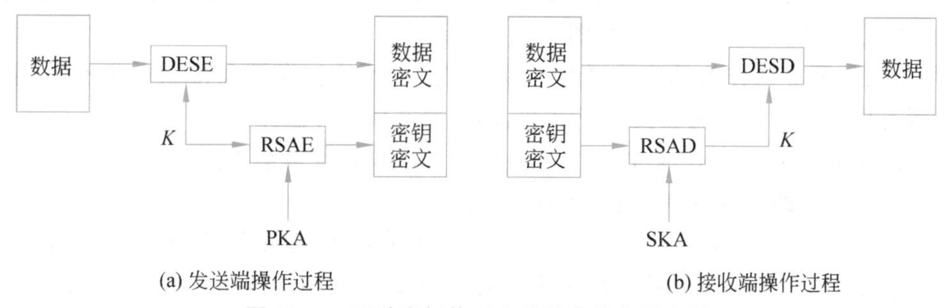

图 10.16　两种密钥体制完美结合的应用实例

图 10.16 所示的应用实例充分利用了对称密钥加密算法加密解密过程计算量小和公开密钥加密算法分发密钥简单的优势，用对称密钥加密算法完成对数据的加密解密运算，

用公开密钥加密算法完成对对称密钥的加密解密运算，简化了对称密钥的同步和分发问题。用公开密钥加密算法和公钥加密对称密钥生成的密钥密文称为数字信封。

10.2.2 报文摘要算法

报文摘要算法的目的就是产生用来标识某个任意长度报文的有限位数信息，即报文摘要，而且这种标识信息就像报文的指纹一样，具有确认性和唯一性。

1. 报文摘要算法要求

假定 MD 为报文摘要算法，$MD(X)$是算法对报文 X 作用后产生的标识信息，MD 必须满足如下要求：

- 能够作用于任意长度的报文；
- 产生有限位数的标识信息；
- 易于实现；
- 具有单向性，即只能根据报文 X 求出 $MD(X)$。从计算可行性讲，无法根据标识信息 h 得出报文 X，且使 $MD(X)=h$；
- 具有抗碰撞性，即从计算可行性讲，对于任何报文 X，无法找出另一个报文 Y，$X \neq Y$，但 $MD(X)=MD(Y)$；
- 即使只改变报文 X 中和一位二进制位，也使重新计算后的 $MD(X)$变化很大。

2. 报文摘要算法的主要用途

1）消息完整性检测

为了检测出消息 P 在传输过程中所有可能发生的篡改，发送端对根据消息 P 计算出的报文摘要进行加密，并将加密后的报文摘要附在消息 P 后一起发送给接收端。接收端接收到消息 P 和附在消息 P 后面的加密后的报文摘要后，先对加密的报文摘要解密，还原出发送端计算出的报文摘要，然后对消息 P 进行报文摘要运算，并将计算结果和解密后的报文摘要进行比较。如果相等，表示消息 P 在传输过程中未被篡改；如果不相等，表示消息 P 已经被篡改，整个过程如图 10.17 所示。

用报文摘要算法作为消息完整性检测机制，必须使发送端和接收端拥有共同密钥 K，且所有可能的篡改者无法获得密钥 K，同时报文摘要算法保证：

- 只要消息 P 发生任何改变，重新计算后的报文摘要就会不同；
- 报文摘要的长度应该固定，且小于消息 P。

但这两点是相悖的，只要报文摘要的长度小于消息 P 的长度，就无法保证消息 P 和报文摘要之间的一一对应关系。在这种情况下，可以将对报文摘要的要求改为以下：

对于消息 P，根据现有计算能力，篡改者无法得出消息 P'，$P \neq P'$，但 $MD(P)=MD(P')$。

以此保证：篡改者无法做到既篡改消息 P，又不让接收端检测出消息 P 已经被篡改。

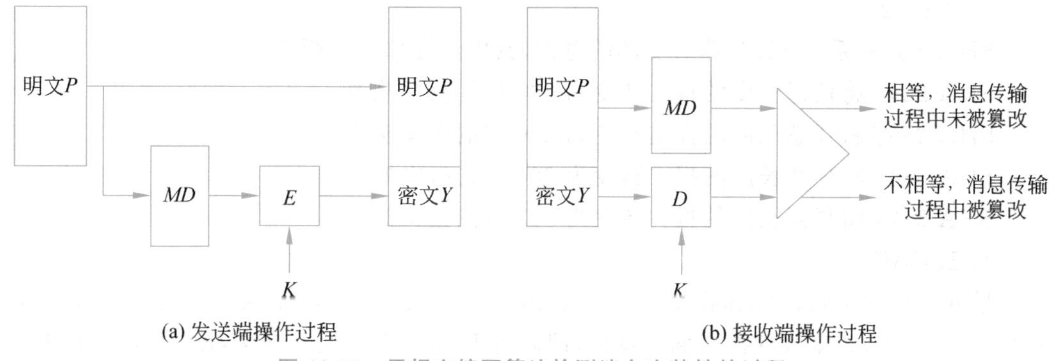

图 10.17 用报文摘要算法检测消息完整性的过程

2）验证秘密信息

秘密信息 S 通常是某个用户的唯一标识信息(如口令)，用户 B 鉴别用户 A 身份的过程往往就是判别用户 A 是否拥有秘密信息 S 的过程。在这种情况下，用户 B 已经建立秘密信息 S 和用户 A 之间的绑定关系，要求用户 A 提供拥有秘密信息 S 的证据。用户 B 验证用户 A 拥有秘密信息 S 的过程如图 10.18 所示，用户 B 生成一个随机数 R，将随机数 R 发送给用户 A，同时对随机数 R 和秘密信息 S 串接后的结果计算报文摘要 $MD(R \| S)$。用户 A 接收到用户 B 发送的随机数 R 后，也将随机数 R 和自己拥有的秘密信息串接在一起，并对串接结果计算报文摘要，并将报文摘要发送给用户 B。如果用户 A 发送的报文摘要和用户 B 计算的报文摘要相等，则表示用户 A 拥有秘密信息 S。由于其他用户可以嗅探甚至截获随机数 R 和 $MD(R \| S)$，为了保证其他用户无法通过随机数 R 和 $MD(R \| S)$ 得出秘密信息 S，要求报文摘要算法具有单向性，即可以根据消息 P 计算出报文摘要 $MD(P)$，而根据现有的计算能力，无法根据报文摘要 $MD(P)$ 推导出消息 P。

图 10.18 验证秘密信息过程

3. 几种常用的报文摘要算法

1）MD5

报文摘要第 5 版(Message Digest Version 5，MD5)是较早推出的报文摘要算法，它将任意长度的报文转变为 128 位的报文摘要，即假定 P 为任意长度的报文，$h=$ MD5(P)，则 h 的长度为 128 位。

2）SHA-1

安全散列算法第 1 版(Secure Hash Algorithm 1，SHA-1)和 MD5 相似，但将任意长度的报文转变为 160 位的报文摘要，即假定 P 为任意长度的报文，$h=$ SHA-1(P)，则 h 的长度为 160 位。

3) SHA-2

SHA-2 是一系列 SHA 算法变体的总称，其中包含如下子版本：

SHA-224：将任意长度的报文转变为 224 位的报文摘要。

SHA-256：将任意长度的报文转变为 256 位的报文摘要。

SHA-384：将任意长度的报文转变为 384 位的报文摘要。

SHA-512：将任意长度的报文转变为 512 位的报文摘要。

4) HMAC

散列消息鉴别码(Hashed Message Authentication Codes，HMAC)就是一种将密钥和报文一起作为数据段的报文摘要算法，即假定 P 为任意长度的报文，K 为密钥，则 $h=MD(P \parallel K)$。报文摘要算法 MD 没有限制，可以是 MD5、SHA-1 或 SHA-2。如果采用 MD5 报文摘要算法，表示为 HMAC-MD5-128。如果采用 SHA-1 报文摘要算法，表示为 HMAC-SHA-1-160，后面的 128 和 160 为基于密钥生成的报文摘要长度。

4. 报文摘要算法的安全性因素

报文摘要的位数越大，计算复杂性越高，但单向性和抗碰撞性越好。对于密钥 K、报文 P 和报文摘要算法 MD，可以用 HMAC-$MD_K(P)$ 表示报文 P 基于密钥 K 和报文摘要算法 MD 生成的报文摘要。

5. 报文摘要与检错码的区别

报文摘要与检错码都用于检测数据传输过程中发生的变化，但检错码只需要检测出数据传输过程中随机发生的传输错误，而报文摘要需要检测出数据传输过程中精心设计的篡改。因此，检错码是没有抗碰撞性要求的，这也是检错码不能作为报文摘要的原因。由于报文摘要算法的计算复杂性远大于目前用于计算检错码的算法，因此报文摘要也不适合作为检错码。

10.2.3 数字签名

1. 数字签名特征

在现实世界中，通过印章或亲笔签名来证明真实性，但如何在网络世界确定发送方的真实性呢？数字签名技术就用于解决网络中传输的信息的真实性问题，它具有如下特征：

- 接收者能够核实发送者对报文的数字签名；
- 发送者事后无法否认对报文的数字签名；
- 接收者无法伪造发送者对报文的数字签名。

总之，数字签名必须保证唯一性、关联性和可证明性。唯一性保证只有特定发送者能够生成数字签名，关联性保证是对特定报文的数字签名，可证明性表明该数字签名的唯一性和与特定报文的关联性可以得到证明。

2. 基于 RSA 的数字签名原理

RSA 公开密钥加密算法满足以下要求：①存在公钥和私钥对 PK 和 SK，PK 与 SK 一一对应。②SK 是秘密的，只有拥有者知道，PK 是公开的。③无法通过 PK 推导出 SK。④$E_{PK}(D_{SK}(P))=P$。因此，$D_{SK}(MD(P))$可以作为 SK 拥有者对报文 P 的数字签名。图 10.19 给出了基于 RSA 的数字签名实现过程。

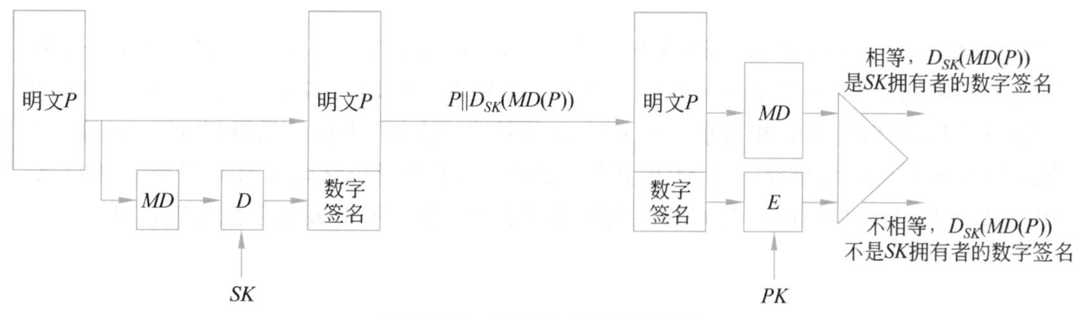

图 10.19　数字签名的实现过程

$D_{SK}(MD(P))$能够作为 SK 拥有者对报文 P 的数字签名的依据如下：一是私钥 SK 只有 SK 拥有者知道，因此只有 SK 拥有者才能实现 $D_{SK}(MD(P))$运算过程，保证了数字签名的唯一性；二是根据报文摘要算法的特性，即从计算可行性讲，其他用户无法生成某个报文 P'，$P \neq P'$，但 $MD(P)=MD(P')$。因此，$MD(P)$只能是报文 P 的报文摘要，保证了数字签名和报文 P 之间的关联性；三是数字签名能够被核实，因为公钥 PK 和私钥 SK 一一对应。如果公钥 PK 和 SK 拥有者之间的绑定关系得到权威机构证明，一旦证明用公钥 PK 对数字签名进行加密运算后还原的结果(E_{PK}(数字签名))等于报文 P 的报文摘要($MD(P)$)，就可证明数字签名是 $D_{SK}(MD(P))$。

10.2.4　身份鉴别

网络是虚拟的，网络中证明自己身份的过程或证明通信另一方身份的过程称为身份鉴别过程。

用于证明自己身份的一方称为用户，用于确认通信另一方身份的一方称为鉴别者。用户与鉴别者共享密钥，且该密钥只有用户和鉴别者拥有，因此一方只要证明自己拥有该密钥，即可证明自己的身份。

1. 单向鉴别过程

单向鉴别过程中只需要用户向鉴别者证明自己的身份，无须确认鉴别者的身份。如图 10.20 所示的单向鉴别过程中，假定鉴别者和用户 A 拥有共享密钥 KEYA，因此用户 A 向鉴别者证明自己身份的过程就是证明拥有密钥 KEYA 的过程。

鉴别者向用户终端发送一个随机数 C，该随机数具有两个特点：一是不可预测(随机的本质含义)；二是一段时间内出现相同随机数的概率很小。用户终端接收到随机数 C

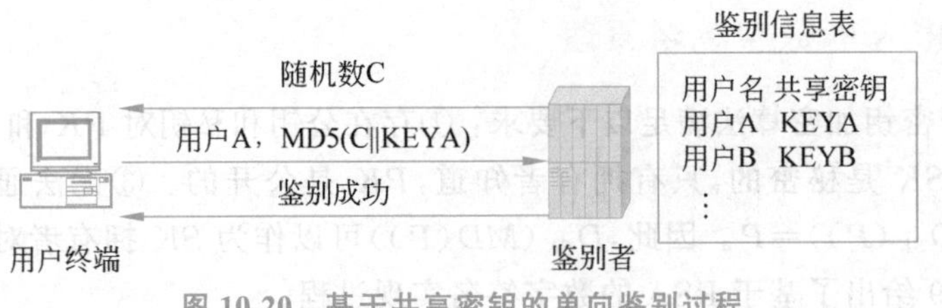

图 10.20 基于共享密钥的单向鉴别过程

后，将随机数 C 和共享密钥 KEYA 串接在一起，对串接结果 C ‖ KEYA 进行 MD5 运算，并将用户名和 MD5 运算结果传输给鉴别者。鉴别者根据用户名检索出对应的共享密钥 KEYA，同样将随机数 C 和共享密钥 KEYA 串接在一起，对串接结果进行 MD5 运算。如果运算结果和用户终端发送的 MD5 运算结果相同，表明用户终端拥有共享密钥 KEYA，用户 A 的身份得到确认，向用户终端发送鉴别成功消息；否则，发送鉴别失败消息。

2. 双向鉴别过程

双向鉴别过程中用户不仅需要向鉴别者证明自己的身份，同时需要确认鉴别者的身份，因此用户和鉴别者都必须证明自己拥有共享密钥。在图 10.21 所示的双向鉴别过程中，用户 A 和鉴别者都必须证明自己拥有共享密钥 KEYA。

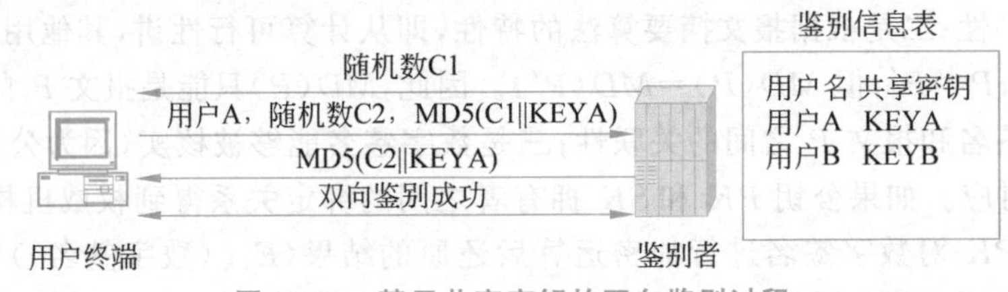

图 10.21 基于共享密钥的双向鉴别过程

10.3 病毒防御技术

病毒是最常见的网络威胁，用户终端大多被病毒感染过。计算机一旦感染病毒，会导致不能正常工作、被黑客远程控制、泄露存储在硬盘中的信息或者被监控全部操作过程。病毒防御技术就是一种发现病毒、隔离病毒、阻止病毒对计算机和网络产生危害的技术。

10.3.1 恶意代码的定义与分类

1. 恶意代码定义

代码指一段用于完成特定功能的计算机程序，恶意代码指经过存储介质和网络实现计算机系统间的传播，未经授权破坏计算机系统完整性、保密性和可用性，甚至可以对网络发起攻击的代码，它的重要特点是非授权性和破坏性。

2. 恶意代码分类

分类恶意代码的标准主要是代码的独立性和自我复制性。独立恶意代码是指具备一个完整程序所应该具有的全部功能，能够独立传播、运行的恶意代码，这样的恶意代码不需要寄宿在另一个程序中。非独立恶意代码只是一段代码，它必须嵌入某个完整的程序中，作为该程序的一个组成部分进行传播和运行。对于非独立恶意代码，自我复制过程就是将自身嵌入宿主程序的过程，这个过程也称为感染宿主程序的过程。对于独立恶意代码，自我复制过程就是将自身传播给其他系统的过程。不具有自我复制能力的恶意代码必须借助其他媒介进行传播。目前具有的恶意代码种类及属性如图 10.22 所示。按照图 10.22 中的分类，称为病毒的恶意代码是同时具有寄生和感染特性的恶意代码，我们称之为狭义病毒。习惯上，把一切具有自我复制能力的恶意代码统称为病毒，为和狭义病毒相区别，将这种病毒称为广义病毒。基于广义病毒的定义，病毒、蠕虫和 Zombie 可以统称为病毒。

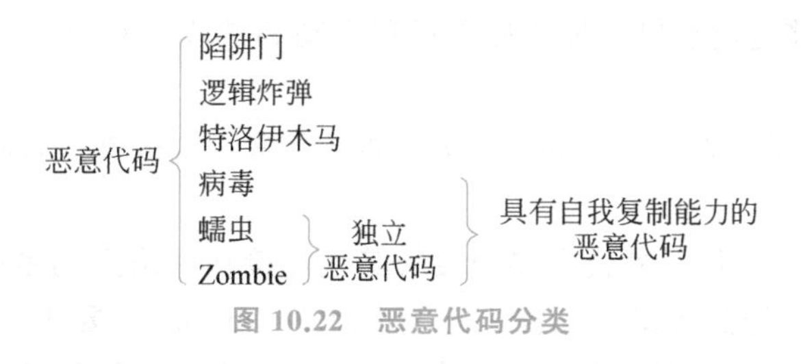

图 10.22 恶意代码分类

1）陷阱门

陷阱门是某个程序的秘密入口，通过该入口启动程序，可以绕过正常的访问控制过程。因此，获悉陷阱门的人员可以绕过访问控制过程，直接对资源进行访问。陷阱门已经存在很长一段时间，原先的作用是程序员开发具有鉴别或登录过程的应用程序时，为避免每一次调试程序时都必须输入大量鉴别或登录过程需要的信息，通过陷阱门启动程序的方式绕过鉴别或登录过程。程序区别正常启动和通过陷阱门启动的方式很多，如携带特定的命令参数、在程序启动后输入特定字符串等。

程序设计者是最有可能设置陷阱门的人，因此许多免费下载的实用程序中含有陷阱门或病毒这样的恶意代码，使用免费下载的实用程序时必须注意这一点。

2）逻辑炸弹

逻辑炸弹是包含在正常应用程序中的一段恶意代码，当某种条件出现，如到达某个特定日期、增加或删除某个特定文件等，将激发这一段恶意代码。执行这一段恶意代码将导致非常严重的后果，如删除系统中的重要文件和数据、使系统崩溃等。历史上不乏程序设计者利用逻辑炸弹讹诈用户和报复用户的案例。

3）特洛伊木马

特洛伊木马也是包含在正常应用程序中的一段恶意代码，一旦执行这样的应用程序，将激发恶意代码。顾名思义，这一段恶意代码的功能主要在于削弱系统的安全控制机制，如在系统登录程序中加入陷阱门，以便黑客能够绕过登录过程直接访问系统资源；将共享文件的只读属性修改为可读写属性，以便黑客能够对共享文件进行修改；甚至允许黑客通过远程桌面这样的工具软件控制系统。

4）病毒

这里的病毒是狭义上的恶意代码类型，单指那种既具有自我复制能力，又必须寄生在其他实用程序中的恶意代码。它和陷阱门、逻辑炸弹的最大不同在于自我复制能力，通常情况下，陷阱门、逻辑炸弹不会感染其他实用程序，而病毒会自动将自身嵌入其他实用程序中。

5）蠕虫

从病毒的广义定义来说，蠕虫也是一种病毒，但它和狭义病毒的最大不同在于自我复制过程。病毒的自我复制过程需要人工干预，无论是运行感染病毒的实用程序，还是打开包含宏病毒的邮件，都不是由病毒程序自我完成的。蠕虫能够自我完成下述步骤。

查找远程系统：能够通过检索已被攻陷的系统的网络邻居列表或其他远程系统地址列表找出下一个攻击对象。

建立连接：能够通过端口扫描等操作过程自动和被攻击对象建立连接，如 Telnet 连接等。

实施攻击：能够自动将自身通过已经建立的连接复制到被攻击的远程系统并运行它。

6）Zombie

Zombie（俗称僵尸）是一种具有秘密接管其他连接在网络上的系统，并以此系统为平台发起对某个特定系统的攻击的功能的恶意代码。Zombie 主要用于定义恶意代码的功能，并没有涉及该恶意代码的结构和自我复制过程，因此分别存在符合狭义病毒的定义和蠕虫定义的 Zombie。

10.3.2 病毒防御机制

病毒防御机制分为主动防御机制和被动防御机制。主动防御机制可以在病毒产生危害前，发现病毒、隔离病毒并阻止病毒对计算机和网络产生危害。被动防御机制往往在病毒已经造成危害后，才能发现病毒。通过分析病毒，总结出病毒代码特征或行为特征，然后根据病毒特征对计算机系统进行扫描，发现并隔离计算机系统中的病毒。

1. 基于特征的扫描技术

基于特征的扫描技术是目前最常用的病毒检测技术，首先需要建立病毒特征库，通过分析已经发现的病毒，提取出每一种病毒有别于正常代码或文本的病毒特征，然后根据病毒特征库在扫描的文件中进行匹配操作，整个检测过程如图 10.23 所示。目前病毒主要分为嵌入可执行文件中的病毒和嵌入文本或字处理文件中的脚本病毒，因此首先需要对文件进行分类，当然如果是压缩文件，解压后再进行分类。解压后的文件主要分为两大类：二进制代码形式的可执行文件（包括类似 DLL 的库函数）和用脚本语言编写的文本文件。由于 Office 文件中可以嵌入脚本语言编写的宏代码，因此将这样的 Office 文件归入文本文件类型。对可执行文件，由二进制检测引擎根据二进制特征库进行匹配操作。

如果这些二进制代码文件经过类似 ASPACK、UPX 工具软件进行加壳处理，则在匹配操作前，必须进行脱壳处理。对文本文件，由脚本检测引擎根据脚本特征库进行匹配操作。由于存在多种脚本语言（如 VBScript、JavaScript、PHP 和 Perl），因此在匹配操作前，必须先对文本文件进行语法分析，然后根据分析结果再进行匹配操作。同样，必须从类似字处理文件这样的 Office 文件中提取出宏代码，然后对宏代码进行语法分析，再根据分析结果进行匹配操作。基于特征的扫描技术主要存在以下问题：

- 由于通过特征匹配检测病毒，因此无法检测出变形、加密和未知病毒；
- 由于病毒总是在造成危害后才被发现，因此它是一种事后补救措施；
- 为了有效检测病毒，必须及时更新病毒特征库。

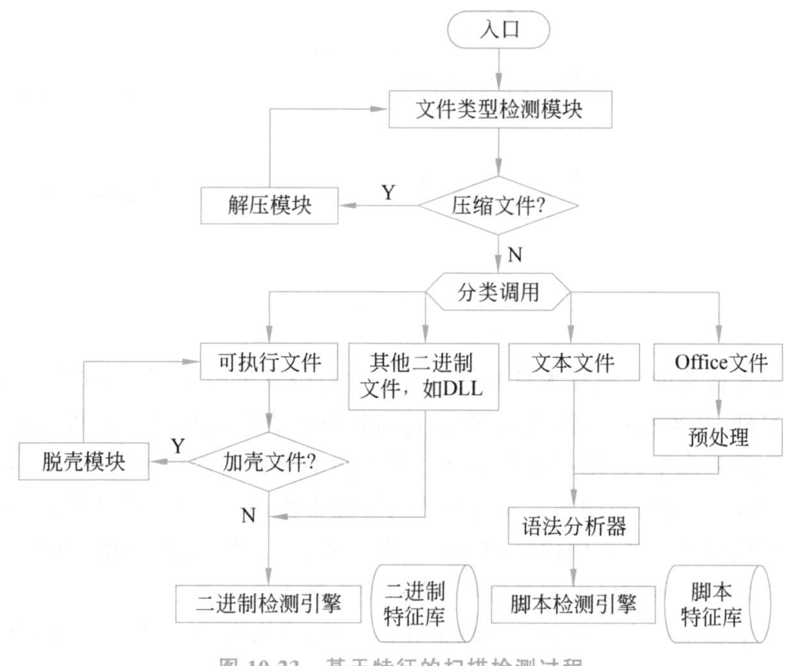

图 10.23　基于特征的扫描检测过程

2. 基于线索的扫描技术

基于特征的扫描技术由于需要精确匹配病毒特征，因此很难检测出变形病毒。但病毒总有一些规律性特征，如有些变形病毒通过随机产生密钥和加密作为病毒的代码来改变自己。对于这种变形，如果检测到某个可执行文件的入口处存在实现解密过程的代码，且解密密钥包含在可执行文件中，这样的可执行文件可能就是感染了变形病毒的文件。基于线索的扫描技术通常不是精确匹配特定二进制位流模式或文本模式，而是通过分析可执行文件入口处代码的功能来确定该文件是否感染病毒。

3. 基于完整性检测的扫描技术

完整性检测是一种用于确定任意长度信息在传输和存储过程中是否改变的技术，它的基本思想是在传输或存储任意长度的信息 P 时，添加附加信息 C，C 是 P 的报文摘要。

可以对系统中的所有文件计算出对应的 C，将 C 存储在某个列表文件中。扫描软件定期地重新计算系统中每一个文件对应的 C，并将计算结果和列表中存储的结果进行比较。如果相等，表明该文件没有改变；如果不相等，表明该文件自计算出列表中存储的 C 以后已经发生改变。为了防止一些精致的病毒能够在感染文件的同时修改文件的原始报文摘要，可以采用如图 10.24 所示的检测过程，在计算出某个文件对应的原始报文摘要后，用扫描软件自带的密钥 K 对报文摘要进行加密运算，然后将密文存储在原始检测码列表中。在定期检测文件时，对每一个文件同样计算出加密后的报文摘要，并和存储在原始检测码列表中的密文进行比较。

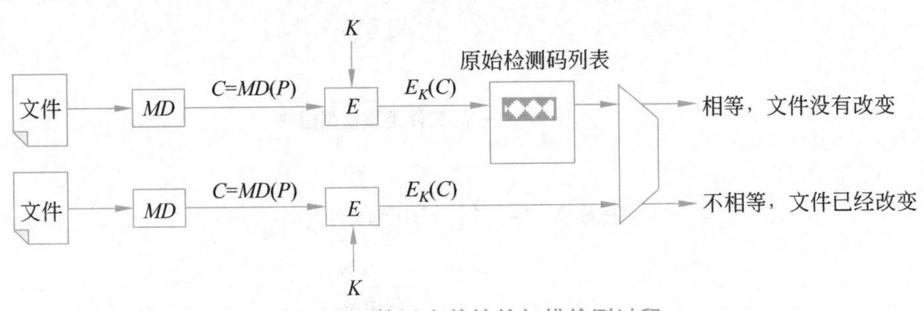

图 10.24　基于完整性的扫描检测过程

基于完整性检测的扫描技术只能检测出文件是否发生改变，并不能确定文件是否被病毒感染。另外，必须在正常修改文件后，重新计算该文件对应的原始检测码，并将其存储在原始检测码列表中，否则在定期检测过程中扫描软件会对该文件示警。由于系统中文件经常发生改变(复制和删除)，而且有的文件经常修改，对于这些文件，需要通过用户干预来保证原始检测码列表中内容的完整性和一致性，这可能会使用户感到不便。如果文件在计算初始检测码前已经感染病毒，这种检测技术是无法发现文件已经被病毒感染这一情况的。但如果该病毒在系统内感染其他文件，这种检测技术可以检测出其他被病毒感染的文件。

4. 基于行为的检测技术

病毒为了激活、感染其他文件，对系统实施破坏操作，需要对系统中的文件、注册表、引导扇区及内存等系统资源进行操作，这些操作通常由操作系统内核中的服务模块完成。因此，当某个用户进程发出修改注册表中自动启动项列表、格式化文件系统、删除某个系统文件的操作请求时，可以认为该用户进程在实施病毒代码要求完成的操作。为了检测某个用户进程是否正在执行病毒代码，可以为不同安全等级的用户配置资源访问权限，用权限规定每一个用户允许发出的请求类型、访问的资源种类及访问方式。病毒检测程序常驻内存，截获所有对操作系统内核发出的资源访问请求，确定发出请求的用户及安全等级、要求访问的资源及访问模式，然后根据为该用户配置的资源访问权限检测请求中要求的操作的合法性。如果请求中要求的资源访问操作违背为发出请求的用户规定的访问权限，表明该用户进程可能包含病毒代码，病毒检测程序可以对该用户进程进行干预并以某种方式示警。基于行为的检测技术可以检测出变形病毒和未知病毒,但一是在执行过程中检测病毒,有可能因为已经执行部分病毒代码,从而对系统造成危害;二是由于很难区分正常和非正常的资源访问操作,无法为用户精确配置资源访问权限,常常发生漏报和误报病毒的情况。

5. 基于模拟运行环境的检测技术

模拟运行环境是一个软件仿真系统,用软件仿真处理器、文件系统、网络连接系统等,该环境与其他软件系统隔离,其仿真运行结果不会对实际物理环境和其他软件运行环境造成影响。当基于线索的检测技术怀疑某个可执行文件或文本文件感染病毒时,为了确定该可执行文件或文本文件是否包含病毒,需要事先建立已知病毒的操作特征库和资源访问原则。病毒的操作特征是指病毒实施感染和破坏时需要完成的操作序列,如修改注册表中自动启动项列表所需要的操作序列、变形病毒感染可执行文件需要的操作序列(读可执行文件、修改可执行文件、加密可执行文件、写可执行文件)等。然后,在模拟运行环境中运行该可执行文件或文本文件,并对每一条指令的执行结果进行分析。如果出现某种病毒的操作特征(如修改注册表某个特定键的值)或者发生违背资源访问原则的资源访问操作,则确定该可执行文件或文本文件感染病毒;如果直到整个代码仿真执行完成都没有发生和操作特征库匹配的操作或违背资源访问原则的资源访问操作,则断定该文件没有感染病毒。由于整个代码的执行过程都在模拟运行环境下进行,因此执行过程不会对系统的实际物理环境和其他软件的运行环境产生影响。

10.4 以太网安全技术

以太网是最常见的局域网,是目前实现终端间通信的主要传输网络,大量终端通过以太网接入互连网,黑客也因此开发出大量针对以太网的攻击手段。因此,充分利用以太网安全技术,设计实施具有抵御黑客攻击功能的以太网是实现网络安全的关键。

10.4.1 接入控制技术

黑客攻击网络的第一步是接入互连网,最常见的接入互连网的方式是将终端连接到以太网上,因此对终端连接到以太网上的过程实施控制是防范非法终端接入互连网的关键措施。

1. 接入控制机制

1) 用户终端接入以太网的过程

用户终端连接到以太网的过程如图 10.25 所示,用户终端通过双绞线缆接入交换机端口,该交换机端口能够接收用户终端发送的

图 10.25 终端接入以太网的过程

MAC 帧,并将其转发给连接在同一以太网上的其他终端或路由器。同样,连接在同一以太网上的其他终端或路由器发送给用户终端的 MAC 帧能够通过该交换机端口发送给用户终端,以此实现用户终端与连接在同一以太网上的其他终端或路由器之间的 MAC 帧传输过程。

2) 终端或用户标识符

并不是所有接入交换机端口的终端均可与连接在同一以太网上的其他终端或路由器进行 MAC 帧传输过程。交换机需要鉴别接入交换机端口的终端的身份,只允许授权接入以太网的终端接入交换机端口,并通过该交换机端口与连接在同一以太网上的其他终端或路由器进行 MAC 帧传输过程。这个过程称为以太网接入控制过程。

终端可以用 MAC 地址作为标识信息,交换机只允许分配特定 MAC 地址的终端接入交换机端口,并通过该交换机端口与连接在同一以太网上的其他终端或路由器进行 MAC 帧传输过程。MAC 地址只能作为终端标识信息,用于控制接入以太网的终端。有些情况下,不是限制接入以太网的终端,而是限制通过以太网访问网络的用户。在这种情况下,接入控制机制需要做到,允许授权用户通过任意终端访问网络,禁止非授权用户通过任意终端访问网络。目前最常见的用户身份标识信息是用户名和口令。因此,可以用用户名和口令标识授权用户。

3) 身份鉴别过程

控制终端接入以太网的过程中,交换机需要建立访问控制列表,访问控制列表中给出允许接入以太网的终端的 MAC 地址。当交换机接收到 MAC 帧且发送 MAC 帧的终端的 MAC 地址在访问控制列表中时交换机才继续转发该 MAC 帧;否则,交换机将丢弃该 MAC 帧。

控制用户访问网络的过程中,需要建立授权用户信息列表,授权用户信息列表中给出授权用户的用户名和口令。用户访问网络前,必须提供用户标识信息,只允许用户标识信息在授权用户信息列表中的用户通过以太网访问网络。

由于无法在该用户发送的 MAC 帧中携带用户标识信息,因此控制用户访问网络的过程通常与控制终端接入以太网的过程相结合。一旦确定使用某个终端的用户是授权用户,则动态地将该终端的 MAC 地址添加到访问控制列表中,以后该终端发送的 MAC 帧都被作为授权用户发送的 MAC 帧。由于授权用户与终端之间的关系是动态的,因此交换机需要通过用户身份鉴别过程建立授权用户与终端 MAC 地址之间的绑定关系。当用户不再使用该终端时,需要通过退出或其他过程让交换机删除已经建立的授权用户与终端 MAC 地址之间的绑定关系。

2. 静态配置访问控制列表

访问控制列表是以太网控制终端接入的一种机制,以太网交换机的每一个端口可以单独配置访问控制列表,访问控制列表中列出允许接入的终端的 MAC 地址。如图 10.26 中为以太网交换机端口 F0/1 静态配置的访问控制列表表明该端口只允许接入 MAC 地址为 00-46-78-11-22-33 的终端,因此从该端口接收到的 MAC 帧中,只有源 MAC 地址等于 00-46-78-11-22-33 的 MAC 帧才能继续转发,其他 MAC 帧都被交换机丢弃。当终端

A 接入端口 F0/1 时,由于终端 A 发送的 MAC 帧的源 MAC 地址等于 00-46-78-11-22-33,因而能够被交换机转发。当其他终端(如终端 B)接入端口 F0/1 时,由于其发送的 MAC 帧的源 MAC 地址不等于 00-46-78-11-22-33,交换机将丢弃这些 MAC 帧。每一个端口静态配置的访问控制列表中可以有多个 MAC 地址,因而允许多个其 MAC 地址和访问控制列表中的某个 MAC 地址相同的终端接入该端口。

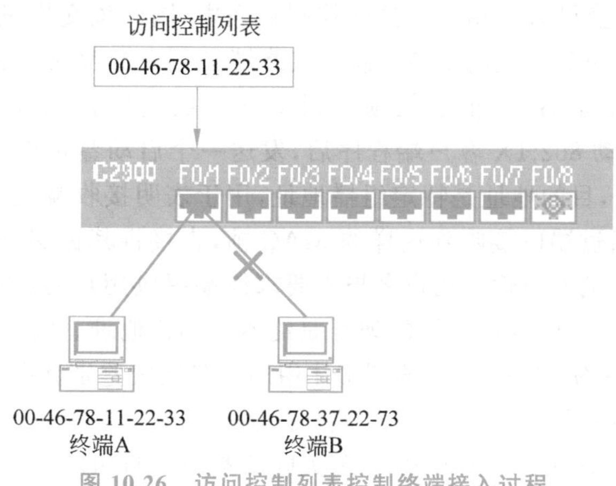

图 10.26 访问控制列表控制终端接入过程

3. 安全端口

静态配置交换机每一个端口的访问控制列表是一件十分麻烦的事情,安全端口技术提供了一种自动生成每一个端口的访问控制列表的机制。安全端口技术可以为每一个端口设置自动学习到的 MAC 地址数 N,从而使从进入该端口的 MAC 帧的源 MAC 地址中学习到的最先 N 个 MAC 地址自动成为访问控制列表中的 MAC 地址。以后,该端口接收到的 MAC 帧中,只有源 MAC 地址属于这 N 个 MAC 地址的 MAC 帧才能继续转发,其他 MAC 帧都被交换机丢弃。如果将 N 设置为 1,首先将终端 A 接入端口 F0/1,端口 F0/1 根据安全端口技术自动生成的访问控制列表如图 10.26 所示,以后只有终端 A 发送的 MAC 帧才能继续转发,其他终端接入端口 F0/1 后发送的 MAC 帧都被交换机丢弃。

4. 802.1X 接入控制过程

无论是手工配置访问控制列表方式还是通过安全端口技术自动生成访问控制列表方式都不能动态改变访问控制列表中的 MAC 地址。由于终端的 MAC 地址是可以设定的,一旦某个攻击者获取了访问控制列表中的 MAC 地址,就可以通过将自己终端的 MAC 地址设置为访问控制列表中的某个 MAC 地址实现非法接入。因此,这种通过 MAC 地址标识允许接入的终端的方式在目前允许终端任意设定 MAC 地址的情况下,是不够安全的。

安全的接入控制是用用户名和口令标识合法用户终端,每当有新的终端接入某个端口时,端口能够要求接入终端提供用户名和口令。只有能够提供有效用户名和口令的终端的 MAC 地址才能进入访问控制列表。一旦该终端离开该端口或设定时间内该终端一直没有通过该端口发送 MAC 帧,该终端的 MAC 地址将自动从访问控制列表中删除,这就防止了其他终端通过伪造该终端的 MAC 地址非法接入以太网的情况发生。

1) 鉴别过程

802.1X 接入控制过程如图 10.27 所示,以太网交换机为鉴别者,需要配置鉴别数据库,鉴别数据库中给出允许接入的用户的用户名和口令。当某个终端接入以太网时,由于其 MAC 地址不在交换机对应端口的访问控制列表中,因此该交换机端口不允许转发以该终端的 MAC 地址为源地址的 MAC 帧。该终端必须发起身份鉴别过程,交换机成功完成该终端的身份鉴别后,才能在交换机对应端口的访问控制列表中添加该终端的 MAC 地址。终端启动 802.1X 客户端程序后,发送一个启动鉴别报文,该报文的源地址是终端的 MAC 地址,目的地址是特定组播地址,用于表明接收端是交换机 802.1X 鉴别实体。如果交换机通过端口接收到这样的 MAC 帧,直接将其提交给 802.1X 鉴别实体。交换机随后通过向终端发送输入用户名报文要求终端提供用户名,该报文的源地址是交换机设置的特定单播 MAC 地址,目的地址是终端 MAC 地址。终端随后将用户名发送给交换机 802.1X 鉴别实体,802.1X 鉴别实体用用户名检索鉴别数据库,确定该用户是否是注册用户,并获取该用户注册时配置的鉴别机制和口令。当图 10.27 中的 802.1X 签名实体确定用户 A 是注册用户并获取用户 A 关联的鉴别机制和口令后,向终端发送随机数 challenge。终端将 challenge 和口令串接在一起,并对串接操作后的结果进行 MD5 报文摘要运算(MD5(challenge ‖ 口令)),并将运算结果回送给交换机 802.1X 鉴别实体。交换机 802.1X 鉴别实体重新对保留的 challenge 和鉴别数据库中用户 A 关联的口令进行上述运算(MD5(challenge ‖ PASSA)),并将运算结果和终端返回的结果比较。如果相同,意味着用户 A 输入的口令等于 PASSA,向终端发送允许接入报文,并将终端的 MAC 地址添加到交换机接收 802.1X 报文的端口的访问控制列表中;否则向用户 A 发送拒绝接入报文。

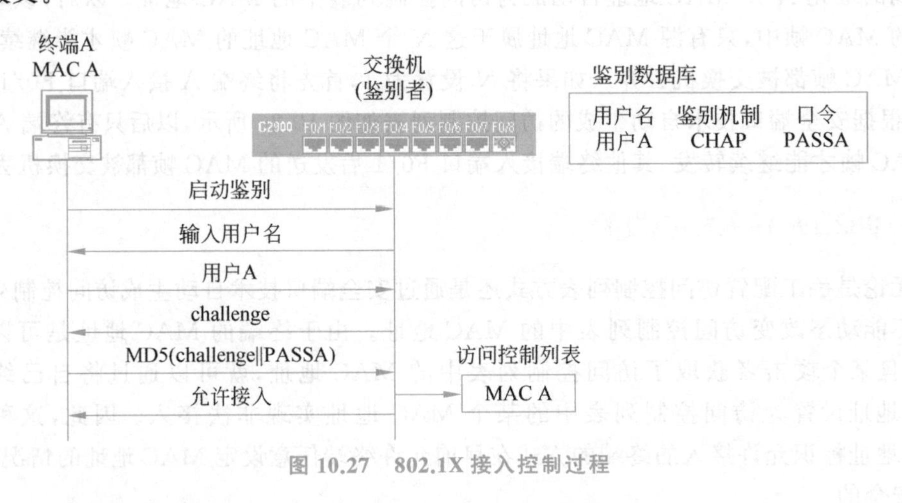

图 10.27　802.1X 接入控制过程

2) 访问控制列表删除 MAC 地址的过程

一旦确定使用终端的用户是授权用户,该终端的 MAC 地址动态添加到访问控制列表中,所有以该终端的 MAC 地址为源地址的 MAC 帧被交换机认为是授权用户发送的

MAC 帧。当授权用户结束使用该终端时,需要将该终端的 MAC 地址从访问控制列表中删除。只要发生以下情况,交换机将从某个端口的访问控制列表中删除该终端的 MAC 地址。

- 终端退出鉴别状态。在这种情况下,使用终端的授权用户需要通过 802.1X 客户端程序完成退出访问过程。
- 端口在规定时间内一直没有接收到以该 MAC 地址为源 MAC 地址的 MAC 帧。

10.4.2 防欺骗攻击技术

黑客通过以太网实施的欺骗攻击有 DHCP 欺骗攻击、ARP 欺骗攻击等,用户很难检测和防御这些攻击手段,需要交换机提供防御这些攻击手段的技术。

1. 防 DHCP 欺骗攻击和 DHCP 侦听信息库

1) DHCP 欺骗攻击过程

DHCP 用于自动配置终端接入网络所需要的网络信息,如 IP 地址、子网掩码、默认网关地址等。由于终端在完成自动配置前,没有任何有关网络中资源的信息,因此不可能对提供自动配置服务的 DHCP 服务器进行鉴别,自动配置过程成了网络安全的软肋。

图 10.28 给出了实现 DHCP 欺骗攻击的网络结构,图 10.29 给出了 DHCP 欺骗攻击过程。黑客将伪造的 DHCP 服务器接入以太网,如果新接入以太网的终端设置为自动配置方式,该终端将广播一个 DHCP 发现消息,DHCP 发现消息的作用是用于发现网络中的 DHCP 服务器。网络中的所有终端和服务器都接收到 DHCP 发现消息,但只有 DHCP 服务器对 DHCP 发现消息做出响应。如果某个 DHCP 服务器能够为该终端提供配置服务,则通过广播 DHCP 提供消息向该终端表明态度。如果网络中有多个 DHCP 服务器能够为该终端提供配置服务,终端将接收到多个提供消息,终端往往选择发送最先接收到的提供消息的 DHCP 服务器为其提供配置服务。终端在选定为其提供配置服务

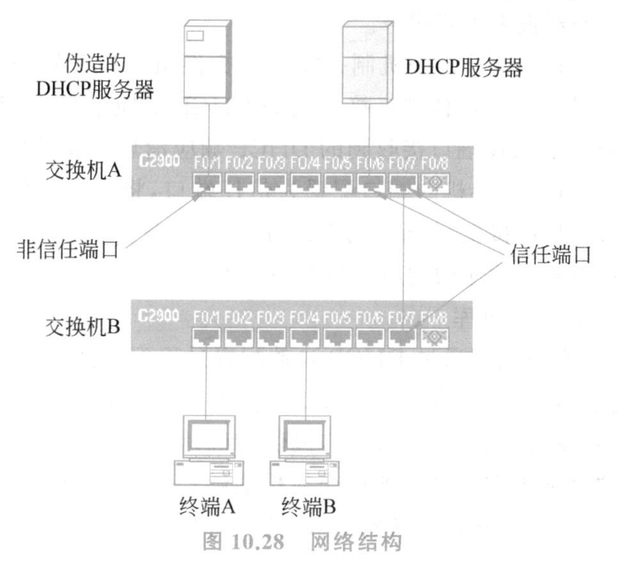

图 10.28 网络结构

的 DHCP 服务器后，向其发送 DHCP 请求消息，并在请求消息中给出选定的 DHCP 服务器的标识符，被终端选定的 DHCP 服务器通过 DHCP 确认消息完成对终端的配置过程。如图 10.29 所示，如果伪造的 DHCP 服务器先一步向终端发送了 DHCP 提供消息，终端将选择伪造的 DHCP 服务器为其提供配置服务，伪造的 DHCP 服务器往往将某个黑客终端的 IP 地址作为默认网关地址提供给终端，终端所有发送给其他网络的信息将首先发送给该黑客终端。

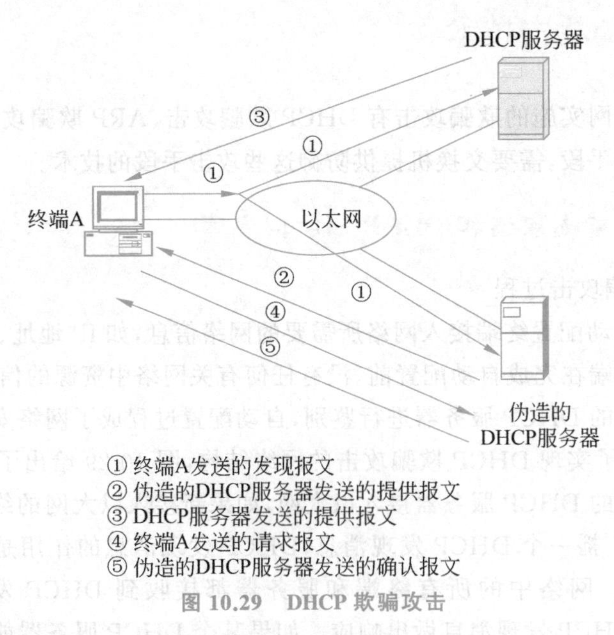

图 10.29 DHCP 欺骗攻击

2）交换机防御 DHCP 欺骗攻击的机制

黑客实施 DHCP 攻击的前提是能够将伪造的 DHCP 服务器接入以太网，并为选择自动配置方式的终端提供配置服务。交换机防御 DHCP 欺骗攻击的关键是能够禁止一切伪造的 DHCP 服务器提供配置服务。

交换机防御 DHCP 欺骗攻击的机制是能够将交换机端口配置为信任端口和非信任端口，交换机只能继续转发从信任端口接收到的 DHCP 响应消息，如 DHCP 提供消息和确认消息，丢弃所有从非信任端口接收到的 DHCP 响应消息。如果只将直接连接 DHCP 服务器的端口和用于互连交换机的端口配置为信任端口，将所有其他端口配置为非信任端口，就可保证：只有从连接信任端口的 DHCP 服务器发送的响应消息才能到达终端，其他伪造的 DHCP 服务器发送的响应消息都被交换机丢弃。

3）建立 DHCP 侦听信息库

如果以太网中所有终端都通过 DHCP 自动配置过程配置网络信息，则每一个终端都经历广播发现消息、接收提供消息、广播请求消息和接收确认消息这样的交互过程，发现和请求消息中给出终端标识符 MAC 地址，提供和确认消息中给出终端标识符和分配给该终端的 IP 地址之间的绑定关系。如果交换机能够侦听 DHCP 消息，并将 DHCP 消息中给出的终端标识符和分配给该终端的 IP 地址之间的绑定关系记录下来，交换机就有了每一个终端的 MAC 地址与 IP 地址对,这些信息对防御 ARP 欺骗攻击和伪造 IP 地址攻击十分有用。交换机中记录、存储这些信息的信息结构称为 DHCP 侦听信息库。

如果以太网从某个端口接收到一个 DHCP 发现或请求消息,则将该端口的端口号、端口所属的 VLAN、DHCP 消息包含的 MAC 地址和 IP 地址(如果存在的话)记录在 DHCP 侦听信息库中。当交换机通过信任端口接收到 DHCP 提供或确认消息时,用 DHCP 消息中给出的 MAC 地址检索 DHCP 侦听信息库,找到对应项,用消息中给出的租用期和 IP 地址覆盖对应项中的租用期和 IP 地址。图 10.30 给出了交换机 A 和交换机 B 建立的 DHCP 侦听信息库。图 10.30 中的 MAC 地址是终端的 MAC 地址,IP 地址是终端通过 DHCP 配置的 IP 地址。

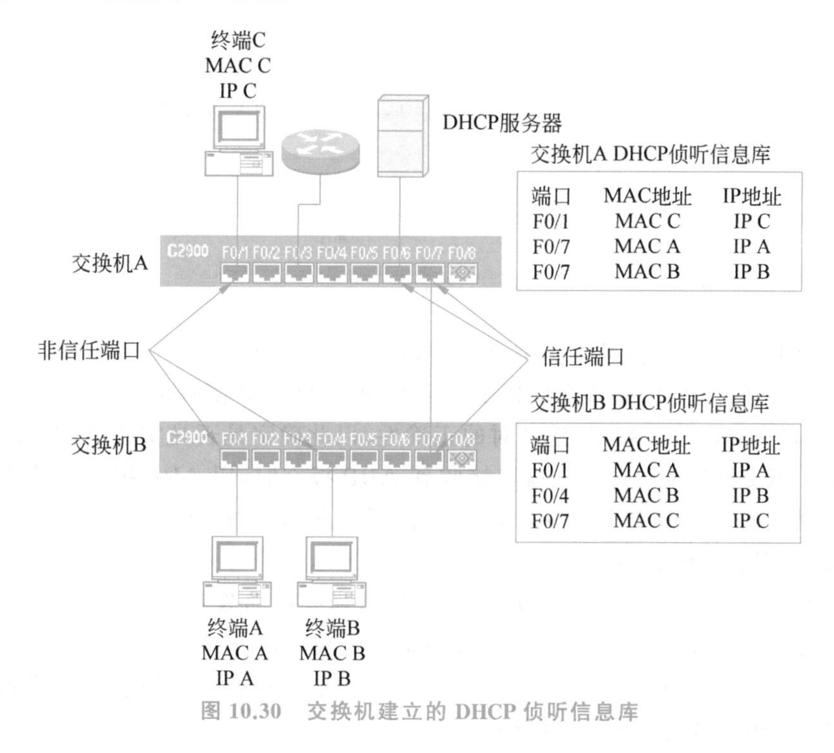

图 10.30 交换机建立的 DHCP 侦听信息库

DHCP 侦听信息库中通过侦听 DHCP 消息建立的每一项称为动态项,当租用期到期时,该项将自动删除。如果终端所属的 VLAN 发生改变,或是终端的 MAC 地址和 IP 地址之间的绑定关系发生改变,那么通过侦听 DHCP 消息及时更新动态项中的内容。除了动态项,可以为 DHCP 侦听信息库静态配置终端的 MAC 地址和 IP 地址对。静态项没有租用期限制,也不会根据侦听 DHCP 消息的结果动态更新。

2. 防 ARP 欺骗攻击机制

1) ARP 欺骗攻击过程

图 10.31 给出了终端 B 基于图 10.30 所示网络结构实施 ARP 欺骗攻击的过程,终端 B 广播一个将终端 A 的 IP 地址 IP A 和自己的 MAC 地址 MAC B 绑定在一起的 ARP 报文,导致以太网中相关终端将 IP A 和 MAC B 之间的绑定关系记录在 ARP Cache 中。当

这些终端需要转发目的 IP 地址为 IP A 的 IP 分组时,用 MAC B 作为封装该 IP 分组的 MAC 帧的目的 MAC 地址,使所有原本发送给终端 A 的 IP 分组都被转发给终端 B。

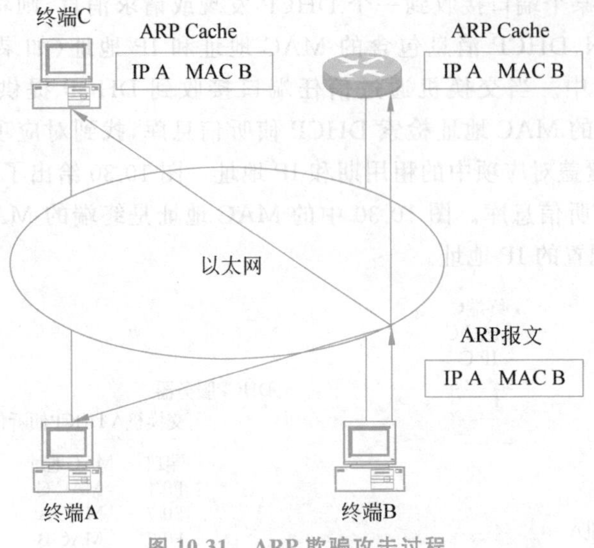

图 10.31 ARP 欺骗攻击过程

2) 利用 DHCP 侦听信息库防御 ARP 欺骗攻击的机制

图 10.30 中的交换机 A 和交换机 B 一旦建立了 DHCP 侦听信息库,就可判别 ARP 报文中给出的 MAC 地址和 IP 地址对的正确性,以此确定是否是实施 ARP 欺骗攻击的 ARP 报文。当交换机通过非信任端口接收到 ARP 报文时,用 ARP 报文中给出的 MAC 地址和 IP 地址对去匹配交换机中的 DHCP 侦听信息库。如果匹配成功,则继续转发该 ARP 报文,否则丢弃该 ARP 报文。

如果交换机 B 设置了防 ARP 欺骗攻击机制,当终端 B 发送如图 10.31 所示的 ARP 报文时,由于交换机 B 连接终端 B 的端口是非信任端口,交换机 B 将用 MAC B 和 IP A 去匹配 DHCP 侦听信息库。由于无法在交换机 B 的 DHCP 侦听信息库中找到 MAC B 和 IP A 对,交换机 B 将丢弃该 ARP 报文。

10.5 无线局域网安全技术

无线局域网通过自由空间传播电磁波实现终端间通信过程,因此一是没有物理连接过程;二是没有物理边界。这两个特点使无线局域网的通信安全成为十分严峻的问题。无线局域网安全技术就是实现无线局域网接入控制、数据传输保密性和数据传输完整性的技术。

10.5.1 无线局域网的安全问题和解决机制

1. 开放性

1) 频段开放性

无线局域网所使用的频段基本属于ISM(Industrial,Scientific,Medical)频段,这些频段是为了满足公众利用电磁波进行通信的需求,允许公众自由使用的开放电磁波频段。利用标准和开放的电磁波频段进行无线通信,意味着任何能够接收属于这些频段的电磁波的无线电设备都能接收无线局域网用于无线通信的电磁波并根据无线局域网的调制原理还原出数据。

2) 空间开放性

无线通信方式下,电磁波在自由空间传播,电磁波的传播范围取决于电磁波发射时的能量,任何处于电磁波传播范围内的接收设备都能接收到某个发射装置所发射的电磁波。

2. 开放性带来的安全问题

开放性带来以下两个安全问题:一是由于不存在物理连接过程,因此任何一个终端都可以向位于其电磁波传播范围内的所有其他终端发送数据;二是由于任何终端通过侦听某个无线信道对应的频段都可以接收其他终端通过该频段发送的数据,因此任何终端都可以复制、篡改某个终端发送的数据。

3. 无线局域网的安全机制

为了保证只允许授权终端和无线局域网中的其他终端交换数据,无线局域网必须具备接入控制功能。为了保障经过无线信道传输的数据的保密性和完整性,无线局域网必须具备加密数据、检测数据完整性的功能。因此,无线局域网安全技术就是实现终端身份鉴别、数据加密和完整性检测的技术。

10.5.2 WEP

802.11有线等效保密(Wired Equivalent Privacy,WEP)是无线局域网早期的安全技术,它的优点是实现简单,可以在处理能力较弱的无线终端上实现,缺点是安全性不强。因此,随着无线局域网应用的普及,WEP已经无法应对目前面临的无线局域网安全问题。

1. WEP加密和完整性检测机制

1) 发送端完整性检验值计算和数据加密过程

WEP发送端完整性检验值计算和数据加密过程如图10.32所示。40位密钥(也可以是104位密钥)和24位初始向量(Initialization Vector,IV)串接在一起,构成64位随机数种子。伪随机数生成器(PRNG)根据随机数种子产生一次性密钥，一次性密钥的长度等于数据长度＋4(单位为字节)，一次性密钥增加的4字节用于加密完整性检验值(Integrity Check Value，ICV)。4字节的完整性检验值是根据数据和生成函数 $G(X)$ 计算所得的循环冗余检验码，WEP用32位循环冗余检验(CRC)码作为检测数据完整性的检验值。可以用CRC-32表示32位循环冗余检验码。

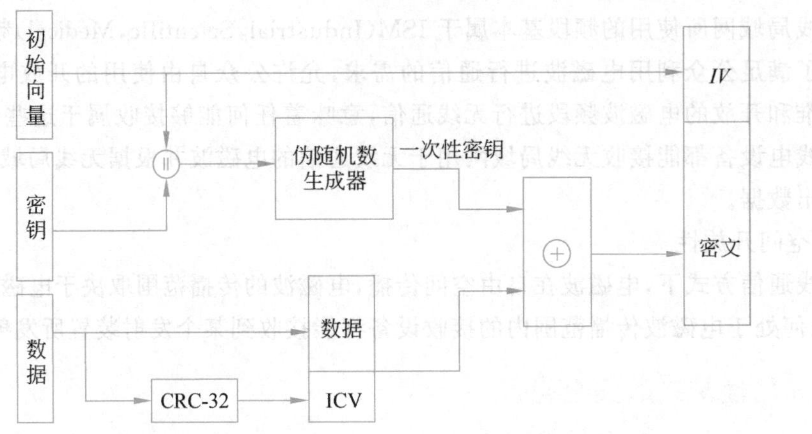

图 10.32　WEP生成完整性检验值和加密数据的过程

一次性密钥和随机数种子是一对一的关系，只要随机数种子改变，一次性密钥也跟着改变。构成随机数种子的64位二进制数中，40位密钥是固定不变的，可以改变的是24位初始向量。为了使接收端能够产生相同的一次性密钥，必须让接收端和发送端同步随机数种子，WEP要求发送端和接收端具有相同的40位密钥。因此，只要同步初始向量，就可同步随机数种子。为了同步初始向量，发送端每一次向接收端传输数据时，将24位初始向量以明文的方式和数据一起传输给接收端。数据和4字节完整性检验值与相同长度的一次性密钥异或运算后生成密文。因此，发送端传输给接收端的是加密数据和4字节完整性检验值后生成的密文与24位初始向量明文。

为了保证数据传输安全，发送端每一次向接收端传输数据时，要求使用不同的一次性密钥。因此，发送端每一次向接收端传输数据时，要求使用不同的初始向量。

2）接收端解密数据和实现数据完整性检测的过程

接收端解密数据和实现数据完整性检测的过程如图10.33所示，接收端将配置的40位密钥和MAC帧携带的24位初始向量串接成64位随机数种子。伪随机数生成器根据这64位随机数种子产生一次性密钥，其长度等于密文长度，密文和一次性密钥异或运算后还原成数据明文和4字节的完整性检验值。接收端根据MAC帧中的数据和与发送端相同的生成函数 $G(X)$ 计算出循环冗余检验码，并把计算结果和MAC帧携带的完整性检验值比较，如果相等，表示数据在传输过程中没有被篡改。

3）伪随机数生成器的特性

伪随机数生成器(PRNG)必须具有以下两个特性：一是不同的输入产生不同的一次性密钥；二是伪随机数生成器(PRNG)是一个单向函数，一次性密钥 $k=\text{PRNG}$(共享密钥，IV)，但无法通过一次性密钥 k 和 IV 导出共享密钥。

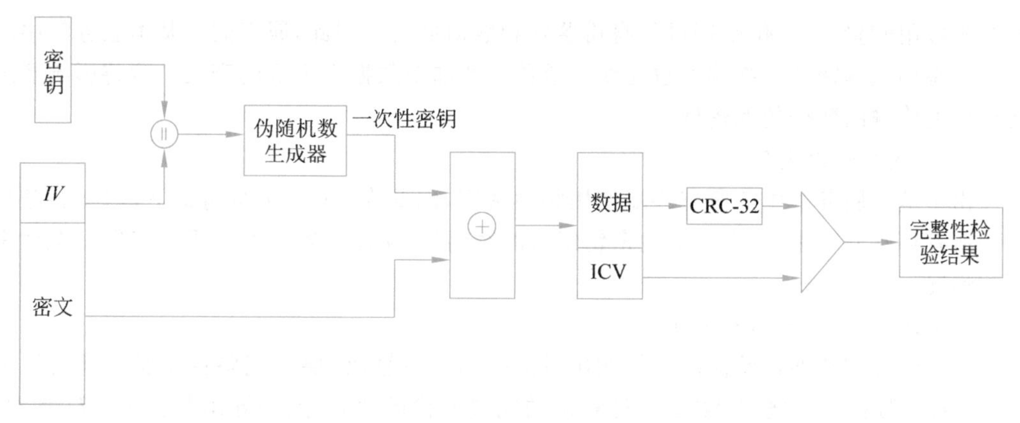

图 10.33　WEP 解密数据和实现数据完整性检测的过程

2. WEP 鉴别机制

WEP 定义了两种鉴别机制：一是开放系统鉴别机制；二是共享密钥鉴别机制。开放系统鉴别机制实际上并不对终端进行鉴别，只要终端向 AP 发送鉴别请求帧，AP 一定向终端回送表示鉴别成功的鉴别响应帧。

共享密钥鉴别过程如图 10.34 所示，终端向 AP 发送鉴别请求帧，AP 向终端回送鉴别响应帧，鉴别响应帧中包含由 AP 伪随机数生成器产生的长度为 128 字节的随机数 challenge。终端接收到 AP 以明文方式表示的随机数 challenge 后，按照如图 10.32 所示的 WEP 加密数据过程对随机数 challenge 进行加密，以加密 challenge 生成的密文和 24 位初始向量为净荷构建鉴别请求帧，并把鉴别请求帧发送给 AP。AP 根据图 10.33 所示的 WEP 解密数据过程还原出随机数 challenge′，并将还原出的随机数 challenge′和自己保留的随机数 challenge 比较。如果相同，表示鉴别成功，向终端发送表示鉴别成功的鉴别响应帧；否则，表示鉴别失败，向终端发送表示鉴别失败的鉴别响应帧。图 10.34 中发送的鉴别请求和响应帧都携带鉴别事务序号，从终端发送的第一个鉴别请求帧开始，鉴别事务序号依次为 1～4。因此，终端发送给 AP 的两个鉴别请求帧由于鉴别事务序号分别为 1 和 3，AP 对其进行的操作也不同。共享密钥鉴别机制确定某个终端是否是授权终端的依据是该终端是否具有与 AP 相同的密钥。

图 10.34　共享密钥鉴别过程

3. WEP 安全缺陷

1）BSS 中的所有终端使用相同密钥

属于同一基本服务集中的所有终端配置相同的 40 位密钥，而且基本服务集中的所有终端直接用配置的 40 位密钥进行身份鉴别和数据加密。因此，属于同一基本服务集中的所有终端均能解密某个终端经过无线信道传输的加密数据后生成的密文。这将影响经过无线信道传输的数据的保密性。

2）一次性密钥集有限

由于基本服务集中的所有终端使用相同密钥，因此在 24 位初始向量下，基本服务集中的所有终端共享由 2^{24} 个一次性密钥组成的密钥集，从而很容易发生重复使用一次性密钥的情况。

3）CRC 计算完整性检验值

为了保证完整性检验值能够检测出对数据的蓄意篡改，要求完整性检验值满足以下条件：对于数据 D 和根据数据 D 计算出的完整性检验值 C，无法导出数据 D'，$D' \neq D$，但根据数据 D' 计算出的完整性检验值等于 C。

如果 CRC 作为计算完整性检验值的算法，对于数据 D 和 $C=\mathrm{CRC}(D)$，容易导出数据 D'，$D' \neq D$，但 $\mathrm{CRC}(D')=\mathrm{CRC}(D)$。因此，如果将数据 D 篡改为 D'，则用 CRC 计算出的完整性检验值无法检测出这种对数据的蓄意篡改。

4）鉴别身份过程存在缺陷

如图 10.35 所示，如果非授权终端（入侵终端）想通过 AP 的共享密钥鉴别过程，它可以一直侦听 AP 与其他授权终端之间进行的共享密钥鉴别过程。因为无线通信的开放性，入侵终端可以侦听到共享密钥鉴别过程中，授权终端和 AP 之间相互交换的所有鉴别请求帧和响应帧。由于密文是通过一次性密钥和明文异或运算后得到的结果，$Y=K \oplus P$（Y 为密文，K 为一次性密钥，P 为明文），因此用明文和密文异或运算后得到的结果为一次性密钥 K，$Y \oplus P=K \oplus P \oplus P=K$。由于入侵终端侦听到了 AP 以明文方式发送给授权终端的随机数 P，以及授权终端发送给 AP 的对随机数 P 加密后的密文 Y 和对应的 24 位初始向量明文，入侵终端完全可以得出授权终端用于此次加密的一次性密钥 K 和对应的初始向量 IV。当入侵终端希望通过 AP 鉴别时，它也发起鉴别过程，并用侦听到的一次性密钥 K 加密 AP 给出的随机数 P'，并将密文 Y'（$Y=K \oplus P'$）和对应的初始向量 IV 发送给 AP。

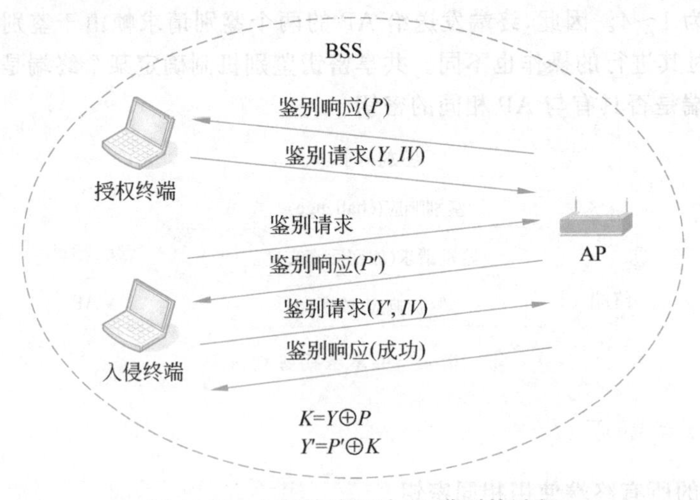

图 10.35　入侵终端通过 AP 鉴别的过程

由于入侵终端使用的一次性密钥 K 和初始向量 IV 都是有效的，AP 通过对入侵终端的鉴别。

10.5.3 WPA2

随着无线局域网应用的普及，一是面临的安全问题日益严重；二是无线终端的计算能力越来越强，因此需要采用更加安全的实现接入控制、数据传输保密性和数据传输完整性的技术。当然，这种技术需要采用更加复杂的加密和报文摘要算法，以及更加复杂的一次性密钥生成过程。

Wi-Fi 保护访问（Wi-Fi Protected Access，WPA）是一种比 WEP 有更高安全性的无线局域网安全标准，WPA 兼容 2003 年颁布的 802.11i 草稿，WPA2 兼容 2004 年颁布的 802.11i 标准。

1. 派生密钥

WPA2 分为企业模式和个人模式，小型无线局域网一般采用个人模式。这一节主要讨论 WPA2 个人模式。

在 WPA2 个人模式下，属于相同 BSS 的终端配置相同的预共享密钥（Pre-Shared Key，PSK）。但是，每一个终端与 AP 之间有独立的密钥，该密钥称为成对过渡密钥（Pairwise Transient Key，PTK），PTK 是 PSK 的派生密钥。PSK 派生出 PTK 的过程如下。

1）由 PSK 导出 PMK

成对主密钥（Pairwise Master Key，PMK）是 256 位的密钥，通过 PSK 导出。

$$\text{PMK}=\text{F}_{单}(\text{SSID},\text{SSID 长度},\text{PSK},\cdots)$$

2）由 PMK 导出 PTK

由 PMK 导出 PTK 的过程如图 10.36 所示，PMK、AP 的 MAC 地址、终端的 MAC 地址、AP 产生的随机数 AN、终端产生的随机数 SN 作为伪随机数生成器的输入，PTK 作为

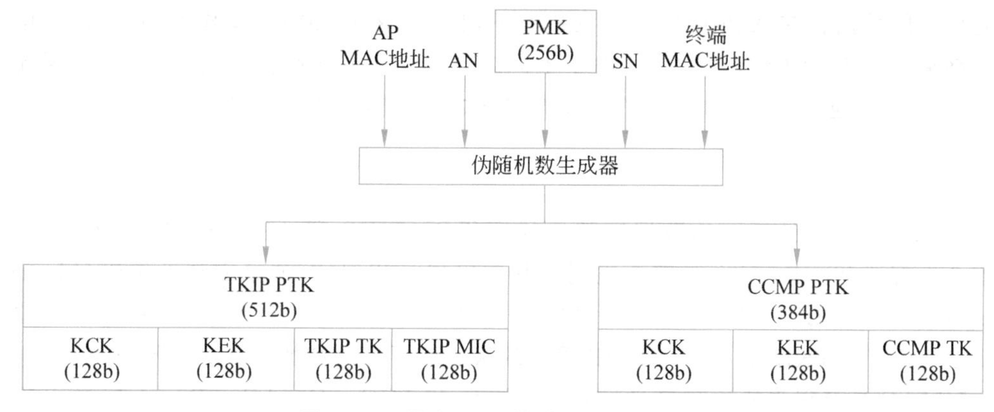

图 10.36 导出 PTK 的过程和 PTK 结构

伪随机数生成器的输出。由于计算 PTK 的输入包含 PMK、AP 的 MAC 地址、终端的 MAC 地址、AP 产生的随机数 AN、终端产生的随机数 SN，因此在 PMK 和 AP 不变的情况下，当以下参数改变时，输出的 PTK 也随之改变。

- 终端的 MAC 地址；
- 终端产生的随机数；
- AP 产生的随机数。

由于不同的终端有不同的 MAC 地址，因此不同终端与 AP 之间有独立的 PTK。由于终端和 AP 之间每一次建立关联时产生的随机数 SN 和 AN 都是不同的，因此相同 AP 和终端之间每一次建立关联时，通过 PMK 导出的 PTK 也是不同的。

PTK 由 3 种类型的密钥组成：一是双向身份鉴别时使用的鉴别密钥 KCK；二是 AP 用于加密广播密钥的加密密钥 KEK；三是终端与 AP 之间传输数据时用于加密数据和实现完整性检测的密钥。对于第三种类型的密钥，临时密钥完整性协议（Temporal Key Integrity Protocol，TKIP）和 AES-CCMP 是不同的。对于 TKIP，加密数据的密钥和实现数据完整性检测的密钥是不同的，TKIP TK 作为加密数据的密钥，TKIP MIC 作为实现数据完整性检测的密钥。对于 AES-CCMP，用同一个密钥 CCMP TK 完成数据加密和数据完整性检测。

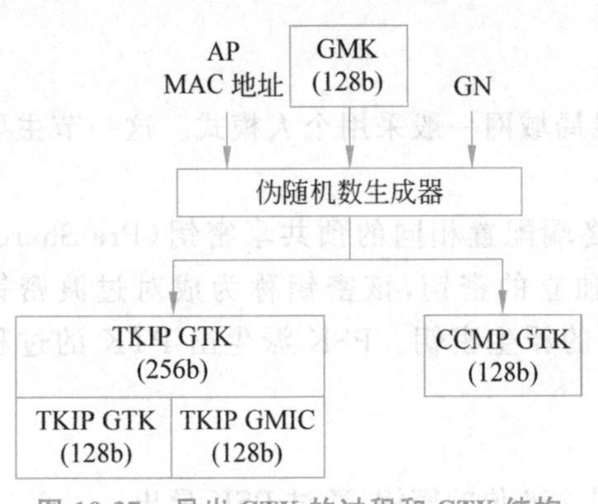

图 10.37　导出 GTK 的过程和 GTK 结构

AP 生成广播密钥 GTK 时用到的 GMK 通过手工配置或者由 AP 生成。GN 是 AP 每一次计算广播密钥 GTK 时生成的随机数。导出 GTK 的过程如图 10.37 所示。

2. 加密过程

WAP2 支持两种不同的加密机制（TKIP 和 AES-CCMP），AES-CCMP 的安全性好于 TKIP。在 TKIP 加密机制下，128 位的 TKIP TK 作为加密密钥，用于加密终端与 AP 之间传输的数据。在 AES-CCMP 加密机制下，128 位的 CCMP TK 作为加密密钥，用于加密终端与 AP 之间传输的数据。由于不同终端与 AP 之间有独立的加密密钥，因此同一 BSS 中的其他终端无法解密某个终端与 AP 之间传输的加密数据。

3. 完整性检测

WAP2 支持两种不同的数据完整性检测机制（TKIP 和 AES-CCMP），AES-CCMP 的安全性好于 TKIP。这两种安全机制的基本思想是相似的，消息完整性编码（Message Integrity Code，MIC）$=\mathrm{HMAC}_K$（数据），K 或者是 128 位 TKIP MIC，或者是 128 位的 CCMP TK。但 TKIP 和 AES-CCMP 采用的报文摘要算法和加密算法是不同的。

HMAC 具有很强的抗碰撞性，对于数据 D 和 $\mathrm{MIC}=\mathrm{HMAC}_K(D)$，无法导出数据 D'，$D'\neq D$，但 $\mathrm{HMAC}_K(D)=\mathrm{HMAC}_K(D')$。因此，一旦将数据 D 篡改为数据 D'，由于

$MIC=HMAC_K(D) \neq HMAC_K(D')$，接收端可以据此发现数据已经被篡改。

4. 双向身份鉴别

1）建立安全关联

WPA2 为了和 802.11 终端接入无线局域网过程兼容，将身份鉴别方式设置为开放系统鉴别。因此，终端接入无线局域网过程中，AP 没有对终端进行身份鉴别就建立与终端之间的关联。无线局域网建立 AP 与终端之间关联的过程好像以太网将终端连接到交换机端口的过程，交换机一旦在终端连接的端口启动接入控制机制，交换机只允许该端口输入输出授权终端发送或接收的 MAC 帧，交换机通过身份鉴别过程确定接入某个端口的终端是否是授权终端。同样，在 WPA2 下，AP 与终端之间建立关联后，只有授权终端和授权 AP 之间才能通过该关联传输无线局域网 MAC 帧，终端与 AP 之间必须经过身份鉴别过程确定相互是否是授权终端和授权 AP。具有上述特性的关联称为安全关联。建立安全关联的过程如图 10.38 所示。

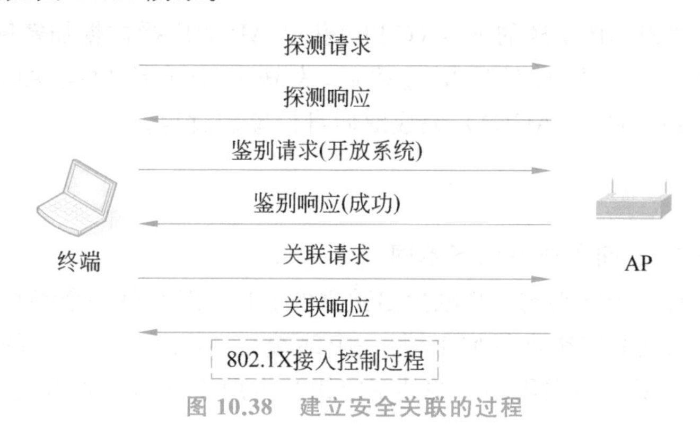

图 10.38　建立安全关联的过程

2）双向身份鉴别过程

终端和 AP 的双向身份鉴别过程和各自生成派生密钥的过程如图 10.39 所示。

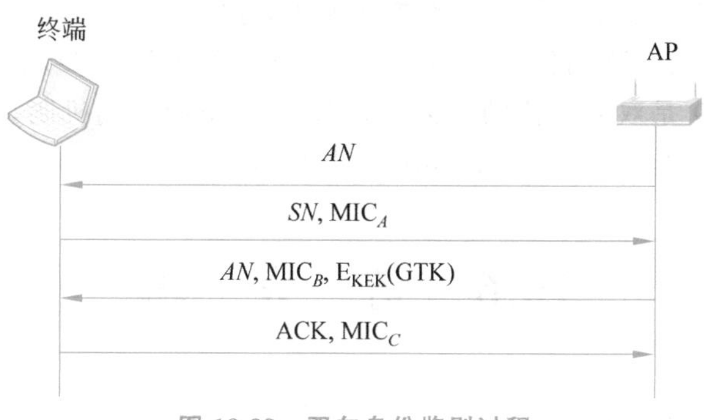

图 10.39　双向身份鉴别过程

① 终端与 AP 之间建立关联后，双方获知对方的 MAC 地址，确定双方有相同的 SSID；

② AP 生成随机数 AN，将随机数 AN 发送给终端；

③ 终端接收到 AP 发送的随机数 AN 后，生成随机数 SN，根据如图 10.36 所示的

PTK 计算过程，计算出 PTK，从 PTK 中分离出 128 位密钥 KCK；

④ 终端向 AP 发送数据 D_A 和 $HMAC_{KCK}(D_A)$（$MIC_A=HMAC_{KCK}(D_A)$），数据 D_A 中包含终端生成的随机数 SN；

⑤ AP 根据如图 10.36 所示的 PTK 计算过程，以与终端同样的输入计算出 PTK，从 PTK 中分离出 128 位密钥 KCK′，然后对终端发送的数据 D_A 计算出 $HMAC_{KCK'}(D_A)$。如果 $HMAC_{KCK'}(D_A)=HMAC_{KCK}(D_A)$，则意味着 KCK′=KCK，意味着 AP 与终端有相同的 PMK，意味着 AP 与终端有相同的 PSK，AP 完成对终端的身份鉴别过程；

⑥ AP 向终端发送数据 D_B 和 $HMAC_{KCK'}(D_B)$（$MIC_B=HMAC_{KCK'}(D_B)$），KCK′是 AP 计算出的 128 位鉴别密钥，数据 D_B 中包含 AP 生成的随机数 AN；

⑦ 终端对 AP 发送的数据 D_B 计算出 $HMAC_{KCK}(D_B)$，KCK 是终端计算出的 128 位鉴别密钥。如果 $HMAC_{KCK}(D_B)= HMAC_{KCK'}(D_B)$，则意味着 KCK=KCK′，意味着终端与 AP 有相同的 PMK，意味着终端与 AP 有相同的 PSK，终端完成对 AP 的身份鉴别过程；

⑧ 终端通过解密 AP 发送的 E_{KEK}(GTK)获取 AP 的广播数据加密密钥 GTK；

⑨ 终端完成对 AP 的身份鉴别过程后，发送一个确认数据 ACK 和 $HMAC_{KCK}$(ACK)（$MIC_C=HMAC_{KCK}$(ACK)），完成双向身份鉴别过程。

5. WPA2 与 WEP 之间的比较

WPA2 与 WEP 之间主要有以下不同。

- WPA2 为每一个终端与 AP 派生出独立的 PTK，因此每一个终端与 AP 之间传输的数据用独立的密钥进行加密，每一个终端与 AP 之间用独立的密钥计算 MIC。在 WEP 下，所有终端用相同的共享密钥产生用于加密数据和完整性检验值的一次性密钥；
- WPA2 使用比 WEP 安全性更好的加密算法加密终端与 AP 之间传输的数据。WEP 用 CRC-32 计算出 32 位的完整性检验值，WPA2 用 $HMAC_K(D)$计算出 64 位消息完整性编码，其中 D 是双方交换的数据；
- WPA2 采用双向鉴别机制，通过交换 D 和 $HMAC_{KCK}(D)$确认双方拥有相同的 PSK，其中 D 是双方交换的数据。WEP 采用单向鉴别机制，AP 通过有效 IV 与一次性密钥确定终端有与 AP 相同的共享密钥。

10.6 防 火 墙

现实世界中的防火墙是一种防止危害从外部蔓延到内部的隔离设备。网络中的防火墙也是一种隔离设备，可以根据用户要求阻止有害的信息或者用户没有授权进入内部网络的信息从外部网络进入内部网络。

10.6.1 无状态分组过滤器

分组过滤器，顾名思义就是从一个网络进入另一个网络的全部 IP 分组中筛选出符合用户指定特征的一部分 IP 分组，并对这一部分 IP 分组的网络间传输过程实施控制。无状态指的是实施筛选和控制操作时，每一个 IP 分组都是独立的，不考虑 IP 分组之间的关联性。

1. 过滤规则

无状态分组过滤器通过规则从 IP 分组流中鉴别出一组 IP 分组，然后对其实施规定的操作。通常情况下，实施的操作有：正常转发和丢弃。

规则由一组属性值组成，如果某个 IP 分组携带的信息和构成规则的一组属性值匹配，意味着该 IP 分组和该规则匹配，对该 IP 分组实施相关操作。

构成规则的属性值通常由下述字段组成：

源 IP 地址，用于匹配 IP 分组首部中的源 IP 地址字段值。

目的 IP 地址，用于匹配 IP 分组首部中的目的 IP 地址字段值。

源和目的端口号，用于匹配作为 IP 分组净荷的传输层报文首部中源和目的端口号字段值。

协议类型，用于匹配 IP 分组首部中的协议字段值。

一个过滤器可以由多个规则构成，IP 分组只有和当前规则不匹配时，才继续和后续规则进行匹配操作。如果和过滤器中的所有规则都不匹配，则对 IP 分组进行默认操作。一旦和某个规则匹配，则对其进行过滤器规定的操作，不再和其他规则进行匹配操作。因此，IP 分组和规则的匹配操作顺序直接影响该 IP 分组所匹配的规则，也因此确定了对该 IP 分组实施的操作。

无状态分组过滤器可以作用于接口的输入或输出方向。输入或输出方向针对无状态分组过滤器而言，从外部进入无状态分组过滤器称为输入，离开无状态分组过滤器称为输出。如果作用于输入方向，每一个输入 IP 分组都和过滤器中的规则进行匹配操作。如果和某个规则匹配，则对其进行过滤器规定的操作；如果实施的操作是丢弃，则不再对该 IP 分组进行后续的转发处理。如果过滤器作用于输出方向，则只有当该 IP 分组确定从该接口输出时，才将该 IP 分组和过滤器中的规则进行匹配操作。

2. 根据安全策略构建过滤器规则集的过程

下面通过一个实例讨论根据安全策略确定构成规则的一组属性值的过程。在图 10.40 所示的网络中，假定由路由器实现无状态分组过滤器的功能，安全策略要求禁止网络 193.1.1.0/24 中终端用 Telnet 访问网络 193.1.2.0/24 中 IP 地址为 193.1.2.5 的服务器，配置无状态分组过滤器的过程如下。

如果不希望 LAN 1 中终端用 Telnet 方式访问 LAN 2 中的服务器，可以在路由器 R1 接口 1 的输入方向上设置过滤器，过滤掉所有与 LAN 1 中终端用 Telnet 访问 LAN 2 中

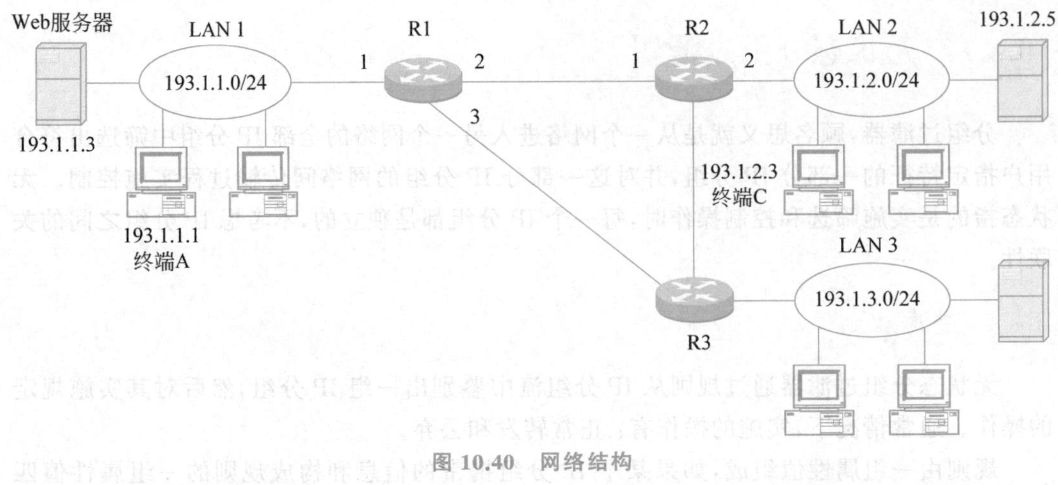

图 10.40　网络结构

的服务器的操作相关的 IP 分组。那么，这些 IP 分组有什么特征呢？第一，这些进入路由器 R1 接口 1 的 IP 分组的源 IP 地址必须属于为 LAN 1 分配的网络地址，即源 IP 地址属于 CIDR 地址块 193.1.1.0/24，该 CIDR 地址块的 IP 地址范围是 193.1.1.0～193.1.1.255。第二，其目的 IP 地址必须是 LAN 2 中的服务器地址 193.1.2.5。但仅有这两项只能证明 IP 分组是 LAN 1 中终端发送给 LAN 2 中的服务器的 IP 分组，不能证明这些 IP 分组是与 LAN 1 中终端用 Telnet 访问 LAN 2 中的服务器的操作相关的 IP 分组。如何进一步从 LAN 1 中终端发送给 LAN 2 中的服务器的 IP 分组中提取出与用 Telnet 访问 LAN 2 中的服务器的操作相关的 IP 分组呢？这就需要了解 LAN 1 中终端用 Telnet 访问 LAN 2 中的服务器的机制。LAN 1 中终端在用 Telnet 访问 LAN 2 中的服务器之前，必须先和 LAN 2 中服务器建立 TCP 连接，建立 TCP 连接时选择的源端口号是随机的，但目的端口号是固定的，为 23。因此，LAN 1 内终端发送的无论是请求建立 TCP 连接的 TCP 连接建立请求报文，还是用于传输用 Telnet 访问 LAN 2 内服务器所要求的命令和数据的 TCP 数据报文，它的目的端口号都是 23。只要过滤掉协议类型＝TCP、源 IP 地址属于 193.1.1.0/24、目的 IP 地址＝193.1.2.5、目的端口号＝23 的 IP 分组，就可以阻止 LAN 1 内终端用 Telnet 访问 LAN 2 内服务器。因此，路由器 R1 端口 1 输入方向上的分组过滤器的规则应该是：

协议类型＝TCP，源 IP 地址＝193.1.1.0/24，目的 IP 地址＝193.1.2.5/32，目的端口号＝23，对和规则匹配的 IP 分组采取的动作是：丢弃。

规则中条件"协议类型＝TCP"是指 IP 分组首部中的协议字段值是 TCP 对应的值 6，因此所有数据是 TCP 报文的 IP 分组都符合条件"协议类型＝TCP"。条件"源 IP 地址＝193.1.1.0/24"是指 IP 分组的源 IP 地址属于 CIDR 地址块 193.1.1.0/24，由于 CIDR 地址块 193.1.1.0/24 表示的 IP 地址范围是 193.1.1.0～193.1.1.255，因此所有源 IP 地址属于 IP 地址范围 193.1.1.0～193.1.1.255 的 IP 分组都符合条件"源 IP 地址＝193.1.1.0/24"。条件"目的 IP 地址＝193.1.2.5/32"是指目的 IP 地址等于 193.1.2.5，用 193.1.2.5/32 表示唯一的 IP 地址 193.1.2.5，因此只有目的 IP 地址是 193.1.2.5 的 IP 分组符合条件"目的 IP

地址＝193.1.2.5/32”。规则中所有条件是“与”关系，因此符合规则的 IP 分组是指符合规则中所有条件的 IP 分组。

如果为路由器 R1 接口 1 的输入方向上设置的过滤器只是需要过滤掉所有与 LAN 1 中终端用 Telnet 访问 LAN 2 中服务器的操作相关的 IP 分组，允许其他 IP 分组继续传输，则完整的过滤器如下：

① 协议类型＝TCP，源 IP 地址＝193.1.1.0/24，目的 IP 地址＝193.1.2.5/32，目的端口号＝23；丢弃。

② 协议类型＝＊，源 IP 地址＝any，目的 IP 地址＝any；正常转发。

条件“协议类型＝＊”表示 IP 分组首部中的协议字段值可以是任意值，意味着所有 IP 分组都符合条件“协议类型＝＊”。条件“源 IP 地址＝any”表示源 IP 地址可以是任意 IP 地址，意味着所有 IP 分组都符合条件“源 IP 地址＝any”。同样，所有 IP 分组都符合条件“目的 IP 地址＝any”。

所有与 LAN 1 中终端用 Telnet 访问 LAN 2 中服务器的操作相关的 IP 分组和规则①匹配，执行丢弃操作。其他和规则①不匹配的 IP 分组和规则②匹配，正常转发。规则②和所有 IP 分组匹配。

可以通过设置默认操作来替代规则②，替代规则②的默认操作设置是：默认操作，正常转发。所有和规则①不匹配的 IP 分组进行默认操作：正常转发。

从上述讨论中可以看出 IP 分组进行匹配操作的规则的顺序对 IP 分组操作结果的影响。如果 IP 分组先和规则②进行匹配操作，则所有 IP 分组（包括与 LAN 1 中终端用 Telnet 访问 LAN 2 中服务器的操作相关的 IP 分组）都正常转发。

3. 两种过滤规则集设置方法

1）黑名单

黑名单方法是列出所有禁止通过的 IP 分组类型，没有明确禁止的 IP 分组类型都是允许通过的。上述用于实现安全策略“禁止网络 193.1.1.0/24 中终端用 Telnet 访问网络 193.1.2.0/24 中 IP 地址为 193.1.2.5 的服务器”的过滤规则集就是采用黑名单方法设置的过滤规则集。黑名单方法主要用于需要禁止少量类型 IP 分组通过但允许其他类型 IP 分组通过的情况。

2）白名单

白名单方法与黑名单方法相反，列出所有允许通过的 IP 分组类型，没有明确允许通过的 IP 分组类型都是禁止通过的。以下是采用白名单方法设置的过滤规则集例子。白名单方法主要用于只允许少量类型 IP 分组通过但禁止其他类型 IP 分组通过的情况。

网络结构如图 10.41 所示，分别写出作用于路由器 R1 接口 1 输入方向和路由器 R2 接口 2 输入方向，实现只允许终端 A 访问 Web 服务器和终端 B 访问 FTP 服务器但禁止其他一切网络间通信过程的访问控制的过滤规则集。

路由器 R1 接口 1 输入方向的过滤规则集如下。

① 协议类型＝TCP，源 IP 地址＝192.1.1.1/32，源端口号＝＊，目的 IP 地址＝192.1.2.7/32，目的端口号＝80；正常转发。

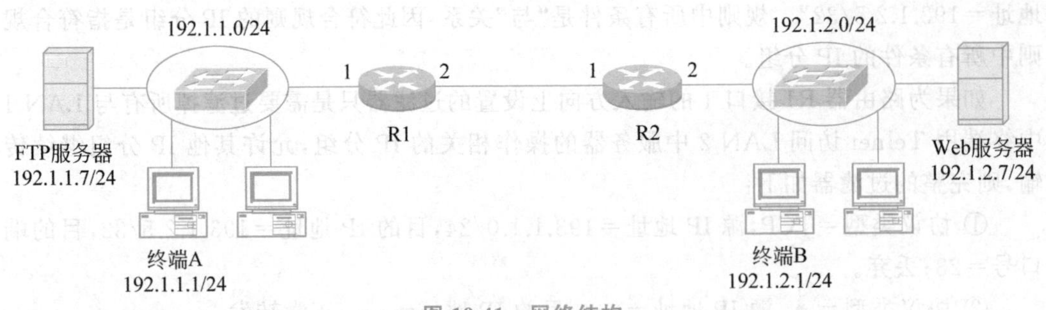

图 10.41 网络结构

② 协议类型＝TCP，源 IP 地址＝192.1.1.7/32，源端口号＝21，目的 IP 地址＝192.1.2.1/32，目的端口号＝*；正常转发。

③ 协议类型＝TCP，源 IP 地址＝192.1.1.7/32，源端口号＝20，目的 IP 地址＝192.1.2.1/32，目的端口号＝*；正常转发。

④ 协议类型＝*，源 IP 地址＝any，目的 IP 地址＝any；丢弃。

路由器 R2 接口 2 输入方向的过滤规则集如下。

① 协议类型＝TCP，源 IP 地址＝192.1.2.1/32，源端口号＝*，目的 IP 地址＝192.1.1.7/32，目的端口号＝21；正常转发。

② 协议类型＝TCP，源 IP 地址＝192.1.2.1/32，源端口号＝*，目的 IP 地址＝192.1.1.7/32，目的端口号＝20；正常转发。

③ 协议类型＝TCP，源 IP 地址＝192.1.2.7/32，源端口号＝80，目的 IP 地址＝192.1.1.1/32，目的端口号＝*；正常转发。

④ 协议类型＝*，源 IP 地址＝any，目的 IP 地址＝any；丢弃。

条件"源端口号＝*"是指源端口号可以是任意值。

路由器 R1 接口 1 输入方向过滤规则①表明只允许终端 A 以 HTTP 访问 Web 服务器的 TCP 报文继续正常转发。过滤规则②表明只允许属于 FTP 服务器和终端 B 之间控制连接的 TCP 报文继续正常转发。过滤规则③表明只允许属于 FTP 服务器和终端 B 之间数据连接的 TCP 报文继续正常转发。过滤规则④表明丢弃所有不符合上述过滤规则的 IP 分组。路由器 R2 接口 2 输入方向的过滤规则集的作用与此相似。

值得强调的是，过滤规则③只适用于 FTP 主动模式，即由 FTP 服务器发起建立与终端之间的数据连接。

无状态分组过滤器是一种比较容易理解的控制信息传输的技术，但这种技术对解决一些复杂的信息流控制问题就显得有些困难了。

10.6.2 有状态分组过滤器

有状态分组过滤器首先需要鉴别出属于同一会话的 IP 分组，然后根据会话的属性与状态对属于该会话的 IP 分组的网络间传输过程进行控制。这里的会话是指两端之间的数据交换过程，因此一个 TCP 连接属于一个会话，两个进程间的 UDP 报文传输过程属于一个会话，一次 ICMP ECHO 请求和 ECHO 响应过程也是一个会话。

1. 引出有状态分组过滤器的原因

对于如图 10.41 所示的网络结构，如果安全策略要求：路由器 R1 接口 1 只允许输入输出与终端 A 访问 Web 服务器有关的 IP 分组，禁止其他一切类型的 IP 分组，那么可以在路由器 R1 接口 1 的输入输出方向设置以下过滤规则集。

路由器 R1 接口 1 输入方向的过滤规则集如下。

① 协议类型＝TCP，源 IP 地址＝192.1.1.1/32，源端口号＝*，目的 IP 地址＝192.1.2.7/32，目的端口号＝80；正常转发。

② 协议类型＝*，源 IP 地址＝any，目的 IP 地址＝any；丢弃。

路由器 R1 接口 1 输出方向的过滤规则集如下。

① 协议类型＝TCP，源 IP 地址＝192.1.2.7/32，源端口号＝80，目的 IP 地址＝192.1.1.1/32，目的端口号＝*；正常转发。

② 协议类型＝*，源 IP 地址＝any，目的 IP 地址＝any；丢弃。

路由器 R1 接口 1 输入方向的过滤规则集允许与终端 A 发起访问 Web 服务器有关的 IP 分组继续沿着终端 A 至 Web 服务器的传输路径传输。

路由器 R1 接口 1 输出方向的过滤规则集允许封装 Web 服务器用于响应终端 A 访问请求的响应报文的 IP 分组继续沿着 Web 服务器至终端 A 的传输路径传输。但匹配路由器 R1 接口 1 输出方向过滤规则①的 IP 分组未必就是封装 Web 服务器用于响应终端 A 访问请求的响应报文的 IP 分组，原因是响应报文不是固定的，而是根据请求报文动态变化的，如图 10.42 所示的终端 A 发起访问 Web 服务器过程中相关的请求和响应报文。

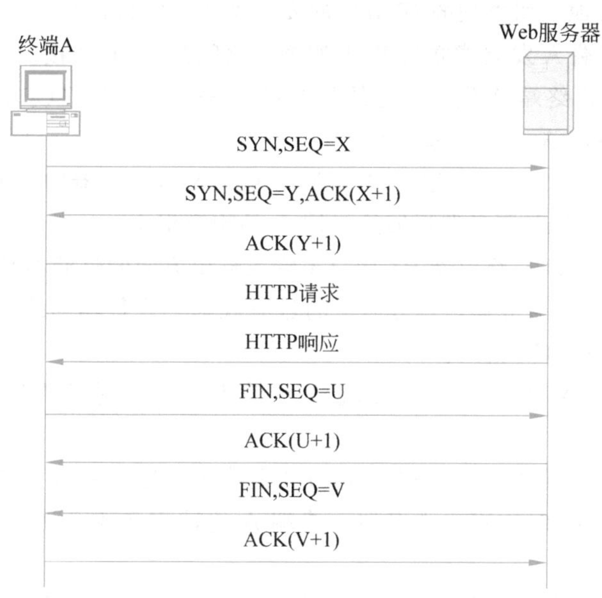

图 10.42　HTTP 服务信息交换过程

终端 A 发起访问 Web 服务器的第一步是请求建立与 Web 服务器之间的 TCP 连接，

因此第一个请求报文是终端 A 发送的 TCP 连接建立请求报文，该请求报文的相关属性值如表 10.1 中第 1 项所示。相关属性与路由器 R1 接口 1 输入方向的过滤规则①匹配。该请求报文对应的响应报文的相关属性如表 10.1 中第 2 项所示。值得强调的是，一是路由器 R1 接口 1 输入方向输入终端 A 至 Web 服务器的请求报文后，才允许路由器 R1 接口 1 输出方向输出 Web 服务器至终端 A 的响应报文；二是 Web 服务器至终端 A 的响应报文的属性由终端 A 至 Web 服务器的请求报文确定。显然，路由器 R1 接口 1 输出方向的过滤规则①并不能满足上述要求，原因如下：一是输出方向的过滤规则①与输入方向的过滤规则①之间没有作用顺序限制；二是输出方向的过滤规则①中的属性值是静态不变的。

表 10.1　请求报文和响应报文

序 号	报文类型	源 IP 地址	目的 IP 地址	源端口号	目的端口号	标志位和其他信息
1	请求报文	192.1.1.1	192.1.2.7	1307	80	SYN=1、ACK=0，序号=X
2	响应报文	192.1.2.7	192.1.1.1	80	1307	SYN=1、ACK=1，确认序号=X+1
3	请求报文	192.1.1.1	192.1.2.7	1307	80	ACK=1，HTTP 请求
4	响应报文	192.1.2.7	192.1.1.1	80	1307	ACK=1，HTTP 响应

2. 有状态分组过滤器的工作原理

为了实现路由器 R1 接口 1 只允许输入输出与终端 A 访问 Web 服务器有关的 IP 分组，禁止输入输出其他一切类型的 IP 分组的安全策略，必须做到：

① 只允许由终端 A 发起建立与 Web 服务器之间的 TCP 连接。

② 只允许属于由终端 A 发起建立的与 Web 服务器之间的 TCP 连接的 TCP 报文沿着 Web 服务器至终端 A 方向传输。

③ 必须在路由器 R1 接口 1 输入终端 A 发送给 Web 服务器的请求报文后，才允许路由器 R1 接口 1 输出 Web 服务器返回给终端 A 的响应报文。

为实现上述控制过程，路由器 R1 接口 1 输入输出方向的过滤器必须具备以下功能。

① 终端 A 至 Web 服务器传输方向上的过滤规则允许传输与终端 A 发起访问 Web 服务器的操作有关的 TCP 报文。

② 初始状态下，Web 服务器至终端 A 传输方向上的过滤规则拒绝一切 IP 分组传输。

③ 只有当终端 A 至 Web 服务器传输方向上传输了与终端 A 发起访问 Web 服务器的操作有关的 TCP 报文后，Web 服务器至终端 A 传输方向才允许传输作为对应响应报文的 TCP 报文。

因此，路由器 R1 接口 1 输入方向配置以下过滤规则集，允许传输与终端 A 发起访问 Web 服务器的操作有关的 TCP 报文。

① 协议类型＝TCP，源 IP 地址＝192.1.1.1/32，源端口号＝*，目的 IP 地址＝

192.1.2.7/32，目的端口号＝80；正常转发。

② 协议类型＝ *，源 IP 地址＝any，目的 IP 地址＝any；丢弃。

路由器 R1 接口 1 输出方向初始状态下是禁止输出所有 IP 分组。当路由器 R1 接口 1 输入方向传输了符合上述过滤规则的、与终端 A 访问 Web 服务器有关的请求报文后，路由器 R1 根据请求报文属性值生成响应报文属性值，并根据响应报文属性值在路由器 R1 接口 1 输出方向动态生成允许响应报文输出的过滤规则。

如表 10.1 所示，只有在路由器 R1 接口 1 输入方向传输了源 IP 地址为 192.1.1.1，目的 IP 地址为 192.1.2.7，协议类型是 TCP，数据是源端口号为 1307、目的端口号为 80 的 TCP 报文的 IP 分组，路由器 R1 接口 1 输出方向才允许传输源 IP 地址为 192.1.2.7，目的 IP 地址为 192.1.1.1，协议类型是 TCP，数据是源端口号为 80、目的端口号为 1307 的 TCP 报文的 IP 分组。

3. 几点说明

有状态分组过滤器根据功能分为会话层和应用层两种类型的有状态分组过滤器。这里的会话层是指分组过滤器检查信息的深度限于与会话相关的信息，如 TCP 连接的两端插口等，与 OSI 体系结构中的会话层没有关系。应用层是指分组过滤器检查信息的深度涉及应用层 PDU 中的有关字段。

1）会话层有状态分组过滤器

一个方向配置允许发起创建某个会话的 IP 分组通过的过滤规则。创建会话后，所有属于该会话的报文可以从两个方向通过。

如图 10.41 所示的网络结构，路由器 R1 接口 1 输入方向配置允许与终端 A 发起创建与 Web 服务器之间的 TCP 连接的操作有关的 IP 分组通过的过滤规则。一旦终端 A 发出请求建立与 Web 服务器之间的 TCP 连接的 TCP 连接建立请求报文，路由器 R1 就在会话表中创建一个会话，如表 10.2 所示。该会话用 TCP 连接的两端插口唯一标识。创建该会话后，所有属于该会话的 TCP 报文允许经过路由器 R1 接口 1 输入输出，即路由器 R1 接口 1 允许输入源 IP 地址为 192.1.1.1，目的 IP 地址为 192.1.2.7，协议类型是 TCP，数据是源端口号为 1307、目的端口号为 80 的 TCP 报文的 IP 分组。路由器 R1 接口 1 输出方向允许输出源 IP 地址为 192.1.2.7，目的 IP 地址为 192.1.1.1，协议类型是 TCP，数据是源端口号为 80、目的端口号为 1307 的 TCP 报文的 IP 分组。

表 10.2　会话表

方　　向	源 IP 地址	目的 IP 地址	源端口号	目的端口号
输入方向	192.1.1.1	192.1.2.7	1307	80
输出方向	192.1.2.7	192.1.1.1	80	1307

路由器 R1 通过接口 1 接收到终端 A 发出的请求建立与 Web 服务器之间的 TCP 连接的 TCP 连接建立请求报文时创建该会话。

在以下两种情况下，撤销该会话。

- 释放会话对应的 TCP 连接；
- 在规定时间内，一直没有通过该 TCP 连接传输 TCP 报文。

只有在会话存在期间，才允许通过路由器 R1 接口 1 输入输出属于该会话的报文。

创建会话的报文，除了请求建立 TCP 连接的 TCP 连接建立请求报文，还有 UDP 报文和 ICMP ECHO 请求报文。

如果一个方向配置允许传输 UDP 报文的过滤规则，当路由器接收到第一个 UDP 报文时，创建一个会话，该会话以 UDP 报文两端插口唯一标识。

当规定时间内，一直没有通过该会话传输 UDP 报文时，撤销该会话。同样只有在会话存在期间，才允许输入输出属于该会话的 UDP 报文。

如果一个方向配置允许传输 ICMP ECHO 请求报文的过滤规则，当路由器接收到 ICMP ECHO 请求报文时，创建一个会话，该会话以两端 IP 地址和 ICMP ECHO 请求报文中的标识符和序号唯一标识。当路由器接收到与该会话两端 IP 地址及标识符和序号相同的 ICMP ECHO 响应报文时，路由器允许传输该 ICMP ECHO 响应报文，并撤销该会话。

2）应用层有状态分组过滤器

应用层有状态分组过滤器与会话层有状态分组过滤器主要有以下不同。

- 应用层有状态分组过滤器需要分析应用层协议数据单元，因此过滤规则中需要指定应用层协议。
- 一个方向需要配置允许传输请求报文的过滤规则。
- 另一个方向自动生成允许传输该请求报文对应的响应报文的过滤规则。
- 应用层检查请求报文与响应报文之间的关联性。

对于如图 10.41 所示的网络结构，如果路由器 R1 具有应用层有状态分组过滤器功能，一是路由器 R1 接口 1 输入方向的过滤规则需要指定应用层协议 HTTP。二是路由器 R1 接口 1 输入方向需要配置允许终端 A 发出的访问 Web 服务器的 HTTP 请求报文传输的过滤规则。三是路由器 R1 接收到该 HTTP 请求报文后，不仅需要记录该请求报文的两端插口，还需要分析该 HTTP 请求报文，生成该 HTTP 请求报文对应的 HTTP 响应报文中必须具备的字段值。四是当路由器接收到某个 HTTP 响应报文时，该 HTTP 响应报文同时满足以下条件时才允许传输：①两端插口与对应的 HTTP 请求报文匹配；②响应报文中的一些字段值与对应的 HTTP 请求报文匹配。

由于应用层有状态分组过滤器需要分析对应应用层协议的协议数据单元，因此也将应用层有状态分组过滤器称为应用层网关。

10.7 入侵防御系统

入侵防御系统是指能够检测出恶意使用网络、非法访问网络中信息资源的行为，并对这些行为予以反制的系统。

10.7.1 入侵防御系统分类

从图 10.43 可以看出，入侵防御系统分为两大类：主机入侵防御系统(Host Intrusion Prevention System，HIPS)和网络入侵防御系统(Network Intrusion Prevention System，NIPS)。网络入侵防御系统主要用于检测流经网络某段链路的信息流，而主机入侵防御系统主要用于检测到达某台主机的信息流、监测对主机资源的访问操作。网络主要由三部分组成：主机、转发结点和链路。主机包括终端和服务器，是网络资源的主要载体；转发结点用于路由、转发分组；链路用于实现结点间通信。因此这三部分都有可能成为黑客攻击的目标。通过网络入侵防御系统实现对主机的保护是困难的，一是网络入侵防御系统只能捕获单段链路的信息流，无法对流经网络各段链路的所有信息流进行检测。二是网络入侵防御系统无法检测出所有已知或未知的攻击。三是不同的主机配置，如不同的操作系统、应用服务器平台，对攻击的定义不同。四是当主机是攻击目标时，攻击动作在主机上展开，主机适合判别接收到的信息是否攻击信息。因此，对主机的有效保护主要通过主机入侵防御系统实现，由于主机是网络资源的主要载体，因此主机入侵防御系统的重要性不言而喻。

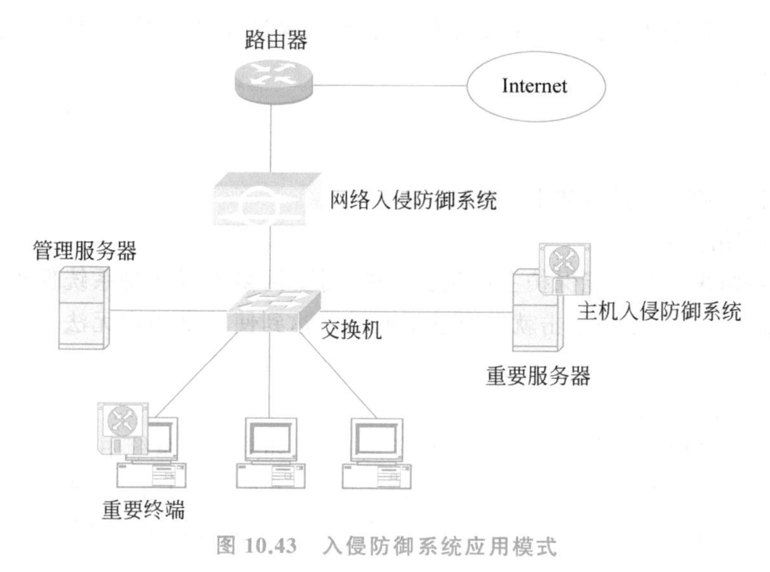

图 10.43 入侵防御系统应用模式

1. 主机入侵防御系统

主机入侵防御系统对所有进入主机的信息进行检测，对所有和主机建立的 TCP 连接进行监控，对所有发生在主机上的操作进行管制，它具有如下功能。

1) 有效抵御非法代码攻击

抵御非法代码攻击需要做到以下两点：一是检测并删除非法代码；二是阻止非法代码对主机系统造成伤害。第一种功能和杀毒软件相似，通过在接收到的信息中检测病毒特征来发现非法代码。第二种功能要阻止已知和未知的非法代码对主机系统实施的攻击，主机入侵防御系统由于可以监管到最终在主机上展开的操作，因此可以通过判别操作的合理性来确定是否是攻击行为。比如网络下载的某个软件运行时，企图使用属于其他进程的存储器空间，可以确定该软件带有存储器溢出攻击的非法代码，主机入侵防御系统通过终止该软件的运行来阻止非法代码可能对主机系统造成的伤害。再比如主机入侵防御系统监控到 OUTLOOK 进程企图生成另一个子进程时，可以确定用户运行了邮件附件中的非法代码，可以通过立即终止该子进程来防止非法代码的传播。

2）有效管制信息传输

主机入侵防御系统一方面可以对主机发起建立或主机响应建立的 TCP 连接的合法性进行监控，另一方面可以对通过这些 TCP 连接传输的信息进行检测。如果发现通过某个 TCP 连接传输的信息是主机入侵防御系统定义为敏感信息的文件内容，则可以确定主机中存在后门或间谍软件，主机入侵防御系统将立即释放该 TCP 连接并记录下该 TCP 连接的发起或响应进程，包含敏感信息的文件的路径、属性和名称等相关信息，以便网络安全管理员追踪、分析可能发生的攻击。

3）强化对主机资源的保护

主机资源主要有 CPU、内存、连接网络的链路和文件系统等，主机入侵防御系统可以为这些资源建立访问控制阵列，访问控制阵列给出每一个用户和进程允许访问的资源、资源访问属性等。根据访问控制阵列对主机资源的访问过程进行严格控制，以此实现对主机资源的保护。

2. 网络入侵防御系统

网络入侵防御系统具有如下功能。

1）保护网络资源

主机入侵防御系统只能保护主机免遭攻击，需要网络入侵防御系统保护结点和链路免遭攻击，如一些拒绝服务攻击就是通过阻塞链路达到使正常用户无法正常访问网络资源的目的。

2）大规模保护主机

主机入侵防御系统只能保护单台主机免遭攻击，如果一个系统中有成千上万台主机，每一台主机都安装主机入侵防御系统是不现实的，一是成本太高；二是使所有主机入侵防御系统的访问控制策略一致也很困难。而单个网络入侵防御系统可以保护一大批主机免遭攻击。

3）和主机入侵防御系统相辅相成

主机入侵防御系统能够监管发生在主机上的所有操作，而且可以通过配置列出非法或不合理操作，从而通过判别最终操作是否合理、合法来确定主机是否遭受攻击，这是主机入侵防御系统能够检测出未知攻击的主要原因。但有些攻击是主机入侵防御系统无法检测的，如黑客进行的主机扫描。主机入侵防御系统无法根据单个被响应或被拒绝的 TCP 连接建立请求报文确定黑客正在进行主机扫描，而网络入侵防御系统能够根据规定时间内由同一主机发出的超量 TCP 连接建立请求报文确定网络正在遭受黑客的主机扫描侦察。

10.7.2 入侵防御系统的通用框架结构

入侵防御系统的通用框架结构如图 10.44 所示，由事件发生器、事件分析器、响应单元和事件数据库组成。

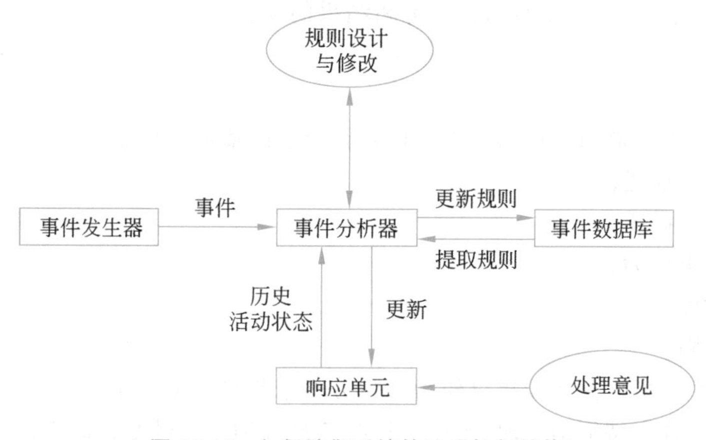

图 10.44 入侵防御系统的通用框架结构

1. 事件发生器

通用框架统一将需要入侵防御系统分析的数据称为事件，事件发生器的功能是提供事件，它所提供的事件可以是以下信息。

- 流经某个网段的信息流；
- 发送给操作系统内核的操作请求；
- 从日志文件中提取的相关信息；
- 根据协议解析出的报文中相关字段的内容。

2. 事件分析器

事件分析器根据事件数据库中的入侵特征描述、用户历史行为模型等信息，对事件发生器提供的事件进行分析，得出事件是否合法的结论。通过设置规则或者修改规则可以人工干预某些事件的分析结果。

3. 响应单元

响应单元是根据事件分析器分析结果做出反应的单元。事件分析器通过更新消息向响应单元提供最新事件分析结果，以下是响应单元可能有的反应。

- 丢弃 IP 分组；
- 释放 TCP 连接；
- 报警；
- 登记和分析；

- 终止应用进程；
- 拒绝操作请求；
- 改变文件属性。

事件分析器向响应单元发出更新消息时，可以参考以往响应单元对类似事件分析结果做出的反应。响应单元可以提供以往事件分析结果与已经做出的反应。可以通过向响应单元设置处理意见，人工干预对指定分析结果的反应。

4. 事件数据库

事件数据库中存储用于作为判别事件是否合法的依据的信息。

- 攻击行为描述；
- 攻击特征描述；
- 用户历史行为；
- 统计阈值；
- 检验规则。

事件数据库向事件分析器提供作为事件分析依据的信息，当事件分析器得出新的攻击行为或者新的攻击特征信息时，可以将这些信息添加到事件数据库中。

10.7.3 入侵检测机制

1. 攻击特征检测

攻击特征检测和杀毒软件检测病毒的机制相同，从已经发现的攻击中提取出能够标识这一攻击的特征信息，构成攻击特征库，然后在捕获到的信息中进行攻击特征匹配操作。如果匹配到某个攻击特征，说明捕获到的信息就是攻击信息。

2. 协议译码

协议译码可以在 3 个层次对捕获的信息进行检测：一是对 IP 分组格式和各个字段值进行检测；二是对 TCP 报文格式和各个字段值进行检测；三是根据 TCP 报文的目的端口号字段值或 IP 报文的协议字段值确定报文净荷对应的应用层协议，然后根据协议要求对净荷格式、净荷中各字段内容及请求和响应过程进行检测。如果发现和协议要求不一致的地方，表明该信息可能是攻击信息。

3. 异常检测

异常检测是建立正常网络访问过程下的信息流模式或正常网络访问规则，然后实时分析捕获到的信息所反映的信息流模式或对网络资源的操作，并将分析结果和已经建立的信息流模式库或操作规则库相比较。如果发现较大偏差，说明发现异常信息。

10.8 安全协议

网络原旨是实现终端间数据通信和资源共享，因此网络体系结构与各层协议都是围绕这一目标设计的。但网络的广泛应用和网络中信息资源的重要性引发了网络安全问题，原始网络协议安全性方面的先天不足进一步加剧了网络安全问题，因此需要在原有网络协议的基础上，增加一整套用于实现双向身份鉴别、数据传输保密性和数据传输完整性的协议，这些协议就是安全协议。

10.8.1 安全协议概述

1. 产生安全协议的原因

随着网络安全问题日益严重，原始用于实现终端间数据传输过程的协议(如 IP)逐渐暴露出以下安全问题。

1）源端鉴别问题

在互联网中，用 IP 地址唯一标识终端，因此可以通过 IP 分组首部中的源 IP 地址确定发送该 IP 分组的终端，即 IP 分组的源终端。问题是，IP 分组首部中的源 IP 地址是可以伪造的，大量源 IP 地址欺骗攻击都是通过伪造源 IP 地址实施的。因此，不能仅仅通过 IP 分组首部中的源 IP 地址来确定该 IP 分组的源终端，需要有更安全有效的源终端鉴别机制。

2）数据传输的保密性问题

IP 分组传输过程没有对 IP 分组中的数据进行加密，由于存在各种嗅探、截获 IP 分组的攻击手段，因此，IP 分组传输过程中很有可能被攻击者嗅探或截获，因而使攻击者获得 IP 分组中的数据。因此，需要有对 IP 分组中的数据字段进行加密的机制。

3）数据传输的完整性问题

由于存在各种截获 IP 分组的攻击手段，攻击者截获 IP 分组后，可以篡改 IP 分组中的信息，然后继续传输篡改后的 IP 分组，因此需要一种保障 IP 分组完整性的机制。

4）身份鉴别问题

网络中存在大量伪造的网站，所以当终端访问某个网站时，必须确定该网站不是伪造的网站，这就需要对网站的身份进行鉴别，因此需要一种对访问的网站或者数据接收端的身份进行鉴别的机制。

2. 安全协议功能

1）双向身份鉴别

身份鉴别过程就是向对方证明我是 x 的过程。目前，主要有以下两种身份鉴别方法：基于共享密钥的身份鉴别和基于证书的身份鉴别。

(1) 基于共享密钥

标识为 x 的一方和另一方共享某个密钥 k，标识为 x 的一方只要向另一方发送 $P \| E_K(\mathrm{MD}(P))$，就可证明拥有密钥 k，并因此向另一方证明我是 x。

(2) 基于证书

在 RSA 公开密钥加密算法中，公钥 PK 与私钥 SK 一一对应。因此，如果能够通过权威机构颁发的证书证明公钥 PK 与 x 之间的关联，标识为 x 的一方通过向另一方发送 $P \| D_{SK}(\mathrm{MD}(P))$ 就可向另一方证明拥有与公钥 PK 对应的私钥 SK，并因此向另一方证明我是 x。

安全协议为了实现双向身份鉴别，对于基于共享密钥的身份鉴别方法，需要双方预先配置共享密钥 k。对于基于证书的身份鉴别方法，需要双方事先从权威机构获得证明对方的公钥(如 PK)与对方身份标识符(如 x)之间关联的证书。

值得强调的是，完成双向身份鉴别后，双方需要约定一个可以在传输的数据中证明源端身份的信息，在以后发送的数据中需要携带该信息。

2) 数据加密

为了实现数据加密，需要双方事先约定加密算法、加密密钥等，因此安全协议需要实现密钥分发、加密算法协商等功能。

3) 数据完整性检测

为了实现数据完整性检测，需要双方事先约定报文摘要算法、加密算法、加密密钥等，因此安全协议需要实现密钥分发和报文摘要算法、加密算法协商等功能。

4) 防重放攻击机制

重放攻击是指攻击者截获报文后重复多次发送该报文，或者延迟一段时间后再发送该报文，以此造成接收端报文处理出错的攻击行为。

防重放攻击的方法有两种：一是发送端为每一个不同的报文设置不同的序号，接收端丢弃序号重复的报文。二是接收端设置序号窗口，接收端只有接收到序号属于序号窗口的报文时，才处理该报文，否则丢弃该报文。

为了实现防重放攻击功能，一是安全协议要求在报文中增加序号字段；二是安全协议能够动态调整接收端的序号窗口。

3. 安全协议体系结构

TCP/IP 体系结构如图 10.45 所示，每一层都有用于实现该层功能的协议，因此每一层都有对应的安全协议。不同类型的传输网络有独立的物理层和链路层协议，因此每一种传输网络有该传输网络对应的安全协议。

网际层有安全协议 IPSec，该安全协议的作用是实现两个终端之间 IP 分组的安全传输，包括双向身份鉴别、数据加密、数据完整性检测和防重放攻击等功能。

传输层有安全协议安全插口层(Secure Socket Layer，SSL)或者安全传输层协议(Transport Layer Security，TLS)，传输层安全协议的作用是实现两个进程之间 TCP 报文的安全传输。

应用层对应不同应用有多个应用层协议，因此也有多个对应不同应用的应用层安全

安全协议体系结构

安全协议体系结构	TCP/IP体系结构				
HTTPS PGP SET	应用层				应用层
SSL或TLS	TCP		UDP		传输层
IPSec	IP				网际层
	IP over 以太网	IP over ATM	IP over SDH	…	网络接口层
不同传输网络对应的安全协议	以太网	ATM	SDH	…	不同类型的网络

图 10.45 TCP/IP 体系结构与安全协议体系结构

协议,如用于实现电子邮件安全传输的 PGP、用于实现电子安全支付的安全电子交易(Secure Electronic Transaction,SET)、用于安全访问网站的 HTTPS 等。

本节以 IPSec 为例讨论安全协议的功能和实现机制。

10.8.2 IPSec

IPSec 由 AH 和 ESP 两个协议组成,AH 和 ESP 均实现 IP 分组源端鉴别、防重放攻击等功能,两者的差别是: AH 只实现数据完整性检测,ESP 实现数据加密和完整性检测。

1. 安全关联

为了实现数据发送者至接收者的安全传输,需要建立发送者与接收者之间的关联,这种以鉴别发送者、进行数据加密和完整性检测为目的的关联称为安全关联(Security Association, SA)。安全关联是单向的,用于确定发送者至接收者传输方向的数据所使用的加密算法和加密密钥、消息鉴别码(Message Authentication Code,MAC)算法和 MAC 密钥等。

如果某对发送者和接收者需要安全传输数据,必须先建立发送者至接收者的安全关联,如图 10.46 所示。安全关联用安全参数索引(Security Parameters Index,SPI)、目的

图 10.46 安全关联

IP 地址和安全协议标识符唯一标识,具有相同接收者的安全关联(目的 IP 地址相同的安全关联)需要分配不同的 SPI。安全协议标识符指定该安全关联使用的安全协议,目前已经定义的安全协议有只对数据进行完整性检测的鉴别首部(Authentication Header,AH)协议和对数据进行加密和完整性检测的封装安全净荷(Encapsulating Security Payload,ESP)协议。

发送者如果需要安全传输数据给接收者,必须先确定用于安全传输数据的安全关联。如图 10.46 所示,同一对发送者和接收者之间可以建立多个安全关联,因此发送者不能简单通过数据的接收者确定安全关联。而且,以后的讨论中会指出:数据的目的地和安全关联的目的地可以不同。为此,发送者需要通过定义安全策略数据库(Security Policy Database,SPD)来判别数据传输所使用的安全关联,SPD 的目的是将数据分类,然后将不同类的数据绑定到不同的安全关联。分类数据的依据是数据的源和目的 IP 地址、数据所使用的传输层协议、传输层的源和目的端口号、传输数据使用的安全协议、数据所要求的服务类型等。

为了实现数据发送者至接收者的安全传输,每一个安全关联需要定义下述参数。

序号:32 位长度,作为 AH 或 ESP 首部中的序号字段值,用于防止重放攻击。在安全关联存在期间,不允许出现相同序号的 AH 或 ESP 报文。

防重放攻击窗口:用于确定接收到的 AH 或 ESP 报文是否是重放报文。

AH 信息:消息鉴别码(Message Authentication Code,MAC)算法、MAC 密钥、MAC 密钥寿命,及其他用于 AH 的参数。

ESP 信息:加密算法和加密密钥、MAC 算法和 MAC 密钥、密钥寿命,及其他用于 ESP 的参数。

安全关联寿命:可以是一段用于确定安全关联存在时间的时间间隔,也可以是安全关联允许发送的字节数。一旦安全关联经过了安全关联寿命定义的时间间隔,或是发送了安全关联寿命允许发送的字节数,将立即终止该安全关联。

IP Sec 协议模式:目前定义了两种模式——传输和隧道。

路径最大传送单元(Maximum Transfer Unit,MTU):不用分段可以在安全关联绑定的发送端和接收端之间传输的最大分组长度。

2. 传输和隧道模式

1) 传输模式

传输模式用于保证数据端到端安全传输,并对数据源端进行鉴别。在这种模式下,IP Sec 所保护的数据就是作为 IP 分组净荷的上层协议数据,如 TCP、UDP 报文和其他基于 IP 的上层协议报文。安全关联建立在数据的源端和目的端之间,如图 10.47 所示。

2) 隧道模式

隧道模式如图 10.48 所示,安全关联的两端是隧道的两端。在这种模式下,连接源端和目的端的内部网络被一个公共网络分隔。由于内部网络使用本地 IP 地址,而公共网络只能路由以全球 IP 地址为目的 IP 地址的 IP 分组,因此直接以源端 IP 地址为源 IP 地址、目的端 IP 地址为目的 IP 地址的 IP 分组不能由公共网络正确地从路由器 R1 路由到

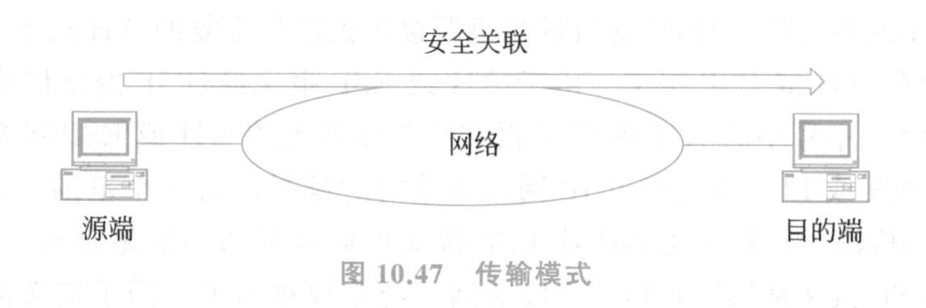

图 10.47　传输模式

路由器 R2。路由器 R1 为了将源端至目的端的 IP 分组经过公共网络传输给路由器 R2，将源端至目的端的 IP 分组作为净荷封装在以路由器 R1 的全球 IP 地址为源 IP 地址、路由器 R2 的全球 IP 地址为目的 IP 地址的 IP 分组中，这种将整个 IP 分组作为另一个 IP 分组的净荷的封装方式就是隧道格式。在这种情况下，安全关联的两端就是隧道的两端。对于源端至目的端传输方向，安全关联的发送端是路由器 R1，接收端是路由器 R2。

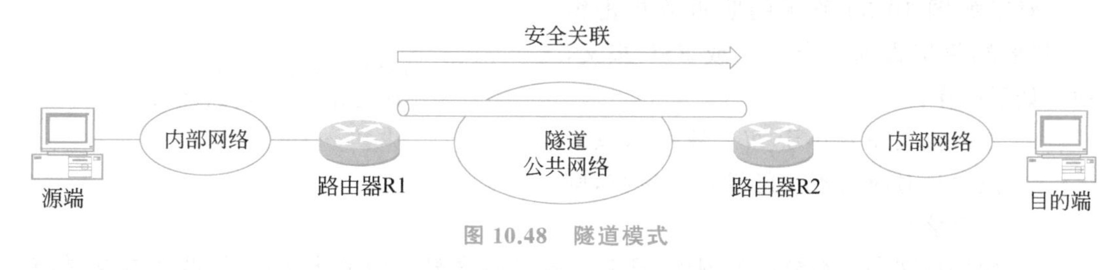

图 10.48　隧道模式

3. 防重放攻击过程

重放攻击过程如图 10.49 所示，由于 IP Sec 对源端至目的端的 IP 分组实现源端鉴别、数据加密和完整性检测，因此黑客伪造源端至目的端的 AH 或 ESP 报文是不可能的。即使黑客截获源端至目的端的 AH 或 ESP 报文，也无法篡改或者解密 AH 或 ESP 报文包含的数据。但黑客可以重复转发截获的 AH 或 ESP 报文，或是延迟一段时间后，再转发截获的 AH 或 ESP 报文，目的端必须能够区分出重复的 AH 或 ESP 报文和因为传输时延超长而失效的 AH 或 ESP 报文，防重放攻击机制就是解决上述问题的机制。

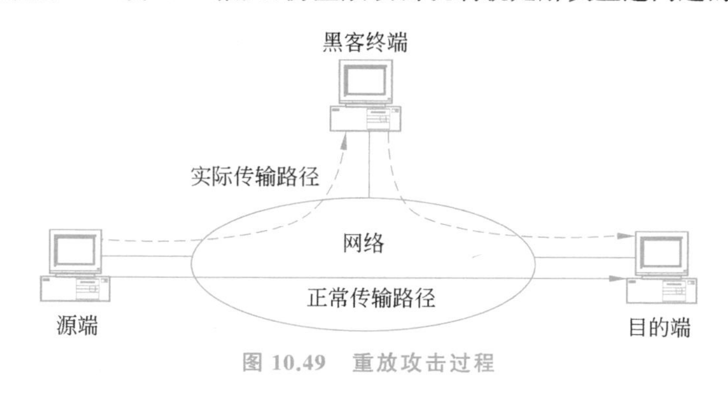

图 10.49　重放攻击过程

源端至目的端的安全关联新建立时，序号初始值为 0，源端发送 AH 或 ESP 报文时，先将序号增 1，然后将增 1 后的序号作为 AH 或 ESP 报文的序号字段值。在安全关联寿命内，不允许出现相同的序号，因此目的端只要接收到序号重复的 AH 或 ESP 报文，将丢弃重复接收到的 AH 或 ESP 报文。由于 AH 或 ESP 报文经过 IP 网络传输时不是按序到达目的端，因此序号小的 AH 或 ESP 报文后于序号大的 AH 或 ESP 报文到达目的端是正常的，但 AH 或 ESP 报文经过 IP 网络传输的时延抖动有一个范围。如果某个 AH 或 ESP 报文的传输时延和其他 AH 或 ESP 报文传输时延的差值超出这个范围，可以认为该 AH 或 ESP 报文被黑客延迟了一段时间。防重放攻击窗口用于定义正常的时延抖动范围。假定防重放攻击窗口值为 W，目的端正确接收到的 AH 或 ESP 报文中最大序号值为 N，则序号值为 $N-W+1 \sim N$ 的 AH 或 ESP 报文属于虽然传输时延大于序号为 N 的 AH 或 ESP 报文，但仍在正常的时延抖动范围内，目的端正常接收这些 AH 或 ESP 报文。

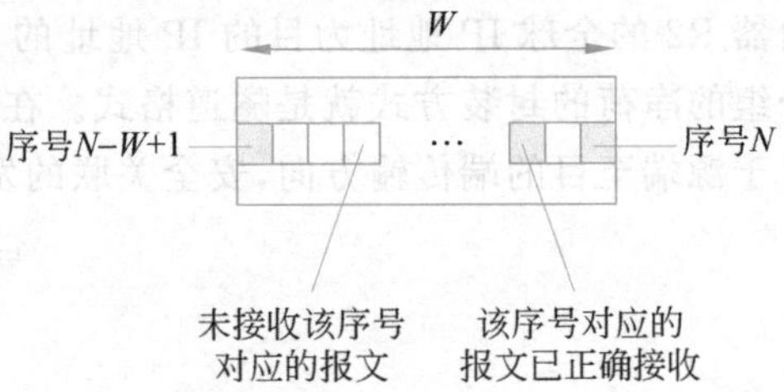

W
序号N−W+1
…
序号N
未接收该序号对应的报文
该序号对应的报文已正确接收

图 10.50　防重放攻击机制

对于如图 10.50 所示的防重放攻击窗口，目的端每接收到一个 AH 或 ESP 报文，执行如下操作：

- 如果报文序号小于 $N-W+1$，或者该序号对应的报文已经正确接收，则丢弃该报文。
- 如果报文序号在窗口范围内，且未接收过该序号对应的报文，则接收该报文并将该序号对应的标志改为已正确接收该序号对应的报文。
- 如果报文序号大于 N，假定为 $L(L>N)$，则将窗口改为 $L-W+1 \sim L$，并将序号 L 对应的标志改为已正确接收该序号对应的报文。

4. AH

IP 分组封装成 AH 报文的过程如图 10.51 所示。在传输模式下，在 IP 首部和净荷之间插入鉴别首部 AH。在隧道模式下，整个 IP 分组作为隧道格式的净荷，在外层 IP 首部和净荷之间插入鉴别首部 AH。鉴别首部格式如图 10.52 所示，各个字段的含义如下。

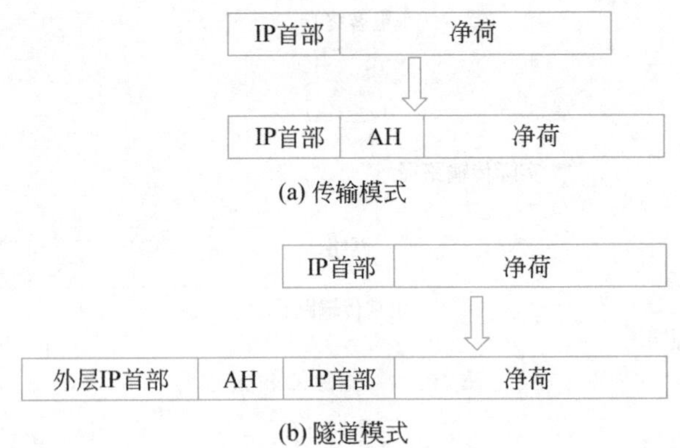

图 10.51　AH 报文格式

8位	8位	16位
下一个首部	鉴别首部长度	保留
安全参数索引(SPI)		
序号		
鉴别数据		

图 10.52 鉴别首部(AH)格式

下一个首部：指出净荷的协议类型，封装成传输模式的 AH 报文后，IP 首部中的协议字段值为 51，表明是 AH 报文。IP 首部中用于指明净荷协议类型的协议字段值作为 AH 中的下一个首部，封装成隧道模式的 AH 报文后，外层 IP 首部中的协议字段值为 51，表明是 AH 报文。AH 中的下一个首部是表明净荷是隧道格式的协议字段值。

鉴别首部长度：以 32 位为单位给出 AH 的总长，实际的鉴别首部长度＝AH 总长－2。一般情况下，鉴别数据为 96 位，3 个 32 位字。因此，图 10.52 所示的 AH 的总长为 6 个 32 位字，使鉴别首部长度字段的值为 4。

安全参数索引(SPI)：接收端将其和 AH 报文的目的 IP 地址和 IP 首部(隧道模式下的外层 IP 首部)中 IP Sec 协议类型一起用于确定 AH 报文所属的安全关联。

序号：用于防重放攻击。

鉴别数据：消息鉴别码(MAC)，用于鉴别源端身份和实现数据完整性检测。

鉴别数据的计算可以采用如下两种 MAC 算法。

- HMAC-MD5-96
- HMAC-SHA-1-96

这两种算法表明采用基于密钥的报文摘要计算过程时，报文摘要算法可以选择 MD5(HMAC-MD5-96)或 SHA-1(HMAC-SHA-1-96)，从计算得到的加密报文摘要中截取 96 位作为鉴别数据。建立安全关联时，源端和目的端必须约定所采用的 HMAC 算法和 MAC 密钥。

计算鉴别数据时覆盖 AH 报文的下述字段。

- IP 首部(隧道模式下是外层 IP 首部)中在传输过程中不需要改变的字段值，如源和目的 IP 地址等。
- AH 中除鉴别数据以外的其他字段值，如 SPI、序号等。
- AH 报文中的净荷，如果是隧道模式，净荷是包括内层 IP 首部的整个 IP 分组。

传输过程中一旦篡改某个计算鉴别数据时覆盖的字段值，目的端重新计算后得出的鉴别数据将和 AH 中包含的鉴别数据不符，目的端因此确定该 AH 报文鉴别失败。因此，目的端鉴别成功的前提是：①源端和目的端采用相同的 HMAC 算法和 MAC 密钥；②计算鉴别数据所覆盖的字段值在传输过程中未被篡改。

5. ESP

IP 分组封装成 ESP 报文的过程如图 10.53 所示。在传输模式下，IP 首部和净荷之间插入 ESP 首部。如图 10.54 所示，ESP 首部包含安全参数索引(SPI)和序号，它们的作用和 AH 相同。净荷字段后面是 ESP 尾部，它们包括填充数据、8 位填充长度字段和 8 位下一个首部。填充长度字段值以字节为单位给出填充数据长度，下一个首部给出净荷的协议类型。净荷后面添加填充数据的目的有 3 个：一是为了对净荷进行加密运算时，保证净荷＋ESP 尾部是数据段长度的整数倍，如 DES 加密算法的数据段长度为 64 位。二是净荷＋ESP 尾部必须是 32 位的整数倍。三是隐藏实际净荷长度有利于数据传输的安全性。在隧道模式下，净荷是包括内层 IP 首部在内的整个 IP 分组。

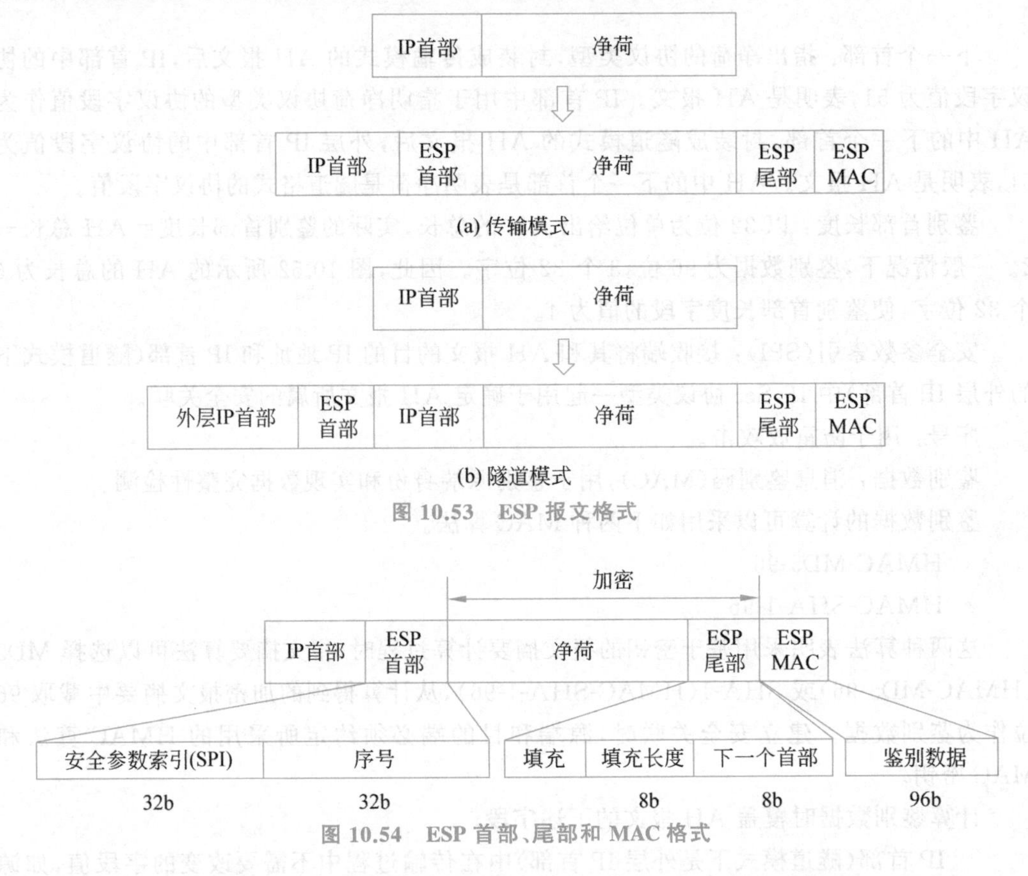

图 10.53 ESP 报文格式

图 10.54 ESP 首部、尾部和 MAC 格式

ESP 加密运算覆盖的字段是净荷＋ESP 尾部，可以在以下多种加密算法中任选一种加密算法，但常用的加密算法是三重 DES。

- 三重 DES
- RC5
- IDEA
- 三重 IDEA

采用和 AH 相同的 MAC 算法计算鉴别数据，但计算鉴别数据时覆盖的字段只包括 ESP 首部＋净荷＋ESP 尾部，并不包括外层 IP 首部中的不变字段，这一点和 AH 不同。同样，在隧道模式下，净荷是包括内层 IP 首部在内的整个 IP 分组。

6. IP Sec 应用实例

IP Sec 应用实例如图 10.55 所示，终端 A 与 Web 服务器之间建立终端 A 至 Web 服务器的安全关联，用 SPI＝1234、目的 IP 地址＝7.7.7.7 和安全协议标识符＝AH 唯一标识该安全关联。经过安全关联传输的 IP 分组封装成 AH 报文，建立安全关联时双方约定 MAC 算法为 HMAC-MD5-96，MAC 密钥为 7654321。

IP分组分类	安全关联标识符	安全关联参数
协议类型=TCP 源IP地址=3.3.3.3/32 目的IP地址=7.7.7.7/32 目的端口号=80	SPI=1234 目的IP地址=7.7.7.7 安全协议标识符=AH	MAC算法=HMAC-MD5-96 MAC密钥=7654321 序号=7890

安全关联标识符	安全关联参数
SPI=1234 目的IP地址=7.7.7.7 安全协议标识符=AH	MAC算法=HMAC-MD5-96 MAC密钥=7654321

图 10.55　IP Sec 应用实例

终端 A 发送给 Web 服务器的 IP 分组中，只有与终端 A 通过 HTTP 访问 Web 服务器相关的 IP 分组需要封装成 AH 报文。因此，只有源 IP 地址＝3.3.3.3/32，目的 IP 地址＝7.7.7.7/32，IP 分组中的数据是 TCP 报文（协议字段值＝TCP 对应的值 6）且 TCP 报文的目的端口号＝80 的 IP 分组被封装成 AH 报文。在 AH 报文中，起始序号＝7890，SPI＝1234，采用 HMAC-MD5-96 算法和密钥 7654321 计算鉴别数据。

当 Web 服务器接收到终端 A 发送的 AH 报文时，根据 AH 报文确定安全协议＝AH、目的 IP 地址＝7.7.7.7 和 SPI＝1234，以此为安全关联标识符找到对应的安全关联，重新对 AH 报文用 HMAC-MD5-96 算法和密钥 7654321 计算鉴别数据。然后将计算结果与 AH 报文携带的鉴别数据比较，如果两者相同，通过源端鉴别和数据完整性检测，然后根据序号确定是否是重放的 AH 报文。只有当 AH 报文通过源端鉴别和数据完整性检测且根据序号确定不是重放的 AH 报文时，Web 服务器才继续处理该 AH 报文，否则丢弃该 AH 报文。

10.9　网络安全的启示和思政元素

网络安全所蕴含的思政元素以及给我们的启示如下。

1. 工程技术的发展过程就是一个发现问题、解决问题的过程

网络的原旨是实现数据通信和资源共享，因此网络体系结构与各层协议都是围绕这一目标设计的。随着网络应用的普及和深入，网络中信息资源的重要性日益显现，电子商务和互联网金融又使大量私密信息需要经过网络传输，网络安全成为维持网络健康发展的必要条件，网络安全技术、网络安全协议成为网络核心研究内容。

工程技术的发展总是遵循这样的过程：一种新技术的诞生和发展产生大量基于新技

术的应用，随着这些应用的普及和深入，产生瓶颈问题，必须由其他技术解决瓶颈问题后，才能进一步拓展新技术的应用领域。

2. 新技术赋予传统方法新的原则

在网络与计算机诞生之前，一直用加密解密算法实现信息的保密性。随着计算机的普及和终端计算能力的提高，可以采用计算过程复杂的加密算法，这些计算过程复杂的加密算法只有通过暴力破解的手段才能得出密码。

网络通信要求加密解密算法标准化和公开化，因此网络应用中，所有加密解密算法都是公开的，保密的只是密钥。

3. 网络虚拟性引发鉴别技术

随着电子商务和互联网金融的发展，网络必须有能力鉴别电子商务和互联网金融参与者的身份，并使参与者在整个事务过程中的每一步都留下不可抵赖的证据。电子商务和互联网金融的参与者包括终端用户、提供电子商务和互联网金融服务的平台及商家和金融机构等。

网络的虚拟化引发身份鉴别、数字签名等新技术的发展，这些新技术的发展又为网络开展电子商务和互联网金融等提供了技术手段。

4. 形成安全协议体系结构

安全协议的作用是实现通信双方的身份鉴别、数据传输的保密性和数据传输的完整性。数据通信发生在网络体系结构的多个层中，如链路层实现物理链路两端之间的通信过程、网络层实现连接在不同类型传输网络上的两个终端之间的通信过程、传输层实现两个进程之间的通信过程。应用层为实现网络服务，需要实现网络服务参与者之间的数据交换过程。因此，每一层需要根据这一层实现的通信过程设置用于保证这一层通信安全的安全协议。且各层安全协议之间有对应的各层网络协议之间的关联和功能划分，构成与网络体系结构对应的安全协议体系结构。

网络安全机制的深入研究和安全协议的系统化形成网络安全协议体系结构，网络安全协议体系结构为网络安全构筑一个立体盾牌。

5. 有机集成网络安全技术是一件复杂的事

目前，有多种解决网络安全问题的手段，每一种传输网络有自己专有的安全技术。根据检查的深度不同，防火墙不仅可以控制 IP 分组网络间的传输过程，还可以控制 TCP/UDP 报文和应用层消息网络间的传输过程。网络和主机系统还可以安装入侵防御系统。开发网络应用时，可以通过网络安全协议实现通信双方的身份鉴别和数据传输的保密性与完整性。但缺乏一种将这些安全机制有机集成在一起，使每一种安全机制能够各司其职，以此构建一个全方位、立体的安全盾牌的有效方法。

实现网络安全的难度在于没有一种可以总体设计网络安全体系，划分职能模块，为每一个职能模块选择最合适的安全机制的科学方法。

6. 安全意识

一是深刻理解信息安全对单位和个人的重要性。二是清楚网络中存在太多不安全因素,稍有不慎就有可能造成信息泄漏,并因此对单位或个人造成损失。三是掌握一些必要的安全技能,在使用网络过程中能够保障单位和个人的信息安全。四是遵守各种规章制度,养成良好的使用网络的习惯。

7. 遵纪守法

网络不是法外之地,任何人都需要对自己在网络上的行为和言论负责。即使在虚拟空间,也不要存侥幸之心,有技术和机制可以追踪和监测到任何人在网络上的行为和言论。因此,任何人在虚拟空间中也必须遵纪守法,只做国家法律允许的事情。

8. 自律和自由

网络接入控制技术保证只有授权用户才能正常访问网络。授权用户只能访问授权访问的网络资源。这表明,只有自律才能自由。自律是自觉地只做授权做的事情。只有自觉地只做授权做的事情,网络访问过程才是自由通畅的。

本章小结

- 网络安全机制与网络安全威胁同步发展;
- 加密和报文摘要方法是实现身份鉴别和数据保密性与完整性的基础;
- 每一种传输网络有自己专有的安全技术;
- 病毒防御机制分为被动的检测机制和主动的反制机制;
- 根据检查的深度不同,防火墙不仅可以控制 IP 分组网络间的传输过程,还可以控制 TCP/UDP 报文和应用层消息网络间的传输过程;
- 入侵防御系统的作用是检测出恶意使用网络和非法访问网络中信息资源的行为,并予以反制;
- 网络安全协议的作用是实现通信双方身份鉴别、数据传输的保密性和数据传输的完整性;
- 每一层有对应的网络安全协议,由此构建网络安全协议体系结构;
- 缺少一种可以总体设计网络安全体系,划分职能模块,为每一个职能模块选择最合适的安全机制的科学方法。

习　　题

10.1　为什么 Internet 采用标准的加密算法?

10.2 如果 E 是加密算法，D 是解密算法，K 是密钥，P 是明文，为什么 $D_K(P)$ 也是一种加密过程？加密和解密运算往往可以互换，即 $D_K(E_K(P))=E_K(D_K(P))=P$，请用一个简单的例子说明。

10.3 传输过程中的完整性和保密性有何区别，各用何种方法实现？

10.4 在许多情况下，把网络安全目标定义为：保密性、完整性、可用性，你认为哪一项最重要？举例说明。

10.5 报文摘要有什么作用？它如何解决数据传输的完整性问题？

10.6 公钥为什么需要认证？

10.7 许多攻击是针对操作系统的漏洞，那么在补丁软件出来之前，对这种攻击真的无可奈何吗？

10.8 有一个网络如图 10.56 所示，如果要禁止 LAN 1 和 LAN 2 之间的信息传输，如何设置无状态分组过滤器？如果只允许 LAN 1 内终端访问 LAN 2 内 Web 服务器，而不允许其他信息传输过程，如何设置无状态分组过滤器？

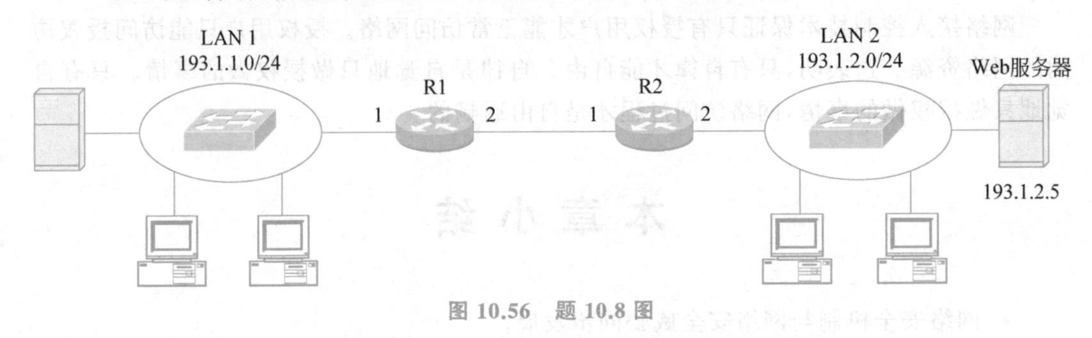

图 10.56 题 10.8 图

10.9 为什么有状态分组过滤器能更精确地控制信息流动？用有状态分组过滤器实现习题 10.8 的功能，并说明优于无状态分组过滤器的地方。

10.10 防火墙和入侵防御系统有什么异同？能用防火墙取代入侵防御系统吗？为什么？

10.11 入侵防御系统为什么存在误报和漏报攻击的情况？

10.12 WEP 的接入控制为什么是不安全的？给出破解 WEP 鉴别机制的方法。

10.13 目前经常发生利用木马病毒窃取计算机系统中机密信息的情况，试分析木马病毒的工作机制，并给出防范办法。

10.14 通过为用户固定分配 IP 地址，并将用户的 IP 地址和 MAC 地址绑定的方法来控制接入以太网的用户，分析这种方法的安全机制及实现办法。

10.15 以太网有哪些接入控制技术？它们的基本思想是什么？

10.16 无线局域网建立关联的目的是什么？

10.17 简述 WPA2 安全性优于 WEP 的原因。

英文缩写词

AC(Access Controller)　接入控制器(4.5 节)
A/D(Analog to Digital)　模拟信号至二进制数(5.1 节)
ADSL(Asymmetric Digital Subscriber Line)　非对称数字用户线路(7.2 节)
AES(Advanced Encryption Standard)　高级加密标准(10.2 节)
AH(Authentication Header)　鉴别首部(10.8 节)
AP(Access Point)　接入点(4.1 节)
ARP(Address Resolution Protocol)　地址解析协议(6.5 节)
AS(Autonomous System)　自治系统(6.4 节)
ASBR(Autonomous System Boundary Router)　自治系统边界路由器(6.4 节)
ASK(Amplitude Shift Keying)　振幅键控调制技术(2.3 节)
ATM(Asynchronous Transfer Mode)　异步传输模式(1.2 节)
BGP(Border Gateway Protocol)　边界网关协议(6.4 节)
BIOS(Basic Input Output System)　基本输入输出系统(1.4 节)
B/S(Browser/Server)　浏览器/服务器(9.4 节)
BSA(Basic Service Area)　基本服务区(4.2 节)
BSS(Basic Service Sets)　基本服务集(4.2 节)
BSSID(Basic Service Set IDentification)　基本服务集标识符(4.3 节)
CHAP(Challenge Handshake Authentication Protocol)　挑战握手鉴别协议(7.1 节)
CIDR(Classless Inter Domain Routing)　无分类域间路由(6.2 节)
CNNIC(China Internet Network Information Center)　中国互联网管理中心(9.2 节)
CoS(Class of Service)　分类服务(1.2 节)
CRC(Cyclic Redundancy Check)　循环冗余检验(2.4 节)
C/S(Client/Server)　客户/服务器(9.1 节)
CSMA/CA(Carrier Sense Multiple Access/Collision Avoidance)　载波侦听多点接入/冲突避免(4.3 节)
CSMA/CD(Carrier Sense Multiple Access/Collision Detection)　载波侦听多点接入/冲突检测(3.2 节)
CTS(Clear To Send)　允许发送(4.3)

CWND(Congestion Window)　拥塞窗口(8.4 节)
D/A(Digital to Analog)　二进制数至模拟信号(5.1 节)
DCF(Distributed Coordination Function)　分布协调功能(4.3 节)
DDN(Digital Data Network)　数字数据网(1.2 节)
DES(Data Encryption Standard)　数据加密标准(10.2 节)
DHCP(Dynamic Host Configuration Protocol)　动态主机配置协议(9.3 节)
DIFS(DCF InterFrame Space)　DCF 规定的帧间间隔(4.3 节)
DNS(Domain Name System)　域名系统(9.2 节)
DoS(Denial of Service)　拒绝服务(10.1 节)
DS(Distribution System)　分配系统(4.2 节)
DSLAM(Digital Subscriber Line Access Multiplexer)　数字用户线接入复用器(7.2 节)
EGP(External Gateway Protocol)　外部网关协议(6.4 节)
ESP(Encapsulating Security Payload)　封装安全净荷(10.8 节)
ESS(Extended Service Set)　扩展服务集(4.2 节)
FCS(Frame Check Sequence)　帧检验序列(3.2 节)
FQDN(Fully Qualified Domain Name)　完全合格的域名(9.2 节)
FSK(Frequency Shift Keying)　移频键控调制技术(2.3 节)
FTP(File Transfer Protocol)　文件传输协议(9.6 节)
GPRS(General Packet Radio Service)　通用无线分组业务(4.2 节)
GPS(Global Positioning System)　全球定位系统(1.2 节)
GSM(Global System for Mobile Communication)　全球移动通信系统(1.2 节)
HIPS(Host Intrusion Prevention System)　主机入侵防御系统(10.7 节)
HMAC(Hashed Message Authentication Codes)　散列消息鉴别码(10.2 节)
HTML(Hyper Text Markup Language)　超文本标记语言(9.4 节)
HTTP(Hyper Text Transfer Protocol)　超文本传输协议(9.4 节)
HTTPS(Hyper Text Transfer Protocol over Secure Socket Layer)　基于安全插口层的超文本传输协议(10.8 节)
IBSS(Independent BSS)　独立基本服务集(4.2 节)
ICANN(The Internet Corporation for Assigned Names and Numbers)　互联网名称与数字地址分配机构(9.2 节)
ICMP(Internet Control Message Protocol)　Internet 控制报文协议(6.7 节)
ICV(Integrity Check Value)　完整性检验值(10.5 节)
IETF(Internet Engineering Task Force)　互联网工程任务组(7.3 节)
IFG(Inter Frame Gap)　帧间最小间隔(3.2 节)
IGP(Interior Gateway Protocol)　内部网关协议(6.4 节)
IP(Internet Protocol)　网际协议(6.2 节)
IPCP(Internet Protocol Control Protocol)　IP 控制协议(7.1 节)
IP Sec(IP Security)　IP 安全协议(10.8 节)

ISA(Industry Standard Architecture)　工业标准体系结构(1.2 节)
ISM(Industrial Scientific and Medical)　工业、科学和医疗(4.1 节)
ISP(Internet Service Provider)　Internet 服务提供商(1.1 节)
IV(Initialization Vector)　初始向量(10.5 节)
L2TP(Layer Two Tunneling Protocol)　第 2 层隧道协议(7.4 节)
LAN(Local Area Network)　局域网(1.3 节)
LCP(Link Control Protocol)　链路控制协议(7.1 节)
LLC(Logical Link Control)　逻辑链路控制(3.2 节)
MAC(Medium Access Control)　媒体接入控制(3.2 节)
MAC(Message Authentication Code)　消息鉴别码(10.8 节)
MAN(Metropolitan Area Network)　城域网(1.3 节)
MD5(Message Digest Version 5)　报文摘要第 5 版(10.2 节)
MIC(Message Integrity Code)　消息完整性编码(10.5 节)
MIME(Multipurpose Internet Mail Extension)　通用 Internet 邮件扩充(9.5 节)
modem(modulator-demodulator)　调制解调器(1.1 节)
MSS(Maximum Segment Size)　最大报文段长度(8.4 节)
MTU(Maximum Transfer Unit)　最大传送单元(6.2 节)
NAT(Network Address Translation)　网络地址转换(7.3 节)
NAV(Network Allocation Vector)　网络分配向量(4.3 节)
NIPS(Network Intrusion Prevention System)　网络入侵防御系统(10.7 节)
OSI/RM(Open System Interconnection/Reference Model)　开放系统互连/参考模型(1.4 节)
OSPF(Open Shortest Path First)　开放最短路径优先(6.4 节)
P2P(Peer to Peer)　对等(9.1 节)
PAN(Personal Area Network)　个人区域网(1.3 节)
PAP(Password Authentication Protocol)　口令鉴别协议(7.1 节)
PBX(Private Branch Exchange)　用户级交换机(7.2 节)
PC(Personal Computer)　个人计算机(1.2 节)
PCF(Point Coordination Function)　点协调功能(4.3 节)
PCM(Pulse Code Modulation)　脉冲编码调制(5.1 节)
PDU(Protocol Data Unit)　协议数据单元(1.4 节)
PMK(Pairwise Master Key)　成对主密钥(10.5 节)
POP3(Post Office Protocol 3)　邮局协议第 3 版(9.5 节)
PPP(Point to Point Protocol)　点对点协议(5.2 节)
PPTP(Point to Point Tunneling Protocol)　点对点隧道协议(7.4 节)
PPPoE(PPP over Ethernet)　基于以太网的点对点协议(7.2 节)
PSK(Phase Shift Keying)　移相键控调制技术(2.3 节)
PSK(Pre-Shared Key)　预共享密钥(10.5 节)

PSTN(Public Switched Telephone Network) 公共交换电话网(5.1 节)
PTK(Pairwise Transient Key) 成对过渡密钥(10.5 节)
QAM(Quadrature Amplitude Modulation) 正交幅度调制(2.3 节)
QPSK(Quadrature Phase Shift Keying) 正交移相键控(2.3 节)
RIP(Routing Information Protocol) 路由信息协议(6.4 节)
RTS(Request To Send) 请求发送(4.3 节)
RTT(Round-Trip Time) 往返时延(8.4 节)
SA(Security Association) 安全关联(10.8 节)
SDH(Synchronous Digital Hierarchy) 同步数字体系(5.3 节)
SDU(Service Data Unit) 服务数据单元(1.4 节)
SHA-1(Secure Hash Algorithm 1) 安全散列算法第 1 版(10.2 节)
SIFS(Short InterFrame Space) 短帧间间隔(4.3 节)
SMTP(Simple Mail Transfer Protocol) 简单邮件传输协议(9.5 节)
SNMP(Simple Network Management Protocol) 简单网络管理协议(8.1 节)
SPD(Security Policy Database) 安全策略数据库(10.8 节)
SPI(Security Parameters Index) 安全参数索引(10.8 节)
SSID(Service Set Identifier) 服务集标识符(4.4 节)
SSL(Secure Socket Layer) 安全插口层(10.8 节)
STM-1(Synchronous Transfer Module-1) 第 1 级同步传输模块(5.3 节)
STP(Shielded Twisted Pair) 屏蔽双绞线(2.5 节)
STP(Spanning Tree Protocol) 生成树协议(3.3 节)
TCP(Transmission Control Protocol) 传输控制协议(8.4 节)
TKIP(Temporal Key Integrity Protocol) 临时密钥完整性协议(10.5 节)
TLS(Transport Layer Security) 安全传输层协议(10.8 节)
UA(User Agent) 用户代理(9.5 节)
UDP(User Datagram Protocol) 用户数据报协议(8.3 节)
URL(Uniform Resource Locator) 统一资源定位器(9.4 节)
UTP(Unshielded Twisted Pair) 非屏蔽双绞线(2.5 节)
VID(VLAN Identifier) VLAN 标识符(3.4 节)
VLAN(Virtual LAN) 虚拟局域网(3.4 节)
VOIP(Voice over Internet Protocol) 网络电话(8.3 节)
VPN(Virtual Private Network) 虚拟专用网(7.4 节)
WAN(Wide Area Network) 广域网(1.3 节)
WDS(Wireless Distribution System) 无线分布式系统(4.2 节)
WEP(Wired Equivalent Privacy) 有线等效保密(10.5 节)
WLAN(Wireless LAN) 无线局域网(4.1 节)
WPA(Wi-Fi Protected Access) Wi-Fi 保护访问(10.5 节)
WWW(World Wide Web) 万维网(9.4 节)

参考文献

[1] Peterson L L, Davie B S. Computer Networks—A Systems Approach[M]. Fourth Edition. 北京：机械工业出版社，2008.

[2] Tanenbaum A S. Computer Networks[M]. Fourth Edition. 北京：清华大学出版社，2004.

[3] Clark K, Hamilton K. Cisco LAN Switching[M]. 北京：人民邮电出版社，2003.

[4] Doyle J. TCP/IP 路由技术(第一卷)[M]. 葛建立，吴剑章，译. 北京：人民邮电出版社，2003.

[5] Doyle J, Carroll J D H. TCP/IP 路由技术(第二卷)[M]. 北京：人民邮电出版社，2003.

[6] 谢希仁. 计算机网络[M]. 5 版. 北京：电子工业出版社，2009.

[7] 沈鑫剡，等. 计算机网络技术及应用[M]. 北京：清华大学出版社，2007.

[8] 沈鑫剡. 计算机网络[M]. 北京：清华大学出版社，2008.

[9] 沈鑫剡. 计算机网络安全[M]. 北京：清华大学出版社，2009.

[10] 沈鑫剡，等. 计算机网络技术及应用[M]. 2 版. 北京：清华大学出版社，2010.

[11] 沈鑫剡. 计算机网络[M]. 2 版. 北京：清华大学出版社，2010.

[12] 沈鑫剡，等. 计算机网络技术及应用学习辅导和实验指南[M]. 北京：清华大学出版社，2011.

[13] 沈鑫剡，叶寒锋. 计算机网络学习辅导与实验指南[M]. 北京：清华大学出版社，2011.

[14] 沈鑫剡. 路由和交换技术[M]. 北京：清华大学出版社，2013.

[15] 沈鑫剡. 路由和交换技术实验及实训[M]. 北京：清华大学出版社，2013.

[16] 沈鑫剡. 计算机网络工程[M]. 北京：清华大学出版社，2013.

[17] 沈鑫剡，等. 计算机网络工程实验教程[M]. 北京：清华大学出版社，2013.

图书资源支持

感谢您一直以来对清华版图书的支持和爱护。为了配合本书的使用，本书提供配套的资源，有需求的读者请扫描下方的“书圈”微信公众号二维码，在图书专区下载，也可以拨打电话或发送电子邮件咨询。

如果您在使用本书的过程中遇到了什么问题，或者有相关图书出版计划，也请您发邮件告诉我们，以便我们更好地为您服务。

我们的联系方式：

清华大学出版社计算机与信息分社网站：https://www.shuimushuhui.com/

地　　址：北京市海淀区双清路学研大厦 A 座 714

邮　　编：100084

电　　话：010-83470236　010-83470237

客服邮箱：2301891038@qq.com

QQ：2301891038（请写明您的单位和姓名）

资源下载：关注公众号“书圈”下载配套资源。

资源下载、样书申请

书圈

图书案例

清华计算机学堂

观看课程直播